保型形式特論

伊吹山 知義 著

―― 編集委員 ――
岡本　和夫
桂　　利行
楠岡　成雄
坪井　　俊

共立出版株式会社

刊行にあたって

　数学には，永い年月変わらない部分と，進歩と発展に伴って次々にその形を変化させていく部分とがある．これは，歴史と伝統に支えられている一方で現在も進化し続けている数学という学問の特質である．また，自然科学はもとより幅広い分野の基礎としての重要性を増していることは，現代における数学の特徴の一つである．

　「21世紀の数学」シリーズでは，新しいが変わらない数学の基礎を提供した．これに引き続き，今を活きている数学の諸相を本の形で世に出したい．「共立講座　現代の数学」から30年．21世紀初頭の数学の姿を描くために，私達はこのシリーズを企画した．

　これから順次出版されるものは，伝統に支えられた分野，新しい問題意識に支えられたテーマ，いずれにしても，現代の数学の潮流を表す題材であろう，と自負する．学部学生，大学院生はもとより，研究者を始めとする数学や数理科学に関わる多くの人々にとり，指針となれば幸いである．

編集委員

序　文

　本書は，主として正則ジーゲル保型形式に関するトピックスで，比較的基礎的と思われる内容を，著者の興味の赴くままに解説したものである．なるべく予備知識を仮定せずに，最初の詳しい定義から始めているが，その内容の選定にはかなり偏りがあるし，また，この分野の標準的な教科書をめざしているわけでもない．たとえば本書ではヘッケ作用素の理論は全く解説していない．また表現論的な取り扱いも一切していない．もちろん整数論におけるヘッケ作用素の理論の重要性は言うまでもない．しかし，それを抜きにしても，保型形式論には語るべきことが数多くあるので，最初からヘッケ作用素や保型的 L 関数については述べないという方針で本書を組み立てたのである．したがって齋藤・黒川リフトの理論についても，構成は一般のレベルで述べたが，あえて L 関数の関係などは省略した．これはやや画竜点睛を欠く嫌いはあるが，ご容赦願いたい．その代わりに，テータ定数やテータ関数，保型的微分作用素，およびその応用として得られる保型形式環の例などについては比較的詳しく取り上げた．また分数ウェイトの保型形式，および不定符号2次形式のテータ関数やゼータ関数など，これまであまり本の形では取り上げられてこなかった内容を盛り込んでみた．

　以上については，今までどこにも書かれていないと思われる新しい内容も含まれている．たとえば，一変数のテータ関数に関する乗法因子の公式を一般の $SL(2,\mathbb{Z})$ の元に対して記述してある文献は，筆者はほかに知らない．エータ関数についても同様のことが書いてある本はあまりないと思う．不定符号2次形式に対してジーゲルの定義したゼータ関数が実は知られている関数で書けるという結果も，はっきり書いてある文献は他に知らない（この結果は，IV 型領域の保型形式の次元公式に応用できる）．以上でも，その他の点でも，証明などは，なるべく具体的な記述を心掛け，できる限り細部の技術的な計算も省略しないで述べるようにしたつもりである．これらの計算の細部が何かでお役に立つこともあるのではないかと祈念している．また章の順序は必ずしも論理的な順序にそっているわけでもないので，読者の好みに応じて，各章を独立に，また一部分だけでも読むことは可能であるかと思う．いろいろな事情で，導

入部分以外はあまり詳しく述べられなかったり，他からの引用で済ませた箇所も少なくないが，これは引用してある文献を参照する手がかりと思っていただければ幸いである．文献については，直接本書に引用されていないものでも，潜在的，ないしは心理的に関係があると判断したものは挙げておいた．しかし，もとより完全を期したものではない．

　本書を構想して，書き始めてから長い年月がたってしまった．この間，辛抱強く遅筆の筆者の執筆を待ち続けてくれた共立出版の赤城圭氏に大変感謝している．また同じく共立出版の大越隆道氏と三浦拓馬氏にも出版に際して大変お世話になった．完成の段階で，原稿を読み，数々のミスプリントを指摘してくれた水野義紀氏と林田秀一氏にも感謝する．

2018 年 4 月
著者しるす

目 次

第1章 ジーゲル保型形式の基礎　　1
1. 領域と群と保型因子 …………………………………… 1
2. ジーゲル上半空間 ……………………………………… 3
3. 群の生成元 ……………………………………………… 6
4. 保型因子 ………………………………………………… 19
   - 4.1　一般の保型因子 ………………………………… 19
   - 4.2　実際的な保型因子と保型形式 ………………… 20
5. $Sp(n,\mathbb{Z})$ の通約群 …………………………………… 22
6. フーリエ展開 …………………………………………… 24
7. Koecher 原理 …………………………………………… 26
8. カスプ形式の定義 ……………………………………… 29
9. 内積とノルム …………………………………………… 33

第2章 ジーゲル保型形式とテータ関数　　41
1. ポアソンの和公式 ……………………………………… 41
   - 1.1　ヒルベルト空間とフーリエ級数 ……………… 41
   - 1.2　ポアソンの和公式 ……………………………… 43
2. テータ関数と多重調和多項式 ………………………… 44
   - 2.1　テータ関数 ……………………………………… 44
3. 多重調和多項式を係数に持つテータ関数 …………… 51
   - 3.1　2次形式 ………………………………………… 51
   - 3.2　多重調和多項式 ………………………………… 54
   - 3.3　テータ関数の構成 ……………………………… 55
4. テータ関数とテータ定数 ……………………………… 60
   - 4.1　テータ関数の変換公式 ………………………… 60
   - 4.2　生成元の作用 …………………………………… 63

4.3	別証明	65
4.4	ガウスの和の公式	72
4.5	$\kappa(M)$ の公式	80
4.6	デデキントのエータ関数	87

第3章　ジーゲル保型形式上の微分作用素　103

1. 問題の設定 ... 104
2. ジーゲル保型形式と微分作用素 ... 107
3. 微分作用素と多重調和多項式上の表現 ... 120
   - 3.1 多重調和多項式への作用とテンソル ... 120
   - 3.2 テンソルについての復習 ... 124
4. 具体的な微分作用素の例 ... 126
   - 4.1 場合 (I) で $r = 2$ のとき ... 126
   - 4.2 具体例：場合 (II) ... 138
   - 4.3 $r \geq 3$ の例 ... 154
5. 微分の簡単な公式集 ... 158

第4章　ヤコービ形式の理論　162

1. ヤコービ形式の導入 ... 162
   - 1.1 スカラー値のヤコービ形式 ... 162
   - 1.2 ベクトル値ヤコービ形式 ... 169
   - 1.3 テータ展開 ... 170
   - 1.4 Koecher 原理 ... 177
   - 1.5 半整数ウェイトのジーゲル保型形式とヤコービ形式 ... 178
2. 一般ベクトル値ヤコービ形式 ... 194
   - 2.1 定義 ... 194
   - 2.2 両者の関係 ... 196
3. ヤコービ形式のテイラー展開と微分作用素 ... 202

第5章　1変数のアイゼンシュタイン級数　208

1. アイゼンシュタイン級数とその展開 ... 208
2. フーリエ展開 ... 210
3. 正則なアイゼンシュタイン級数 ... 215
4. 合同部分群のカスプの代表 ... 222

第6章　分数ウェイトの保型形式　　228

1. Γ の実数ウェイトの保型因子と乗法因子 228
2. $SL_2(\mathbb{R})$ の被覆群 229
   - 2.1 被覆群の定義と上半平面上の正則関数への作用 229
   - 2.2 $SL_2(\mathbb{R})$ の部分群 Γ の保型因子と被覆群の関係 230
3. 保型形式の定義 230
   - 3.1 カスプの定義 230
   - 3.2 正則保型形式の定義とフーリエ展開 231
4. $\Gamma(N)$ の分数ウェイトの保型形式 235
   - 4.1 構成 235
   - 4.2 $\Gamma(N)$ の乗法因子と $SL_2(\mathbb{Z})$ の作用 241
5. 分数ウェイトの保型形式のなす環 250
   - 5.1 保型形式の次元公式 250
   - 5.2 保型形式のなす環の具体例 260
   - 5.3 $N=9$ について 272
   - 5.4 $N=11$ 278

第7章　不定符号 2 次形式のゼータ関数と実解析的保型形式　　281

1. テータ関数とガウスの和 281
2. 2 次形式のジョルダン分解とレベル 299
   - 2.1 ジョルダン分解 299
   - 2.2 レベルについての考察 307
3. テータ関数の平均値とゼータ関数 311
   - 3.1 指標の公式 311
   - 3.2 テータ関数の平均値とジーゲル公式 315
   - 3.3 ゼータ関数の定義とジーゲル公式 318
   - 3.4 ゼータ関数の具体的な公式 329
   - 3.5 非原始的な指標とガウスの和 330
   - 3.6 フーリエ展開の具体形とゼータ関数の計算 338
   - 3.7 2 次形式のガウスの和 348
4. 大域的なまとめ 357
5. 2 次形式の種と体積に関するジーゲル公式 366
6. 具体的な体積とゼータ関数の実例 371

第8章 保型形式の構成 — 378

1. アイゼンシュタイン級数(収束の証明) ... 378
2. テータ定数による構成 ... 388
3. 保型形式環 ... 390
4. 1変数の保型形式環 ... 391
5. 1次のヤコービ形式の構造定理の例 ... 396
6. 2次のジーゲル保型形式環 ... 410
7. 齋藤・黒川リフト ... 418
8. 具体的なリフトの例 ... 430
   - 8.1 レベル1のリフトの例 ... 430
   - 8.2 レベルによるリフトの違い ... 431
   - 8.3 レベル2のリフトの例 ... 434
9. 微分作用素による構成 ... 442

参考文献 — 449
索引 — 465

記　号

　$\mathbb{C}, \mathbb{R}, \mathbb{Q}, \mathbb{Z}, \mathbb{Q}_p, \mathbb{Z}_p$ は普通通り，それぞれ，複素数体，実数体，有理数体，有理整数環，p 進数体，p 進整数環を表す．その他の記号の主な物は以下の通りである．

δ_{ij}	クロネッカーのデルタ記号
$M_{mn}(R)$	係数を R にもつ m 行 n 列の行列の集合
$M_n(R)$	係数を R にもつ m 次正方行列の集合
$GL_n(R), GL(n,R)$	$g \in M_n(R)$ かつ $g^{-1} \in M_n(R)$ となる元の集合
$SL_n(R), SL(n,R)$	$\{g \in M_n(R); \det(g) = 1\}$.
$Sp(n,R)$	n 次の（$2n$ 次行列の）シンプレクティック群
H_n	n 次のジーゲル上半空間
$Sym_n(R)$	R に成分を持つ n 次対称行列の集合
Γ_n	ジーゲルモジュラー群
$A_\rho(\Gamma), A_\rho(\Gamma, \mu)$	ウェイト ρ の離散群 Γ に関するジーゲル保型形式の空間および乗法因子 (multiplier) μ 付きのもの
$S_\rho(\Gamma), S_\rho(\Gamma, \mu)$	ウェイト ρ の離散群 Γ に関するジーゲルカスプ形式の空間および乗法因子 μ 付きのもの
$A_k(\Gamma)$	ウェイト k の離散群 Γ に関するジーゲル保型形式の空間
$S_k(\Gamma)$	ウェイト k の離散群 Γ に関するジーゲルカスプ形式の空間
$\theta_m(\tau, z)$	テータ指標 m のテータ関数
$\theta_m(\tau)$	テータ指標 m のテータ定数
$\kappa(M)$	テータ変換公式の乗法因子
$\{f, g\}_\nu$	Rankin-Cohen 括弧 (bracket)
$\{F_1, F_2, F_3, F_4\}$ など	Rankin-Cohen 型微分作用素
$\Gamma_n^{(n,l)}$	ヤコービモジュラー群
$\Gamma^{(n,l)}, \Gamma^J$	ヤコービ群の離散群

x　記　号

$J_{k,M}(\Gamma^{(n,l)})$　　　　　$\Gamma^{(n,l)}$ に関するウェイト k, 指数 M のヤコービ形式の空間

$J_{k,M}^{\mathrm{cusp}}(\Gamma^{(n,l)})$　　　　$\Gamma^{(n,l)}$ に関するウェイト k, 指数 M のヤコービカスプ形式の空間

$f_{\mathfrak{a}}(z,w,P)$　　　　　不定符号 2 次形式のテータ関数

$\zeta(s,S)$　　　　　　　不定符号 2 次形式のジーゲルゼータ関数

$\gcd(l,m,n)$　　　　　l, m, n の最大公約数

1

ジーゲル保型形式の基礎

　本章では有界対称領域の典型例であるジーゲル上半空間の保型形式の入門的な解説を行うことを目的とする.

1. 領域と群と保型因子

　複素空間 $\mathbb{C}^n$ の部分集合 D を考える. D は領域 (連結開集合) としておく. D から D の上への双正則写像全体は群をなす. これを $Aut(D)$ と書くことにする. 空間への作用がある以上, 空間上の関数にも作用がある. たとえば, V を $\mathbb{C}$ 上の有限次元ベクトル空間とし, $\mathrm{Hol}(D,V)$ で D 上の V-値の (つまり V に値をとる) 正則関数の全体のなす $\mathbb{C}$ 上のベクトル空間を表すとする (これはもちろん一般に無限次元の空間である). 更に, $f \in \mathrm{Hol}(D,V)$ と $g \in Aut(D)$ に対して, $f^g(Z) = f(gZ)$ で新しい関数 f^g を定義すると, これももちろん $\mathrm{Hol}(D,V)$ の元である. ここで $f^{g_1 g_2}(Z) = f(g_1 g_2 Z)$, $f^{g_1}(Z) = f(g_1 Z)$, $f(g_1 g_2 Z) = f^{g_1}(g_2 Z) = (f^{g_1})^{g_2}(Z)$ であるから,

$$f(Z) \to f^g(Z) = f(gZ)$$

は $Aut(D)$ の, 空間 $\mathrm{Hol}(D,V)$ への右からの作用を与えている. さて, このような作用をもっと一般化することを考えよう. G を $Aut(D)$ の部分群として, $G \times D$ 上の D について正則な $GL(V)$-値の関数 $J(g,Z)$ を考える. ここで $GL(V)$ は V の $\mathbb{C}$ 上の線形自己同型のなす群を表し, $GL(V)$-値というのは, $J(g,Z)^{-1}$ も Z について正則ということを仮定している. このような関数があれば, $f \in \mathrm{Hol}(D,V)$ のとき, $J(g,Z)^{-1} f(gZ)$ も $\mathrm{Hol}(D,V)$ の関数である. そこでこのような関数 $J(g,Z)$ をひとつ固定したとき, 任意の $f \in \mathrm{Hol}(D,V)$ に対して

$$(f|_J[g])(Z) = J(g,Z)^{-1} f(gZ) \tag{1.1}$$

と書くことにしよう. もちろん, このように定義しても, これが G の $\mathrm{Hol}(D,V)$ 上の作用を与えるとは限らない. しかし, 特に $f|_J[g]$ が G の $\mathrm{Hol}(D,V)$ への作用を与え

るときには，J を G の D 上の保型因子と呼ぶ．$J(g,Z)$ が保型因子になるための条件を，具体的に書いてみよう．$f \in \mathrm{Hol}(D,V)$ に対し，

$$(f|_J[g_1g_2])(Z) = J(g_1g_2,Z)^{-1}f(g_1g_2Z)$$
$$((f|_J[g_1])|_J[g_2])(Z) = J(g_2,Z)^{-1}(f|_J[g_1])(g_2Z)$$

また (1.1) で Z を g_2Z, g を g_1 として，

$$(f|_J[g_1])(g_2Z) = J(g_1,g_2Z)^{-1}f(g_1g_2Z)$$

である．よって，任意の $f \in \mathrm{Hol}(D,V)$ で $f|_J[g_1g_2] = (f|_J[g_1])|_J[g_2]$ が成立するための必要十分条件は，(たとえば f として D から V の基底のベクトルそれぞれへの定数写像などをとって，条件を比較してみれば) $J(g_1g_2,Z)^{-1} = J(g_2,Z)^{-1}J(g_1,g_2Z)^{-1}$ すなわち

$$J(g_1g_2,Z) = J(g_1,g_2Z)J(g_2,Z) \tag{1.2}$$

が成り立つことである．これを保型因子のコサイクル条件ということがある．本書で述べる D 上の V 値保型形式 f というのは，おおざっぱに言って，f は $\mathrm{Hol}(D,V)$ の元であって，適当な離散群 $\Gamma \subset Aut(D)$ と Γ 上の保型因子 J をとるとき，上の作用で不変な関数，つまりすべての $\gamma \in \Gamma$ について $f|_J[\gamma] = f$ となる関数のことである．これは $\Gamma \backslash D$ の幾何学と密接にかかわっているばかりではなく，ゼータ関数という数論的な関数のもとにもなっており，整数論で重要な関数である．通常，J を f のウェイトと呼ぶ．

一般に $Aut(D)$ の部分群 G の保型因子は $Aut(D)$ の保型因子まで拡張できるとは限らない．たとえば半整数ウェイトや分数ウェイトと呼ばれるような保型因子は，G をそれなりに小さくとらない限りは存在しない．しかし，単に $Aut(D)$ 全体の保型因子を部分群に制限した保型因子のみを考えることも多い．これで大概の理論はうまくいくからである．

これから考える保型形式論では十分豊富な保型形式が存在するためには，$Aut(D)$ が比較的大きい方が都合がよい．このような領域として，典型的なものは有界対称領域と呼ばれる領域であり，その正則自己同型群の連結成分は実半単純リー群の連結成分からなっている．ここでは有界対称領域の定義は述べないが，有界対称領域は E. Cartan により分類されており，基本的なものは 6 種類ある．本書では，主として，このうちで，III 型の領域とも呼ばれている，もっとも典型的なジーゲル上半空間を取り扱う．

2. ジーゲル上半空間

ジーゲル上半空間は

$$H_n = \{Z = {}^tZ \in M_n(\mathbb{C}); Z = X + iY, X, Y \in M_n(\mathbb{R}), Y > 0\}$$

で定義される．ここで $M_n(\mathbb{C})$ は複素数を成分にもつ n 次正方行列の集合であり，i は虚数単位である．また X, Y は定義により，実対称行列である．$Y > 0$ は実対称行列 Y が正定値であることを表す．念のために定義を説明すると，Y が正定値というのは任意の実ベクトル $x \in \mathbb{R}^n$ に対して，${}^txYx \geq 0$ であり，かつ ${}^txYx = 0$ となるのは $x = 0$ のときに限ることを言う．あるいは Y は固有値がすべて正となる実対称行列といっても同じである．任意の $x \in \mathbb{R}^n$ について ${}^txSx \geq 0$ となる実対称行列 S のことを半正定値という．正定値ならばもちろん半正定値であるが，違いは，単に半正定値ならば $x \neq 0$ でも ${}^txSx = 0$ となるかもしれないという点にある．あるいは半正定値というのは，固有値がすべて正または0の実対称行列といってもよい．2つの実対称行列 S_1, S_2 について，$S_1 - S_2$ が正定値のときに，$S_1 > S_2$ と書く．また $S_1 - S_2$ が半正定値であることを $S_1 \geq S_2$ と書くこともある．$Z \in H_n$ に対して，$Z = X + iY$ ($X, Y \in M_n(\mathbb{R})$) と書くとき，X を Z の実部，Y を Z の虚部といい，それぞれ $\mathrm{Re}(Z)$, $\mathrm{Im}(Z)$ と書くことがある．

この領域 H_n は明らかに有界ではない．しかしこれは有界な領域と（双正則）同値なので，これを有界対称領域の典型例と呼んでもおかしくない．実際 $Z \in H_n$ に対して，あとで見るように実は $Z + i1_n \in H_n$ は正則行列であるが，とりあえずこれを認めて，$W = (Z + i1_n)^{-1}(Z - i1_n)$ とおくと，この W 全体の集合が有界な集合になる．これを見ておこう．まず ${}^tW = W$ である．実際 Z は対称行列であるから，${}^tW = (Z - i1_n)(Z + i1_n)^{-1}$ であるが，$(Z - i1_n)(Z + i1_n) = (Z + i1_n)(Z - i1_n)$ は明らかであるから ${}^tW = W$ である．さて，このとき，$1_n - W\overline{W} = 1_n - W{}^t\overline{W}$ は正定値エルミート行列である．実際，

$$\begin{aligned}
&1_n - W{}^t\overline{W} \\
&= 1_n - (Z + i1_n)^{-1}(Z - i1_n)(\overline{Z} + i1_n)(\overline{Z} - i1_n)^{-1} \\
&= (Z + i1_n)^{-1}\Big((Z + i1_n)(\overline{Z} - i1_n) - (Z - i1_n)(\overline{Z} + i1_n)\Big)(\overline{Z} - i1_n)^{-1} \\
&= 4(Z + i1_n)^{-1} Y \overline{{}^t(Z + i1_n)^{-1}}
\end{aligned}$$

であるが，ここで Y は正定値実対称行列であるから，正定値エルミート行列でもあり，よって，最後の式も正定値エルミート行列である．ゆえに $1_n - W{}^t\overline{W}$ が正定値エル

ミート行列になり，この行列の対角成分はみな正であるから，$W = (w_{ij})$ とすると，$1 > \sum_{j=1}^n w_{ij} \overline{w_{ij}}$ であり，よって $|w_{ij}| < 1$ である．すなわち W 全体の集合は有界である．また以上を逆にたどれば，このような W と H_n が 1 対 1 に対応することも容易に示せる．たとえば $n=1$ ならばこの写像により H_1 は単位円の内部 $\{z \in \mathbb{C}; |z| < 1\}$ と同値になる．リーマンの写像定理により，単連結な 1 次元複素多様体は，複素平面 $\mathbb{C}$，リーマン球 $P^1(\mathbb{C})$，および単位円の内部のどれかと同値なことが知られているから，少なくともこの場合には H_1 が典型的な例というのは了解されるものと思う．

次に H_n の正則自己同型を考えるために，シンプレクティック群を導入する．1_n を n 次単位行列として，

$$J_n = J = \begin{pmatrix} 0 & -1_n \\ 1_n & 0 \end{pmatrix}$$

とおくとき，

$$Sp(n, \mathbb{R}) = \{g \in M_{2n}(\mathbb{R}); gJ\,{}^t g = J\}$$

で定義される集合を考える．この集合が行列の普通の積について群になることは容易に証明される．これを n 次のシンプレクティック群 (または斜交群) という．この g の条件は $g^{-1} = J\,{}^t g J^{-1}$ という条件だと思うとわかりやすい．もちろん，$g^{-1}g = gg^{-1} = 1_n$ であるから，$gJ\,{}^t g = J$ という条件は $J^2 = -1_n$ に注意すれば ${}^t g J g = J$ という条件と同値であり，よって，$g \in Sp(n, \mathbb{R})$ ならば ${}^t g \in Sp(n, \mathbb{R})$ でもある．$g \in Sp(n, \mathbb{R})$ を $g = \begin{pmatrix} A & B \\ C & D \end{pmatrix} \in Sp(n, \mathbb{R})$ $(A, B, C, D \in M_n(\mathbb{R}))$ と書いて，条件の式を書き下してみると，

$$A\,{}^t D - B\,{}^t C = 1_n, \qquad A\,{}^t B = B\,{}^t A, \qquad C\,{}^t D = D\,{}^t C$$

といっても同じである．また

$$g^{-1} = J^{-1}\,{}^t g J = \begin{pmatrix} {}^t D & -{}^t B \\ -{}^t C & {}^t A \end{pmatrix}$$

であり，$g^{-1}g = 1_n$ から，条件は

$${}^t D A - {}^t B C = 1_n, \qquad {}^t D B = {}^t B D, \qquad {}^t C A = {}^t A C$$

といっても同じである．特に $n = 1$ ならば，以上の条件で $A\,{}^t B = B\,{}^t A$ と $C\,{}^t D = D\,{}^t C$ は当たり前であり，実質的に残る条件は $A\,{}^t D - B\,{}^t C = 1$ のみである．つまり，$Sp(1, \mathbb{R})$ は特殊線形群

$$SL_2(\mathbb{R}) = \{g \in M_2(\mathbb{R}); \det(g) = 1\}$$

と同じものである．なお，あとで見るように，一般に $g \in Sp(n, \mathbb{R})$ ならば $\det(g) = 1$ となる．

H_1 の正則自己同型は，複素関数論でよく知られているように $SL_2(\mathbb{R})$ による一次分数変換として得られる（証明はたとえば，[28, p. 188] など）．一般の H_n に対しては以下の命題のように $Sp(n, \mathbb{R})$ に関する「1 次分数変換」を考えればよい．

1.1 [命題] 任意の $Z \in H_n$ と
$$g = \begin{pmatrix} A & B \\ C & D \end{pmatrix} \in Sp(n, \mathbb{R})$$
に対して，$\det(CZ + D) \neq 0$ である．また $gZ = (AZ + B)(CZ + D)^{-1}$ とおくと，これは複素対称行列であり
$$\mathrm{Im}(gZ) = {}^t(C\overline{Z} + D)^{-1} Y (CZ + D)^{-1}$$
である．特に $\mathrm{Im}(gZ) > 0$ である．すなわち $gZ \in H_n$ となる．

証明 $2iY = (\overline{Z}, 1_n) J \begin{pmatrix} Z \\ 1_n \end{pmatrix}$ より，$2iY = (\overline{Z}, 1_n) {}^t g J g \begin{pmatrix} Z \\ 1_n \end{pmatrix}$．よって，
$$2iY = \begin{pmatrix} \overline{Z}{}^t A + {}^t B & \overline{Z}{}^t C + {}^t D \end{pmatrix} \times \begin{pmatrix} 0 & -1_n \\ 1_n & 0 \end{pmatrix} \times \begin{pmatrix} AZ + B \\ CZ + D \end{pmatrix}$$
$$= -(\overline{Z}{}^t A + {}^t B)(CZ + D) + (\overline{Z}{}^t C + {}^t D)(AZ + B).$$

よって，ある $\xi \in \mathbb{C}^n$ に対して $(CZ + D)\xi = 0$ ならば，$2i {}^t\overline{\xi} Y \xi = 0$ であるが，ここで $Y > 0$ より，$\xi = 0$ となる．よって $CZ + D$ は正則行列となるから $\det(CZ + D) \neq 0$ であり，前半は証明された．後半は，
$$0 = (Z, 1_n) J \begin{pmatrix} Z \\ 1_n \end{pmatrix} = (Z, 1_n) {}^t g J g \begin{pmatrix} Z \\ 1_n \end{pmatrix}$$
$$= -(Z {}^t A + {}^t B)(CZ + D) + (Z {}^t C + {}^t D)(AZ + B)$$
より，${}^t(gZ) - gZ = 0$．また前述の $2iY$ の式に，${}^t(C\overline{Z} + D)^{-1}, (CZ + D)^{-1}$ を左右から掛けて
$$ {}^t(C\overline{Z} + D)^{-1} Y (CZ + D)^{-1} = \frac{1}{2i}(gZ - {}^t\overline{gZ}) = \mathrm{Im}(gZ). \tag{1.3}$$
よって $\mathrm{Im}(gZ)$ は正定値である． ∎

特に J に対して，この命題を適用すると，たとえば任意の Z について $\det(Z) \neq 0$ であることがわかる．$Z \in H_n$ ならば $Z + i1_n \in H_n$ であるから前に使用した事実 $\det(Z + i1_n) \neq 0$ が証明される．

次に $Sp(n,\mathbb{R})$ で不変な体積要素を求めておく．$Z = X + iY \in H_n$ について，成分を $X = (x_{ij})$, $Y = (y_{ij})$ とし，$dX = \prod_{1 \leq i \leq j \leq n} dx_{ij}$, $dY = \prod_{1 \leq i \leq j \leq n} dy_{ij}$ とすると $\det(Y)^{-n-1} dX\, dY$ は $Z \to gZ$ ($g \in Sp(n,\mathbb{R})$) で不変な測度である．実際，$Z = (z_{ij})$ とすれば $dz_{ij}\overline{dz_{ij}} = 2dx_{ij}\,dy_{ij}$ であるから Z, $\overline{Z}$ で変換を考えてもよい．$W = gZ$ とおくと，$g = \begin{pmatrix} A & B \\ C & D \end{pmatrix}$ に対して $W(CZ+D) = AZ+B$，よって $Z = (z_{ij})$, $W = (w_{ij})$ に対して，$dW = (dw_{ij})$, $dZ = (dz_{ij})$ などとして，$(dW)(CZ+D) + WC\, dZ = A\, dZ$，ゆえに $dW(CZ+D) = (A - WC)(dZ)$．ここで

$$A - WC = A - {}^tWC = A - {}^t(CZ+D)^{-1}\,{}^t(AZ+B)C$$
$$= {}^t(CZ+D)^{-1}(Z\,{}^tCA + {}^tDA - Z\,{}^tAC + {}^tBC) = {}^t(CZ+D)^{-1}$$

より $dW = {}^t(CZ+D)^{-1}\, dZ\, (CZ+D)^{-1}$，また複素共役をとって，$d\overline{W} = {}^t(C\overline{Z}+D)^{-1}\, d\overline{Z}\, (C\overline{Z}+D)^{-1}$ となる．よって変換 $(Z, \overline{Z}) \to (W, \overline{W})$ の関数行列式は $|\det(CZ+D)|^{-2(n+1)}$ であり，

$$\det(\mathrm{Im}(gZ)) = |\det(CZ+D)|^{-2} \det(Y)$$

より，不変性を得る．

1.2 [命題] $Sp(n,\mathbb{R})$ は $Z \to gZ$ により H_n に作用する．H_n の解析的自己同型群は $Sp(n,\mathbb{R})/\{\pm 1_{2n}\}$ に等しい．

前半の証明は単なる行列計算であるから略する．後半部分の証明は面倒である（たとえば直接的な証明は Maass [131] 参照）．この本で実際にこの部分を使用する場面はないので，証明は省略する．

3. 群の生成元

あとで定義する保型形式は，$Sp(n,\mathbb{R})$ の離散部分群の作用で不変な関数であり，そこで具体的な離散部分群の性質が必要になることも多い．それで，本節では $Sp(n,\mathbb{R})$

の部分群をいくつか定義して，その生成元についての結果を述べる．一般に，単位可換環 R に対して，

$$Sp(n, R) = \{g \in M_{2n}(R); {}^t g J_n g = J_n\}$$

とおく．ただし J_n の定義において，1_n は対角成分を R の単位元とする対角行列としている．$Sp(n, R)$ が群になることは，$g^{-1} = J_n^{-1} {}^t g J_n \in M_n(R)$ から容易にわかる．$g \in Sp(n, R)$ ならば ${}^t g \in Sp(n, R)$ であるのは，$R = \mathbb{R}$ のときと同様である．$Sp(n, \mathbb{Z})$ のことをジーゲルモジュラー群という．

$$GL_n(R) = \{g \in M_n(R);\ g\text{ は正則で }g^{-1} \in M_n(R)\}$$

とおく．もちろんこれも群である．$g \in M_n(R)$ が $GL_n(R)$ の元であるためには $\det(g) \in R^\times$ が必要十分条件であるのは，線形代数の逆行列の公式により容易にわかる．ここで $R^\times$ は R の可逆元全体を表す．たとえば $R = \mathbb{Z}$ （有理整数のなす環）ならば，$\det(g) = \pm 1$ が必要十分条件である．

$U \in GL_n(R)$, $S = {}^t S \in M_n(R)$ とするとき，次の行列はみな群 $Sp(n, R)$ の元である．

$$J_n, \quad \begin{pmatrix} U & 0 \\ 0 & {}^t U^{-1} \end{pmatrix}, \quad \begin{pmatrix} 1_n & S \\ 0 & 1_n \end{pmatrix}. \tag{1.4}$$

$R \subset \mathbb{R}$ ならば，もちろん $Sp(n, R) = Sp(n, \mathbb{R}) \cap M_{2n}(R)$ である．ヘッケ理論などを考える場合は，もう少し大きい群を考える必要が生じることがあるので，次のような定義も広く用いられている．

$$GSp(n, \mathbb{R}) = \{g \in M_{2n}(\mathbb{R}); {}^t g J_n g = n(g) J_n,\ n(g) \in \mathbb{R}^\times\},$$
$$GSp^+(n, \mathbb{R}) = \{g \in GSp(n, \mathbb{R});\ n(g) > 0\}.$$

また $GSp(n, \mathbb{Q}) = GSp(n, \mathbb{R}) \cap M_{2n}(\mathbb{Q})$, $GSp^+(n, \mathbb{Q}) = GSp^+(n, \mathbb{R}) \cap M_{2n}(\mathbb{Q})$ とおく．

1.3 [練習問題] (1) $Sp(n, \mathbb{R})$ の元 g で $g(i1_n) = i1_n$ となるもの全体は

$$K = \left\{ \begin{pmatrix} A & B \\ -B & A \end{pmatrix};\ A + iB\text{ は }n\text{ 次ユニタリー行列} \right\}$$

となることを示せ．

(2) Y が正定値対称行列ならば $Y_1^2 = Y$ となる正定値対称行列 Y_1 が一意的に存在することを示せ．また，対角成分がみな正の下三角行列 $A \in GL_n(\mathbb{R})$ で $Y = A {}^t A$ とな

るものが存在することを示せ．また，任意の $B \in GL_n(\mathbb{R})$ に対し，実直交行列 P と対角成分がみな正の下三角行列 A で $B = AP$ となるものが一意的に存在することを示せ．

(3) $Z = X + iY \in H_n$ とする．A を対角成分が正の下三角行列で，$Y = A\,{}^tA$ となるものとし，
$$g_{A,Z} = \begin{pmatrix} A & X\,{}^tA^{-1} \\ 0 & {}^tA^{-1} \end{pmatrix}$$
とおくと，$g_{A,Z} \in Sp(n,\mathbb{R})$ であり，また $g_{A,Z}(i1_n) = Z$ であることを示せ．また $Sp(n,\mathbb{R})$ は H_n に推移的に作用することを示せ．とくに $Sp(n,\mathbb{R})$ の任意の元 g は，$g = g_{A,Z} \cdot k$ ($Z \in H_n$, $k \in K$) という形に一意的に表されることを示せ（これを岩澤分解という）．またこれを用いて，$\det(g) = 1$ となることを示せ．以上で，A の代わりに $Y_1^2 = Y$ となる正定値な Y_1 を用いても同じことが言えることを示せ．

1.4 ［練習問題］ 群 $Sp(n,\mathbb{R})$ は (1.4) の 3 種類の元 ($U \in GL_n(\mathbb{R})$, $S = {}^tS \in M_n(\mathbb{R})$) で生成されることを証明せよ．これを用いて，$g \in Sp(n,\mathbb{R})$ ならば，$\det(g) = 1$ となることを示せ．

群 $Sp(n,\mathbb{Z})$ の指数有限の部分群をいくつか定義する．N を任意の正整数とし，1_{2n} を $2n$ 次の単位行列とするとき，
$$\Gamma^{(n)}(N) = \{g \in Sp(n,\mathbb{Z}); \ g \equiv 1_{2n} \bmod N\},$$
$$\Gamma_0^{(n)}(N) = \left\{g = \begin{pmatrix} A & B \\ C & D \end{pmatrix} \in Sp(n,\mathbb{Z}); \ C \equiv 0 \bmod N\right\}$$
とおく．ここで $C \equiv 0 \bmod N$ というのは，行列 C の各成分が N で割れるという意味であり，また $g \equiv 1_{2n} \bmod N$ というのは，$g - 1_{2n} \equiv 0 \bmod N$ という意味である．文脈より明らかなときは，n を省略して $\Gamma(N)$, $\Gamma_0(N)$ と書く．前者を段 N（レベル N）の主合同部分群という．また $Sp(n,\mathbb{Z})$ の部分群 Γ で，ある N について $\Gamma(N)$ を含むものを，合同部分群という．これらの群についての指数や生成元などについて書いた文献が意外に少ないので，ここで性質をいくつかまとめて解説しておこう（ちなみに一般の代数群で，「標準的な」モジュラー群の指数有限の部分群は合同部分群になるか，という問題を合同部分群問題という．参考文献は [17] である）．

一般に整数ベクトル u に対して，その成分の最大公約数を $\gcd(u)$ と書くことにする．

1.5 ［命題］ 正整数 N と $u, v \in \mathbb{Z}^n$ について，$\gcd(v)$ は N と素と仮定する．この

とき，ある $\gamma \in \Gamma_0(N)$ で $(Nu, v)\gamma = (0, \ldots, 0, v_0)$ $(v_0 \in \mathbb{Z}, v_0 > 0)$ となるものが存在する．特に，$N = 1$ ならば，任意の $(u, v) \in \mathbb{Z}^{2n}$ に対し，$(u, v)\gamma = (0, \ldots, 0, v_0)$ $(v_0 > 0)$ となる $\gamma \in Sp(n, \mathbb{Z})$ が存在する．

証明 ここで述べる証明は，[9] の Lemma 6.2 の証明に近い．$n = 1$ ならばほとんど明らかなので，以下 $n \geq 2$ と仮定する．まず，必要ならば適当な整数で割っておいて，$\gcd((u, v)) = 1$ と仮定しておいても差し支えない．混乱を避けるために，$2n$ 次のベクトル (x, y) $(x, y \in \mathbb{Z}^n)$ を $(x; y)$ と書くことにする．$(Nu; v)$ に右から $\Gamma_0(N)$ の元を掛けても，$\gcd(v)$ が N と素という条件が保存されるのは明らかである．v に対し，ある $U \in GL_n(\mathbb{Z})$ が存在して，$vU = (0, \ldots, 0, q)$ $(q \in \mathbb{Z})$ となることはよく知られている．よって簡単のために

$$t(U) = \begin{pmatrix} {}^tU^{-1} & 0 \\ 0 & U \end{pmatrix}$$

と書くと，

$$(Nu; v)t(U) = (Nu_1, \ldots, Nu_n; 0_{n-1}, q)$$

となる $u_i \in \mathbb{Z}$ がある．ここで q も N と素である．よって $m = \gcd(u_n, q)$，$c_0 = -u_n/m$，$a_0 = q/m$ とすると，m は N と互いに素，また a_0 と Nc_0 は互いに素であり，$b_0, d_0 \in \mathbb{Z}$ で $a_0 d_0 - Nb_0 c_0 = 1$ となるものが存在する．よってここでさらに

$$\begin{pmatrix} 1_{n-1} & 0 & 0 & 0 \\ 0 & a_0 & 0 & b_0 \\ 0 & 0 & 1_{n-1} & 0 \\ 0 & Nc_0 & 0 & d_0 \end{pmatrix}$$

を右から掛けると $(Nu^*, 0; 0_{n-1}, m)$ $(u^* \in \mathbb{Z}^{n-1})$ となる．さらに $t(U), U = \begin{pmatrix} U_1 & 0 \\ 0 & 1 \end{pmatrix}$，$U_1 \in GL_{n-1}(\mathbb{Z})$ を右から掛けることにより，$u^* = (0_{n-2}, u_n^*)$ としておいてよい．さらに 2 次正則行列 X に対して $t_2(X)$ を

$$t_2(X) = \begin{pmatrix} 1_{n-2} & 0 & 0 & 0 \\ 0 & X & 0 & 0 \\ 0 & 0 & 1_{n-2} & 0 \\ 0 & 0 & 0 & {}^tX^{-1} \end{pmatrix}$$

と定義するとき，$X = \begin{pmatrix} 1 & -1 \\ 0 & 1 \end{pmatrix}$ のときに $t_2(X)$ を右から掛けると，$(0_{n-2}, Nu_n^*, -Nu_n^*; 0_{n-2}, m, m)$ を得る．もともと $\gcd(u, v) = 1$ と仮定してあったので，$\gcd(u_n^*, m) = 1$ であり，また m は N と互いに素であった．よって，$a_1 = -m$, $c_1 = u_n^*$ とおくと，$a_1 u_n^* + c_1 m = 0$ であり，a_1 と $c_1 N$ は互いに素，よって $a_1 d_1 - Nb_1 c_1 = 1$ となる整数 b_1, d_1 が存在する．よって

$$\begin{pmatrix} 1_{n-2} & 0 & 0 & 0 & 0 & 0 \\ 0 & a_1 & 0 & 0 & b_1 & 0 \\ 0 & 0 & a_1 & 0 & 0 & -b_1 \\ 0 & 0 & 0 & 1_{n-2} & 0 & 0 \\ 0 & Nc_1 & 0 & 0 & d_1 & 0 \\ 0 & 0 & -Nc_1 & 0 & 0 & d_1 \end{pmatrix}$$

をさらに右から掛けて，$(0_n; 0_{n-2}, -1, -1)$ の形になる．さらに $t_2\left(\begin{pmatrix} -1 & -1 \\ 0 & -1 \end{pmatrix}\right)$ を右から掛けて，$(0_n; 0_{n-1}, 1)$ を得る． ∎

$Sp(n, \mathbb{Q})$ の部分群 $B(\mathbb{Q})$ を

$$B(\mathbb{Q}) = \left\{ g = \begin{pmatrix} A & B \\ 0 & {}^t A^{-1} \end{pmatrix} ; A \text{ は下三角行列} \right\}$$

と定義する．また任意の整数 r で $0 \leq r \leq n-1$ なるものに対して，$Sp(n, \mathbb{Q})$ の部分群 $P_r(\mathbb{Q})$ を

$$P_r(\mathbb{Q}) = \left\{ g = \begin{pmatrix} A_1 & 0_{r, n-r} & B_1 & * \\ * & A_2 & * & * \\ C_1 & 0_{r, n-r} & D_1 & * \\ 0_{n-r, r} & 0_{n-r, n-r} & 0_{n-r, r} & {}^t A_2^{-1} \end{pmatrix} \in Sp(n, \mathbb{Q}) \right\} \quad (1.5)$$

で定義する．ただし，$0_{s,t}$ は s 行 t 列のゼロ行列，$A_1, B_1, C_1, D_1 \in M_r(\mathbb{Q})$，他のブロックはそれに応じて決まるサイズの行列としている．たとえば，$r = 0$ ならば

$$P_0(\mathbb{Q}) = \left\{ \begin{pmatrix} A & B \\ 0 & D \end{pmatrix} ; A, B, D \in M_n(\mathbb{Q}), \; A\,{}^t D = 1_n, \; A\,{}^t B = B\,{}^t A \right\}$$

である．$B(\mathbb{Q})$ はいわゆるボレル部分群（極小放物部分群ないしは極大可解部分群）というものになっている．また，$P_r(\mathbb{Q})$ は極大放物部分群の共役類の代表になっている．

本書では佐武コンパクト化の理論は述べないが，$\Gamma \subset Sp(n, \mathbb{Q})$ に対して，$P_r(\mathbb{Q})$ は $\Gamma \backslash H_n$ の佐武コンパクト化における $r(r+1)/2$ 次元のカスプの定義に用いられる．実際，$\Gamma \subset Sp(n, \mathbb{Q})$ のときには，$\Gamma \backslash H_n$ の佐武コンパクト化の $r(r+1)/2$ 次元の境界はダブルコセット $\Gamma \backslash Sp(n, \mathbb{Q})/P_r(\mathbb{Q})$ と 1 対 1 に対応している．

$GSp(n, \mathbb{Q})$ の部分集合を

$$\Delta_n(N) = \left\{ g = \begin{pmatrix} A & B \\ C & D \end{pmatrix} \in GSp(n, \mathbb{Q}) \cap M_{2n}(\mathbb{Z}); \ C \equiv 0 \bmod N \right\}$$

と定義する．

1.6 [系] (1) $Sp(n, \mathbb{Z})$ は，$R = \mathbb{Z}$ としたときの (1.4) の元で生成される．また，次の 3 種類の元でも生成される．

$$u(S_1) = \begin{pmatrix} 1_n & S_1 \\ 0 & 1_n \end{pmatrix}, \qquad t(U) = \begin{pmatrix} U & 0 \\ 0 & {}^tU^{-1} \end{pmatrix}, \qquad v(S_2) = \begin{pmatrix} 1_n & 0 \\ S_2 & 1_n \end{pmatrix},$$

ただし U, S_i は $U \in GL_n(\mathbb{Z})$, $S_i = {}^tS_i \in M_n(\mathbb{Z})$ となる任意の元を動く．

(2) $\Gamma_0^{(n)}(4)$ は

$$u(S_1), \qquad t(U), \qquad v(4S_2) \qquad (U \in GL_n(\mathbb{Z}),\ S_i = {}^tS_i \in M_n(\mathbb{Z})) \qquad (1.6)$$

の 3 種類の元で生成される．

(3) $Sp(n, \mathbb{Q}) = Sp(n, \mathbb{Z}) \cdot B(\mathbb{Q})$（半直積）

(4) $g \in \Delta_n(N)$ かつ $n(g)$ が N と素とすると，ある $\gamma \in \Gamma_0(N)$ が存在して，$\gamma g \in P_0(\mathbb{Q}) \begin{pmatrix} 1_n & 0 \\ 0 & n(g)1_n \end{pmatrix}$ となる．

証明 次の関係式，

$$\begin{pmatrix} 0 & 1_n \\ -1_n & 0 \end{pmatrix} = \begin{pmatrix} 1_n & 1_n \\ 0 & 1_n \end{pmatrix} \begin{pmatrix} 1_n & 0 \\ -1_n & 1_n \end{pmatrix} \begin{pmatrix} 1_n & 1_n \\ 0 & 1_n \end{pmatrix},$$

$$\begin{pmatrix} 1_n & 0 \\ S & 1_n \end{pmatrix} = -\begin{pmatrix} 0 & -1_n \\ 1_n & 0 \end{pmatrix} \begin{pmatrix} 1_n & -S \\ 0 & 1_n \end{pmatrix} \begin{pmatrix} 0 & -1_n \\ 1_n & 0 \end{pmatrix}$$

により，(1) の 2 種類の生成元に関する主張は同値である．さて，(1), (2) ともにまず $n = 1$ のときに証明し，その後，一般の場合は命題 1.5 を用いて証明する．今，行列

$\begin{pmatrix} 1 & s \\ 0 & 1 \end{pmatrix}$ $(s \in \mathbb{Z})$, J_1, および $\pm 1_2$ で生成される 2 次行列のなす群を Γ' とすると,

$$\begin{pmatrix} 1 & 0 \\ s & 1 \end{pmatrix} = -\begin{pmatrix} 0 & -1 \\ 1 & 0 \end{pmatrix}\begin{pmatrix} 1 & -s \\ 0 & 1 \end{pmatrix}\begin{pmatrix} 0 & -1 \\ 1 & 0 \end{pmatrix}$$

よりこれも Γ' に入る. さて, $Sp(1,\mathbb{Z}) = SL_2(\mathbb{Z})$ であるが, $SL_2(\mathbb{Z}) = \Gamma'$ を示したい. $g = \begin{pmatrix} a & b \\ c & d \end{pmatrix} \in SL_2(\mathbb{Z})$ とするとき, $c = 0$ ならば明らかに Γ' の元である. $c \neq 0$ ならば, $|a| > |c|$ または $|a| < |c|$ のときは, それぞれに応じて, $\begin{pmatrix} 1 & s \\ 0 & 1 \end{pmatrix}$ または $\begin{pmatrix} 1 & 0 \\ s & 1 \end{pmatrix}$ を左から掛けて, $\max(|a|,|c|)$ を減らすことができる. $|a| = |c|$ のときは, a と c は互いに素なので, $|a| = |c| = 1$ であり, 同じ変換で $s = \pm 1$ として, $c = 0$ にすることができる. いずれにせよ, Γ' の元を掛けることにより, $\max(|a|,|c|) = 0$ となるが, 行列式が 1 という条件より, $(a,c) = (\pm 1, 0)$, または $(0, \pm 1)$ となり, これらはそれぞれ, $\pm \begin{pmatrix} 1 & s \\ 0 & 1 \end{pmatrix}$ または $\pm J_1 \begin{pmatrix} 1 & s \\ 0 & 1 \end{pmatrix}$ の形であるから, Γ' の元であり, よって $\Gamma' = SL_2(\mathbb{Z})$ が示された.

次に $\Gamma_0^{(1)}(4)$ を考える. このときは, $g = \begin{pmatrix} a & b \\ 4c & d \end{pmatrix} \in \Gamma_0^{(1)}(4)$ として, $c = 0$ ならば主張は正しい. よって必要なら -1_2 を掛けて, $c > 0$ としておく. 右から $\begin{pmatrix} 1 & s \\ 0 & 1 \end{pmatrix}$ を掛けて $|d| \leq 2c$ としてよい. さらに右から $\begin{pmatrix} 1 & 0 \\ 4s & 1 \end{pmatrix}$ を掛けて, $4c$ を $4c_1$ に取り換えると, c_1 は $\bmod d$ で決まるから, $|c_1| \leq |d|/2$ としてよいが $ad - 4bc_1 = 1$ より d は奇数であり, ゆえに, $|c_1| < |d|/2 \leq |c|$ である. したがって, $|c|$ の絶対値が小さくなるので, これを繰り返して, $c = 0$ としてもよい. よって証明された.

さて, 一般の次数の場合の証明であるが, まず命題 1.5 の証明で使用された行列のうちで, 直接, 今の生成元にはいっていないものは $\begin{pmatrix} a_i & b_i \\ c_i & d_i \end{pmatrix}$ の形を一部に含んでいる行列だけである. しかしこれらは $n = 1$ における生成元の証明により, 実はすべて命題に主張する生成元で生成されている. 実際, たとえば

$$\begin{pmatrix} 1_n & 0 \\ S & 1_n \end{pmatrix}, \quad \begin{pmatrix} 1_{n-1} & 0 & 0 & 0 \\ 0 & -1 & 0 & 0 \\ 0 & 0 & 1_{n-1} & 0 \\ 0 & 0 & 0 & -1 \end{pmatrix}, \quad \begin{pmatrix} 1_n & T \\ 0 & 1_n \end{pmatrix},$$

$$S = \begin{pmatrix} 0_{n-1} & 0 \\ 0 & s \end{pmatrix}, \quad T = \begin{pmatrix} 0_{n-1} & 0 \\ 0 & t \end{pmatrix}$$

の形の元で

$$\begin{pmatrix} 1_{n-1} & 0 & 0 & 0 \\ 0 & a & 0 & b \\ 0 & 0 & 1_{n-1} & 0 \\ 0 & c & 0 & d \end{pmatrix}, \quad ad - bc = 1$$

の形の元が生成されることは $n = 1$ の結果から明らかである(ただし $Sp(n, \mathbb{Z})$ か $\Gamma_0^{(n)}(4)$ かに応じて, $s, c \in \mathbb{Z}$ または $s, c \in 4\mathbb{Z}$ とする).

$$\begin{pmatrix} 1_{n-2} & 0 & 0 & 0 & 0 & 0 \\ 0 & a & 0 & 0 & b & 0 \\ 0 & 0 & 1 & 0 & 0 & 0 \\ 0 & 0 & 0 & 1_{n-2} & 0 & 0 \\ 0 & c & 0 & 0 & d & 0 \\ 0 & 0 & 0 & 0 & 0 & 1 \end{pmatrix}, \quad ad - bc = 1$$

の元についても, 同様に $u(S_1), t(U), v(S_2)$ の形の元で生成される. 以上により, $N = 1$ または $N = 4$ において, (1.4) または (1.6) の生成元で生成される群を Γ' または Γ'_4 とすると, いずれの場合にも $g \in Sp(n, \mathbb{Z})$ または $g \in \Gamma_0^{(n)}(4)$ に対して, $\gamma \in \Gamma'$ または $\gamma \in \Gamma'_4$ を適当に選んで, $g\gamma$ の第 $2n$ 行が $(0_n; 0_{n-1}, 1)$ となるようにできる. このとき, $C = \begin{pmatrix} C_1 & c_2 \\ 0 & 0 \end{pmatrix}, D = \begin{pmatrix} D_1 & d_2 \\ 0_{n-1} & 1 \end{pmatrix}$ とおけば, $C^t D$ が対称行列であることより, $c_2 = 0$ であることがわかり, また $A^t D - B^t C = 1_n$ より, $A = \begin{pmatrix} A_1 & a_2 \\ a_3 & 1 \end{pmatrix}$ となる. ここで, $^t AC$ が対称であることより, $A = \begin{pmatrix} A_1 & 0_{n-1} \\ * & 1 \end{pmatrix}$ となる. つまり

$$g = \begin{pmatrix} A_1 & 0 & B_1 & * \\ * & 1 & * & * \\ C_1 & 0 & D_1 & * \\ 0 & 0 & 0 & 1 \end{pmatrix}$$

となった．ここで $\begin{pmatrix} A_1 & B_1 \\ C_1 & D_1 \end{pmatrix} \in Sp(n-1,\mathbb{Z})$ または $\Gamma_0^{(n-1)}(4)$ であるから，以下帰納法を用いると，最終的には $P_0(\mathbb{Q}) \cap M_{2n}(\mathbb{Z})$ の元に帰着し，これは明らかに命題で主張する生成元で生成されるから，よって証明された．

(3) の証明はほとんど同様である．すなわち，$u \in \mathbb{Q}^{2n}$ を $g \in Sp(n,\mathbb{Q})$ の第 $2n$ 行として，$u = cv, \gcd(v) = 1$ としておくと，$\gamma \in Sp(n,\mathbb{Z})$ で $v\gamma = (0_n; 0_{n-1}, 1)$ となるものが存在する．前と同様，$n-1$ のときに帰着していけば，最終的に $B(\mathbb{Q})$ の元に到達する．よって，$Sp(n,\mathbb{Q}) = B(\mathbb{Q})Sp(n,\mathbb{Z})$．両辺の逆行列をとって，$Sp(n,\mathbb{Q}) = Sp(n,\mathbb{Z})B(\mathbb{Q})$ でもある．

(4) は，$g = \begin{pmatrix} A & B \\ NC & D \end{pmatrix} \in \Delta_n(N)$ の第 $2n$ 行を (Nu, v) とする．このとき，$D\,{}^tA - C\,{}^tB = n(g)1_n$ より $v\,{}^tA - Nu\,{}^tB = (0,\ldots,0,n(g))$．よって，$\gcd(v)$ が N と互いに素でなければ，$n(g)$ も N と互いに素でなくなり，矛盾する．よって，(Nu, v) は命題 1.5 の仮定を満たし，ゆえに $(Nu, v)\gamma = (0_n, 0_{n-1}, v_0)$ となるゼロでない $v_0 \in \mathbb{Z}$ が存在する．よって，前と同様に，$g\gamma \in P_{n-1}(\mathbb{Q}) \begin{pmatrix} 1_n & 0 \\ 0 & n(g)1_n \end{pmatrix}$ となる．以下帰納法で命題の主張は証明される． ∎

1.7 [練習問題] $\Gamma^{(n)}(2)$ は $u(S_1)$, $t(U)$, $v(S_2)$ ($S_1 \equiv S_2 \equiv 0 \bmod 2$, $U \equiv 1_n \bmod 2$) で生成されることを証明せよ．

N を任意の正の整数とすると，$\mathbb{Z}$ から $\mathbb{Z}/N\mathbb{Z}$ 自然な準同型により，$Sp(n,\mathbb{Z})$ から $Sp(n,\mathbb{Z}/N\mathbb{Z})$ への群準同型写像が定義される．

1.8 [補題] (1) 上記の自然な写像は，群の同型

$$Sp(n,\mathbb{Z})/\Gamma(N) \cong Sp(n,\mathbb{Z}/N\mathbb{Z})$$

を与える．

(2) N の素因数分解を $N = p_1^{e_1} p_2^{e_2} \cdots p_r^{e_r}$ と書くとき,

$$Sp(n, \mathbb{Z}/N\mathbb{Z}) \cong \prod_{i=1}^{r} Sp(n, \mathbb{Z}/p^{e_i}\mathbb{Z})$$

となる.

証明 (1) は $Sp(n, \mathbb{Z})$ から $Sp(n, \mathbb{Z}/N\mathbb{Z})$ への写像の核が $\Gamma(N)$ であることは明らかだから, 全射であることだけ, 証明すればよい. $Sp(n, \mathbb{Z})$ の元 γ の $Sp(n, \mathbb{Z}/N\mathbb{Z})$ での像を $\bar{\gamma}$ と書き, $Sp(n, \mathbb{Z})$ の像を $\bar{\Gamma}$ と書くことにする. $g = \begin{pmatrix} A & B \\ C & D \end{pmatrix} \in Sp(n, \mathbb{Z}/N\mathbb{Z})$ とし, g の第 $2n$ 行を $(\bar{u}, \bar{v})$ $(\bar{u}, \bar{v} \in (\mathbb{Z}/N\mathbb{Z})^n)$ とする. (u, v) を $(\bar{u}, \bar{v}) \in (\mathbb{Z}/N\mathbb{Z})^{2n}$ の $\mathbb{Z}$ での代表とする. 補題 1.5 を $\Gamma_0(1) = Sp(n, \mathbb{Z})$ に適用すれば, ある $\gamma \in Sp(n, \mathbb{Z})$ が存在して, $(u, v)\gamma = (0_{2n-1}, v_0)$ となる. ここで $\mathbb{Z}/N\mathbb{Z}$ 内で $\det(g) = 1$ であることより, v_0 は N と素である. よって, $g\bar{\gamma} = \begin{pmatrix} A_0 & B_0 \\ C_0 & D_0 \end{pmatrix}$ とすると, $A_0\,{}^t D_0 - B_0\,{}^t C_0 = 1_n$, $C_0\,{}^t D_0 = D_0\,{}^t C_0$, ${}^t C_0 A_0 = {}^t A_0 C_0$ より,

$$g\bar{\gamma} = \begin{pmatrix} A_1 & 0 & B_1 & * \\ * & v_0^{-1} & * & * \\ C_1 & 0 & D_1 & * \\ 0 & 0 & 0 & v_0 \end{pmatrix} \in Sp(n, \mathbb{Z}/N\mathbb{Z})$$

の形になることがわかる. ここで $\begin{pmatrix} A_1 & B_1 \\ C_1 & D_1 \end{pmatrix} \in Sp(n-1, \mathbb{Z}/N\mathbb{Z})$ になるので, 帰納法により, $\bar{\Gamma}$ の適当な元 $\overline{\gamma_0}$ を g に掛けることにより,

$$g\overline{\gamma_0} = \begin{pmatrix} A' & B' \\ 0 & {}^t A'^{-1} \end{pmatrix}$$

(A' は下三角行列で $\det(A')$ は N と素) であるとしてよい. ここでさらに $\det(A')$ が 1 になるようにしたい. そこで, a を $a \det(A') \equiv 1 \bmod N$ となる任意の整数とすると, a は N と素だから $ad - Nbc = 1$ となる整数 b, c, d が存在し,

$$\begin{pmatrix} a & 0 & b & 0 \\ 0 & 1_{n-1} & 0 & 0 \\ Nc & 0 & d & 0 \\ 0 & 0 & 0 & 1_{n-1} \end{pmatrix} \in Sp(n, \mathbb{Z})$$

であるから，これを $g\bar{\gamma}_0$ に掛けたものを $g\bar{\gamma}_1$ とすると $\det(A')$ の部分を $(\mathbb{Z}/N\mathbb{Z}$ 内で) 1 にすることができる．さて，$SL_n(\mathbb{Z})$ から $SL_n(\mathbb{Z}/N\mathbb{Z})$ への自然な写像は全射であることが容易にわかる．実際，たとえば $SL_n(\mathbb{Z}/N\mathbb{Z})$ のある元の $M_n(\mathbb{Z})$ での代表を U とする．単因子論より，適当な $U_1, U_2 \in SL_n(\mathbb{Z})$ に対して，$U_1 U U_2$ が対角行列になるようにできる．ここで $\det(U_1 U U_2) = \det(U) \equiv 1 \bmod N$ であるから，対角成分はみな N と素である．しかし，$a, b \in \mathbb{Z}$ かつ a が N と素と仮定すると，$ax + Ny = 1$ となる $x, y \in \mathbb{Z}$ をとるとき

$$\begin{pmatrix} x & y \\ -N & a \end{pmatrix} \begin{pmatrix} a & 0 \\ 0 & b \end{pmatrix} \begin{pmatrix} 1 & -by \\ 0 & 1 \end{pmatrix} = \begin{pmatrix} ax & Ny^2 b \\ -aN & ab \end{pmatrix} \equiv \begin{pmatrix} 1 & 0 \\ 0 & ab \end{pmatrix} \bmod N.$$

よって帰納法により，対角行列 $U_1 U U_2$ は $SL_n(\mathbb{Z})$ の元を両側から掛けることにより 1_n と $\bmod N$ で合同なものに変形できる．よって全射が示された．これにより，$g\bar{\gamma}$ の対角ブロック $\begin{pmatrix} A' & 0 \\ 0 & {}^t A'^{-1} \end{pmatrix}$ は $\bar{\Gamma}$ で生成され，また $\begin{pmatrix} 1_n & \bar{S} \\ 0 & 1_n \end{pmatrix}$ ($\bar{S} = {}^t\bar{S} \in M_n(\mathbb{Z}/N\mathbb{Z})$) の形の $Sp(n, \mathbb{Z}/N\mathbb{Z})$ の元は，$\bar{S}$ の $M_n(\mathbb{Z})$ での対称行列での代表 S をとれば $\begin{pmatrix} 1_n & S \\ 0 & 1_n \end{pmatrix}$ の像であるから，よって，$Sp(n, \mathbb{Z}/N\mathbb{Z})$ の元は $\bar{\Gamma}$ に含まれる．よって両者は等しい．

(2) は，$\mathbb{Z}/N\mathbb{Z} \cong \prod_{i=1}^r \mathbb{Z}/p_i^{e_i}\mathbb{Z}$ なる環の同型があること，および $g \in M_{2n}(R)$ ($R = \mathbb{Z}/N\mathbb{Z}$ または $\mathbb{Z}/p_i^{e_i}\mathbb{Z}$) の元がシンプレクティック群の元であるための条件が成分の間の代数的な関係であることより，明らかである． ∎

1.9 [補題] 群の位数については，次の等式が成り立つ．

$$\#(SL(n, \mathbb{Z}/N\mathbb{Z})) = N^{n^2-1} \prod_{\substack{p \mid N \\ (p \text{ は素数})}} \prod_{k=2}^n (1 - p^{-k}),$$

$$\#(Sp(n, \mathbb{Z}/N\mathbb{Z})) = N^{n(2n+1)} \prod_{p \mid N} \prod_{k=1}^n (1 - p^{-2k}).$$

証明 前と同様 N の素因数分解を $N = p_1^{e_1} \cdots p_r^{e_r}$ とするとき，

$$SL(n, \mathbb{Z}/N\mathbb{Z}) \cong \prod_{i=1}^r SL(n, \mathbb{Z}/p_i^{e_i}\mathbb{Z})$$

が容易にわかるので，$N = p^e$ (p は素数) の場合を考えればよい．任意の正整数 q に対して，$\Gamma_q = \{g \in SL(n, \mathbb{Z}); g \equiv 1_n \bmod q\}$ とおくと，$\Gamma_p / \Gamma_{p^e} \subset SL(n, \mathbb{Z})/\Gamma_{p^e} \cong$

$SL(n,\mathbb{Z}/p^e\mathbb{Z})$ であるが,

$$(SL(n,\mathbb{Z})/\Gamma_{p^e})/(\Gamma_p/\Gamma_{p^e}) \cong SL(n,\mathbb{Z})/\Gamma_p \cong SL(n,\mathbb{Z}/p\mathbb{Z}).$$

$SL(n,\mathbb{Z}/p\mathbb{Z})$ の位数は $GL(n,\mathbb{Z}/p\mathbb{Z})$ の位数を $\#((\mathbb{Z}/p\mathbb{Z})^\times) = p-1$ で割れば得られる. $GL(n,\mathbb{Z}/p\mathbb{Z})$ の位数は, 体 $\mathbb{Z}/p\mathbb{Z}$ 上の n 次元ベクトル空間の n 個の独立な順序を込めたベクトルの組の個数であり, これはよく知られているように $(p^n-1)(p^n-p)\cdots(p^n-p^{n-1})$ である. 実際, n 個のベクトルの選び方は, まず最初にゼロベクトル以外のベクトル e_1 をとるのが p^n-1 個, この e_1 の生成する空間の元の個数が p であり, e_1 と独立なものは, e_1 の生成するベクトル以外のベクトルの個数だから, p^n-p 個, などと繰り返して, これらの個数を掛け合わせればよい. よって, $\#(SL(n,\mathbb{Z}/p\mathbb{Z})) = p^{n^2-1}\prod_{k=2}^n(1-p^{-k})$ である. 次に Γ_p/Γ_{p^e} を考える. $1_n + pA_1 = (1_n + pA_2)(1_n + p^e A_3)$ となるのは $A_1 \equiv A_2 \bmod p^{e-1}$ と同値である. よって, このような同値類は $p^{n^2(e-1)}$ 個あることになる. よって, $\overline{\Gamma}_q = \{g \in GL(n,\mathbb{Z}/q\mathbb{Z}); g \equiv 1_n \bmod q\}$ とすると, $\#(\overline{\Gamma}_p/\overline{\Gamma}_{p^e}) = p^{n^2(e-1)}$ である. しかし $\det(1_n + pA_i) \equiv 1 \bmod p^e$ という条件を考慮に入れる必要がある. $(1+p\mathbb{Z})/(1+p^e\mathbb{Z})$ の代表 $1+pa$ の個数は p^{e-1} 個であり,

$$\begin{pmatrix} 1+pa & 0 \\ 0 & 1_{n-1} \end{pmatrix}$$

を掛けることにより, $\overline{\Gamma}_p$ の元は行列式が $\bmod p^e$ で 1 にすることができるので, その差は p^{e-1}, つまり

$$\#(\Gamma_p/\Gamma_{p^e}) = p^{n^2(e-1)-(e-1)} = p^{(n^2-1)(e-1)}.$$

よって, 最初の等式を得る. 次に, $(u,v) \in \mathbb{Z}^{2n}$ が原始的なベクトル, つまり成分の最大公約数が 1 のベクトルとする. このとき命題 1.5 により, $(u,v)\gamma = (0_n; 0_{n-1}, v_0)$ $(v_0 > 0)$ となる $\gamma \in Sp(n,\mathbb{Z})$ が存在するが, $\det(\gamma) = 1$ でかつ, ベクトルは原始的としているから, $v_0 = 1$ である. $(u,v) = (0_n, 0_{n-1}, 1)\gamma^{-1}$ と書き換えると, (u,v) は γ^{-1} の第 $2n$ 行である. よって, $\mathbb{Z}^{2n}$ の任意の原始的なベクトルは $Sp(n,\mathbb{Z})$ の元の第 $2n$ 行になりうる. もちろん逆に $Sp(n,\mathbb{Z})$ の任意の元 γ の第 $2n$ 行は γ の行列式が 1 だから原始的である. さて, 以上により $g_1 \in Sp(n,\mathbb{Z}/N\mathbb{Z})$ と $g_2 \in Sp(n,\mathbb{Z}/N\mathbb{Z})$ の第 $2n$ 行が同じならば, 同じ $Sp(n,\mathbb{Z}/N\mathbb{Z})$ の元 γ に対して, $g_1\gamma$ および $g_2\gamma$ の第 $2n$ 行がともに $(0_n, 0_{n-1}, 1)$ であるとしてよい. 第 $2n$ 行が $(0_n, 0_{n-1}, 1)$ の $Sp(n,\mathbb{Z}/N\mathbb{Z})$

の元 g_0 は，既に何度か述べているように

$$g_0 = \begin{pmatrix} A_1 & 0 & B_1 & * \\ * & 1 & * & * \\ C_1 & 0 & D_1 & * \\ 0 & 0 & 0 & 1 \end{pmatrix}$$

となっている．ここで，

$$g_0 = \begin{pmatrix} A_1 & 0 & B_1 & 0 \\ 0 & 1 & 0 & 0 \\ C_1 & 0 & D_1 & 0 \\ 0 & 0 & 0 & 1 \end{pmatrix} \begin{pmatrix} 1_{n-1} & 0 & 0 & {}^t\mu \\ \lambda & 1 & \mu & \kappa \\ 0 & 0 & 1_{n-1} & -{}^t\lambda \\ 0 & 0 & 0 & 1 \end{pmatrix},$$

ただし $\begin{pmatrix} A_1 & B_1 \\ C_1 & D_1 \end{pmatrix} \in Sp(n-1, \mathbb{Z}/N\mathbb{Z})$, $\lambda, \mu \in (\mathbb{Z}/N\mathbb{Z})^{n-1}$, $\kappa \in \mathbb{Z}/N\mathbb{Z}$

と分解されるので，その個数は $N^{2n-1} \times \#(Sp(n-1, \mathbb{Z}/N\mathbb{Z}))$ である．また $(\mathbb{Z}/N\mathbb{Z})^{2n}$ のベクトルが $\mathbb{Z}^{2n}$ の原始的なベクトルの $\bmod N$ として得られるための条件は，

$$(\mathbb{Z}/N\mathbb{Z})^{2n} \cong \prod_{i=1}^{r} (\mathbb{Z}/p_i^{e_i}\mathbb{Z})^{2n}$$

と分解したときに，どの成分も $(p\mathbb{Z}/p^{e_i}\mathbb{Z})^{2n}$ の元ではないことである．このような $(\mathbb{Z}/N\mathbb{Z})^{2n}$ の元は，

$$\prod_{i=1}^{r} (p^{2ne_i} - p^{2n(e_i-1)}) = \prod_{i=1}^{r} p^{2ne_i}(1 - p_i^{-2n}) = N^{2n} \prod_{p|N} (1 - p^{-2n})$$

である．これを前の結果とあわせて，

$$\#(Sp(n, \mathbb{Z}/N\mathbb{Z})) = N^{4n-1} \prod_{p|N} (1 - p^{-2n}) \#(Sp(n-1, \mathbb{Z}/N\mathbb{Z})).$$

よって，

$$\#(Sp(n, \mathbb{Z}/N\mathbb{Z})) = N^{2n^2+n} \prod_{p|N} \prod_{k=1}^{n} (1 - p^{-2k})$$

となる． ∎

1.10 [練習問題] N を任意の正整数とするとき，$\Gamma_0^{(n)}(4N)$ は $\Gamma_0^{(n)}(16N)$ と $\begin{pmatrix} 1_n & 0 \\ 4S & 1_n \end{pmatrix}$ ($S = {}^t S \in M_n(\mathbb{Z})$) で生成されることを証明せよ．

1.11 [練習問題] N を任意の正整数とするとき，$Sp(n,\mathbb{Z})$ の部分群 $\Gamma^0(N)$ を次で定義する．

$$\Gamma^0(N) = \left\{ g = \begin{pmatrix} A & B \\ C & D \end{pmatrix} \in Sp(n,\mathbb{Z}); B \equiv 0 \bmod N \right\}$$

このとき，$\Gamma_0(N)$ は $\Gamma_0(N) \cap \Gamma^0(N)$ と $\begin{pmatrix} 1_n & S \\ 0 & 1_n \end{pmatrix}$ $(S = {}^tS \in M_n(\mathbb{Z}))$ で生成されることを証明せよ．

1.12 [練習問題] 群 $SL_n(\mathbb{Z}/N\mathbb{Z})$ は，対角成分がみな 1 の上三角行列と，対角成分がみな 1 の下三角行列で生成されることを証明せよ．$Sp(n,\mathbb{Z}/N\mathbb{Z})$ について同様の問題を考えよ．

4. 保型因子

4.1 一般の保型因子

H_n 上の正則関数全体に $Sp(n,\mathbb{R})$ の部分群 Γ が作用するような，なるべく一般的な状況を考えたい．

例：k を整数とするとき

$$f(Z) \to \det(CZ+D)^{-k} f(gZ), \qquad g = \begin{pmatrix} A & B \\ C & D \end{pmatrix} \in Sp(n,\mathbb{R})$$

は $Sp(n,\mathbb{R})$ の作用である．実際，$i=1,2$ に対して $g_1 = \begin{pmatrix} A_i & B_i \\ C_i & D_i \end{pmatrix} \in Sp(n,\mathbb{R})$ をとり，$g = g_1 g_2 = \begin{pmatrix} A & B \\ C & D \end{pmatrix}$ とすると

$$(C_1 g_2(Z) + D_1)(C_2 Z + D_2) = C_1(A_2 Z + B_2) + D_1(C_2 Z + D_2)$$
$$= (C_1 A_2 + D_1 C_2)Z + (C_1 B_2 + D_1 D_2) = CZ + D$$

となるから，明らかである．

しかし，一般にはこのような作用を群 $Sp(n,\mathbb{R})$ 全体で定義される部分と Γ に依存する部分に分けて考えたい．またスカラー値（$\mathbb{C}$ に値をとるもの）だけではなくてベクトル値の関数も考えたい．よって，次の状況を考える．

(1) $J(g, Z)$ は $Sp(n, \mathbb{R}) \times H_n$ 上の $GL_d(\mathbb{C})$ 値な関数で Z について正則.

(2) μ は Γ 上の $GL_{d'}(\mathbb{C})$ 値な関数.

(3) H_n 上の $M_{dd'}(\mathbb{C})$ 値な正則関数 $f(Z)$ 全体の空間に対して

$$f(Z) \to J(\gamma, Z)^{-1} f(\gamma Z) \mu(\gamma)$$

が群 Γ の作用になる.

以上のような状況があるとすると,すなわち,$Sp(n, \mathbb{R}) \times H_n$ 上の関数 $J(g, Z)$ と Γ 上の関数 $\mu(\gamma)$ が上の (1), (2), (3) を満たすとすると,必要なら定数倍取り換えることにより次が成り立つ(証明は作用の定義通りの式を書けばすぐわかる).

Γ の $\mathbb{C}^\times$ に値を持つ 2-cocycle $c(\gamma_1, \gamma_2)$ があって,

$$J(\gamma_1, \gamma_2 Z) J(\gamma_2, Z) = c(\gamma_1, \gamma_2) J(\gamma_1 \gamma_2, Z)$$
$$\mu(\gamma_1 \gamma_2) = c(\gamma_1, \gamma_2) \mu(\gamma_1) \mu(\gamma_2)$$

ただし,ここで 2-cocycle というのは,$\Gamma \times \Gamma$ 上の $\mathbb{C}^\times$ 値関数で

$$c(\gamma_1 \gamma_2, \gamma_3) c(\gamma_1, \gamma_2) = c(\gamma_1, \gamma_2 \gamma_3) c(\gamma_2, \gamma_3),$$
$$c(1, 1) = 1$$

を満たすもののことをいう.

これにより,たとえば μ は Γ の射影表現であることがわかる.ただし射影表現というのは Γ から $PGL_{d'}(\mathbb{C}) = GL_{d'}(\mathbb{C})/\{\mathbb{C}^\times 1_{d'}\}$ への準同型という意味である.

このような J と μ の組 (J, μ) を Γ の保型因子と呼ぶ(このように説明されている本はあまり無いように思うが,このように定義するのが一般論としてはよいように思う).通常 μ を乗法因子 (multiplier) という.一般的に言えば J と μ を分離して別々の保型因子と考えることはできないし,Γ の保型因子は Γ に特有のものであり,一般にはこれを含む大きい群まで延長することはできない(たとえば,第 6 章で説明する分数ウェイトの保型因子など).

4.2 実際的な保型因子と保型形式

以下,本書では,分数ウェイトの保型形式の章を除いては,常に,もっとわかりやすい,次のような通常の保型因子のみを考える.ρ を $GL_n(\mathbb{C})$ の(有限次元の)既約有理表現とする.また μ を Γ の(既約とはかぎらない)有限次元表現とする.表現の次数はそれぞれ d, d' としておく.このとき $J(g, Z) = \rho(CZ + D)$ とおくと,組 (J, μ)

は Γ の保型因子である．一番簡単なものは，$\rho(g) = \det(g)^k$ （k は整数），μ が単位表現の場合であり，この場合をウェイト k の保型因子という．ここで，注意として，実際問題として μ の核 $\mathrm{Ker}(\mu)$ が Γ 内で指数有限の部分群でないと，その保型因子による作用で不変な関数は，保型形式と呼ぶにはふさわしくない．たとえば例を挙げると [103] では $SL_2(\mathbb{Z})$ の作用で不変な 2 階の微分方程式の解から，上半平面上の関数で $SL_2(\mathbb{Z})$ の自然な作用による表現空間を構成しているが，これらの解は古典的な意味での保型形式ではない．もちろんこのような例は別に微分方程式を用いなくてもいくらでも作れる．実際 $f(\tau)$ を $SL_2(\mathbb{Z})$ のウェイト $k+1$ の保型形式，つまり

$$f(\gamma\tau) = (c\tau + d)^{k+1} f(\tau)$$

で適当な正則性を満たすものとし，

$$F(\tau) = \begin{pmatrix} \tau f(\tau) \\ f(\tau) \end{pmatrix}$$

とすると，$\gamma = \begin{pmatrix} a & b \\ c & d \end{pmatrix}$ に対して

$$F(\gamma\tau) = \begin{pmatrix} (a\tau+b)(c\tau+d)^{-1} f(\gamma\tau) \\ f(\gamma\tau) \end{pmatrix}$$
$$= \begin{pmatrix} (a\tau+b)(c\tau+d)^k f(\tau) \\ (c\tau+d)^{k+1} f(\tau) \end{pmatrix} = (c\tau+d)^k \begin{pmatrix} a & b \\ c & d \end{pmatrix} F(\tau)$$

となる．しかしこのようなものは保型形式とは呼ばないのが普通である．

よって以下，$\mathrm{Ker}(\mu)$ は Γ の指数有限の部分群と仮定する．また群 Γ としては $Sp(n,\mathbb{R})$ の離散群で，$\mathrm{vol}(\Gamma\backslash H_n) := \int_{\Gamma\backslash H_n} \det(Y)^{-(n+1)} dX\,dY < \infty$ のものだけを考える．ただし，Y を $Z \in H_n$ の虚部として，$dX\,dY = \prod_{i\leq j} dx_{ij}\,dy_{ij}$ とした．

1.13 [定義] ここでは，とりあえず $n>1$ と仮定しておく．H_n 上の $M_{dd'}(\mathbb{C})$ に値をとる H_n 上の正則関数 f がすべての $\gamma \in \Gamma$ に対して，

$$f(\gamma Z) = \rho(CZ+D) f(Z) \mu(\gamma)^{-1}$$

を満たすとき，f を Γ のウェイト ρ，乗法因子 μ の正則ジーゲル保型形式という．

このような保型形式のなす空間を $A_\rho(\Gamma,\mu)$ と書くことにする（ちなみに $n=1$ ならば各カスプで正則という条件が必要だが，この条件については定義 1.18 で解説する）．

5. $Sp(n, \mathbb{Z})$ の通約群

ジーゲルモジュラー群 $Sp(n,\mathbb{Z})$ の指数有限の部分群よりも少し広い概念として，$Sp(n,\mathbb{Z})$ と「通約的」な離散群という概念がある．「通約的」の定義は次で与えられる．

1.14 [定義] 群 G の部分群 H と K が通約的 (commensurable) というのは，群 $H \cap K$ が H および K の指数有限の部分群であることをいう．

少し一般的な易しい補題を示しておく．

1.15 [補題] 一般に H, K, G_1, G_2, G_3 を群 G の部分群する．

(1) G_2 を G_1 の指数有限部分群と仮定する．このとき，$G_2 \cap K$ は $G_1 \cap K$ 内で指数有限である．

(2) H が G 内で指数有限とすると，K 内で $H \cap K$ は指数有限である．またこのとき，H の部分群 N で G 内で指数有限かつ G の正規部分群となるものが存在する．

(3) G の部分群が通約的という条件は，同値関係である．特に，G_1 と G_2 が通約的で，かつ G_2 と G_3 が通約的ならば，G_1 は G_3 と通約的である．

証明 剰余類への分解を $G_1 \cap K = \coprod_{\lambda \in \Lambda}(G_2 \cap K)k_\lambda$ (disjoint) と書くと，$\lambda, \mu \in \Lambda$ に対して，$\lambda \neq \mu$ ならば，$k_\lambda k_\mu^{-1} \notin G_2 \cap K$ である．しかし $k_\lambda k_\mu^{-1} \in G_1 \cap K \subset K$ でもあるから，これは $k_\lambda k_\mu^{-1} \notin G_2$ を意味する．しかし，G_2 は G_1 内で指数有限で，$k_\lambda, k_\mu \in G_1$ だから Λ は有限集合である．よって，(1) は証明された．

(2) の最初の主張は $G \cap K = K$ により，$G_1 = G$, $G_2 = H$ のときに帰着する．次に，$G = \coprod_{i=1}^{l} Hg_i$ のとき，$N = \bigcap_{i=1}^{l}(g_i^{-1}Hg_i)$ とおくと，これが G 内で正規部分群であることは明らかである．また任意の i に対して，$g_i^{-1}Hg_i$ は $g_i^{-1}Gg_i = G$ の指数有限の部分群であり，また (2) の結果より，任意の整数 r で $1 \leq r \leq l-1$ なるものに対して，$\bigcap_{i=1}^{r+1} g_i^{-1}Hg_i$ は $\bigcap_{i=1}^{r} g_i^{-1}Hg_i$ の指数有限の部分群である．よって N は G 内で指数有限であり，$N \subset H$ であるから，N は H の指数有限部分群でもある．よって (2) は証明された．

(3) は仮定により $[G_1 : G_1 \cap G_2] < \infty$, $[G_2 : G_2 \cap G_3] < \infty$ であるが，(1) により，$K = G_1$ として，後者の不等式に適用すれば，$[G_1 \cap G_2 : G_1 \cap G_2 \cap G_3] < \infty$ である．よって，前者の不等式の条件により $[G_1 : G_1 \cap G_2 \cap G_3] < \infty$ であるが，これは $[G_1 : G_1 \cap G_3][G_1 \cap G_3 ; G_1 \cap G_2 \cap G_3]$ に等しいので $[G_1 : G_1 \cap G_3] < \infty$ でもある． ∎

5. $Sp(n, \mathbb{Z})$ の通約群

ジーゲルモジュラー群では，たとえば次のことが成り立つ．

1.16 [補題]　(1) $g \in Sp(n, \mathbb{Q})$ のとき，$Sp(n, \mathbb{Z})$ と $g^{-1}Sp(n, \mathbb{Z})g$ は通約的である．

(2) Γ_1, Γ_2 を $Sp(n, \mathbb{Z})$ と通約的な $Sp(n, \mathbb{R})$ の部分群とし，$g \in Sp(n, \mathbb{Q})$ とすると，$g^{-1}\Gamma_1 g$ と Γ_2 は通約的である．

証明　今，$g \in Sp(n, \mathbb{Q})$ を一つ固定する．もしある自然数 N に対して，$g^{-1}\Gamma(N)g \in Sp(n, \mathbb{Z})$ であるならば，

$$g^{-1}\Gamma(N)g \subset Sp(n, \mathbb{Z}) \cap g^{-1}Sp(n, \mathbb{Z})g \subset g^{-1}Sp(n, \mathbb{Z})g.$$

しかし，$[g^{-1}Sp(n, \mathbb{Z})g : g^{-1}\Gamma(N)g] = [Sp(n, \mathbb{Z}) : \Gamma(N)] < \infty$ であるから，

$$[g^{-1}Sp(n, \mathbb{Z})g : g^{-1}Sp(n, \mathbb{Z})g \cap Sp(n, Z)] < \infty$$

も得られる．ゆえに g を一つ固定するとき，$g^{-1}\Gamma(N)g \in Sp(n, \mathbb{Z})$ となる自然数 N が存在することを示す．$\Gamma(N)$ の元は一般に $1_{2n} + Nh$ ($h \in M_{2n}(\mathbb{Z})$) と書ける．よって $g^{-1}(1_{2n} + Nh)g = 1_{2n} + N(g^{-1}hg)$ であり，ここで g^{-1} と g の成分の分母全体の公倍数を N_1 として $N = N_1^2$ とおけば，$N(g^{-1}hg)$ は任意の $h \in M_{2n}(\mathbb{Z})$ に対して，整数行列である．よって，$g^{-1}(1_{2n} + NM_{2n}(\mathbb{Z}))g \in M_{2n}(\mathbb{Z})$ となり，ゆえに $g^{-1}\Gamma(N)g \in Sp(n, \mathbb{Z})$ となる．よって (1) が示された．(2) は $g^{-1}\Gamma_1 g$ と $g^{-1}Sp(n, \mathbb{Z})g$, $g^{-1}Sp(n, \mathbb{Z})g$ と $Sp(n, \mathbb{Z})$, $Sp(n, \mathbb{Z})$ と Γ_2 が通約的であることから，通約性が同値関係であることより従う． ■

さらに，次のことが成り立つ．任意の環 R に対して，

$$N(R) = \left\{ \begin{pmatrix} 1_n & S \\ 0 & 1_n \end{pmatrix} ; S \in M_n(R), S = {}^tS \right\}$$

とおく．$M_n(R)$ 内の対称行列全体のなす R 上の加群を $Sym_n(R)$ と書く．$Sp(n, \mathbb{Z})$ と通約的な $Sp(n, \mathbb{R})$ の部分群 Γ に対して，

$$L = \left\{ X \in M_n(\mathbb{R}) ; \begin{pmatrix} 1_n & X \\ 0 & 1_n \end{pmatrix} \in N(\mathbb{R}) \cap \Gamma \right\}$$

と L を定める．

1.17 [補題] Γ が $Sp(n,\mathbb{Z})$ と通約的とする．このとき L は $Sym_n(\mathbb{Q})$ の格子である．すなわち L は $Sym_n(\mathbb{Q})$ の $\mathbb{Z}$ 上の自由部分加群で，$Sym_n(\mathbb{Q})$ の $\mathbb{Q}$ 上の基底を含む．

証明 仮定により，Γ 内で $Sp(n,\mathbb{Z}) \cap \Gamma$ は指数有限だから，$N(\mathbb{R}) \cap \Gamma$ 内で $N(\mathbb{R}) \cap \Gamma \cap Sp(n,\mathbb{Z})$ も指数有限である．$[N(\mathbb{R}) \cap \Gamma : N(\mathbb{R}) \cap \Gamma \cap Sp(n,\mathbb{Z})] = r$ とすると，任意の $g \in N(\mathbb{R}) \cap \Gamma$ に対して，$\{1, g, g^2, \ldots, g^r\}$ のうち，どれか 2 つは同じ $\Gamma \cap Sp(n,\mathbb{Z})$ の剰余類である．よって $1 \le l \le r$ となる整数 l があって $g^l \in N(\mathbb{R}) \cap \Gamma \cap Sp(n,\mathbb{Z})$ となる．すなわち $X \in L$ ならば $r!X \in Sym_n(\mathbb{Z})$ になる．ゆえに $L \subset (r!)^{-1} Sym_n(\mathbb{Z})$．よって $L \subset Sym_n(\mathbb{Q})$ であり，また自由加群でもある．一方

$$[N(\mathbb{Z}) : \Gamma \cap N(\mathbb{Z})] = [Sp(n,\mathbb{Z}) \cap N(\mathbb{Z}) : \Gamma \cap Sp(n,\mathbb{Z}) \cap N(\mathbb{Z})]$$

も指数有限であるから，L は $Sym_n(\mathbb{Z})$ の指数有限の部分加群を含む．ゆえに格子である． ∎

以下，本書では Γ はすべて $Sp(n,\mathbb{Z}) = Sp(n,\mathbb{R}) \cap M_{2n}(\mathbb{Z})$ と通約的と仮定する．このほかの離散群としては，不定符号 4 元数環からつくられる離散群と通約的な系列などがある．しかし，$Sp(n,\mathbb{Z})$ と通約的なもの以外は，カスプの様子などがかなり違っていて，記述が異なってくるので，本書では省略する．

6. フーリエ展開

$Sp(n,\mathbb{Q})$ の部分群 Γ が $Sp(n,\mathbb{Z})$ と通約的と仮定する．また ρ を $GL(n,\mathbb{C})$ の有限次元有理表現，μ を Γ の有限次元表現で，$\mathrm{Ker}(\mu)$ は Γ 内で指数有限としておく．$f(Z) \in A_\rho(\Gamma, \mu)$ とする．Γ の元で

$$u(X) = \begin{pmatrix} 1_n & X \\ 0 & 1_n \end{pmatrix}$$

のかたちのもの全体は群をなす．Γ は $Sp(n,\mathbb{Z})$ と通約的としたから，このような X 全体のなす加群 L は n 次有理対称行列全体のなすベクトル空間 $Sym_n(\mathbb{Q})$ に含まれる格子となることは前節に見たとおりである．次に μ を乗法因子とし，$\Gamma_0 = \mathrm{Ker}(\mu)$ とすると Γ_0 は Γ 内で指数有限と仮定していた．よって，L の部分格子 L_0 で任意の $X \in L_0$ について $\mu(u(X)) = id.$ となるものが存在する．以上により，$f \in A_\rho(\Gamma, \mu)$ ならば，任意の $X \in L_0$ について $f(Z + X) = f(Z)$ である．任意の格子 L に対して

$$L^* = \{x \in Sym_n(\mathbb{Q}); \mathrm{Tr}(xy) \in \mathbb{Z} \text{ for all } y \in L\}$$

を L の双対格子 (dual lattice) という．たとえば $L_n = Sym_n(\mathbb{Q}) \cap M_n(\mathbb{Z})$ ならば L_n^* は n 次半整数対称行列（対角成分が整数でその他が $(1/2)\mathbb{Z}$ の元となる対称行列）の全体である．H_n 上の任意の $M_{dd'}(\mathbb{C})$ 値正則関数 f が L_0 による平行移動で不変なら，次のフーリエ展開を持つ．

$$f(Z) = \sum_{T \in L_0^*} a(T) e^{2\pi i \operatorname{Tr}(TZ)}. \tag{1.7}$$

ここで，$a(T)$ は $M_{dd'}(\mathbb{C})$ の元である．フーリエ展開がこのように書けるということは，$(e^{2\pi i z_{ij}})$ で H_n を移すことにより，H_n はラインハルト領域に移るが，ラインハルト領域でローラン展開が存在することにより示される．しかしここでは別の証明を述べておく．Z の実部 X に関して f が C^1 級であることと，実部に関する周期性により，フーリエ展開の一般論から，$f(Z)$ は

$$f(Z) = \sum_{T \in L_0^*} a(T, Y) e^{2\pi i \operatorname{Tr}(TX)}$$

という型のフーリエ展開を持つ（たとえば高木貞治 [183] のフーリエ展開の章を参照されたい）．さらに，これに正則性のコーシー・リーマン条件を適用する．$Z = (z_{ij})$, $z_{ij} = x_{ij} + \sqrt{-1} y_{ij}$ とするとき，コーシー・リーマン条件は，$\dfrac{\partial}{\partial \bar{z}_{ij}} = \dfrac{1}{2}\left(\dfrac{\partial}{\partial x_{ij}} + \sqrt{-1}\dfrac{\partial}{\partial y_{ij}}\right)$ とおくとき，$\dfrac{\partial f}{\partial \bar{z}_{ij}} = 0$ であり，これを項別に適用すると，$T = \left(\dfrac{1+\delta_{ij}}{2} t_{ij}\right)$ と書くとき，フーリエ展開の一意性より，

$$\frac{\partial}{\partial y_{ij}} a(T, Y) = -2\pi t_{ij} a(T, Y) \quad (1 \leq i \leq j \leq n)$$

となる．ゆえに，これを解くことにより，

$$a(T, Y) = a(T) e^{-2\pi \operatorname{Tr}(TY)} = a(T) e^{2\pi i \operatorname{Tr}(T(iY))},$$

($a(T)$ は $M_{dd'}(\mathbb{C})$ に属する定数) の形になる．よって上記のフーリエ展開 (1.7) が得られる．このフーリエ展開は H_n 上の任意のコンパクト集合上で行列の成分ごとに絶対一様収束する．さて，さらに今 $g = \begin{pmatrix} A & B \\ C & D \end{pmatrix} \in Sp(n, \mathbb{Q})$ とし，

$$(f|_\rho[g])(Z) = \rho(CZ+D)^{-1} f(gZ)$$

とおく．このとき，$h \in g^{-1}\Gamma_0 g$ に対して $(f|_\rho[g])|_\rho[h] = f|_\rho[g]$ となるのは明らかである．ここで $g^{-1}\Gamma_0 g$ は $Sp(n, \mathbb{Z})$ と通約的である．よって，補題 1.17 より $f|_\rho[g]$ も

f と同様のフーリエ展開をもち，

$$f|_\rho[g] = \sum_{T \in L_g^*} a^g(T) e^{2\pi i \operatorname{Tr}(TZ)} \tag{1.8}$$

と書ける．ただし L_g は g に依存して決まる $Sym_n(\mathbb{Q})$ のある格子であり，L_g^* はその双対格子である．

1.18 [定義]　記号を前の通りとする．f が $M_{dd'}(\mathbb{C})$ に値を持つ H_n 上の正則関数で $f(gZ) = \rho(CZ+D)f(Z)\mu(\gamma)$ が任意の $\gamma = \begin{pmatrix} A & B \\ C & D \end{pmatrix} \in \Gamma$ について成り立つとする．また，任意の $g \in Sp(n,\mathbb{Q})$ に対して，$f|_\rho[g]$ のフーリエ展開を (1.8) と書いたとする．このとき，T が半正定値対称行列でなければつねに $a^g(T) = 0$ が成り立つとする．このとき f をウェイト ρ，指標 μ の正則ジーゲル保型形式という．

このフーリエ係数の条件を，「カスプで正則」ということがある．$n \geq 2$ ならば，この条件は自動的に成立することを次の節で解説する．$n=1$ ならば，カスプで正則という条件を省略することはできない．

7. Koecher 原理

1.19 [命題]　ρ を $GL_n(\mathbb{C})$ の有理表現とする．f を H_n 上の $M_{dd'}(\mathbb{C})$ 値の正則関数で，

(1) ある格子 $L \subset Sym_n(\mathbb{Q})$ が存在して，すべての $X \in L$ で

$$f(Z+X) = f(Z)$$

と仮定する．

(2) $SL_n(\mathbb{Z})$ の指数有限の部分群 Γ_1 が存在して，すべての $U \in \Gamma_1$ について

$$f(UZ\,{}^tU) = \rho(U)f(Z)$$

と仮定する．

以上の条件より，ある $Sym_n(\mathbb{Q})$ の格子 L^* が存在して，

$$f(Z) = \sum_{T \in L^*} a(T) e^{2\pi i \operatorname{Tr}(TZ)}$$

と展開できるが，ここでさらに $n \geq 2$ と仮定する．このとき $a(T) \neq 0$ となるのは $T \geq 0$ (T が半正定値) のときに限る．

証明 証明は Séminaire Henri Cartan [27, 4-04] の通りであるが，そこでは $d' = 1$ の場合のみ取り扱われている．ノルムのとり方以外の違いはないが，あえて証明を復習する．

条件 (1) より，L^* を L の双対格子として，

$$f(Z) = \sum_{T \in L^*} a(T) e^{2\pi i \operatorname{Tr}(TZ)}$$

とフーリエ展開される．次に条件 (2) より，任意の $U \in \Gamma_1$ について

$$\sum_{T \in L^*} a(T) e^{2\pi i \operatorname{Tr}(TUZ\,{}^tU)} = \sum_{T \in L^*} \rho(U) a(T) e^{2\pi i \operatorname{Tr}(TZ)}$$

であるが，フーリエ展開の一意性より，

$$\rho(U) a(T) = a({}^t U^{-1} T U^{-1})$$

である．よって $\rho(U^{-1}) a(T) = a({}^t U T U)$ あるいは，$a(T) = \rho(U) a({}^t U T U)$ と言っても同じである．ここで，フーリエ係数のノルムを評価しておく．$A, B \in M_{dd'}(\mathbb{C})$ に対して

$$\langle A, B \rangle = \operatorname{Tr}(B^* A)$$

とおくことにする．ただしここで $B^* = {}^t \overline{B}$，$\overline{B}$ は成分ごとに複素共役をとった行列としている．特に $\|A\| = \sqrt{\langle A, A \rangle}$ と書く．フーリエ展開の一般論より，$f(Z)$ は特に $Y = (2\pi)^{-1} i 1_n$ で絶対収束するので

$$K = \sum_{T \in L^*} \|a(T)\| e^{-\operatorname{Tr}(T)}$$

は有限確定値であり，また当然 K は T に無関係である．つまり，任意の $T \in L^*$ について

$$\|a(T)\| \leq K e^{\operatorname{Tr}(T)}$$

がわかる．よって，$\|a({}^t U T U)\| \leq K e^{\operatorname{Tr}({}^t U T U)}$ である．これより任意の $U \in \Gamma_1$ に対して

$$\|a(T)\| \leq K \|\rho(U)\| e^{\operatorname{Tr}({}^t U T U)}$$

となる．この評価式から T が半正定値でないなら，$a(T) = 0$ を言いたい．これには，左辺は U と無関係だから，半正定値でない T に対して，U を取り換えて，右辺がい

くらでも小さくなることを言えばよい．証明の方針は $||\rho(U)||$ がそれほど増えないが $\mathrm{Tr}(^tUTU) \to -\infty$ となるような U の列を作ることにある．この作り方は具体的に与えてしまった方が簡単である．$\rho(U)$ の部分が大きくならないようにするには，ひとつの U のベキ U^p をとれば，$||\rho(U^p)|| = ||\rho(U)^p|| \leq ||\rho(U)||^p$ だから，この部分は p の 1 次式をベキ指数に持つ．U^p に対して，$e^{\mathrm{Tr}(^tU^pTU^p)}$ を p の 2 次式で 2 次の項の係数が負であるようなベキ指数になるようにしたい．このような U のとり方を探そう．$T \geq 0$ でない T をひとつ固定する．単純に計算できるように，$U = 1_n + V$ とし，$V^2 = 0$ なるもので話をすませたい．すると $U^p = 1_n + pV$ であるから，わかりやすい．よって，$a = \mathrm{Tr}(T)$, $b = \mathrm{Tr}(TV)$, $c = \mathrm{Tr}(^tVTV)$ とおくと

$$e^{\mathrm{Tr}(^tU^pTU^p)} = \exp(a + 2bp + cp^2)$$

である．$c < 0$ でかつ $V^2 = 0$ となるような V を選びたい．T は半正定値ではないと仮定しており，しかも有理数を係数としているから，n 次の整数ベクトル x で $^txTx < 0$ となるものが存在する（2 次形式の意味で，T は有理数内で 2 次形式としての変換 ^tPTP ($P \in GL_n(\mathbb{Q})$) で対角化可能だから，以上は容易にわかる）．ここで $V = (x, 0, \ldots, 0) \in M_n(\mathbb{Z})$ とすると $c = \mathrm{Tr}(^tVTV) = {^txTx} < 0$ ではある．しかし今とった x の第 i 成分を x_i と書くとき，$x_1 = 0$ ならば，$V^2 = 0$ でもあるから，これは都合がよいが，$x_1 = 0$ ではないかもしれず，この場合は V は $V^2 = 0$ の条件を満たさない．よって少し工夫が必要である．そこでこの場合には，V を少し取り換えて，整数 d, e に対して $V = (dx, ex, 0, \ldots, 0)$ とおくと，$d = e = 0$ でない限りは，やはり $\mathrm{Tr}(^tVTV) = (d^2 + e^2)(^txTx) < 0$ である．$V^2 = 0$ とするためには，たとえば $d = x_2, c = -x_1 \neq 0$ とすれば

$$V = \begin{pmatrix} x_2 x_1 & -x_1^2 & 0 & \cdots & 0 \\ x_2^2 & -x_1 x_2 & 0 & \cdots & 0 \\ x_2 x_3 & -x_1 x_3 & 0 & \cdots & 0 \\ \vdots & \vdots & 0 & & 0 \\ x_2 x_n & -x_1 x_n & 0 & \cdots & 0 \end{pmatrix}$$

であり，$V^2 = 0$ は明らか．$U = \exp(V)$ とおくと，$U \in SL_n(\mathbb{Z})$ である．Γ_1 は $SL_n(\mathbb{Z})$ の中で指数有限だから $U^q \in \Gamma_1$ なる q が存在する．$U^q = 1 + qV$ であるから，必要なら qV を V と書くことにする．すると結局，固定された U, a, b, c と任意の正整数 p に対して

$$||a(T)|| \leq K||\rho(U)||^p \exp(a + 2bp + cp^2) = K \exp(a + (2b + \log ||\rho(U)||)p + cp^2)$$

よって $c<0$ から明らかに $p\to\infty$ で右辺はゼロに近づく. ∎

特に $Sp(n,\mathbb{Z})$ と通約的な Γ について, $f\in A_\rho(\Gamma,\mu)$ ならば, この命題の仮定は満たされるから, $f(Z)$ のフーリエ展開における $e^{2\pi i\,\mathrm{Tr}(TZ)}$ での係数 $a(T)$ は, $n\geq 2$ ならば, T が半正定値でなければ $a(T)=0$ となる. さらに, 任意の $g\in Sp(n,\mathbb{Q})$ について, $f|_\rho[g]$ のフーリエ展開 (1.8) を考えるとき, $g^{-1}\Gamma g$ についても命題の仮定が満たされることにより, やはり $n\geq 2$ ならば T が半正定値でなければ, $a^g(T)=0$ である.

また, ここで, $f(Z)=(f_{ij}(Z))$ とするとき任意の $c>0$ に対し, $\{Y>c1_n\}$ なる領域上で $|f_{ij}(Z)|$ は有界であり, 同じ領域上で $f(Z)$ は行列の成分ごとに絶対一様収束する. これは, まずフーリエ展開の性質より, $f(Z)$ は $Z=ic1_n$ で絶対収束しており, また $Y>c1_n$ ならば $\mathrm{Tr}(TY)\geq c\,\mathrm{Tr}(T)$ であるから,

$$|e^{2\pi i\,\mathrm{Tr}(TZ)}|=e^{2\pi i\,\mathrm{Tr}(T(iY))}=e^{-2\pi\,\mathrm{Tr}(TY)}\leq e^{-2\pi c\,\mathrm{Tr}(T)}$$

となり, 級数が $Z=ic1_n$ での値で評価できるから明らかである. すると今述べたことは, $\{Y>c1_n\}$ なる領域上で $\sum_T ||a(T)||e^{-2\pi\,\mathrm{Tr}(TY)}$ が一様収束すると言っても同じことである.

8. カスプ形式の定義

参考までに $A_\rho(\Gamma,\mu)$ の元を $Sp(n,\mathbb{Z})$ の保型形式とみなす方法について述べておく. $\Gamma\subset Sp(n,\mathbb{Z})$ を指数有限の部分群とする. μ を Γ の乗法因子として, 次の同型が成り立つ.

$$A_\rho(\Gamma,\mu)\cong A_\rho(Sp(n,\mathbb{Z}),\mathrm{Ind}_\Gamma^{Sp(n,\mathbb{Z})}\mu). \tag{1.9}$$

まず誘導表現を説明する. $\mu'=\mathrm{Ind}_\Gamma^{Sp(n,\mathbb{Z})}\mu$ の定義は,

$$Sp(n,\mathbb{Z})=\bigcup_{i=1}^m \Gamma\gamma_i$$

とコセットへの分解を与え, $\gamma_i\gamma=\gamma^{(i)}\gamma_{\nu(i)}$ ($\gamma^{(i)}\in\Gamma,\gamma\in Sp(n,\mathbb{Z})$) で $\gamma^{(i)}$ を定義するときに

$$\mu'(\gamma)=(A_{ij})$$

で与えられる. ただし $A_{ij}=\delta_{j\nu(i)}\times\mu(\gamma_i\gamma\gamma_{\nu(i)}^{-1})$ (δ はクロネッカー記号) とする. 上記の保型形式の空間の間の同型は

$$f(Z)\to F(Z)=((\rho(C_iZ+D_i)^{-1}f(\gamma_iZ))_{1\leq i\leq m}$$

で得られる．ただし，
$$\gamma_i = \begin{pmatrix} A_i & B_i \\ C_i & D_i \end{pmatrix}$$
とおき，$F(Z)$ は $M_{d,md'}(\mathbb{C})$ 値な関数とみなしている．

証明は単なる計算であるから省略する．Γ が $Sp(n,\mathbb{Z})$ と通約的ならば，Γ および $Sp(n,\mathbb{Z})$ の指数有限の部分群 Γ' があって，$A_\rho(\Gamma,\mu) \subset A_\rho(\Gamma',\mu|\Gamma')$ であるから，$A_\rho(\Gamma,\mu)$ はこの場合もやはり $Sp(n,\mathbb{Z})$ の保型形式の一部とみなせる．

さて，ジーゲルは $Sp(n,\mathbb{Z})$ の n 次のジーゲル保型形式と，もっと次数の低いジーゲル保型形式の関係を考えるのに，次のような作用素（ジーゲルの Φ 作用素という）を考えた．
$$(\Phi f)(Z_1) = \lim_{\lambda \to +\infty} f\begin{pmatrix} Z_1 & 0 \\ 0 & i\lambda \end{pmatrix}.$$
ここで，(Φf) には，最初の f の $Sp(n,\mathbb{Z})$ に関する保型性が伝播して，(Φf) も何らかの意味で，ジーゲル保型形式になる．もともと古典的な 1 変数の保型形式論では f が $\Gamma \backslash H_1$ の境界の尖点（カスプ）と呼ばれる点でゼロになるとき，f をカスプ形式 (cusp form) または尖点形式と呼んでいた．ジーゲル作用素は，f の境界への射影を見るための作用素と考えることができる．また，1 変数のときにならって，たとえば，f が $Sp(n,\mathbb{Z})$ のウェイト ρ のジーゲル保型形式であるとき（乗法因子 μ はとりあえず自明な表現としておいて）$\Phi(f) = 0$ となるもの f をジーゲルカスプ形式 という．これから出発して，一般の $Sp(n,\mathbb{Z})$ の指数有限の部分群 Γ について，$f \in A_\rho(\Gamma,\mu)$ がカスプ形式というのを，(1.9) の同型で f を $Sp(n,\mathbb{Z})$ の保型形式とみなしたときカスプ形式になることと定義してもよい．しかしながら，このように述べたのでは，いくつか不便な点もあるので，ここでは，$Sp(n,\mathbb{Z})$ の部分群とは限らない，$Sp(n,\mathbb{Z})$ と通約的な $Sp(n,\mathbb{R})$ の部分群について，もっと直接的なカスプ形式の定義を書いておく．

1.20 [補題]　$f \in A_\rho(\Gamma,\mu)$ について，次の条件は同値である．

(1) 任意の $g \in Sp(n,\mathbb{Q})$ について，$f|_\rho[g]$ のフーリエ展開係数 $a^g(T)$ は $T > 0$ でなければ，$a^g(T) = 0$ である．

(2) 任意の $g \in Sp(n,\mathbb{Q})$ について，
$$\Phi(f|_\rho[g]) = 0$$
である．特に，以上で「任意の $g \in Sp(n,\mathbb{Q})$ について」という文章を「任意の $g \in Sp(n,\mathbb{Z})$ について」と置き換えても同値である．

1.21 [定義]　$f \in A_\rho(\Gamma, \mu)$ が上の補題の条件を満たすとき，f をジーゲルカスプ形式という．ジーゲルカスプ形式の空間を $S_\rho(\Gamma, \mu)$ と書く．

補題 1.20 の証明　まず，(1) を仮定する．$a^g(T) \neq 0$ とすると，$T > 0$ であるから，このような T に対して $T = \begin{pmatrix} T_1 & x_0/2 \\ {}^t x_0/2 & t_{nn} \end{pmatrix}$ $(T_1 \in M_{n-1}(\mathbb{Q}))$ と書くと $t_{nn} > 0$ である．$Z = \begin{pmatrix} Z_1 & 0 \\ 0 & i\lambda \end{pmatrix}$ とすると，

$$\mathrm{Tr}(TZ) = \mathrm{Tr}(T_1 Z_1) + i\lambda t_{nn}$$

である．よって記号を $e(x) = \exp(2\pi i x)$ と定めて，

$$\lim_{\lambda \to \infty} e(\mathrm{Tr}(TZ)) = \lim_{\lambda \to \infty} e(\mathrm{Tr}(T_1 Z_1)) e^{-2\pi \lambda t_{nn}} = 0$$

となる．よって，$\Phi(f|_\rho[g]) = 0$ である．

次に (2) を仮定する．ここでの問題は $t_{nn} > 0$ でも $T > 0$ ではないかもしれないことにあり，「任意の g」という条件が効いてくる．ひとつ $g \in Sp(n, \mathbb{Q})$ を固定しておく．また $a^g(T) \neq 0$ となる T を一つ固定する．任意のゼロでない縦ベクトル $v \in \mathbb{Q}^n$ に対して，その第 n 列が v であるような $U_v \in GL(n, \mathbb{Q})$ を一つとる．

$$g_v = \begin{pmatrix} U_v & 0 \\ 0 & {}^t U_v^{-1} \end{pmatrix}$$

とおくと，$g_v \in Sp(n, \mathbb{Q})$ であり，(2) の仮定により，

$$\Phi(f|_\rho[g]|_\rho[g_v]) = \Phi(f|_\rho[gg_v]) = 0$$

である．一方で，

$$(f|_\rho[g])|_\rho[g_v] = \sum_{T \in L^g} \rho({}^t U_v) a^g(T) e(\mathrm{Tr}({}^t U_v T U_v Z))$$

である．$a^g(T) \neq 0$ という仮定から，カスプで正則という条件により，T は半正定値であり，また ${}^t U_v T U_v$ もそうである．ゆえに，もし ${}^t v T v = 0$ ならば，${}^t U_v T U_v$ の (n, n) 成分だけでなく第 n 列，第 n 行も共にゼロであり，

$${}^t U_v T U_v = \begin{pmatrix} T_1^{(v)} & 0 \\ 0 & 0 \end{pmatrix}$$

と書けている．ゆえに

$$\lim_{\lambda \to \infty} e\left(\mathrm{Tr}\left({}^t U_v T U_v \begin{pmatrix} Z_1 & 0 \\ 0 & i\lambda \end{pmatrix}\right)\right)$$
$$= e(\mathrm{Tr}(T_1 Z_1)) \lim_{\lambda \to \infty} \exp(-2\pi\lambda\, {}^t v T v) = e(\mathrm{Tr}(T_1 Z_1)).$$

しかし $\Phi(f|_\rho[gg_v]) = 0$ だったからフーリエ展開の一意性により，$a^g(T) = 0$ となり矛盾する．ゆえに ${}^t v T v > 0$ である．すなわち，任意の $v \in \mathbb{Q}$ について，${}^t v T v > 0$ である．これは T が正定値であることを意味する．よって (1) が示された．最後の主張は，(1.6) より $Sp(n, \mathbb{Q}) = Sp(n, \mathbb{Z}) B(\mathbb{Q})$ であることより，明らかである．実際，$g \in Sp(n, \mathbb{Z})$ と $h = \begin{pmatrix} U & US \\ 0 & {}^t U^{-1} \end{pmatrix} \in B(\mathbb{Q})$ に対して，

$$f|_\rho[g] = \sum_{T \in L} a^g(T) e(\mathrm{Tr}(TZ))$$

と仮定すると，

$$f|_\rho[gh] = \sum_{T \in L} \rho({}^t U) a^g(T) e(\mathrm{Tr}(TUZ\,{}^t U)) e(\mathrm{Tr}(TUS\,{}^t U))$$
$$= \sum_{T \in L} \rho({}^t U) a^g(T) e(\mathrm{Tr}(TUS\,{}^t U)) e(\mathrm{Tr}({}^t U T U Z))$$

であるから，

$$f|_\rho[gh] = \sum_{T \in L_1} a^{gh}(T) e(\mathrm{Tr}(TZ))$$

と書くと，$L_1 = {}^t U L U$ であり，$T \in L$ に対して，

$$a^{gh}({}^t U T U) = e(TUS\,{}^t U)\rho({}^t U)a^g(T).$$

となる．ここで ${}^t U T U$ が正定値でなければ，T も正定値ではなく，$Sp(n, \mathbb{Z})$ について条件 (1) が成り立っているとすると，$a^g(T) = 0$ である．ゆえに $a^{gh}({}^t U T U) = 0$ でもあり，$Sp(n, \mathbb{Q})$ についても条件 (1) は成り立つ．また (2) が任意の $Sp(n, \mathbb{Z})$ の元について成立するなら，U は $h \in B(\mathbb{Q})$ の仮定により，下三角行列であるから，T の (n,n) 成分が正であることと，${}^t U T U$ の (n,n) 成分が正であることは同値である．これより任意の $Sp(n, \mathbb{Q})$ の元についても (2) が成立する． ∎

以上は実際上 $\Gamma \backslash H_n$ の「佐武コンパクト化」の各カスプ上で消えるということと同値であるが，コンパクト化まで立ち入ると少々面倒になるので，ここでは述べない．

ちなみに，ここで「カスプ」といっているのは，言葉の流用であって，実際は佐武コンパクト化の「境界」という意味であり，1変数のときのような0次元の点を意味しているわけでない．実際には

$$P_r(\mathbb{Q}) = \left\{ \begin{pmatrix} A_1 & 0 & B_1 & * \\ * & U & * & * \\ C_1 & 0 & D_1 & * \\ 0 & 0 & 0 & {}^tU^{-1} \end{pmatrix} \in Sp(n,\mathbb{Q}) : \begin{pmatrix} A_1 & B_1 \\ C_1 & D_1 \end{pmatrix} \in Sp(r,\mathbb{Q}), \\ U \in GL(n-r,\mathbb{Q}) \right\}$$

とおくとき，$\Gamma \backslash Sp(n,\mathbb{Q})/P_r(\mathbb{Q})$ の代表が佐武コンパクト化の $r(r+1)/2$ 次元の境界の成分と対応する．ジーゲル保型形式 f がカスプ形式であるか否かを調べるには，$(\mathrm{Ker}(\mu) \cap \Gamma) \backslash Sp(n,\mathbb{Q})/P_{n-1}(\mathbb{Q})$ の各代表 g について，$\Phi(f|_\rho[g]) = 0$ であるか否かを調べれば十分である．またジーゲル保型形式 f に対して，$\Phi(f|_\rho[g])$ の振る舞いは g に対して独立ではなく，境界の交わりでは同じ関数になるべきなど，いろいろと条件がつく．より詳しくは，一般論は Satake [157] を，また具体的な群の境界の様子などについては [71] などを参照されたい．

9. 内積とノルム

$GL(n,\mathbb{C})$ の有理表現 ρ は適当に基底を取り換えて $\rho(g^*) = \rho(g)^*$ と仮定しておいてよい（ただし $*$ は共役転置）．なぜなら，ユニタリー行列に制限すればユニタリー表現にできるから正しく，また表現は代数的としているから，ユニタリー群の複素化である $GL_n(\mathbb{C})$ でも正しい（コンパクト Lie 群の代数性については，[30] を参照されたい）．さて，このように表現をとれば，$Y > 0$ ならば $\rho(Y)$ も正値エルミート行列である．また μ は $\mathrm{Ker}(\mu)$ が指数有限の表現であるから，ユニタリー表現としておいてよい．前と同様，$A, B \in M_{dd'}(\mathbb{C})$ に対して

$$\langle A, B \rangle = \mathrm{Tr}(B^* A)$$

とおく．特に $\|A\| = \langle A, A \rangle^{1/2}$ と書く．

$f, g \in A_\rho(\Gamma, \mu)$ に対して，

$$\langle \rho(Y^{1/2}) f(Z), \rho(Y^{1/2}) g(Z) \rangle = \mathrm{Tr}(g(Z)^* \rho(Y) f(Z))$$

は $Z \to \gamma Z$ で不変である．これは (1.3) より直ちにわかる．

1.22 [命題] Γ は $Sp(n,\mathbb{Z})$ と通約的とする．このとき，任意の $f \in S_\rho(\Gamma, \mu)$ について $\|\rho(Y^{1/2}) f\|$ は H_n 上で最大値をとる．

これはそれほど明らかではないだけではなく，見過ごされがちな有用な結果であると思う．よって証明をつけよう．注意として，$||\rho(Y^{1/2})f||$ が「H_n 上で有界」というのと「H_n 上で最大値をとる」というのは当然違う主張で，後者の方が論理的に強い結果である（前者の方が証明も易しい）．

証明には基本領域の議論がかなり必要である．厳密な意味で $\Gamma\backslash H_n$ の代表元を与えるような領域を，古典的には基本領域と呼んでいる．$Sp(n,\mathbb{Z})$ などについてはジーゲルが与えた基本領域がよく知られている（[175], [131], [115]）．実際にこのような厳密な基本領域は，具体的な簡約理論や評価などで有用であり，今でもより精密な記述を求める研究もある（たとえば [63]）．しかし，このようなものを，より一般の離散群について正確に記述するなどということは望むべくもない．ジーゲルの意味での基本領域よりもずっと弱い意味で，普通の意味での基本領域よりは大きいかもしれないし，同値な点も（境界上でなくても）多数含むかもしれないが，せいぜい有限個に収まるというようなもので，記述が簡単なものを考えれば十分なことが多い．このような意味での広義の基本領域の一般論が [24], [21] などに述べられている．

定数 $u>0$ に対して，$W=(w_{ij})$ を，対角成分が 1 の n 次上三角行列で $|w_{ij}|<u$ なるものとする．また d_i ($1\leq i\leq n$) を $1<d_i^{-1}ud_{i+1}$ ($0<i<n$) かつ $0<d_n<u$ となるような実数とする．また D を d_i を (i,i) 成分に持つ対角行列とする．$Z=X+iY\in H_n$ のうちで，上のような W, d_i を用いて $Y^{-1}={}^tWDW$ と書け，また $X=(x_{ij})$ について $|x_{ij}|<u$ となるものの集合を $\Omega(u)$ と書く．

1.23 [定理]　u が十分大ならば，$H_n=\bigcup_{M\in Sp(n,\mathbb{Z})}M\Omega(u)$ で，$\mathrm{vol}(\Omega(u))<\infty$ であり，$M\Omega(u)\cap\Omega(u)\neq\emptyset$ なる $M\in Sp(n,\mathbb{Z})$ は有限個である．

この定理は $\Omega(u)$ がほぼ $Sp(n,\mathbb{Z})$ の基本領域と呼んでもよいということを保証するものだが，証明は省略する．結論は [24], [21] の一般論の特殊例である．ジーゲル保型形式の場合の証明は [115], [27] などを参照されたい．

さて，前述の命題 1.22 の証明のアウトラインを述べてから，定理 1.23 を認めた上での詳しい証明に移ろう．まず $\phi(f)=\phi(f)(Z)=||\rho(Y^{1/2})f(Z)||$ とおくと，これは Γ 不変なことより，Γ の基本領域だけで考えればよい．もし $\Gamma=Sp(n,\mathbb{Z})$ ならば，上の $\Omega(u)$ だけで議論すればよい．一般の $Sp(n,\mathbb{Z})$ と通約的な Γ については，$\Gamma\cap Sp(n,\mathbb{Z})$ を考えることにより，$Sp(n,\mathbb{Z})$ の指数有限部分群の場合に帰着できる．この場合については後で述べる．さて，$\Gamma=Sp(n,\mathbb{Z})$ なら，$\Omega(u)$ で $\phi(f)$ が最大値をとることを言えばよい．このため，

(1) $\det(Y)$ が一定以上大きければ ϕ は小さくなって最大値ではあり得ないことを言う.
(2) 次に $\det(Y)$ が小さいところで, 基本領域との共通部分が相対コンパクトなことを言って, ここで最大値をとることを言う.

論理的な方針は一応こうなのだが, 述べ方の順序は少し変える.

まず $\det(Y)$ が十分大きいと $\phi(f)$ は小さいことを言いたい. そのためには $\|\rho(Y^{1/2})\|$ の評価と $\|f\|$ の評価の両方が必要である.

まず準備として, $\rho(Y^{1/2})$ の部分を処理するための補題を考える. α を整数として, $\rho(g) = \det(g)^\alpha \rho_m(g)$ で $\rho_m(g)$ の成分は g の成分の多項式と仮定する. $GL_n^+(\mathbb{R})$ は行列式が正の実正則行列のなす群とする.

1.24 [補題] 任意の正定値対称行列 T をひとつ固定すると

$$\exp(-\pi \operatorname{Tr}(gT\,{}^tg)) \det(g)^{-\alpha} \|\rho(g)\|$$

は g の関数として $GL_n^+(\mathbb{R})$ 上, 有界である. 特に T は任意の正の数としてもよい.

証明 $T > 0$ より, $c 1_n < T$ となる正数 c が存在し, このような c に対して,

$$\exp(-\pi \operatorname{Tr}(gT\,{}^tg)) \leq \exp(-c\pi \operatorname{Tr}(g\,{}^tg))$$

となる. $\rho_m(g) = \det(g)^{-\alpha} \rho(g)$ の成分は多項式だから, $\|\rho_m(g)\| = \det(g)^{-\alpha} \|\rho(g)\|$ は多項式の平方根である. これは g の成分 g_{ij} の有限個のある多項式の絶対値の和で押さえられる. P が n^2 変数の単項式であるとき $P(g_{ij}) \exp(-c\pi \sum_{i,j} g_{ij}^2)$ は明らかに有界である. ∎

以上より, ある $c_0, c_0' > 0$ について

$$\phi(f) = \phi(f)(Z) = \leq \|\rho(Y^{1/2})\| \times \|f(Z)\| \leq c_0' \|f(Z)\| \det(Y)^{\alpha/2} \exp(c_0 \operatorname{Tr}(Y))$$

が任意の Y について成り立つとしてよい. よって次に, 適当な領域上での $\|f(Z)\|$ の評価に移る. 以前に $\{Y > c 1_n\}$ 上で $\|f(Z)\|$ が有界であることを示したが, これだけでは不足している. もっと強い評価をするためには $f(Z)$ がカスプ形式であることを用いる必要がある.

新たに次の領域を定義する. $c > 0, c' > 0$ を固定する. $Y > 0$ なる領域で, Y の成

分を (y_{ij}) として

$$y_{ii} \geq c \quad (1 \leq i \leq n) \tag{1.10}$$

$$Y > c' \begin{pmatrix} y_{11} & 0 & \cdots & 0 \\ 0 & y_{22} & 0 & 0 \\ 0 & 0 & \ddots & 0 \\ 0 & 0 & 0 & y_{nn} \end{pmatrix} \tag{1.11}$$

の 2 つの条件を満たすようなもの全体の集合を $\mathcal{D}_{c,c'}$ と書く．

$f(Z)$ を H_n 上のベクトル値関数とし，$L^* \subset Sym_n(\mathbb{Q})$ を格子として，$f(Z)$ は H_n 上絶対かつ広義一様収束する級数

$$f(Z) = \sum_{T \in L^*} a(T) \exp(2\pi i \operatorname{Tr}(TZ))$$

にフーリエ展開されているとする．

1.25 [命題] $f(Z)$ はフーリエ展開係数 $a(T)$ は $T > 0$ でなければ 0 であるとする．このとき，c, c' のみによる定数 $c_1 > 0$ と $c_2 > 0$ が存在して，$\mathcal{D}_{c,c'}$ 上で

$$\|f(Z)\| \leq c_1 \exp(-2\pi c_2 \operatorname{Tr}(Y))$$

が成立する．

証明 ある整数 $m > 0$ に対して，$L^* \subset m^{-1} Sym_n(\mathbb{Z})$ であり，$T \in L^*$ で $T > 0$ とすると $t_{ii} > 0$ だから，$t_{ii} \geq 1/m$ である．$c_3 > 0$ を，任意の $T \in L^*$ に対して $t_{ii} \geq c_3$ $(i = 1, \ldots, n)$ としておく．$Y \in \mathcal{D}_{c,c'}$ ならば，

$$\operatorname{Tr}(TY) \geq c' \operatorname{Tr}(T \operatorname{diag}(y_{11}, \ldots, y_{nn})) = c'(t_{11}y_{11} + \cdots + t_{nn}y_{nn})$$
$$= cc' \operatorname{Tr}(T) + c' \sum_{i=1}^{n} t_{ii}(y_{ii} - c)$$
$$\geq cc' \operatorname{Tr}(T) + c'c_3 \operatorname{Tr}(Y) - ncc'c_3.$$

よって，

$$\|a(T)e^{2\pi i \operatorname{Tr}(TZ)}\| \leq \|a(T)\| e^{-2\pi cc' \operatorname{Tr}(T)} e^{2\pi ncc'c_3} e^{-2\pi c'c_3 \operatorname{Tr}(Y)}.$$

ここで

$$c_4 = e^{2\pi ncc'c_3} \sum_{T \in L^*, T > 0} \|a(T)\| e^{-2\pi cc' \operatorname{Tr}(T)}$$

とおく．ここで最後の級数は $Z = icc'1_n$ で $f(Z)$ が絶対収束することより有限定数である．よって，

$$\sum_{T>0} \|a(T)\| e^{-2\pi \operatorname{Tr}(TY)} \leq c_4 \exp(-2\pi c' c_3 \operatorname{Tr}(Y)).$$

■

Y の固有値を $\lambda_1, \ldots, \lambda_n$ とすると，

$$\det(Y)^{1/n} = (\lambda_1 \cdots \lambda_n)^{1/n} \leq \frac{\lambda_1 + \cdots + \lambda_n}{n} \leq \frac{\operatorname{Tr}(Y)}{n}.$$

よって，$\mathcal{D}_{c,c'}$ 上で

$$\|f(Z)\| \leq c_4 e^{-c_5 \det(Y)^{1/n}}$$

となるような定数 $c_5 > 0$ が存在する．

以上は $\mathcal{D}_{c,c'}$ 上での話であるから，これと，$\Omega(u)$ や $\{Y > c1_n\}$ などの領域の比較が必要になる．

1.26 [補題] (1) $u > 0$ に対し，ある $c_6 > 0, c_7 > 0$ が存在して，$\Omega(u) \subset \mathcal{D}_{c_6, c_7}$ となる．
(2) $u > 0$ に対し，ある $c_8 > 0$ が存在して $\Omega(u) \subset \{Y > c_8 1_n\}$ となる．

証明 (2) は (1) がわかれば容易な系である．よって (1) の証明を述べる．
$Y^{-1} = {}^t W D W$ より，$Y = W^{-1} D^{-1} {}^t W^{-1}$ であるから，$W^{-1} = (v_{ij})$ として，

$$y_{ii} = d_i^{-1} + d_{i+1}^{-1} v_{i,i+1}^2 + \cdots + d_n^{-1} v_{i,n}^2 \geq d_i^{-1} > u^{-n+i-1} > 0$$

である．よって $c_6 = \min_{1 \leq i \leq n}\{u^{-n+i-1}\}$ とおけば $y_{ii} > c_6$ である．次に Y 自身の評価をする．

$$X_0 = \begin{pmatrix} \sqrt{d_1} & 0 & \cdots & 0 \\ 0 & \sqrt{d_2} & 0 & 0 \\ \vdots & 0 & \ddots & \vdots \\ 0 & 0 & 0 & \sqrt{d_n} \end{pmatrix} W^{-1} \begin{pmatrix} \sqrt{d_1}^{-1} & 0 & \cdots & 0 \\ 0 & \sqrt{d_2}^{-1} & 0 & 0 \\ \vdots & 0 & \ddots & \vdots \\ 0 & 0 & 0 & \sqrt{d_n}^{-1} \end{pmatrix}$$

とおくと，これの (i,j) 成分は $v_{ij}(d_i d_j^{-1})^{1/2}$ であり，$i \leq j$ でなければゼロである．$i \leq j$ ならば $d_i d_j^{-1}$ は有界だから，X_0 は全体として有界な領域に含まれる．定義に

より

$$Y = \begin{pmatrix} \sqrt{d_1}^{-1} & 0 & \cdots & 0 \\ 0 & \sqrt{d_2}^{-1} & 0 & 0 \\ \vdots & 0 & \ddots & \vdots \\ 0 & 0 & 0 & \sqrt{d_n}^{-1} \end{pmatrix} X_0 {}^t X_0 \begin{pmatrix} \sqrt{d_1}^{-1} & 0 & \cdots & 0 \\ 0 & \sqrt{d_2}^{-1} & 0 & 0 \\ \vdots & 0 & \ddots & \vdots \\ 0 & 0 & 0 & \sqrt{d_n}^{-1} \end{pmatrix}$$

である．まず $X_0 {}^t X_0$ の固有値を $\lambda_1, \ldots, \lambda_n$ とする．$\det(X_0) \neq 0$ より，$X_0 {}^t X_0$ は正定値実対称行列だから，固有値は正である．また直交行列 P で対角化可能である．$\Delta = P^{-1} X_0 {}^t X_0 P$ を対角行列とすれば，直交行列全体はコンパクト集合だから，λ_i は上に有界である．同様に，X_0 は対角成分が 1 の上三角行列だから X_0^{-1} も有界であり，同様の論法で λ_i^{-1} も上に有界である．すなわち，定数 $c > 0, c' > 0$ で $c < \lambda_i < c'$ ($1 \leq i \leq n$) となるものがある．ここで $X_0 {}^t X_0 > c 1_n$ より，

$$Y > c \begin{pmatrix} d_1^{-1} & 0 & \cdots & 0 \\ 0 & d_2^{-1} & 0 & \vdots \\ \vdots & 0 & \ddots & 0 \\ 0 & 0 & 0 & d_n^{-1} \end{pmatrix}.$$

一方

$$y_{ii} = d_i^{-1} + d_{i+1}^{-1} v_{i,i+1}^2 + \cdots + d_n^{-1} v_{i,n}^2$$

において，v_{ij} は有界で，$d_{i+k}^{-1} < u^k d_i^{-1}$ であるから，ある定数 $c'' > 0$ があって，$y_{ii} < c'' d_i^{-1}$ となる．以上より，$c_7 = cc''^{-1}$ として，$\Omega(u) \subset \mathcal{D}_{c_6, c_7}$ を得る． ∎

1.27［補題］　$c > 0, u > 0$ を定数とする．このとき H_n 内のコンパクト集合 C が存在して，

$$\Omega(u) \cap \{X + iY \in H_n; \det Y \leq c\} \subset C$$

となる．

証明　これはもちろん $\mathbb{C}^{(n+1)n/2}$ 内で相対コンパクトというよりは強い結果である．これを証明する（ここで登場する共通部分は c が十分大でなければ空かもしれないが）．$\det(Y) \leq c$ から，d_i^{-1} の評価をする．$Y^{-1} = {}^t W D W$ より，

$$c^{-1} \leq \det(Y)^{-1} = \det(D) = d_1 \cdots d_n$$

また $0 < d_n < u$ より，$0 < d_{n-1} < ud_n < u^2$. 以下帰納的に $0 < d_i < u^{n-i+1}$ がわかる．よって，d_i は上に有界だから d_i^{-1} は下に有界．一方

$$d_i^{-1}c^{-1} \leq d_1 \cdots d_{i-1}d_{i+1} \cdots d_n$$

より，d_i^{-1} は上に有界でもある．すなわち，$c_1 > 0$ と $c_2 > 0$ が存在して，$i = 1, \ldots, n$ について，$c_1 < d_i^{-1} < c_2$ となる．また W^{-1} の各成分は，$(\det(W) = 1$ より逆行列の公式を考えて，w_{ij} が有界だから）有界である．すなわち集合

$$\mathcal{D} = \{D^{-1}; c_1 \leq d_i^{-1} \leq c_2\}$$

は $Y > 0$ なる領域内のコンパクト集合であり，$W^{-1}, {}^t W^{-1}$ は $GL_n(\mathbb{R})$ 内のコンパクト集合に含まれ，よって $Y = W^{-1}D^{-1}{}^t W^{-1}$ も 3 つのコンパクト集合の積，すなわち連続像（これは $Y > 0$ 内にある）に含まれるからコンパクトである．これと $|x_{ij}| \leq u$ をあわせて，補題が証明された． ■

命題 1.22 の証明 Γ を必要なら $\Gamma \cap Sp(n, \mathbb{Z})$ に取り換えて，$Sp(n, \mathbb{Z})$ の指数有限の部分群と仮定しておく．まず，十分大きい $u > 0$ について $\Omega(u)$ 上で考える．任意の $c_2 > 0$ に対して，ある $c_9 > 0$ が存在して

$$\|\rho(Y^{1/2})\| \leq c_9 e^{c_2 \pi \operatorname{Tr}(Y)} \det(Y)^{\alpha/2}$$

としてよいから，命題 1.25 により，ある定数 $c_{10} > 0$ が存在して

$$\phi(f)(Z) \leq c_{10} e^{-c_2 \pi \operatorname{Tr}(Y)} \det(Y)^{\alpha/2} \leq c_{10} e^{-c_2 n\pi \det(Y)^{1/n}} \det(Y)^{\alpha/2}.$$

これは $\det(Y) \to \infty$ で 0 に近づく．よって，$Z_0 \in \Omega(u)$ をひとつ固定すると，ある定数 $c_{11} > 0$ が存在して，$\det(Y) > c_{11}$ で

$$\phi(f)(Z) < \phi(f)(Z_0)$$

となる．よって少なくとも $\det(Y) > c_{11}$ では $\phi(f)(Z)$ は最大値ではありえない．ここで，$\Omega(u) \cap \{Y > 0; \det(Y) \leq c_{11}\}$ を含む H_n 内のコンパクト集合 C が存在するが，そこでは $\phi(f)(Z)$ はもちろん最大値をとる．これは $\Omega(u)$ での最大値でもある．

つぎに H_n 全体を考えたい．

$$Sp(n, \mathbb{Z}) = \bigcup_{i=1}^{t} \Gamma\gamma_i \quad (i \neq j \text{ なら } \Gamma\gamma_i \cap \Gamma\gamma_j = \phi)$$

とし,
$$f_i(Z) = \rho(C_i Z + D_i)^{-1} f(\gamma_i Z) \mu(\gamma_i), \quad \gamma_i = \begin{pmatrix} A_i & B_i \\ C_i & D_i \end{pmatrix}$$

とおく. $f_i(Z)$ は $\gamma_i^{-1} \Gamma \gamma_i$ に関するカスプ形式である. よって前と同様, $||\rho(Y^{1/2}) f_i(Z)||$ は $\Omega(u)$ で最大値をとる. しかし,

$$||\rho(Y^{1/2}) f_i(Z)|| = ||\rho(\text{Im}(\gamma_i Z)) f(\gamma_i Z)||$$

となるので, これは $||\rho(Y^{1/2}) f(Z)||$ が $\gamma_i \Omega(u)$ の中では, どこかの点で最大値をとることを意味する. よって, $\phi(f)$ は

$$\Omega = \bigcup_{i=1}^{t} \gamma_i \Omega(u)$$

では, その中で最大値をとる. しかし,

$$H_n = \bigcup_{\gamma \in Sp(n,\mathbb{Z})} \gamma \Omega(u) = \bigcup_{i=1}^{t} \bigcup_{\gamma \in \Gamma} \gamma \gamma_i \Omega(u) = \bigcup_{\gamma \in \Gamma} \gamma \Omega$$

であり, また $\gamma \in \Gamma$ に対しては,

$$\phi(\gamma Z) = \phi(Z)$$

であるから, H_n 全体の中で, 最大値をとる. ∎

この命題はたとえば, Poor と Yuen による, フーリエ係数の消滅による保型形式の消滅の判定法などにも使われているが, 詳細は省略する ([159] を参照されたい).

ちなみに, 一般に, $f, g \in S_\rho(\Gamma, \mu)$ とするとき,

$$(f, g) = \int_{\Gamma \backslash H_n} \text{Tr}(g(Z)^* \rho(Y) f(Z)) \det(Y)^{-n-1} \, dX \, dY$$

と定義すれば, これにより $S_\rho(\Gamma, \mu)$ の内積が定まるのは, 以上の考察より明らかである.

2 ジーゲル保型形式とテータ関数

1. ポアソンの和公式

テータ関数の変換公式に必要な，ポアソンの和公式について簡単な解説を行う．ルベーグ積分論の知識をある程度仮定した上で，多少は証明もつけるが，細かくは述べない．

1.1 ヒルベルト空間とフーリエ級数

本節と次節の証明はたとえば，伊藤清三 [100] を参照されたい．

ヒルベルト空間というのは，複素数体 $\mathbb{C}$ 上の（無限次元かもしれない）ベクトル空間 V であって，内積を持ち，その内積で決まる距離に関して完備なものをいう．すなわち，V にはまず，内積と呼ばれる $V \times V$ から $\mathbb{C}$ への写像 (x, y) であって，次を満たすものが定義されている．任意の $a, b \in \mathbb{C}$ と $x, y, z \in V$ について，

1. $(ax + by, z) = a(x, z) + b(y, z)$.
2. $\overline{(y, x)} = (x, y)$.
3. $(x, x) \geq 0$ であり，かつ $(x, x) = 0$ になるのは $x = 0$ になるときに限る．

さらに V の元 x と y の距離を $\|x - y\| = (x - y, x - y)^{1/2}$ で定義すれば，V は自然に距離空間になるが，この距離に関して V が完備であること，すなわちコーシー列が収束することを要求している．

ヒルベルト空間の例としては，測度空間上の L^2 空間などがある．たとえば

$$L^2(\mathbb{R}^n) = \left\{ f : \mathbb{R}^n \to \mathbb{C}; \int_{\mathbb{R}^n} |f(x)|^2 \, dx < \infty \right\} \Big/ \sim$$

とおくと，これは内積

$$(f, g) = \int_{\mathbb{R}^n} f(x) \overline{g(x)} \, dx$$

について，ヒルベルト空間である．ただし，dx は普通のルベーグ測度であり，$\sim$ で割るというのは，測度 0 の集合上でしか違わない関数は同一視することを意味する．

ヒルベルト空間 V の元の列 $\{\phi_\nu\}_{\nu=1,...,\infty}$ が $(\phi_\nu, \phi_\mu) = \delta_{\mu\nu}$ となるとき，これを正規直交系という．さらに，すべての ν に対して $(f, \phi_\nu) = 0$ ならば $f = 0$ となるとき，$\{\phi_\nu\}_{\nu=1,...,\infty}$ は完全であるという．完全正規直交系に対して，任意の $f \in V$ は L^2 収束の意味で

$$f = \sum_{\nu=1}^{\infty} (f, \phi_\nu)\phi_\nu$$

と書ける．この右辺をフーリエ級数という．

たとえば，L を $\mathbb{R}^n$ の格子とする．(x, y) で $\mathbb{R}^n$ の普通の内積を表すとして，L の双対格子 L^* を

$$L^* = \{m \in L \otimes_{\mathbb{Z}} \mathbb{Q};\ \text{すべての}\ l \in L\ \text{について}\ (m, l) \in \mathbb{Z}\}$$

と定義する．任意の $m \in L^*$ と $x \in \mathbb{R}^n$ に対して，$e^{2\pi i(m,x)}$ は，$x \to x + l\ (l \in L)$ で不変であるから，$\mathbb{R}^n/L$ 上の関数とみなせる．ここで $\mathrm{vol}(\mathbb{R}^n/L)$ を $\mathbb{R}^n/L$ の基本領域の（普通のルベーグ測度に対する）体積とすると

$$\{\mathrm{vol}(\mathbb{R}^n/L)^{-1/2} e^{2\pi i(m,x)};\ m \in L^*\}$$

は $L^2(\mathbb{R}^n/L)$ の完全正規直交系になる．よって，任意の $L^2(\mathbb{R}^n/L)$ の関数，すなわち，$\mathbb{R}^n$ 上の関数 $f(x)$ で $f(x + l) = f(x)\ (l \in L)$ となる適当な良い関数は，任意の $m \in L^*$ について

$$c(m) = \int_{\mathbb{R}^n/L} f(x) e^{-2\pi i(m,x)}\, dx$$

とおくと

$$f(x) = \mathrm{vol}(\mathbb{R}^n/L)^{-1} \sum_{m \in L^*} c_m e^{2\pi i(m,x)}$$

と書ける．ただしここで，等号の意味は，差が L^2 ノルムの意味で収束する，すなわち L^* の元に適当に順序をつけて，$m_1, m_2, \ldots$ としたときに

$$\lim_{N \to \infty} \int_{\mathbb{R}^n/L} \left| f(x) - \mathrm{vol}(\mathbb{R}^n/L)^{-1} \sum_{j=1}^{N} c(m_j) e^{2\pi i(m_j, x)} \right|^2 dx = 0$$

となるという意味であって，関数の値が収束するという意味かどうかはわからないという点には注意が必要である．一般に言えることは，値の部分和の列が測度 0 を除き $f(x)$ に収束するということまでである．本書で扱う関数は，普通，測度 0 を除いて考えているわけでは無いので，L^2 収束というだけでは不十分であり，もう少し微妙な議論をしている．

1.2 ポアソンの和公式

フーリエ解析やポアソンの和公式などはみな，局所コンパクト可換位相群で成り立つ事実であるが，ユークリッド空間のみで述べる．一般にフーリエ変換の理論は L^2 まで綺麗に延長されるが，ここでは関数を直接普通の積分で扱える範囲で話をする．

$\mathbb{R}^n$ のベクトル x, ξ に対して，これらの普通の意味での内積を (x, ξ) と書く．$\mathbb{R}^n$ 上の関数 $f(x)$ と $\xi \in \mathbb{R}^n$ について，積分

$$\hat{f}(\xi) = \int_{\mathbb{R}^n} f(x) e^{-2\pi i (x, \xi)} dx$$

が存在するとき，$\hat{f}(\xi)$ を f のフーリエ変換という．

さらに，$F \in L^1(\mathbb{R}^n/L)$，すなわち

$$\int_{\mathbb{R}^n/L} |F(x)| dx < \infty$$

となる関数に対して，そのフーリエ変換を

$$\hat{F}(\xi) = \int_{\mathbb{R}^n/L} F(x) e^{-2\pi i (\xi, x)} dx$$

と定義する．ここで $\xi \in \mathbb{R}^n$ である．

（一般にフーリエ変換は L^2 空間に対しては綺麗な理論があるが，今は $\mathbb{R}^n/L$ の体積は有限であるから，L^2 ならば L^1 である）．

2.1 [定理] (ポアソンの和公式)　L を $\mathbb{R}^n$ の格子，L^* をその双対格子とする．$f(x)$ を $\mathbb{R}^n$ 上の連続関数で，$F(x) = \sum_{l \in L} f(x+l)$ が，絶対一様収束するとする．すなわち，$G(x) = \sum_{l \in L} |f(x+l)|$ が一様収束すると仮定する．さらに $\sum_{m \in L^*} \hat{f}(m)$ が絶対収束すると仮定する．すると次が成り立つ．

$$\sum_{l \in L} f(l) = \text{vol}(\mathbb{R}^n/L)^{-1} \sum_{m \in L^*} \hat{f}(m).$$

読者の便宜のために証明を書いておく．一般の測度空間 X 上で，関数 h が定積分を持てば（すなわち，積分が有限確定かまたは $\pm\infty$ ならば），$X = \sum_{n=1}^{\infty} X_n$（共通部分の無い和集合）のとき $\int_X h(x) d\mu = \sum_{n=1}^{\infty} \int_{X_n} h(x) d\mu$ である．よって，

$$\int_{\mathbb{R}^n} |f(x)| dx = \sum_{l \in L} \int_{\mathbb{R}^n/L} |f(x+l)| dx$$

となるが，たとえば正値の関数列が単調増加ならば極限とルベーグ積分は交換できるから，右辺は $G(x) = \sum_{l \in L} |f(x+l)|$ とするとき，

$$\int_{\mathbb{R}^n/L} \sum_{l \in L} |f(x+l)| \, dx = \int_{\mathbb{R}^n/L} G(x) \, dx$$

と等しい．$G(x)$ は連続関数の一様収束極限だから連続であり，測度有限の集合 $\mathbb{R}^n/L$ 上の積分は収束し，よって $F \in L^1(\mathbb{R}^n/L)$ がわかる．ゆえに F の $\mathbb{R}^n/L$ 上の関数としてのフーリエ変換 $\hat{F}$ が定義される．さらには

$$\hat{F}(\xi) = \int_{\mathbb{R}^n/L} F(x) e^{-2\pi i (x,\xi)} \, dx = \int_{\mathbb{R}^n} f(x) e^{-2\pi i (x,\xi)} \, dx = \hat{f}(\xi)$$

となり，$\hat{f}$ のフーリエ変換も存在する．ゆえにフーリエ展開して

$$F(x) = \mathrm{vol}(\mathbb{R}^n/L)^{-1} \sum_{m \in L^*} \hat{f}(m) e^{2\pi i (m,x)}$$

となる．ただし，ここで等式は L^2 での収束の意味である．さて，仮定より $\sum_{m \in L^*} |\hat{f}(m)|$ が収束するのだから，上の等式の右辺は，普通の関数としての収束で絶対一様収束であり，連続関数である．この意味での収束極限は（たとえば積分と極限の交換が可能なことにより）L^2 の意味での収束極限と測度 0 を除き同一である．しかし，上式の両辺は連続関数であり，連続関数が測度 0 を除き一致すれば，実は全体で一致するのは容易にわかるから（一致しなければ開集合上で一致しなくなるので矛盾），上のフーリエ展開はすべての x で成り立ち，特に $x = 0$ とすれば

$$\sum_{l \in L} f(l) = \mathrm{vol}(\mathbb{R}^n/L)^{-1} \sum_{m \in L^*} \hat{f}(m).$$

これが証明すべきことであった．

2. テータ関数と多重調和多項式

2.1 テータ関数

これから考えるテータ関数では $\det(CZ+D)^{1/2}$ に乗法因子を掛けた保型因子，つまり半整数のウェイトが自然に現れる．$\det(CZ+D)^{1/2}$ は分岐のとり方がいろいろあり，またそれ自身は $Sp(n, \mathbb{R})$ の保型因子ではない．この部分を注意深く見る必要が生ずるので，そこからまず話を始めよう．

ジーゲル上半空間 H_n は単連結であり，$Z \in H_n$ について $\det(Z) \neq 0$ であるから，分岐を一つ指定して，H_n 上で一価正則な関数 $\det(Z/i)^{1/2}$ を指定することができる．

2. テータ関数と多重調和多項式　45

これをもっと具体的に見て，分岐をもっと正確に説明しよう（以下の記述には Freitag [47], Shimizu [165] などを参考にしている）．

$Z \in H_n$ と $0 \leq t \leq 1$ なる実数について，

$$(1-t)i1_n + tZ = i1_n + t(Z - i1_n) \in H_n$$

であるから，$\alpha(t) = \det(1_n + t(Z/i - 1_n))$ とおくと，$\alpha(t) \neq 0$ であり，また，t の多項式でもある．$0 \leq a \leq 1$ なる a について，$H(a, Z) = \int_0^a \frac{\alpha'(t)}{\alpha(t)} dt$ とおく（ただし $\alpha'(t) = \frac{d\alpha}{dt}$ とした）．このとき $e^{H(1,Z)} = \det(Z/i)$ となる．実際 $F(a) = e^{H(a,Z)}$ とおくと，$H(a, Z)$ は連続関数の積分だから，a で微分できて

$$\frac{dF(a)}{da} = \frac{dH(a, Z)}{da} F(a) = \frac{\alpha'(a)}{\alpha(a)} F(a)$$

である．よって $F(a) = \alpha(a) G(a)$ とおけば，$G'(a) = \alpha(a)^{-2}(F'(a)\alpha(a) - \alpha'(a)F(a)) = 0$ となり，よって，$G(a)$ は定数である．しかし，$F(0) = e^0 = 1$ より，$G(0) = \alpha(0)^{-1} = 1$．ここで $G(a)$ が定数より $G(1) = 1$ でもある．ゆえに，$F(1) = \alpha(1) = \det(Z/i)$．よって示された．ここで $e^{H(1,Z)/2}$ はもちろん Z について 1 価正則な関数であるから，これで $\det(Z/i)^{1/2}$ を定義することにする．

もう少し具体的な分岐の記述も説明しておこう．$Z = X + iY$ と実部と虚部に分けて書けば，$Z/i = -iX + Y$ で Y は正定値である．よって，正定値な対称行列 Y_0 で $Y = Y_0^2$ となるものが（ただひとつ）存在する．$Y_0^{-1} X Y_0^{-1}$ は対称行列であるから，これを直交行列 K で対角化すると，適当な対角行列 A に対して，$Z/i = Y_0 K^{-1} A K Y_0$ と書き表される．ただし A は，適当な $d_i \in \mathbb{R}$ ($i = 1, \ldots, n$) に対して，

$$A = \begin{pmatrix} 1 + id_1 & 0 & 0 & \cdots & 0 \\ 0 & 1 + id_2 & 0 & \cdots & 0 \\ 0 & 0 & \ddots & 0 & 0 \\ \vdots & \vdots & 0 & \ddots & 0 \\ 0 & 0 & 0 & \cdots & 1 + id_n \end{pmatrix}$$

と書き表される．さて，以下，簡単のために $H(1, Z) = H(Z)$ と書くことにすると，正定値対称行列 P について，

$$\exp\left(\frac{H(PZP)}{2}\right) = \det(P) \exp\left(\frac{H(Z)}{2}\right)$$

である．これを証明しよう．ここで，もう少し一般に

$$\exp\left(\frac{H((1-s)1_n + sP)Z((1-s)1_n + sP))}{2}\right)$$

を考えると, $H(Z)$ は Z について連続であるから, $0 \leq s \leq 1$ について, これは s の連続関数になるが, これを $\exp(H(Z)/2)$ で割ると,

$$\frac{\det((1-s)1_n + sP)Z((1-s)1_n + sP)}{\det(Z)} = \det((1-s)1_n + sP)^2$$

に注意すれば, 割った値は, s を固定するとき, $\det((1-s)1_n + sP)$ または $-\det((1-s)1_n + sP)$ のいずれかになる. しかしこれらのいずれも s の連続関数であり, また前者は正, 後者は負であるから, 符号は s にはよらずに決まる. しかし, $s = 0$ では, 割った値は 1 であるから, $\det((1-s)1_n + sP)$ が正しく, さらに $s = 1$ として, 主張を得る. よって, $Z/i = Y_0(K^{-1}AK)Y_0$ を $K^{-1}AK$ に置き換えて考えることにする. すると

$$\alpha(t) = \det((1-t)1_n + tK^{-1}AK) = \det((1-t)1_n + tA) = \prod_{j=1}^{n}(1 + itd_j)$$

となり,

$$\frac{\alpha'(t)}{\alpha(t)} = \sum_{j=1}^{n} \frac{id_j}{1 + itd_j}$$

である. よって,

$$H(K^{-1}AKi) = H(Ai) = \sum_{j=1}^{n} \int_0^1 \frac{id_j}{1 + itd_j}\, dt$$
$$= \sum_{j=1}^{n} \mathrm{Log}(1 + id_j)$$

となる. ただし, ここで Log は主値, すなわち偏角が (今の場合は) $-\pi$ と π の間になるようにとっている.

複素関数の分岐について論じた本が最近少ないことを考慮して, 上記の積分について説明を少し補足する. 実数 t, d について,

$$1 + itd = |1 + itd|e^{i\theta_d(t)}$$

とおく. もちろん

$$e^{i\theta_d(t)} = \frac{1 + itd}{\sqrt{1 + t^2 d^2}} \tag{2.1}$$

であるが, このような実数 $-\pi < \theta_d(t) < \pi$ が存在することは明らかであり, この範囲で考える限り t について連続 (さらには C^∞ 級) である. (2.1) の両辺を t について

微分すれば,簡単な計算により,
$$\theta'_d(t) = \frac{d}{1+t^2d^2},$$
$$\frac{d}{dt}\left(\frac{\log(1+t^2d^2)}{2}\right) + i\theta'_d(t) = \frac{td^2}{1+t^2d^2} + \frac{id}{1+t^2d^2} = \frac{id}{1+itd}.$$

よって,偏角のとりかたにより $\theta_d(0) = 0$ であるから積分の値は,
$$\sum_{j=1}^{n}\left(i\theta_{d_j}(1) + \frac{1}{2}\log(1+d_j^2)\right) = \sum_{j=1}^{n}\left(i\theta_{d_j}(1) + \log|1+id_j|\right).$$

よって
$$\exp\left(\frac{H(Ai)}{2}\right) = \prod_{j=1}^{n}\sqrt{1+id_j}$$

となる.ただし,平方根は偏角が $-\pi/2$ 以上 $\pi/2$ 以下のものをとる.以上より次を得る.

2.2 [補題] 前に定めた分岐について
$$\det\left(\frac{Z}{i}\right)^{1/2} = \det(Y)^{1/2}\prod_{j=1}^{n}(1+id_j)^{1/2}$$

である.ただし,平方根は主値をとった.

なお,注意として,この $\det(Z/i)^{1/2}$ は $\det(Z/i)$ を計算してから,1/2乗をとったと考えると少し誤解を生むことになる.実際,$n \geq 3$ ならばジーゲル上半空間 H_n の $\det(Z)$ による像は $\mathbb{C}^{\times} = \mathbb{C} - \{0\}$ の全体であり,ここで一価関数になるルートをとるのは無理である.しかし上で定めた $\det(Z/i)^{1/2}$ は H_n 上の一価関数である.これはどういうことかというと,今の定義では,たとえ $\det(Z_1) = \det(Z_2)$ であっても $\det(Z_1/i)^{1/2}$ と $\det(Z_2/i)^{1/2}$ は異なるかもしれない.つまりあくまで H_n 上の関数として一価関数に決まっている,ということなのである.

あとでテータ関数の変換公式などに応用するために,いくつかの事実を復習する.まず $\mathbb{R}^n$ の変数 $x = (x_1, \ldots, x_n)$ に対して,
$$\Delta = \frac{\partial^2}{\partial x_1^2} + \frac{\partial^2}{\partial x_2^2} + \cdots + \frac{\partial^2}{\partial x_n^2}$$

とおく.これを $\mathbb{R}^n$ のラプラス作用素という.$\mathbb{R}^n$ 上の C^{∞} 関数 $u(x)$ は $\Delta u = 0$ のとき調和関数という.さらに $u(x)$ が $x_1, \ldots, x_n$ の多項式でもあるとき,$u(x)$ を調和多項式という.調和関数について,次の平均値の性質が知られている.

2.3 [命題] u を $\mathbb{R}^n$ 上の調和関数，S^{n-1} を $\mathbb{R}^n$ 内の原点を中心とする半径 1 の $n-1$ 次元球面として，σ を $\mathbb{R}^n$ のルベーグ測度から自然に S^{n-1} 上で決まる測度とし，$\sigma(S^{n-1})$ を S^{n-1} の「表面積」とする．また $a \in \mathbb{R}^n$ とする．このとき，

$$u(a) = \frac{1}{\sigma(S^{n-1})} \int_{x-a \in S^{n-1}} u(x) \, d\sigma. \tag{2.2}$$

さらに $u(x)$ が調和多項式ならば，任意の $a \in \mathbb{C}^n$ に対して，

$$u(a) = (2\pi)^{-n/2} \int_{\mathbb{R}^n} e^{-\frac{1}{2}{}^t(x-a)(x-a)} u(x) \, dx \tag{2.3}$$

でもある．

証明 (2.2) の証明は，次の 2 つのよく知られた定理からただちに証明できる．

D_n で $\mathbb{R}^n$ 内の原点を中心とする半径 1 の球の内部とする．また $\frac{\partial}{\partial \boldsymbol{n}}$ で S^{n-1} の外向きの法線方向の方向微分とする．

ガウスの定理． u が D_n を含む領域で調和関数とすると

$$\int_{S^{n-1}} \frac{\partial u}{\partial \boldsymbol{n}} \, d\sigma = 0.$$

グリーンの定理の一種． $n \geq 3$ とする．$u(x)$ を D_n を含む領域上の滑らかな関数とし，$r = \|x\|$（x のノルム，すなわち x の原点からの距離）とすると

$$(n-2)\sigma(S^{n-1})u(0)$$
$$= -\int_{D_n} \frac{1}{r^{n-2}} \Delta u \, dx + \int_{S^{n-1}} \frac{1}{r^{n-2}} \frac{\partial u}{\partial \boldsymbol{n}} \, d\sigma - \int_{S^{n-1}} u \frac{\partial}{\partial \boldsymbol{n}} \left(\frac{1}{r}\right) d\sigma.$$

ここでは詳しくは省略する．次に (2.2) を仮定して (2.3) を証明しておく．(2.3) の両辺は a の正則関数だから，$a \in \mathbb{R}^n$ のときに正しければ $a \in \mathbb{C}^n$ に関しても正しい．よって以下 $a \in \mathbb{R}^n$ とする．x を $x + a$ と変数変換すると，(2.3) の右辺の積分は

$$(2\pi)^{-n/2} \int_{\mathbb{R}^n} e^{-\frac{1}{2}{}^t xx} u(x+a) \, dx \tag{2.4}$$

に等しい．今 $d\sigma$ として球面極座標から決まる測度をとっておくと，よく知られているように $dx = r^{n-1} \, dr \, d\sigma$ （$r = \|x\| = \sqrt{{}^t xx}$）．よってこの積分 (2.4) は

$$\int_0^\infty r^{n-1} e^{-\frac{1}{2}r^2} \, dr \int_{S^{n-1}} u(x+a) \, d\sigma.$$

ここで (2.2) および，公式
$$\int_0^\infty r^{n-1} e^{-\frac{1}{2}r^2} dr = 2^{\frac{n}{2}-1} \Gamma\left(\frac{n}{2}\right),$$
$$\sigma(S^{n-1}) = \frac{2\pi^{n/2}}{\Gamma\left(\dfrac{n}{2}\right)}$$

(ただし Γ はガンマ関数) を用いると，ただちに (2.3) を得る． ∎

なお，以上の公式などについては，たとえば [54, 定理 4.4] や [138], [101] などを参照されたい．

さて，あとで応用する都合上，もっと一般に $n \times d$ 次の実行列全体の集合 $M_{n,d}(\mathbb{R})$ 上の滑らかな関数 $f(X)$ $(X \in M_{n,d}(\mathbb{R}))$ を考える．$X = (x_{i\nu})$ $(i = 1, \ldots, n, \nu = 1, \ldots, d)$ と書いて，任意の i, j $(1 \leq i, j \leq n)$ について，

$$\Delta_{ij} = \sum_{\nu=1}^d \frac{\partial^2}{\partial x_{i\nu} \partial x_{j\nu}}$$

とおく．もちろん $\Delta_{ij} = \Delta_{ji}$ である．このとき，$\Delta_{ij} f = 0$ が任意の i, j $(1 \leq i, j \leq n)$ について成り立つならば，f を多重調和関数という．この条件は，任意の $A \in M_n(\mathbb{C})$ について $f(AX)$ が $x_{i\nu}$ 全部について調和関数であること，つまり

$$\sum_{i=1}^n \sum_{\nu=1}^d \frac{\partial^2(f(AX))}{\partial x_{i\nu}^2} = \sum_{i=1}^n \Delta_{ii}(f(AX)) = 0$$

であることと同値である．実際，$A = (a_{li})$ と成分を書くと，

$$\frac{\partial(f(AX))}{\partial x_{i\nu}} = \sum_{l=1}^n a_{li} \frac{\partial f}{\partial x_{l\nu}}(AX),$$
$$\frac{\partial^2(f(AX))}{\partial x_{i\nu}^2} = \sum_{l,m=1}^n a_{li} a_{mi} \frac{\partial^2 f}{\partial x_{l\nu} \partial x_{m\nu}}(AX).$$

よって，

$$\sum_{i=1}^n \sum_{\nu=1}^d \frac{\partial^2}{\partial x_{i\nu}^2}(f(AX)) = \sum_{l,m=1}^n \sum_{i=1}^n a_{li} a_{mi} (\Delta_{lm} f)(AX).$$

ゆえに $f(X)$ が多重調和関数なら右辺がゼロより，明らかに $f(AX)$ は X の調和関数である．また逆に $f(AX)$ が任意の A について調和関数ならば左辺は X の関数としてゼロであり，よって右辺も $Y = AX$ の関数としてゼロである．a_{li} は任意にとってよ

いので, $s_{lm} = \sum_{i=1}^n a_{li}a_{mi}$ と置くと, これらは $A^t A$ の成分であり, $l \leq m$ については, 独立な変数と思えるので, $\Delta_{lm} f = 0$ となる. よって f は多重調和関数である.

さて, 任意の複素行列 $Y \in M_{n,d}(\mathbb{C})$ と $Z \in H_n$ について, 次の補題が成立する (これは [104] Lemma 4.5 より借用した).

2.4 [補題] $P(X)$ を $X \in M_{n,d}$ の成分を変数とする多重調和多項式とし, $Y \in M_{n,d}(\mathbb{C}), Z \in H_n$ とする. このとき次の公式が成り立つ.

$$\int_{M_{n,d}(\mathbb{R})} e^{i\operatorname{Tr}(^t XY)} e^{\frac{i}{2}\operatorname{Tr}(^t XZX)} P(X) \, dX$$
$$= (2\pi)^{nd/2} \det\left(\frac{Z}{i}\right)^{-d/2} e^{i\operatorname{Tr}(^t Y(-Z^{-1})Y)/2} P(-Z^{-1}Y). \tag{2.5}$$

ここで, $dX = \prod_{l=1}^n \prod_{\nu=1}^d dx_{l\nu}$ はルベーグ測度で, $i = \sqrt{-1}$, また $\det(Z/i)^{1/2}$ の分岐は $Z = i 1_n$ で 1 になるものとしている.

証明 少し記号が紛らわしいが, X, Y は Z とは独立な変数であって, Z の実部, 虚部ではないことを注意しておく. さて, 両辺とも明らかに Z の正則関数だから, $Z = iA$ (A は正定値実対称行列) のときに証明すれば十分である. よく知られているように $A = \alpha^2$ となる正定値対称行列 α がただひとつ存在する. ゆえに $Z = i\alpha^2$ とおき, 固定する. このとき左辺は

$$\int_{M_{n,d}(\mathbb{R})} e^{i\operatorname{Tr}(^t XY)} e^{-\frac{1}{2}\operatorname{Tr}(^t(\alpha X)(\alpha X))} P(X) \, dX$$

であるが, ここで X を $\alpha^{-1} X$ に変数変換すれば, これは

$$(\det \alpha)^{-d} \int_{M_{n,d}(\mathbb{R})} e^{i\operatorname{Tr}(^t X\alpha^{-1}Y)} e^{-\frac{1}{2}\operatorname{Tr}(^t XX)} P(\alpha^{-1}X) \, dX$$

に等しい. ここで $P(\alpha^{-1}X)$ は X の (nd 変数の) 調和多項式である. また

$$i\operatorname{Tr}(^t X\alpha^{-1}Y) - \frac{1}{2}\operatorname{Tr}(^t XX)$$
$$= -\frac{1}{2}\operatorname{Tr}(^t(X - i\alpha^{-1}Y)(X - i\alpha^{-1}Y)) - \frac{1}{2}\operatorname{Tr}(^t\alpha^{-1}Y)(\alpha^{-1}Y)$$

である. $-^t(\alpha^{-1}Y)(\alpha^{-1}Y) = -^t Y\alpha^{-2}Y = i\,{}^t Y(-Z^{-1})Y$ であるから, ここで (2.3) を適用すれば, 積分値は $u(x)$ の x に $i\alpha^{-1}Y$ を代入した式で値が求められて

$$(2\pi)^{nd/2} \det(\alpha)^{-d} e^{\frac{i}{2}\operatorname{Tr}(^t Y(-Z^{-1})Y))} P(\alpha^{-1}(i\alpha^{-1}Y))$$
$$= (2\pi)^{nd/2} \det\left(\frac{Z}{i}\right)^{-d/2} e^{\frac{i}{2}\operatorname{Tr}(^t Y(-Z^{-1})Y)} P(-Z^{-1}Y) \tag{2.6}$$

となり，証明された．

以下では，$e(x) = \exp(2\pi i x)$ と書く．

2.5 [系] $Z \in H_n, y \in \mathbb{C}^n, \xi \in \mathbb{C}^n$ とするとき，次の公式が成り立つ．
$$\int_{\mathbb{R}^n} e\left(\frac{1}{2}{}^t x Z x + {}^t y x\right) e(-{}^t \xi x)\, dx = \det\left(\frac{Z}{i}\right)^{-1/2} e\left(-\frac{1}{2}{}^t(y-\xi) Z^{-1}(y-\xi)\right). \tag{2.7}$$

証明 補題 2.4 の (2.5) において $d=1, P=1, X=\sqrt{2\pi}x, Y=\sqrt{2\pi}(y-\xi)$ とすれば明らかである．

2.6 [補題] $(Z, w) \in H_m \times \mathbb{C}^m, \mathfrak{a} \in \mathbb{C}^m$ に対して，
$$\sum_{\mathfrak{n} \in \mathbb{Z}^m} e\left(\frac{1}{2}{}^t(\mathfrak{n}+\mathfrak{a})Z(\mathfrak{n}+\mathfrak{a}) + {}^t w(\mathfrak{n}+\mathfrak{a})\right)$$
$$= \det(-iZ)^{-1/2} \sum_{\mathfrak{n} \in \mathbb{Z}^m} e\left(-\frac{1}{2}{}^t(w-\mathfrak{n})Z^{-1}(w-\mathfrak{n}) + {}^t\mathfrak{n}\mathfrak{a}\right).$$

証明 まず，上式の両辺が絶対一様収束するのは容易にわかるので，その証明は省略する．さて，
$$f(x) = e\left(\frac{1}{2}{}^t(x+\mathfrak{a})Z(x+\mathfrak{a}) + {}^t w(x+\mathfrak{a})\right)$$
とおく．これに $e(-{}^t\xi x)$ を掛けて $\mathbb{R}^n$ で積分すると $\hat{f}(\xi)$ が得られるが，系 2.5 により，
$$\hat{f}(\xi) = \det\left(\frac{Z}{i}\right)^{-1/2} e({}^t\xi\mathfrak{a}) e\left(-\frac{1}{2}{}^t(\omega-\xi)Z^{-1}(\omega-\xi)\right)$$
が容易にわかる．これにポアソンの和公式 (2.1) を適用することにより，補題を得る．

3. 多重調和多項式を係数に持つテータ関数

ジーゲル保型形式を 2 次形式と多重調和多項式から定義されるテータ関数で構成する方法について述べる．

3.1 2 次形式

正の整数 d を固定して，しばらく d 次正定値実対称行列 S を考える．d 次の変数ベ

クトル x に対して，${}^t xSx$ の形の 2 次式を S に対応する 2 次形式という．ジーゲルの記号にならって，しばしば ${}^t xSx = S[x]$ と略記する．整数係数対称行列 $S = (s_{ij})$ は $s_{ii} \in 2\mathbb{Z}$ でかつ $s_{ij} \in \mathbb{Z}$ のとき，偶行列 (even matrix) という．これは S に対応する 2 次形式が $x \in \mathbb{Z}^d$ に対して，いつも偶数値をとるということと同値である．

整数係数対称行列 S が $\det(S) = 1$ のときユニモジュラー (unimodular) という．次の補題はよく知られている．

2.7 [補題] S が d 次の正定値対称行列で偶ユニモジュラー (even unimodular) ならば d は 8 で割り切れる．

証明は補題 7.10(2) または [163] を参照されたい．$d = 8$ のときの例を挙げておく．これを説明するのに次のように考えることにする．2 次形式 ${}^t xSx$ によって，$x \in \mathbb{R}^d$ 上の内積が決まっており，これを $\mathbb{R}^d$ の格子 $\mathbb{Z}^d$ に制限して考えている，というだけでは不便なこともあるので，むしろ内積は普通の

$$(x, y) = \sum_{i=1}^{d} x_i y_i$$

で固定して，動かす x の方を変えるという考え方もある．たとえば S が正定値整数係数対称行列のとき，$S = {}^t PP$ となる $P \in GL_d(\mathbb{R})$ が存在するのは線形代数でよく知られている．よって

$$L = \{Px;\ x \in \mathbb{Z}^d\} \tag{2.8}$$

とおけば，L の上で普通の内積を考えるのと，${}^t xSx$ において $x \in \mathbb{Z}^d$ を考えるのは同じことである．$\mathbb{R}^d$ 内の $\mathbb{Z}$ 自由加群 M で M が $\mathbb{R}^d$ の基底を含むものを $\mathbb{Z}$ 格子，または単に格子という．上の (2.8) の L は明らかに $\mathbb{R}^d$ の格子である．この L の $\mathbb{Z}$ 上の加群としての基底として，$f_i = Pe_i\ (i = 1, \ldots, d)$ (ただし，e_i は第 i 成分が 1 で他の成分がゼロのベクトル) がとれる．ここで $S = ((f_i, f_j))_{1 \leq i, j \leq d}$ となるので，もともとの S も L から容易に記述できることになる．対応する正定値実対称行列 S が偶ユニモジュラー行列のとき，L を偶ユニモジュラー格子という．よってここでは普通の内積に対する $\mathbb{R}^d$ の格子という形で $d = 8$ の偶ユニモジュラー格子を説明する．$\mathbb{R}^8$ の中の次の格子 E_8 を考える．

$$E_8 = \left\{ x = (x_i)_{1 \leq i \leq 8} \in \mathbb{Q}^8;\ 2x_i \in \mathbb{Z},\ x_i - x_j \in \mathbb{Z},\ \sum_{i=1}^{8} x_i \in 2\mathbb{Z} \right\}.$$

E_8 は偶ユニモジュラー格子である (すなわちこれに対応する任意の基底のグラム行列は偶ユニモジュラー対称行列である)．証明をつけておく．まず，E_8 は偶格子である．実際

$x = (x_i) \in E_8$ とすると，x_i はみな $\mathbb{Z}$ の元であるか，みな $x_i \in \frac{1}{2} + \mathbb{Z}$ であるかのどちらかである．$x \in \mathbb{Z}^8$ ならば $x_i^2 \equiv x_i \bmod 2$ であるから，$\sum_{i=1}^{8} x_i^2 \equiv \sum_{i=1}^{8} x_i \equiv 0 \bmod 2$. もし $x \in (\frac{1}{2} + \mathbb{Z})^8$ であるときは，$x_i = \frac{1}{2} + y_i$ $(y_i \in \mathbb{Z})$ において，

$$\sum_{i=1}^{8} x_i^2 = \sum_{i=1}^{8} \left(y_i^2 + y_i + \frac{1}{4} \right) = 2 + \sum_{i=1}^{8} y_i(y_i + 1) \equiv 0 \bmod 2.$$

よって $\sum_{i=1}^{8} x_i^2 \in 2\mathbb{Z}$ である．次にユニモジュラーを示す．E_8 の基底として，

$$2e_1, \quad e_2 - e_1, \quad e_3 - e_2, \quad \ldots, \quad e_7 - e_6, \quad \frac{1}{2}\sum_{i=1}^{8} e_i \tag{2.9}$$

がとれることに注意する．実際，まずこれらが E_8 の元で $\mathbb{Z}$ 上独立なことは明らかである．逆に $x \in E_8$ とすると，x の成分はすべて一斉に $\mathbb{Z}$ の元であるか $\frac{1}{2} + \mathbb{Z}$ の元であるかどちらかである．後者の場合は $\frac{1}{2}\sum_{i=1}^{8} e_i$ を引けば $\mathbb{Z}^8$ の元となるから，$x \in \mathbb{Z}^8$ と仮定してよい．さらに $\frac{1}{2}\sum_{i=1}^{8} e_i$ の適当な偶数倍を引いて，$x_8 = 0$ と仮定してよい．同様に $e_i - e_{i-1}$ $(2 \leq i \leq 7)$ の整数倍を引いて，$x_i = 0$ $(2 \leq i \leq 7)$ としてよい．よって，x_1 以外はみなゼロになるが $x \in E_8$ より $x_1 = \sum_{i=1}^{8} x_i \in 2\mathbb{Z}$. よって，$x$ は $2e_1$ の整数倍である．よって (2.9) が基底であることが証明された．この基底の係数を並べてできる行列

$$\begin{pmatrix} 2 & -1 & 0 & 0 & 0 & 0 & 0 & 1/2 \\ 0 & 1 & -1 & 0 & 0 & 0 & 0 & 1/2 \\ 0 & 0 & 1 & -1 & 0 & 0 & 0 & 1/2 \\ 0 & 0 & 0 & 1 & -1 & 0 & 0 & 1/2 \\ 0 & 0 & 0 & 0 & 1 & -1 & 0 & 1/2 \\ 0 & 0 & 0 & 0 & 0 & 1 & -1 & 1/2 \\ 0 & 0 & 0 & 0 & 0 & 0 & 1 & 1/2 \\ 0 & 0 & 0 & 0 & 0 & 0 & 0 & 1/2 \end{pmatrix}$$

の行列式は明らかに 1 であり，よってグラム行列 ${}^tPP$ の行列式も 1 である．よって E_8 はユニモジュラー格子となる．対応するユニモジュラー行列をなるべく単純なものにするために，基底を少し取り換えて

$$\frac{1}{2}(e_1 + e_8) - \frac{1}{2}(e_2 + e_3 + e_4 + e_5 + e_6 + e_7), \quad e_1 + e_2,$$
$$e_2 - e_1, \quad e_3 - e_2, \quad e_4 - e_3, \quad e_5 - e_4, \quad e_6 - e_5, \quad e_7 - e_6 \tag{2.10}$$

を採用する．これも基底になることは

$$2e_1 = (e_1+e_2) - (e_2-e_1),$$
$$\sum_{i=2}^{7} e_i = (e_7-e_6) + 2(e_6-e_5) + 3(e_5-e_4) + 4(e_4-e_3)$$
$$+ 5(e_3-e_2) + 3(e_2-e_1) + 3(e_1+e_2),$$
$$\frac{1}{2}\sum_{i=1}^{8} e_i = \frac{1}{2}(e_1+e_8) - \frac{1}{2}(e_2+e_3+e_4+e_5+e_6+e_7) + \sum_{i=2}^{7} e_i$$

より明らかである．この新しくとった基底のグラム行列は

$$S = \begin{pmatrix} 2 & 0 & -1 & 0 & 0 & 0 & 0 & 0 \\ 0 & 2 & 0 & -1 & 0 & 0 & 0 & 0 \\ -1 & 0 & 2 & -1 & 0 & 0 & 0 & 0 \\ 0 & -1 & -1 & 2 & -1 & 0 & 0 & 0 \\ 0 & 0 & 0 & -1 & 2 & -1 & 0 & 0 \\ 0 & 0 & 0 & 0 & -1 & 2 & -1 & 0 \\ 0 & 0 & 0 & 0 & 0 & -1 & 2 & -1 \\ 0 & 0 & 0 & 0 & 0 & 0 & -1 & 2 \end{pmatrix}$$

となる．

3.2 多重調和多項式

$M_{n,d}(\mathbb{C})$ 上の多項式（$M_{n,d}(\mathbb{C})$ の成分に関する nd 変数の多項式）で多重調和多項式になっているもの全体を $\mathcal{H}(M_{n,d})$ と書くことにする．$P(X) \in \mathcal{H}(M_{n,d})$ とすると，任意の $A \in GL(n,\mathbb{C})$ に対して $P(AX) \in \mathcal{H}(M_{n,d})$ となることは $P(BAX)$ が任意の $B \in GL(n,\mathbb{C})$ に対して調和多項式であることより明らかである．次に $O(d)$ で d 次の直交群を表す．すなわち

$$O(d) = \{g \in M_d(\mathbb{C}); \ {}^t g g = 1_d\}.$$

このとき $P(Xg) \in \mathcal{H}(M_{n,d})$ でもある．これは $g = (g_{\nu\mu})$ と書くとき，Xg の (i,μ) 成分は $\sum_{\nu=1}^{d} x_{i\nu} g_{\nu\mu}$ であり，微分の連鎖律より

$$\frac{\partial(P(Xg))}{\partial x_{i\nu}} = \sum_{\mu=1}^{d} g_{\nu\mu} \frac{\partial P}{\partial x_{i\mu}}(Xg),$$

$$\frac{\partial^2(P(Xg))}{\partial x_{i\nu}\partial x_{j\nu}} = \sum_{\lambda,\mu=1}^{d} g_{\nu\mu}g_{\nu\lambda} \frac{\partial^2 P}{\partial x_{i\mu}\partial x_{j\lambda}}(Xg).$$

ここで $\sum_{\nu=1}^{d} g_{\nu\mu}g_{\nu\lambda}$ は ${}^t gg$ の (μ,λ) 成分だから $\delta_{\mu\lambda}$ となり，よって

$$\Delta_{ij}(P(Xg)) = \sum_{\mu=1}^{d} \frac{\partial^2 P}{\partial x_{i\mu}\partial x_{j\mu}}(Xg) = (\Delta_{ij}P)(Xg) = 0$$

となるからである．これにより，$(A,g) \in GL(n,\mathbb{C}) \times O(d)$ に対し，$P(X) \to P({}^t AXg)$ なる写像は，$GL(n,\mathbb{C}) \times O(d)$ の $\mathcal{H}(M_{n,d})$ 上での左からの群作用になる．一般論により，$GL(n,\mathbb{C}) \times O(d)$ の既約表現は $GL(n,\mathbb{C})$ の既約表現 ρ と $O(d)$ の既約表現 λ のテンソル $\rho \otimes \lambda$ で与えられる．与えられた n,d に対して，$\mathcal{H}(M_{n,d})$ 上のこの表現がどのような既約表現に分解するか，つまり，どのような ρ と λ の組がどのような重複度で現れるかは [104] で完全に決定されている．ここではその内容は述べないが，重複度は 1 で，また λ と ρ は 1 対 1 に対応することが知られている．今 $\rho \otimes \lambda$ が $\mathcal{H}(M_{n,d})$ で実現できていると仮定すると，$\mathcal{H}(M_{n,d})$ 内の元 $P_\nu(X)$ ($1 \le \nu \le \dim\rho$) で，

$$(P_\nu(AX)) = \rho(A)(P_\nu(X))$$

となるようなものがあるはずである．このような $(\dim\rho)$-次元のベクトルは $(\dim\lambda)$-次元分あるはずである．このような多重調和多項式を後で用いる．

3.3 テータ関数の構成

正整数 d と $GL(n,\mathbb{C})$ の任意の多項式表現 ρ に対して，$\mathcal{H}(M_{n,d})$ 内の多重調和多項式 P_ν ($1 \le \nu \le \dim\rho$) で

$$(P_\nu(AX)) = \rho(A)(P_\nu(X))$$

となるものを固定する．また S を d 次の正定値偶ユニモジュラー行列とする（したがって d は 8 の倍数である）．このとき $S = Q{}^t Q$ となる d 次正則行列 Q をとる．このとき $\tau \in H_n$ の関数を次で定義する．

$$\vartheta_{S,P}(\tau) = \sum_{X \in M_{n,d}(\mathbb{Z})} P(XQ) e\left(\frac{1}{2}\mathrm{Tr}(XS{}^t X\tau)\right). \tag{2.11}$$

これを球関数つきのテータ関数という．

2.8 [定理]　このテータ関数はウェイトが $\det^{d/2} \otimes \rho$ の $\Gamma_n = Sp(n, \mathbb{Z})$ に属するジーゲル保型形式である．特に ρ が行列式部分を含んでいるとき（すなわち $\rho/\det^l$ が多項式表現となる正の整数 l があるとき）は，これはカスプ形式である．

証明　まず d は 8 の倍数なので，$\det^{d/2}$ は偶数乗であり分岐のあいまいさはないことを注意しておく．証明は Γ_n の生成元に対して行う．

(1) $t(U) = \begin{pmatrix} U & 0 \\ 0 & {}^tU^{-1} \end{pmatrix}$, $U \in GL_n(\mathbb{Z})$ と H_n 上の正則関数 $F(\tau)$ に対しては $F|_{\det^{d/2} \otimes \rho} t(U) = \det({}^tU)^{d/2} \rho({}^tU) F(U\tau{}^tU)$ であるが，

$$\begin{aligned}
\vartheta_{S,P}(U\tau{}^tU) &= \sum_{X \in M_{n,d}(\mathbb{Z})} P(XQ) e\left(\frac{\text{Tr}(XS{}^tXU\tau{}^tU)}{2}\right) \\
&= \sum_{X \in M_{n,d}(\mathbb{Z})} P(XQ) e\left(\frac{\text{Tr}(({}^tUX)S{}^t({}^tUX)\tau)}{2}\right) \\
&= \sum_{X \in M_{n,d}(\mathbb{Z})} P({}^tU^{-1}XQ) e\left(\frac{\text{Tr}(XS{}^tX\tau)}{2}\right) \\
&= \sum_{X \in M_{n,d}(\mathbb{Z})} \rho({}^tU^{-1}) P(XQ) e\left(\frac{\text{Tr}(XS{}^tX\tau)}{2}\right).
\end{aligned}$$

ここで $\det(U) = \pm 1$ であり，かつ $d \equiv 0 \bmod 8$ より $\det({}^tU)^{d/2} = 1$．よって，$\vartheta_{S,P}|_{\det^{d/2} \otimes \rho} t(U) = \vartheta_{S,P}$．

(2) 次に $u(S_0) = \begin{pmatrix} 1_n & S_0 \\ 0 & 1_n \end{pmatrix}$ $(S_0 = {}^tS_0 \in M_n(\mathbb{Z}))$ について考える．

$$\begin{aligned}
\vartheta_{S,P}(\tau)|_{\det^{d/2} \otimes \rho} &= \vartheta_{S,P}(\tau + S_0) \\
&= \sum_{X \in M_{n,d}(\mathbb{Z})} P(XQ) e\left(\frac{\text{Tr}(XS{}^tX)(\tau + S_0)}{2}\right).
\end{aligned}$$

しかし，$XS{}^tX$ は整数行列であるが，S が偶行列であることより，対角成分はみな偶数である．よって S_0 が整数対称行列であることより $\text{Tr}(XS{}^tXS_0)$ も偶数であり，よって $e(\text{Tr}(XS{}^tXS_0)/2) = 1$．よって，$\vartheta_{S,P}(\tau)|_{\det^{d/2} \otimes \rho} u(S) = \vartheta_{S,P}(\tau)$ である．

(3) 最後に $J_n = \begin{pmatrix} 0 & -1_n \\ 1_n & 0 \end{pmatrix}$ について考える．これには (2.4) とポアソンの和公式を用いる．$S = Q{}^tQ$ かつ $\det(Q) > 0$ となる d 次正方行列 Q が存在する．S がユニ

3. 多重調和多項式を係数に持つテータ関数

モジュラーより $\det(Q) = 1$ である. $X \in M_{n,d}(\mathbb{R})$ と $\tau \in H_n$ に対して,

$$f(X) = e\left(\frac{1}{2}\operatorname{Tr}(XS\,{}^tX\tau)\right)P(XQ)$$

とおく. これは

$$e\left(\frac{1}{2}\operatorname{Tr}({}^t(XQ)\tau(XQ))\right)P(XQ)$$

でもある. $f(X)$ のフーリエ変換 $\widehat{f}(Y)$ は, (2.4) により計算でき, 次のようになる.

$$\widehat{f}(Y) = \det\left(\frac{\tau}{i}\right)^{-d/2} e(\operatorname{Tr}(YS^{-1}\,{}^tY(-\tau^{-1})))P(\tau^{-1}Y^tQ^{-1}). \quad (2.12)$$

実際, 定義により

$$\widehat{f}(Y) = \int_{M_{n,d}(\mathbb{R})} e^{-2\pi i \operatorname{Tr}({}^tYX)} f(X)\,dX$$

であるが, ここで $X_1 = XQ$ と変数変換すれば, $dX_1 = \det(Q)^n\,dX$ および $\det(Q) = 1$ を用いて

$$\widehat{f}(Y) = \det(Q)^n \int_{M_{n,d}(\mathbb{R})} e^{i \operatorname{Tr}(-(2\pi)\,{}^tYX_1Q^{-1})} e^{\frac{i}{2}\operatorname{Tr}({}^tX_1(2\pi\tau)X_1)} P(X_1)\,dX_1.$$

$$= \int_{M_{n,d}(\mathbb{R})} e^{i \operatorname{Tr}(-(2\pi)\,{}^t(Y\,{}^tQ^{-1})X_1)} e^{\frac{i}{2}\operatorname{Tr}({}^tX_1(2\pi\tau)X_1)} P(X_1)\,dX_1.$$

ここで (2.4) の式の Y を $-(2\pi)Y\,{}^tQ^{-1}$, Z を $(2\pi)\tau$ と置き換えて適用すると

$$\hat{f}(Y) = (2\pi)^{nd/2} \det\left(\frac{2\pi\tau}{i}\right)^{-d/2} e^{2\pi i \operatorname{Tr}(Y\,{}^tQ^{-1}Q^{-1}\,{}^tY(-\tau)^{-1})} P(\tau^{-1}Y^tQ^{-1})$$

$$= \det\left(\frac{\tau}{i}\right)^{-d/2} e(\operatorname{Tr}(YS^{-1}\,{}^tY(-\tau^{-1})))P(\tau^{-1}Y\,{}^tQ^{-1}).$$

よって (2.12) が証明された. これにポアソンの和公式を適用する. $L = M_{n,d}(\mathbb{Z})$ とするとこれの双対格子は, $M_{n,d}(\mathbb{Z})$ 自身であるのは双対格子の定義より明らかであるから, よって,

$$\sum_{X \in M_{n,d}(\mathbb{Z})} f(X) = \sum_{Y \in M_{n,d}(\mathbb{Z})} \hat{f}(Y)$$

となる. ここで d は 8 の倍数なので, $i^{d/2} = 1$ である. また $S \in GL_d(\mathbb{Z})$ より, Y を YS に置き換えても Y の動く範囲はかわらず, また $(YS)S^{-1}\,{}^tS^tY = YS^tY$, $YS^tQ^{-1} = YQ$ より, 右辺は

$$\det(\tau)^{-d/2} \sum_{Y \in M_{n,d}(\mathbb{Z})} e(\operatorname{Tr}(TS^tY(-\tau^{-1}))P(\tau^{-1}YQ).$$

ここで P のとり方により，$P(\tau^{-1}YQ) = \rho(\tau)^{-1}P(YQ)$ であったから，

$$\vartheta_{S,P}(J_n\tau) = \det(\tau)^{d/2}\rho(\tau)\vartheta_{S,P}(\tau).$$

よって，J_n についても保型性が示された．Γ_n の生成元すべてについて，保型性が示されたので，これで定理 2.8 は最後の主張以外は証明された．

最後の主張を示す．もし XS^tX が正定値でないなら，XQ の n 個の行ベクトルは線形独立ではない．よってゼロでないベクトル $v \in \mathbb{R}^n$ で $v(XQ) = 0$ となるものが存在する．また v を第 1 行に持つ $GL(n,\mathbb{R})$ の元 A が存在する．よって $A(XQ)$ の第 1 行はゼロベクトルである．さて，ここで

$$A_1 = \begin{pmatrix} 0 & 0 \\ 0 & 1_{n-1} \end{pmatrix} \in M_n(\mathbb{R})$$

とおくと，$A_1AXQ = AXQ$ は明らかであるから $P(A_1AXQ) = P(AXQ)$ となる．また定義により $P(A_1A(XQ)) = \rho(A_1)\rho(A)P(XQ)$ である（ここで A_1 は正則行列ではないが，$P(AX) = \rho(A)P(X)$ という関係式は ρ は多項式表現としているので，多項式の間の関係式であるから，A は任意の正方行列に変えても成立する）．よって，もし ρ に行列式のベキ部分が含まれていれば，$\rho(A_1) = 0$ であり，$\rho(A)P(XQ) = P(AXQ) = P(A_1AXQ) = \rho(A_1)\rho(A)P(XQ) = 0$ となる．これより $P(XQ) = 0$ でもある．ゆえに，正定値でない XS^tX に対しては，いつでもフーリエ係数がゼロになるから，これはカスプ形式である．よってすべて証明された．■

$A_{\det^{d/2}\otimes\rho}(\Gamma_n)$ でウェイトが $\det^{d/2}\otimes\rho$ の $\Gamma_n = Sp(n,\mathbb{Z})$ に関する正則ジーゲル保型形式の空間を表すとする．以上の定理を格子の形で書いておいた方が都合がよいことも多いので，そのように書き直してみる．

2.9 [系] (ρ, V) を $GL_n(\mathbb{C})$ の多項式表現とし，$P(X)$ を V 値の多重調和多項式関数で $P(AX) = \rho(A)P(X)$ となるものとする．また L を $\mathbb{R}^d$ 内の偶ユニモジュラー格子とする．このとき，$\tau = (\tau_{ij}) \in H_n$ と書き，

$$\vartheta_{L,P}(\tau) = \sum_{\substack{x_i \in L \\ i=1,\ldots,n}} P\begin{pmatrix} x_1 \\ \vdots \\ x_n \end{pmatrix} e\left(\frac{1}{2}\sum_{1 \leq i,j \leq n}(x_i,x_j)\tau_{ij}\right)$$

とおくと，$\vartheta_{L,P} \in A_{\det^{d/2}\otimes\rho}(\Gamma_n)$ となる．

証明 L のグラム行列を S とし $S = Q{}^tQ$ とすると，L と $\mathbb{Z}^d Q$ は内積を持つ格子として同型である．格子 $\mathbb{Z}^d Q$ については，この系は前の定理の主張そのものである． ∎

2.10 [注意] もし ρ が $\det$ で割り切れなければ $\vartheta_{S,P}$ はカスプ形式とは限らない．たとえば，$a = (1, i, 0, 0, 0, 0, 0, 0)$（ただし $i = \sqrt{-1}$）とおくと $(x, a)^8 = (x_1 + x_2 i)^8$ は調和多項式であり，この実数部分

$$P_1(x) = x_1^8 - 28 x_1^6 x_2 + 70 x_1^4 x_2^4 - 28 x_1^2 x_2^6 + x_2^8$$

も調和多項式である．ここで $\tau_{11} \in H_1$ に対して $\vartheta_{E_8, P}(\tau_{11})$ ($\tau \in H_1$) を考えると

$$\vartheta_{E_8, P_1}(\tau_{11}) = 120 q + \cdots \quad (q = e(\tau_{11}))$$

でこれはカスプ形式である（ちなみに $P_2(x)$ を $(x, a)^8$ の虚部とすると，$\vartheta_{E_8, P_2}(\tau_{11}) = 0$ となることもわかる）．さて，$x, y \in \mathbb{R}^8$ に対して

$$P\left(\begin{pmatrix} x \\ y \end{pmatrix}, u\right) = \sum_{i=1}^{8} \binom{8}{i} (x, a)^{8-i} (y, a)^i u_1^{8-i} u_2^i, \quad u = (u_1, u_2)$$

とおくと，これは $GL(2)$ のいわゆる 8 次対称テンソル表現に対応する多重調和多項式であって，$A \in GL_2(\mathbb{C})$ に対して，

$$P\left(A \begin{pmatrix} x \\ y \end{pmatrix}, u\right) = P\left(\begin{pmatrix} x \\ y \end{pmatrix}, uA\right)$$

となるのは，たとえば 2 項係数を直接計算すれば，容易にわかる．よってここで $\tau = (\tau_{ij}) \in H_2$ に対して，

$$\vartheta_{E_8, P}(\tau) = \sum_{i=0}^{8} \sum_{x, y \in E_8} \binom{8}{i} (x, a)^{8-i} (y, a)^i u_1^{8-i} u_2^i$$
$$\times e\left(\frac{1}{2}((x, x)\tau_{11} + 2(x, y)\tau_{12} + (y, y)\tau_{22})\right)$$

とする．ここでジーゲル Φ 作用素をとると，$y = 0$ のところのみ残るので，

$$\Phi(\vartheta_{E_8, P}) = \sum_{x \in E_8} (P_1(x) + i P_2(x)) e\left(\frac{(x, x) \tau}{2}\right) = 120 q + \cdots.$$

よってこれはゼロではない．ゆえに $\vartheta_{E_8, P}$ はカスプ形式ではない．

ちなみに，離散群がもっと一般の場合は [3], [47] を，また定理 2.8 の条件を満たす具体的な $P(X)$ のとり方は，[78], [90] などを参照されたい．

4. テータ関数とテータ定数

4.1　テータ関数の変換公式

本節では, $m = \begin{pmatrix} m' \\ m'' \end{pmatrix} \in \mathbb{Q}^{2n}$ $(m', m'' \in \mathbb{Q}^n)$ で決まるテータ関数の変換公式について述べる. 本節では, その大部分で Igusa [96] の方針を流用しているが, [96] では大変簡潔に書かれているので, ここでは細部をかなり補っている.

2.11 [定義]　m を上の通りとして, $\tau \in H_n$, $z \in \mathbb{C}^n$ に対して,

$$\theta_m(\tau, z) = \sum_{p \in \mathbb{Z}^n} e\left(\frac{1}{2}{}^t(p+m')\tau(p+m') + {}^t(p+m')(z+m'')\right)$$

とおき, これをテータ標数 (theta characteristic) m に対応するテータ関数という.

ここで, $n = \begin{pmatrix} n' \\ n'' \end{pmatrix} \in \mathbb{Z}^{2n}$ $(n', n'' \in \mathbb{Z}^n)$ ならば, θ_{m+n} の定義において, $p+n'$ を p に取り換えてよく, $e({}^t p n'') = 1$ に注意すれば

$$\theta_{m+n}(\tau, z) = e({}^t m' n'') \theta_m(\tau, z)$$

がわかる. よって, $\theta_m(\tau, z)$ は, 適当な 1 のベキ根を除いて, $m \bmod 1$ のみによっている.

さて, このようなテータ関数に対する $Sp(n, \mathbb{Z})$ に対する変換公式を調べるのに, $(\mathbb{Q}/\mathbb{Z})^{2n}$ に対する $Sp(n, \mathbb{Z})$ の作用を定義する. 任意の $g = \begin{pmatrix} A & B \\ C & D \end{pmatrix} \in Sp(n, \mathbb{Z})$ と $m \in \mathbb{Q}^{2n}$ に対して,

$$M \circ m = \begin{pmatrix} D & -C \\ -B & A \end{pmatrix} m + \frac{1}{2} \begin{pmatrix} (C {}^t D)_0 \\ (A {}^t B)_0 \end{pmatrix} \tag{2.13}$$

と定義する. ここで n 次正方行列 X に対して, X_0 で, その対角成分を並べてできる n 次列ベクトルを表す.

$$\begin{pmatrix} D & -C \\ -B & A \end{pmatrix} = {}^t M^{-1}$$

であるのは容易にわかる. $M \circ m$ 自身は $\mathbb{Q}^{2n}$ への作用にはならないが, $m_1 - m_2 \in \mathbb{Z}$ ならば $M \circ m_1 - M \circ m_2 \in \mathbb{Z}$ にはなる. すなわち

2.12 [補題]　上で定義した $M \circ m$ は $Sp(n, \mathbb{Z})$ の $(\mathbb{Q}/\mathbb{Z})^{2n}$ への作用を与える.

証明 $Sp(n,\mathbb{Z})$ の単位元 1_{2n} については明らかに $1_{2n} \circ m = m$ である．また $M_i = \begin{pmatrix} A_i & B_i \\ C_i & D_i \end{pmatrix} \in Sp(n,\mathbb{Z})$ $(i=1,2)$ とする．このとき

$$M_2 \circ m = {}^tM_2^{-1}m + \frac{1}{2}\begin{pmatrix} (C_2\,{}^tD_2)_0 \\ (A_2\,{}^tB_2)_0 \end{pmatrix},$$

$$M_1 \circ (M_2 \circ m) = {}^tM_1^{-1}\,{}^tM_2^{-1}m + \frac{1}{2}\,{}^tM_1^{-1}\begin{pmatrix} (C_2\,{}^tD_2)_0 \\ (A_2\,{}^tB_2)_0 \end{pmatrix} + \frac{1}{2}\begin{pmatrix} (C_1\,{}^tD_1)_0 \\ (A_1\,{}^tB_1)_0 \end{pmatrix},$$

$$(M_1M_2) \circ m = {}^t(M_1M_2)^{-1}m + \frac{1}{2}\begin{pmatrix} ((C_1A_2+D_1C_2)\,{}^t(C_1B_2+D_1D_2))_0 \\ ((A_1A_2+B_1C_2)\,{}^t(A_1B_2+B_1D_2))_0 \end{pmatrix}$$

となる．${}^t(M_1M_2)^{-1} = {}^tM_1^{-1} \cdot {}^tM_2^{-1}$ であるから，証明すべきなのは，

$$D_1(C_2\,{}^tD_2)_0 - C_1(A_2\,{}^tB_2)_0 + (C_1\,{}^tD_1)_0$$
$$\equiv ((C_1A_2+D_1C_2)\,{}^t(C_1B_2+D_1D_2))_0 \bmod 2$$
$$-B_1(C_2\,{}^tD_2)_0 + A_1(A_2\,{}^tB_2)_0 + (A_1\,{}^tB_1)_0$$
$$\equiv ((A_1A_2+B_1C_2)\,{}^t(A_1B_2+B_1D_2))_0 \bmod 2$$

である．両者とも証明はほぼ同一なので，最初の合同の証明だけ書くことにする．行列を展開して

$$(C_1A_2 + D_1C_2)\,{}^t(C_1B_2+D_1D_2)$$
$$= C_1(A_2\,{}^tB_2)\,{}^tC_1 + D_1(C_2\,{}^tD_2)\,{}^tD_1 + C_1(A_2\,{}^tD_2)\,{}^tD_1 + D_1(C_2\,{}^tB_2)\,{}^tC_1.$$

ここで，$A_2\,{}^tB_2, C_2\,{}^tD_2$ は対称整数行列である．任意の n 次整数対称行列 $X = (x_{ij})$ と整数ベクトル $y = (y_i) \in \mathbb{Z}^n$ に対して

$${}^tyXy = \sum_{i=1}^n x_{ii}y_i^2 + 2\sum_{1 \le i < j \le n} x_{ij}y_iy_j$$
$$\equiv \sum_{i=1}^n x_{ii}y_i = {}^tyX_0 \bmod 2$$

である．よって，$(C_1(A_2\,{}^tB_2)\,{}^tC_1)_0 \equiv C_1(A_2\,{}^tB_2)_0 \bmod 2$, $(D_1(C_2\,{}^tD_2)\,{}^tD_1)_0 \equiv D_1(C_2\,{}^tD_2)_0 \bmod 2$. また $(D_1(C_2\,{}^tB_2)\,{}^tC_1)_0 = (C_1(B_2\,{}^tC_2)\,{}^tD_1)_0$ であり，$A_2\,{}^tD_2 - B_2\,{}^tC_2 = 1_n$ より $A_2\,{}^tD_2 + B_2\,{}^tC_2 \equiv 1_n \bmod 2$. よって，

$$(C_1(A_2\,{}^tD_2)\,{}^tD_1)_0 + (D_1(C_2\,{}^tB_2)\,{}^tC_1)_0 \equiv (C_1\,{}^tD_1)_0 \bmod 2.$$

よって証明された.

任意の $M = \begin{pmatrix} A & B \\ C & D \end{pmatrix} \in Sp(n, \mathbb{R})$ と $(\tau, z) \in H_n \times \mathbb{C}^n$ に対して, $M(\tau, z) = (M\tau, {}^t(C\tau + D)^{-1}z)$ と書けば, $M_1, M_2 \in Sp(n, \mathbb{R})$ について $(M_1 M_2)(\tau, z) = M_1(M_2(\tau, z))$ は容易にわかる. また $\det(CZ + D)^{1/2}$ の分岐を適当に指定しておき, M に対して,

$$J(M, (\tau, z)) = \det(C\tau + D)^{1/2} e\left(\frac{{}^t z (C\tau + D)^{-1} Cz}{2}\right)$$

とおくと, $J(M_1 M_2, (\tau, z))$ と $J(M_1, M_2(\tau, z))J(M_2, (\tau, z))$ は分岐のとり方による部分があるので, 一致するとは限らないが,

$$J(M_1 M_2, (\tau, z)) = \pm J(M_1, M_2(\tau, z))J(M_2, (\tau, z))$$

となる. ここで $\pm$ は分岐のとり方ごとに決まっている. この等式の証明は, 行列式の部分の証明は以前に示したので, 指数部分のみを見る. $M_1 M_2 = \begin{pmatrix} A_3 & B_3 \\ C_3 & D_3 \end{pmatrix}$ とおくとき, 証明すべきことは

$$(C_2\tau + D_2)^{-1} C_2 + (C_2\tau + D_2)^{-1}(C_1 M_2\tau + D_1)^{-1} C_1 \, {}^t(C_2\tau + D_2)^{-1}$$
$$= (C_3\tau + D_3)^{-1} C_3 \quad (2.14)$$

であることがわかる. ここで $C_1 M_2 \tau + D_1 = (C_3\tau + D_3)(C_2\tau + D_2)^{-1}$ は以前にも見た通りである. また $C_2 \, {}^t D_2 = D_2 \, {}^t C_2$ に注意すれば, $(C_2\tau + D_2)^{-1} C_2 = {}^t C_2 \, {}^t(C_2\tau + D_2)^{-1}$ である. よって (2.14) の左辺は, $(C_3\tau + D_3)^{-1}$ を左に, ${}^t(C_2\tau + D_2)^{-1}$ を右にくくりだして,

$$(C_3\tau + D_3)^{-1}((C_3\tau + D_3) \, {}^t C_2 + C_1) \, {}^t(C_2\tau + D_2)^{-1}$$

となる. ここで

$$(C_3\tau + D_3) \, {}^t C_2 + C_1 = C_3 \tau \, {}^t C_2 + C_1 B_2 \, {}^t C_2 + D_1 D_2 \, {}^t C_2 + C_1$$

だが, $B_2 \, {}^t C_2 = -1_n + A_2 \, {}^t D_2$, $D_2 \, {}^t C_2 = C_2 \, {}^t D_2$ を用いて,

$$C_1 B_2 \, {}^t C_2 + D_1 D_2 \, {}^t C_2 + C_1 = (C_1 A_2 + D_1 C_2) \, {}^t D_2 = C_3 \, {}^t D_2.$$

よって, $(C_3\tau + D_3) \, {}^t C_2 + C_1 = C_3 \, {}^t(C_2\tau + D_2)$ となって, (2.14) は証明された.

$H_n \times \mathbb{C}^n$ 上の関数 $f(\tau, z)$ と M に対して,

$$(f|_{1/2,1/2}[M])(\tau, z) = J(M, (\tau, z))^{-1} f(M(\tau, z)).$$

とおくと, $f|_{1/2,1/2}[M_1 M_2]$ と $(f|_{1/2,1/2}[M_1])|_{1/2,1/2}[M_2]$ は平方根の分岐のとり方があいまいなので等しいかどうかはわからないが, ± 1 倍しかずれない.

さて, 一般に $M \in Sp(n, \mathbb{Z})$ に対して, $\theta_m(\tau, z)|_{1/2,1/2}[M]$ は $\theta_m(\tau, z)$ の定数倍とは限らない. 実際には $\theta_{M^{-1} \circ m}(\tau, z)$ の定数倍になる. 以下, これを 2 通りの方法で証明したい.

4.2 生成元の作用

各生成元での振る舞いを調べて, これを適用する. まず, 生成元のみで調べればよいことを証明しておこう.

2.13 [補題] $M_1, M_2 \in Sp(n, \mathbb{Z})$ を固定する. 任意の $m, n \in \mathbb{Q}^{2n}$ について, 次の 2 つの式が成立すると仮定する.

$$\theta_{M_1 \circ n}(M_1(\tau, z)) = c_1(M_1) J(M_1, (\tau, z)) \theta_n(\tau, z), \tag{2.15}$$

$$\theta_{M_2 \circ m}(M_2(\tau, z)) = c_2(M_2) J(M_2, (\tau, z)) \theta_m(\tau, z). \tag{2.16}$$

ただし, $c_i(M_i)$ は定数とする. このとき, 適当な定数 c_3 が存在して

$$\theta_{M_1 M_2 \circ m}(M_1 M_2(\tau, z)) = c_3 J(M_1 M_2, (\tau, z)) \theta_m(\tau, z)$$

となる.

証明 式 (2.15) で $n = M_2 \circ m$ とし, (τ, z) に $M_2(\tau, z)$ を代入すれば

$$\theta_{M_1 \circ (M_2 \circ m)}((M_1 M_2)(\tau, z)) = c_1(M_1) J(M_1, M_2(\tau, z)) \theta_{M_2 \circ m}(M_2(\tau, z))$$

となる. ここで (2.16) を用いると, これは

$$c_1(M_1) c_2(M_2) J(M_1, M_2(\tau, z)) J(M_2, (\tau, z)) \theta_m(\tau, z)$$

となる. $\theta_{M_1 \circ (M_2 m)}(\tau, z)$ は $\theta_{(M_1 M_2) \circ m}(\tau, z)$ の定数倍であった. また

$$J(M_1, M_2(\tau, z)) J(M_2, (\tau, z)) = \pm J(M_1 M_2, (\tau, z))$$

であった. よって証明された. ∎

次に生成元について見たい．まず，易しい元についての変換を考えよう．
$$u(S) = \begin{pmatrix} 1_n & S \\ 0 & 1_n \end{pmatrix}, \quad S = {}^tS \in M_n(\mathbb{Z})$$
とする．このとき，
$$u(S) \circ m = \begin{pmatrix} m' \\ -Sm' + m'' + \frac{1}{2}S_0 \end{pmatrix}$$
である．$S(\tau, z) = (\tau + S, z)$ より，$\theta_{u(S)m}(\tau + S, z)$ を計算したい．定義の指数ベキの中身を計算するのに

$$\frac{1}{2}{}^t(p+m')(\tau+S)(p+m')$$
$$= \frac{1}{2}{}^t(p+m')\tau(p+m') + \frac{1}{2}{}^tpSp + {}^tpSm' + \frac{1}{2}{}^tm'Sm'.$$
$${}^t(p+m')\left(z + m'' - Sm' + \frac{1}{2}S_0\right)$$
$$= {}^t(p+m')(z+m'') - {}^tpSm' + \frac{1}{2}{}^tpS_0 - {}^tm'Sm' + \frac{1}{2}{}^tm'S_0.$$

よって，${}^tpSp \equiv {}^tpS_0 \bmod 2$ を考慮に入れて次の公式を得る．
$$\theta_{u(S) \circ m}(u(S)(\tau, z)) = e\left(-\frac{1}{2}{}^tm'Sm' + \frac{1}{2}{}^tm'S_0\right)\theta_m(\tau, z). \tag{2.17}$$

次に $U \in GL_n(\mathbb{Z})$ に対して，
$$t(U) = \begin{pmatrix} U & 0 \\ 0 & {}^tU^{-1} \end{pmatrix}$$
とおき，$\theta_{t(U)m}(U\tau{}^tU, Uz)$ を考えよう．
$$t(U) \circ m = \begin{pmatrix} {}^tU^{-1}m' \\ Um'' \end{pmatrix}$$
であるが，
$${}^t(p + {}^tU^{-1}m')U\tau{}^tU(p + {}^tU^{-1}m') = {}^t({}^tUp + m')\tau({}^tUp + m').$$
$${}^t(p + {}^tU^{-1}m')(Uz + Um'') = {}^t({}^tUp + m')(z + m'')$$
より，p を ${}^tUp$ に取り換えて考えると次を得る．
$$\theta_{t(U) \circ m}(t(U)(\tau, z)) = \theta_m(\tau, z). \tag{2.18}$$

次に $J_n = \begin{pmatrix} 0 & -1_n \\ 1_n & 0 \end{pmatrix}$ に対する変換公式を考える．補題2.6において，$w = z + m''$，

$\mathfrak{a} = m'$ とすると

$$-\frac{1}{2}{}^t(z+m''-n)\tau^{-1}(z+m''-n) + {}^t n m'$$
$$= \frac{1}{2}{}^t z(-\tau^{-1}){}^t z + \frac{1}{2}{}^t(n-m'')(-\tau^{-1})(n-m'')$$
$$+ {}^t(n-m'')(\tau^{-1}z+m') + {}^t m'' m'.$$

よって,

$$\det\left(\frac{\tau}{i}\right)^{1/2} e\left(\frac{{}^t z \tau^{-1} z}{2}\right) \theta_{m'm''}(\tau, z) e(-{}^t m'' m') = \theta_{-m'',m'}(-\tau^{-1}, \tau^{-1}z) \quad (2.19)$$

$$J_n \circ \begin{pmatrix} m' \\ m'' \end{pmatrix} = \begin{pmatrix} -m'' \\ m' \end{pmatrix}$$

であるから,

$$\theta_{J_n \circ m}(-\tau^{-1}, \tau^{-1}z) = c \det(\tau)^{1/2} e\left(\frac{{}^t z \tau^{-1} z}{2}\right) \theta_m(\tau, z)$$

となる定数 c がある.

4.3 別証明

以上で,任意の $M \in Sp(n, \mathbb{Z})$ について $\theta_{M\circ m}(M\tau, {}^t(c\tau+d)^{-1}z)$ と $\theta_m(\tau, z)$ は保型因子の部分を除けば,定数倍しか違わないことはわかったが,定数が何によっているのか,あまりわかりやすくはない. 群の元に対する量のうち,分岐による部分とそれ以外の部分を明確に分けるために,再度,別の証明を与える.

これから述べる証明は Igusa の論文 [94] によるものである. 0 で $\mathbb{Q}^{2n}$ のゼロベクトルを表すことにする. 変換公式は,テータ標数が $m = 0$ の場合に公式を与えて,他の場合はこれに帰着させるという方針で証明する. まず一般の $m \in \mathbb{Q}^{2n}$ に対して,テータ関数の z の関数としての特徴づけを与えよう.

2.14 [補題] $f(\tau, z)$ を $H_n \times \mathbb{C}^n$ 上の正則関数とし,$m', m'' \in \mathbb{Q}^n$ とする. このとき,もし任意の $\lambda, \mu \in \mathbb{Z}^n$ に対して

$$f(\tau, z+\tau\lambda+\mu) = e({}^t m' \mu - {}^t m'' \lambda) e\left(\frac{-{}^t \lambda \tau \lambda}{2} - {}^t \lambda z\right) f(\tau, z) \quad (2.20)$$

が成立するならば,$f(\tau, z)$ は z の関数として,$\theta_m(\tau, z)$ に等しい. すなわち,ある τ の関数 $K(\tau)$ が存在して,$f(\tau, z) = K(\tau) \theta_m(\tau, z)$ である.

証明 $h(z) = e(-{}^tm'z)f(\tau, z)$ とおくと、$\lambda = 0, \mu \in \mathbb{Z}^n$ に f の条件を適用し、$h(z+\mu) = h(z)$ $(\mu \in \mathbb{Z}^n)$ となる. よって $h(z)$ は z についてフーリエ展開できる. これを $h(z) = \sum_{r \in \mathbb{Z}^n} h_r(\tau) e({}^t rz)$ と書く. ここで f の $\lambda \in \mathbb{Z}^n, \mu = 0$ に関する条件より,

$$h(z + \tau\lambda) = e\left(-\frac{1}{2}{}^t\lambda\tau\lambda - {}^tm'\tau\lambda - {}^tm''\lambda\right)e(-{}^t\lambda z)h(z).$$

これより、フーリエ展開を見ると

$$\sum_{r \in \mathbb{Z}^n} h_r(\tau)e({}^tr(z+\tau\lambda)) = e\left(-\frac{1}{2}{}^t\lambda\tau\lambda - {}^tm'\tau\lambda - {}^tm''\lambda\right)\sum_{r \in \mathbb{Z}^n} h_r(\tau)e({}^t(r-\lambda)z).$$

よってフーリエ展開の一意性により,

$$h_0(\tau) = e\left(-\frac{1}{2}{}^t\lambda\tau\lambda - {}^tm'\tau\lambda - {}^tm''\lambda\right)h_\lambda(\tau)$$

が任意の $\lambda \in \mathbb{Z}^n$ について成り立つ. よって,

$$\begin{aligned}f(\tau,z) &= \sum_{\lambda \in \mathbb{Z}^n} e({}^tm'z)e({}^t\lambda z)h_\lambda(\tau) \\ &= h_0(\tau)e\left(-\frac{1}{2}{}^tm'\tau m' - {}^tm'm''\right)\theta_m(\tau,z).\end{aligned}$$

よって証明された. ∎

2.15 [系] $0 \in \mathbb{Z}^{2n}$ と任意の $M \in Sp(n,\mathbb{Z})$ に対して,

$$K(\tau)\theta_{M\circ 0}(M(\tau,z)) = e\left(\frac{{}^tz(C\tau+D)^{-1}Cz}{2}\right)\theta_0(\tau,z)$$

となる z によらない関数 $K(\tau)$ が存在する.

証明 $\tau^* = M\tau, z^* = {}^t(C\tau+D)^{-1}z$ とおいて、右辺を $f(\tau^*, z^*)$ とおく. これが τ^*, z^* の関数として、$m = M \circ 0$ に対して、(2.20) を満たすことを示せばよい. z^* を $z^* + \tau^*\lambda + \mu$ に変えるということは z を

$$z + {}^t(C\tau+D)(M\tau)\lambda + {}^t(C\tau+D)\mu = z + {}^t(A\tau+B)\lambda + {}^t(C\tau+D)\mu$$

に変えるということである. これは $z + \tau({}^tA\lambda + {}^tC\mu) + ({}^tB\lambda + {}^tD\mu)$ に等しい. 記号を簡単にするために $n' = {}^tA\lambda + {}^tC\mu, n'' = {}^tB\lambda + {}^tD\mu$ とおくと、$Dn' - Cn'' = \lambda$

となる．ここで
$$
\begin{aligned}
{}^t(z+\tau n' &+ n'')(C\tau+D)^{-1}C(z+\tau n'+n'') \\
&= {}^tz(C\tau+D)^{-1}Cz + 2\,{}^tz(C\tau+D)^{-1}C(\tau n'+n'') \\
&\quad + {}^t(\tau n'+n'')(C\tau+D)^{-1}C(\tau n'+n'').
\end{aligned}
$$

しかし $C(\tau n'+n'') = (C\tau+D)n' + Cn'' - Dn'$ により,

$$(C\tau+D)^{-1}C(\tau n'+n'') = n' - (C\tau+D)^{-1}\lambda \tag{2.21}$$

となるので，z についての 1 次の項は

$$2\,{}^tz(n' - (C\tau+D)^{-1}\lambda) = 2({}^tzn' - {}^tz^*\lambda)$$

である．また

$$
\begin{aligned}
{}^tn'\tau + {}^tn'' &= {}^t({}^tA\lambda + {}^tC\mu)\tau + {}^t({}^tB\lambda + {}^tD\mu) \\
&= ({}^t\lambda A + {}^t\mu C)\tau + ({}^t\lambda B + {}^t\mu D) \\
&= {}^t\lambda(A\tau+B) + {}^t\mu(C\tau+D).
\end{aligned}
$$

よって，z についての定数項は

$$
\begin{aligned}
{}^t(\tau n'+n'')(C\tau+D)^{-1}C(\tau n'+n'') &= {}^t(\tau n'+n'')(n' - (C\tau+D)^{-1}\lambda) \\
&= {}^tn'\tau n' + {}^tn''n' - {}^t\lambda\tau^*\lambda - {}^t\mu\lambda
\end{aligned}
$$

以上をまとめて，

$$
\begin{aligned}
&e\left(\frac{{}^t(z+\tau n'+n'')(C\tau+D)^{-1}C(z+\tau n'+n'')}{2}\right) \\
&= e\left(\frac{{}^tz(C\tau+D)^{-1}Cz}{2}\right) \\
&\quad \times e\left(\frac{{}^tn'\tau n'}{2} + \frac{{}^tn'n''}{2} - \frac{{}^t\lambda\tau^*\lambda}{2} - \frac{{}^t\mu\lambda}{2}\right)e({}^tn'z - {}^t\lambda z^*).
\end{aligned}
$$

一方
$$\theta_0(\tau, z+\tau n'+n'') = \theta_0(\tau, z)e\left(\frac{-{}^tn'\tau n'}{2} - {}^tn'z\right)$$

である．実際，$\lambda,\mu \in \mathbb{Z}^n$ より $n', n'' \in \mathbb{Z}^n$ でもあり，上式左辺の定義で p を $p+n'$ に置き換えれば上の関係を容易に得る．よって

$$f(\tau^*, z^*+\tau^*\lambda+\mu) = f(\tau^*, z^*)e\left(-\frac{1}{2}{}^t\lambda\tau^*\lambda - {}^t\lambda z^*\right)e\left(\frac{-{}^t\mu\lambda}{2} + \frac{{}^tn''n'}{2}\right)$$

となる．ここで $M \circ 0 = 2^{-1} \begin{pmatrix} (C^t D)_0 \\ (A^t B)_0 \end{pmatrix}$ であり，また

$$\begin{aligned} {}^t n'' n' &= ({}^t \lambda B + {}^t \mu D)({}^t A \lambda + {}^t C \mu) \\ &= {}^t \lambda (B {}^t A) \lambda + {}^t \mu (D {}^t C) \mu + {}^t \mu (D {}^t A) \lambda + {}^t \lambda (B {}^t C) \mu. \end{aligned}$$

ここで ${}^t \lambda (A {}^t B) \lambda \equiv {}^t (A {}^t B)_0 \lambda \bmod 2$, ${}^t \mu (C {}^t D) \mu \equiv {}^t (C {}^t D)_0 \mu \bmod 2$, ${}^t \mu (D {}^t A) \lambda + {}^t \lambda (B {}^t C) \mu \equiv {}^t \mu \lambda \bmod 2$ となる．以上より，f は $M \circ 0$ に対して，(2.20) を満たす． ∎

2.16 [補題] 任意の $M \in Sp(n, \mathbb{Z})$ に対して，定数 $\kappa(M)$ が存在して

$$\begin{aligned} &\theta_{M \circ 0}(M\tau, {}^t(C\tau + D)^{-1} z) \\ &= \kappa(M) \det(C\tau + D)^{1/2} e\left(\frac{{}^t z (C\tau + D)^{-1} C z}{2} \right) \theta_0(\tau, z) \end{aligned} \tag{2.22}$$

となる．ただし，$\det(C\tau + D)^{1/2}$ の分岐は任意に一つ固定し，$\kappa(M)$ はその分岐のとり方によって ± 1 分異なる．

証明 前の補題より，

$$K(\tau) \theta_{M \circ 0}(M\tau, {}^t(C\tau + D)^{-1} z) = e\left(\frac{{}^t z (C\tau + D)^{-1} C z}{2} \right) \theta_0(\tau, z) \tag{2.23}$$

となる τ の関数があることはわかっている．これが何かを決めればよい．そのために，両辺を $\tau = (\tau_{ij})$ の各成分 τ_{ij} で微分したのちに $z = 0$ として比較する．まずその前に $z = (z_i)$ として，両辺を $\dfrac{\partial^2}{\partial z_i \partial z_j}$ で微分して，そののちに $z = 0$ としたものの比較を行う．$x = (x_i)$ を τ, z と独立な変数の n 次ベクトルとして，両辺に $\sum_{i,j=1}^{n} x_i x_j \dfrac{\partial^2}{\partial z_i \partial z_j}$ を作用させる．まず (2.23) の左辺は偏微分の連鎖律により容易に計算できて，$K(\tau)$ 以外は

$$\begin{aligned} &{}^t x \left(\frac{\partial^2}{\partial z_i \partial z_j} \theta_{M \circ 0}(M\tau, {}^t(C\tau + D)^{-1} z) \right)_{1 \leq i, j \leq n} x \\ &= {}^t x (C\tau + D)^{-1} \left(\frac{\partial^2 \theta_{M \circ 0}}{\partial z_p \partial z_q}(M\tau, {}^t(C\tau + D)^{-1} z) \right)_{1 \leq p, q \leq n} {}^t(C\tau + D)^{-1} x. \end{aligned} \tag{2.24}$$

となる．テータ関数のよく知られた，また簡単な計算で証明できる性質により，

$$\frac{1}{(2\pi i)^2}\frac{\partial^2 \theta_m(\tau,z)}{\partial z_i \partial z_j} = \frac{1}{2\pi i}(1+\delta_{ij})\frac{\partial \theta_m(\tau,z)}{\partial \tau_{ij}}$$

である．ここで $\frac{\partial}{\partial \tau} = \left(\frac{1+\delta_{ij}}{2}\frac{\partial}{\partial \tau_{ij}}\right)$ と書くことにすると，z_p, z_q での微分を τ_{pq} での微分に置き換えて，またあとの第5章で与える，関数 $f(M\tau)$ を τ_{ij} で微分したときの公式 (3.31) を用いて，(2.24) は

$$2(2\pi i) x \frac{\partial \theta_{M\circ 0}(M\tau, {}^t(C\tau+D)^{-1}z)}{\partial \tau}\, {}^t x$$

から第2変数部分の ${}^t(C\tau+D)^{-1}z$ の部分の τ_{ij} などに関する微分を引いたものになる．しかし，後者は z の一次式が残ることにより，ここで $z=0$ とすると

$$2(2\pi i) x \frac{\partial \theta_{M\circ 0}(M\tau, 0)}{\partial \tau}\, {}^t x$$

のみが残る．(2.23) の右辺を $\sum_{i,j} x_i x_j \frac{\partial^2}{\partial z_i \partial z_j}$ で微分して $z=0$ とすると，$\theta_0(\tau,z)$ は z についての偶関数であるから $\left.\frac{\partial \theta_0(\tau,z)}{\partial z_i}\right|_{z=0} = 0$ であることに注意して

$$(2\pi i)\,{}^t x(C\tau+D)^{-1}Cx\theta_0(\tau,0) + 2(2\pi i)\,{}^t x\frac{\partial \theta_0}{\partial \tau}(\tau,0)x.$$

よって

$$K(\tau)\,{}^t x \frac{\partial \theta_{M\circ 0}(M\tau,0)}{\partial \tau} x = \left(\frac{1}{2}\,{}^t x(C\tau+D)^{-1}C\,x\,\theta_0(\tau,0) + {}^t x\frac{\partial \theta_0}{\partial \tau}(\tau,0)x\right)$$

となる．一方，(2.23) の両辺を ${}^t x\left(\frac{\partial}{\partial \tau}\right)x$ で微分してから $z=0$ とすると，左辺は前と同じ理由で

$$K(\tau)\,{}^t x \frac{\partial \theta_{M\circ 0}(M\tau,0)}{\partial \tau} x + \theta_{M\circ 0}(M\tau,0)\,{}^t x \frac{\partial K(\tau)}{\partial \tau} x$$

である．右辺からは，$e({}^t z(C\tau+D)^{-1}Cz)$ の τ_{ij} による微分からは z の一次式が残るので，この部分は $z=0$ で0になるので，次が残る．

$$\sum_{1\le i\le j\le n} x_i x_j \frac{\partial \theta_0}{\partial \tau_{ij}}(\tau,0) = {}^t x\frac{\partial \theta_0}{\partial \tau}(\tau,0)x.$$

だから，両辺を比較して，

$$\frac{1}{2}\,{}^t x(C\tau+D)^{-1}Cx\theta_0(\tau,z) + \theta_{M\circ 0}(M\tau,0)\,{}^t x\frac{\partial K(\tau)}{\partial \tau}x = 0.$$

これに $K(\tau)$ を掛けて, $K(\tau)\theta_{M\circ 0}(M\tau,0) = \theta_0(\tau,0)$ を用いれば,

$$\sum_{1\leq i\leq j\leq n} x_i x_j \frac{\partial K}{\partial \tau_{ij}} + \frac{K(\tau)}{2} {}^t x(C\tau+D)^{-1}Cx = 0$$

となる. 一方で (3.35) より

$$\sum_{1\leq i\leq j\leq n} x_i x_j \frac{\partial \det(C\tau+D)^{1/2}}{\partial \tau_{ij}} = \det(C\tau+D)^{1/2} \times \frac{1}{2} {}^t x(C\tau+D)^{-1}Cx.$$

よって, $\frac{\partial}{\partial \tau_{ij}}(K(\tau)\det(C\tau+D)^{1/2}) = 0$ がすべての i,j について成り立つので, $K(\tau)$ は $\det(C\tau+D)^{-1/2}$ の定数倍である. よって証明された. ただしここで平方根の分岐は固定された C,D に対して, H_n 上の一価関数としてひとつ固定して考えているので, 特に計算に差し支えは無い. ∎

次に, 任意の $m \in \mathbb{Q}^{2n}$ についての $\theta_m(\tau,z)$ の変換公式は $\theta_0(\tau,z)$ での変換公式に帰着する. これを見よう. 前と同様, m の前半と後半の n 行を m',m'' と書く. すると任意の $m \in \mathbb{Q}^{2n}$ に対して

$$\theta_m(\tau,z) = e\left(\frac{1}{2}{}^t m'\tau m' + {}^t m'(z+m'')\right)\theta_0(\tau,z+\tau m'+m'') \tag{2.25}$$

となる. これは単に定義の式を書き換えれば得られるので, 証明は省略する. 次に $\theta_0(\tau,z)$ の変換公式から $\theta_m(\tau,z)$ の変換公式を求めるために $\theta_{M\circ m}(M\tau,{}^t(C\tau+D)^{-1}z)$ と $\theta_{M\circ 0}(M\tau,{}^t(C\tau+D)^{-1}(z+\tau m'+m''))$ を比較する.

記号を簡単にするために ${}^t M^{-1}m = \begin{pmatrix} n' \\ n'' \end{pmatrix}$ と書くことにする. つまり $n' = Dm'-Cm''$, $n'' = -Bm'+Am''$ である. 逆に書けば, $m' = {}^t An'+{}^t Cn''$, $m'' = {}^t Bn'+{}^t Dn''$ である. $\theta_{M\circ m}(M\tau,{}^t(C\tau+D)^{-1}z)$ と $\theta_{M\circ 0}(M\tau,{}^t(C\tau+D)^{-1}(z+\tau m'+m''))$ の定義の式の指数関数の中身を書き下すと, 前者では

$$\frac{1}{2}{}^t\left(p+\frac{1}{2}(C{}^tD)_0+n'\right)(M\tau)\left(p+\frac{1}{2}(C{}^tD)_0+n'\right)$$
$$+ {}^t\left(p+n'+\frac{1}{2}(C{}^tD)_0\right)\left({}^t(C\tau+D)^{-1}z+n''+\frac{1}{2}(A{}^tB)_0\right),$$

後者では

$$\frac{1}{2}{}^t\left(p+\frac{1}{2}(C{}^tD)_0\right)(M\tau)\left(p+\frac{1}{2}(C{}^tD)_0\right)$$
$$+ {}^t\left(p+\frac{1}{2}(C{}^tD)_0\right)\left({}^t(C\tau+D)^{-1}(z+\tau m'+m'')+\frac{1}{2}(A{}^tB)_0\right)$$

である．これらの差を，次の関係式

$$
\begin{aligned}
{}^t(C\tau+D)^{-1}(\tau m'+m'') &= {}^t(C\tau+D)^{-1}((\tau\,{}^tA+{}^tB)n' + (\tau\,{}^tC+{}^tD)n'') \\
&= {}^t(C\tau+D)^{-1}({}^t(A\tau+B)n' + {}^t(C\tau+D)n'') \\
&= (M\tau)n' + n''
\end{aligned}
$$

を用いて計算すれば

$$
\begin{aligned}
&\theta_{Mom}(M\tau,{}^t(C\tau+D)^{-1}z) \\
&= e({}^tn'n'')e\left(\frac{1}{2}{}^tn'(A{}^tB)_0\right)e\left(\frac{1}{2}{}^tn'(M\tau)n' + {}^tn'(C\tau+D)^{-1}z\right) \\
&\quad \times \theta_{M\circ 0}\left(M\tau,{}^t(C\tau+D)^{-1}(z+\tau m'+m'')\right) \qquad (2.26)
\end{aligned}
$$

が容易にわかる．

一方で $\theta_0(\tau,z)$ の変換公式において，z を $z'=z+\tau m'+m''$ に置き換えて，

$$
\begin{aligned}
&\theta_{M\circ 0}(M\tau,{}^t(C\tau+D)^{-1}(z+\tau m'+m'')) \\
&= \kappa(M)\det(C\tau+D)^{1/2}e\left(\frac{{}^tz'(C\tau+D)^{-1}Cz'}{2}\right)\theta_0(\tau,z+\tau m'+m'') \\
&= \kappa(M)\det(C\tau+D)^{1/2}\theta_m(\tau,z) \\
&\quad \times e\left(\frac{{}^tz'(C\tau+D)^{-1}Cz'}{2} - \frac{{}^tm'\tau m'}{2} - {}^tm'(z+m'')\right)
\end{aligned}
$$

となる．ここで ${}^tz'(C\tau+D)^{-1}Cz'$ を計算するのに，

$$
\begin{aligned}
C(\tau m'+m'') &= (C\tau+D)m' + (Cm''-Dm') = (C\tau+D)m' - n' \\
{}^tm'\tau + {}^tm'' &= {}^tn'(A\tau+B) + {}^tn''(C\tau+D) \\
{}^t(\tau m'+m'')&(C\tau+D)^{-1}((C\tau+D)m'-n') \\
&= {}^tm'\tau m' + {}^tm''m' - {}^t(m'\tau+m'')(C\tau+D)^{-1}n' \\
&= {}^tm'\tau m' + {}^tm''m' - {}^tn'(M\tau)n' - {}^tn''n'
\end{aligned}
$$

などを用いれば，結局

$$
\begin{aligned}
&\frac{1}{2}{}^tz'(C\tau+D)^{-1}Cz' - \frac{1}{2}{}^tm'\tau m' - {}^tm'z - {}^tm'm'' \\
&= \frac{1}{2}({}^tz(C\tau+D)^{-1}Cz) - \frac{1}{2}{}^tn'(M\tau)n' \\
&\quad - {}^tz(C\tau+D)^{-1}n' - \frac{1}{2}{}^tn''n' - \frac{1}{2}{}^tm'm''.
\end{aligned}
$$

ここで (2.26) とあわせて考えて, $\theta_m(\tau, z)$ による表示を与えるには, 次を計算すればよい.

$$\begin{aligned}
&{}^t n' n'' - \frac{1}{2}{}^t n' n'' - \frac{1}{2}{}^t m' m'' + \frac{1}{2}{}^t n'(A^t B)_0 \\
&= \frac{1}{2}{}^t(Dm' - Cm'')(-Bm' + Am'') - \frac{1}{2}{}^t m' m'' + \frac{1}{2}{}^t(A^t B)_0 (Dm' - Cm'').
\end{aligned}$$

ここで, ${}^t DA - {}^t BC = 1_n$, ${}^t DB = {}^t BD$, ${}^t CA = {}^t AC$ などを用いて,

$$\begin{aligned}
&{}^t(Dm' - Cm'')(-Bm' + Am'') \\
&= -{}^t m' {}^t BDm' - {}^t m'' {}^t ACm'' + {}^t m' {}^t DAm'' + {}^t m'' {}^t BCm'' \\
&= -{}^t m' {}^t BDm' - {}^t m'' {}^t ACm'' + 2\,{}^t m' {}^t BCm'' + {}^t m' m''
\end{aligned}$$

となる. 以上により, 次の定理を得る.

2.17 [定理] $m \in \mathbb{Q}^{2n}$ と $M = \begin{pmatrix} A & B \\ C & D \end{pmatrix} \in Sp(n, \mathbb{Z})$ に対して, 次の公式が成立する.

$$\begin{aligned}
&\theta_{M \circ m}(M(\tau, z)) \\
&= \kappa(M) e(\phi_m(M)) \det(C\tau + D)^{1/2} e\left(\frac{{}^t z(Cz + D)^{-1} Cz}{2}\right) \theta_m(\tau, z).
\end{aligned}$$

ただし, ここで,

$$\begin{aligned}
\phi_m(M) = -\frac{1}{2}(&{}^t m' {}^t BDm' + {}^t m'' {}^t ACm'' \\
&- 2\,{}^t m' {}^t BCm'' - {}^t(A^t B)_0 (Dm' - Cm'')).
\end{aligned}$$

としている. また $\det(C\tau + D)^{1/2}$ は各 C, D に対して, 分岐をひとつ固定しておく. $\kappa(M)$ はこの分岐のとり方による M のみによる定数として定まり, τ, z, m などにはよらない.

注意として, 特に $\phi_0(M) = 0$ である. これはもともとの $\theta_0(\tau, z)$ の変換公式からも明らかである. また定数 $\kappa(M)$ がテータ標数によらずに決まっていることがわかるのは以上の方法の利点である.

4.4 ガウスの和の公式

テータ関数の変換公式にときどき使用するので, ガウスの和の公式をまず復習する.

4. テータ関数とテータ定数

簡単のために $e(x) = e^{2\pi i x}$ とおく．互いに素な整数 a, b について，ガウスの和を

$$G(a,b) = \sum_{x \bmod b} e\left(\frac{a}{b}x^2\right)$$

と定義する．ただし，記号が複雑になるのを避けるためにここでは，おおむね $b > 0$ の場合を考えるが，$b < 0$ も扱う場合は，$a/b = a \cdot \mathrm{sgn}(b)/|b|$ と書き換えて以下の公式を適用すればよい．任意の整数 d に対して，記号 ϵ_d を

$$\epsilon_d = \begin{cases} 1 & d \equiv 1 \bmod 4 \text{ の場合}, \\ \sqrt{-1} & d \equiv 3 \bmod 4 \text{ の場合} \end{cases}$$

で定める．記号上の混乱をさけるために，modulo 8 の指標について，次の記号を導入しておく．χ_{-4} を mod 4 の，また χ_8, χ_{-8} を mod 8 のディリクレ指標で，値は次の表のようにとるものとする．

$\chi \backslash a$	1	3	5	7
χ_{-4}	1	-1	1	-1
χ_8	1	-1	-1	1
χ_{-8}	1	1	-1	-1

あるいは a が奇数のとき，$\chi_4(a) = (-1)^{(a-1)/2}$, $\chi_8(a) = (-1)^{(a^2-1)/8}$, $\chi_{-8}(a) = \chi_{-4}(a)\chi_8(a)$ と定義しても同じことである．これらは2次体 $\mathbb{Q}(\sqrt{-1})$, $\mathbb{Q}(\sqrt{2})$, $\mathbb{Q}(\sqrt{-2})$ に対応する，いわゆるクロネッカー指標であり，

$$\chi_{-4}(a) = \left(\frac{-1}{a}\right), \quad \chi_8(a) = \left(\frac{2}{a}\right), \quad \chi_{-8}(a) = \left(\frac{-2}{a}\right)$$

とも書く．さて，以上の記号のもとで，次の命題が成り立つ．

2.18 [命題] (1) $b = p$ (p は奇素数)，かつ a は p と素な整数ならば

$$G(a, p) = \epsilon_p \sqrt{p} \left(\frac{a}{p}\right).$$

(2) $b > 0$ が奇数で a が b と素ならば，次の公式が成り立つ．

$$G(a, b) = \left(\frac{a}{b}\right) G(1, b), \quad G(1, b) = \epsilon_b b^{1/2}.$$

ただし，$\left(\dfrac{a}{b}\right)$ はヤコービ記号とする．

(3) a が奇数のとき,

$$G(a,2^s) = \begin{cases} 0 & s=1 \text{ の場合,} \\ 2^{(s+1)/2}\epsilon_a^{-1}\left(\dfrac{2^s}{|a|}\right)e\left(\dfrac{1}{8}\right) & s\geq 2 \text{ の場合.} \end{cases}$$

(4) a,b が正または負の整数で, a が奇数, b が偶数で, かつ a と b が互いに素なとき,

$$G(a,b) = \begin{cases} \epsilon_{\mathrm{sgn}(ab)|a|}^{-1}\sqrt{2|b|}\left(\dfrac{|b|}{|a|}\right)e\left(\dfrac{1}{8}\right) & b \equiv 0 \bmod 4 \text{ の場合,} \\ 0 & b \equiv 2 \bmod 4 \text{ の場合.} \end{cases}$$

命題 2.18 の証明　(1) の証明については数多くの本（たとえば高木貞治 [181] の付録）に掲載されているので，ここでは証明なしで認めることにする．

(2) はたとえば Eichler [38, p.89] などにある．方針は b を素因数分解して，中国の剰余定理を用いて素数ベキの場合に帰着すればよい．このため，まず $b=p^m$ （p は奇素数）の場合を求める．$m=1$ は (1) のとおりだから，$m\geq 2$ と仮定する．さて，1 の原始 p^m 乗根の最小多項式は，

$$\frac{X^{p^m}-1}{X^{p^{m-1}}-1} = \frac{(X^{p^{m-1}})^p-1}{X^{p^{m-1}}-1} = X^{p^{m-1}(p-1)}+X^{p^{m-1}(p-2)}+\cdots+X^{p^{m-1}}+1.$$

よって $m\geq 2$ ならば $X^{p^{(m-1)}(p-1)-1}$ の係数はゼロである．これは 1 の原始 p^m 乗根の和はゼロ，つまり a を p と素とすると

$$\sum_{1\leq y\leq p^m,(p,y)=1} e\left(\frac{ay}{p^m}\right) = 0$$

を意味する．次に $\bmod\, p^m$ のディリクレ指標 χ を，$p\mid y$ のとき $\chi(y)=0$, $p\nmid y$ で $x^2 \equiv y \bmod p^m$ となる $x\in\mathbb{Z}$ が存在するとき $\chi(y)=1$, 存在しないとき $\chi(y)=-1$ として定義する．ここで $g(\chi)=\sum_{y=1}^{p^m}\chi(y)e(\frac{ay}{p^m})$ とおくと，p が奇数であることより，$p\nmid y$ なる y に対して，$x^2\equiv y \bmod p^m$ なる x の $\bmod\, p^m$ での個数は $1+\chi(y)$ であるから，

$$g(\chi) = \sum_{y=1}^{p^m}\chi(y)e\left(\frac{ay}{p^m}\right) = \sum_{y=1,(p,y)=1}^{p^m}e\left(\frac{ay}{p^m}\right) + \sum_{y=1}^{p^m}\chi(y)e\left(\frac{ay}{p^m}\right)$$

$$= \sum_{x=1,(p,x)=1}^{p^m}e\left(\frac{ax^2}{p^m}\right)$$

となるのは明らかである．よって $g(\chi) = \sum_{y=1,(y,p)=1}^{p^m} \chi(y)e\left(\frac{ay}{p^m}\right)$ を求めよう．これには χ が原始指標ではなく，その導手が p であること，つまり $y_1 \equiv y_2 \mod p$ ならば $\chi(y_1) = \chi(y_2)$ であることを用いる．これは次のように証明される．p を奇数としているので，初等代数学でよく知られたように $(\mathbb{Z}/p^m\mathbb{Z})^\times$ は巡回群である．この生成元の代表のひとつを y_0 と書く．自然な写像 $(\mathbb{Z}/p^m\mathbb{Z})^\times \to (\mathbb{Z}/p\mathbb{Z})^\times$ は全射であるから，y_0 は明らかに $(\mathbb{Z}/p\mathbb{Z})^\times$ の生成元の代表でもある．$y_1, y_2 \in \mathbb{Z}$ が p と素で，$y_1 \equiv y_0^r \mod p^m$, $y_2 \equiv y_0^s \mod p^m$ であるとする．さて，$\chi(y_1) = 1$ であるための必要十分条件は，ある整数 r_0 があって，$r = 2r_0 \mod p^{m-1}(p-1)$ となること，言い換えると r が偶数であることである．ここで，$y_1 \equiv y_2 \mod p$ と仮定すると $y_0^{r-s} \equiv 1 \mod p$, よって $r \equiv s \mod p - 1$, つまり $r - s$ は偶数である．ゆえにもし $y_1 \equiv y_2 \mod p$ ならば $\chi(y_1) = \chi(y_2)$ である．よって χ は $\mod p$ で定義された指標である．以上により，$1 \leq x \leq p^m$, $(x, p) = 1$ を $x = x_0 + py$, $1 \leq x_0 \leq p-1$, $0 \leq y \leq p^{m-1} - 1$ と分解して

$$\sum_{x=1}^{p^m} \chi(x)e\left(\frac{ax}{p^m}\right) = \sum_{x_0=1}^{p-1} \chi(x_0)e\left(\frac{ax_0}{p^m}\right) \sum_{y=0}^{p^{m-1}-1} e\left(\frac{ay}{p^{m-1}}\right) = 0.$$

ゆえに $\sum_{x=1,(x,p)=1}^{p^m} e\left(\frac{ax^2}{p^m}\right) = 0$ である．ということは，$G(a, p^m)$ の $1 \leq x \leq p^m$ の和では，x が p と素でないところ，つまり x が p で割り切れるところだけ考えればよいから，

$$\sum_{x=1}^{p^m} e\left(\frac{ax^2}{p^m}\right) = \sum_{x=1}^{p^{m-1}} e\left(\frac{ax^2}{p^{m-2}}\right)$$
$$= \sum_{x_1=0}^{p-1} \sum_{x=1}^{p^{m-2}} e\left(\frac{a(x+p^{m-2}x_1)^2}{p^{m-2}}\right) = pG(a, p^{m-2})$$

となる．$G(a, 1) = 1$ および命題の (1) を用いて，帰納法により

$$G(a, p^m) = \begin{cases} p^{m/2} & m \text{ が偶数のとき}, \\ p^{m/2}\epsilon_p\left(\dfrac{a}{p}\right) & m \text{ が奇数のとき} \end{cases}$$

となる．これを m が偶数または奇数に応じて $\epsilon_{p^m} = 1$ または $\epsilon_{p^m} = \epsilon_p$ であることを用いて，まとめると，

$$G(a, p^m) = p^{m/2}\epsilon_{p^m}\left(\frac{a}{p}\right)^m$$

と書いてもよい．次に $b > 0$ を一般の奇数とする．b の素因子の個数に関する帰納法で証明する．$b = b_1 p^m$, $(b_1, p) = 1$ とし，b_1 については既に証明されているも

のとする．ここで $b_1x_0 + p^m y_0 = 1$ となる $x_0, y_0 \in \mathbb{Z}$ を一組固定する．すると $\mathbb{Z}/p^m b_1 \mathbb{Z} \cong \mathbb{Z}/p^m \mathbb{Z} \times \mathbb{Z}/b_1 \mathbb{Z}$ なる同型が，$x \to (xx_0 b_1, xy_0 p^m)$ により定義される．$xx_0 = x_1, xy_0 = y_1$ とすれば，x が $\mod b_1 p^m$ の代表を動くとき x_1, y_1 もそれぞれ $\mod p^m, \mod b_1$ の代表を動く．よって，$x = x_1 b_1 + y_1 p^m$ を指数和に代入して

$$\sum_{x \bmod b} e\left(\frac{ax^2}{b}\right) = \sum_{x_1 \bmod p^m} e\left(\frac{ax_1^2 b_1}{p^m}\right) \sum_{y_1 \bmod b_1} e\left(\frac{ay_1^2 p^m}{b_1}\right)$$
$$= G(ab_1, p^m) G(ap^m, b_1)$$

となるが，帰納法の仮定によりこれは

$$\left(\frac{ab_1}{p^m}\right)\left(\frac{ap^m}{b_1}\right) (p^m b_1)^{1/2} \epsilon_{p^m} \epsilon_{b_1}$$

となる．平方剰余の相互法則により

$$\left(\frac{b_1}{p^m}\right)\left(\frac{p^m}{b_1}\right) = (-1)^{(b_1-1)(p^m-1)/4}$$

であるが，場合分けして計算してみれば，任意の（正の）奇数 u, v に対して，

$$\epsilon_{uv} (\epsilon_u \epsilon_v)^{-1} = \left(\frac{u}{v}\right)\left(\frac{v}{u}\right)$$

がわかる．よって，今の場合

$$\left(\frac{b_1}{p^m}\right)\left(\frac{p^m}{b_1}\right) \epsilon_{p^m} \epsilon_{b_1} = \epsilon_{p^m b_1}$$

となる．一方，定義より $\left(\frac{a}{b_1}\right)\left(\frac{a}{p^m}\right) = \left(\frac{a}{b}\right)$ である．よって (2) を得る．

次に (3) を示す．$s = 1, 2, 3$ では，直接計算する．まず

$$G(a, 2) = 1 + e\left(\frac{a}{2}\right) = 1 - 1 = 0$$

である．また

$$G(a, 4) = 1 + e\left(\frac{a}{4}\right) + 1 + e\left(\frac{9a}{4}\right) = 2\left(1 + e\left(\frac{a}{4}\right)\right)$$

であるが，$1 + \sqrt{-1} = \sqrt{2} e\left(\frac{1}{8}\right)$ などに注意すると，任意の奇数 a に対して，

$$\frac{1}{\sqrt{2}}\left(1 + e\left(\frac{a}{4}\right)\right) = \epsilon_a^{-1} e\left(\frac{1}{8}\right)$$

がわかる．また $a \bmod 8$ に場合分けして計算すれば
$$G(a,8) = 2\left(1 + e\left(\frac{a}{2}\right)\right) + 4e\left(\frac{a}{8}\right) = 4e\left(\frac{a}{8}\right) = 4\epsilon_a^{-1}\chi_8(a)e\left(\frac{1}{8}\right)$$
となる．

$s \geq 4$ の場合を帰納法で示す．このとき，x が奇数ならば，$x \not\equiv 2^{s-2} - x \bmod 2^s$ である．また，$(2^{s-2} - x)^2 = 2^{2s-4} - 2^{s-1}x + x^2 \equiv x^2 - 2^{s-1}x \bmod 2^s$ である．よって
$$e\left(\frac{ax^2}{2^s}\right) + e\left(\frac{a(2^{s-2} - x)^2}{2^s}\right) = e\left(\frac{ax^2}{2^s}\right)\left(1 + e\left(-\frac{ax}{2}\right)\right)$$
であるが，x が奇数ならば，これは明らかにゼロであるから，
$$\sum_{x \bmod 2^s, x \not\equiv 0 \bmod 2} e\left(\frac{ax^2}{2^s}\right) = 0$$
となる．一方，$x = 2y$ とおくと，
$$\sum_{x \bmod 2^s, x \equiv 0 \bmod 2} e\left(\frac{ax^2}{2^s}\right) = \sum_{y \bmod 2^{s-1}} e\left(\frac{ay^2}{2^{s-2}}\right) = 2G(a, 2^{s-2}).$$
よって帰納法で $s = 2, 3$ の場合に帰着するので，公式を得る．

最後に (4) を示す．$G(a, b) = G(a \operatorname{sgn}(ab), |b|)$ である．$|b| = 2^s b_1$ (b_1 は正の奇数) と分解して，前と同様 $b_1 x_0 + 2^s y_0 = 1$ となる x_0, y_0 をとり $\mathbb{Z}/|b|\mathbb{Z} \cong \mathbb{Z}/b_1\mathbb{Z} \times \mathbb{Z}/2^s\mathbb{Z}$ の同型を用いて考えると，
$$G(a, b) = G(\operatorname{sgn}(b)2^s a, b_1)G(\operatorname{sgn}(b)ab_1, 2^s)$$
となるのは，前と同様である．$s = 1$，すなわち $b \equiv 2 \bmod 4$ ならば (3) より，これはゼロである．以下 $s \geq 2$，すなわち $b \equiv 0 \bmod 4$ とすると (3) より
$$G(\operatorname{sgn}(b)ab_1, 2^s) = 2^{(s+1)/2}\left(\frac{2^s}{|a|b_1}\right)\epsilon_{\operatorname{sgn}(b)ab_1}^{-1}e\left(\frac{1}{8}\right)$$
となる．また (2) より
$$G(\operatorname{sgn}(b)2^s a, b_1) = \left(\frac{\operatorname{sgn}(b)2^s a}{b_1}\right)\epsilon_{b_1}\sqrt{b_1}$$
であった．ここで，
$$\epsilon_{b_1} = \left(\frac{|a|}{b_1}\right)\left(\frac{b_1}{|a|}\right)\epsilon_{|a|}^{-1}\epsilon_{|a|b_1}$$

を用いて積を書き直すと,
$$G(a,b) = \sqrt{2^{(s+1)b_1}} \left(\frac{2^s}{|a|}\right)\left(\frac{b_1}{|a|}\right) e\left(\frac{1}{8}\right)\left(\frac{\operatorname{sgn}(ab)}{b_1}\right) \epsilon_{|a|b_1} \epsilon_{|a|}^{-1} \epsilon_{\operatorname{sgn}(b)ab_1}^{-1}.$$
ここで, 正負および $\mathrm{mod}\,4$ で場合分けして計算するとことにより,
$$\left(\frac{\operatorname{sgn}(ab)}{b_1}\right) \epsilon_{|a|b_1} \epsilon_{|a|}^{-1} \epsilon_{\operatorname{sgn}(b)ab_1}^{-1} = \epsilon_{\operatorname{sgn}(ab)|a|}^{-1}$$
がわかる (たとえば $c>0$ ならば $\epsilon_c \epsilon_{-c}^{-1} = -i\left(\frac{-1}{c}\right)$ などを用いてもよい). よって証明された. ∎

注意: 上の結果を $b=4m$ (m は正整数) のときに適用すると,
$$\sum_{x=1}^{2m} e\left(\frac{x^2}{4m}\right) = \sqrt{2mi}$$
となる. ただしここで $i=\sqrt{-1}$ であり, ルートの偏角は $\pi/4$ にとっている. ここで和は $4m$ までではなく, $2m$ までにしている点に注意されたい. 証明は, 和を 1 から $4m$ までに変えると, x と $4m-x$ を比較して, 値が 2 倍になるだけなので, これに前の結果の (4) を適用すればよい.

さて, $p \neq 2$ ならば, $\mathbb{Z}_p$ 上の 2 次形式は対角化可能なので, 2 次形式に付随するガウスの和は一般に以上の公式より計算できるが, $p=2$ ならば $\mathbb{Z}_2$ 上では対角化できない 2 次形式が存在するので, 以上では不十分である. これを補うために, 以下の公式を補足しておく (一般の 2 次形式のガウスの和がどのように計算されるかは, 7.3.7 項を参照されたい).

2.19 [補題] $p=2$ とし, t を奇数とする. また e,b を整数として $e \geq b \geq 0$ としておく. このとき
$$\sum_{(x_1,x_2) \in (\mathbb{Z}/p^e\mathbb{Z})^2} e\left(\frac{tx_1 x_2}{p^{e-b}}\right) = p^{e+b},$$
$$\sum_{(x_1,x_2) \in (\mathbb{Z}/p^e\mathbb{Z})^2} e\left(\frac{t(x_1^2 + x_1 x_2 + x_2^2)}{p^{e-b}}\right)$$
$$= p^{2b} \sum_{(x_1,x_2) \in (\mathbb{Z}/p^{e-b}\mathbb{Z})^2} e\left(\frac{t(x_1^2 + x_1 x_2 + x_2^2)}{p^{e-b}}\right) = (-1)^{e-b} p^{e+b}$$
となる.

証明 まず最初の和を示す．$e = b$ のときは明らかなので $1 \leq e-b$ とする．p と素な x_1 をひとつ固定すると，$x_2 \in (\mathbb{Z}/p^e\mathbb{Z})$ を動かすとき，tx_1x_2 も $(\mathbb{Z}/p^e\mathbb{Z})$ 全体を動く．$1 \leq e-b \leq e$ と仮定しているから，このような和はゼロになる．同様に続ければ，x_1 が p^{e-b} で割れない限りは和はゼロになる．よって p^{e-b} で割れる $x_1 \bmod p^e$ の個数 p^b 個と，一般の $x_2 \in (\mathbb{Z}/p^e\mathbb{Z})$ の個数 p^e 個を掛けて，和は p^{e+b} となる．次に2つめの和を示す．最初の等式は $x_1^2 + x_1x_2 + x_2^2 \bmod p^{e-b}$ が $x_i \bmod p^{e-b}$ にしかよらないことから，明らかである．また，$e-b = 0$，および $e-b = 1$ のときが定理の主張通りなのは，直接具体的に計算することによりわかる．次に $e-b \geq 2$ と仮定する．$x_i \in (\mathbb{Z}/p^{e-b}\mathbb{Z})$ を $x_i = y_i + c_i p^{e-b-1}$ ($0 \leq y_i \leq p^{e-b-1}-1, c_i = 0, 1$) と分解して書くと，$2p^{e-b-1} = p^{e-b}$，また，$e-b \geq 2$ という仮定より，$p^{2(e-b-1)} \equiv 0 \bmod p^{e-b}$ であるから，

$$x_1^2 + x_1x_2 + x_2^2 \equiv y_1^2 + y_1y_2 + y_2^2 + (c_1y_2 + c_2y_1)p^{e-b-1} \bmod p^{e-b},$$

よって

$$e\left(\frac{t(x_1^2 + x_1x_2 + x_2^2)}{p^{e-b}}\right) = e\left(\frac{t(y_1^2 + y_1y_2 + y_2^2)}{p^{e-b}}\right) e\left(\frac{t(c_1y_2 + c_2y_1)}{p}\right).$$

ここで y_1 が奇数だとすると，$c_2 = 0, 1$ での和はゼロ，同様に y_2 が奇数だとすると $c_1 = 0, 1$ での和はゼロである．よって y_1, y_2 は偶数だと仮定してよい．言い換えると x_1, x_2 はいずれも $p = 2$ で割れると仮定してよいので，

$$\sum_{(x_1,x_2) \in (\mathbb{Z}/p^{e-b}\mathbb{Z})^2} e\left(\frac{t(x_1^2 + x_1x_2 + x_2^2)}{p^{e-b}}\right)$$
$$= \sum_{(x_1,x_2) \in (\mathbb{Z}/p^{e-b-1}\mathbb{Z})^2} e\left(\frac{t(x_1^2 + x_1x_2 + x_2^2)}{p^{e-b-2}}\right)$$
$$= p^2 \sum_{(x_1,x_2) \in (\mathbb{Z}/p^{e-b-2}\mathbb{Z})^2} e\left(\frac{t(x_1^2 + x_1x_2 + x_2^2)}{p^{e-b-2}}\right).$$

よって帰納的に $e-b = 0$ または 1 のときに帰着する．以上により証明された．∎

2.20 [練習問題] (1) n を正の整数，p を素数とする．a, b を $p|a, p \nmid b$ となる整数とするとき，

$$\sum_{x \bmod p^n} e\left(\frac{ax^2 + bx}{p^n}\right) = 0$$

であることを示せ（ヒント：たとえば，$ax_1^2 + bx_1 \equiv ax_2^2 + bx_2 \bmod p^n$ ならば $x_1 \equiv x_2 \bmod p^n$ となることを用いよ）．

(2) $n \in \mathbb{Z}$, $n \geq 1$ とする．また，a, b を奇数とする．このとき

$$\sum_{x \bmod 2^n} e\left(\frac{ax^2 + bx}{2^n}\right) = \begin{cases} 2 & n = 1 \text{ の場合}, \\ 0 & n \geq 2 \text{ の場合} \end{cases}$$

であることを証明せよ（ヒント：x が奇数のときと偶数のときにわけて，(1) を用いよ）．

(3) 正の整数 m と一般の整数 a, b について，次の和

$$\sum_{x \bmod m} e\left(\frac{ax^2 + bx}{m}\right)$$

の計算法を考えよ．

4.5 $\kappa(M)$ の公式

ここでは特に 1 変数 ($n = 1$) の場合，$\theta_{M \circ 0}(M\tau) = \theta_{M \circ 0}(M\tau, 0)$ の変換公式を計算し，$\kappa(M)$ を正確に与えておこう．以後，$n = 1$ のときは，分岐は主値をとることにする．すなわち，$c\tau + d = re^{t\sqrt{-1}}$ ($r > 0$) と書くとき，$-\pi < t \leq \pi$ ととって，$(c\tau + d)^{1/2} = \sqrt{r}\, e^{\frac{it}{2}}$ ととるわけである．$M = \begin{pmatrix} a & b \\ c & d \end{pmatrix} \in SL_2(\mathbb{Z})$ について，$\theta_{M \circ 0}(M\tau)/\theta_0(\tau)$ の公式を求めよう．まず，

$$M \circ 0 = \frac{1}{2}\begin{pmatrix} cd \\ ab \end{pmatrix}$$

に注意しておく．

さて，$c = 0$ ならば易しい．実際，$a = d = \pm 1$ になるから，

$$\theta_{M \circ 0}(M\tau) = \theta_{M \circ 0}(\tau + d^{-1}b) = \sum_{p \in \mathbb{Z}} e\left(\frac{1}{2}p^2(\tau + d^{-1}b) + p\left(\frac{ab}{2}\right)\right).$$

しかし，$d^{-1}bp^2/2 \equiv abp/2 \bmod 1$ より，上式は $\theta_0(\tau)$ と一致する．特に，$d = 1$ または $d = -1$ に応じて，$\sqrt{d} = 1$ または i であるから，$c = 0$ ならば，$d = 1$ または $d = -1$ に応じて $\kappa(M) = 1$ または i^{-1} である．よって，以下では $c \neq 0$ と仮定する．まず，c の符号を $\mathrm{sgn}(c)$ と書くと，

$$\left(\frac{c\tau + d}{ci}\right)^{1/2} = |c|^{-1/2} \exp\left(-\frac{\pi i}{4}\mathrm{sgn}(c)\right)(c\tau + d)^{1/2} \tag{2.27}$$

である．実際，$\tau \in H_1$ より $\tau + d/c$ の偏角は 0 と π の間にとると

$$\left(\frac{c\tau + d}{ci}\right)^{1/2} = \frac{(\tau + d/c)^{1/2}}{e(1/8)}$$

が明らかである．ここでもし $c > 0$ ならば $c\tau + d = c^{1/2}(\tau + d/c)^{1/2}$ は明らかなので (2.27) は証明された．一方，$c < 0$ ならば $(c\tau + d)^{1/2} = (c(\tau + d/c))^{1/2}$ であるが，全体の偏角を $-\pi$ から π にとるためには $c = |c|e^{-\pi i}$ としておいて，$(c\tau + d)^{1/2} = |c|^{1/2} \exp(-\frac{\pi i}{2})(\tau + \frac{d}{c})^{1/2}$ である．よって

$$\left(\frac{c\tau + d}{ci}\right)^{1/2} = \frac{(\tau + d/c)^{1/2}}{e(1/8)} = |c|^{-1/2} e\left(\frac{1}{4}\right) e\left(-\frac{1}{8}\right)(c\tau + d)^{1/2}$$

となる．よって (2.27) が示された．さて，M を簡単な作用の積に分解するために

$$M = \begin{pmatrix} c^{-1} & a \\ 0 & c \end{pmatrix} \begin{pmatrix} 0 & -1 \\ 1 & 0 \end{pmatrix} \begin{pmatrix} 1 & c^{-1}d \\ 0 & 1 \end{pmatrix}$$

に注意して，$z_2 = \tau + d/c, z_1 = -1/z_2$ とおくと，$M\tau = a/c + z_1/c^2$．よって

$$\theta_{M \circ 0}\left(\frac{a}{c} + \frac{z_1}{c^2}\right) = \sum_{p \in \mathbb{Z}} e\left(\frac{1}{2}\left(p + \frac{cd}{2}\right)^2 \left(\frac{a}{c} + \frac{z_1}{c^2}\right) + \left(p + \frac{cd}{2}\right)\frac{ab}{2}\right)$$

を考えればよい．ここで $p = p_1 + 2cp_0$ とおく（p_0 は任意の整数を動き，p_1 は法 $2c$ の代表を渡る）．すると，

$$\frac{a}{2c}\left(p_1 + 2cp_0 + \frac{cd}{2}\right)^2 \equiv \frac{a}{2c}\left(p_1 + \frac{cd}{2}\right)^2 \bmod 1$$

であるから，

$$\theta_{M \circ 0}(M\tau) = \sum_{p_1 \bmod 2c} e\left(\frac{a}{2c}\left(p_1 + \frac{cd}{2}\right)^2\right)$$
$$\times \sum_{p_0 \in \mathbb{Z}} e\left(\frac{1}{2}\left(p_0 + \frac{p_1}{2c} + \frac{d}{4}\right)^2 (4z_1) + \left(p_0 + \frac{p_1}{2c} + \frac{d}{4}\right)abc\right).$$

ここで，補題 2.6 の変換公式を，$Z = 4z_1$, $\mathfrak{n} = p_0$, $\mathfrak{a} = \frac{p_1}{2c} + \frac{d}{4}$, $w = abc$ などとおいて適用し，さらに $abc \in \mathbb{Z}$ だから p_0 を $p_0 + abc$ に取り換えることができることなどに注意して，p_0 の和の部分は

$$\left(\frac{4z_1}{i}\right)^{-1/2} \sum_{p_0 \in \mathbb{Z}} e\left(-\frac{1}{2}(abc - p_0)^2(4z_1)^{-1} + p_0\left(\frac{p_1}{2c} + \frac{d}{4}\right)\right)$$
$$= \left(\frac{z_2}{4i}\right)^{1/2} \sum_{p_0 \in \mathbb{Z}} e\left(\frac{p_0^2}{8}z_2 + (p_0 + abc)\left(\frac{p_1}{2c} + \frac{d}{4}\right)\right).$$

ここで $\theta_{M \circ 0}(M\tau)$ の p_1 の和にかかわる部分を再度まとめると

$$\sum_{p_1 \bmod 2c} e\left(\frac{a}{2c}\left(p_1 + \frac{cd}{2}\right)^2 + \frac{(p_0 + abc)p_1}{2c}\right).$$

以上の式で，p_1 にかかわる部分の分母は $2c$ であるから，$p_1 \bmod 2c$ の代表元はどのように選んでもかまわない．よって，ここで（p_0 を固定して）p_1 を $p_1 + c$ に置き換えてもよい．すると

$$\begin{aligned}&\frac{a}{2c}\left(p_1 + c + \frac{cd}{2}\right)^2 + \frac{(p_1 + c)(p_0 + abc)}{2c} \\ &\equiv \frac{a}{2c}\left(p_1 + \frac{cd}{2}\right)^2 + \frac{p_1(p_0 + abc)}{2c} + \frac{ca(1 + d + b)}{2} + \frac{p_0}{2} \quad \bmod 1.\end{aligned}$$

ここでもし ac が奇数ならば，$ad - bc = 1$ より，b, d の一方が偶数で一方が奇数である．よって $1 + d + b \equiv 0 \bmod 2$．したがって ac が奇数でも偶数でも $ac(1 + b + d) \equiv 0 \bmod 2$．ゆえに指数関数の中身は，$p_1$ を $p_1 + c$ に置き換える前と $e(p_0/2)$ 倍だけずれている．ここで，$e(p_0/2) = \pm 1$ であるから，もし $e(p_0/2) = -1$ すなわち p_0 が奇数ならば，当然，和はゼロになる．よって p_0 は偶数としてよい．ゆえに $p_0 = 2p_2$ とおいて書き換えると，$z_2 = (c\tau + d)/c$, $z_2 = \tau + (d/c)$ に注意して，

$$\theta_{M \circ 0}(M\tau) = \left(\frac{c\tau + d}{4ci}\right)^{1/2} \sum_{p_1 \bmod 2c} \sum_{p_2 \in \mathbb{Z}} e\left(\frac{1}{2}p_2^2 \tau\right) e(f(p_1, p_2)).$$

ただし，ここで

$$f(p_1, p_2) = \frac{a}{2c}\left(p_1 + \frac{cd}{2}\right)^2 + (2p_2 + abc)\left(\frac{p_1}{2c} + \frac{d}{4}\right) + \frac{d}{2c}p_2^2$$

とおいた．以上の式の $e(f(p_1, p_2))$ の和の部分から p_2 を消したい．このために，次のようにする．p_2 を固定して，p_1 を $p_1 - dp_2$ に置き換えても和は変わらないので，置き換えると，$f(p_1 - dp_2, p_2)$ の p_2 の1次および2次の項は

$$\frac{bdp_2^2}{2} + p_2\left(-\frac{adp_1}{c} + \frac{p_1}{c} - \frac{ad^2}{2} + \frac{d}{2} - \frac{abd}{2}\right)$$

となる．ここで $p_2^2 \equiv p_2 \bmod 2$ より，$\frac{bdp_2^2}{2} \equiv \frac{bdp_2}{2} \bmod 1$ である．また $ad = 1 + bc$ を用いて，$-adp_1/c + p_1/c = -bp_1 \in \mathbb{Z}$ である．さらに $-ad^2/2 + d/2 = -\frac{bcd}{2}$ である．よって結局この式は $\bmod 1$ で

$$\frac{bd(-c - a + 1)p_2}{2}$$

となる. $ad - bc = 1$ であることより, 前と同様の理由で $bd(1-a-c)$ はいつでも偶数になるので, この部分も整数になる. よって p_2, p_2^2 の係数はすべて整数であり,

$$f(p_1 - dp_2, p_2) \equiv \frac{a}{2c}\left(p_1 + \frac{cd}{2}\right)^2 + abc\left(\frac{p_1}{2c} + \frac{d}{4}\right)$$
$$\equiv \frac{a}{2c}p_1^2 + \frac{a(b+d)}{2}p_1 + \frac{abcd}{4} + \frac{acd^2}{8} \mod 1$$

である. 結局 $c \neq 0$ に対して,

$$\theta_{M \circ 0}(M\tau) = \kappa(M)(c\tau + d)^{1/2}\theta(\tau).$$

ただし (記号 p_1 を x に置き換えて),

$$\kappa(M) = \frac{1}{2}|c|^{-1/2}\exp\left(-\frac{\pi i}{4}\operatorname{sgn}(c)\right)e\left(\frac{abcd}{4} + \frac{acd^2}{8}\right)\sum_{x \bmod 2c} e\left(\frac{a}{2c}x^2 + \frac{a(b+d)}{2}x\right) \tag{2.28}$$

と書ける. さらに, いささか人工的であるが, ガウスの和を見やすくするために $\frac{a(b+d)}{2}x^2 \equiv \frac{a(b+d)}{2}x \mod 1$ に注意して $\kappa(M)$ の右辺を書き換えれば

$$\kappa(M) = \frac{1}{2}|c|^{-1/2}\exp\left(-\frac{\pi i}{4}\operatorname{sgn}(c)\right)e\left(\frac{abcd}{4} + \frac{acd^2}{8}\right)\sum_{x \bmod 2c} e\left(\frac{a(1 + bc + cd)}{2c}x^2\right) \tag{2.29}$$

とも書ける. この式の一般の $M \in SL(2, \mathbb{Z})$ に関するより簡明な最終公式はあとで計算するが, 今は, とりあえずは M が少し特殊な場合にもう少し易しい表示が存在することを示しておく.

たとえば $cd \equiv 0 \mod 2$ のときは, 上記の式 (2.28) で, x を $x - cd/2$ に置き換えて計算すれば

$$\kappa(M) = \frac{1}{2}|c|^{-1/2}\exp\left(-\frac{\pi i}{4}\operatorname{sgn}(c)\right)\sum_{x \bmod 2c} e\left(\frac{a}{2c}x^2 + \frac{ab}{2}x\right).$$

を得る. ここで $abx/2 \equiv abx^2/2 \mod 1$ を利用して書き直せば

$$\kappa(M) = \frac{1}{2}|c|^{-1/2}\exp\left(-\frac{\pi i}{4}\operatorname{sgn}(c)\right)\sum_{x \bmod 2c} e\left(\frac{a(1+bc)}{2c}x^2\right)$$
$$= \frac{1}{2}|c|^{-1/2}\exp\left(-\frac{\pi i}{4}\operatorname{sgn}(c)\right)\sum_{x \bmod 2c} e\left(\frac{a^2 d}{2c}x^2\right).$$

ここで, $ad - bc = 1$ より $(a, c) = 1$ である. もし c が偶数ならば, a は奇数であり, $(a, 2c) = 1$, よって x が mod $2c$ を動くとき ax もそうであるから, ax を x に置き換えてよい. また c が偶数より, $(x+c)^2 \equiv x^2$ mod $2c$ であるから,

$$\sum_{x \bmod 2c} e\left(\frac{a^2 d}{2c} x^2\right) = \sum_{x \bmod 2c} e\left(\frac{d}{2c} x^2\right) = 2 \sum_{x \bmod c} e\left(\frac{d}{2c} x^2\right)$$

である. また c が奇数ならば, 仮定 $cd \equiv 0 \bmod 2$ より, d は偶数であり, ここで $(x+c)^2 \equiv x^2 \bmod c$ であるから, $e(a^2 d(x+c)^2/2c) = e(a^2 dx^2/2c)e(a^2 dc/2) = e((ax)^2 d/2c)$. よって, x は $x \bmod c$ を 2 重に動いていると思ってもよく, また x が mod c の代表を動くならば ax もそうであるから, c が偶数のときと同様

$$\sum_{x \bmod 2c} e\left(\frac{a^2 d}{2c} x^2\right) = 2 \sum_{x \bmod c} e\left(\frac{d}{2c} x^2\right)$$

となる. 結局 $cd \equiv 0 \bmod 2$ ならば

$$\kappa(M) = |c|^{-1/2} \exp\left(-\frac{\pi i}{4} \operatorname{sgn}(c)\right) \sum_{x \bmod c} e\left(\frac{d}{2c} x^2\right) \tag{2.30}$$

となる.

以下, $M \in SL_2(\mathbb{Z})$ が一般の場合に戻って, $\kappa(M)$ をもっと具体的に書くことを考えよう. 簡単のために

$$\kappa'(M) = \sum_{x \bmod 2c} e\left(\frac{a}{2c} x^2 + a(b+d) \frac{x^2}{2}\right) \tag{2.31}$$

とおく.

場合 1. まず c が奇数の場合を考える. このとき, a が偶数ならば,

$$\begin{aligned}
\kappa'(M) &= \sum_{x \bmod 2c} e\left(\frac{a/2}{c} x^2\right) \\
&= 2 \sum_{x \bmod c} e\left(\frac{a/2}{c} x^2\right) = 2 \sum_{x \bmod c} e\left(\frac{(a/2) \operatorname{sgn}(c)}{|c|} x^2\right) \\
&= 2G((a/2) \operatorname{sgn}(c), |c|) = 2 \left(\frac{(a/2) \operatorname{sgn}(c)}{|c|}\right) |c|^{1/2} \epsilon_{|c|} \\
&= 2 \left(\frac{2a \operatorname{sgn}(c)}{|c|}\right) |c|^{1/2} \epsilon_{|c|}
\end{aligned}$$

となる. 同様に a が奇数ならば, c も奇数としているから, $ad - bc = 1$ より, b, d の一方は偶数で一方は奇数である. ゆえに $b + d$ は奇数であり $e(a(b+d)x^2/2) = e(ax^2/2) =$

$e(acx^2/2c)$. また $1+c$ は仮定により偶数である. よって

$$\kappa'(M) = \sum_{x \bmod 2c} e\left(\frac{a(1+c)}{2c}x^2\right)$$
$$= 2\sum_{x \bmod c} e\left(\frac{a(1+c)/2}{c}x^2\right)$$
$$= 2G(a\,\mathrm{sgn}(c)(1+c)/2,|c|) = 2\left(\frac{2a\,\mathrm{sgn}(c)}{|c|}\right)|c|^{1/2}\epsilon_{|c|}.$$

よって, a が偶数でも奇数でも結論は同じになる. ここで, c が正または負の場合と $c \equiv 1, 3, 5, 7 \bmod 8$ の場合に場合分けして計算すれば, 任意の (負かもしれない) 奇数 c について

$$e\left(-\frac{\mathrm{sgn}(c)}{8}\right)\left(\frac{2\,\mathrm{sgn}(c)}{|c|}\right)\epsilon_{|c|} = e\left(-\frac{c}{8}\right) \tag{2.32}$$

が容易にわかるから, c が奇数ならば,

$$\kappa(M) = \exp\left(-\frac{\pi i}{4}\mathrm{sgn}(c)\right)e\left(\frac{abcd}{4}+\frac{acd^2}{8}\right)\left(\frac{2a\,\mathrm{sgn}(c)}{|c|}\right)\epsilon_{|c|}$$
$$= e\left(\frac{abcd}{4}+\frac{acd^2}{8}-\frac{c}{8}\right)\left(\frac{a}{|c|}\right) \tag{2.33}$$

となる. ちなみに, $ad-bc=1$ であるから, $\left(\frac{a}{|c|}\right) = \left(\frac{d}{|c|}\right)$ である.

場合 2. 次に c を偶数とすると, $ad-bc=1$ より, a と d は奇数である. 前で (2.30) に述べたように, $cd \equiv 0 \bmod 2$ のときは, $\kappa(M)$ の, より単純な公式があった. すなわち,

$$\kappa'(M) = \sum_{x \bmod 2c} e\left(\frac{d}{2c}x^2\right)$$

とおくと,

$$\kappa(M) = \frac{1}{2}|c|^{-1/2}e\left(-\frac{1}{8}\mathrm{sgn}(c)\right)\kappa'(M)$$

であった. ここで $\kappa'(M)$ の公式は命題 2.18 で既に得ている通り

$$\kappa'(M) = \epsilon_{\mathrm{sgn}(cd)|d|}^{-1} \times 2\sqrt{|c|}\left(\frac{2|c|}{|d|}\right)e\left(\frac{1}{8}\right)$$

であった. よって,

$$\kappa(M) = \epsilon_{\mathrm{sgn}(cd)|d|}^{-1}e\left(-\frac{1}{8}\mathrm{sgn}(c)\right)e\left(\frac{1}{8}\right)\left(\frac{2|c|}{|d|}\right)$$

である. ここで c, d の符号に関して, 場合分けして考える.

$c > 0$ ならば,
$$\kappa(M) = \epsilon_d^{-1}\left(\frac{2c}{|d|}\right)$$
である. 次に $c < 0$ と仮定すると
$$\kappa(M) = \epsilon_{-d}^{-1} e\left(\frac{1}{4}\right)\left(\frac{-2c}{|d|}\right)$$
である. ここで次の等式
$$\epsilon_{-d}^{-1}\sqrt{-1}\left(\frac{-1}{|d|}\right) = \begin{cases} \epsilon_d^{-1} & d > 0 \text{の場合}, \\ -\epsilon_d^{-1} & d < 0 \text{の場合} \end{cases}$$
が $d > 0$ と $d < 0$ に分けて考えることにより得られるので, 結局
$$\kappa(M) = \epsilon_d^{-1}\left(\frac{2c}{|d|}\right) \times \begin{cases} 1 & c > 0 \text{または} d > 0 \text{の場合}, \\ -1 & c < 0 \text{かつ} d < 0 \text{の場合} \end{cases}$$
となる. もう少し簡単に表すために, Petersson [145] にならって, 次のような平方剰余的な記号を定義する. まず
$$\left(\frac{0}{\pm 1}\right)^* = \left(\frac{0}{\pm 1}\right)_* = 1$$
と定義する. また, d を奇数として, $(c,d) = 1$ かつ, $c \neq 0$ とするとき,
$$\left(\frac{c}{d}\right)^* = \left(\frac{c}{|d|}\right),$$
$$\left(\frac{c}{d}\right)_* = \left(\frac{c}{|d|}\right)(-1)^{(\mathrm{sgn}(c)-1)(\mathrm{sgn}(d)-1)/4}$$
と定義する. ここで右辺の記号は普通のヤコービ記号である. 特に c, d が共に奇数との仮定のもとで, ヤコービ記号の相互法則
$$\left(\frac{|d|}{|c|}\right)\left(\frac{|c|}{|d|}\right) = (-1)^{(|c|-1)(|d|-1)/4}$$
を用いれば, c, d の正負について場合分けして計算することにより,
$$\left(\frac{d}{|c|}\right) = \left(\frac{c}{d}\right)_* (-1)^{(c-1)(d-1)/4}$$
がわかる. この Petersson の記号を用いることにすれば, $c = 0$ のときも $d = \pm 1$ であること, および定義から $\left(\frac{0}{\pm 1}\right)_* = 1$ であることを用いると, この場合も込めて次の公式が成立する.

2.21 [命題] 任意の $M = \begin{pmatrix} a & b \\ c & d \end{pmatrix} \in SL_2(\mathbb{Z})$ に対して，$\kappa(M)$ は次のように与えられる．

$$\kappa(M) = \begin{cases} e\left(\dfrac{abcd}{4} + \dfrac{acd^2}{8} - \dfrac{c}{8}\right) \left(\dfrac{d}{c}\right)^* & c \text{ が奇数のとき,} \\ \left(\dfrac{2c}{d}\right)_* \epsilon_d^{-1} & c \text{ が偶数のとき.} \end{cases}$$

ただしここで，ϵ_d は，$d \equiv 1 \bmod 4$ のとき 1，$d \equiv 3 \bmod 4$ のとき i とおいた．

2.22 [練習問題] c が偶数のときは,

$$\kappa(M) = \left(\frac{c}{d}\right)_* e\left(\frac{d-1}{8}\right)$$

とも書けることを示せ．

以上の応用として，たとえば $\theta_{00}(\tau)$ については，b, c が偶数となるような $SL_2(\mathbb{Z})$ の元

$$\gamma = \begin{pmatrix} a & b \\ c & d \end{pmatrix} \in SL_2(\mathbb{Z}) \quad (b, c \text{ は偶数})$$

について，

$$\theta_{00}(\gamma\tau) = \epsilon_d^{-1} \left(\frac{2c}{d}\right)_* (c\tau+d)^{1/2} \theta_{00}(\tau)$$

となることがわかる．あるいは $\theta(\tau) = \theta_{00}(2\tau)$ とおくと，$\gamma = \begin{pmatrix} a & b \\ c & d \end{pmatrix} \in \Gamma_0(4)$ について，

$$\theta(\gamma\tau) = \epsilon_d^{-1} \left(\frac{c}{d}\right)_* (c\tau+d)^{1/2} \theta(\tau)$$

である．この公式は，半整数ウェイトの保型形式の理論に使用される ([167])．

4.6 デデキントのエータ関数

$q = e(\tau) = e^{2\pi i \tau}$ ($\tau \in H_1$) として，デデキントのエータ関数 $\eta(\tau)$ を次のように定義する．

$$\eta(\tau) = q^{\frac{1}{24}} \prod_{n=1}^{\infty} (1 - q^n).$$

ここで $\tau \in H_1$ より，$|q| < 1$ であり，この範囲でこの無限積は絶対収束する．エータ

関数について，次の変換公式が知られている．

2.23 [補題]

$$\eta(-\tau^{-1}) = \left(\frac{\tau}{i}\right)^{1/2} \eta(\tau). \tag{2.34}$$

証明　以下の簡明な証明は Siegel [178] による．まず

$$-\sum_{l=1}^{\infty} \log(1-q^l) = \sum_{l,k=1}^{\infty} \frac{1}{k} q^{lk} = \sum_{k=1}^{\infty} \frac{1}{k} \frac{1}{q^{-k}-1}$$

に注意する．さて，(2.34) を証明するには

$$\log(\eta(\tau)) + \frac{1}{2}\log\frac{\tau}{i} = \log\left(\eta\left(-\frac{1}{\tau}\right)\right)$$

を示せばよい．この両辺の展開式を書いて，若干移項すれば

$$(2\pi i)\frac{\tau+\tau^{-1}}{24} + \frac{1}{2}\log\left(\frac{\tau}{i}\right) = -\sum_{l=1}^{\infty}\log(1-e(l\tau)) - \sum_{l=1}^{\infty}\log\left(1-e\left(-\frac{l}{\tau}\right)\right)$$
$$= \sum_{k=1}^{\infty}\frac{1}{k}\left(\frac{1}{e(-k\tau)-1} - \frac{1}{e(k/\tau)-1}\right) \tag{2.35}$$

となるので，よってこれを示せばよい（正確に言えば，ここで log の分岐はみな主値をとっている．たとえば $\log(1-q^l)$ では $q=0$ で 1 になるものをとっている．このような展開が広義一様に収束することは容易に証明できるので，細かく考えなくても形式的な計算はすべて正当化されるが，詳しい理由づけは省略する）．さて，上の式を留数定理により証明する．τ を固定して，$z \in \mathbb{C}$ に対して

$$f(z) = \cot(z)\cot\left(\frac{z}{\tau}\right) = -\frac{e^{iz}+e^{-iz}}{e^{iz}-e^{-iz}} \times \frac{e^{iz/\tau}+e^{-iz/\tau}}{e^{iz/\tau}-e^{-iz/\tau}}$$

とおく．$\cot(z)$ の極は $z = n\pi$ ($n \in \mathbb{Z}$) であり，そこでは一位の極で，留数は 1 である．ここで $\nu = (n+\frac{1}{2})\pi$ ($n = 0, 1, \ldots$) とおくと，$z^{-1}f(\nu z)$ は全 z 平面で有理型であり，$z = \pm k\pi/\nu$, $z = \pm \pi k\tau/\nu$ ($k = 1, 2, \ldots$) で一位の極をもち，留数は（符号 $\pm$ によらず）$\cot(\frac{\pi k}{\tau})/(\pi k)$, $\cot(\pi k\tau)/(\pi k)$ となる．また $z = 0$ は 3 位の極となり，その ($z = 0$ での）留数は $-\left(\tau + \frac{1}{\tau}\right)/3$ である．さてここで複素平面上の 4 点 $-\tau$, 1, τ, -1 を結ぶ平方四辺形の周を反時計回りに回る曲線を C として，積分

$$\int_C \frac{f(\nu z)}{8z} dz$$

を考える. C に含まれる極は, $\pm \pi k/\nu = \pm k/\left(n+\frac{1}{2}\right)$, $\pm \pi k\tau/\nu = \pm k\tau/\left(n+\frac{1}{2}\right)$ のうちでは, $1 \leq k \leq n$ のもののみである. またこれ以外に $z=0$ も極である. よって留数定理より

$$\int_C \frac{f(\nu z)}{8z}\,dz = -\frac{2\pi i}{8}\frac{\tau+\frac{1}{\tau}}{3} + \frac{2\pi i}{8}\sum_{k=1}^n \frac{2}{\pi k}\left(\cot(\pi k\tau) + \cot\left(\frac{\pi k}{\tau}\right)\right).$$

ここで,

$$\frac{1}{k}\cot(\pi k\tau) = \frac{i}{k}\frac{1+e(-k\tau)}{1-e(-k\tau)} = -\frac{i}{k} - \frac{2i}{k}\frac{1}{e(-k\tau)-1},$$
$$\frac{1}{k}\cot\left(\frac{\pi k}{\tau}\right) = \frac{i}{k}\frac{e(k/\tau)+1}{e(k/\tau)-1} = \frac{i}{k} + \frac{2i}{k}\frac{1}{e(k/\tau)-1}$$

を考慮に入れて,

$$\int_C \frac{f(\nu z)}{8z}\,dz = -\frac{2\pi i}{24}\left(\tau+\frac{1}{\tau}\right) + \sum_{k=1}^n \frac{1}{k}\left(\frac{1}{e(-k\pi)-1} - \frac{1}{e(k/\tau)-1}\right) \quad (2.36)$$

となる. 一方,

$$\cot(z\nu) = i\frac{e(2zi\nu)+1}{e(2zi\nu)-1} = i\frac{1+e(-2zi\nu)}{1-e(-2zi\nu)}$$

であり, また $\operatorname{Im}(z) > 0$ か $\operatorname{Im}(z) < 0$ に応じて, $\lim_{\nu \to \infty} e(2zi\nu) = 0$ または $\lim_{\nu \to \infty} e(-2zi\nu) = 0$ になるので,

$$\lim_{\nu \to \infty} \cot(\nu z) = \begin{cases} -i & \operatorname{Im}(z) > 0 \text{ の場合}, \\ +i & \operatorname{Im}(z) < 0 \text{ の場合} \end{cases}$$

である. たとえば, 1 から τ に至る線分上では, $1, \tau$ は除けば, $z = 1 + c(\tau-1) = (1-c) + c\tau$ $(0 < c < 1)$ であり, $\operatorname{Im}(z) > 0$, $\operatorname{Im}(z/\tau) < 0$ である. よって, $\lim_{\nu \to \infty} \cot(\nu z)\cot(\nu z/\tau) = (-i)i = 1$ である. 同様に τ から -1 では $z = \tau + c(-1-\tau) = (1-c)\tau - c$ $(0 < c < 1)$, $z/\tau = (1-c) - c/\tau$, よって $\operatorname{Im}(z) > 0$, $\operatorname{Im}(z/\tau) > 0$. ゆえにこの線分上は $\lim_{\nu \to \infty} \cot(\nu z)\cot(\nu z/\tau) = -1$. 同様に -1 から $-\tau$ への線分上では $z = -1 + c(-\tau+1) = -c\tau + (c-1)$ $(0 < c < 1)$, $z/\tau = -c - (1-c)/\tau$ より $\operatorname{Im}(z) < 0$, $\operatorname{Im}(z/\tau) > 0$, よって極限は 1, また $-\tau$ から 1 への線分上では $z = -\tau + c(1+\tau) = (c-1)\tau + c$. $z/\tau = c-1+c/\tau$ より $\operatorname{Im}(z) < 0$, $\operatorname{Im}(z/\tau) < 0$, よって極限は -1 である. 以上より結局 $\nu \to \infty$ における積分の極限値は,

$$\lim_{\nu\to\infty}\int_C \frac{f(\nu z)}{8z}\,dz = \int_1^\tau \frac{dz}{8z} - \int_\tau^{-1}\frac{dz}{8z} + \int_{-1}^{-\tau}\frac{dz}{8z} - \int_{-\tau}^{1}\frac{dz}{8z}$$
$$= \frac{1}{8}\Big(\log(\tau) - \log(1) - \log(-1) + \log(\tau)$$
$$+ \log(-\tau) - \log(-1) - \log(1) + \log(-\tau)\Big).$$

ここで一つの積分で原始関数の分岐は一価に指定しておく必要があるので,反時計回りに偏角を 0 から 2π に増やすようにとっていくことにすると,$\log(\tau)$ の偏角 θ は $0 < \theta < \pi$ と固定しておいて,積分の順に

$$\log(\tau) - \log(1) = \log(\tau),$$
$$-\log(-1) + \log(\tau) = -\pi i + \log(\tau),$$
$$\log(-\tau) - \log(-1) = \log(\tau) + \pi i - \pi i = \log(\tau),$$
$$-\log(1) + \log(-\tau) = -2\pi i + \pi i + \log(\tau) = \log(\tau) - \pi i.$$

これをまとめて,$4\log(\tau) - 2\pi i = 4\log(\tau/i)$.よって,

$$\lim_{\nu\to\infty}\frac{f(\nu z)}{8z}\,dz = \frac{1}{2}\log\frac{\tau}{i}.$$

ゆえに,(2.36) により (2.35) は証明され,よって (2.34) も証明された.■

実は,$\eta(\tau)$ はテータ関数の一種である.歴史上,このことを最初に発見し証明したのは L. Euler である.結果を予想してから証明するまでに何年もかかったという逸話は有名である.次にこれを証明する.

2.24 [命題] 次の等式が成立する.
$$\eta(\tau) = e\left(\frac{\tau}{24}\right)\sum_{p\in\mathbb{Z}}(-1)^p e\left(\frac{p(3p-1)}{2}\tau\right) = \sum_{p\in\mathbb{Z}}(-1)^p e\left(\frac{(6p-1)^2}{24}\tau\right).$$

2.25 [系] 前に定義したテータ定数を使うと,次のようにも書ける.
$$\eta(\tau) = e\left(\frac{1}{12}\right)\theta_{(-\frac{1}{6},\frac{1}{2})}(3\tau) = e\left(-\frac{1}{12}\right)\theta_{(\frac{1}{6},\frac{1}{2})}(3\tau).$$

ここで,$\theta_m(\tau) = \theta_m(\tau, 0)$ としている.

系の証明 命題 2.24 を仮定して，系を示しておく．まず

$$\frac{3}{2}\left(p-\frac{1}{6}\right)^2 = \frac{p(3p-1)}{2} + \frac{1}{24}, \quad \left(p-\frac{1}{6}\right)\frac{1}{2} = \frac{p}{2} - \frac{1}{12}$$

より，$\theta_{(-1/6,1/2)}(\tau)$ の定義から最初の等式は明らかである．次に，

$$\frac{3}{2}\left(p+\frac{1}{6}\right)^2 = \frac{p(3p+1)}{2} + \frac{1}{24}$$

であるが，$p \in \mathbb{Z}$ を $-p \in \mathbb{Z}$ に置き換えて，$(-p)(-3p+1) = p(3p-1)$ および $\left(-p+\frac{1}{6}\right)\frac{1}{2} = -\frac{p}{2} + \frac{1}{12}$ より 2 つ目の等式も明らかである． ■

命題 (2.24) の証明 まず $m = (1/6, 1/2)$ とおいて，$\theta_m(-3\tau^{-1})$ の公式を求める．$-3\tau^{-1} = -\frac{1}{\tau/3}$ により，$J = \begin{pmatrix} 0 & -1 \\ 1 & 0 \end{pmatrix}$ とすると $-3\tau^{-1} = J(\tau/3)$．また $m_2 = {}^t(\frac{1}{2}, -\frac{1}{6})$ とおくと，

$$J \circ m_2 = \begin{pmatrix} 0 & -1 \\ 1 & 0 \end{pmatrix}\begin{pmatrix} \frac{1}{2} \\ -\frac{1}{6} \end{pmatrix} = m$$

であるから，テータ変換公式 (2.17) により，

$$\theta_m\left(J\left(\frac{\tau}{3}\right)\right) = \theta_{J \circ m_2}\left(J\left(\frac{\tau}{3}\right)\right)$$
$$= \kappa(J)\left(\frac{\tau}{3}\right)^{1/2} e(\phi_{m_2}(J))\theta_{m_2}\left(\frac{\tau}{3}\right).$$

ここで $\phi_{m_2}(J) = -\frac{1}{2}(-2)\frac{1}{2}(-1)(-\frac{1}{6}) = \frac{1}{12}$．また命題 2.21 より，$\kappa(J_1) = e(-\frac{1}{8})$ である．平方根は偏角が $-\frac{\pi}{2}$ から $\frac{\pi}{2}$ のものをとっていることを考えて，$e(-\frac{1}{8})\tau^{1/2} = (\tau/i)^{1/2}$ がわかる．よって，

$$\theta_m(-3\tau^{-1}) = \frac{1}{\sqrt{3}} e\left(\frac{1}{12}\right)\left(\frac{\tau}{i}\right)^{\frac{1}{2}} \theta_{m_2}\left(\frac{\tau}{3}\right)$$

となる．ここで

$$\theta_{m_2}\left(\frac{\tau}{3}\right) = \sum_{p \in \mathbb{Z}} e\left(\frac{1}{2}\left(p+\frac{1}{2}\right)^2 \frac{\tau}{3} + \left(p+\frac{1}{2}\right)\left(-\frac{1}{6}\right)\right)$$

であるが，この和を $p = 3p_1 + p_2$ $(p_2 = 0, \pm 1)$ と 3 通りに分けて考える．まず $p = 3p_1$ については，

$$\frac{1}{2}\left(3p_1 + \frac{1}{2}\right)^2 \frac{1}{3} = \frac{3}{2}\left(p_1 + \frac{1}{6}\right)^2$$
$$\left(3p_1 + \frac{1}{2}\right)\left(-\frac{1}{6}\right) \equiv \frac{1}{2}\left(p_1 + \frac{1}{6}\right) - \frac{1}{6} \bmod 1$$

により，和は $e(-\frac{1}{6})\theta_m(3\tau)$ に等しい．次に，$p = 3p_1 - 1$ については

$$\frac{1}{2}\left(3p_1 - 1 + \frac{1}{2}\right)^2 \frac{1}{3} = \frac{3}{2}\left(p_1 - \frac{1}{6}\right)^2,$$

$$\left(3p_1 - 1 + \frac{1}{2}\right)\left(-\frac{1}{6}\right) = -\frac{1}{2}p_1 + \frac{1}{12} = \left(-p_1 + \frac{1}{6}\right)\frac{1}{2}.$$

ここで p_1 を $-p_1$ に取り換えると，和は $\theta_m(3\tau)$ に等しいことがわかる．最後に $p = 3p_1 + 1$ の場合であるが，

$$1 + 3\mathbb{Z} = \{3p_1 + 1, p_1 = 0, 1, 2, \ldots\} \cup \{-3p_1 - 2; p_1 = 0, 1, 2, \ldots\}$$

であり，

$$\frac{1}{2}\left(3p_1 + 1 + \frac{1}{2}\right)^2 \frac{1}{3} = \frac{3}{2}\left(p_1 + \frac{1}{2}\right)^2$$

$$\frac{1}{2}\left(-3p_1 - 2 + \frac{1}{2}\right)^2 \frac{1}{3} = \frac{3}{2}\left(p_1 + \frac{1}{2}\right)^2$$

$$\left(3p_1 + 1 + \frac{1}{2}\right)\left(-\frac{1}{6}\right) = -\frac{p_1}{2} - \frac{1}{4}$$

$$\left(-3p_1 - 2 + \frac{1}{2}\right)\left(-\frac{1}{6}\right) = \frac{p_1}{2} + \frac{1}{4}.$$

ここで $e(-\frac{p_1}{2} - \frac{1}{4}) = -e(\frac{p_1}{2} + \frac{1}{4})$ であるから，和はゼロになる．まとめて，$\theta_{m_2}\left(\frac{\tau}{3}\right) = (1 + e(-\frac{1}{6}))\theta_m(3\tau)$．よって，

$$\theta_m(-3\tau^{-1}) = \frac{1}{\sqrt{3}}\, e\left(\frac{1}{12}\right)\left(1 + e\left(-\frac{1}{6}\right)\right)\left(\frac{\tau}{i}\right)^{1/2}\theta_m(3\tau).$$

ここで $e(\frac{1}{12}) + e(-\frac{1}{12}) = \sqrt{3}$ であるから

$$\theta_m(-3\tau^{-1}) = \left(\frac{\tau}{i}\right)^{1/2}\theta_m(3\tau)$$

となる．一方，明らかに

$$\eta(\tau + 1) = e\left(\frac{1}{24}\right)\eta(\tau), \quad \theta_m(3(\tau + 1)) = e\left(\frac{1}{24}\right)\theta_m(3\tau)$$

である．よってここで $f(\tau) = \theta_m(3\tau)/\eta(\tau)$ とおくと，$f(-1/\tau) = f(\tau)$，$f(\tau + 1) = f(\tau)$ である．しかし J_1 と $\begin{pmatrix} 1 & 1 \\ 0 & 1 \end{pmatrix}$ は $SL_2(\mathbb{Z})$ を生成するので，任意の $\gamma \in SL_2(\mathbb{Z})$ について $f(\gamma\tau) = f(\tau)$ がわかる．さて，無限積表示より，$\eta(\tau)$ は H_1 上にゼロ点

をもたないので，$f(\tau)$ は H_1 上の正則関数である．また q のフーリエ展開表示を考えると $q=0$ でも正則であるから，$\tau=i\infty$ なる $SL_2(\mathbb{Z})$ のカスプでも正則である．$SL_2(\mathbb{Z})\backslash H_1\cup\{i\infty\}$ はコンパクトリーマン面であり，この上で正則な関数は定数に限ることがよく知られている．よって $f(\tau)$ は定数であるが，$q^{1/24}$ の係数を比較して，$f(\tau)=e(\frac{1}{12})$ を得る．以上により証明された． ■

エータ関数の $SL_2(\mathbb{Z})$ の一般の元に対する変換公式は非常に正確に知られている (cf. [145], [148, p.163], [119, p.51])．この結果を紹介しておく．

2.26 [命題] $M=\begin{pmatrix} a & b \\ c & d \end{pmatrix}\in SL_2(\mathbb{Z})$ として，

$$\eta(M\tau)=v(M)(c\tau+d)^{1/2}\eta(\tau).$$

ただし，

$$v(M)=\begin{cases} \left(\dfrac{d}{c}\right)^*\exp\left(\dfrac{\pi i}{12}((a+d-bdc-3)c+bd)\right) & c \text{ が奇数の場合,} \\ \left(\dfrac{c}{d}\right)_*\exp\left(\dfrac{\pi i}{12}((a-2d-bdc)c+bd+3d-3)\right) & c \text{ が偶数の場合} \end{cases}$$

となる．

証明 証明はいろいろな方針があり得るであろう．ここでは，せっかく $\theta_m(\tau)$ の変換公式を求めてあったのだから，これを利用した証明のアウトラインを述べてみる（全部書くとかなり面倒であるので，場合分けして，典型的な場合のみを詳しく書いておく．残りの証明はほぼ同様であるが，読者の演習問題としたい）．

まず，$M_0=\begin{pmatrix} a & b \\ 3c & d \end{pmatrix}\in\Gamma_0(3)$ の場合を述べる．この場合を述べる理由は $M=\begin{pmatrix} a & 3b \\ c & d \end{pmatrix}$ とすると $3M_0(\tau)=M(3\tau)$ となるので，テータ定数の変換公式が直接使えるからである．$m={}^t(1/6,1/2)$ とおく．$\theta_m(M(3\tau))$ と $\theta_m(3\tau)$ の関係を求めれば $\eta(M_0\tau)$ と $\eta(\tau)$ の関係が求まったことになる．しかしテータ定数の変換公式は $\theta_{M\circ m}(M(3\tau))$ と $\theta_m(3\tau)$ の関係であるから，$M\circ m$ と m のずれをまず見る必要がある．そこで場合分けが必要になる．ここでは c が奇数，かつ $d\equiv 1 \bmod 3$ の場合を

まず試みる．この場合には

$$M \circ m = \begin{pmatrix} d & -c \\ -3b & a \end{pmatrix} \begin{pmatrix} 1/6 \\ 1/2 \end{pmatrix} + \frac{1}{2} \begin{pmatrix} cd \\ 3ab \end{pmatrix}$$
$$= \begin{pmatrix} 1/6 + (d-1)(3c+1)/6 \\ 1/2 + (3ab - b + a - 1)/2 \end{pmatrix}.$$

ここで，$ad - 3bc = 1$ の条件より $\{c, d\}$ および $\{a, b\}$ の組がともに偶数になることはないこと，および $d \equiv 1 \bmod 3$ の仮定から，$M \circ m \equiv m \bmod 1$ がわかる．ここでテータ定数の定義を考えれば，

$$\theta_m(M(3\tau)) = e\left(\frac{1 - a + b - 3ab}{12}\right) \theta_{M \circ m}(M(3\tau))$$

が容易にわかる．さて，次に，テータ定数の変換公式 (2.17) を考えるのだが，

$$\phi_m(M) = -\frac{1}{2}\left(\frac{bd}{12} + \frac{ac}{4} - \frac{bc}{2} - 3ab\left(\frac{d}{6} - \frac{c}{2}\right)\right)$$
$$\kappa(M) = \left(\frac{d}{c}\right)^* e\left(\frac{3abcd}{4} + \frac{acd^2}{8} - \frac{c}{8}\right)$$

ここで $\kappa(M)$ の公式では c が奇数であることを用いている．以上から，これらを全部掛ければ $\theta_m(M(3\tau))$ と $(3c\tau + d)^{1/2}\theta_m(3\tau)$ の間の公式が得られることになる．しかし，これは見かけ上，命題 2.26 の $v(M_0)$ の式と全く異なっているので，これらが実際上同じ公式であることを示さねばならない．念のため $v(M_0)$ を書くと（ここでは $v(M)$ ではないのに注意せよ），c が奇数という仮定より

$$v(M_0) = \left(\frac{d}{3c}\right)^* e\left(\frac{1}{24}((a + d - 3bcd - 3)(3c) + bd)\right)$$
$$= \left(\frac{d}{3}\right)\left(\frac{d}{c}\right)^* e\left(\frac{bd}{24} + \frac{ac}{8} + \frac{cd}{8} - \frac{3bc^2d}{8} - \frac{3c}{8}\right)$$

であるが，今 $d \equiv 1 \bmod 3$ という仮定より，$\left(\frac{d}{3}\right) = 1$ であることに注意する．よって平方剰余の部分はテータ定数の計算と一致している．ゆえに $e(*)$ の中身を比較して，差が整数になっていることを示せばよい．念のため書き下してみる．テータ定数の変換公式から出た $e(*)$ の中身を書くと

$$\frac{1 - a + b}{12} - \frac{ab}{4} - \frac{bd}{24} - \frac{ac}{8} + \frac{bc}{4} + \frac{abd}{4} - \frac{3abc}{4} + \frac{3abcd}{4} + \frac{acd^2}{8} - \frac{c}{8}$$

である．一方で $v(M_0)$ の中身は

$$\frac{bd}{24} + \frac{ac}{8} + \frac{cd}{8} - \frac{3bc^2d}{8} - \frac{3c}{8}$$

である．これを上から引いた差が整数であることを示せばよい．まず分母が 3 で割れているところをまとめると，今 $d \equiv 1 \bmod 3$ と仮定しており，また $ad - 3bc = 1$ より，$a \equiv 1 \bmod 3$ でもあるので，

$$\frac{1 - a + b - bd}{12} = \frac{(1-a) + b(1-d)}{12}$$

の分子は 3 で割り切れる．一方で，差のうちで分母に 8 が残るところをまとめると，$ad - 3bc = 1$ を使用して書き換えて

$$\frac{acd^2}{8} + \frac{3bc^2 d}{8} - \frac{cd}{8} = \frac{cd(ad + 3bc) - cd}{8} = \frac{3bc^2 d}{4} \equiv -\frac{bd}{4} \bmod 1$$

となる．よって，全体の分母は高々 4 であるが，$3^{-1} \equiv 3 \bmod 8$ に注意して，$1/12$ を $3/4$ と書き換えて，全体は $\bmod 1$ で次の量で与えられる．

$$-\frac{1 - a + b - bd}{4} - \frac{ab}{4} - \frac{ac}{4} + \frac{bc}{4} + \frac{abd}{4} + \frac{abc}{4} - \frac{abcd}{4} + \frac{c}{4} - \frac{bd}{4}.$$

ここで $c^2 \equiv 1 \bmod 8$ を利用して，$-abcd = -bc(1 + 3bc) \equiv -bc + b^2 \bmod 4$, $abd = b(1 + 3bc) \equiv b - b^2 c \bmod 4$ となるが，これを用いて書き換えると，結局

$$\frac{(c-1)(1 - a + ab - b^2)}{4}$$

が残る．ここで c は奇数だから $c - 1$ は偶数．また a, b は $ad - 3bc = 1$ より，ともに偶数にはなり得ない．この条件より $1 - a + ab - b^2$ が偶数なことは容易にわかる．よって差は整数である．以上により，$v(M_0)$ と一致した．

$\Gamma_0(3)$ の元については，残りの場合も同様に証明できる．たとえば c が奇数で $d \equiv 2 \bmod 3$ のときは，$\left(\frac{d}{3c}\right)^* = \left(\frac{d}{3}\right)\left(\frac{d}{c}\right)^* = -\left(\frac{d}{c}\right)^*$ と符号が変わっていることに注意する．さらに，$M \circ m \equiv \begin{pmatrix} -\frac{1}{6} \\ \frac{1}{2} \end{pmatrix}$ になっているが，$\theta_{(-\frac{1}{6}, \frac{1}{2})}(3\tau) = e(-\frac{1}{6})\theta_{(\frac{1}{6}, \frac{1}{2})}(3\tau)$ に注意すれば，やはり $\theta_{M \circ m}(M(3\tau))$ と $\theta_m(3\tau)$ の関係式により，変換公式を求めることができる．また，c が偶数の場合は，

$$\left(\frac{3c}{d}\right)_* = \left(\frac{3}{|d|}\right)\left(\frac{c}{d}\right)_*$$

に注意する．ここで $\left(\frac{3}{n}\right)$ は導手が 12 のディリクレ指標であり，$n \equiv \pm 1 \bmod 12$ のときに $+1$, $n \equiv \pm 5 \bmod 12$ のときに -1 であるから，$|d|$ と絶対値をとっていることの不都合は生じない．たんに $d \bmod 12$ により場合分けして計算すればよい．詳しくは省略する．

さて、最後に $\Gamma_0(3)$ に属さない $SL_2(\mathbb{Z})$ の元についての計算法であるが、容易にわかるように

$$SL_2(\mathbb{Z}) = \Gamma_0(3) \cup J\Gamma_0(3) \cup J\begin{pmatrix} 1 & 1 \\ 0 & 1 \end{pmatrix}\Gamma_0(3) \cup J\begin{pmatrix} 1 & -1 \\ 0 & 1 \end{pmatrix}\Gamma_0(3) \quad (2.37)$$

である。よって作用を積に分解して考えればよい。J に対する変換公式も $\Gamma_0(3)$ に対するものも既にわかっているから、これらの合成が公式の通りになっていることを示せばよい。このときに、異なる表示のヤコービ記号が実際には等しくなることなどを証明する必要が生じるが、読者の演習としたい。

2.27 [練習問題] (1) (2.37) を証明せよ.

(2) 以上の $\eta(\tau)$ の変換公式の証明の細部を完成させよ.

2.28 [練習問題] ここでは、$\kappa(M)$ の結果を使わないで、$\eta(M\tau)/\eta(\tau)$ の公式を与える方法を述べる。以下に述べるような方針のもとに計算すれば、かなり一般的な変換公式から、必ず何らかの公式を導くことができるし、この方針はもっと広い範囲に応用できる。ただし、実際にこの方針で命題 2.26 を証明するには、かなり注意深い長い計算が必要であり、決して易しくはないので、その一部をヒントとともに述べる。

まず、任意の整数 m, n について

$$\Theta_{n,m}(\tau) = \theta_{(n/2m,0)}(2m\tau) = \sum_{p \in \mathbb{Z}} e\left(m\left(p + \frac{n}{2m}\right)^2 \tau\right)$$

とおく.

(1) $\Theta_{n,m}(\tau) = \Theta_{2m+n,m}(\tau) = \Theta_{2m-n,m}(\tau)$ を示せ.

(2) $\eta(\tau) = \Theta_{1,6}(\tau) - \Theta_{5,6}(\tau)$ を示せ.

(3) $M = \begin{pmatrix} a & b \\ c & d \end{pmatrix} \in SL_2(\mathbb{Z})$ とし、$c \neq 0$ と仮定する。また n' も整数として、

$$\lambda_{nn'}(M) = \sum_{x \bmod c} e\left(\frac{1}{c}\left(am\left(x + \frac{n}{2m}\right)^2 - n'\left(x + \frac{n}{2m}\right) + \frac{dn'^2}{4m}\right)\right).$$

とおく。このとき、

$$\lambda_{n,n'}(M) = \lambda_{n+2m,n'}(M) = \lambda_{n,n'+2m}(M),$$
$$\lambda_{nn'}(M) = \lambda_{2m-n,2m-n'}(M)$$

であることを示せ（ヒント：最初の等式は x を $x+1$ に置き換えれば，明らかである．2つめの等式は，$ad-bc=1$ より $ad \equiv 1 \bmod c$ であることを用いて，$\lambda_{nn'}(M)$ の定義の式で x を $x+d$ と置き換えて計算してみよ．また2行目の等式も似た変換をすればよい）．

(4) $\tau_1 = -c/(c\tau+d)$ とおく．このとき次の公式を証明せよ．
$$\Theta_{m,n}(M\tau) = \left(\frac{2m\tau_1}{i}\right)^{-1/2} \sum_{n' \bmod 2m} \lambda_{nn'}(M)\Theta_{n',m}(\tau). \quad (2.38)$$

（ヒント：M を命題 2.21 の証明のときのように分解して示せ．ここで $\tau \to -\tau^{-1}$ に関する変換は補題 2.6 を用いて与えることによりわかる．あるいは [99] にも記述がある）．

(5) $\lambda_{nn'}(M)$ は $\lambda_{2m-n,n'}(M)$ と等しいとは限らないことを例で示せ．一方で $\Theta_{n,m}(\tau) = \Theta_{2m-n,m}(\tau)$ であった．しかし，これは上の公式と矛盾はしていない．その理由を述べよ．

(6) $c \ne 0$ に対して，次の式を証明せよ．
$$\left(\frac{12\tau_1}{i}\right)^{-1/2} = \frac{1}{2\sqrt{3}|c|^{1/2}} e\left(-\frac{\mathrm{sgn}(c)}{8}\right)\sqrt{c\tau+d}.$$

ただし $\mathrm{sgn}(c)$ は $c>0$ で 1, $c<0$ で -1 とする．また $\sqrt{c\tau+d}$ は $c\tau+d = |c\tau+d|e^{i\theta}$ で $-\pi \le \theta \le \pi$ としたときに，$\sqrt{c\tau+d} = |c\tau+d|^{1/2}e^{i\theta/2}$ と定義するものとする．

(7) (2.38) を用いて $\Theta_{1,6}(M\tau) - \Theta_{5,6}(M\tau)$ を $\Theta_{n',6}(\tau) = \Theta_{12-n',6}(\tau)$ ($0 \le n \le 6$) の線形結合で表したとき，$(n',6) > 1$ のものについては係数が消えることを示せ（これは $\eta(\tau)$ の $\tau \to -\tau^{-1}$ の公式から間接的にもわかるが，直接的に証明せよ）．

(8) 以下，$(c,6)=1$ と仮定する．この場合の $\eta(M\tau)/\eta(\tau)$ の計算のアウトラインを述べる．

(i) 次の関係式を示せ．
$$\left(\frac{6\,\mathrm{sgn}(c)}{|c|}\right)\left(\frac{12}{c}\right)\epsilon_{|c|}e\left(-\frac{\mathrm{sgn}(c)}{8}\right) = e\left(-\frac{c}{8}\right).$$
$$e\left(\frac{c}{12}\right) + e\left(\frac{-c}{12}\right) - e\left(\frac{5c}{12}\right) - e\left(\frac{-5c}{12}\right) = 2\sqrt{3}\left(\frac{12}{c}\right).$$

ただし，ここで $\left(\frac{12}{c}\right)$ は $\mathbb{Q}(\sqrt{3})/\mathbb{Q}$ に対応する modulo 12 のクロネッカー指標としている．つまり，具体的にいえば，$\left(\frac{12}{c}\right) = \left(\frac{3}{c}\right)$ は c の正負にかかわらず，$c \equiv \pm 1 \bmod 12$

のときに 1, $c \equiv \pm 5 \mod 12$ のときに -1 としている．ちなみに，注意として，一般には

$$\left(\frac{3\,\mathrm{sgn}(c)}{|c|}\right) \neq \left(\frac{3}{c}\right)$$

のことがあるので，注意されたい．

(ii) n, n', c は 6 と素な整数とすると，

$$\lambda_{nn'}(M) = G(6a\,\mathrm{sgn}(c), |c|) e\left(\frac{ac+cd}{24}\right) e\left(\frac{-cnn'}{12}\right)$$

であることを示せ（ヒント：$c^2 \equiv 1 \mod 24$ および $ad \equiv 1 \mod c$ を用いると，$n_0 = n - dn'$ とおいて，

$$6ax^2 + (an - n')x \equiv a\left(6x^2 + 12n_0\frac{1-c^2}{12}\right) \mod c$$
$$= 6a\left(x + \frac{n_0(1-c^2)}{12}\right)^2 - \frac{a(1-c^2)^2 n_0^2}{24}.$$

また

$$\frac{an^2 - 2nn' + dn'^2 - a(1-c^2)n_0^2}{24c} \equiv \frac{2bn'n - dn'^2 + acn_0^2}{24} \mod 1$$
$$\equiv \frac{ac+cd}{24} - \frac{nn'c}{12} \mod 1.$$

よって，前に述べた $\lambda_{nn'}(M)$ の公式が得られる）．

(9) $(c, 6) = 1$ のときに，命題 2.26 を証明せよ（ヒント：以上と (i) およびガウスの和の公式より

$$(\lambda_{1,1}(M) + \lambda_{1,11}(M) - \lambda_{5,1}(M) - \lambda_{5,11}(M)) \times \frac{1}{2\sqrt{3}\,|c|^{1/2}} e\left(-\frac{\mathrm{sgn}(c)}{8}\right)$$
$$= \left(\frac{a}{c}\right)^* e\left(\frac{ac+cd}{24}\right) e\left(-\frac{c}{8}\right).$$

がわかる．また $e\left(-\frac{nn'c}{12}\right)$ の交代和の部分を比較することにより

$$\lambda_{1,5}(M) + \lambda_{1,7}(M) - \lambda_{5,5}(M) - \lambda_{5,7}(M)$$
$$= -(\lambda_{1,1}(M) + \lambda_{1,11}(M) - \lambda_{5,1}(M) - \lambda_{5,11}(M))$$

であることを示せ）．

(10) $(c,6)=2$ で, $c=2c_0$ かつ c_0 が奇数のときに, 上と類似の計算で, 命題 2.26 を証明せよ (ヒント: c が偶数であるから, a,d は奇数である. よって $(n,6)=(n',6)=1$ のときは $n-dn'=2n_0$ $(n_0 \in \mathbb{Z})$ となる. これを用いて x の 2 次式を平方完成して計算せよ).

(11) $(c,6)=2$ かつ $c=4c_0$ で c_0 が奇数のときに命題 2.26 を証明せよ (ヒント: n, n', n_0 を (10) の通りとして, n_0 が偶数ならば $\lambda_{nn'}(M)=0$ である. また n_0 が奇数ならば, 練習問題 2.20 の (2) を用いよ).

(12) $(c,6)=2$ かつ $c=2^{e+1}c_0$, $e\geq 2$, c_0 は奇数と仮定する. この場合に命題 2.26 を証明せよ. 以下, ヒントを述べる. 前と同様, $(n,6)=(n',6)=1$, $2n_0=n-dn'$ とおく.

$$\frac{6ax^2-(an-n')x}{c} \equiv \frac{a(6x^2-(n-dn')x)}{c} = \frac{a(3x^2-n_0x)}{2^e c_0} \bmod 1.$$

よって
$$I(n,n') = \sum_{x \bmod c} e\left(\frac{6ax^2-(an-n')x}{c}\right)$$

とおけば
$$I(n,n') = 2\sum_{x \bmod 2^e c_0} e\left(\frac{a(3x^2-n_0x)}{2^e c_0}\right).$$

ここで $x=2^e x_1 + c_0 y_1$ ($x_1 \bmod c_0$, $y_1 \bmod 2^e$) と分解して考えれば,

$$I(n,n') = 2\sum_{x_1 \bmod c_0} e\left(\frac{a(3\cdot 2^e x_1^2 - n_0 x_1)}{c_0}\right) \sum_{y_1 \bmod 2^e} e\left(\frac{a(3\cdot c_0 y_1^2 - n_0 y_1)}{2^e}\right)$$

となる. 練習問題 2.20 などにより, n_0 が偶数でなければ $I(n,n')=0$ であるから, 以下 n_0 は偶数と仮定する. これは $(n,n')=(1,1),(1,11),(5,1),(5,11)$ の中で考えると, $d\equiv 1 \bmod 4$ のときに $(n,n')=(1,1),(5,1)$, また $d\equiv 3 \bmod 4$ のときには $(n,n')=(1,11),(5,11)$ となることを意味するから, 結果的に $d\equiv nn' \bmod 4$ となる (この事実は後で計算に用いる).

さて, ここで, $3\cdot 2^{e+1}m = 1+kc_0$ となる整数 k,m が存在するので, $I(n,n')$ の上記の表示において, $n_0 x_1$ を $3\cdot 2^{e+1} m n_0 x_1$ に置き換えてよく, また, ここで後の都合のために, $m\equiv 0 \bmod 8$ としておく. また $kc_0 \equiv -1 \bmod 2^{e+4}\cdot 3$ でもあり, $n_0 y_1$ は $-kc_0(1-2^{2e})n_0 y_1$ と置き換えて計算してよい. ここで $e^{2e}\equiv 1 \bmod 3$ であるから $(1-2^{2e})/3$ は整数であることなどを用いて, 以上を平方完成して計算する. ここ

で $k^2 \equiv 1 \bmod 12$ などを用いて,

$$-\frac{3 \cdot 2^e \cdot am^2 n_0^2}{c_0} \equiv \frac{-a(2n_0)^2}{24c} - \frac{ak(2n_0)^2}{24 \cdot 2^{e+1}} \bmod 1,$$

$$-\frac{ac_0 k^2 n_0^2 (1-2^{2e})^2}{2^{e+2} \cdot 3} = -\frac{ac_0 k^2 n_0^2}{2^{e+2} \cdot 3} + \frac{ac_0 (2^{2e+1} - 2^{4e}) k^2 n_0^2}{2^{e+2} \cdot 3}$$

$$\equiv \frac{ak(2n_0)^2}{2^{e+4} \cdot 3} - \frac{ac_0 2^{e-1} n_0^2}{3} \bmod 1.$$

よって,

$$I(n,n') = 2G(3ac_0, 2^e)G(3 \cdot 2^e a, c_0) e\left(-\frac{a(2n_0)^2}{24} - \frac{acn_0}{12}\right).$$

となる. ここで, $ad = bc + 1$ を用いて計算すると,

$$e\left(\frac{-a(2n_0)^2 + an^2 - 2nn' + dn'^2}{24c}\right) = e\left(\frac{bnn'}{12} - \frac{bd}{24}\right)$$

となる. さらに, $n^2 \equiv n'^2 \equiv 1 \bmod 24$ などを用いて,

$$\frac{a \cdot 2^{e-1} c_0 (2n_0)^2}{12} \equiv \frac{2^{e-1} c_0 (a+d)}{12} + \frac{bd}{3} + \frac{bnn'}{3} - \frac{2^{e-2} c_0 nn'}{3}.$$

ゆえに

$$\lambda_{nn'}(M) = 2G(3ac_0, 2^e, G(3a \cdot 2^e, c_0)$$
$$\times e\left(-\frac{bnn'}{4} - \frac{3bd}{8} - \frac{2^{e-1} c_0 (a+d)}{12} + \frac{2^e c_0 nn'}{3}\right)$$

となる. ここで $-bnn'/4 \equiv -bd/4 \bmod 1$ であった. また $2 \equiv -1 \bmod 3$ より $2^{e-2} c_0 \equiv (-1)^{e-2} c_0 \equiv -2^{e+1} c_0 = -c \bmod 3$, よって

$$\frac{2^{e-1} c_0 (a+d)}{12} = \frac{2^{e-2} c_0}{3} \frac{a+d}{2} \equiv \frac{-c(a+d)}{6} \bmod 1$$

である. またここで, $\lambda_{11}(M) + \lambda_{1,11}(M) - \lambda_{5,1}(M) - \lambda_{5,11}(M)$ において, $e\left(\frac{2^e c_0 nn'}{3}\right)$ の部分だけを考えると, $2^e c_0 \equiv -c \bmod 3$ であり, また $d \equiv 1 \bmod 4$ で $nn' = 1$ または 5 であるから,

$$e\left(-\frac{c}{3}\right) - e\left(\frac{c}{3}\right) = \left(\frac{-c}{3}\right)\sqrt{-3} = \left(\frac{-1}{d}\right)\left(\frac{c}{3}\right)(-\sqrt{-3}),$$

また $d \equiv 3 \bmod 4$ では $nn' = 11$ または 55 であるから,

$$e\left(\frac{c}{3}\right) - e\left(-\frac{c}{3}\right) = \left(\frac{c}{3}\right)\sqrt{-3} = \left(\frac{-1}{d}\right)\left(\frac{c}{3}\right)(-\sqrt{-3})$$

となることがわかる．よって，いずれにしても，

$$\lambda_{11}(M) + \lambda_{1,11}(M) - \lambda_{5,1}(M) - \lambda_{5,11}(M)$$
$$= 2G(3ac_0, 2^e)G(3a \cdot 2^e, c_0)\left(\frac{-1}{d}\right)\left(\frac{c}{3}\right)(-\sqrt{-3})e\left(\frac{3bd}{8} + \frac{c(a+d)}{6}\right)$$

となる．また，類似の計算により

$$\lambda_{1,5}(M) + \lambda_{1,7}(M) - \lambda_{5,5}(M) - \lambda_{5,7}(M)$$
$$= -(\lambda_{1,1}(M) + \lambda_{1,11}(M) - \lambda_{5,1}(M) - \lambda_{5,11}(M))$$

も容易にわかる．よって，命題 2.18 のガウスの和の公式

$$G(3ac_0, 2^e) = 2^{(e+1)/2} \epsilon_{3ac_0}^{-1}\left(\frac{2^e}{|3ac_0|}\right) e\left(\frac{1}{8}\right),$$
$$G(3 \cdot 2^e \cdot a, c_0) = G(3\operatorname{sgn}(c_0) \cdot 2^e \cdot a, |c_0|) = \epsilon_{|c_0|}\sqrt{|c_0|}\left(\frac{3\operatorname{sgn}(c_0) \cdot 2^e \cdot a}{|c_0|}\right)$$

を用いると，$\eta(M\tau)/\eta(\tau)\sqrt{c\tau+d}$ は次で与えられる．

$$-\sqrt{-1}\left(\frac{-1}{d}\right)\left(\frac{c}{3}\right) e\left(\frac{3bd}{8} + \frac{c(a+d)}{6}\right) e\left(\frac{1}{8}\right)$$
$$\times e\left(-\frac{\operatorname{sgn}(c_0)}{8}\right)\left(\frac{2\operatorname{sgn}(c_0)2^e a}{|c_0|}\right)\left(\frac{2^e}{|3ac_0|}\right)\epsilon_{|c_0|}\epsilon_{3ac_0}^{-1}.$$

ただし，ϵ_z は前に定義したように，$z \equiv 1 \bmod 4$ のときは 1，$z \equiv 3 \bmod 4$ のときは $\sqrt{-1}$ としている．ここで演習問題の (8)(i) を用いると，$e(-\operatorname{sgn}(c_0)/8)$ の部分が $e(-c_0/8)$ を含んだ式に書き換えられる．さらに $ad = 1 + bc \equiv 1 \bmod 8$ より，$a \equiv d \bmod 8$ である．また

$$\left(\frac{-1}{d}\right) = e\left(\frac{d-1}{4}\right),$$
$$\left(\frac{2}{|c_0|}\right) = e\left(\frac{c_0^2 - 1}{16}\right),$$
$$\left(\frac{2}{d}\right) = e\left(\frac{d^2 - 1}{16}\right),$$
$$\left(\frac{c_0}{3}\right)\left(\frac{3}{c_0}\right) = e\left(\frac{c_0 - 1}{4}\right),$$
$$\left(\frac{a}{|c_0|}\right) = \left(\frac{d}{|c_0|}\right) = \left(\frac{c_0}{d}\right)_*(-1)^{(c_0-1)(d-1)/4}$$
$$= \left(\frac{c}{d}\right)_*\left(\frac{2^{e+1}}{d}\right)e\left(\frac{(c_0-1)(d-1)}{8}\right).$$

以上より，慎重に $\lambda_{11}(M) + \lambda_{1,11}(M) - \lambda_{5,1}(M) - \lambda_{5,11}(M)$ の表示と，求めるべき公式を比較すれば，結局，命題 2.26 を証明するためには次の量が整数であることを示せばよいことになる．

$$\frac{d^2-1}{16} + \frac{c_0^2-1}{16} + \frac{(c_0-1)(d-1)}{8} + \frac{1-c_0}{8} + \frac{1-d}{8}$$
$$+ \frac{d-1}{4} + \frac{c_0-1}{4} + \frac{1}{4} + \begin{cases} 1 & ac_0 \equiv 3 \bmod 4 \text{ の場合}, \\ -\dfrac{1}{4} & ac_0 \equiv 1 \bmod 4 \text{ の場合}. \end{cases}$$

これを証明するのは容易である．以上により，命題 2.26 が証明される．

(13) 以上には含まれていない $(c, 6) = 3$ および 6 の場合の，命題 2.26 の証明を，以上と類似の方法で完成させよ．

3
ジーゲル保型形式上の微分作用素

　一般に，適当な複素領域 D 上の正則保型形式 f を D の座標で偏微分しても，その結果得られた関数は保型形式にはならないのが普通である．たとえば H_1 上の離散群 Γ に関するウェイト k の保型形式 $f(\tau)$ があるとすると

$$f(\gamma\tau) = (c\tau+d)^k f(\tau), \quad \gamma = \begin{pmatrix} a & b \\ c & d \end{pmatrix} \in \Gamma$$

であるが，ここで，この両辺を τ で微分すると，$\dfrac{d(\gamma\tau)}{d\tau} = (c\tau+d)^{-2}$ に注意し，また τ での微分を $f' = \dfrac{df}{d\tau}$ と表すことにすると

$$\frac{1}{(c\tau+d)^2} f'\left(\frac{a\tau+b}{c\tau+d}\right) = kc(c\tau+d)^{k-1}f(\tau) + (c\tau+d)^k f'(\tau)$$

であるから，f' が保型性を保つのはウェイト $k=0$ のときだけである．しかし f_1 がウェイト k，f_2 がウェイト l の正則保型形式とすると，f_2^k/f_1^l はウェイトが 0 の有理型保型形式であるから，前の計算により，

$$\frac{1}{(c\tau+d)^2} \frac{(kf_1(\gamma\tau)f_2'(\gamma\tau) - lf_1'(\gamma\tau)f_2(\gamma\tau))f_2(\gamma\tau)^{k-1}}{f_1(\gamma\tau)^{l+1}}$$
$$= \frac{(kf_1(\tau)f_2'(\tau) - lf_1'(\tau)f_2(\tau))f_2^{k-1}(\tau)}{f_1^{l+1}(\tau)}$$

となる．ここで f_1, f_2 の保型性より，$f_1(\gamma\tau)^{l+1} = (c\tau+d)^{k(l+1)}f_1(\tau)^{l+1}$, $f_2(\gamma\tau)^{k-1} = (c\tau+d)^{l(k-1)}f_2(\tau)^{k-1}$ であるから，結局

$$kf_1(\gamma\tau)f_2'(\gamma\tau) - lf_1'(\gamma\tau)f_2(\gamma\tau) = (c\tau+d)^{k+l+2}(kf_1(\tau)f_2'(\tau) - lf_1'(\tau)f_2(\tau))$$

となるので，$\{f_1, f_2\}_2 = kf_1f_2' - lf_1'f_2$ とおくと，これはウェイトが $k+l+2$ の保型形式になる．これは微分による保型形式の構成法のもっとも簡単な場合である．同様に何度も微分して，その積を適当に組み合わせた和をとると，ウェイトが $k+l+2\nu$ （ν

は非負整数) の保型形式を構成することもできる．具体的に言えば，$SL_2(\mathbb{R})$ の離散群 Γ に関する，ウェイトが k の正則保型形式の空間を $A_k(\Gamma)$ と書くとき，$f \in A_k(\Gamma)$，$g \in A_l(\Gamma)$ に対して，

$$\{f_1, f_2\}_{2\nu} = \sum_{\mu=0}^{\nu} (-1)^\mu \binom{k+\nu-1}{\nu-\mu} \binom{l+\nu-1}{\mu} f_1^{(\mu)} f_2^{(\nu-\mu)}$$

($f_1^{(\nu-\mu)}$，$f_2^{(\mu)}$ はそれぞれ，f_1 の $\nu-\mu$ 回微分と f_2 の μ 回微分を表す．ただし $f_1^{(0)} = f_1$，$f_2^{(0)} = f_2$ としている)．とおけば，$\{f_1, f_2\}_{2\nu} \in A_{k+l+2\nu}(\Gamma)$ となる．これを Rankin-Cohen 括弧 (Rankin-Cohen bracket) という (この名称は，[149], [33] で定義された微分作用素であることから来ている)．証明は直接計算して組合せの計算をよく見れば，保型性の直接証明はそれほど難しくないし，カスプでのフーリエ展開の様子も簡単にわかる．しかし，あとで別証を与えるのでここでは省略する．ところで，そもそもこういう微分作用素はどのような仕掛けでできているのだろうか．また，直接の組合せ計算はせずに，ある程度方針をもって結果を求めることはできないのであろうか？

本章ではこのような疑問に対するひとつの回答を与えることを目標とし，また，後の章では，実際にこのような微分作用素を用いた保型形式の構成への応用についても見ることにする．

3.1 [練習問題] (1) 一般に $g \in SL_2(\mathbb{R})$，および H_1 上の正則関数 f_1, f_2 に対して，

$$\{f_1|_k[g], f_2|_l[g]\}_{2\nu} = \{f_1, f_2\}|_{k+l+2}[g]$$

が成立することを示せ．また $f_1 \in A_k(\Gamma)$，$f_2 \in A_l(\Gamma)$ ならば $\{f_1, f_2\}_{2\nu}$ は Γ について，保型性を満たすことを説明せよ．

(2) 正則保型形式であることを言うには，各カスプで正則という条件が必要であった．この条件を，f_1, f_2 が各カスプで正則なこと，および各カスプへの変換行列 g に対して，(2) を用いることにより，証明せよ．

1. 問題の設定

そもそもどのような微分作用素を求めたいのかということを，まず明らかにしておく．前と同様，f_1 をウェイト k，f_2 をウェイト l の保型形式とする．ここで単に積 $f_1 f_2$ をとれば，これがウェイト $k+l$ の保型形式であるのは明らかである．前に述べた $\{f_1, f_2\}_2$ は，ある意味でこの積の拡張のようなものだともいえる．しかし，今のままでは $\{f_1, f_2\}_2$ の定義については，いくつかわかりにくい点がある．

(1) $\{f_1, f_2\}_{2\nu}$ は $f_1 f_2$ に何か一般的な微分作用素を作用させて得られたという形にはなっていない. たとえば $f_1' f_2'$ のように, 2つの関数の微分の積をとるというのは少々複雑で取り扱いにくい. そこで, たとえば, 次のように考えることにする. 今, 異なる変数 $\tau_1, \tau_2 \in H_1$ について $f_1(\tau_1) f_2(\tau_2)$ を考える. ここで作用素 $\mathbb{D}$ を

$$\mathbb{D} = k\frac{\partial}{\partial \tau_2} - l\frac{\partial}{\partial \tau_1}$$

と定義して, $\mathbb{D}(f_1(\tau_1)f_2(\tau_2))$ を考えると

$$\mathbb{D}((f_1(\tau_1)f_2(\tau_2))) = kf_1(\tau_1)f_2'(\tau_2) - lf_1'(\tau_1)f_2(\tau_2)$$

であるから, これを $\tau_1 = \tau_2 = \tau$ に制限すると, これは前に述べた $\{f_1, f_2\}_2$ と一致しており, ウェイトが $k+l+2$ の保型形式が得られる. また $\mathbb{D}$ 自身は定数係数線形偏微分作用素であるから, 取り扱いやすいはずである.

(2) ウェイトが $k+l+2$ になるという証明は全く形式的で, 群 Γ とは何の関係もない. その意味ではこの操作を, 「保型形式を保型形式に写す写像」と考えるのは, あまり得策ではない. 実際, 任意の $g = \begin{pmatrix} a & b \\ c & d \end{pmatrix} \in SL_2(\mathbb{R})$ と H_1 上の正則関数 f に対して, いつものように

$$f|_k[g] = (c\tau + d)^{-k} f(g\tau)$$

とおく. また $(\tau_1, \tau_2) \in H_1^2$ を $\tau_1 = \tau_2 = \tau$ に制限する写像を Res_{H_1} と書くことにする. すると

$$\mathrm{Res}_{H_1}\bigl[\mathbb{D}((f_1|_k[g])(\tau_1)(f_2|_l[g])(\tau_2))\bigr] = \mathrm{Res}_{H_1}(\mathbb{D}(f_1(\tau_1)f_2(\tau_2))|_{k+l+2}[g])$$

が任意の $g \in SL_2(\mathbb{R})$ について成立していることは, 直接計算により, 容易にわかる. これは実リー群 $SL_2(\mathbb{R})$ にかかわる性質であって, 離散群とは何の関係もない. たまたま $f_1|_k[\gamma] = f_1$, $f_2|_l[\gamma] = f_2$ が $\gamma \in \Gamma$ について成立していれば, 左辺が $\mathrm{Res}_{H_1}(\mathbb{D}(f_1(\tau_1)f_2(\tau_2))$ と等しくなるので, 結果的に保型性がでるということになる.

こう考えると, $\mathbb{D}$ を作用させるべき関数は, 別に $f(\tau_1)g(\tau_2)$ と積の形になっている必要はない. たとえば, $F(\tau_1, \tau_2)$ という $H_1 \times H_1$ 上の正則関数と $g_i = \begin{pmatrix} a_i & b_i \\ c_i & d_i \end{pmatrix} \in SL_2(\mathbb{R})$ $(i = 1, 2)$ に対して,

$$F(\tau_1, \tau_2)|_{k,l}[g_1, g_2] = (c_1\tau + d_1)^{-k}(c_2\tau + d_2)^{-l} F(g_1\tau_1, g_2\tau_2)$$

という作用を考えることができる (このような設定はたとえばヒルベルト保型形式と呼ばれる $H_1 \times H_1$ 上の関数などで現れる). このとき, この作用を $g_1 = g_2 = g =$

$\begin{pmatrix} a & b \\ c & d \end{pmatrix} \in SL_2(\mathbb{R})$ の場合に制限して考えると, 前と全く同様に $\mathrm{Res}_{H_1} \mathbb{D}(F|_{k,l}[g,g]) = \mathrm{Res}_{H_1}(\mathbb{D}F)|_{k+l+2}[g]$ がわかる. これはたとえば $H_1 \times H_1$ 上のヒルベルト保型形式から1変数の保型形式を作る方法にもなっている.

以上を一般化して考えると, 次のような設定が思い浮かぶ. 2つの領域 $\Delta \subset \mathbb{C}^m$ と $D \subset \mathbb{C}^n$ に対して, 何らかの自然な埋め込み $\iota : \Delta \to D$ があるとする. さらに, Δ の正則自己同型群 $Aut(\Delta)$ の部分群 H と D の正則自己同型群 $Aut(D)$ の部分群 G があって, H から G への埋め込み ι' (中への同型) が存在し, しかもこの作用は $\Delta \subset D$ の埋め込みと同変的, すなわち任意の $h \in H$ と $z \in \Delta$ に対して, $\iota(hz) = \iota'(h)(\iota(z))$ とする. さらには, (G, D) の保型因子 $J_G(g, Z)$ を指定しておく. 簡単のため, $J_G(g, Z)$ はスカラー値 (つまり値を $GL_1(\mathbb{C}) = \mathbb{C}^\times$ に持つ) としておこう. もちろん $J_G(g, Z)$ の $H \times \Delta$ への制限 $J(h, z)$ は自然に (H, Δ) 保型因子にもなる. D 上の正則関数のなすベクトル空間を $\mathrm{Hol}(D, \mathbb{C})$ と書く. このとき, $F \in \mathrm{Hol}(D, \mathbb{C})$ に対して, $F|_{J_G}[g] = J_G(g, Z)^{-1} F(gZ)$ と書く. $\mathrm{Hol}(\Delta, \mathbb{C})$ と J に対しても同様の記号を用いる. ここで F の Δ への制限 $\mathrm{Res}_\Delta(F)$ を考えると, $h \in H$ と $z \in \Delta$ に対して,

$$\mathrm{Res}_\Delta(F|_{J_G}[h])(z) = (F|_J[h])(z) = J(h,z)^{-1} F(z) = (\mathrm{Res}_\Delta F)|_J[h]$$

つまり, 当たり前だが, 制限と作用が可換になっている. さらに, 部分群 $\Gamma \subset G$ に対して, $F|_J[\gamma] = F$ が任意の $\gamma \in \Gamma$ について成立するならば $\gamma \in H \cap \Gamma$ に対しても $(\mathrm{Res}_\Delta F)|_J[\gamma] = \mathrm{Res}_\Delta F$ であるから, おおざっぱに言って, これは F が Γ の保型形式ならば, F の制限 $\mathrm{Res}_\Delta(F)$ も $\Gamma \cap H$ の保型形式と言っていることになる. 以上はほとんど当たり前の観察だが, ここで, 一歩進めて, F を微分してから Δ に制限することにより, 行き先の保型因子を多様化することを考える. 前に述べた (G, D) 上の保型因子 J_G を固定する. また V を $\mathbb{C}$ 上の有限次元ベクトル空間として, $J_H(h, z)$ を (H, Δ) の $GL(V)$ 値の保型因子とする. $\mathrm{Hol}(D, \mathbb{C})$ に作用する V 値の定数係数線形正則偏微分作用素 $\mathbb{D}$ を考える. すなわち, 作用素 $\mathbb{D}$ は $\mathrm{Hol}(D, \mathbb{C})$ から, D 上の V 値正則関数の空間 $\mathrm{Hol}(D, V)$ への線形写像を与えている. 簡単のために $\mathbb{D}$ は斉次としておく. このような作用素 $\mathbb{D}$ に対して, 任意の $h \in H$ に対して, 次の図式を可換にするという条件を考える.

$$\begin{array}{ccccc} \mathrm{Hol}(D, \mathbb{C}) & \xrightarrow{\mathbb{D}} & \mathrm{Hol}(D, V) & \xrightarrow{\mathrm{Res}_\Delta} & \mathrm{Hol}(\Delta, V) \\ \downarrow |_{J_G}[h] & & & & \downarrow |_{J_H}[h] \\ \mathrm{Hol}(D, \mathbb{C}) & \xrightarrow{\mathbb{D}} & \mathrm{Hol}(D, V) & \xrightarrow{\mathrm{Res}_\Delta} & \mathrm{Hol}(\Delta, V) \end{array} \quad (3.1)$$

これを式で書けば，任意の $F \in \mathrm{Hol}(D, \mathbb{C})$ と任意の $h \in H$ に対して

$$\mathrm{Res}_\Delta[\mathbb{D}(F|_{J_G}[h])] = [\mathrm{Res}_\Delta(\mathbb{D}F)]|_{J_H}[h]$$

が成立するという条件である．このような条件を満たす $\mathbb{D}$ があれば，F が $\Gamma \subset G$ のウェイト J_G の保型形式のときに $\mathrm{Res}_\Delta(\mathbb{D}F)$ はウェイト J_H の $\Gamma \cap H$ の保型形式になるのは明らかである．さて，このような微分作用素 $\mathbb{D}$ の特徴づけを得たいのだが，今 $\mathbb{D}$ は定数係数線形偏微分作用素と仮定しているので，$Z \in D$ の座標を $Z = (z_i)_{1 \leq i \leq n}$ と書くとき，$\mathbb{D}$ は $\dfrac{\partial}{\partial z_i}$ の多項式とみなせる．つまり $\mathbb{D}$ に対して，ある $\mathbb{C}$ 係数の斉次 n 変数多項式 $P_\mathbb{D}(x)$ が存在して，

$$\mathbb{D} = P_\mathbb{D}\left(\frac{\partial}{\partial z_1}, \ldots, \frac{\partial}{\partial z_n}\right)$$

と書ける．よって $\mathbb{D}$ の特徴づけというのは $P_\mathbb{D}$ の特徴づけと言い換えてもよい．このような $\mathbb{D}$ 全体は，J_G, J_H を固定するとき，もちろん $\mathbb{C}$ 上の線形空間をなす．条件 (3.1) を満たすような $\mathbb{D}$ が存在するかどうか，また何次元存在するかは J_G と J_H のとり方による．このような微分作用素には特に通称はないが，保型的微分作用素と呼ぶのがよいように思う．

ちなみに，条件 (3.1) において，図式の中央の部分で $\mathrm{Hol}(D, V)$ から $\mathrm{Hol}(D, V)$ の写像を追加して，しかもこれが可換図式になることを要請するという発想もあり得る．すなわち，(H, D) の $GL(V)$ 値の保型因子 J' を考え，$\mathrm{Hol}(D, V)$ から $\mathrm{Hol}(D, V)$ への J' で決まる作用を考え，その上で，$\mathbb{D}$ で J による H の作用と J' による H の作用を可換にするような条件を考えるという意味である．このような微分作用素を一般の設定の元で考えるのは，いろいろな事情で無理があるし，また $\mathbb{D}$ が定数係数という条件下では普通存在し得ない．しかしもっと複雑な微分作用素で実現できることもある．たとえば [18] では，$D = H_{2n}, \Delta = H_n \times H_n$ の場合に，このような作用素が考察されている．このような作用素の方が都合が良いこともあるが，理論全体の枠組みから言えば，より基本的という訳ではない．本書ではこのような作用素には立ち入らない方針である．

2. ジーゲル保型形式と微分作用素

以上の問題をジーゲル保型形式に適用する．次の 2 つの典型的な場合を考える．それぞれを，場合 (I)，場合 (II) と呼ぶことにする．

(I) $\Delta = H_{n_1} \times \cdots \times H_{n_r}, D = H_n$. ただし $n_1 + n_2 + \cdots + n_r = n$ として，

$(Z_1, \ldots, Z_r) \in \Delta = H_{n_1} \times \cdots \times H_{n_r}$ を

$$\begin{pmatrix} Z_1 & 0 & 0 & \cdots & 0 \\ 0 & Z_2 & 0 & \cdots & 0 \\ \vdots & 0 & \ddots & \vdots & \vdots \\ \vdots & \vdots & \cdots & \ddots & 0 \\ 0 & 0 & \cdots & 0 & Z_r \end{pmatrix} \in H_n$$

によって，H_n に埋め込む．ここで

$$H = Sp(n_1, \mathbb{R}) \times \cdots \times Sp(n_r, \mathbb{R}), \quad G = Sp(n, \mathbb{R})$$

とし，$g_i = \begin{pmatrix} A_i & B_i \\ C_i & D_i \end{pmatrix} \in Sp(n_i, \mathbb{R}), (g_1, \ldots, g_r) \in H$ を

$$\iota(g_1, \ldots, g_r) = \begin{pmatrix} A_1 & 0 & 0 & B_1 & 0 & 0 \\ 0 & \ddots & 0 & 0 & \ddots & 0 \\ 0 & \cdots & A_r & 0 & \cdots & B_r \\ C_1 & 0 & 0 & D_1 & 0 & 0 \\ 0 & \ddots & 0 & 0 & \ddots & 0 \\ 0 & \cdots & C_r & 0 & \cdots & D_r \end{pmatrix}$$

によって，G に埋め込む．

(II) $\Delta = H_n$, $D = H_n^r = H_n \times \cdots \times H_n$. ここで $Z \in H_n = \Delta$ は $(Z, \ldots, Z) \in D$ により D に埋め込まれる．$H = Sp(n, \mathbb{R})$, $G = Sp(n, \mathbb{R})^r = Sp(n, \mathbb{R}) \times \cdots \times Sp(n, \mathbb{R})$ とし，$g \in Sp(n, \mathbb{R}) = H$ は $(g, \ldots, g) \in G$ で G に埋め込む．

場合 (II) は明らかに Rankin-Cohen 括弧の設定の拡張である．場合 (I) は，たとえば Eichler-Zagier [39] において，1次のヤコービ形式のテイラー展開を記述する際に $n = 2, r = 2, n_1 = n_2 = 1$ の場合の微分作用素が登場する．もっと一般に，ジーゲル保型形式を対角ブロック以外の変数でテイラー展開するときのテイラー係数と，より低い次数のジーゲル保型形式の関係を記述するのに使用できる．これ以外にも，場合 (I) の微分作用素は，実は，アイゼンシュタイン級数の pullback formula というものを通じて，ジーゲル保型形式の標準 L 関数の計算する際にも登場する．これはかなり大切な深い算術と関わりがある．このような応用については，たとえば [18], [184],

[124], [125], [19], [35], [85] などがあるが，本書では説明しないので，これらの文献を参照されたい．

さて，場合 (I), (II) のそれぞれについて，$P_\mathbb{D}$ の特徴づけについて述べたい．

場合 (I)

k を正整数とする．$g = \begin{pmatrix} A & B \\ C & D \end{pmatrix}$ に対して，$(H_n, Sp(n, \mathbb{R}))$ の保型因子 $J_G(g, Z) = \det(CZ + D)^k$ をとる．また，$i = 1, \ldots, r$ に対し，ρ_i を $GL_{n_i}(\mathbb{C})$ の既約多項式表現，V_i をその表現空間とし，

$$J_H((g_1, \ldots, g_r), (Z_1, \ldots, Z_r)) = \bigotimes_{i=1}^{r} \det(C_i Z_i + D_i)^k \rho_i(C_i Z_i + D_i)$$

とおく．また，$V = V_1 \otimes \cdots \otimes V_r$ とおくと $J_H((g_1, \ldots, g_r), (Z_1, \ldots, Z_r)) \in GL(V)$ である．

これらに対して，条件 (3.1) を満たす V 値の微分作用素 $\mathbb{D}$ ないしは V 値の多項式 $P_\mathbb{D}$ の条件を求めたい．このため，$T = {}^t T$ を，変数を成分に持つ n 次対称行列として，$P(T)$ を T の成分に関する V 値の多項式とする．P について，次の条件を考えよう．

条件 (I)

(1) X_i を変数を係数とする n_i 行 $2k$ 列の行列とする．また

$$X = \begin{pmatrix} X_1 \\ X_2 \\ \vdots \\ X_r \end{pmatrix}$$

として，

$$\widetilde{P}(X) = P(X\,{}^t X) = P\begin{pmatrix} X_1 {}^t X_1 & \cdots & X_1 {}^t X_r \\ X_2 {}^t X_1 & \cdots & X_2 {}^t X_r \\ \vdots & \ddots & \vdots \\ X_r {}^t X_1 & \cdots & X_r {}^t X_r \end{pmatrix}$$

とおくと $\widetilde{P}(X)$ は $X_1, \ldots, X_r$ のそれぞれに対して多重調和多項式である（多重調和の定義については，第 2 章を参照されたい）．

(2) 任意の $A_i \in GL_{n_i}(\mathbb{C})$ $(i=1,\ldots,r)$ に対して,

$$P\left(\begin{pmatrix} A_1 & 0 & \cdots & 0 \\ 0 & \ddots & 0 & \vdots \\ \vdots & 0 & \ddots & 0 \\ 0 & \cdots & 0 & A_r \end{pmatrix} T \begin{pmatrix} {}^t A_1 & 0 & \cdots & 0 \\ 0 & \ddots & 0 & \vdots \\ \vdots & 0 & \ddots & 0 \\ 0 & \cdots & 0 & {}^t A_r \end{pmatrix}\right)$$
$$= \rho_1(A_1) \otimes \cdots \otimes \rho_r(A_r) P(T)$$

である.

この2つの条件を満たすような V 値の多項式のなす線形空間を $\mathcal{P}(n;k,\rho_1,\ldots,\rho_r)$ と書くことにする. また, 任意の次数 m のジーゲル上半空間の元 $Z = (z_{ij}) \in H_m$ に対し,

$$\frac{\partial}{\partial Z} = \left(\frac{1+\delta_{ij}}{2} \frac{\partial}{\partial z_{ij}}\right)_{1 \leq i,j \leq m}$$

とおく.

3.2 [定理] 記号を場合 (I) の設定のように固定する. また $2k \geq n$ と仮定する. このとき $P \in \mathcal{P}(n;k,\rho_1,\ldots,\rho_r)$ に対し, 微分作用素を

$$\mathbb{D}_P = P\left(\frac{\partial}{\partial Z}\right)$$

で定義すれば, これは条件 (3.1) を満たす. また定数係数線形正則偏微分作用素 $\mathbb{D}$ が条件 (3.1) を満たすならば, 適当な $P \in \mathcal{P}(n;k,\rho_1,\ldots,\rho_r)$ に対して, $\mathbb{D} = \mathbb{D}_P$ となる.

場合 (II)

$D = H_n^r$ 上の保型因子は, 正整数 $k_1,\ldots,k_r$ を固定して, $g_i = \begin{pmatrix} A_i & B_i \\ C_i & D_i \end{pmatrix} \in Sp(n,\mathbb{R})$ $(i=1,\ldots,r)$ と $(Z_1,\ldots,Z_r) \in H_n^r$ に対して,

$$J_G((g_1,\ldots,g_r),(Z_1,\ldots,Z_r)) = \prod_{i=1}^{r} \det(C_i Z_i + D_i)^{k_i}$$

とおく. また ρ を $GL_n(\mathbb{C})$ の既約多項式表現, V を ρ の表現空間とする. $g = \begin{pmatrix} A & B \\ C & D \end{pmatrix} \in H = Sp(n,\mathbb{R})$ と $Z \in H_n$ に対して,

$$J_H(g,Z) = \det(CZ+D)^{k_1+\cdots+k_r} \rho(CZ+D)$$

とおく．これらに対して，条件 (3.1) を満たす $\mathbb{D}$ の特徴づけについて考える．

$i = 1, \ldots, r$ に対して，変数を成分とする n_i 次の対称行列 $R_i = {}^t R_i$ に対し，R_i の成分に関する V 値の多項式 $P(R_1, \ldots, R_r)$ をとり，次の条件を考える．

条件 (II)

(1) X_i を n 行 $2k_i$ 列の，変数成分の行列とすると $P(X_1 {}^t X_1, \ldots, X_r {}^t X_r)$ は行列 $X = (X_1, \ldots, X_r)$ についての多重調和多項式である．

(2) 任意の $A \in GL_n(\mathbb{C})$ について，
$$P(A R_1 {}^t A, \ldots, A R_r {}^t A) = \rho(A) P(R_1, \ldots, R_r)$$
である．

これらを満たす多項式全体のなすベクトル空間を $\mathcal{P}(n, \{k_1, \ldots, k_r\}, \rho)$ と書くことにする．

3.3 [定理] 記号を上の通りとして，$i = 1, \ldots, r$ に対して $2k_i \geq n$ とする．また $Z_i \in H_n$ とする．このとき，$P \in \mathcal{P}(n, \{k_1, \ldots, k_r\}, \rho)$ に対して，
$$\mathbb{D}_P = P\left(\frac{\partial}{\partial Z_1}, \ldots, \frac{\partial}{\partial Z_r}\right)$$
とおくと，$\mathbb{D}_P$ は条件 (3.1) を満たす．逆に，定数係数正則線形偏微分作用素 $\mathbb{D}$ が条件 (3.1) を満たすなら，ある $P \in \mathcal{P}(n, \{k_1, \ldots, k_r\}, \rho)$ に対し，$\mathbb{D} = \mathbb{D}_P$ となる．

証明の前に，そもそもなぜこれらの定理が正しいはずなのかという理由を少し説明する．たとえば場合 (I) のとき，もともとの $f(Z) \in \mathrm{Hol}(H_n, \mathbb{C})$ の関数として，
$$f(Z) = \sum_{X \in M_{n,2k}(\mathbb{Z})} e(\mathrm{Tr}(X {}^t X Z))$$
をとってみる．ここで任意の $x \in \mathbb{C}$ に対して，$e(x) = \exp(2\pi i x)$ としている．これは実は $Sp(n, \mathbb{Z})$ の適当な離散部分群のウェイトが k のジーゲル保型形式になる ($M_{n,2k}(\mathbb{Z})$ の代わりに偶ユニモジュラー格子の n 個の積をとったときは，離散部分群として $\Gamma_n = Sp(n, \mathbb{Z})$ をとればよいことはすでに示してあった．一般の場合は少々面倒なので，本書では述べない．たとえば [2], [3], [47] を参照されたい)．さて，この関数 $f(Z)$ を z_{ij} で微分して，$(1 + \delta_{ij})/2$ を掛けるということは，$z_{ij} = z_{ji}$ に注意すれば，$f(Z)$ の表示で，$e(\mathrm{Tr}(X {}^t X Z))$ を，これに $2\pi i$ と $X {}^t X$ の (i, j) 成分を掛けたも

ので置き換えるということである．よって $P\left(\dfrac{\partial}{\partial Z}\right)$ を作用させると，$f(Z)$ は

$$\sum_{X \in M_{n,2k}(\mathbb{Z})} P((2\pi i)X\,{}^t X) e(\operatorname{Tr}(X\,{}^t X Z))$$

に置き換わることになる．ここで Z を $(Z_1, \ldots, Z_r)$ に制限すると，指数部分は $e(\sum_{i=1}^r \operatorname{Tr}(X_i\,{}^t X_i Z_i))$ に置き換わる．しかし系 2.9 によれば，（本書では格子が偶ユニモジュラーの場合しか証明していないが，一般にも離散群を変えれば同じような系が証明できるので）指数部分に X_i に関する多重調和多項式を掛けることにより，保型形式が得られるのであったから，$\widetilde{P}(X)$ が X_i のそれぞれについて多重調和という条件は自然な条件である．

場合 (II) についても，制限の仕方が違うだけで，同様の発想で，$P(X_1\,{}^t X_1, \ldots, X_r\,{}^t X_r)$ が $X = (X_1, \ldots, X_r)$ の多重調和多項式というのは自然な条件である．

以上はテータ関数の場合は，ということであって，もちろんこれでは一般の証明にはなっていない．一般の証明はあとで述べる．

あとで多重調和性が必要であることの証明に用いるために，ひとつ補題を証明しておく．

3.4 [補題]　$X = {}^t(x_1, \ldots, x_N)$ とおき，$P_1(X)$ と $P_2(X)$ を N 変数の斉次多項式とする．任意のベクトル $Y = {}^t(y_1, \ldots, y_N)$ に対して，次の式が成立すると仮定する．

$$\int_{\mathbb{R}^N} \exp\left(i\,{}^t XY - \frac{{}^t XX}{2}\right) P_1(X)\,dX = (2\pi)^{N/2} \exp\left(-\frac{{}^t YY}{2}\right) P_2(iY).$$

ここで $dX = \prod_{i=1}^N dx_i$ はルベーグ測度としている．このとき，$P_1(X) = P_2(X)$ であり，しかも $P_1(X)$ は調和多項式である．

証明　証明のアウトラインの構造は次のようになっている．左辺を P_1 の単項式ごとに積分してしまう．ここで左辺の「最高次の部分」が本質的に $P_1(iY)$ になることがわかるが，P_2 は斉次なので，$P_1(iY) = P_2(iY)$ になる．左辺の低い次数の部分がゼロであることより，P_1 が調和多項式という条件が出る．以上のアウトラインを，もっと正確に証明しよう．まず

$$-\frac{{}^t XX}{2} + i\,{}^t XY = -\frac{1}{2}\sum_{j=1}^N (x_j - iy_j)^2 - \frac{{}^t YY}{2}$$

は容易にわかるので，補題の左辺の積分は

$$\int_{\mathbb{R}^N} \exp\left(-\frac{1}{2}{}^t(X-iY)(X-iY) - \frac{{}^tYY}{2}\right) P_1(X)\,dX$$
$$= \exp\left(-\frac{{}^tYY}{2}\right) \int_{\mathbb{R}^N - iY} \exp\left(-\frac{{}^tXX}{2}\right) P_1(X+iY)\,dX$$

となるが，被積分関数は X について正則であり，しかも $\|X\| \to \infty$ で急減少するので，コーシーの積分定理より，積分路を $\mathbb{R}^N$ に取り換えてもよい．よって，

$$\int_{\mathbb{R}^N} \exp\left(-\frac{{}^tXX}{2}\right) P_1(X+iY)\,dX = (2\pi)^{N/2} P_2(iY)$$

となる．ここで各単項式ごとに計算を実行するために，$P_1(X) = \sum_{\nu} c(\nu) X^{\nu}$ と書く．ただし，$\nu = (\nu_1, \ldots, \nu_N)$ $(\nu_i \geq 0)$ は $|\nu| = \nu_1 + \cdots + \nu_N$ と書くとき，$|\nu| = \deg(P_1)$ なる条件で動く多重指数で，$X^{\nu} = \prod_{j=1}^N x_j^{\nu_j}$ としている．また，よく知られた公式により，非負整数 l に対して，

$$\int_{-\infty}^{\infty} e^{-\frac{1}{2}x^2} x^l\,dx = \begin{cases} 2^{(l+1)/2} \Gamma\left(\frac{l+1}{2}\right) & (l \text{ が偶数の場合}), \\ 0 & (l \text{ が奇数の場合}) \end{cases}$$

となるから，よって単項式 $c(\nu) \prod_{j=1}^N (x_j + iy_j)^{\nu_j}$ での積分は

$$c(\nu) \prod_{j=1}^N \int_{-\infty}^{\infty} e^{-\frac{1}{2}x_j^2} (x_j + iy_j)^{\nu_j}\,dx_j$$
$$= c(\nu) \prod_{j=1}^N \sum_{\substack{0 \leq \mu_j \leq \nu_j \\ \mu_j : \text{偶数}}} \binom{\nu_j}{\mu_j} (iy_j)^{\nu_j - \mu_j} 2^{(\mu_j+1)/2} \Gamma\left(\frac{\mu_j + 1}{2}\right)$$

となる．この項の中で Y の多項式として，次数がもっとも高い項はすべての μ_j が 0 となる項である．ガンマ関数はゼロにはならないので，$\prod_{j=1}^N y_j^{\nu_j}$ の係数は $c(\nu) \neq 0$ である限り，ゼロではない．また ν_j が異なれば，$\prod_{j=1}^N y_j^{\nu_j}$ はもちろん異なる．これらの和が斉次多項式 $P_2(iY)$ に等しいと仮定している．よって，積分の y に関する最高次の係数が $P_2(iY)$ に等しい．よって $\deg P_1 = \deg P_2$ でもある．また $(iy_j)^{\nu_j}$ のベキから現れる i の指数は $i^{\deg P_1}$ であること，および，$2^{1/2} \Gamma(1/2) = (2\pi)^{1/2}$ に注意して，$P_1(iY) = P_2(iY)$ がわかる．さらには，P_2 が斉次であることから，

$$\sum_{\nu} c(\nu) \prod_{j=1}^N \sum_{\mu_j : \text{偶数}} \sum_{\mu_j = 0}^{\nu_j} \binom{\nu_j}{\mu_j} (iy_j)^{\nu_j - \mu_j} 2^{(\mu_j+1)/2} \Gamma\left(\frac{\mu_j + 1}{2}\right)$$

において，次数が $\deg(P_1) - 2$ の項，つまりひとつの j について $\mu_j = 2$ で残りについては $\mu_j = 0$ であるような項の和はゼロになるはずである．これを書き下してみると，$2^{3/2}\Gamma(3/2) = 2^{1/2}\Gamma(1/2) = \sqrt{2\pi}$ に注意して，

$$(2\pi)^{N/2} \sum_{\nu} \sum_{j=1}^{N} c(\nu) \frac{\nu_j(\nu_j - 1)}{2} (iy_j)^{\nu_j - 2} \prod_{l \neq j} (iy_l)^{\nu_l} = 0$$

となる．ここで ν は $|\nu| = \deg(P_1)$ となるところを動いているので左辺の i の部分はどの項でも $i^{\deg P - 2}$ であるから，これをくくり出せば，左辺は明らかに $\sum_{j=1}^{N} \dfrac{\partial^2 P_1}{\partial y_j^2}$ の定数倍であり，よって $P_1(X)$ が調和多項式であることがわかる． ∎

定理 3.2 と 3.3 の証明 定理 3.2 と 3.3 の証明は，比較的似ているので，ここでは定理 3.3 の証明を書き，定理 3.2 はヒントのみ述べて，あとは読者の演習とする（詳しくは [72] を参照されたい．ちなみに [72] では，定理 3.2 の方を中心に述べているので，ここでは定理 3.3 を中心的にとりあげた）．さて，定理 3.3 の証明であるが，まず $P \in \mathcal{P}(n; \{k_1, \ldots, k_r\}, \rho)$ に対して，$\mathbb{D}_P$ が条件を満たすことをいう．条件 3.1 の両辺は，群 $Sp(n, \mathbb{R})$ の作用であるから，$Sp(n, \mathbb{R})$ の生成元について証明すればよい．もう少し詳しくこれを示そう．今 $h_1, h_2 \in Sp(n, \mathbb{R})$ としよう．これらそれぞれについては条件 3.1 が成り立っていると仮定する．任意の $f \in Hom(H_n^r, \mathbb{C})$ に対して，$A = \mathrm{Res}_{H_n}(\mathbb{D}(f|_{J_G}[h_1 h_2]))$ としよう．ここで $F = f|_{J_G}[h_1]$ とおくと，$A = \mathrm{Res}_{H_n}(\mathbb{D}(F|_{J_G}[h_2]))$ であるが，条件 3.1 が h_2 について成立することより，$A = (\mathrm{Res}_{H_n}(\mathbb{D}F))|_{J_H}[h_2]$ である．ここで条件 3.1 が h_1 について成立と仮定しているから，$\mathrm{Res}_{H_n}(\mathbb{D}F) = \mathrm{Res}_{H_n}(\mathbb{D}(f|_{J_G}[h_1])) = (\mathrm{Res}_{H_n}(\mathbb{D}f))|_{J_H}[h_1]$ である．よって前の式とあわせて，$A = (\mathrm{Res}_{H_n}(\mathbb{D}f))|_{J_H}[h_1]|_{J_H}[h_2] = (\mathrm{Res}_{H_n}(\mathbb{D}f))|_{J_H}[h_1 h_2]$ となり，条件 3.1 は $h_1 h_2$ に対しても正しい．

よって，練習問題 1.4 より，次の 3 つの元のみを考えればよいことになる．

(1) $u(S) = \begin{pmatrix} 1_n & S \\ 0 & 1_n \end{pmatrix}$, $S = {}^t S \in M_n(\mathbb{R})$.

(2) $d(A) = \begin{pmatrix} A & 0 \\ 0 & {}^t A^{-1} \end{pmatrix}$, $A \in GL_n(\mathbb{R})$.

(3) $J_n = \begin{pmatrix} 0 & 1_n \\ -1_n & 0 \end{pmatrix}$.

このうち (1), (2) については，直接証明ができるので，まずこれを示す．H_n^r 上の正

則関数 $F(Z_1,\ldots,Z_r)$ について,

$$F|_J[u(S)] = F(Z_1+S,\ldots,Z_r+S)$$

である.しかし z をどれかの Z_i の成分とするとき,微分の連鎖律により

$$\frac{\partial}{\partial z}(F(Z_1+S,\ldots,Z_r+S)) = \frac{\partial F}{\partial z}(Z_1+S,\ldots,Z_r+S)$$

であるから,

$$\mathrm{Res}_\Delta\left(\frac{\partial}{\partial z}(F|_J[u(S)])\right) = \frac{\partial F}{\partial z}(Z+S,\ldots,Z+S) = \left.\frac{\partial F}{\partial z}\right|_{J_H}[u(S)].$$

よって,どんな定数係数の微分作用素に対しても $u(S)$ に関しては,条件 3.1 は成立する.

次に (2) を見る.$F|_J[d(A)] = F(AZ_1\,{}^tA,\ldots,AZ_r\,{}^tA)\det(A)^{k_1+\cdots+k_r}$ である.一般に $Z \in H_n$ に対して,$W = AZ\,{}^tA$ とおくと,

$$\frac{\partial}{\partial Z} = {}^tA\frac{\partial}{\partial W}A \tag{3.2}$$

となる.実際,各行列の成分を $A = (a_{ij})$, $Z = (z_{ij})$, $W = (w_{ij})$ と書くとき,$w_{ij} = \sum_{p,q=1}^n a_{ip}z_{pq}a_{jq}$ であり,$\dfrac{\partial w_{ij}}{\partial z_{pq}} = \dfrac{2-\delta_{pq}}{2}(a_{ip}a_{jq}+a_{iq}a_{jp})$ より,

$$\frac{1+\delta_{pq}}{2}\frac{\partial w_{ij}}{\partial z_{pq}} = \frac{1}{2}(a_{ip}a_{jq}+a_{iq}a_{jp}).$$

一方 ${}^tA\dfrac{\partial}{\partial W}A$ の (p,q) 成分は

$$\sum_{i,j=1}^n a_{ip}a_{jq}\frac{1+\delta_{ij}}{2}\frac{\partial}{\partial w_{ij}} = \sum_{1\le i\le n} a_{ip}a_{iq}\frac{\partial}{\partial w_{ii}}$$
$$+ \sum_{1\le i<j\le n}\frac{(a_{ip}a_{jq}+a_{jp}a_{iq})}{2}\frac{\partial}{\partial w_{ij}}$$
$$= \sum_{1\le i\le j\le n}\frac{1}{2}(a_{ip}a_{jq}+a_{iq}a_{jp})\frac{\partial}{\partial w_{ij}}.$$

よって,(3.2) が示された.これによって,$k = k_1+\cdots+k_r$ とおくとき

$$\mathrm{Res}_\Delta[\mathbb{D}_P(F|_J[d(A)])]$$
$$= \det(A)^k \mathrm{Res}_\Delta \left(P\left(\frac{\partial}{\partial Z_1}, \ldots, \frac{\partial}{\partial Z_r}\right) \left(F(AZ_1{}^tA, \ldots, AZ_r{}^tA) \right) \right)$$
$$= \det(A)^k \left[P\left({}^tA\frac{\partial}{\partial W}A\right) F \right](W, \ldots, W)$$
$$= \det(A)^k \rho({}^tA^{-1})^{-1} \left[P\left(\frac{\partial}{\partial W}\right) F \right](W, \ldots, W)$$
$$= [\mathbb{D}_P F]|_{J_H}[d(A)].$$

よって (1), (2) については証明された.

次に (3) を示す. 一般の正則関数 $F \in \mathrm{Hol}(D, \mathbb{C})$ について, 条件 (3.1) が成り立つということは, 微分の連鎖律を用いて両辺を計算したときに, 両辺に対するその表示の見かけが形式的に同一になっているということを示せばよい. よって, 実は代表的な特殊な関数について証明しておけばよいことがわかるのだが, この説明は後に回して, まず特殊な場合の証明を行う. 今, Y_i を n 行 $2k_i$ 列の独立な変数を係数に持つ行列とする. $Z_i \in H_n$ に対して,

$$F_1(Z_1, \ldots, Z_r) = \exp\left(\frac{i}{2} \sum_{i=1}^r \mathrm{Tr}({}^tY_i Z_i Y_i) \right)$$

とおく. また $k = k_1 + \cdots + k_r$ とおき, さらに X_i を n 行 $2k_i$ 列の変数成分の行列とし, $X = (X_1, \ldots, X_r) \in M_{n,2k}$ とおく. この関数 F_1 と $J_n = \begin{pmatrix} 0 & 1_n \\ -1_n & 0 \end{pmatrix} \in Sp(n, \mathbb{R})$ について, 条件 (3.1) が成り立つことを証明する. ここで, $J_n(Z_i) = -Z_i^{-1}$ であり,

$$F_1|_J[J_n] = \prod_{i=1}^r \det(-Z_i)^{-k_i} F(-Z_1^{-1}, \ldots, -Z_r^{-1})$$
$$= \prod_{i=1}^r \det(-Z_i)^{-k_i} \exp\left(\frac{i}{2} \mathrm{Tr}({}^tY_i(-Z_i^{-1})Y_i) \right)$$

であるから, 補題 2.4 で $P = 1$ として, 右辺に

$$\det(Z_i/\sqrt{-1})^{-2k_i/2} \exp\left(\frac{i}{2} \mathrm{Tr}({}^tY_i(-Z_i)^{-1}Y_i) \right)$$

のそれぞれを代入して積をとれば, $F_1|_J[J_n]$ の積分表示が得られて,

$$F_1|_J[J_n] = (2\pi i)^{-nk}(-1)^{nk}$$
$$\times \int_{M_{n,2k}(\mathbb{R})} \exp\left(i\operatorname{Tr}\left(\sum_{i=1}^r {}^tY_i X_i\right)\right) \exp\left(\frac{i}{2}\sum_{i=1}^r \operatorname{Tr}({}^tX_i Z_i X_i)\right) dX.$$

この積分は急減少関数の積分であるから，積分記号下での微分が正当化されて，

$$\mathbb{D}_P(F_1|_J[J_n])$$
$$= \int_{M_{n,2k}(\mathbb{R})} \exp\left(i\operatorname{Tr}\left(\sum_{i=1}^r {}^tY_i X_i\right)\right) \mathbb{D}_P\left(\exp\left(\frac{i}{2}\sum_{i=1}^r \operatorname{Tr}({}^tX_i Z_i X_i)\right)\right) dX.$$

となるが，$\operatorname{Tr}({}^tX_i Z_i X_i) = \operatorname{Tr}(X_i\,{}^tX_i Z_i)$ である．一般に，$S = (s_{ij})$ を n 次対称行列，$Z = (z_{ij}) \in H_n$ とすると，$\operatorname{Tr}(SZ) = \sum_{i,j=1}^n s_{ij} z_{ij}$．よって $\operatorname{Tr}(SZ)$ を z_{ij} で微分すると $i \neq j$ ならば $s_{ij} + s_{ji} = 2s_{ij}$，$i = j$ ならば s_{ii} が出てくるので

$$\frac{1+\delta_{ij}}{2}\frac{\partial}{\partial z_{ij}}\exp(\operatorname{Tr}(SZ)) = s_{ij}\exp(\operatorname{Tr}(SZ)).$$

これより，

$$\mathbb{D}_P\left(\exp\left(\frac{i}{2}\operatorname{Tr}\left(\sum_{i=1}^r X_i\,{}^tX_i Z_i\right)\right)\right)$$
$$= \left(\frac{i}{2}\right)^\nu P(X_1\,{}^tX_1,\ldots,X_r\,{}^tX_r)\exp\left(\frac{i}{2}\operatorname{Tr}\left(\sum_{i=1}^r X_i\,{}^tX_i Z_i\right)\right),$$

ただし，ν は P の多項式としての次数である．ここですべての $i = 1,\ldots,r$ について $Z_i = Z$ と制限し，また $X = (X_1,\ldots,X_r)$ とおいて，$\widehat{P}(X) = \widehat{P}(X_1,\ldots,X_r) = P(X_1\,{}^tX_1,\ldots,X_r\,{}^tX_r)$ と書くと，これは

$$\left(\frac{i}{2}\right)^\nu \widehat{P}(X)\exp\left(\frac{i}{2}\operatorname{Tr}({}^tXZX)\right)$$

となる．また $Y = (Y_1,\ldots,Y_r)$ $(Y_i \in M_{n,2k_i})$ とおくと，$\sum_{i=1}^r \operatorname{Tr}(X_i\,{}^tY_i) = \operatorname{Tr}(X\,{}^tY)$ である．$\widehat{P}(X)$ は X について多重調和と仮定しているので，補題 2.4 を用いて，結局

$$\operatorname{Res}_\Delta(\mathbb{D}_P(F_1|_J[J_n]))$$
$$= (2\pi i)^{-nk}(-1)^{kn}(2\pi)^{nk}\left(\frac{i}{2}\right)^\nu \widehat{P}(-Z^{-1}Y)\det\left(\frac{Z}{i}\right)^{-k} F_1(-Z^{-1},\ldots,-Z^{-1})$$
$$= \det(-Z)^{-k}\rho(-Z)^{-1}\left(\frac{i}{2}\right)^\nu P(Y_1\,{}^tY_1,\ldots,Y_r\,{}^tY_r)F_1(-Z^{-1},\ldots,-Z^{-1})$$
$$= \det(-Z)^{-k}\rho(-Z)^{-1}\operatorname{Res}_\Delta(\mathbb{D}_P F_1)(-Z^{-1}).$$

よって F_1 について条件 (3.1) が成立する．次に一般の $F\in\mathrm{Hol}(D,\mathbb{C})$ について考える．$\prod_{i=1}^r \det(-Z_i)^{-k_i} F(-Z_1^{-1},\ldots,-Z_r^{-1})$ を何度か微分すると，F の何回かの微分に $(-Z_1^{-1},\ldots,-Z_r^{-1})$ を代入したものに，Z_i の適当な関数を掛けたものの線形結合で表される．より具体的に言えば，$\boldsymbol{\mu}^{(i)}=(\mu_{pq}^{(i)})_{1\le p\le q\le n}$ $(i=1,\ldots,r)$, $\boldsymbol{\mu}=(\boldsymbol{\mu}^{(i)})$, $Z_i=(z_{pq}^{(i)})_{1\le p,q\le n}$ とするとき，

$$\mathbb{D}_{\boldsymbol{\mu}^{(i)}} = \prod_{1\le p\le q\le n} \frac{\partial^{\mu_{pq}^{(i)}}}{(\partial z_{pq}^{(i)})^{\mu_{pq}^{(i)}}},$$

$$\mathbb{D}_{\boldsymbol{\mu}} = \prod_{i=1}^r \mathbb{D}_{\boldsymbol{\mu}^{(i)}}$$

とおけば，$\mathbb{D}_P$ は $\mathbb{D}_{\boldsymbol{\mu}}$ の線形結合からなっているが，

$$\mathbb{D}_P \left[\prod_{i=1}^r \det(-Z_i)^{-k_1} (F(-Z_1^{-1},\ldots,-Z_r^{-1}) \right]$$
$$= \sum_{\boldsymbol{\mu}} Q_{\boldsymbol{\mu}}(Z_1,\ldots,Z_r)(\mathbb{D}_{\boldsymbol{\mu}} F)(-Z_1^{-1},\ldots,-Z_r^{-1})$$

という形になるはずである．ここで右辺を $Z_i=Z$ に制限すれば

$$\sum_{\boldsymbol{\mu}} Q_{\boldsymbol{\mu}}(Z,\ldots,Z)(\mathbb{D}_{\boldsymbol{\mu}} F)(-Z^{-1},\ldots,-Z^{-1}).$$

ここで $Q_{\boldsymbol{\mu}}(Z_1,\ldots,Z_r)$ は F のとり方にはよらず，形式的に計算されるベクトルである．$\boldsymbol{\mu}$ はもちろん低階の微分まで含むようにとっている．条件 (3.1) の左辺はこれらの $\mathbb{C}$ 上の線形結合である．一方で，条件の右辺は

$$\det(-Z)^{-k}\rho(-Z)^{-1}(\mathbb{D}_P F)(-Z^{-1},\ldots,-Z^{-1})$$

であり，これは，適当なベクトル $Q_{\boldsymbol{\mu}}^*(Z)$ をとれば，

$$Q_{\boldsymbol{\mu}}^*(Z)(\mathbb{D}_{\boldsymbol{\mu}} F)(-Z^{-1},\ldots,-Z^{-1})$$

という形の元の $\mathbb{C}$ 上の線形結合である．これらが任意の F について等しいということは，もし $\mathbb{D}_{\boldsymbol{\mu}} F$ が異なる $\boldsymbol{\mu}$ については，全部 Z に無関係に線形独立となる F が存在するならば，$Q_{\boldsymbol{\mu}}^*(Z)=Q_{\boldsymbol{\mu}}(Z,\ldots,Z)$ がすべての $\boldsymbol{\mu}$ について成立するということと，条件 (3.1) は同値ということになる（たとえば，$\mathbb{D}_{\boldsymbol{\mu}}$ が $\mathbb{D}_P$ に現れる微分の項よりも低階ならば $Q_{\boldsymbol{\mu}}(Z,\ldots,Z)=0$ が成立していることになる）．さて，$\mathbb{D}_{\boldsymbol{\mu}}$ を F_1 について見て

みよう. Y_i $(i=1,\ldots,r)$ は n 行 $2k_i$ 列の行列であったら, この第 p 行 $(1 \leq p \leq n)$ のベクトルを $y_p^{(i)}$ と書くと

$$\mathbb{D}_{\boldsymbol{\mu}} F_1 = \prod_{i=1}^{r} \prod_{1 \leq p,q \leq n} \left(\frac{\sqrt{-1}}{2}\right)^{\mu_{pq}^{(i)}} (y_p^{(i)}, y_q^{(i)})^{\mu_{pq}^{(i)}} F_1$$

となる. さて, 不変式論に関してよく知られた基本定理を引用する.

3.5 [補題] 上記の $1 \leq i \leq r$ をひとつ固定すると, $n \geq 2k_i$ という仮定下では, 内積 $(y_p^{(i)}, y_q^{(i)})$ $(1 \leq p \leq q \leq n)$ は代数的に独立である.

証明は [195] を参照されたい. これを用いると, もちろん $i=1,\ldots,r$ に対して, Y_i は独立にとっているので, 結局 $\mathrm{Res}_\Delta(\mathbb{D}_{\boldsymbol{\mu}} F_1)$ を異なる $\boldsymbol{\mu}$ についてとった集合は, すべての Z において, $\mathbb{C}$ 上線形独立である. ゆえに, F_1 で条件 (3.1) が成立する以上, 任意の F で成立している. よって, $\mathbb{D}_P$ が条件 (3.1) を満たすことは証明された.

次に逆を示す. 条件 (3.1) が任意の $F \in \mathrm{Hol}(D,\mathbb{C})$ で成立すると仮定するのだから, $F = F_1$ としたときに条件 (3.1) を満たす $P_\mathbb{D}$ が定理の仮定を満たすことを証明すればよい. 条件のうち, $g = d(A)$ ととって考えると

$$\mathrm{Res}_\Delta(\mathbb{D}(F_1|_J d(A))) = \det(A)^k \rho({}^t A)(\mathbb{D} F_1)(AZ\, {}^t A, \ldots, AZ\, {}^t A)$$

であるが, 左辺は

$$\det(A)^k P_\mathbb{D}({}^t A Y_1\, {}^t Y_1 A, \ldots, {}^t A Y_1\, {}^t Y_1 A) F_1(AZ\, {}^t A, \ldots, AZ\, {}^t A) \left(\frac{\sqrt{-1}}{2}\right)^{\deg P_D},$$

右辺は

$$\det(A)^{-k} \rho({}^t A) P_\mathbb{D}(Y_1\, {}^t Y_1, \ldots, Y_r\, {}^t Y_r) F_1(AZ\, {}^t A, \ldots, AZ\, {}^t A) \left(\frac{\sqrt{-1}}{2}\right)^{\deg P_D}$$

であるから, $P_\mathbb{D}$ は条件 (3.1) の (2) を満たす. 前と同様 $X = (X_1,\ldots,X_r)$, $Y = (Y_1,\ldots,Y_r)$ と書き, $\widehat{P}(X) = P_\mathbb{D}(X_1\, {}^t X_1, \ldots, X_r\, {}^t X_r)$ により多項式 $\widehat{P}$ を定義する. すると上の条件から $Z \in H_n$ に対して, $\rho(-Z^{-1})\widehat{P}(Y) = \widehat{P}(-Z^{-1}Y)$ になることに注意しておく. 次に $\widehat{P}$ が多重調和多項式であることを示す. J_n に関する条件 (3.1) は, 証明の途中で行った計算により, 明らかに次と同値である.

$$\int_{M_{n,2k}(\mathbb{R})} e^{i\,\mathrm{Tr}({}^t XY)} \exp\left(\frac{i}{2} \mathrm{Tr}({}^t XZX)\right) \widehat{P}(X)\, dX$$
$$= (2\pi)^{nk} \det(Z/i)^{-k} \exp\left(\frac{i}{2}\, {}^t Y(-Z^{-1})Y\right) \widehat{P}(-Z^{-1}Y).$$

ここで, $Z = i\alpha^2$ $(\alpha \in GL_n(\mathbb{R}))$ とし, αX を X と置き換えれば, 容易にわかるように $dX = \det(\alpha)^{-2k} d(\alpha X)$ であるから,

$$\det(\alpha)^{-2k} \int_{M_{n,2k}(\mathbb{R})} e^{i \operatorname{Tr}({}^t X ({}^t \alpha^{-1} Y))} e\left(-\frac{1}{2} \operatorname{Tr}({}^t X X)\right) \widehat{P}(\alpha^{-1} X) \, dX$$
$$= (2\pi)^{nk} \widehat{P}(i\alpha^{-1}({}^t \alpha^{-1} Y)) \det(\alpha)^{-2k} \exp\left(-\frac{1}{2} \operatorname{Tr}({}^t({}^t \alpha^{-1} Y)({}^t \alpha^{-1} Y))\right).$$

ここで, これは補題 3.4 の条件で, Y を ${}^t\alpha^{-1} Y$ に, また $P_1(X) = P_2(X) = \widehat{P}(\alpha^{-1} X)$ に置き換えた条件になっている. よって, 補題 3.4 より, 任意の $\alpha \in GL_n(\mathbb{R})$ に対して, $\widehat{P}(\alpha^{-1} X)$ は調和多項式である. 以上で定理 3.3 の証明は完了した.

定理 3.2 については, やはり生成元のそれぞれについて, 証明しておけばよい. ただし, 今度は群 $H = \prod_{i=1}^r Sp(n_i, \mathbb{R})$ であるから, $Sp(n_i, \mathbb{R})$ それぞれの生成元 (の $Sp(n, \mathbb{R})$ への埋め込み) について証明すればよいわけである. $u(B)$ の形, および $d(A)$ の形の生成元については直接証明すればよい. J_n (ないしは J_{n_i}) については, $F_0 = \exp(\frac{i}{2} \operatorname{Tr}({}^t Y Z Y))$, $Z \in H_n$, $Y \in M_{n,2k}$ について証明すれば, 一般の場合も証明できたことになるのは, 定理 3.3 の場合と同様である. ここでも前と同様に不変式論の基本定理を用いる. F_0 については, 補題 2.4 を用いれば容易に証明できる. 詳しくは [72] を参照されたい. ∎

3. 微分作用素と多重調和多項式上の表現

本節では, 前節の定理のみを用いて, どの程度, 微分作用素が決められるかを具体的に見る. 実は場合 (I) の微分作用素については, 最近, 理論が究極的な進化をとげており (たとえば [93], [83]), それと比較すると, ここに述べた内容は, それ以前のやや原始的な方法による記述ではあるが, 一方で直接的, 具体的であり, わかりやすい点もあると思うので, 述べる価値はあると考える. また場合 (II) については十分具体的な一般論は, まだよくわからないことも多い.

3.1 多重調和多項式への作用とテンソル

前節では, 都合上, 微分作用素を決める多項式を $P(T)$, $P(R_1, \ldots, R_r)$ などと書いたが, もともとの発想からすれば, たとえば場合 (I) では, $X_i \in M_{n_i, 2k_i}$ なる成分が変数からなる行列をとり, $X = {}^t(X_1, \ldots, X_r)$ とおいて, X の成分に関する V 値の多項式 $\widetilde{P}(X)$ (ただし $V = V_1 \otimes \cdots \otimes V_r$ で各 V_i は ρ_i の表現空間) について次の条件を考える方が自然である.

(1) $\widetilde{P}(X)$ は各 X_i について多重調和多項式である.

(2) 任意の $A_i \in GL(n_i, \mathbb{C})$ $(i = 1, \ldots, r)$ に対して,

$$\widetilde{P}(A_1 X_1, A_2 X_2, \ldots, A_r X_r) = \rho_1(A_1) \otimes \cdots \otimes \rho_r(A_r) \widetilde{P}(X).$$

(3) 任意の $h \in O(2k)$ に対して

$$\widetilde{P}(X_1 h, X_2 h, \ldots, X_r h) = \widetilde{P}(X).$$

ここで $n_i \geq 2k_i$ と仮定していたので,不変式論の基本定理 ([195] 参照) より, (3) の条件から,多項式 $\widetilde{P}$ に対して,ある n 次対称行列 T の成分に関する多項式 $P(T)$ が存在して, $P(X\,^t X) = \widetilde{P}(X)$ となるのである. この P に対しては,上の条件 (1), (2) は前節で述べた微分作用素を決める多項式の条件に他ならない.さて,上記のような $\widetilde{P}$ は,各 X_i の成分についての多項式で, X_i について多重調和となるものの空間のテンソル空間に入っていると考えることができる.より詳しく言えば,

$$W_i = \{P(X_i); \ P はベクトル値多重調和多項式で,$$
$$任意の A_i \in GL(n_i, \mathbb{C}) について P(A_i X_i) = \rho_i(A_i) P(X_i)\}$$

とおくと, $\widetilde{P}$ は $W = (W_1 \otimes \cdots \otimes W_r)^{O(2k)}$ の元にほかならない.ただしここで,右肩につけた $O(2k)$ は同じ $O(2k)$ の元を一斉に X_i に右から掛ける作用で不変な元を表す.よって, W を調べるには, W_i としてどのようなものが現れるかを確定させ,かつ,テンソルの中で $O(2k)$ を不変なベクトルのなす空間があるかを調べればよい.このような不変式の空間の次元が求めるべき微分作用素のなすベクトル空間の次元でもある. W_i の元は定義により成分が多重調和多項式からなるベクトルと思ってよい.ということは,最初はベクトルを思わずに, X_i の多重調和多項式全体 $\mathcal{H}(M_{n_i, 2k})$ を考え,ここでの $GL(n_i, \mathbb{C}) \times O(2k)$ の作用を考えるのが自然である.一般に $P \in \mathcal{H}(M_{n,d})$ のとき, $A \in GL_n(\mathbb{C})$ および $h \in O(d)$ に対して, $P(AXh)$ もまた X について多重調和多項式になる.よって $\mathcal{H}(M_{n,d})$ 上に群 $GL(n, \mathbb{C}) \times O(d)$ が作用している.ここで $GL(n, \mathbb{C})$ の作用は右からの作用であり, $O(d)$ の作用は左からの作用であることは容易にわかる.さて,ここで $GL(n, \mathbb{C})$ に対する $\mathcal{H}(M_{n,d})$ に含まれる部分既約表現 τ とその表現空間 V をひとつ固定しよう. $\dim V = l$ として, V の基底をひとつとって v_1, $\ldots, v_l$ とする.このとき, $A \in GL(n, \mathbb{C})$ に対して, $\tau(A) v_i$ は $\{v_1, \ldots, v_l\}$ の線形結

合であるから，l 次行列 $\rho(A) \in M_l(\mathbb{C})$ で

$$\begin{pmatrix} \tau(A)v_1 \\ \vdots \\ \tau(A)v_l \end{pmatrix} = \rho(A) \begin{pmatrix} v_1 \\ \vdots \\ v_l \end{pmatrix}$$

となるものが存在する．このとき，$\rho(A)$ は左から作用する表現になる．実際，τ は右からの表現であるから，$A, B \in GL(n, \mathbb{C})$ のとき，$v \in V$ に対して，$\tau(AB)v = \tau(B)\tau(A)v$ であるが，

$$\begin{pmatrix} \tau(B)\tau(A)v_1 \\ \vdots \\ \tau(B)\tau(A)v_l \end{pmatrix} = \rho(A) \begin{pmatrix} \tau(B)v_1 \\ \vdots \\ \tau(B)v_l \end{pmatrix} = \rho(A)\rho(B) \begin{pmatrix} v_1 \\ \vdots \\ v_l \end{pmatrix}$$

となるからである．そこで $GL(n, \mathbb{C})$ の既約表現 ρ で $\rho(AB) = \rho(A)\rho(B)$ なるものをひとつ固定する．また ρ に対して，

$$W(\rho) = \{P(X) = (P_i(X))_{1 \leq i \leq l};\ P_i(X) \in \mathcal{H}(M_{n,d}),\ P(AX) = \rho(A)P(X)\} \tag{3.3}$$

と定義すると，$W(\rho)$ の $\mathbb{C}$ 上の線形空間としての次元は $\mathcal{H}(M_{n,d})$ の中で ρ と逆同型な既約表現の重複度と等しい．さて，一方 $P(X)$ に対し，$P(Xh)$ ($h \in O(d)$) を考えると，直交群の積に対しては多重調和という条件が保たれることなどから，これも $W(\rho)$ の元であることは明らかである．この作用の様子は ρ と逆同型な表現 τ を固定するとき，どのような $\tau \otimes \lambda$ (λ は $O(d)$ の表現) が $\mathcal{H}(M_{n,d})$ に現れるかにより，決定される．Kashiwara-Vergne [104, (6.14)] によれば，実は λ は既約であり，τ により一意的に決まる．具体的に τ と λ の組が何であるかも同じ文献の定理 (6.13) に一般的に書かれているが，$(d/2) < n$ のときは少し複雑である．我々の定理 3.2 では $d = 2k \geq n$ ととるのであったが，ここで簡単のために $k \geq n$ と仮定することにすると，話は簡単になる．この簡単な場合のみ結果を書いておく．$GL(n, \mathbb{C})$ の有理既約表現で行列式の負ベキを含まないようなもの（いわゆる $GL(n, \mathbb{C})$ の多項式表現）は，よく知られているように，ヤング図形に対応する．ここでヤング図形の代わりに，各行の長さを m_i と書いて，整数の組 $(m_1, \ldots, m_n)$ ($m_1 \geq m_2 \geq \cdots \geq m_n \geq 0$) と対応していると言っても同じことである．$O(2k)$ の既約表現は $(m_1, \ldots, m_k)_+, (m_1, \ldots, m_k)_-$ というパラメータと対応しているが，今後特に使わないので，ここでは定義は述べない．[195], [104], [55] などを参照されたい．次の補題の証明も省略する．

3.6 [補題] (Kashiwara-Vergne [104]) 記号を前の通りとして，$k \geq n$ と仮定する．このとき，任意の $(m_1, \ldots, m_n)$ $(m_1 \geq \cdots \geq m_n \geq 0)$ に対応する $GL(n, \mathbb{C})$ の既約表現 ρ に対し，$W(\rho)$ を (3.3) で定義すると，$W(\rho) \neq 0$ である．また $W(\rho)$ での $O(2k)$ の表現 λ は $O(2k)$ の既約表現である．また λ に対応する $O(2k)$ の既約表現のパラメータは $(m_1, \ldots, m_n)_+$ で与えられる．

さて，このように定式化してみると，微分作用素を求めるために必要なベクトル値の多重調和多項式の空間は $GL(n_i, \mathbb{C})$ の既約表現 ρ_i に対して，$W(\rho_i)$ で実現される $O(2k)$ の既約表現 λ_i をとり，これのテンソル積 $\lambda_1 \otimes \cdots \otimes \lambda_r$ の表現空間 $\bigotimes_{i=1}^r W(\rho_i)$ の中で，$O(2k)$ で不変なベクトル全体であることがわかる．言い換えると $\lambda_1 \otimes \cdots \otimes \lambda_r$ を $O(2k)$ の既約表現に分解するとき，単位表現の重複度が，すなわち我々の求める微分作用素のなすベクトル空間の $\mathbb{C}$ 上の次元ということになる．重複度はゼロかもしれない．もしゼロならば，その場合は求めたい微分作用素は存在しないということになる．また重複度はかなり大きな数かもしれない．これは場合による．$O(2k)$ の既約表現の指標はたとえば [195] で非常に具体的にわかっており，テンソル積表現の指標はこれらの積であるから，これを既約表現の指標の和で表せば，単位表現の重複度は原理的には計算できる．しかし実際に計算を実行するのは面倒な場合も多い．以下の節で，いくつかの場合について，より具体的に検討してみる．

以上は場合 (I) だけを解説した．場合 (II) を簡単に解説する．(II) では全体が多重調和であるから，R_i の多項式の代わりに $X_i \in M_{n, 2k_i}$，$X = (X_1, \ldots, X_r)$ の多項式 $\widehat{P}(X)$ で書き換えると，条件は次のようになる．$GL(n, \mathbb{C})$ の既約表現 ρ をひとつ固定する．

(1) $\widehat{P}(X)$ は多重調和多項式である．

(2) 任意の $A \in GL(n, \mathbb{C})$ に対して，$\hat{P}(AX) = \rho(A)\hat{P}(X)$．

(3) $\hat{P}(X_1 h_1, \ldots, X_r h_r) = \hat{P}(X_1, \ldots, X_r)$ が任意の $h_i \in O(2k_i)$ について成立する．

これは $W(\rho)$ の中で，(3) の $O(2k_1) \times \cdots \times O(2k_r)$ の作用で不変な部分空間を意味している．よって $W(\rho)$ で実現される $O(2k)$ $(k = k_1 + \cdots + k_r)$ の既約表現 λ の $O(2k_1) \times \cdots \times O(2k_r)$ への制限に含まれる単位表現の重複度が，求めたい微分作用素の空間の次元で，また単位表現を実現するすべての部分空間の和が，求めるベクトル値の多項式の空間である．この空間の次元も原理的には指標公式により計算できるが，実際に計算を実行するのは易しいとは限らない．

3.2 テンソルについての復習

微分作用素への応用のために，テンソル積について，よく知られた事実を少し復習する（本節についてはたとえば，[196], [55] などが参考になる）．

V, W を $\mathbb{C}$ 上の有限次元ベクトル空間とする（別に $\mathbb{C}$ 上でなくてもよいのだが，以下この場合しか用いないので，そう仮定しておく）．また $Hom(V, W)$ で V から W への $\mathbb{C}$ 上の線形写像全体のなすベクトル空間，また V^* で V の双対空間，つまり V から $\mathbb{C}$ への線形写像全体のなすベクトル空間とする．$v^* \in V^*$ に対して，$v \in V$ の v^* による像を (v^*, v) と書く．

3.7 [補題] $w \in W$, $v^* \in V^*$ に対して，V から W の線形写像 $T(w, v^*)$ を $T(w, v^*)(v) = (v^*, v)w$ $(v \in V)$ で定めると，写像 $(w, v^*) \to T(w, v^*)$ は線形同型写像，
$$W \otimes V^* \cong Hom(V, W)$$
を定める．

証明 よく知られた事実であるが，念のため証明を書いておく．まず，$T(w, v^*)$ が $W \times V^*$ から $Hom(V, W)$ への双線形写像であるのは明らかである．よって，T はテンソル積の普遍性より $W \otimes V^*$ から $Hom(V, W)$ への線形写像を与える．これも T と書くことにする．これが単射であることを示す．$W \otimes V^*$ の元は，$m = \dim W$ として，W の基底 $w_1, \ldots, w_m$ を用いて，$x = \sum_{i=1}^m w_i \otimes v_i^*$ $(v_i \in V^*)$ と一意的に表される．ここで $T(x) = T(\sum_{i=1}^m w_i \otimes v_i^*) = 0$ と仮定する．これは定義により，任意の $v \in V$ に対して
$$\sum_{i=1}^m (v_i^*, v) w_i = 0$$
ということであり，w_i は基底だから，$(v_i^*, v) = 0$ が任意の i と $v \in V$ について成立する．これは $v_i^* = 0$ ということである．よって $x = 0$ であるから，T は単射である．しかし $\dim(W \otimes V^*) = \dim(W) \dim(V^*) = \dim(W) \dim(V) = \dim(Hom(V, W))$ であり，次元が等しい線形空間の間の単射は同型であるから，よって T は同型である． ■

次に V を群 G の表現 ρ の表現空間とする．V^* の元 v^* と $g \in G$ に対して，新たな V^* の元を次の写像
$$v \to (v^*, \rho(g^{-1})v)$$

で定める. これを $\rho^*(g)v^*$ と書く. すなわち

$$(\rho^*(g)v^*, v) = (v^*, \rho(g^{-1})v)$$

である. ここで $g_1, g_2 \in G$ に対して,

$$\begin{aligned}(\rho^*(g_1g_2)v^*, v) &= (v^*, \rho(g_2^{-1}g_1^{-1})v) \\ &= (\rho^*(g_2)v^*, \rho_1(g_1^{-1})v) = (\rho^*(g_1)\rho^*(g_2)v^*, v)\end{aligned}$$

であるから, ρ^* は G の V^* 上の表現を定める. この ρ^* を ρ の反傾表現 (contragradient representation) という. さらに W を群 G の表現 σ の表現空間とする. $W \otimes V^*$ 上では σ と ρ^* のテンソル積表現 $\sigma \otimes \rho^*$ が

$$((\sigma \otimes \rho^*)(g))(w \otimes v^*) = \sigma(g)w \otimes \rho^*(g)v^*$$

により定義される. ここで前に述べた同型 $W \otimes V^* \cong Hom(V, W)$ による $w \otimes v^*$ の像を $T_1 = T(w, v*)$, また $\sigma(g)w \otimes \rho^*(g)(v^*)$ の像を $T_2 = T(\sigma(g)w, \rho^*(g)(v^*))$ と書くことにすると, $v \in V$ の T' による像は

$$\begin{aligned}T_2(v) &= (\rho^*(g)v^*, v)\sigma(g)w = (v^*, \rho(g^{-1})v)\sigma(g)w \\ &= \sigma(g)(v^*, \rho(g^{-1})v)w = \sigma(g)T_1(\rho(g^{-1})v)\end{aligned}$$

となる. つまり,

$$T_2 = \sigma(g)T_1\rho(g)^{-1} \tag{3.4}$$

である. 次に $Hom_G(V, W)$ で V から W への線形写像 T で G の作用と可換なもののなすベクトル空間を表すとする. つまり $T(\rho(g)v) = \sigma(g)T(v)$ となる写像 T の集合である. するとこれは関係式 (3.4) と補題 3.7 を考慮に入れると, $\sigma(g)w \otimes \rho^*(g)v^* = w \otimes v^*$ となる元, すなわち, $W \otimes V^*$ の元で $\sigma \otimes \rho^*$ の作用で G 不変な元の集合 $(W \otimes V^*)^G$ と 1 対 1 に対応している. 以上より, 次を得る.

3.8 [補題] 記号を前の通りとして,

$$Hom_G(V, W) \cong (W \otimes V^*)^G$$

となる. 特に ρ, σ が G の既約表現であれば, $(W \otimes V^*)^G \neq 0$ となるのは, ρ と σ が同値であるときに限り, またこのとき $\dim(W \otimes V^*)^G = 1$ である.

証明 後半だけ証明すればよい．ρ, σ が既約表現であれば Schur の補題により $Hom_G(V,W) \neq 0$ となるのは ρ と σ が同値であるときに限り，またこのとき G 同型写像はスカラー倍を除き一意的に定まる．よって補題は成立する． ∎

さて，これを微分作用素に応用する．ρ, ρ' をそれぞれ $GL(n_1, \mathbb{C})$ および $GL(n_2, \mathbb{C})$ の既約多項式表現（行列式の負ベキを含まない表現）とし，対応するヤング図形を $(m_1, \ldots, m_{n_1})$ および $(m'_1, \ldots, m'_{n_2})$ とする．ヤング図形のパラメータ m_i がゼロでないものの最大の指数 i を既約表現の「深さ」と呼び $\operatorname{depth}(\rho), \operatorname{depth}(\rho')$ と書く．

3.9 [補題] 場合 (I) において，$r=2, n_1+n_2=n$ とする．また簡単のため $k \geq n$ と仮定する．このとき，ρ, ρ' に対して，定理 3.2 の条件を満たす多項式ベクトルが存在するための必要十分条件は $\operatorname{depth}(\rho) = \operatorname{depth}(\rho') \leq \min(n_1, n_2)$ であって，かつこれらの深さを l と書くとき，$m_i = m'_i$ $(1 \leq i \leq l)$ となることである．またこの多項式ベクトルの空間の次元は 1 次元である．特に $n_1 = n_2$ の場合は $\rho = \rho'$ の場合のみ微分作用素が 1 次元分存在する．

証明 補題 3.6 により，$W(\rho_i)$ における $O(2k)$ の表現は

$$(m_1, \ldots, m_{n_1}, 0, \ldots, 0)_+, \quad (m'_1, \ldots, m'_{n_2}, 0, \ldots, 0)_+$$

と対応している．補題 3.8 より，$W(\rho_1) \otimes W(\rho_2)$ に $O(2k)$ 不変ベクトルが存在するための必要十分条件はこれらの表現が互いに反傾表現になっていることであるが，直交群においては反傾表現は，もとの表現と同値であることが知られているから，よって，ρ_1, ρ_2 のヤング図形が等しいことが必要十分条件である．またそのとき，$O(2k)$ 不変ベクトルのなす空間は一次元である．よって証明された． ∎

これはもっともわかりやすい $r=2$ の場合の結果である．$r>2$ の場合は，条件はもっと複雑である．しかし，実際は $GL(n_i, \mathbb{C})$ のテンソル積表現をいわゆるリトルウッド・リチャードソン則 (Littlewood-Richardson rule) などを用いて一般の場合の存在の様子を調べることが可能である．これは説明が複雑になるので，ここでは述べない．

4. 具体的な微分作用素の例

4.1　場合 (I) で $r=2$ のとき

まず，もっとも易しい場合である $r=2, n=2, n_1=n_2=1$ の場合を考える．

この場合は $x, y \in \mathbb{R}^{2k}$ の多項式 $\widetilde{P}(x,y)$ で $\widetilde{P}(a_1x, a_2y) = (a_1a_2)^\nu \widetilde{P}(x,y)$ かつ x, y について調和多項式で, $\widetilde{P}(xh, yh) = \widetilde{P}(x,y)$ ($h \in O(2k)$) を満たすものを求めることである. 最初の条件により, 今 $\widetilde{P}$ が x, y の同次式であることに注意し, x, y のノルムを $n(x), n(y)$ と書けば,

$$\widetilde{P}(x,y) = (n(x)n(y))^{\nu/2} \widetilde{P}\left(\frac{x}{\sqrt{n(x)}}, \frac{y}{\sqrt{n(y)}}\right)$$

と書ける. よって $\widetilde{P}(x,y)$ は $2k-1$ 次元の球面の直積 $S^{2k-1} \times S^{2k-1}$ 上への制限で決定される. $h \in O(d)$ を $yh = te_1$, ただし $t \in \mathbb{R}$ で e_1 は第 1 成分が 1 で他の成分がゼロの $2k$ 次ベクトル, となるようにとっておくと $\widetilde{P}(x,y) = \widetilde{P}(xh, yh) = t^\nu \widetilde{P}(xh, e_1)$ である. よって $\widetilde{P}(x,y)$ は $\widetilde{P}(x, e_1)$ で決まる. $h_1 \in O(d)$ でかつ $h_1 e_1 = e_1$ となるものの全体は $O(2k-1)$ と同型な $O(2k)$ の部分群であり, これに対して, $\widetilde{P}(xh_1, e_1) = \widetilde{P}(x, e_1)$ である. よって, $\widetilde{P}$ は結局 S^{2k-1} 上の $O(2k-1)$ で固定される関数で決まる. これにより, 古典的によく知られた球表現の帯球関数の理論との関係がわかる (いわゆるリーマン対称対のクラス 1 表現の理論である. たとえば [186] を参照されたい).

実際 $x = (x_i), y = (y_i) \in \mathbb{R}^{2k}$ について, $s = (x,y) = \sum_{i=1}^{2k} x_i y_i$, $m = n(x)n(y)$ とおいて,

$$G(s,m) = \frac{1}{(1-2st+mt^2)^{(d-2)/2}} = \sum_{\nu=0}^\infty P_\nu(s,m) t^\nu$$

で $P_\nu(s,m)$ を定義すると, $d = 2k$ とすれば, これが条件を満たす多項式であり, $P_\nu(s,1)$ は古典的な特殊関数論 (直交多項式論) で, Gegenbauer 多項式と呼ばれるものになっている. もっと具体的に言えば, $Z = \begin{pmatrix} \tau & z \\ z & \omega \end{pmatrix} \in H_2$ とおくとき, 上の多項式 P_ν に対して次で定義される微分作用素

$$\mathbb{D}_{P_\nu} = P_\nu\left(\frac{1}{2}\frac{\partial}{\partial z}, \frac{\partial^2}{\partial \tau \partial \omega}\right) \tag{3.5}$$

は, 任意の $F(Z) \in \mathrm{Hol}(H_2, \mathbb{C})$ と $g_i = \begin{pmatrix} a_i & b_i \\ c_i & d_i \end{pmatrix} \in SL_2(\mathbb{R})$ に対して

$$\mathrm{Res}_{H_1 \times H_1}(\mathbb{D}_{P_\nu}[F|_k[\iota(g_1, g_2)]])$$
$$= (c_1\tau + d_1)^{-k-\nu}(c_2\omega + d_2)^{-k-\nu}$$
$$\times \left(\mathrm{Res}_{H_1 \times H_1}(\mathbb{D}_{P_\nu} F)\right)\left(\frac{a_1\tau + b_1}{c_1\tau + d_1}, \frac{a_2\omega + b_2}{c_2\omega + d_2}\right)$$

を満たす．特に F がウェイト k の 2 次ジーゲル保型形式（離散群はなんでもよい）ならば $\operatorname{Res}_{H_1\times H_1}(\mathbb{D}_{P_\nu}F)$ は τ,ω のそれぞれについて，ウェイト $k+\nu$ の保型形式となる．以上の証明を与える．まず P_ν が x,y それぞれについて調和多項式であることを示す．

$$\Delta_x = \sum_{\nu=1}^{2k}\frac{\partial^2}{\partial x_\nu^2}$$

とおくとき，

$$\frac{\partial s}{\partial x_\nu}=y_\nu,\quad \frac{\partial m}{\partial x_\nu}=2x_\nu n(y)$$

により，

$$\frac{\partial}{\partial x_\nu}(G(s,m))=y_\nu\frac{\partial G}{\partial s}+2x_\nu n(y)\frac{\partial G}{\partial m},$$

$$\frac{\partial^2 G}{\partial x_\nu^2}=y_\nu^2\frac{\partial^2 G}{\partial s^2}+4x_\nu y_\nu n(y)\frac{\partial^2 G}{\partial s\partial m}+4x_\nu^2 n(y)^2\frac{\partial^2 G}{\partial m^2}+2n(y)\frac{\partial G}{\partial m},$$

$$\Delta_x(G(s,m))=n(y)\left(\frac{\partial^2 G}{\partial s^2}+4s\frac{\partial^2 G}{\partial s\partial m}+4m\frac{\partial^2 G}{\partial m^2}+2d\frac{\partial G}{\partial m}\right).$$

一方で，$f=1-2st+mt^2$ とおくと，$G=f^{-d/2+1}$ だから，

$$\frac{\partial G}{\partial s}=\left(-\frac{d}{2}+1\right)(-2t)f^{-d/2},$$

$$\frac{\partial^2 G}{\partial s^2}=\left(-\frac{d}{2}+1\right)\left(-\frac{d}{2}\right)(4t^2)f^{-d/2-1},$$

$$\frac{\partial G}{\partial m}=\left(-\frac{d}{2}+1\right)(t^2)f^{-d/2},$$

$$\frac{\partial G}{\partial m^2}=\left(-\frac{d}{2}+1\right)\left(-\frac{d}{2}\right)(t^4)f^{-d/2-1},$$

$$\frac{\partial^2 G}{\partial s\partial m}=\left(-\frac{d}{2}+1\right)\left(-\frac{d}{2}\right)(-2t^3)f^{-d/2-1}.$$

よって，

$$n(y)^{-1}\Delta_x(G(s,m))$$
$$=\left(-\frac{d}{2}+1\right)\left(-\frac{d}{2}\right)f^{-d/2-1}\bigl(4t^2+4s(-2t^3)+4mt^4-4t^2f\bigr)=0.$$

よって $P_\nu(x,y)$ はみな x について調和多項式である．G は x と y について対称であるからもちろん y についても調和多項式である．s は x,y について 1 次，m は x,

y について 2 次であるから，$P_\nu(x,y)$ は x,y について，それぞれ ν 次の同次式であることは明らかである．よって証明された．

$P_\nu(s,m)$ をもっと具体的に書き下すには，単に母関数を展開すればよいだけだから易しいし，また Gegenbauer 多項式の公式として，公式集などに書かれていることも多い．実際，たとえば

$$P_\nu(s,m) = \sum_{\mu=0}^{[\nu/2]} (-1)^\mu \frac{(d/2-1)_{\nu-\mu}}{(\nu-2\mu)!\mu!} (2s)^{\nu-2\mu} m^\mu \tag{3.6}$$

と書ける．ここで $(x)_\mu$ はポッホハンマー記号で

$$(x)_\mu = x(x+1)\cdots(x+\mu-1) \tag{3.7}$$

(ただし $\mu=0$ ならば 1) を表す．また $[\nu/2]$ はガウス記号で，$\nu/2$ 以下の最大の整数を表す．

3.10 [練習問題]　(1) 公式 (3.6) を，母関数を $1-2st+mt^2 = (1-2s)(1+mt^2/(1-2st))$ と変形したあとに 2 項展開を適用することにより証明せよ．

(2) $Sp(2,\mathbb{Z})$ と通約的な群に関する 2 次ジーゲル保型形式に $\mathbb{D}$ を作用させて，$H_1 \times H_1$ に制限したときに，その像はカスプでの正則性の条件も満たしているのを確かめよ（ヒント：カスプに移す写像に条件 3.1 を適用し，またカスプでのフーリエ展開を微分しても正則性の条件が保たれることを用いよ）．

もっと一般の場合を考えると，微分作用素を与える多項式はずっと複雑になり，完全に具体的な易しい公式というのを書き下すことはできない（$r=2$ のときの，非常に複雑な実例は，たとえば [86] などにある．実際には，$r=2$ のときは，微分作用素を無理矢理一行で記述する公式は存在する ([84])．しかし，これは実用上どう微分するかわかるような易しい公式というわけではない．r が一般で $n_i=1$ のときは [93]，$r=2$ で $n_1=n_2$ のときは [88] などにも詳しい記述がある．現在では，一般の場合，原則的にどのような計算をすればよいかという「普遍微分作用素」の理論がわかっているが，本書では述べない ([83] を参照)．以下では，比較的簡単な場合の公式を述べる．

同じヤング図形 λ に対応する $GL(n_1,\mathbb{C})$ の既約表現 $\rho_{n_1,\lambda}$ と $GL(n_2,\mathbb{C})$ の既約表現 $\rho_{n_2,\lambda}$ を考える．これらは $n_1 \neq n_2$ であれば，異なる群の異なる表現である．しかし n_i 行 $2k$ 列の行列上の多重調和多項式の空間で考えると $W(\rho_{n_1,\lambda})$ と $W(\rho_{n_2,\lambda})$ の実現する $O(2k)$ の既約表現は同じになっている．ということは $W(\rho_{n_1,\lambda}) \otimes W(\rho_{n_2,\lambda})$ の $O(2k)$ で固定されるベクトルの空間は 1 次元であり，領域 H_n 上のウェイト k の

ジーゲル保型形式への微分作用素で，微分したあとに $Z = \begin{pmatrix} \tau & z \\ {}^t z & \omega \end{pmatrix} \in H_n$ ($\tau \in H_{n_1}$, $\omega \in H_{n_2}$, $z \in M_{n_1,n_2}(\mathbb{C})$) を $\begin{pmatrix} \tau & 0 \\ 0 & \omega \end{pmatrix} \in H_{n_1} \times H_{n_2}$ に制限すれば，τ に関しては，ウェイト $\det^k \otimes \rho_{n_1,\lambda}$，$\omega$ については，ウェイト $\det^k \otimes \rho_{n_2,\lambda}$ のジーゲル保型形式になるようなものが，定数倍を除きただひとつ存在することになる ($k \geq n$ としている).

さてここで，もっと具体的な既約表現について考える．一般に n 変数の j 次斉次多項式 $P(x)$ ($x = (x_1, \ldots, x_n)$) のなす線形空間 V_j には $GL(n, \mathbb{C})$ が

$$P(x) \to P(xA), \qquad A \in GL(n, \mathbb{C})$$

によって作用する．これは左からの作用である．この作用は既約表現であることが知られている．これを $GL(n, \mathbb{C})$ の j 次対称テンソル表現という．これはヤング図形でいえば $(j, 0, \ldots, 0)$ に対応し，深さは 1 である．$GL(n_1, \mathbb{C})$, $GL(n_2, \mathbb{C})$ の j 次対称テンソルをそれぞれ ρ_j, ρ'_j と書いて，前と同様の微分作用素を考えると，これは非常に具体的に書き下せる．これを見よう．d を正整数とする．$1 \leq i \leq n$ となる i に対して x_i を d 次のベクトルで，その成分はみな独立な変数となるものとする．また $1 \leq i \leq n_1$ について u_i を独立変数とし，$1 \leq i \leq n_2$ について v_i を独立変数とする．$(*, *)$ を 2 つの d 次のベクトルの自然な内積として，スカラー s と m を次のように定義する．

$$s = \left(\sum_{i=1}^{n_1} x_i u_i, \sum_{i=1}^{n_2} x_{n_1+i} v_i \right) = \sum_{i=1}^{n_1} \sum_{j=1}^{n_2} (x_i, x_{n_1+j}) u_i v_j, \tag{3.8}$$

$$m = \left(\sum_{i=1}^{n_1} x_i u_i, \sum_{i=1}^{n_1} x_i u_i \right) \left(\sum_{i=}^{n_2} x_{n_1+i} v_i, \sum_{i=1}^{n_2} x_{i+n_1} v_i \right) \tag{3.9}$$

ここで

$$1 \leq i, j \leq n_1 \text{ に対して} \qquad r_{ij} = (x_i, x_j),$$
$$1 \leq i, j \leq n_2 \text{ に対して} \qquad s_{ij} = (x_{n_1+i}, x_{n_1+j}),$$
$$1 \leq i \leq n_1, n_1+1 \leq j \leq n \text{ に対して} \quad w_{ij} = (x_i, x_j)$$

とおくと，より具体的には

$$s = \sum_{i=1}^{n_1} \sum_{j=1}^{n_2} w_{ij} u_i v_j,$$

$$m = \left(\sum_{i,j=1}^{n_1} r_{ij} u_i u_j \right) \left(\sum_{i,j=1}^{n_2} s_{ij} v_i v_j \right)$$

となる．我々に必要な多重調和多項式 P は n_1 次対称行列 $R = (r_{ij})$, n_2 次対称行列 $S = (s_{ij})$, n_1 行 n_2 列の行列 $W = (w_{ij})$ の多項式と思えるが，これは $GL(n_1, \mathbb{C})$ と $GL(n_2, \mathbb{C})$ の j 次対称テンソル表現の表現空間のテンソルの空間 V に値を持つ多項式であるべきである．ここで，表現空間 V は u_i, v_i の多項式のうちで $u = (u_1, \ldots, u_{n_1})$ について j 次，$v = (v_1, \ldots, v_{n_2})$ についても j 次のもので実現されている．ここで簡単のために $y_i = x_{n_1+i}$ とおいて，$X = (x_1, \ldots, x_{n_1})$, $Y = (y_1, \ldots, y_{n_2})$ とおくことにすると，$(W(\rho_j) \otimes W(\rho_j'))^{O(2k)}$ の元は R, S, W, u, v の成分の多項式 $P(R, S, W; u, v)$ であって，

$$P(AR\,{}^tA, BS\,{}^tB, AW\,{}^tB; u, v) = P(R, S, W; uA, vB) \tag{3.10}$$

となるもので，かつ X および Y のそれぞれについて多重調和なものである．さて，$s = uW\,{}^tv$ であるが，$u(AW\,{}^tB)\,{}^tv = (uA)W\,{}^t(vB)$ であり，$P = s$ とするとこれは (3.10) を満たす．また $m = (uR\,{}^tu)(vS\,{}^tv)$ であるが，

$$(u(AR\,{}^tA)\,{}^tu)(v(BS\,{}^tB)\,{}^tv) = (uA)R\,{}^t(uA)(vB)S\,{}^t(vB)$$

より $P = m$ も条件 (3.10) を満たす．よってこれらの多項式も上の条件を満たすのは明らかである．前に述べた一般論により，必要な多項式は定数倍を除いてただひとつ存在することがわかっているので，

$$X = \begin{pmatrix} x_1 \\ \vdots \\ x_{n_1} \end{pmatrix}, \qquad Y = \begin{pmatrix} y_1 \\ \vdots \\ y_{n_2} \end{pmatrix}$$

に対して，s, m を (3.8), (3.9) で定義するとき，s, m のゼロでない多項式で，かつ X, Y について多重調和なものがもしあれば，それが求めるべき多項式である．$X = (x_{i\nu})$, $Y = (y_{i\nu})$ と書くことにする．さて，前と同様

$$G(s, m) = \frac{1}{(1 - 2st + mt^2)^{(d/2-1)}} = \sum_{j=0}^{\infty} P_j(s, m) t^j$$

で s, m の多項式 P_j を定義する．また $Z \in H_n$ を $Z = \begin{pmatrix} Z_1 & Z_{12} \\ Z_{12} & Z_2 \end{pmatrix}$ ($Z_1 \in H_{n_1}$,

$Z_2 \in H_{n_2}$) として, $Z_\nu = (z_{ij}^{(\nu)})$, $Z_{12} = (z_{ij}^{(12)})$ と書き,

$$\frac{\partial}{\partial Z_\nu} = \left(\frac{1+\delta_{ij}}{2}\frac{\partial}{\partial z_{ij}^{(\nu)}}\right), \tag{3.11}$$

$$\frac{\partial}{\partial Z_{12}} = \frac{1}{2}\left(\frac{\partial}{\partial z_{ij}^{(12)}}\right) \tag{3.12}$$

とする.

3.11 [補題] $P_j(s,m)$ を上の通りとし, s, m は (3.8), (3.9) により X, Y の多項式とみなすとき,

$$(W(\rho_j) \otimes W(\rho_j'))^{O(d)} = \mathbb{C}P_j(s,m)$$

となる. 特に

$$\mathbb{D}_{P_j} = P_j\left(u\frac{\partial}{\partial Z_{12}}{}^t v, \left(u\frac{\partial}{\partial Z_1}{}^t u\right)\left(v\frac{\partial}{\partial Z_2}{}^t v\right)\right)$$

とおくと, $\mathbb{D}_{P_j}$ はもとの保型因子を $\det(CZ+D)^k$, 行き先の保型因子を

$$\det(C_1Z_1+D_1)^k \rho_j(C_1Z_1+D_1) \otimes \det(C_2Z_2+D_2)^k \rho_j'(C_2Z_2+D_2)$$

とするとき, 条件 (3.1) を満たす.

証明 多重調和だけ証明が済んでいない. X について証明すれば, Y については同様である. ここで $\Delta_{ij}(X) = \sum_{\nu=1}^d \frac{\partial^2}{\partial x_{i\nu}\partial x_{j\nu}}$ とおく. また記号を簡単にするために $m_1 = \sum_{i,j=1}^{n_1} r_{ij}u_iu_j$, $m_2 = \sum_{i,j=1}^{n_2} s_{ij}v_iv_j$ とおく. ここで

$$m_1 = \sum_{\nu=1}^{n_1}\left(\sum_{l=1}^d x_{l\nu}u_l\right)^2, \quad m_2 = \sum_{\nu=1}^{n_2}\left(\sum_{l=1}^d y_{l\nu}v_l\right)^2$$

は定義によりすぐわかる. 直接計算により次の公式を得る.

$$\frac{\partial m}{\partial x_{i\nu}} = 2u_i m_2 \sum_{l=1}^d x_{l\nu}u_l,$$

$$\frac{\partial^2 m}{\partial x_{i\nu}\partial x_{j\nu}} = 2m_2 u_i u_j,$$

$$\frac{\partial s}{\partial x_{i\nu}} = u_i \sum_{l=1}^{n_2} y_{l\nu}v_l,$$

$$\frac{\partial^2 s}{\partial x_{i\nu}\partial x_{j\nu}} = 0.$$

よってこれを用いて, $f = 1 - 2st + mt^2$ に対して,

$$\frac{\partial}{\partial x_{i\nu}} f^{-d/2+1} = \left(-\frac{d}{2}+1\right) f^{-d/2}(2u_i)\left(-t\sum_{l=1}^{n_2} y_{l\nu}v_l + t^2 m_2 \sum_{l=1}^{d} x_{l\nu}u_l\right),$$

$$\frac{\partial^2}{\partial x_{i\nu}\partial x_{j\nu}} f^{-d/2+1} = \left(-\frac{d}{2}+1\right)\left(-\frac{d}{2}\right)$$
$$\times f^{-d/2-1}(4u_i u_j t^2)\left(-\sum_{l=1}^{n_2} y_{l\nu}v_l + tm_2 \sum_{l=1}^{d} x_{l\nu}u_l\right)^2$$
$$+ \left(-\frac{d}{2}+1\right) f^{-d/2}(2u_i u_j t^2 m_2).$$

ゆえに

$$\Delta_{ij}(X) f^{-d/2+1}$$
$$= \left(-\frac{d}{2}+1\right)\left(-\frac{d}{2}\right) 4u_i u_j t^2 (m_2 - 2tm_2 s + t^2 m_2 m) f^{-d/2-1}$$
$$+ \left(-\frac{d}{2}+1\right) d(2u_i u_j t^2 m_2) f^{-d/2}$$
$$= \left(-\frac{d}{2}+1\right)\left(-\frac{d}{2}\right) f^{-d/2-1}(4u_i u_j t^2 m_2)(1 - 2st + mt^2 - f) = 0.$$

よって X に関する多重調和性が証明された. ∎

次に, ρ, ρ' が行列式の l 乗のときを考える. 対応するヤング図形は, $(l, \ldots, l)$ (l は n_1 個および n_2 個) の形であるが, これが同じヤング図形であるためには, 当然 $n_1 = n_2$ でなければならないのでそう仮定する. この場合の P の完全に具体的な公式は存在しない. しかし, $n_1 = n_2, n = 2n_1$ と l を数値的に与えるときに P を具体的に求めるのはそれほど難しくはない. ここでは深入りしないが, 必要とされる場合は [88] の第 4 節などを参照されたい. ちなみに, $n = 2, n_1 = n_2 = 1$ の場合は, 前に述べたように Gegenbauer 多項式で書き下せる. それよりはずっと複雑ではあるが, $n = 4, n_1 = n_2 = 2$ のときも具体的に書ける. 以下この場合を解説する.

R, S を 2 次対称行列, W を 2 次の行列とする. 求めるべき多項式は (今は表現空間が 1 次元なのでベクトル値ではなくて単なる普通の多項式だが), R, S, W の成分の多項式 $P(R, S, W)$ になっている. 条件は, これが $R = X\,^t\!X, S = Y\,^t\!Y, W = X\,^t\!Y$ ($X,$ Y は 2 行 d 列の変数行列, ただし $d = 2k \geq 4$) とするとき, 必要条件のひとつは, $X,$

Y のそれぞれについて多重調和になっていることである．次のようにおく．

$$f_1(R, S, W) = \det(W),$$
$$f_2(R, S, W) = \det(R)\det(S),$$
$$f_3(R, S, W) = \det\begin{pmatrix} R & W \\ {}^t W & S \end{pmatrix}.$$

いささか，天下りであるが，t を不定元として，次のようにおく．

$$\Delta_0 = 1 - 2f_1 t + f_2 t^2,$$
$$\Delta_1 = \frac{\Delta_0 + \sqrt{\Delta_0 - 4f_3 t^2}}{2}.$$

さらに，次の母関数により多項式 $G_l(R, S, T)$ （l は任意の非負整数）を定義する．

$$G(R, S, W) = \frac{1}{\Delta_1^{(d-5)/2}\sqrt{\Delta_0^2 - 4f_3 t^2}} = \sum_{l=0}^{\infty} G_l(R, S, W) t^l.$$

3.12 [補題] 任意の $k \geq 2$ と任意の非負整数 l に対して，

$$(W(\det^l) \otimes W(\det^l))^{O(d)} = \mathbb{C}\, G_l(R, S, W)$$

である．

よって，特に $Z = \begin{pmatrix} Z_1 & Z_{12} \\ {}^t Z_{12} & Z_2 \end{pmatrix} \in H_4$, $Z_1, Z_2 \in H_2$, $Z_{12} \in M_2(\mathbb{C})$ とし，$\dfrac{\partial}{\partial Z_i}$, $\dfrac{\partial}{\partial Z_{12}}$ を (3.11), (3.12) で定義すれば，微分作用素

$$\mathbb{D}_P = G_l\left(\frac{\partial}{\partial Z_1}, \frac{\partial}{\partial Z_2}, \frac{\partial}{\partial Z_{12}}\right)$$

は，元のウェイト $\det^k$ と行き先のウェイト $\det^{k+l} \otimes \det^{k+l}$ に対して，条件 (3.1) を満たす．特に F が H_4 のウェイト k のジーゲル保型形式ならば，$\operatorname{Res}_{H_2 \times H_2}(\mathbb{D}_P F)$ は Z_1, Z_2 のそれぞれに対して，ウェイト $k+l$ のジーゲル保型形式になる．

証明 まず

$$f_1(AR\,{}^t A, BS\,{}^t B, AW\,{}^t B) = \det(AB) f_1(R, S, W),$$
$$f_i(AR\,{}^t A, BS\,{}^t B, AW\,{}^t B) = \det(AB)^2 f_i(R, S, W) \quad (i = 2, 3)$$

は定義より明らかである．よって，

$$G_l(AR\,{}^tA, BS\,{}^tB, AW\,{}^tB) = \det(AB)^l G_l(R, S, W)$$

も明らかである．よって多重調和であることだけ示せばよい．$G(R, S, W)$ で直接計算すると少々面倒なので，よく知られている次の式

$$\frac{1}{((1+\sqrt{1-4t})/2)^s\sqrt{1-4t}} = \sum_{n=0}^{\infty} \binom{2n+s}{n} t^n$$

(証明は (3.14) で示す)．を用いると

$$G(R, S, T) = \frac{1}{\Delta_0^{(d-3)/2}} \times \frac{1}{(1-\sqrt{1-4f_3t^2/\Delta_0^2})^{(d-5)/2}\sqrt{1-4f_3t^2/\Delta_0^2}}$$

となり，次のように展開される．

$$G(R, S, T) = \sum_{n=0}^{\infty} \binom{2n+\frac{d-5}{2}}{n} \frac{f_3^n t^{2n}}{\Delta_0^{2n+(d-3)/2}}$$

ここで項別に $\Delta_{ij}(X)$ などを作用させて多重調和がわかる． ∎

3.13 [練習問題] 最後の式より直接計算で多重調和性の証明を完了させよ．

以上の証明での展開式は $G_l(R, S, W)$ を具体的に記述するのにも役に立つ．

さて，このような母関数は，発見してしまえば，証明は直線的な計算に過ぎないが，実際には各 l で本来我々が求めるべき多項式は，定数倍を除いてしか決まっていない．この定数はもちろん l によって変えてもかまわないから，理論的に考えて標準的な母関数というものがあるわけではない．それでは，綺麗な母関数を得るには，各 l でどのような定数をとればよいかということが問題になる．しかし，正直なところ，こういうことは実際にやってみなければわからないし，あくまでも結果論である．綺麗な母関数を発見するための，特に良い考察の方針があるわけではないし，一般に良い母関数が一つしかないわけでもない．

次の関係式がでている公式集などは数少ないので，念のため証明をつけておく．

3.14 [補題] 任意の複素数 $s \in \mathbb{C}$ に対して，$t = 0$ の適当な近傍で，次の級数展開が成り立つ．

$$\frac{1}{((1+\sqrt{1-4t})/2)^s\sqrt{1-4t}} = \sum_{n=0}^{\infty} \binom{s+2n}{n} t^n$$

ここで左辺の s 乗の部分は $t = 0$ での展開が 1 から始まるように分岐をとっている．

証明 この結果が書かれている本はあまり見かけないが，たとえば，[120] (5.72) などにはある．証明は同じ本の (7.5) に（本質的には）書かれている．ここでは一応超幾何級数による証明をつける．今,

$$\binom{s+2n}{n} = \frac{(s+n+1)(s+n+2)\cdots(s+2n)}{n!} = \frac{(s+1)_{2n}}{n!(s+1)_n}$$

である．$((s+1)_j$ の定義は (3.7) の通り）．ここで $(s+1)_{2n}$ を

$$(s+1)(s+3)\cdots(s+2n-1) = 2^n \left(\frac{s+1}{2}\right)\left(\frac{s+1}{2}+1\right)\cdots\left(\frac{s+1}{2}+n-1\right)$$

$$(s+2)(s+4)\cdots(s+2n) = 2^n \left(\frac{s}{2}+1\right)\left(\frac{s}{2}+2\right)\cdots\left(\frac{s}{2}+n\right)$$

により2つの部分に分けて考えれば

$$\binom{s+2n}{n} = \frac{2^{2n}((s+1)/2)_n (s/2+1)_n}{n!(s+1)_n}$$

となるので,

$$\sum_{n=0}^{\infty} \binom{s+2n}{n} z^n = \sum_{n=0}^{\infty} \frac{((s+1)/2)_n (s/2+1)_n}{n!(s+1)_n} (4z)^n$$

となる．これは定義により超幾何級数 $F((s+1)/2, s/2+1; s+1; 4z)$ であり，一方で $F((s+1)/2, s/2+1; s+1; z)$ は微分方程式

$$z(1-z)\frac{d^2 u}{dz^2} + \left((s+1) - \left(s+\frac{5}{2}\right)z\right)\frac{du}{dz} - \frac{(s+1)(s+2)}{4}u = 0 \qquad (3.13)$$

を満たす．一方,

$$u(z) = \frac{1}{\sqrt{1-z}((1+\sqrt{1-z})/2)^s}$$

とおくと，簡単な直接計算により，この関数が，(3.13) を満たすことがわかる（この計算は書かない．数式処理ソフトにかければすぐわかる）．ここで一般にベキ級数 $\sum_{n=0}^{\infty} a_n z^n$ を超幾何級数 $F(a, b; c; z)$ の微分方程式に代入してみれば,

$$a_{n+1}(n+1)(n+c) = (n+a)(n+b)a_n$$

となるから，c が0以下の整数でない限りは，$a_0 = 1$ ととるときに a_n は一意的に決まるので，$s+1$ が負の整数でない限りは，方程式 (3.13) で $z=0$ での展開の定数項が1となる正則解は一意的に決まっている．よって，u の級数展開は超幾何級数で与えられる．よって補題 3.14 は s が負の整数でない限りは証明されたことになる．もし s

が負の整数ならば，上記のような解の一意性はないが，$u(4z)$ の $z=0$ でのテイラー展開係数は $u(4z)$ の高階の微分を考えると s の多項式であることがすぐわかり，よって，一般の s でも成立することは明らかである． ∎

ちなみに，この補題は直接証明しようとすると，なかなか込み入っているように思われる．証明の最後に書いたことを確認する意味でも，この補題から導かれる 2 項係数の公式などを今少し眺めてみよう．

記号を簡単にするために $h=(1+\sqrt{1-4t})/2$ とおく．また

$$f(t) = \frac{1}{h^s\sqrt{1-4t}}$$

とおく．ここで $f(t)$ のテイラー展開係数を書き下すために，f の高階導関数を計算したい．若干の実験で次のようになることが期待される．

$$f^{(l)}(t) = \frac{d^l f}{dt^l} = \sum_{a=0}^{l} \frac{(s)_a(l+1-a)_l}{a!} \frac{1}{h^{s+a}(1-4t)^{(2l+1-a)/2}}. \tag{3.14}$$

これを証明するのに，つぎのような記号を導入する．非負整数 l と $0 \le a \le l$ なる整数 a に対して

$$f_{l,a}(t) = \frac{1}{h^{s+a}(1-4t)^{(2l+1-a)/2}}$$

とおく．これを微分すると

$$\begin{aligned}\frac{df_{l,a}}{dt} &= \frac{(s+a)}{h^{s+a+1}(1-4t)^{(2l-a+2)/2}} + \frac{2(2l+1-a)}{h^{s+a}(1-4t)^{(2l+3-a)/2}} \\ &= (s+a)f_{l+1,a+1} + 2(l+a+1)f_{l+1,a}\end{aligned}$$

となる．よって，l に関する帰納法を用いると，(3.14) が l 以下では正しいと仮定して，

$$f^{(l+1)}(t) = \sum_{a=0}^{l} \frac{(s)_a(l+1-a)_l}{a!}((s+a)f_{l+1,a+1} + 2(2l-a+1)f_{l+1,a}).$$

である．この右辺での $f_{l+1,a}$ の係数を求めると，

$$(s)_{a-1}(s+a-1) = (s)_a,$$
$$\frac{(l+1-(a-1))_l}{(a-1)!} = \frac{(l+2-a)_{l+1}a}{(2l+2-a)/a!},$$
$$(l+1-a)_l(2l-a+1) = \frac{(l+2-a)_{l+1}(l+1-a)}{2l+2-a}$$

などにより，係数が $(s)_a(l+2-a)_{l+1}/a!$ となることがわかる．よって (3.14) は証明された．ゆえに $f_{l,a}(0) = 1$ に注意すると，$f(t)$ のテイラー展開の t^l の係数は

$$\sum_{a=0}^{l} \frac{(s)_a(l-a+1)_l}{a!n!}. \tag{3.15}$$

となる．しかし我々はすでにこの係数は $\binom{2l+s}{l} = \frac{(s+l+1)_l}{n!}$ であることは証明済みである．ゆえに，系として

$$\sum_{a=0}^{l} \frac{(s)_a(l-a+1)_l}{a!} = (s+l+1)_l$$

が証明できたことになる．逆に言えば，この関係式が直接証明できれば超幾何級数を用いなくても証明できることになる．こういった関係式の証明はあまり易しくないことも多いが，組合せ計算に興味のある方は，たとえば [120] などを参照されたい．

4.2 具体例：場合 (II)

次に場合 (II) の具体的な例を与える．まず一番易しい場合，つまり以前に述べた 1 変数保型形式に関する Rankin-Cohen 括弧の場合に これがどのように易しく求められるかを説明する．$\Delta = H_1 \subset D = H_1 \times H_1$ で考えている．自然数 k_1, k_2 を固定し，$d_i = 2k_i$ とする．また自然数 ν を一つ固定する．よって求める多項式は 2 変数の多項式 $P(r_1, r_2)$ で次の (1), (2) の条件を満たすものである．

(1) 任意の定数 c に対して $P(c^2r_1, c^2r_2) = c^{2l}P(r_1, r_2)$．
(2) $d_1 = 2k_1$ 次のベクトル $x = (x_i)_{1 \leq i \leq d_1}$ と d_2 次のベクトル $y = (y_i)_{1 \leq i \leq d_2}$ に対して，$\widehat{P}(X) = P(n(x), n(y))$（$X$ は x と y を並べて得られる $d_1 + d_2$ 次のベクトル，$n(x) = (x,x), n(y) = (y,y)$）とおくと，これは X に関して調和な多項式である．つまり

$$\Delta_x = \sum_{i=1}^{d_1} \frac{\partial^2}{\partial x_i^2}, \quad \Delta_y = \sum_{i=1}^{d_2} \frac{\partial^2}{\partial y_i^2}$$

とおくと $(\Delta_x + \Delta_y)\widehat{P} = 0$ である．

各 l に対して，このような P は定数倍を除き，一意的に存在する．これを実際に求めてみよう．P は l 次の同次式であるから，次のように書いてよい．

$$P(r_1, r_2) = \sum_{i=0}^{l} c_i r_1^i r_2^{l-i}$$

すなわち $\hat{P}(x,y) = \sum_{i=1}^{l} c_i n(x)^i n(y)^{l-i}$ である. ここで

$$\Delta_x(n(x)^i) = 2i(d_1 + 2i - 2)n(x)^{i-1},$$
$$\Delta_y(n(y)^{l-i}) = 2(l-i)(d_2 + 2l - 2i - 2)n(y)^{l-i-1}$$

などより,

$$(\Delta_x + \Delta_y)\hat{P}$$
$$= \sum_{i=0}^{l} 4i(k_1+i-1)c_i n(x)^{i-1} n(y)^{l-i} + \sum_{i=0}^{l} 4(l-i)(k_2+l-i-1)c_i n(x)^i n(y)^{l-i-1}.$$

よってこれがゼロという条件は, $n(x)^{i-1}n(y)^{l-i}$ の係数を比較し, また $c_{-1} = c_{l+1} = 0$ とおけば, 次と同値である.

$$i(k_1 + i - 1)c_i + (l - i + 1)(k_2 + l - i)c_{i-1} = 0. \qquad (0 \leq i \leq l)$$

よって c_i は c_0 により, 一意的に決まり, 次のようになる.

$$c_i = (-1)^i \frac{l(l-1)\cdots(l-i+1) \times (k_2+l-1)\cdots(k_2+l-i)}{i! k_1(k_1+1)\cdots(k_1+i-1)} c_0.$$

表示を見やすくするために $c_0 = \binom{k_1+l-1}{l}$ とすると,

$$c_i = (-1)^i \binom{k_2+l-1}{i} \binom{k_1+l-1}{l-i}$$

となる. よって定数倍を除き,

$$P(r_1, r_2) = \sum_{i=0}^{l} (-1)^i \binom{k_2+l-1}{i} \binom{k_1+l-1}{l-i} r_1^i r_2^{l-i} \qquad (3.16)$$

となる. この右辺を $P_l(r_1, r_2)$ と書くことにする. ここで

$$\mathbb{D}_{P_l} = P_l\left(\frac{\partial}{\partial \tau_1}, \frac{\partial}{\partial \tau_2}\right)$$

とおくと f_1, f_2 がそれぞれウェイト k_1, ウェイト k_2 の $\Gamma \subset SL_2(\mathbb{R})$ に関する保型形式のとき

$$\mathrm{Res}_{H_1}[\mathbb{D}_{P_l}(f_1(\tau_1)f_2(\tau_2))] = \sum_{i=0}^{l} (-1)^i \binom{k_1+l-1}{i} \binom{k_2+l-1}{l-i} \frac{d^i f_1}{d\tau^i} \frac{d^{l-i} f_2}{d\tau^{l-i}}$$

はウェイトが $k_1 + k_2 + 2l$ の Γ の保型形式になる．これが Rankin-Cohen 括弧と呼ばれ，$\{f_1, f_2\}_{2l}$ と書かれることはすでに述べた．結果をあらかじめ全く予想すること無く，自然な計算で直接求められる点が，一般論の利点であると思う．また，得られる保型形式のウェイトは，$k_1 + k_2 + 2l$ の形だけであるから，このような微分作用素では，ウェイトを $k_1 + k_2$ より奇数分増やすことはできないこともわかる．

次に，より一般の場合を考えよう．場合 (I) と同様，対称テンソル表現の分だけウェイトが増えるものが取り扱いやすい．すなわち，まず $r = 2$ として，$\Delta = H_n$，$D = H_n \times H_n$ として，$\Delta \ni Z$ を (Z, Z) で $H_n \times H_n$ に埋め込む．また ρ_l を $GL(n)$ の l 次対称テンソル表現として，条件 (II) の $\mathcal{P}(n; k_1, k_2; \rho_l)$ を求めることを考える．まずこのような多項式の空間が 1 次元であることを示す．前に述べたように，これは直交群の表現論の応用である．いま求めたいのは，$GL(n)$ の作用が $\rho_l(A)$ になっているベクトル値多重調和多項式の空間 $M(\rho_l)$ の次元であるが，これは $O(d)$ ($d = 2k_1 + 2k_2$) の表現空間である．ρ_l に対応するのは $(l, 0, \ldots, 0)_+$ なるパラメータに対応する $O(d)$ の既約表現 λ_l（いわゆる球表現）である．指標を記述するのに $h \in O(d) \subset GL(d)$ に対して，

$$\frac{1}{\det(1_d - ht)} = \sum_{i=0}^{\infty} p_i(h) t^i \tag{3.17}$$

とおくと，λ_l の指標は $h \in O(d)$ に対し

$$\lambda_l(h) = p_l(h) - p_{l-2}(h)$$

で与えられる．ただし，$a < 0$ では $p_a = 0$ としている．また定義により $p_0 = 1$ である．ここで λ_l の $h = \begin{pmatrix} h_1 & 0 \\ 0 & h_2 \end{pmatrix}$, $h_1 \in O(d_1)$, $h_2 \in O(d_2)$ への制限について考えたいので，

$$\frac{1}{\det(1_{d_1} - h_1 t)} = \sum_{i=0}^{\infty} q_i t^i, \qquad \frac{1}{\det(1_{d_2} - h_2 t)} = \sum_{i=0}^{\infty} q'_i t^i$$

とおく．λ_l の表現空間の中で $O(d_1) \times O(d_2)$ 不変になるベクトルの次元，言い換えると λ_l を $O(d_1) \times O(d_2)$ に制限した表現の既約表現分解に含まれる単位表現の重複度が $\mathcal{P}(n; k_1, k_2; \rho_l)$ の次元である．簡単のために，$O(d_1)$ の $(a, 0, \ldots, 0)_+$ に対応する表現を μ_a，$O(d_2)$ の $(b, 0, \ldots, 0)_+$ に対応する表現を μ'_b と書くことにする．

3.15 [補題]　次の関係式が成り立つ．

$$p_l - p_{l-2} = \sum_{\substack{a+b \leq l \\ 0 \leq a,b \\ a+b \equiv l \bmod 2}} (q_a - q_{a-2})(q'_b - q'_{b-2})$$

特に,

$$\lambda_l = \sum_{\substack{a+b \leq l \\ 0 \leq a,b \\ a+b \equiv l \bmod 2}} \mu_a \otimes \mu'_b$$

となる.また,単位表現 $\mu_0 \otimes \mu'_0$ が分解に含まれるための必要十分条件は l が偶数であることであり,このとき単位表現の重複度は 1 である.特に l が偶数ならば $\dim \mathcal{P}(n; k_1, k_2; \rho_l) = 1$,奇数ならば 0 となる.

証明 最初の関係式だけ証明すれば,あとはその容易な系である.h を h_1, h_2 に制限すれば

$$\sum_{f=0}^{\infty} p_f t^f = \sum_{a=0}^{\infty} q_a t^a \sum_{b=0}^{\infty} q'_b t^b$$

であるから,$p_f = \sum_{a+b=f} q_a q'_b$ である.さて,l を固定して,$0 \leq a, b, a+b+2\nu = l$ ($\nu \geq 0$) なるものについて $(q_a - q_{a-2})(q'_b - q'_{b-2})$ の和をとると,$a < 0$ については $p_a = q_a = q'_a = 0$ としておいて,

$$\sum_{\substack{0 \leq a,b \\ a+b+2\nu=l}} (q_a - q_{a-2})(q'_b - q'_{b-2}) = \sum_{a=0}^{l} \sum_{\nu=0}^{\infty} (q_a - q_{a-2})(q'_{l-a-2\nu} - q'_{l-a-2\nu-2})$$

$$= \sum_{a=0}^{l} (q_a - q_{a-2}) q'_{l-a}$$

$$= \sum_{a=0}^{l} q_a q'_{l-a} - \sum_{a=2}^{l} q_{a-2} q'_{l-a}$$

$$= p_l - p_{l-2}.$$

となる.よって証明された. ∎

実際は表現の制限での分解などについては,いろいろな一般論が知られている.たとえば [122] などを参照されたい.

さて,$\mathcal{P}(n; k_1, k_2; \rho_l)$ については,明示的な公式が得られる.これを説明する.まず $GL(n, \mathbb{C})$ の対称テンソル表現 ρ_l の表現空間を $u = (u_1, \ldots, u_n)$ の l 次斉次多項式全体 V_l にとり,ρ_l を V_l 上で $\rho_l(A) : Q(u) \to Q(uA)$ ($Q(u) \in V_l, A \in GL(n)$) と

して実現しておくことにする．さて，我々の多項式は，今の場合 n 次対称行列 R, R' の成分に関する V_l 値の多項式として与えられるが，今の場合，u に関して l 次の斉次多項式 $P(R, R', u)$ でその係数が R, R' の成分のスカラー値の多項式として表すのがわかりやすい．このとき，条件は次のようになっている．

(1) 任意の $A \in GL(n, \mathbb{C})$ に対して，$P(AR\,{}^tA, AR'\,{}^tA, u) = P(R, R', uA)$ となる．
(2) X を n 行 $2k_1$ 次，Y を n 行 $2k_2$ 次の変数行列とするとき，$\widehat{P}(X, Y) = P(X\,{}^tX, Y\,{}^tY)$ は $n \times (2k_1 + 2k_2)$ 行列 (X, Y) に関して多重調和である．

このような多項式 P を一つ見つけたい．$R = (r_{ij})$, $R' = (r'_{ij})$ としておく．更に $S = uR\,{}^tu = \sum_{i,j=1}^n r_{ij} u_i u_j$, $S' = uR'\,{}^tu = \sum_{i,j=1}^n r'_{ij} u_i u_j$ とおく．$P_l(r, r')$ を (3.16) で定義される 2 変数の多項式とする．

3.16 [補題]　　$P_l(S, S')$ は (k_1, k_2) と ρ_l に対し上の条件 (1), (2) を満たす．

証明　まず，$u(AR\,{}^tA)\,{}^tu = (uA)R\,{}^t(uA)$ などとなるから，$P_l(S, S') = P(R, R', u)$ と書いたとき，$P(AR\,{}^tA, AR'\,{}^tA, u) = P(R, R', uA)$ は明らかである．次に，$\widehat{P}(X, Y) = P(X\,{}^tX, Y\,{}^tY, u)$ が多重調和であることを示す．ここで $1 \leq i, j \leq n$ に対して，

$$\Delta_{ij}(X) = \sum_{\nu=1}^{d_1} \frac{\partial^2}{\partial x_{i\nu} \partial x_{j\nu}},$$

$$\Delta_{ij}(Y) = \sum_{\nu=1}^{d_2} \frac{\partial^2}{\partial y_{i\nu} \partial y_{j\nu}}$$

とおく．次の式は直接計算でわかる．

$$\frac{\partial S}{\partial x_{i\nu}} = 2u_i \sum_{m=1}^n x_{m\nu} u_m$$

$$\frac{\partial^2 S}{\partial x_{i\nu} \partial x_{j\nu}} = 2u_i u_j,$$

$$\frac{\partial S'}{\partial y_{i\nu}} = 2u_i \sum_{m=1}^n y_{m\nu} u_m$$

$$\frac{\partial^2 S'}{\partial y_{i\nu} \partial y_{j\nu}} = 2u_i u_j.$$

これから，

$$\frac{\partial P_l(S,S')}{\partial x_{i\nu}} = \frac{\partial P_l}{\partial r}(S,S') \times 2u_i \sum_{m=1}^{n} x_{m\nu} u_m,$$

$$\frac{\partial^2 P_l(S,S')}{\partial x_{i\nu} \partial x_{j\nu}} = \frac{\partial^2 P_l}{\partial r^2}(S,S') \times 4u_i u_j \left(\sum_{m=1}^{n} x_{m\nu} u_m\right)^2 + 2\frac{\partial P_l}{\partial r} u_i u_j$$

ここで $\sum_{\nu=1}^{d_1} \left(\sum_{m=1}^{n} x_{m\nu} u_m\right)^2 = S$ となるので,

$$\Delta_{ij}(X) P_l(S,S') = u_i u_j \left(4S \frac{\partial^2 P_l}{\partial r^2}(S,S') + 4k_1 \frac{\partial P_l}{\partial r}(S,S')\right). \tag{3.18}$$

同様に

$$\Delta_{ij}(Y) P_l(S,S') = u_i u_j \left(4S' \frac{\partial^2 P_l}{\partial r'^2}(S,S') + 4k_2 \frac{\partial P_l}{\partial r'}(S,S')\right). \tag{3.19}$$

一方で, もともと $P_l(n(x), n(y))$ は調和多項式だった. ラプラス作用素 Δ_x, Δ_y の作用を r, r' での微分に書き換えておくと,

$$\Delta_x = 4k_1 \frac{\partial}{\partial r} + 4r \frac{\partial^2}{\partial r^2},$$

$$\Delta_y = 4k_2 \frac{\partial}{\partial r'} + 4r' \frac{\partial^2}{\partial r'^2}$$

であるから, これを $P_l(S,S')$ に適用して, (3.18) と (3.19) の和はゼロになることがわかる. よって証明された. ∎

このような微分作用素は $n=2, l=2$ のときに佐藤孝和氏により定義されたのが最初である. そこでは, ウェイトが2次対称テンソル表現と行列式のべきであるような, 2次のベクトル値ジーゲル保型形式の構成に応用された ([161] 参照). 上で述べた微分作用素の構成は, 彼による証明とは発想が少し異なっている.

次に ρ が $A \in GL(n)$ に対し, $\rho(A) = \det(A)^l$ $(l > 0)$ となる場合について考える. この表現を簡単に $\det^l$ と書くことにする. これに対応する $GL(n)$ のヤング図形は $(l, l, \ldots, l)$ (深さは n) であり, 対応する $O(d)$ の表現のヤング図形も $(l, \ldots, l, 0, \ldots, 0)_+$ (ベクトルの長さは $k = k_1 + k_2$) である (ただし $2k_1 \geq n, 2k_2 \geq n$ としている). この場合の一般論は [40] に書かれている. また $n=2$ のときは [31] に別の定式化で述べられている. k_1, k_2 を固定するとき, $\mathcal{P}(n; k_1, k_2; det^l)$ から得られる微分作用素により, ウェイト k_1 の n 次ジーゲル保型形式 F_1 とウェイト k_2 の n 次ジーゲル保型形式 F_2 から, ウェイト $k_1 + k_2 + l$ の保型形式が得られる. 条件 (II) の (1) から l が

偶数でなければ $\mathcal{P}(n;k_1,k_2;det^l)$ がゼロになることは容易にわかる．以下の補題の証明は，既約表現の $O(d_1)\times O(d_2)$ への制限が単位表現をただひとつ含むことにより証明される．この表現論の結果は本質的には [122] に述べられているが，ここでは証明を省略する．

3.17 [補題] $2k_1 \geq n, 2k_2 \geq n$ と仮定し，さらに l が偶数と仮定すると

$$\dim \mathcal{P}(n;k_1,k_2;\det{}^l) = 1$$

である．

これの証明を省略する代わりに，depth が小さいヤング図形に対応する既約表現表現の場合を説明する．ヤング図形 $(f_1,f_2,0,\ldots,0)$ に対応する $GL(n)$ の既約表現 ρ_{f_1,f_2} および $M(\rho_{f_1,f_2})$ で実現される $O(d)$ の既約表現 λ_{f_1,f_2} について考えておこう．これは $n=2$ で $f_1 = f_2 = l$ ならば，det^l の表現と対応しており，以下の応用として，$n=2$ の場合の補題 3.17 が導かれる．

3.18 [補題] $k_1, k_2 \geq n$ とする．このとき，f_1, f_2 が偶数ならば $\mathcal{P}(n,k_1,k_2;\rho_{f_1,f_2}) = 1$，それ以外では 0 である．

これは表現の既約分解に関する次に述べる補題の系として証明される．ヤング図形 $(f_1,f_2,0,\ldots,0)$ に対応する $O(d), O(d_1), O(d_2)$ の既約表現をそれぞれ $\lambda_{f_1,f_2}, \mu_{f_1,f_2}, \mu'_{f_1,f_2}$ と書く．$f_2 = 0$ のときは，f_2 を省略して，$\lambda_{f_1,0} = \lambda_{f_1}$ などと書く．もし $a<0$ ならば $\lambda_a = 0$ などとする．また，つぎのように集合 T_1, T_2 を定義する．

$$T_1 = \{(x,y)\in \mathbb{Z}^2; 0\leq y\leq f_2 \leq x \leq f_1\},$$
$$T_2 = \{(x,y)\in \mathbb{Z}^2; 0\leq y\leq x \leq f_2-1\}.$$

3.19 [補題] $f_1 \geq f_2 \geq 0$ のとき，次の関係式が成り立つ．

$$\lambda_{f_1}\lambda_{f_2} = \sum_{b=0}^{f_2}\sum_{\nu=0}^{f_2-b} \lambda_{f_1-f_2+b+2\nu,b}, \tag{3.20}$$

$$\lambda_{f_1,f_2}|_{O(d_1)\times O(d_2)} = \sum_{(x,y)\in T_1} \mu_{x,y} \sum_{\nu,\nu'=0}^{\infty} \mu'_{f_1-x-2\nu} \mu'_{f_2-y-2\nu'}$$
$$+ \sum_{(x,y)\in T_2} \mu_{x,y} \sum_{\nu,\nu'=0}^{\infty} (\mu'_{f_1-x-2\nu}\mu'_{f_2-y-2\nu'} - \mu'_{f_1-y+1-2\nu}\mu'_{f_2-x-1-2\nu'}).$$
(3.21)

証明 証明の前に注意だが，特に (3.20) は，もちろん表現 λ_{f_1} と λ_{f_2} のテンソル積表現の既約分解を与えている．補題 3.18 の証明にはここまでは必要ないが，念のために結果を述べておいた．

(3.20) を証明する．p_f を (3.17) で定義すると，Weyl [195] によれば，指標 λ_{f_1,f_2} は

$$\lambda_{f_1,f_2} = (p_{f_1} - p_{f_1-2})(p_{f_2} - p_{f_2-4}) - (p_{f_1+1} - p_{f_1-3})(p_{f_2-1} - p_{f_2-3})$$

で与えられる．言い換えると，特に $\lambda_f = \lambda_{f,0} = p_f - p_{f-2}$ であるので，

$$\lambda_{f_1-f_2+b+2\nu,b} = \lambda_{f_1-f_2+b+2\nu}(\lambda_b+\lambda_{b-2}) - (\lambda_{f_1-f_2+b+2\nu+1}+\lambda_{f_1-f_2+b+2\nu-1})\lambda_{b-1}$$

である．これを (3.20) の右辺に適用する．まず

$$\sum_{b=0}^{f_2}\sum_{\nu=0}^{f_2-b} \lambda_{b-1}\lambda_{f_1-f_2+b+2\nu+1} = \sum_{b=0}^{f_2-1}\sum_{\nu=0}^{f_2-b-1} \lambda_b \lambda_{f_1-f_2+b+2(\nu+1)}$$
$$= \sum_{b=0}^{f_2-1}\sum_{\nu=1}^{f_2-b} \lambda_b \lambda_{f_1-f_2+b+2\nu}$$
$$= \sum_{b=0}^{f_2-1}\left(-\lambda_b\lambda_{f_1-f_2+b} + \sum_{\nu=0}^{f_2-b}\lambda_b\lambda_{f_1-f_2+b+2\nu}\right)$$
$$= \sum_{b=0}^{f_2}\left(-\lambda_b\lambda_{f_1-f_2+b} + \sum_{\nu=0}^{f_2-b}\lambda_b\lambda_{f_1-f_2+b+2\nu}\right)$$
$$= \sum_{b=0}^{f_2}\sum_{\nu=0}^{f_2-b}\lambda_b\lambda_{f_1-f_2+b+2\nu} - \sum_{\nu=0}^{f_2}\lambda_b\lambda_{f_1-f_2+b}.$$

となる．よって，

$$\sum_{b=0}^{f_2}\sum_{\nu=0}^{f_2-b}(\lambda_b\lambda_{f_1-f_2+b+2\nu} - \lambda_{b-1}\lambda_{f_1-f_2+b+2\nu+1}) = \sum_{b=0}^{f_2}\lambda_b\lambda_{f_1-f_2+b}.$$

この等式で b を $b-1$ に変えると

$$\sum_{b=1}^{f_2+1}\sum_{\nu=0}^{f_2-b+1}(\lambda_{b-1}\lambda_{f_1-f_2+b+2\nu-1}-\lambda_{b-2}\lambda_{f_1-f_2+2\nu+b}) = \sum_{b=1}^{f_2+1}\lambda_{b-1}\lambda_{f_2-f_2+b-1}.$$
$$= \sum_{b=0}^{f_2}\lambda_b\lambda_{f_1-f_2+b}.$$

この左辺で,まず $b = f_2 + 1$ のところだけを考えると,このときは ν の動く範囲は 0 のみであるから,

$$\lambda_{f_2}\lambda_{f_1} - \lambda_{f_2-1}\lambda_{f_1+1}$$

がでる.次に左辺で b は 1 から f_2 までを動くとして,$\nu = f_2 - b + 1$ のところだけを分離して書くと

$$\sum_{b=0}^{f_2}(\lambda_{b-1}\lambda_{f_1+f_2-b+1} - \lambda_{b-2}\lambda_{f_1+f_2-b+2}) = \lambda_{f_1-1}\lambda_{f_2+1}$$

がでる.よって,全体として

$$\sum_{b=0}^{f_2}\sum_{\nu=0}^{f_2-b}(\lambda_{b-1}\lambda_{f_1-f_2+2\nu+b-1} - \lambda_{b-2}\lambda_{f_1-f_2+2\nu+b})$$
$$= \sum_{b=0}^{f_2}\lambda_b\lambda_{f_1-f_2+b} - \lambda_{f_1+1}\lambda_{f_2-1} - \lambda_{f_1}\lambda_{f_2} + \lambda_{f_2-1}\lambda_{f_1+1}$$
$$= \sum_{b=0}^{f_2}\lambda_b\lambda_{f_1-f_2+b} - \lambda_{f_1}\lambda_{f_2}.$$

よって,(3.20) の右辺の和は $\lambda_{f_1}\lambda_{f_2}$ になる.よって証明された.次に (3.21) を証明する.補題 3.15 により,

$$\lambda_{f_1}(\lambda_{f_2} + \lambda_{f_2-2}) - (\lambda_{f_1+1} + \lambda_{f_1-1})\lambda_{f_2-1} =$$
$$\sum_{x=0}^{f_1}\mu_x\sum_{\nu=0}^{\infty}\mu'_{f_1-x-2\nu}\left(\sum_{y=0}^{f_2}\mu_y\sum_{\nu'=0}^{\infty}\mu'_{f_2-y-2\nu'} + \sum_{y=0}^{f_2-2}\mu_y\sum_{\nu'=0}^{\infty}\mu'_{f_2-2-y-2\nu'}\right)$$
$$- \left(\sum_{x=0}^{f_1+1}\mu_x\sum_{\nu=0}^{\infty}\mu'_{f_1+1-x-2\nu} + \sum_{x=0}^{f_1-1}\mu_x\sum_{\nu=0}^{\infty}\mu'_{f_1-1-x-2\nu}\right)\sum_{y=0}^{f_2-1}\mu_y\sum_{\nu'=0}^{\infty}\mu'_{f_2-1-y-2\nu'}$$

であるが,ここで $O(d_1)$ の表現に着目して,これをうまくまとめたい.パラメータを合わせるために $\sum_{y=0}^{f_2-2}$ のところは,y を $y-2$ に置き換えると,$\mu_{-1} = \mu_{-2} = 0$ と定義しているから,

と書ける．同様に $\sum_{x=0}^{f_1+1}$ の和の部分は $x \geq 1$ については x を $x+1$ と置き換えて

$$\sum_{x=0}^{f_1} \mu_{x+1} \sum_{\nu=0}^{\infty} \mu'_{f_1-x-2\nu} + \mu_0 \sum_{\nu=0}^{\infty} \mu'_{f_1+1-2\nu}$$

となる．また $\sum_{x=0}^{f_1-1}$ のところは x を $x-1$ と置き換えて

$$\sum_{x=0}^{f_1} \mu_{x-1} \sum_{\nu=0}^{\infty} \mu'_{f_1-x-2\nu}$$

となる．また $\sum_{y=0}^{f_2-1}$ の部分は y を $y-1$ に置き換えて，

$$\sum_{y=0}^{f_2} \mu_{y-1} \sum_{\nu'=0}^{\infty} \mu'_{f_2-y-2\nu'}$$

となる．結局全部合わせると

$$\sum_{x=0}^{f_1} \sum_{y=0}^{f_2} (\mu_x(\mu_y + \mu_{y-2}) - (\mu_{x+1} + \mu_{x-1})\mu_{y-1}) \sum_{\nu,\nu'=0}^{\infty} \mu'_{f_1-x-2\nu} \mu'_{f_2-y-2\nu}$$
$$- \mu_0 \sum_{y=0}^{f_2-1} \mu_y \sum_{\nu,\nu'=0}^{\infty} \mu'_{f_1+1-2\nu} \mu'_{f_2-y-1-2\nu} \tag{3.22}$$

となる．ここでもし $y \leq x$ ならば

$$\mu_{x,y} = \mu_x(\mu_y + \mu_{y-2}) - (\mu_{x+1} + \mu_{x-1})\mu_{y-1}$$

で都合がよいが，これはそうとは限らない．そこで $0 \leq y \leq f_2 \leq x \leq f_1$ のときとそれ以外の $0 \leq y \leq f_2$ かつ $0 \leq x \leq f_2 - 1$ のときに分けたい．前者の場合 (3.22) の第1項の和の項は明らかに

$$\sum_{(x,y) \in T_1} \mu_{x,y} \sum_{\nu,\nu'=0}^{\infty} \mu'_{f_1-x-2\nu} \mu'_{f_2-y-2\nu'}$$

である．後者からは，$y \leq x$ であれば同様に

$$\mu_{x,y} \sum_{\nu,\nu'=0}^{\infty} \mu'_{f_1-x-2\nu} \mu'_{f_2-y-2\nu'}$$

がでるが, $x < y$ ではどうなるかを見る必要がある. まず $x = y - 1$ ならば,

$$\mu_x(\mu_y + \mu_{y-2}) - (\mu_{x+1} + \mu_{x-1})\mu_{y-1} = \mu_x(\mu_{x+1} + \mu_{x-1}) - (\mu_{x+1} + \mu_{x-1})\mu_x = 0$$

であるから, $x < y - 1$ すなわち $x + 1 \leq y - 1$ のときを考えればよい. このときには,

$$-\mu_{y-1}(\mu_{x+1} + \mu_{x-1}) + \mu_x(\mu_y + \mu_{y-2}) = -\mu_{y-1,x+1}$$

である. よって, $\{(x,y); 0 \leq x \leq f_2-1, 0 \leq y \leq f_2\}$ を $y_1 \leq x_1$ と $x_2 + 1 \leq y_2 - 1$ の組に分けると, 概ね $(x_1, y_1) = (y_2 - 1, x_1 + 1)$ という 2 つずつの組に分けられる. 概ねというのは $(x_1, y_1) = (x, 0)$ だと $(x, 0) = (y_2 - 1, x_1 + 1)$ となる組がないからである. しかし, ここは (3.22) の最後の項を考慮に入れると, 綺麗にまとめられて, 結局 $x < f_2, y \leq f_2$ の部分は, 全体として,

$$\sum_{(x,y) \in T_2} \mu_{x,y} \sum_{\nu, \nu' = 0}^{\infty} \left(\mu'_{f_1 - x - 2\nu} \mu'_{f_2 - y - 2\nu'} - \mu'_{f_1 - y + 1 - 2\nu} \mu'_{f_2 - x - 1 - 2\nu'} \right)$$

で与えられることになる. よって示された. ■

補題 3.18 の証明 指標の制限において, $O(d_1)$ の単位表現と $O(d_2)$ の単位表現のテンソルの重複度を数えればよい. $\mu_{x,y}$ からはもちろん $x = y = 0$ のもののみ考えればよい. まず $f_2 = 0$ のときを考える. このときは $(0,0) \in T_1$ である. (3.21) により, $\sum_{\nu, \nu' = 0}^{\infty} \mu'_{f_1 - 2\nu} \mu'_{f_2 - 2\nu'}$ における単位表現の重複度を調べればよい. $f_2 = 0$ であるから $\nu' = 0$ としてよく, $\sum_{\mu = 0}^{\infty} \mu'_{f_1 - 2\nu}$ における単位表現の重複度ということになるが, これは $f_1 = 2\nu$ なる ν が存在するときのみ重複度 1 で単位表現が現れるから, f_1 は偶数で重複度が 1, 奇数ならば 0 である. 次に $f_2 \geq 1$ とする. このときは $(0, 0) \in T_2$ である. ここで調べるべきなのは

$$\sum_{\nu, \nu' = 0}^{\infty} \left(\mu'_{f_1 - 2\nu} \mu'_{f_2 - 2\nu'} - \mu'_{f_1 + 1 - 2\nu} \mu'_{f_2 - 1 - 2\nu'} \right) \tag{3.23}$$

における単位表現の重複度である. 前にも補題 3.8 で述べたが, 一般に $O(d_2)$ の 2 つの既約表現のテンソル表現の既約分解における単位表現の重複度は, 両方の既約表現が同値なときには 1, 同値でないときには 0 であった (これは今の場合には, (3.20) からも見ることができる). よって, (3.23) における単位表現の重複度は, $f_1 - 2\nu = f_2 - 2\nu'$ かつ $0 \leq \nu \leq f_1/2, 0 \leq \nu' \leq f_2/2$ となる (ν, ν') の組の個数から, $f_1 + 1 - 2\nu = f_2 - 1 - 2\nu'$ かつ $0 \leq \nu \leq (f_1 + 1)/2, 0 \leq \nu' \leq (f_2 - 1)/2$ となる (ν, ν') の組の個数を引いた数で与えられる. ここで前者, 後者ともに (ν, ν') の存在のためには $f_1 \equiv f_2 \bmod 2$

が必要であるから，これを仮定する．さて，前者は $\nu = (f_1 - f_2)/2 + \nu'$ とすると，$0 \leq \nu' \leq f_2/2$ のとき，$0 \leq \nu \leq f_1/2$ は自動的に成り立つので，$0 \leq \nu' \leq f_2/2$ なる整数の個数を数えればよい．これはもちろん $1 + [f_2/2]$ 個（ただし $[*]$ はガウス記号）である．また後者は，やはり $\nu = (f_1 - f_2)/2 + 1 + \nu'$ とおくと，$0 \leq \nu' \leq (f_2 - 1)/2$ から $0 \leq \nu \leq (f_1 + 1)/2$ がでるので，条件を満たす (ν, ν') の組の個数は $[(f_2 - 1)/2] + 1$ である．よって全体として単位表現の重複度は $[f_2/2] - [(f_2 - 1)/2]$ であるが，これは f_2 が偶数のときは 1，f_2 が奇数のときはゼロである．よって，証明された． ∎

さて，$r = 2$, $\rho = \det^l$ のときを考える．一般の n では完全に明示的に書き下せる公式は知られていないが，具体的に書くためのアルゴリズムは [40] にある．ここでは次の 2 つの場合だけ書く．

(1) n 一般で $l = 2$ のとき．
(2) $n = 2$ で l は一般の偶数のとき．

(2) は [31] にあるがここでは別の定式化で行う．まず $0 \leq \alpha \leq n$ となる整数に対し，n 次対称行列 R, R' の多項式 $P_\alpha(R, R')$ を

$$\det(R + tR') = \sum_{\alpha=0}^{n} P_\alpha(R, R') t^\alpha$$

で定義する．実際は $\mathcal{P}(n, k_1, k_2; \det^l)$ の多項式は P_α の多項式として書き表されるもののうち，多重調和なものになるのだが，その証明はやめて，具体的な計算を行う．一般に正方行列 A に対し，$A_{i,j}$ で行列 A の (i, j) 余因子を表す．つまり A から i 行と j 列を除いた行列の行列式に $(-1)^{i+j}$ を掛けたものを表すとする．特に，記号が面倒になるのを避けるために，以下 $\mathfrak{R} = R + tR'$ とおき，$\mathfrak{R}_{i,j}$ の t^α の係数を $(\mathfrak{R}_{i,j})_\alpha$ とおく．$X = (x_{i\nu}) \in M_{n, 2k_1}$, $Y = (y_{i\nu}) \in M_{n, 2k_2}$ とし，$R = X\,{}^tX$, $R' = Y\,{}^tY$ とする．いつものように $\Delta_{ij}(X) = \sum_{\nu=1}^{d_1} \frac{\partial^2}{\partial x_{i\nu} \partial x_{j\nu}}$, $\Delta_{ij}(Y) = \sum_{\nu=1}^{d_2} \frac{\partial^2}{\partial y_{i\nu} \partial y_{j\nu}}$ とする．次の公式が成り立つ．

3.20 [補題]
$$\frac{\partial \det(\mathfrak{R})}{\partial x_{1\nu}} = 2\sum_{j=1}^{n}\mathfrak{R}_{1,j}x_{j\nu},$$
$$\Delta_{11}(X)(\det(\mathfrak{R})) = 2(d_1+1-n)\mathfrak{R}_{1,1} + 2t\frac{d\mathfrak{R}_{1,1}}{dt},$$
$$\Delta_{11}(X)(P_\alpha) = 2(d_1+1-n+\alpha)(\mathfrak{R}_{1,1})_\alpha,$$
$$\Delta_{11}(Y)(P_\alpha) = 2(d_2+1-\alpha)(\mathfrak{R}_{1.1})_{\alpha-1}.$$

証明 行列式の微分は，各行を微分したものの行列式の和をとればよい．$\mathfrak{R}$ の 1 行の微分は $(2x_{1\nu},\ldots,x_{n\nu})$, 他の行は $(x_{j\nu},0,\ldots,0)$ であり，また $\mathcal{R}$ は対称行列であるから，最初の関係式は明らかである．更にこれを $x_{1\nu}$ で微分して ν について和を取ると，
$$2d_1\mathfrak{R}_{1,1} + 2\sum_{j,m=2}^{n}r_{jm}(\mathfrak{R}_{1,j})_{m-1,1}$$
となる ($\mathfrak{R}_{1,1}$ では行と列の番号が $\mathfrak{R}$ とは変わっているので，余因子の番号がずれているのに注意されたい)．ここで $(\mathfrak{R}_{1,j})_{m-1,1}$ は $\mathfrak{R}$ から 1 行，m 行，1 列，j 列を除いた行列の行列式に $(-1)^{1+m+j}$ を掛けたものである．つまり $-(\mathfrak{R}_{1,1})_{m-1,j-1}$ である．各列で展開してみれば
$$t\frac{d\mathfrak{R}_{1,1}}{dt} = t\sum_{j,m\neq 1}r'_{jm}(\mathfrak{R}_{1,1})_{m-1,j-1}$$
は明らかであり，よって，これに $\sum_{m,j\neq 1}r_{mj}(\mathfrak{R}_{1,1})_{m-1,j-1}$ を加えると
$$\sum_{j,m\neq 1}(tr'_{mj}+r_{mj})(\mathfrak{R}_{1,1})_{m-1,j-1} = (n-1)\mathfrak{R}_{1,1}$$
同様の計算により，$\Delta_{11}(Y)$ についても証明される．よって，補題は証明された．■

以上より，一般の n で一番単純な場合の多項式を求めることができる．すなわち $l=2$ の場合である．

3.21 [補題] $d_i = 2k_i \geq n$ とする．このとき，
$$Q_{n,k_1,k_2,2}(R,R') = \sum_{\substack{\alpha+\beta=n\\0\leq\alpha,\beta}}(-1)^\alpha \alpha!\beta!\binom{d_2-\alpha}{\beta}\binom{d_1-\beta}{\alpha}P_\alpha(R,R')$$
とおくと，
$$\mathcal{P}(n,k_1,k_2,\det^2) = \mathbb{C}Q_{n,k_1,k_2,2}(R,R')$$
となる．

証明 $Q = \sum_\alpha C(\alpha) P_\alpha$ とおくと，これが $GL(n)$ に関する条件を満たすのは明らかである．多重調和であるための必要十分条件は，対称性および $GL(n)$ を掛けても定数倍しか変わらないことより，$(\Delta_{11}(X) + \Delta_{11}(Y))Q = 0$ だけ調べればよい．前の補題により，左辺は

$$2 \sum_{\alpha=0}^{n} C(\alpha)\{(d_1 + 1 - n + \alpha)(\mathcal{R}_{1,1})_\alpha + (d_2 + 1 - \alpha)(\mathfrak{R}_{1,1})_{\alpha-1}\}.$$

ここで $(\mathcal{R}_{1,1})_\alpha$ は線形独立であるので，多重調和のための必要十分条件は

$$(d_2 - \alpha)C(\alpha+1) + (d_1 - n + \alpha + 1)C(\alpha) = 0 \qquad (0 \leq \alpha \leq n-1)$$

である．ここで $C(0) = n!\binom{d_2}{n}$ とおいて，結果を得る．∎

さて，一般に P_α の多項式に対して $\Delta_{11}(X) + \Delta_{11}(Y)$ の作用を求めたかったら，$P_\alpha P_\beta$ に対する作用を求めなければならない．一般に $P(R, R')$, $Q(R, R')$ に対して

$$(P, Q)_{i,R} = \frac{1}{4} \sum_{\nu=1}^{d_1} \frac{\partial P}{\partial x_{i\nu}} \frac{\partial P}{\partial x_{i\nu}},$$

$$(P, Q)_{i,R'} = \frac{1}{4} \sum_{\nu=1}^{d_2} \frac{\partial P}{\partial y_{i\nu}} \frac{\partial P}{\partial y_{i\nu}}$$

と定義しよう．また $(P, Q)_i = (P, Q)_{i,R} + (P, Q)_{i,R'}$ とおく．すると

$$\Delta_{ii}(X)(PQ) = (\Delta_{ii}(X)P)Q + 8(P, Q)_{i,R} + P\Delta_{ii}(X)Q,$$
$$\Delta_{ii}(Y)(PQ) = (\Delta_{ii}(Y)P)Q + 8(P, Q)_{i,R'} + P\Delta_{ii}(Y)Q$$

となるのは明らかである．

ここで，$(P_\alpha, P_\beta)_{i,R}$ などの公式は一般の n でも書けるが，やや煩瑣でもあるので，一般の場合は [40] を見ていただくことにして，ここでは $n = 2$ の場合だけ考える．$R = (r_{ij})$, $R' = (r'_{ij}) \in M_2$ とする．直接計算により，次がわかる．

$(P_0, P_0)_{1,R} = P_0 r_{22}, \quad (P_0, P_1)_{1,R} = P_0 r'_{22}, \quad (P_0.P_2)_{1,R} = 0,$
$(P_1, P_1)_{1,R} = P_1 r'_{22} - P_2 r_{22}, \quad (P_1, P_2)_{1,R} = (P_2, P_2)_{1,R} = 0,$
$(P_0, P_0)_{1,R'} = (P_0, P_1)_{1,R'} = (P_0, P_2)_{1,R'} = 0,$
$(P_1, P_1)_{1,R'} = r_{22} P_1 - r'_{22} P_0, \quad (P_1, P_2)_{1,R'} = r_{22} P_2, \quad (P_2, P_2)_{1,R'} = r'_{22} P_2.$

ここで, 表示が綺麗になるようにするために, $P_1^* = P_0+P_1+P_2$ とおき, P_0, P_1, P_2 の多項式を P_0, P_1^*, P_2 の多項式に書き換えておくことにする. また $L_i = \Delta_{ii}(X)+\Delta_{ii}(Y)$ とすると次の公式が成り立つ.

$L_1 P_0 = 2(d_1 - 1)r_{22}, \quad L_1 P_1^* = 2(d_1 + d_2 - 1)(r_{22} + r'_{22}), \quad L_1 P_2 = 2(d_2 - 1)r'_{22},$
$(P_0, P_0)_1 = P_0 r_{22}, \quad (P_0, P_1^*)_1 = (r_{22} + r'_{22})P_0, \quad (P_0, P_2)_1 = 0,$
$(P_1^*, P_1^*)_1 = (r_{22} + r'_{22})P_1^*, \quad (P_1^*, P_2)_1 = (r_{22} + r'_{22})P_2, \quad (P_2, P_2)_1 = r'_{22} P_2.$

ここで,

$$L_1(P^r) = rP^{r-1}L_1(P) + 4r(r-1)(P,P)_1 P^{r-2},$$
$$L_1(P^r Q^s) = L(P^r)Q^s + 8rs P^{r-1}Q^{s-1}(P,Q)_1 + P^r L(Q^s)$$

などに注意すれば, 以上の等式を用いて, $v = r + s + p$ とするとき,

$L_1(P_0^r P_2^s (P_1^*)^p)$
$= 4r_{22}\left(r\left(\dfrac{d_1-3}{2}+r\right)P_0^{r-1}P_2^s(P_1^*)^p + p\left(\dfrac{d_1+d_2-3}{2}+2v-p\right)P_0^r P_2^s (P_1^*)^{p-1}\right)$
$\quad + 4r'_{22}\left(s\left(\dfrac{d_2-3}{2}+s\right)P_0^r P_2^{s-1}(P_1^*)^p + p\left(\dfrac{d_1+d_2-3}{2}+2v-p\right)P_0^r P_2^s (P_1^*)^{p-1}\right).$

となることがわかる. ここで, r_{22}, r'_{22} は多項式環 $\mathbb{C}[P_0, P_1^*, P_2]$ 上線形独立なことがわかるので, よって, v を正整数として, $P(R, R') = \sum_{r+s+p=v} C(r,s,p) P_0^r P_2^s (P_1^*)^p$ ($C(r,s,p)$ は定数) が $L_1 P = 0$ を満たすとすると,

$$r\left(\dfrac{d_1-3}{2}+r\right)C(r,s,p)$$
$$+ (p+1)\left(\dfrac{d_1+d_2-3}{2}+2v-p-1\right)C(r-1,s,p+1) = 0, \quad (3.24)$$

$$s\left(\dfrac{d_2-3}{2}+s\right)C(r,s,p)$$
$$+ (p+1)\left(\dfrac{d_1+d_2-3}{2}+2v-p-1\right)C(r,s-1,p+1) = 0 \quad (3.25)$$

となる. ここで v, s を固定すれば (3.24) を繰り返し適用して, 係数 $C(r,s,p)$ は $C(0, s', p')$ ($s'+p'=v$) なる係数に帰着し, また (3.25) により, $C(0, s', p')$ は $C(0,0,v)$

に帰着する．よって P は定数倍を除いて，一意的に決まる．これは，$\rho = \det^{2v}$ に対応している．もっと具体的に書けば，たとえば次のようになる．

$$C(r,s,p)$$
$$= \frac{(v-r)!(v-s)!(v-p)!}{r!s!p!} \binom{\frac{d_1-3}{2}+v}{v-r} \binom{\frac{d_2-3}{2}+s}{v-s} \binom{-\left(\frac{d_1+d_2-3}{2}+v\right)}{v-p}$$

とおく．

3.22 [補題]　$n=2$ とする．正整数 $k_1, k_2 \geq 2$ と 正整数 v を固定する．このとき

$$P_v(R, R') = \sum_{r+s+p=v} C(r,s,p) P_1^r P_2^s (P_1^*)^p$$

とおくと，$\mathcal{P}(2; k_1, k_2; det^{2v}) = \mathbb{C} P_v$ となる．

証明　直接漸化式 (3.24), (3.25) に代入して，これらが満たされていることを言えばよい．たとえば (3.24) については，

$$\left(\frac{d_1-3}{2}+r\right)\binom{\frac{d_1-3}{2}+v}{v-r} = (v-r+1)\binom{\frac{d_1-3}{2}+v}{v-(r-1)}$$
$$\left(\frac{d_1+d_2-3}{2}+2v-p-1\right)\binom{-\left(\frac{d_1+d_2-3}{2}+v\right)}{v-(p+1)} = -(v-p)\binom{-\left(\frac{d_1+d_2-3}{2}+v\right)}{v-p}$$

これと $r/r! = 1/(r-1)!$, $(p+1)/(p+1)! = 1/p!$, $(v-r)!(v-r+1) = (v-r+1)!$, $(v-p-1)!(v-p) = (v-p)!$ などにより，P の係数が (3.24) を満たすのは明らかである．(3.25) も同様に証明される．■

もちろん，$Z_1, Z_2 \in H_2$ に対して，これより微分作用素を

$$\mathbb{D}_v = P_v\left(\frac{\partial}{\partial Z_1}, \frac{\partial}{\partial Z_1}\right)$$

で定義すれば，H_2 のウェイト k_1 のジーゲル保型形式 F_1 とウェイト k_2 のジーゲル保型形式 F_2 について，

$$\operatorname{Res}_{Z=Z_1=Z_2}[\mathbb{D}_v(F_1(Z_1)F_2(Z_2))]$$

はウェイト $k_1 + k_2 + 2v$ の保型形式になる．今の場合，この微分はもう少し具体的に書ける．今は P_0 は R だけの，また P_2 は R' だけの関数である．すなわちこれらから

は $\det\left(\frac{\partial}{\partial Z_1}\right)$, $\det\left(\frac{\partial}{\partial Z_2}\right)$ が現れ,よって

$$\det\left(\frac{\partial}{\partial Z_1}\right)^r \det\left(\frac{\partial}{\partial Z_2}\right)^s (F_1(Z_1)F_2(Z_2))$$
$$= \left(\det\left(\frac{\partial}{\partial Z_1}\right)^r F_1(Z_1)\right)\left(\det\left(\frac{\partial}{\partial Z_2}\right)^s F_2(Z_2)\right)$$

となる.また $P_1^*\left(\frac{\partial}{\partial Z_1},\frac{\partial}{\partial Z_2}\right) = \det\left(\frac{\partial}{\partial Z_1} + \frac{\partial}{\partial Z_2}\right)$ なので,このベキは $\frac{\partial}{\partial z_{ij}^{(1)}} + \frac{\partial}{\partial z_{ij}^{(2)}}$ の形の微分作用素の積からなっており,また

$$\left(\frac{\partial}{\partial z_{ij}^{(1)}} + \frac{\partial}{\partial z_{ij}^{(2)}}\right)(F_1(Z_1)F_2(Z_2)) = \frac{\partial F_1(Z_1)}{\partial z_{ij}^{(1)}}F_2(Z_2) + F_1(Z_1)\frac{\partial F_2(Z_2)}{\partial z_{ij}^{(2)}}$$

となるので,$\mathbb{D} = \det\left(\frac{\partial}{\partial Z}\right)$ とおくと,

$$\mathrm{Res}_{Z=Z_1=Z_2}\left[\left(P_1^*\left(\frac{\partial}{\partial Z_1},\frac{\partial}{\partial Z_1}\right)\right)^p (F_1(Z_1)F_2(Z_2))\right] = \mathbb{D}^p(F_1(Z)F_2(Z))$$

となるのは明らかである.よって,前に述べた P_v でできる微分作用素はもっと単純に書けて,

$$\{F_1, F_2\}_{2v} = \sum_{r+s+p=v} C(r,s,p)\mathbb{D}^p[(\mathbb{D}^r F_1(Z))(\mathbb{D}^s F_2(Z))]. \tag{3.26}$$

で与えられる.この形で $n = 2$ のジーゲル保型形式に対する Rankin-Cohen 型の微分作用素を初めて書き下したのは Choie と Eholzer である ([31] を参照).ただし彼らの証明はここで述べたものとは違って,直接計算による.ここに書いてある形の証明は [40] に述べてある.一般の n に対しても,$\rho = \det^l$ のときには,係数を一意的に決める漸化式(すなわち (3.24), (3.25) の一般化)が [40] に与えてあり,原理的にはこれから必要な多項式は求まるが,完全に一般の具体的な閉じた形での公式にはなっていない.また,$n = 2$ では,$GL(2)$ の表現 ρ は一般に $\rho = \det^l Sym(j)$ ($Sym(j)$ は $GL(2,\mathbb{C})$ の j 次対称テンソル表現)という形をしている.以上では $l = 0$ または $j = 0$ の場合だけを与えたことになるが,もっと一般の (l,j),すなわち,$l > 0$ かつ $j > 0$ の場合も,宮脇誠 [137] に完全に明示的な公式が書かれている.

4.3 $r \geq 3$ の例

場合 (I) については,一般の r について,$n_1 = \cdots = n_r = 1$ のときの理論は [93] に書いてある.これは微分作用素の理論というよりは,特殊関数論であって,実際,前

4. 具体的な微分作用素の例 155

記の論文では保型形式は（動機の説明部分を除いては）全く登場しない．その結果は $n_i = 1$ でないときの一般論の基礎でもあり，これから場合 (I) のすべての微分作用素の元となる「普遍微分作用素」の理論 [83] に応用できるなど，かなり面白いのであるが，何分長文の論文でもあり，あまり簡単には書けないので，この本には書かないことにする．興味のある方はもとの論文を参照されたい．

その代わり，場合 (II) について，もう少し例を挙げておく．保型形式を構成するという立場から言えば，場合 (II) は非常に有効である．いままでの例では，たとえば既知の保型形式から微分作用素を用いてウェイトを増やすのに，行列式のベキについては偶数分だけしか増やせなかったが，$r \geq 3$ とすると，奇数分増やすことが可能になる．これ以外にもいわゆる指標付の保型形式から指標のつかない保型形式を構成することが可能になる場合もある．こういうことからもわかるように，$n \geq 2$ である限りは，当然ながら，$r \geq 3$ というのは，決して $r = 2$ の作用を繰り返して得られるようなものではなく，本質的に新しい作用素なのである．あまり系統的に完結したといった結果はないが，いくつか例を挙げておきたい．

一番単純な例は，$n = 2, r = 4$ の次の場合である．4つの正整数 k_1, k_2, k_3, k_4 を指定する．また R, S, T, W を2次対称行列とし，$R = (r_{ij}), S = (s_{ij}), T = (t_{ij}), W = (w_{ij})$ と書く．ここで

$$P(R,S,T,W) = \begin{vmatrix} k_1 & k_2 & k_3 & k_4 \\ r_{11} & s_{11} & t_{11} & w_{11} \\ r_{12} & s_{12} & t_{12} & w_{12} \\ r_{22} & s_{22} & t_{22} & w_{22} \end{vmatrix}$$

と定義する．$i = 1, \ldots, 4$ に対して，X_i を2行 $2k_i$ 列の変数行列として，$R = X_1\,{}^tX_1, S = X_2\,{}^tX_2, T = X_3\,{}^tX_3, W = X_4\,{}^tX_4$ と代入すると，

$$\Delta_{11}(X_1)P = \begin{vmatrix} 0 & k_2 & k_3 & k_4 \\ 2k_1 & s_{11} & t_{11} & w_{11} \\ 0 & s_{12} & t_{12} & w_{12} \\ 0 & s_{22} & t_{22} & w_{22} \end{vmatrix}, \quad \Delta_{11}(X_2)P = \begin{vmatrix} k_1 & 0 & k_3 & k_4 \\ r_{11} & 2k_2 & t_{11} & w_{11} \\ r_{12} & 0 & t_{12} & w_{12} \\ r_{22} & 0 & t_{22} & w_{22} \end{vmatrix},$$

$$\Delta_{11}(X_3)P = \begin{vmatrix} k_1 & k_2 & 0 & k_4 \\ r_{11} & s_{11} & 2k_3 & w_{11} \\ r_{12} & s_{12} & 0 & w_{12} \\ r_{22} & s_{22} & 0 & w_{22} \end{vmatrix}, \quad \Delta_{11}(X_4)P = \begin{vmatrix} k_1 & k_2 & k_3 & 0 \\ r_{11} & s_{11} & t_{11} & 2k_4 \\ r_{12} & s_{12} & t_{12} & 0 \\ r_{22} & s_{22} & t_{22} & 0 \end{vmatrix}$$

などにより，

$$(\Delta_{11}(X_1) + \Delta_{11}(X_2) + \Delta_{11}(X_3) + \Delta_{11}(X_4))P = 2 \begin{vmatrix} k_1 & k_2 & k_3 & k_4 \\ k_1 & k_2 & k_3 & k_4 \\ r_{12} & s_{12} & t_{12} & w_{12} \\ r_{22} & s_{22} & t_{22} & w_{22} \end{vmatrix} = 0$$

である．また $A \in GL_2(\mathbb{C})$ とすると $AR\,{}^tA$ はベクトル (r_{11}, r_{12}, r_{22}) 上で 2 次対称テンソル表現として作用するので，この作用の行列式は $\det(A)^3$ である．すなわち

$$P(AR\,{}^tA, AS\,{}^tA, AT\,{}^tA, AW\,{}^tA) = \det(A)^3 P(R, S, T, W).$$

これから決まる微分作用素は，もともと 4 つの H_2 上の正則関数 $F_i(Z)$ の積

$$F_1(Z_1)F_2(Z_2)F_3(Z_3)F_4(Z_4)$$

に作用させるのだが，P が R, S, T, W について 1 次であることから，$Z = (z_{ij})$，$\partial_{ij} = \frac{1+\delta_{ij}}{2} \frac{\partial}{\partial z_{ij}}$ とすると容易にわかるように

$$\mathrm{Res}_{Z_i = Z} \left(P\left(\frac{\partial}{\partial Z_1}, \frac{\partial}{\partial Z_2}, \frac{\partial}{\partial Z_3}, \frac{\partial}{\partial Z_4}\right)(F_1(Z_1)F_2(Z_2)F_3(Z_3)F_4(Z_4)) \right)$$
$$= \begin{vmatrix} k_1 F_1 & k_2 F_2 & k_3 F_3 & k_4 F_4 \\ \partial_{11} F_1 & \partial_{11} F_2 & \partial_{11} F_3 & \partial_{11} F_4 \\ \partial_{12} F_1 & \partial_{12} F_2 & \partial_{12} F_3 & \partial_{12} F_4 \\ \partial_{22} F_1 & \partial_{22} F_2 & \partial_{22} F_3 & \partial_{22} F_4 \end{vmatrix} \quad (3.27)$$

であり，また F_i がウェイト k_i の 2 次のジーゲル保型形式ならば，上の式はウェイトが $k_1 + k_2 + k_3 + k_4 + 3$ のジーゲル保型形式となる．この作用を

$$\{F_1, F_2, F_3, F_4\}_{\det^3}$$

と書くことにする．もっとも印象的な実例は次のものである．$\Gamma_2 = Sp(2, \mathbb{Z})$ のウェイト 4, 6 のアイゼンシュタイン級数 ϕ_4, ϕ_6 （定義は第 8 章）およびウェイト 10, 12 のカスプ形式 χ_{10}, χ_{12} （定数倍を除きただひとつに決まる）は，Γ_2 の偶数ウェイトのジーゲル保型形式のなす環 $A_{\mathrm{even}}(\Gamma_2)$ の代数的に独立な生成元であることが [94],[95] で知られているが，

$$\chi_{35} = \{\phi_4, \phi_6, \chi_{10}, \chi_{12}\}_{\det^3}$$

とおくと，これは Γ_2 のウェイト 35 の 0 でないカスプ形式であり，また Γ_2 の奇数ウェイトを含むジーゲル保型形式全体のなす環 $A(\Gamma_2)$ は

$$A(\Gamma_2) = A_{\text{even}}(\Gamma_2) \oplus \chi_{35} A_{\text{even}}(\Gamma_2)$$

となることがわかる（ここでは証明を略す．なお，保型形式環については，第 8 章を参照されたい）．χ_{35} は初め井草準一により，テータ定数の積の和を用いて構成されたが，この和がゼロでないことを証明する必要があるなど，かなり面倒な証明であった ([97])．これに比較すると，微分作用素による構成は非常に易しい．類似の結果は [9] も参照されたい．

以上と同じ構成は n が一般でもそのまま模倣できる．すなわち $k_1, \ldots, k_{n(n+1)/2+1}$ を正の整数として，ウェイト $k_1, \ldots, k_{n(n+1)/2+1}$ の n 次ジーゲル保型形式 $F_1, \ldots, F_{n(n+1)/2+1}$ に対して，第 1 行が $(k_1 F_1, k_2 F_2, \ldots, k_{n(n+1)/2+1} F_{n(n+1)/2+1})$，第 2 行から $n(n+1)/2+1$ 行が $(\partial F_\nu / \partial z_{ij})_{1 \leq \nu \leq n(n+1)/2+1}$ $(1 \leq i \leq j \leq n)$ となる $n(n+1)/2+1$ 次の行列の行列式はウェイトが $k_1 + \cdots + k_{n(n+1)/2+1} + n + 1$ のジーゲル保型形式となる．

次にベクトル値の保型形式の構成を考える．$GL(2)$ の j 次対称テンソル表現を u_1, u_2 の j 次斉次式のなすベクトル空間で実現しておくことにする．$R = (r_{ij})$, $S = (s_{ij})$, $T = (t_{ij})$ を 2 次対称行列として，

$$P_1(R, S, u) = \begin{vmatrix} r_{11} & s_{11} \\ r_{12} & s_{12} \end{vmatrix} u_1^2 + \begin{vmatrix} r_{11} & s_{11} \\ r_{22} & s_{22} \end{vmatrix} u_1 u_2 + \begin{vmatrix} r_{12} & s_{12} \\ r_{22} & s_{22} \end{vmatrix} u_2^2$$

とおくと，$A \in M_2(\mathbb{C})$ に対して，

$$P_1(AR\,{}^tA, AS\,{}^tA, u) = \det(A) P_1(R, S, uA)$$

となることが直接計算により確かめられる．よって

$$P(R, S, T : u) = \begin{vmatrix} r_{11} & s_{11} & t_{11} \\ r_{12} & s_{12} & t_{12} \\ k_1 & k_2 & k_3 \end{vmatrix} u_1^2 - \begin{vmatrix} r_{11} & s_{11} & t_{11} \\ k_1 & k_2 & k_3 \\ r_{22} & s_{22} & t_{22} \end{vmatrix} u_1 u_2 + \begin{vmatrix} k_1 & k_2 & k_3 \\ r_{12} & s_{12} & t_{12} \\ r_{22} & s_{22} & t_{22} \end{vmatrix} u_2^2$$

とおけば，$P(AR\,{}^tA, AS\,{}^tA, AT\,{}^tA; u) = P(R, S, T; uA)$ となることは明らかである．ここで $i = 1, 2, 3$ に対して，X_i を 2 行 $2k_i$ 列の独立変数を成分とする行列として，$X = (X_1, X_2, X_3)$ として，$R = X_1\,{}^tX_1$, $S = X_2\,{}^tX_2$, $T = X_3\,{}^tX_3$ とおく．

$X = (x_{i\nu})_{1 \leq i \leq 2, 1 \leq \nu \leq d}$ (ただし $(d = 2(k_1 + k_2 + k_3))$ として，$\Delta_{ij}(X)$ を前と同様に定義すると，直接計算で $\Delta_{11}(X)P = \Delta_{12}(X)P = \Delta_{22}(X)P = 0$ が容易にわかるので，$P(X_1{}^tX_1, X_2{}^tX_2, X_3{}^tX_3)$ は多重調和多項式である．よって，

$$\mathcal{P}(2; k_1, k_2, k_3; \det Sym(2)) = \mathbb{C}P$$

となる（左辺が 1 次元になることは，(3.21) による）．言い換えると，ウェイト k_i の 2 次のジーゲル保型形式 F_i ($i = 1, 2, 3$) があるとき，$Z = (z_{ij}) \in H_2$ に対して $\partial_{ij} = \frac{1+\delta_{ij}}{2}\frac{\partial}{\partial z_{ij}}$ とおき，$\{F_1, F_2, F_2\}_{\det Sym(2)}$ を

$$\{F_1, F_2, F_3\}_{\det Sym(2)} = \begin{vmatrix} \partial_{11}F_1 & \partial_{11}F_2 & \partial_{11}F_3 \\ \partial_{12}F_1 & \partial_{12}F_2 & \partial_{12}F_3 \\ k_1F_1 & k_2F_2 & k_3F_3 \end{vmatrix} u_1^2$$

$$- \begin{vmatrix} \partial_{11}F_1 & \partial_{11}F_2 & \partial_{11}F_3 \\ k_1F_1 & k_2F_2 & k_3F_3 \\ \partial_{22}F_1 & \partial_{22}F_2 & \partial_{22}F_3 \end{vmatrix} u_1u_2 + \begin{vmatrix} k_1F_1 & k_2F_2 & k_3F_3 \\ \partial_{12}F_1 & \partial_{12}F_2 & \partial_{12}F_3 \\ \partial_{22}F_1 & \partial_{22}F_2 & \partial_{22}F_3 \end{vmatrix} \quad (3.28)$$

と定義すれば，$\{F_1, F_2, F_3\}_{\det Sym(2)}$ はウェイトが $\det^{k_1+k_2+k_3+1} Sym(2)$ のジーゲルカスプ形式になる．類似の作用素を $j \geq 4$ に対して定義することもできるが，ここでは省略する．

3.23 [練習問題]　(3.21) を用いて，$\dim \mathcal{P}(2; k_1, k_2, k_3; \det Sym(2)) = 1$ を示せ．

5. 微分の簡単な公式集

　ジーゲル上半空間上の関数に関するさまざまな微分を考えるのに，比較的易しい公式集を書いておくと便利なことも多い．これまでに述べたように関数への作用を直接計算しなくても，たとえば多重調和多項式を媒介して抽象的な証明が書ける場合も多いが，より具体的な微分作用素の作用の公式の直接証明を知っておくのも，時として有用であると思う．前節までの内容と直接的な関連性はないが，ここではそのような具体的な作用の公式をいくつか挙げて，直接証明を書いてみる．

　まず，変数 $Z = (z_{ij}) \in H_n$ に対して，微分からなる行列を，以前と同様に

$$\frac{\partial}{\partial Z} = \left(\frac{1+\delta_{ij}}{2}\frac{\partial}{\partial z_{ij}}\right) \quad (3.29)$$

と定義する．もともと Z は対称行列であるから，この行列自身も対称行列である．上半空間 H_n 上の正則関数 $f(Z)$ に対して，この微分作用素の行列による $f(Z)$ の微分は

$$\frac{\partial f}{\partial Z} = \left(\frac{1+\delta_{ij}}{2}\frac{\partial f}{\partial z_{ij}}\right)$$

のことと定義すると，これはもちろん n 次の対称行列である．しかし，その像を行列と考えるよりは，対応する2次形式，ないしは双一次形式をとって考えた方が，記述が単純で考察も容易なことが多い．そこで，(3.29) の代わりに，行ベクトル $x, y \in \mathbb{C}^n$ に対して

$$\partial[x,y] = x\frac{\partial}{\partial Z}{}^t y = \sum_{1 \le i \le j \le n} \frac{x_i y_j + x_j y_i}{2}\frac{\partial}{\partial z_{ij}}$$

と定義すれば，たとえば

$$x\frac{\partial f}{\partial Z}{}^t y = \sum_{1 \le i,j \le n} \frac{1+\delta_{ij}}{2}\frac{\partial f}{\partial z_{ij}} x_i y_j = \partial[x,y](f)$$

であり，ここで $\frac{x_i y_j + x_j y_i}{2}$ の係数として，各 $\frac{\partial f}{\partial z_{ij}}$ は確定しているから，実質的に $\frac{\partial f}{\partial Z}$ を考えているのと同じである．よって以下の公式では，もっぱら $\partial[x,y]$ について考えることにする．まず，簡単な典型的な公式を一つ述べる．

3.24 [補題] 任意の $g = \begin{pmatrix} A & B \\ C & D \end{pmatrix} \in Sp(n,\mathbb{R})$ について，次の公式が成り立つ．

$$\partial[x,y]\det(CZ+D) = \det(CZ+D)\left(x(CZ+D)^{-1}C\,{}^t y\right). \tag{3.30}$$

$$\partial[x,y](\det(CZ+D)^{-k}) = -k\det(CZ+D)^{-k}\left(x(CZ+D)^{-1}C\,{}^t y\right). \tag{3.31}$$

証明 一般に行列式 $\det(\mathfrak{a}_1,\ldots,\mathfrak{a}_n)$ を何かで微分したものは，

$$\sum_{i=1}^n \det(\mathfrak{a}_1,\ldots,\mathfrak{a}_{i-1},\mathfrak{a}'_i,\mathfrak{a}_{i+1},\ldots,\mathfrak{a}_n)$$

で与えられる．ただし，$\mathfrak{a}'_i$ は $\mathfrak{a}_i$ の微分（$\mathfrak{a}_i$ の各成分を微分で取り換えたものからなるベクトル）を意味する．さて，$CZ+D$ のうち，z_{ij} が含まれている列は第 i 列と第 j 列のみ（もし $i=j$ ならば第 i 列のみ）である．ここで，第 j 列は $(\sum_{\nu=1}^n c_{l\nu}z_{\nu j}+d_{lj})_{1 \le l \le n}$ であり，これを z_{ij} で微分すると $(c_{li})_{1 \le l \le n}$ となる．また第 i 列は $(\sum_{\nu=1}^n c_{l\nu}z_{\nu i}+d_{li})_{1 \le l \le n}$ であるが，$z_{ji}=z_{ij}$ であるから，これを z_{ij} で微分すると $(c_{lj})_{1 \le l \le n}$ が得られる．さて，$CZ+D$ の (i,j) 余因子，すなわち $CZ+D$ から第 i 行と第 j 列を除いて得られ

る $n-1$ 次行列の行列式に $(-1)^{i+j}$ を掛けて得られる量をここでは暫定的に $\widetilde{\alpha}_{ij}$ と書くことにする．すると，$i=j$ のときと $i\neq j$ のときの違いに注意して，以上により

$$\frac{\partial}{\partial z_{ij}}\det(CZ+D)=\frac{1}{1+\delta_{ij}}\left(\sum_{l=1}^{n}c_{li}\widetilde{\alpha}_{lj}+\sum_{l=1}^{n}c_{lj}\widetilde{\alpha}_{li}\right) \quad (3.32)$$

がえられる．ここで $CZ+D$ の余因子行列 $\widetilde{CZ+D}$ は (ν,μ) 成分が $\widetilde{\alpha}_{\mu\nu}$ であることに注意すると，(3.32) の右辺のカッコ内は $(\widetilde{CZ+D})C$ の (i,j) 成分，および (j,i) 成分の和である．ところが実は $(\widetilde{CZ+D})C$ は対称行列である．実際 $C\,^t(CZ+D)=C\,^tZ\,^tC+C\,^tD=CZ\,^tC+C\,^tD$ であるが，$CZ\,^tC$ が対称なのは明らかであり，また $g\in Sp(n,\mathbb{R})$ より $C\,^tD=D\,^tC$ だから，$C\,^t(CZ+D)=(CZ+D)\,^tC$．よって $(CZ+D)^{-1}C$ は対称行列であり，$(CZ+D)^{-1}=\det(CZ+D)^{-1}(\widetilde{CZ+D})$ であるから $(\widetilde{CZ+D})C$ も対称行列である．よって，(3.32) は

$$\frac{1+\delta_{ij}}{2}\frac{\partial}{\partial z_{ij}}\det(CZ+D)=((\widetilde{CZ+D})C)_{ij}$$

(ただし $((\widetilde{CZ+D})C)_{ij}$ は $(\widetilde{CZ+D})C$ の (i,j) 成分) とも書き直せる．よって，

$$\sum_{i,j=1}^{n}x_{i}y_{j}\frac{1+\delta_{ij}}{2}\frac{\partial}{\partial z_{ij}}\det(CZ+D)=x(\widetilde{CZ+D})C\,^ty,$$

すなわち，補題の式を得る．(3.31) は明らかに以上の系である． ∎

ここで $(CZ+D)^{-1}C$ は対称行列であるから，公式の右辺は $^ty(CZ+D)^{-1}Cx$ と書いてもよい．

3.25 [補題]　前と同様，$g=\begin{pmatrix}A & B\\ C & D\end{pmatrix}\in Sp(n,\mathbb{R})$ とし，$f(Z)$ を H_n 上の正則関数とするとき，行列の各成分への作用の公式として，次を得る．

$$\partial[x,y]((CZ+D)^{-1})=-\frac{1}{2}(CZ+D)^{-1}C(\,^txy+\,^tyx)(CZ+D)^{-1}, \quad (3.33)$$

$$\partial[x,y](gZ)=\,^t(CZ+D)^{-1}\frac{^txy+\,^tyx}{2}(CZ+D)^{-1}, \quad (3.34)$$

$$\partial[x,y](f(gZ))=x(CZ+D)^{-1}\left(\frac{\partial f}{\partial Z}(gZ)\right)\,^t(CZ+D)^{-1}\,^ty. \quad (3.35)$$

証明　次の式

$$(CZ+D)(CZ+D)^{-1}=1_{n}$$

の両辺に $\partial[x,y]$ を作用させると，$\partial[x,y]$ は一次の微分からなっているから，微分を積に分配して

$$(\partial[x,y](CZ+D))(CZ+D)^{-1} + (CZ+D)\partial[x,y]((CZ+D)^{-1}) = 0.$$

ゆえに

$$\partial[x,y](CZ+D)^{-1} = -(CZ+D)^{-1}(\partial[x,y](CZ+D))(CZ+D)^{-1}.$$

よって $\partial[x,y](CZ+D)$ を計算すればよい．ここで，前の計算と同様にして $x_i y_j \frac{\partial}{\partial z_{ij}}(CZ+D)$ は第 i 列と第 j 列以外はゼロであり，第 j 列は $(c_{li}x_iy_j)_{1\leq l\leq n}$，第 i 列は $(c_{lj}x_iy_j)_{1\leq l\leq n}$ である．n 次行列 ${}^t xy$ の (i,j) 成分と ${}^t yx$ の (j,i) 成分が x_iy_j であることに注意すれば，$\sum_{i=1}^n c_{li}x_iy_j$ は $C\,{}^t xy$ の (l,j) 成分，$\sum_{j=1}^n c_{lj}x_iy_j$ は $C\,{}^t yx$ の (l,i) 成分である．よって (3.33) を得る．次に (3.34) を示す．$gZ = (AZ+B)(CZ+D)^{-1}$ であり，

$$\partial[x,y](gZ) = (\partial[x,y](AZ+B))(CZ+D)^{-1} + (AZ+B)\partial[x,y]((CZ+D)^{-1})$$

である．前と同様

$$\partial[x,y](AZ+B) = A\frac{{}^t xy + {}^t yx}{2}.$$

ここで (3.33) を用いると，

$$\partial[x,y](gZ) = (A - (AZ+B)(CZ+D)^{-1}C)\frac{{}^t xy + {}^t yx}{2}(CZ+D)^{-1}.$$

ここで $g(Z) \in H_n$ より，$g(Z) = {}^t(g(Z))$ であるから，

$$A - (AZ+B)(CZ+D)^{-1}C = A - {}^t(CZ+D)^{-1}\,{}^t(AZ+B)C$$
$$= {}^t(CZ+D)^{-1}({}^t(CZ+D)A - {}^t(AZ+B)C).$$

となる．しかし ${}^t(CZ+D)A - {}^t(AZ+B)C = Z({}^tCA - {}^tAC) + ({}^tDA - {}^tBC) = 1_n$. よって (3.34) が示された．つぎに (3.35) を示す．普通の微積分学の微分の連鎖律より，

$$\partial[x,y](f(gZ)) = \sum_{1\leq i,j\leq n} \frac{1+\delta_{ij}}{2}(\partial[x,y](gZ))_{ij}\frac{\partial f}{\partial z_{ij}}(gZ).$$

である．つまりこれは $\mathrm{Tr}\left(\partial[x,y](gZ)\left(\frac{\partial f}{\partial Z}(gZ)\right)\right)$ に等しい．よって，これに (3.34) の式を代入し，行列のトレースの性質 $\mathrm{Tr}(AB) = \mathrm{Tr}(BA)$ を繰り返し用いて，結果を得る．∎

4

ヤコービ形式の理論

1. ヤコービ形式の導入

　この節では，ジーゲル保型形式をその一部の変数で展開したときに係数として現れる，ヤコービ保型形式の理論について述べる．ヤコービ形式の理論は，次数 1 のときに Eichler-Zagier [39] で詳しく述べられているのが，初めてのまとまった記述である．一般の次数への基礎理論の拡張は Ziegler [200] で与えられており，実際この章の多くの内容は Ziegler に記述がある．

1.1　スカラー値のヤコービ形式

　n, l を正の整数とする．ジーゲル上半空間の変数 $Z \in H_{n+l}$ を $Z = \begin{pmatrix} \tau & t_z \\ z & \omega \end{pmatrix}$ ($\tau \in H_n, \omega \in H_l, z \in M_{ln}(\mathbb{C})$) と書いて，$\Gamma_{n+l} = Sp(n+l, \mathbb{Z})$ のウェイト k の保型形式 $F(Z)$ を $\omega \to \omega + S$ ($S = {}^tS \in M_l(\mathbb{Z})$) による不変性を利用して，この部分だけでフーリエ展開してみると，結果は

$$F(Z) = \sum_{M \in L_l^*} \phi_M(\tau, z) e(\mathrm{Tr}(M\omega))$$

という形になる．ここで L_l^* は l 次の半整数対称行列の集合である．これを F のフーリエヤコービ展開という．このときに F の保型性は $\phi_M(\tau, z)$ の性質にどのように伝播するであろうか．ここで保型性

$$F|_k[\gamma] = \det(CZ+D)^{-k} F(\gamma Z) = F \quad \left(\gamma = \begin{pmatrix} A & B \\ C & D \end{pmatrix} \in \Gamma_{n+l} \right)$$

を上の展開の性質に反映させようと思うならば，作用が $\phi_M(\tau, z) e(\mathrm{Tr}(M\omega))$ の部分を $e(\mathrm{Tr}(M\omega))$ と (τ, z) の関数の積に変えるような γ に制限するのが望ましい．もし $\gamma \in \Gamma_{n+l}$ が

　　「任意の $Z \in H_{n+l}$ に対して，γZ の右下の $l \times l$ ブロックが ω の成分と τ, z の　　　関数の線形結合になり，他の成分は ω によらない」

という条件を満たすならば，この期待通りになっている．よって，$g_0 = \begin{pmatrix} A_0 & B_0 \\ C_0 & D_0 \end{pmatrix} \in Sp(n+l, \mathbb{R})$ の元が Z に作用するとき，任意の Z に対して

$$A_0 Z + B_0 = \begin{pmatrix} * & * \\ * & \omega + * \end{pmatrix}(C_0 Z + D_0) \tag{4.1}$$

(ただし $*$ は ω を含まない)，という形になるような g_0 を求めてみよう．ここで C_0, D_0 をブロック分けして $C_0 = \begin{pmatrix} C_{11} & C_{12} \\ C_{21} & C_{22} \end{pmatrix}, D_0 = \begin{pmatrix} D_{11} & D_{12} \\ D_{21} & D_{22} \end{pmatrix}$ と書く．ただし $C_{11}, D_{11} \in M_n(\mathbb{R}), C_{12}, {}^tC_{21}, D_{12}, {}^tD_{21} \in M_{n,l}(\mathbb{R}), C_{22}, D_{22} \in M_l(\mathbb{R})$ としている．A_0, B_0 についても同様のブロック分けをして，$A_0 = (A_{ij}), B_0 = (B_{ij})$ と書く．このとき

$$C_0 Z + D_0 = \begin{pmatrix} * & * \\ C_{21}\tau + C_{22}z + D_{21} & * \end{pmatrix}$$

であるが，(4.1) の左辺 $A_0 Z + B_0$ の (2,1) ブロックは ω を含まないことが明らかなので，(4.1) が成立するには $\omega(C_{21}\tau + C_{22}z + D_{21}) = 0$ が任意の $\tau \in H_n, z \in M_{ln}(\mathbb{C}), \omega \in H_l$ について成立することが必要である．ということは，$C_{21} = C_{22} = D_{21} = 0$ が必要ということである．このとき $\det(g) \neq 0$ より $\det(D_{22}) \neq 0$ である．また $C_0 {}^t D_0 = \begin{pmatrix} * & C_{12} {}^t D_{22} \\ 0 & 0 \end{pmatrix}$ は対称行列であるから，$C_{12} = 0$ となる．更に $A_0 {}^t D_0 - B_0 {}^t C_0 = 1_{n+l}$ より右上のブロックをみて $A_{12} {}^t D_{22} = 0$ より，$A_{12} = 0$．またこれらの条件下で

$$(A_0 Z + B_0)(C_0 Z + D_0)^{-1} = \begin{pmatrix} * & * \\ * & (A_{21} {}^t z + A_{22}\omega + B_{22}) D_{22}^{-1} + * \end{pmatrix}$$

($*$ は ω を含まず) となるので，$A_{22}\omega = \omega D_{22}$ が任意の $\omega \in H_l$ に対して成立する．よって，ある実数 m に対して，$A_{22} = D_{22} = m 1_l$ となる．さらに $A {}^t D - B {}^t C = 1_{n+l}$ より $A_{22} {}^t D_{22} = 1_l$ となるから，$m^2 = 1$ である．よって $A_{22} = D_{22} = \pm 1_l$ となる．ここで $-1_{2l} \in Sp(n+l, \mathbb{R})$ の作用は機械的に処理できることが多いことを考えて，$A_{22} = D_{22} = 1_l$ だけを考えることにしても，それほど不自然ではない．以上のような元全体の集合は $Sp(n+l, \mathbb{R})$ の部分群となる．これをもって，実ヤコービ群 $J^{(n,l)}(\mathbb{R})$ と定義する．このとき，$A_{11} {}^t D_{11} - B_{11} {}^t C_{11} = 1_n$ などとなることから，A_{11} などを

あらたに a などと書けば, $J^{(n,l)}(\mathbb{R})$ の元は次の表示を持つ.

$$J^{(n,l)}(\mathbb{R}) = \left\{ \begin{pmatrix} a & 0 & b & 0 \\ 0 & 1_l & 0 & 0 \\ c & 0 & d & 0 \\ 0 & 0 & 0 & 1_l \end{pmatrix} \begin{pmatrix} 1_n & 0 & 0 & {}^t\mu \\ \lambda & 1_l & \mu & \kappa \\ 0 & 0 & 1_n & -{}^t\lambda \\ 0 & 0 & 0 & 1_l \end{pmatrix} ; \begin{pmatrix} a & b \\ c & d \end{pmatrix} \in Sp(n,\mathbb{R}), \right.$$

$$\left. \lambda, \mu \in M_{ln}(\mathbb{R}), \kappa \in M_l(\mathbb{R}), \lambda\,{}^t\mu + \kappa \text{ は対称行列} \right\}.$$

この積表示の第1項と $Sp(n,\mathbb{R})$ を同一視して, $Sp(n,\mathbb{R})$ を $J^{(n,l)}(\mathbb{R})$ の部分群とみなす. またこの表示の第2項全体を $H^{(n,l)}(\mathbb{R})$ と書き, その元を簡単に $[(\lambda,\mu),\kappa]$ と書くことにする. $H^{(n,l)}(\mathbb{R})$ はハイゼンベルク群と呼ばれる. 以上から任意の $g_0 \in J^{(n,l)}(\mathbb{R})$ と任意の $H_n \times M_{ln}(\mathbb{C})$ 上の関数 $f(\tau,z)$ に対して, H_{n+l} 上の関数 $f(\tau,z)e(\mathrm{Tr}(M\omega))$ に g_0 を作用させれば

$$(f(\tau,z)e(\mathrm{Tr}(M\omega)))|_k[g_0] = \widetilde{f}(\tau,z)e(\mathrm{Tr}(M\omega))$$

となる ω によらない関数 $\widetilde{f}$ が存在するのは明らかである. この f から $\widetilde{f}$ への変換が, $J^{(n,l)}(\mathbb{R})$ の群作用になっていることは, 上式の左辺が $Sp(n+l,\mathbb{R})$ の作用であることから, 明らかである. ここで $\widetilde{f} = f|_{k,M}[g_0]$ と書く. 実際に計算すると, $g = \begin{pmatrix} a & b \\ c & d \end{pmatrix} \in Sp(n,\mathbb{R})$, $[(\lambda,\mu),\kappa] \in H(\mathbb{R})$ のそれぞれに対して

$$f|_{k,M}[g] = e(-\mathrm{Tr}(M(z(c\tau+d)^{-1}c\,{}^tz)))\det(c\tau+d)^{-k}f(g\tau, z(c\tau+d)^{-1}) \quad (4.2)$$

$$f|_M[(\lambda,\mu),\kappa] = e(\mathrm{Tr}(M(\lambda\tau\,{}^t\lambda + 2\lambda^tz + \mu\,{}^t\lambda + \kappa)))f(\tau, z+\lambda\tau+\mu) \quad (4.3)$$

となることがわかる. ここで2つ目の等式の右辺は k によらないので, 左辺の記号は $|_{k,M}$ とはせずに $|_M$ としている. ちなみに, 群の演算では

$$g \times [(\lambda,\mu),\kappa] = [(\lambda,\mu)g^{-1},\kappa] \times g \quad (4.4)$$

となっているので, 作用もこれに応じて交換される. さて,

$$H^{(n,l)}(\mathbb{Z}) = \{[(\lambda,\mu),\kappa] \in H^{(n,l)}(\mathbb{R}); \lambda,\mu \in M_{l,n}(\mathbb{Z}), \kappa \in M_l(\mathbb{Z})\}$$

とおく. もちろん, $\kappa + \lambda\,{}^t\mu$ は定義により対称行列である. また任意の $Sp(n,\mathbb{Z})$ の指数有限の部分群 Γ は $J^{(n,l)}(\mathbb{R})$ の部分群とみなせる. $J^{(n,l)}(\mathbb{R})$ の中で, Γ と $H^{(n,l)}(\mathbb{Z})$ の積からなる集合 $\Gamma \cdot H^{(n,l)}(\mathbb{Z})$ は (4.4) により $\gamma \in Sp(n,\mathbb{Z})$ に対して $H^{(n,l)}(\mathbb{Z})\gamma \subset$

1. ヤコービ形式の導入

$H^{(n,l)}(\mathbb{Z})$ となることから群をなし，$\Gamma \cdot H^{(n,l)}(\mathbb{Z})$ は半直積となるが，この群を $\Gamma^{(n,l)}$ と書く．あるいは，文脈から n, l が何であるか明らかなときには，もっと簡単に Γ^J と書くことにする．特に $Sp(n, \mathbb{Z})^{(n,l)}$ のことをヤコービモジュラー群と呼ぶことがある．

以下，整数 k と半整数対称行列 M に対して，$\Gamma^{(n,l)}$ に関するウェイト k，指数 M のスカラー値のヤコービ形式の定義を述べたい．

次の 2 つの条件を満たす $(\tau, z) \in H_n \times M_{ln}(\mathbb{C})$ 上の正則関数 $f(\tau, z)$ を考える．

(1) 任意の $\gamma \in \Gamma$ に対して $f|_{k,M}[\gamma] = f$．
(2) 任意の $[(\lambda, \mu), \kappa] \in H^{(n,l)}(\mathbb{Z})$ に対して $f|_M[(\lambda, \mu), \kappa] = f$．

さて，ヤコービ形式を定義するには，このような保型性以外に，カスプでの「正則性」の条件を述べなくてはならないので，少し準備する．f が (2) を満たすことより，任意の $\mu \in M_{ln}(\mathbb{Z})$ に対して $f(\tau, z + \mu) = f(\tau, z)$ である．また，$\begin{pmatrix} 1_n & s \\ 0 & 1_n \end{pmatrix} \in Sp(n, \mathbb{Z})$ ならば $[Sp(n, \mathbb{Z}) : \Gamma] = N$ とするとき $\begin{pmatrix} 1_n & s \\ 0 & 1_n \end{pmatrix}^{m_0} = \begin{pmatrix} 1_n & m_0 s \\ 0 & 1_n \end{pmatrix} \in \Gamma$ となるような整数 $m_0 \leq N$ が存在する．よってたとえば $m = N!$ ととれば，任意の $s = {}^t s \in M_n(\mathbb{Z})$ に対して $\begin{pmatrix} 1_n & ms \\ 0 & 1_n \end{pmatrix} \in \Gamma$ となる．よって，f が (1) を満たすことより，$f(\tau + ms, z) = f(\tau, z)$ となる．以上より，

$$f(\tau, z) = \sum_{N \in m^{-1}L_n^*, r \in M_{ln}(\mathbb{Z})} a(N, r) e(\text{Tr}(N\tau)) e(\text{Tr}(r\, {}^t z))$$

とフーリエ展開される．よって

$$f(\tau, z) e(\text{Tr}(M\omega)) = \sum_{N, r} a(N, r) e(\text{Tr}(N\tau + r\, {}^t z + M\omega))$$

であるが，

$$\text{Tr}(N\tau + r\, {}^t z + M\omega)) = \text{Tr}\left(\begin{pmatrix} N & {}^t r/2 \\ r/2 & M \end{pmatrix} \begin{pmatrix} \tau & {}^t z \\ z & \omega \end{pmatrix}\right)$$

となる．よって $f(\tau, z)$ がジーゲル保型形式のフーリエヤコービ展開係数から来ているとすると，ジーゲル保型形式の無限遠点での正則性の条件から，対称行列 $\begin{pmatrix} N & {}^t r/2 \\ r/2 & M \end{pmatrix}$ は半正定値であるべきである．

よって $H_n \times M_{ln}(\mathbb{C})$ 上の保型形式を定義するには，この条件を追加した方が自然である．しかし Γ のカスプは，いろいろあるかもしれないので，条件は次のように考える．

(3) 任意の $\gamma \in Sp(n, \mathbb{Z})$ に対して，ある正整数 m_γ が存在して，

$$f|_{k,M}[\gamma] = \sum_{N \in m_\gamma^{-1} L_n^*, r \in M_{ln}(\mathbb{Z})} c^\gamma(N, r) e(\text{Tr}(N\tau)) e(\text{Tr}(r\,{}^t z))$$

とフーリエ展開され，しかも $c^\gamma(N, r)$ は $\begin{pmatrix} N & {}^t r/2 \\ r/2 & M \end{pmatrix}$ が半正定値でない限りゼロである．

ここでフーリエ展開における N, r の動く範囲は Γ から自然に決まっている．つまり $f|_{k,M}[\gamma]$ は $\gamma^{-1}\Gamma\gamma$ の作用で不変であり，$\gamma \in Sp(n, \mathbb{Z})$ に対して，$\gamma^{-1}\Gamma\gamma$ も $Sp(n, \mathbb{Z})$ の指数有限の部分群になるから，上のような m_γ は存在する．また，$\gamma^{-1} H^{(n,l)}(\mathbb{Z}) \gamma = H^{(n,l)}(\mathbb{Z})$ は群演算の定義より容易にわかるので，r が $M_{ln}(\mathbb{Z})$ を動くのは当然である．

4.1 [定義] M を l 次正定値半整数対称行列とし，k を正の整数とする．$Sp(n, \mathbb{Z})$ の指数有限部分群 Γ に関するウェイト k，指数 M の正則ヤコービ形式とは，$H_n \times M_{l,n}(\mathbb{C})$ 上の正則関数 $f(\tau, z)$ で，上記の条件 (1), (2), (3) を満たすものをいう．特に (3) の条件の代わりに，任意の $\gamma \in Sp(n, \mathbb{Z})$ について，$\begin{pmatrix} N & {}^t r/2 \\ r/2 & M \end{pmatrix}$ が正定値でない限り $c^\gamma(N, r) = 0$ であるとき，$f(\tau, z)$ をヤコービ尖点形式（ヤコービカスプ形式）という．以上で定義したヤコービ形式の空間を $J_{k,M}(\Gamma^{(n,l)})$，ヤコービカスプ形式の空間を $J_{k,M}^{\text{cusp}}(\Gamma^{(n,l)})$ と書く．

ちなみに，ここで

$$\begin{pmatrix} 1_n & -{}^t r M^{-1}/2 \\ 0 & 1_l \end{pmatrix} \begin{pmatrix} N & {}^t r/2 \\ r/2 & M \end{pmatrix} \begin{pmatrix} 1_n & 0 \\ -M^{-1}r/2 & 1_l \end{pmatrix} = \begin{pmatrix} N - {}^t r M^{-1} r/4 & 0 \\ 0 & M \end{pmatrix}$$

であるから，$\begin{pmatrix} N & {}^t r/2 \\ r/2 & M \end{pmatrix}$ が正定値，または半正定値になるという条件は，$4N - {}^t r M^{-1} r$ が正定値，または半正定値になるという条件と，それぞれ同値である．

ヤコービ形式がカスプ形式になるための条件は，このままでは使いにくいときもあるので，少し同値な条件を調べてみる．f を指数 M，ウェイト k の Γ のヤコービ形式とする．$J^{(n,l)}(\mathbb{Q}) = J^{(n,l)}(\mathbb{R}) \cap M_{2(n+l)}(\mathbb{Q})$, $H^{(n,l)}(\mathbb{Q}) = H^{(n,l)}(\mathbb{R}) \cap M_{2(n+l)}(\mathbb{Q})$ とおく．任意の $g \in Sp(n, \mathbb{Q})$ と $[(\lambda, \mu), \kappa] \in H^{(n,l)}(\mathbb{Q})$ についても，$f|_{k,M}[g]|_M[(\lambda, \mu), \kappa]$ が

同様の形のフーリエ展開を持つことは明らかである．すなわち，n 次有理対称行列のなすベクトル空間を $Sym_n(\mathbb{Q})$ と書くとき，f がヤコービカスプ形式ならば，任意の $\widetilde{g} \in J^{(n,l)}(\mathbb{Q})$ に対して，ある $Sym_n(\mathbb{Q})$ の格子 L_1 と $M_{ln}(\mathbb{Q})$ の格子 L_2 があって，

$$f|_{k,M}[\widetilde{g}] = \sum_{N \in L_1, r \in L_2} c^{\widetilde{g}}(N,r) e(\mathrm{Tr}(N\tau)) e(\mathrm{Tr}(r\,{}^t z))$$

となる．実際，

$$N(\mathbb{Z}) = N_{n+l}(\mathbb{Z}) = \left\{ \begin{pmatrix} 1_{n+l} & S \\ 0 & 1_{n+l} \end{pmatrix} ; S = {}^t S \in M_{n+l}(\mathbb{Z}) \right\}$$

とおくと，$\widetilde{g}^{-1} Sp(n+l, \mathbb{Z}) \widetilde{g}$ と $Sp(n+l, \mathbb{Z})$ は通約的なので，$\widetilde{g}^{-1} N(\mathbb{Z}) \widetilde{g}$ と $N(\mathbb{Z})$ は通約的である．ここで $N_1(\mathbb{Z}) = N(\mathbb{Z}) \cap \Gamma^{(n,l)}$ とおくと，これは明らかに $N(\mathbb{Z})$ の指数有限部分群であり，これで f は不変であるから，よって，$f_{k,M}[\widetilde{g}] e(\mathrm{Tr}(M\omega))$ も $\widetilde{g}^{-1} N_1(\mathbb{Z}) \widetilde{g}$ で不変である．$\widetilde{g}^{-1} N_1(\mathbb{Z}) \widetilde{g}$ も $N(\mathbb{Z})$ と通約的であるから，上記のように展開される．

4.2 [補題]　記号を上の通りとする．f をヤコービ形式とするとき，次の (1), (2), (3) の条件は同値である．

(1) f はヤコービカスプ形式である．

(2) 任意の $g \in Sp(n, \mathbb{Q})$ に対して，$\begin{pmatrix} N & {}^t r/2 \\ r/2 & M \end{pmatrix}$ が正定値でないときは $c^g(N,r) = 0$ である．

(3) 任意の $\widetilde{g} \in J^{(n,l)}(\mathbb{Q})$ に対して，N が正定値でないとき，$c^{\widetilde{g}}(N,0) = 0$ となる．

（特に $n=1$ ならば，これは任意の $\widetilde{g} \in J^{(1,l)}(\mathbb{Q})$ について $c^{\widetilde{g}}(0,0) = 0$ と同値である）．

証明　(2) ならば (1) は定義から明らかである．よって，(1) ならば (2) を示す．補題 1.6 より，$g \in Sp(n, \mathbb{Q})$ ならば，$\gamma \in Sp(n, \mathbb{Z})$ と $p = \begin{pmatrix} p_1 & p_2 \\ 0 & p_3 \end{pmatrix} \in Sp(n, \mathbb{Q})$ が存在して，$g = \gamma p$ と書ける．ここで

$$f|_{k,M}[\gamma](\tau, z) = \sum_{N \in L_1, r \in L_2} c^\gamma(N,r) e(\mathrm{Tr}(N\tau)) e(r^t z)$$

と書けているから，$p_3 = {}^t p_1^{-1}$ に注意して

$$f|_{k,M}[\gamma]|_{k,m}[p] = \det(p_1)^k \sum_{N \in L_1, r \in L_2} c^\gamma(N,r) e(\mathrm{Tr}(N(p_1\tau + p_2){}^t p_1)) e(\mathrm{Tr}(r p_1 {}^t z))$$

である．よって，$f|_{k,M}[g] = f|_{k,M}[\gamma]|_{k,M}[p]$ によりフーリエ係数を比較して，

$$c^g({}^tp_1 Np_1, rp_1) = \det(p_1)^k e(\mathrm{Tr}(Np_2{}^tp_1))c^\gamma(N,r)$$

となる．

$$\begin{pmatrix} {}^tp_1 Np_1 & {}^tp_1 {}^tr/2 \\ rp_1/2 & M \end{pmatrix} = {}^t\begin{pmatrix} p_1 & 0 \\ 0 & 1_l \end{pmatrix}\begin{pmatrix} N & {}^tr/2 \\ r/2 & M \end{pmatrix}\begin{pmatrix} p_1 & 0 \\ 0 & 1_l \end{pmatrix}$$

であるから，左辺が正定値ということと $\begin{pmatrix} N & r/2 \\ {}^tr/2 & M \end{pmatrix}$ が正定値という条件は同じである．よって (2) が成り立つ．次に (2) と (3) が同値なことを示す．$\widetilde{g} = g \cdot [(\lambda,\mu),\kappa]$ と $Sp(n,\mathbb{Q})$ の元 g と $H^{(n,l)}(\mathbb{Q})$ の元 $[(\lambda,\mu),\kappa]$ の積に分解しておく．フーリエ展開

$$f|_{k,M}[g] = \sum_{N \in L_1, r \in L_2} c^g(N,r)e(\mathrm{Tr}(N\tau))e(\mathrm{Tr}(r{}^tz))$$

に $[(\lambda,\mu),\kappa]$ を作用させると，定義により，

$$\begin{aligned}f|_{k,M}[\widetilde{g}] &= e(\mathrm{Tr}(M(\lambda\tau^t\lambda + 2\lambda^t z + \mu^t\lambda + \kappa)))(f|_{k,M}[g])(\tau, z + \lambda\tau + \mu) \\ &= e(\mathrm{Tr}(\mu^t\lambda + \kappa + r^t\mu)) \\ &\quad \times \sum_{N,r} c^g(N,r)e(\mathrm{Tr}(N + {}^t\lambda M\lambda + {}^t\lambda r)\tau)e(\mathrm{Tr}(r + 2M\lambda)^t z)\end{aligned}$$

となる．ここで，

$$\mathrm{Tr}({}^r\lambda r\tau) = \mathrm{Tr}(\tau\,{}^t r \lambda) = \mathrm{Tr}({}^t r \lambda \tau)$$

に注意すると $\mathrm{Tr}({}^t\lambda r\tau) = \mathrm{Tr}(({}^t\lambda r + {}^t r\lambda)\tau)/2$ である．ゆえに

$$c^{\widetilde{g}}\left(N + {}^t\lambda M\lambda + \frac{{}^t\lambda r + {}^t r\lambda}{2}, r + 2M\lambda\right) = e(\mathrm{Tr}(\mu^t\lambda + \kappa + r^t\mu)) \times c^g(N,r)$$

が成り立つ．今，

$$\begin{pmatrix} 1_n & {}^t\lambda \\ 0 & 1_l \end{pmatrix}\begin{pmatrix} N & {}^tr/2 \\ r/2 & M \end{pmatrix}\begin{pmatrix} 1_n & 0 \\ \lambda & 1_l \end{pmatrix}$$
$$= \begin{pmatrix} N + {}^t\lambda M\lambda + ({}^t\lambda r + {}^t r\lambda)/2 & {}^t(r + 2M\lambda)/2 \\ (r + 2M\lambda)/2 & M \end{pmatrix}$$

なので，右辺が正定値という条件と，$\begin{pmatrix} N & {}^tr/2 \\ r/2 & M \end{pmatrix}$ が正定値という条件は同じである．ゆえに，(2) を仮定すれば，$c^{\widetilde{g}}(N,r)$ は $N - {}^t rM^{-1}r/2$ が正定値でなければ，

ゼロである．特に，$r = 0$ で N が正定値でなければゼロである．よって (2) から (3) がいえた．一方 (3) を仮定すると，$g \in Sp(n, \mathbb{Q})$ を固定して，$f|_{k,M}[g]$ のフーリエ展開で N, r が動く部分の格子 L_1, L_2 をとるとき，$N \in L_1, r \in L_2$ に対し，$\lambda = -(2M)^{-1}r \in M_{ln}(\mathbb{Q})$ をおく．また $\mu \in M_{ln}(\mathbb{Q}), \kappa \in M_l(\mathbb{Q})$ を $\lambda^t\mu + \kappa$ が対称行列になるようにとり，$\tilde{g} = g[(\lambda, \mu), \kappa]$ とおくと，$f|_{k,M}[\tilde{g}]$ に対して，

$$c^{\tilde{g}}\left(N + {}^t\lambda M\lambda + \frac{{}^t\lambda r + {}^t r\lambda}{2}, r + 2M\lambda\right) = c^{\tilde{g}}\left(N + {}^t\lambda M\lambda + \frac{{}^t\lambda r + {}^t r\lambda}{2}, 0\right)$$

は (3) の仮定により，$N + {}^t\lambda M\lambda + \frac{{}^t\lambda r + {}^t r\lambda}{2}$ が正定値でない限り 0 である．これは $M > 0, r + 2M\lambda = 0$ という仮定より $N - {}^t r M^{-1} r/4$ が正定値という条件と同値であるから，$c^g(N, r)$ は (2) の条件を満たす．よって示された．∎

なお，以上の種々の定義において，$H^{(n,l)}(\mathbb{Z})$ をもっと一般の群にしても類似の定義をすることはできるが，一般論としては，Γ を左右どちらから掛けても動く範囲が同じになる条件がいるとか，そのほかでも色々な点で複雑になるので，とりあえず $H^{(n,l)}(\mathbb{Z})$ だけの場合を述べた．一般の群に関するジーゲル保型形式のフーリエヤコービ展開では，以上の定義だけでは不十分ではあるが，必要が生じたときには容易に拡張できるので，ここでは述べなかった．

1.2　ベクトル値ヤコービ形式

ヤコービ形式をベクトル値で考えるのに，スカラー値のヤコービ形式の定義のうち，$\det(c\tau + d)^{-k}$ の部分を $GL_n(\mathbb{C})$ の有理既約表現 ρ で置き換えて $\rho(c\tau + d)^{-1}$ として定義したのが Ziegler である．実はこの定義は前のスカラー値のヤコービ形式と違い，ベクトル値ジーゲル保型形式の展開を記述するのには不足なのであるが，これはまた別の節で触れることにして，この節ではとりあえず，Ziegler の意味でのヤコービ形式の説明を行う．ρ を $GL(n, \mathbb{C})$ の多項式表現とする（ここで多項式表現というのは，$\rho(g)$ を $GL(n)$ の座標で書いたときに $\rho(g)$ の各成分が g の座標の多項式になる表現という意味で使っている．有理表現というのは，多項式表現を $\det(g)$ のべきで割ったもののことである）．ρ の表現空間を $V(\rho)$ とする．$\Gamma \subset Sp(n, \mathbb{Z})$ を前と同様 $Sp(n, \mathbb{Z})$ の指数有限部分群とし，M を l 次の正定値半整数対称行列とする．任意の $H_n \times M_{ln}(\mathbb{C})$ 上の $V(\rho)$-値の正則関数 $f(\tau, z)$ と $g = \begin{pmatrix} a & b \\ c & d \end{pmatrix} \in Sp(n, \mathbb{R})$ に対して，

$$f(\tau, z)|_{\rho, M}[g] = \rho(c\tau + d)^{-1} e(-\operatorname{Tr}(Mz(c\tau + d)^{-1} c\, {}^t z)) f(g\tau, z(c\tau + d)^{-1}),$$
$$f(\tau, z)|_M[(\lambda, \mu), \kappa] = e(\operatorname{Tr}(M(\lambda\tau\, {}^t\lambda + 2\lambda\, {}^t z + \lambda\, {}^t\mu + \kappa))) f(\tau, z + \lambda\tau + \mu)$$

とする．

4.3 [定義]　次の3つの条件 (1), (2), (3) を満たすときに，$f(\tau, z)$ はウェイト ρ，指数 M のベクトル値ヤコービ形式という．

(1) 任意の $\gamma \in \Gamma$ に対して $f|_{\rho, M}[\gamma] = f$ となる．
(2) 任意の $[(\lambda, \mu), \kappa] \in H^{(n,l)}(\mathbb{Z})$ に対して，$f|_M [(\lambda, \mu), \kappa] = f$ となる．
(3) 任意の $g \in Sp(n, \mathbb{Z})$ に対して，

$$f|_{\rho, M}[g] = \sum_{N, r} a^g(N, r) e(\mathrm{Tr}(N\tau)) e(\mathrm{Tr}(r\,{}^t z))$$

とフーリエ展開され，さらに $\begin{pmatrix} N & {}^t r/2 \\ r/2 & M \end{pmatrix}$ が半正定値でなければ $a^g(N, r) = 0$ となる．ただしここで N は $Sym_n(\mathbb{Q})$ 内の適当な格子を動き，$r \in M_{ln}(\mathbb{Z})$ である．

これらの関数の空間を $J_{\rho, M}(\Gamma^{(n,l)})$ と書く．(3) の条件でさらに，任意の $g \in Sp(n, \mathbb{Z})$ に対して，$\begin{pmatrix} N & {}^t r/2 \\ r/2 & M \end{pmatrix}$ が正定値でなければ $a^g(N, r) = 0$ となるとき，f はカスプ形式という．カスプ形式の空間を $J^{\mathrm{cusp}}_{\rho, M}(\Gamma^{(n,l)})$ と書くことにする．

ちなみに，$\Gamma = \Gamma_n = Sp(n, \mathbb{Z})$ ならば (1) を満たす f については $f|_{\rho, M}[g] = f$ となるから，(3) の条件は f のみ（つまり $g = 1_{2n}$ のみ）についての条件になる．

1.3　テータ展開

保型性の条件 $f|_M [(\lambda, \mu), \kappa] = f$ から，実は f は τ の正則関数を係数とする標準的なテータ関数の線形結合になる．これを示そう（ちなみに類似の結果はテータ標数に対応するテータ関数でも述べたが，ここで取り扱う関数は見かけ上もっと一般的である）．まず $[(\lambda, \mu), \kappa] \in H^{(n,l)}(\mathbb{Z})$ ならば $\lambda {}^t \mu + \kappa = (s_{ij}) \in M_l(\mathbb{Z})$ は対称行列であり，また $M = (\frac{1+\delta_{ij}}{2} m_{ij})$（$\delta_{ij}$ はクロネッカーのデルタ）と書くと，M は半整数対称行列だから $m_{ij} \in \mathbb{Z}$ であり，よって $\mathrm{Tr}(M(\lambda {}^t \mu + \kappa)) = \sum_{i,j=1}^{l} \frac{1+\delta_{ij}}{2} m_{ij} s_{ij} \in \mathbb{Z}$ である．よって，

$$f(\tau, z + \lambda\tau + \mu) = e\bigl(-\mathrm{Tr}(M(\lambda\tau\,{}^t\lambda + 2\lambda\,{}^t z))\bigr) f(\tau, z) \tag{4.5}$$

である．ここで $\lambda = \kappa = 0$ とすると任意の $\mu \in M_{ln}(\mathbb{Z})$ に対して $[(0, \mu), 0] \in H^{(n,l)}(\mathbb{Z})$ となるから，$f(\tau, z + \mu) = f(\tau, z)$ となる．ゆえに $f(\tau, z)$ は z に関し

1. ヤコービ形式の導入　171

てフーリエ展開できて

$$f(\tau, z) = \sum_{r \in M_{ln}(\mathbb{Z})} h_r(\tau) e(\mathrm{Tr}(r\,{}^t z))$$

と書ける．これに保型性の条件 (4.5) を $\mu = \kappa = 0$ として適用すると，任意の $\lambda \in M_{ln}(\mathbb{Z})$ に対して，

$$\sum_{r \in M_{ln}(\mathbb{Z})} h_r(\tau) e(\mathrm{Tr}(r\,{}^t(z + \lambda\tau)))$$
$$= \sum_{r \in M_{ln}(\mathbb{Z})} h_r(\tau) e(\mathrm{Tr}(r\,{}^t z)) e\bigl(- \mathrm{Tr}(M(\lambda\tau\,{}^t\lambda + 2\lambda\,{}^t z))\bigr)$$

となる．フーリエ展開の一意性より，

$$h_r(\tau) e(\mathrm{Tr}(r\tau\,{}^t\lambda)) = h_{r+2M\lambda}(\tau) e(-\mathrm{Tr}(M\lambda\tau\,{}^t\lambda))$$

であるから，

$$h_{r+2M\lambda}(\tau) = h_r(\tau) e(\mathrm{Tr}(M\lambda\tau\,{}^t\lambda + r\tau\,{}^t\lambda)) \tag{4.6}$$

となる．ここで

$$M(\lambda + (2M)^{-1}r)\tau\,{}^t(\lambda + (2M)^{-1}r)$$
$$= M\lambda\tau\,{}^t\lambda + \frac{1}{2}r\tau\,{}^t\lambda + \frac{1}{2}M\lambda\tau\,{}^t r M^{-1} + \frac{1}{4}(r\tau\,{}^t r)M^{-1}$$

および $\mathrm{Tr}(M\lambda\tau\,{}^t r M^{-1}) = \mathrm{Tr}(r\tau\,{}^t\lambda)$ となることに注意すると，

$$\mathrm{Tr}(M\lambda\tau\,{}^t\lambda + r\tau\,{}^t\lambda) = \mathrm{Tr}\left(M(\lambda + (2M)^{-1}r)\tau\,{}^t(\lambda + (2M)^{-1}r) - \frac{1}{4}r\tau\,{}^t r M^{-1}\right)$$

である．次に ν を $M_{ln}(\mathbb{Z})/(2M)M_{ln}(\mathbb{Z})$ の代表のひとつとする．$r_1, r_2 \in M_{ln}(\mathbb{Z})$ のとき，$r_1 - r_2 \in (2M)M_{ln}(\mathbb{Z})$ となることを $r_1 \equiv r_2 \bmod 2M$ と書くことにする．ここで $\sum_{r \equiv \nu \bmod 2M} h_r(\tau) e(\mathrm{Tr}(r\,{}^t z))$ を考える．上の等式 (4.6) を用いて $h_r(\tau)$ を $h_\nu(\tau)$ の式にすべて書き換えることにすれば，

$$\sum_{r \equiv \nu \bmod 2M} h_r(\tau) e(\mathrm{Tr}(r\,{}^t z)) = h_\nu(\tau) e\left(-\frac{1}{4}\mathrm{Tr}(\nu\tau\,{}^t\nu M^{-1})\right)$$
$$\times \sum_{\lambda \in M_{ln}(\mathbb{Z})} e(\mathrm{Tr}(M(\lambda + (2M)^{-1}\nu)\tau\,{}^t(\lambda + (2M)^{-1}\nu)) e(\mathrm{Tr}((\nu + 2M\lambda)\,{}^t z)).$$

よって，

$$\vartheta_{\nu,M}(\tau,z) = \sum_{\lambda \in M_{ln}(\mathbb{Z})} e\left(\mathrm{Tr}\left(M(\lambda+(2M)^{-1}\nu)\tau\,{}^t(\lambda+(2M)^{-1}\nu) + 2M(\lambda+(2M)^{-1}\nu)\,{}^tz\right)\right) \tag{4.7}$$

とおくと，適当なベクトル値の正則関数 $c_\nu(\tau)$ があって，

$$f(\tau,z) = \sum_{\nu \in M_{ln}(\mathbb{Z})/(2M)M_{ln}(\mathbb{Z})} c_\nu(\tau)\vartheta_{\nu,M}(\tau,z) \tag{4.8}$$

となる．これを f のテータ展開と呼ぶことにする．ここで $c_\nu(\tau)$ が f に対して一意的に定まるのは定義より明らかである．しかし，以上で用いたのは保型性の条件のうち $H^{(l,n)}(\mathbb{Z})$ に関する条件だけである．もし Γ に関する保型性も用いると，$c_\nu(\tau)$ は必ずしも独立に動いているわけではないことはすぐわかる．たとえば，$-1_{2n} \in \Gamma$ とすると，

$$(f|_{\rho,M}[-1_{2n}])(\tau,z) = \rho(-1_n)f(\tau,-z)$$

となる．これをテータ展開に適用すると

$$\sum_{\nu \in M_{ln}(\mathbb{Z})/(2M)M_{ln}(\mathbb{Z})} c_\nu(\tau)\vartheta_{\nu,M}(\tau,z)$$
$$= \rho(-1_n) \sum_{\nu \in M_{ln}(\mathbb{Z})/(2M)M_{ln}(\mathbb{Z})} c_\nu(\tau)\vartheta_{\nu,M}(\tau,-z)$$

となる．-1_n は $GL(n,\mathbb{C})$ の中心の元であるから，Schur の補題より，ρ が既約ならば，$\rho(-1_n) = \pm\mathrm{id}.$ (id. は $V(\rho)$ の恒等変換) である．一方で，$\vartheta_{\nu,M}(\tau,-z) = \vartheta_{-\nu,M}(\tau,z)$ は定義より直ちにわかる．よって，$c_{-\nu}(\tau) = \rho(-1_n)c_\nu(\tau)$ である．ここで $2\nu \in (2M)M_{ln}(\mathbb{Z})$ ならば，もともと $\vartheta_{-\nu,M}(\tau,z) = \vartheta_{\nu,M}(\tau,z)$ であるから，$c_{-\nu}(\tau) = c_\nu(\tau)$ であり，$\rho(-1_n) = -\mathrm{id}.$ ならば $c_\nu(\tau) = 0$ となる．もし $2\nu \notin (2M)M_{ln}(\mathbb{Z})$ ならば $c_\nu(\tau)$ と $c_{-\nu}(\tau)$ は違う添え字に関する関数であり，これらの間に関係があることになる．ゆえに，$\rho(-1_n) = \pm\mathrm{id}.$ ならば $c_\nu(\tau)(\vartheta_{\nu,M}(\tau,z) \pm \vartheta_{-\nu,M}(\tau,z))$ とまとめて書く方が自然である．たとえば，$M = 1_l$ ならば，いつでも $2\nu \in (2M)M_{ln}(\mathbb{Z})$ であるから $\vartheta_{\nu,M}(\tau,z)$ はいつでも z の偶関数である．よって $f(\tau,-z) = f(\tau,z)$ となるはずである．ということは $\rho(-1_n) = -\mathrm{id}.$ ならば $f = 0$ である．念のため，この主張を補題として書いておく．

4.4 [補題] Γ を $Sp(n,\mathbb{Z})$ の指数有限の部分群で，$-1_{2n} \in \Gamma$ と仮定する．$GL(n,\mathbb{C})$ の表現 ρ に対し，$\rho(-1_n) = -1 \cdot \mathrm{id}_{V(\rho)}$ であると仮定する．このとき，$M = 1_l$ ならば $J_{\rho,M}(\Gamma^{(n,l)}) = 0$ である．

テータ展開によれば，ヤコービ形式は，多くとも $\det(2M)$ 個の係数 $c_\nu(\tau)$ で決まる．この $c_\nu(\tau)$ にはどのような保型性が期待できるのであろうか．それを見るために $\vartheta_{\nu,M}(\tau,z)$ について調べる．ここで任意の $g = \begin{pmatrix} a & b \\ c & d \end{pmatrix} \in Sp(n,\mathbb{Z})$ に対して，$\det(c\tau+d)^{1/2}$ の分岐を適当に指定しておく．H_n は単連結であるから，このような関数は H_n 上で τ の一価関数にとれる．ただし，各 g ごとに分岐を適当に指定しているので，$\det(c\tau+d)^{1/2}$ は $Sp(n,\mathbb{Z})$ の保型因子にはならない（保型因子にしたければ，群を少し小さくする必要が生じるが，この話は後の節で述べる）．任意の整数 k に対して，$\det(c\tau+d)^{k/2} = (\det(c\tau+d)^{1/2})^k$ と定義する．$H_n \times M_{ln}(\mathbb{C})$ 上の任意の正則関数 $h(\tau,z)$ と，今指定した分岐に対して，

$$h|_{k/2}[g] = \det(c\tau+d)^{-k/2} e(-\mathrm{Tr}(Mz(c\tau+d)^{-1}c\,{}^tz))h(g\tau, z(c\tau+d)^{-1})$$

と書くことにする．再度注意すると，この記号はあくまで分岐のとり方によっている．さて，$\vartheta_{\nu,M}(\tau,z)$ はおおざっぱに言って，l 次対称行列 M に対するテータ関数であるから，第 2 章の結果などを考えれば，ウェイトは $l/2$ であることが期待される．実際には次のようになる．

4.5 [補題] 任意の $g \in Sp(n,\mathbb{Z})$ とベクトル $(\vartheta_{\nu,M}(\tau,z))_{\nu \in M_{ln}(\mathbb{Z})/(2M)M_{ln}(\mathbb{Z})}$ について，g と $\det(c\tau+d)^{1/2}$ の分岐のとり方のみによるある定数行列 $R(g)$ が存在して，

$$(\vartheta_{\nu,M}(\tau,z)|_{l/2}[g])_{\nu \in M_{ln}(\mathbb{Z})/(2M)M_{ln}(\mathbb{Z})} = (\vartheta_{\nu,M}(\tau,z))_{\nu \in M_{ln}(\mathbb{Z})/(2M)M_{ln}(\mathbb{Z})} R(g)$$

となる．

証明 $\det(c\tau+d)^{1/2}$ は保型因子ではないが，$\det(c\tau+d)$ は保型因子であり，分岐のとり方の違いは符号の違いのみであるので，主張は $Sp(n,\mathbb{Z})$ の生成元に対して示しておけばよい（あとは作用の積をとって，必要ならば $R(g)$ の元の符号を変えればよい）．生成元 $u(S) = \begin{pmatrix} 1_n & S \\ 0 & 1_n \end{pmatrix}$ $(S = {}^tS \in M_n(\mathbb{Z}))$, $t(U) = \begin{pmatrix} U & 0 \\ 0 & {}^tU^{-1} \end{pmatrix}$ $(U \in GL(n,\mathbb{Z}))$,

$J_n = \begin{pmatrix} 0 & -1_n \\ 1_n & 0 \end{pmatrix}$ に対して考える. J_n 以外は容易である. 実際

$$\vartheta_{\nu,M}(\tau + S, z) = e\left(\frac{1}{4}\mathrm{Tr}(M^{-1}\nu S\,^t\nu)\right)\vartheta_{\nu,M}(\tau,z) \tag{4.9}$$

$$\vartheta_{\nu,M}(U\tau\,^tU, z\,^tU) = \vartheta_{\nu U,M}(\tau,z) \tag{4.10}$$

から明らかである. J_n については 本質的に補題 2.6 の証明と同じである. やや繰り返しになるが, 証明を述べてみる. M を正定値としているので, $M = M_1^2$ となる正定値行列 M_1 がある. $\xi \in M_{nl}(\mathbb{C})$ を任意にとる. 補題 2.4 において, $Z = \tau \in H_n, d = l, P = 1, X = \sqrt{2\pi}xM_1^{-1}, Y = \sqrt{2\pi}(y-\xi)M_1$ $(x, y \in M_{nl}(\mathbb{C}))$ とおき, $\mathrm{Tr}(^tX\tau X) = (2\pi)\mathrm{Tr}(M_1^{-1}\,^tx\tau x M_1^{-1}) = (2\pi)\mathrm{Tr}(M^{-1}\,^tx\tau x)$, $\mathrm{Tr}(^tXY) = (2\pi)\mathrm{Tr}(^tx(y-\xi))$ などに注意して

$$\int_{M_{nl}(\mathbb{R})} e\left(\mathrm{Tr}\left(\frac{1}{2}M^{-1}\,^tx\tau x + \,^tyx\right)\right)e(-\mathrm{Tr}(^t\xi x))dx$$
$$= \det(M)^{n/2}\det\left(\frac{\tau}{i}\right)^{-l/2}e\left(-\frac{1}{2}\mathrm{Tr}(M\,^t(y-\xi)\tau^{-1}(y-\xi))\right)$$

となる. ここで τ を $\tau/2$ に取り換えたのち, フーリエ変換に関するポアソンの和公式を適用すると, 任意の $y \in M_{nl}(\mathbb{C})$ に対して,

$$\sum_{\mathfrak{n} \in M_{ln}(\mathbb{Z})} e\left(\frac{1}{4}\mathrm{Tr}(M^{-1}\mathfrak{n}\tau\,^t\mathfrak{n}) + \mathrm{Tr}(\mathfrak{n}y)\right)$$
$$= \det(M)^{n/2}\det\left(\frac{\tau}{2i}\right)^{-l/2}\sum_{\lambda \in M_{ln}(\mathbb{Z})} e\left(-\mathrm{Tr}(M\,^t(y - \,^t\lambda)\tau^{-1}(y - \,^t\lambda))\right). \tag{4.11}$$

となる. ここで, $\det(2^{-1}1_n)^{-l/2} = 2^{ln/2}$ であるから, $\det(M)^{n/2}\det(\tau/2i)^{-l/2} = \det(2M)^{n/2}\det(\tau/i)^{-l/2}$ である. また, $z \in M_{ln}(\mathbb{C})$ とし, a を $M_{ln}(\mathbb{Z})/(2M)M_{ln}(\mathbb{Z})$ の代表として, $y = \,^t(z + (2M)^{-1}a)$ とおき, また λ を $-\lambda$ に置き換えると,

$$-\mathrm{Tr}(M(z + (2M)^{-1}a + \lambda)\tau^{-1}\,^t(z + (2M)^{-1}a + \lambda)$$
$$= -\mathrm{Tr}(Mz\tau^{-1}\,^tz) + \mathrm{Tr}(M(\lambda + (2M)^{-1}a)(-\tau^{-1})(\lambda + (2M)^{-1}a)$$
$$\quad + \mathrm{Tr}(2M(\lambda + (2M)^{-1}a)\,^t(-z\tau^{-1}))$$

よって, 式 (4.11) は

$$\vartheta_{a,M}(-\tau^{-1}, -z\tau^{-1})\det\left(\frac{\tau}{i}\right)^{-l/2} e(-\operatorname{Tr}(Mz\tau^{-1}\,{}^t z))$$
$$= \det(2M)^{-n/2} \sum_{\mathfrak{n} \in M_{ln}(\mathbb{Z})} e\left(\operatorname{Tr}\left(\frac{1}{4}M^{-1}\mathfrak{n}\tau{}^t\mathfrak{n} + \mathfrak{n}\,{}^t(z + (2M)^{-1}a)\right)\right)$$

となる. ここで $\mathfrak{n}$ を $\bmod(2M)$ で分けて, $\mathfrak{n} = (2M)\lambda + b$ (ただし $\lambda \in M_{ln}(\mathbb{Z})$ で, b は $M_{ln}(\mathbb{Z})/(2M)M_{ln}(\mathbb{Z})$ の代表) とすると,

$$\operatorname{Tr}\left(M^{-1}((2M)\lambda + b)\tau\frac{{}^t((2M)\lambda + b)}{4}\right)$$
$$= \operatorname{Tr}\left((2M)M^{-1}\frac{(2M)}{4} \times (\lambda + (2M)^{-1}b)\tau\,{}^t(\lambda + (2M)^{-1}b)\right)$$

および

$$Tr((2M)\lambda + b)\,{}^t(z + (2M)^{-1}a)$$
$$= \operatorname{Tr}(2M(\lambda + (2M)^{-1}b)\,{}^t z) + \operatorname{Tr}(\lambda\,{}^t a) + \operatorname{Tr}((2M)^{-1}b\,{}^t a)$$

に注意して, 結局

$$\vartheta_{a,M}(-\tau^{-1}, -z\tau^{-1})\det\left(\frac{\tau}{i}\right)^{-l/2} e(-\operatorname{Tr}(Mz\tau^{-1}\,{}^t z)) \qquad (4.12)$$
$$= \det(2M)^{-n/2} \sum_{b \in M_{ln}(\mathbb{Z})/(2M)M_{ln}(\mathbb{Z})} e(\operatorname{Tr}((2M)^{-1}b\,{}^t a))\vartheta_{b,M}(\tau, z)$$

となる. これは $\vartheta_{a,M}|_{l/2}[-J_n]$ が $\vartheta_{b,M}$ の定数係数線形結合となることを示している. ちなみに, ここで $-J_n$ でなくて J_n で考えると, $\vartheta_{a,M}(-\tau^{-1}, z\tau^{-1})$ を考えることに相当するので, $\vartheta_{b,M}(\tau, -z) = \vartheta_{-b,M}(\tau, z)$ であるから, $e(\operatorname{Tr}((2M)^{-1}b\,{}^t a))$ を $e(-\operatorname{Tr}((2M)^{-1}b\,{}^t a))$ に変えれば, 同様の式が成り立つ. ∎

前と同様, Γ を $Sp(n,\mathbb{Z})$ の指数有限部分群とし, $f \in J_{\rho,M}(\Gamma^{(n,l)})$ とする. $f = \sum_{\nu} c_{\nu}(\tau)\vartheta_{\nu,M}(\tau,z)$ とテータ展開しておく. ここで $g \in Sp(n,\mathbb{Z})$ に対して, $f|_{\rho,M}[g]$ を考える. その作用を,

$$f|_{\rho,M}[g] = \sum_{\nu \in M_{ln}(\mathbb{Z})/(2M)M_{ln}(\mathbb{Z})} c_{\nu}(\tau)|_{\det^{-l/2}\rho}[g]\vartheta_{\nu,M}(\tau,z)|_{l/2}[g]$$

と分解しておいてもよい. $\vartheta_{\nu,M}(\tau,z)|_{l/2}[g]$ は $\vartheta_{b,M}(\tau,z)$ ($b \in M_{ln}(\mathbb{Z})/(2M)M_{ln}(\mathbb{Z})$)

の線形結合であったから,

$$f|_{\rho,M}[g] = \sum_{\nu \in M_{ln}(\mathbb{Z})/(2M)M_{ln}(\mathbb{Z})} c_\nu^g(\tau)\vartheta_{\nu,M}(\tau,z)$$

となる正則関数 $c_\nu^g(\tau)$ が存在する. もちろん $c_\nu^g(\tau)$ は $c_\nu|_{\det^{-l/2}\rho}[g]$ の適当な線形結合であって, 単独の c_ν への作用から得られるわけではない. さて, $f|_{\rho,M}[g]$ が $g^{-1}\Gamma g$ のヤコービ形式であることはすぐわかる. Γ は $Sp(n,\mathbb{Z})$ 内で指数有限であったから, $g^{-1}\Gamma g$ もそうであり, ある正整数 m で, 任意の対称行列 $S \in M_n(\mathbb{Z})$ に対し $\begin{pmatrix} 1_n & mS \\ 0 & 1_n \end{pmatrix} \in g^{-1}\Gamma g$ となるものが存在する. このとき, $f \in J_{\rho,M}(\Gamma^{(n,l)})$ ならば, 保型性より, $(f|_{\rho,M}[g])(\tau+mS,z) = (f|_{\rho,M})(\tau,z)$ である. また, $\vartheta_{\nu,M}(\tau+mS,z) = e(\frac{m}{4}\mathrm{Tr}(M^{-1}\nu S\,\nu))\vartheta_{\nu,M}(\tau,z)$ であるから, $mM^{-1} \in 4M_l(\mathbb{Z})$ となるように m を大きくとれば, $\vartheta_{\nu,M}(\tau+mS) = \vartheta_{\nu,M}(\tau)$ であり, よって $c_\nu^g(\tau+mS) = c_\nu^g(\tau)$ である. ゆえに $c_\nu^g(\tau)$ は

$$c_\nu^g(\tau) = \sum_{N \in m^{-1}L_n^*} a(N)e(\mathrm{Tr}(N\tau))$$

とフーリエ展開される. ここで

$$Tr\bigg(N\tau + M(\lambda+(2M)^{-1}\nu)\tau\,{}^t(\lambda+(2M)^{-1}\nu) + (2M\lambda+\nu)\,{}^t z\bigg)$$
$$= \mathrm{Tr}([N + {}^t(\lambda+(2M)^{-1}\nu)M(\lambda+(2M)^{-1}\nu)]\tau + (2M\lambda+\nu)\,{}^t z)$$

であるから, フーリエ展開の条件に注意すると $a(N) \neq 0$ であるためには

$$\begin{pmatrix} N + {}^t(\lambda+(2M)^{-1}\nu)M(\lambda+(2M)^{-1}\nu) & {}^t(2M\lambda+\nu)/2 \\ (2M\lambda+\nu)/2 & M \end{pmatrix}$$

が半正定値であることが必要である. これは

$${}^t(2M\lambda+\nu)M^{-1}(2M\lambda+\nu) = {}^t(\lambda+(2M)^{-1}\nu)(2M)M^{-1}2M(\lambda+(2M)^{-1}\nu)$$
$$= 4\,{}^t(\lambda+(2M)^{-1}\nu)M(\lambda+(2M)^{-1}\nu)$$

に注意すれば, 実は N が半正定値であるという条件と同じである. よって, ベクトル $(c_\nu(\tau))$ は各カスプで正則であり, 結局 $J_{\rho,M}(\Gamma^{(n,l)})$ は Γ に関する $\vartheta_{\nu,M}(\tau,z)$ の変換で決まる保型因子に関するウェイトが $\det^{-l/2}\rho$ の (一般には半整数ウェイトで, ベクトル値の乗法因子を持つ) ジーゲル保型形式と対応すると言ってもよい. 状況がよければ, ベクトル $(c_\nu(\tau))$ ではなくて, 単独の τ の関数とヤコービ形式が対応する場合もある. これについては後で述べる.

1.4 Koecher 原理

次数 $n > 1$ ならば，ヤコービ形式の定義におけるフーリエ展開の条件が，自動的に成立することを証明する．すなわち

4.6 [命題] $n > 1$ とし，群 Γ を $Sp(n, \mathbb{Z})$ の指数有限の部分群とする．このとき，任意の $\gamma \in \Gamma$ と $X \in H^{(n,l)}(\mathbb{Z})$ について，$f|_{k,M}[\gamma] = f$ かつ $f|_M X = f$ となるならば，任意の $g \in Sp(n, \mathbb{Z})$ について，$f|_{k,M}[g]$ はフーリエ係数の条件，すなわち定義 4.3 における (3) の条件を満たす．

この事実は [200] で証明されているが，ここで述べる証明は，それとは少し見かけが異なっている．

証明 保型性の条件 (2) から，f はテータ展開を持つ．また $g \in Sp(n, \mathbb{Z})$ と $(\lambda, \mu) \in M_{ln}(\mathbb{Z})^2$ について $(\lambda, \mu)g^{-1} \in M_{ln}(\mathbb{Z})^2$ でもあるから，(4.4) より $f|_{k,M}[g]$ も保型性の条件 (2) を満たすので，$f|_{k,M}[g]$ もテータ展開を持つ（あるいは $\vartheta_{\nu,M}(\tau,z)|_{l/2}[g]$ は $\vartheta_{\mu,M}(\tau,z)$ の線形結合であったから，$f|_{k,M}[g]$ もまたテータ展開を持つ，と言ってもよい）．そこで

$$f|_{k,M}[g] = \sum_{\nu \in M_{ln}(\mathbb{Z})/(2M)M_{ln}(\mathbb{Z})} c_\nu^g(\tau) \vartheta_{\nu,M}(\tau, z)$$

で $c_\nu^g(\tau)$ を定義する．まず Γ は $Sp(n, \mathbb{Z})$ 内で指数有限であるから，$g \in Sp(n, \mathbb{Z})$ に対して，$g^{-1}\Gamma g$ も $Sp(n, \mathbb{Z})$ 内で指数有限である．補題 1.15 により，$u(s) = \begin{pmatrix} 1_n & s \\ 0 & 1_n \end{pmatrix}$ とするとき $\{u(s) : s = {}^t s \in M_n(\mathbb{Z})\} \cap g\Gamma g^{-1}$ は $\{u(s); s = {}^t s \in M_n(\mathbb{Z})\}$ の中で指数有限であり，特にある正整数 m があって $\{u(ms) : s = {}^t s \in M_n(\mathbb{Z})\} \subset g^{-1}\Gamma g$ となる．また同様に，$SL(n, \mathbb{Z})$ の指数有限の部分群 Γ_0 があって，$t(U) = \begin{pmatrix} U & 0 \\ 0 & {}^t U^{-1} \end{pmatrix}$ と書くとき，

$$\{t(U); U \in \Gamma_0\} \subset g^{-1}\Gamma g$$

となる．f の保型性より，$(f|_{k,M}[g \cdot u(ms)] = f|_{k,M}[g]$ から $f|_{k,M}[g](\tau+ms, z) = (f|_{k,M}[g])(\tau, z)$ がわかる．また同様に $f|_{k,M}[gt(U)] = f|_{k,M}[g]$ $(U \in \Gamma_0)$ より，

$$(f|_{k,M}[g])(U\tau {}^t U, z {}^t U) = \rho({}^t U^{-1})(f|_{k,M}[g])$$

となる．ここで，定義からわかるように

$$\vartheta_{\nu,M}(\tau+ms, z) = e(\mathrm{Tr}(M(2M)^{-1}\nu m s{}^t\nu(2M)^{-1}))\vartheta_{\nu,M}(\tau,z)$$
$$= e(\mathrm{Tr}((4M)^{-1}\nu m s{}^t\nu)\vartheta_{\nu,M}(\tau,z)$$

ここで，必要ならば m を大きく取り直して，$e((4M)^{-1}\nu m s{}^t\nu) = 1$ になるようにできる．するとテータ展開の一意性より $c_\nu^g(\tau + ms) = c_\nu^g(\tau)$ となる．また

$$\vartheta_{\nu,M}(U\tau{}^tU, z{}^tU) = \vartheta_{\nu U, M}(\tau, z)$$

であるから，

$$c_\nu^g(U\tau{}^tU) = \rho({}^tU^{-1})c_{\nu U}^g(\tau)$$

となる．ここで $N = \det(2M)$ とすると $NM_{ln}(\mathbb{Z}) \subset (2M)M_{ln}(\mathbb{Z})$ であることは，単因子論により $2M = UDV$ ($U, V \in GL_l(\mathbb{Z})$, D は整数対角行列) として考えれば，容易にわかる．このとき，$U \equiv 1_n \bmod N$ ならば $\nu - \nu U \in (2M)M_{ln}(\mathbb{Z})$ である．$\Gamma_1 = \Gamma_0 \cap \{U \equiv 1_n \bmod N\}$ とすると，これは Γ_0 の指数有限の部分群であり，$c_\nu(\tau)$ は命題 1.19 の (2) の条件を満たす．よって，$c_\nu^g(\tau) = \sum_T a^g(T)\mathrm{Tr}(N\tau T)$ とフーリエ展開すると，命題 1.19 より，$a^g(T) \neq 0$ となるのは T が半正定値のときに限る．この事実と $\vartheta_{\nu,M}(\tau, z)$ の展開と合わせて考えることにより，ヤコービ形式の定義の (3) を満たすことがわかる． ∎

1.5 半整数ウェイトのジーゲル保型形式とヤコービ形式

前節で述べた，ヤコービ形式とベクトル値ジーゲル保型形式 $(c_\nu(\tau))$ との対応は，ベクトル $(c_\nu(\tau))$ の保型因子が $GL(n, \mathbb{C})$ の表現から来る保型因子ではなく，Γ の乗法因子（ないしは表現）で決まる保型因子であって，しかも，この保型因子はあまり目に見える形でもないので，必ずしも，わかりやすい対応とはいえない．しかし，$\Gamma = \Gamma_0(N)$，$l = 1$ かつ $M = 1$ の場合には，$(c_\nu(\tau))$ はウェイト $\det^{-1/2}\rho$ の $\Gamma_0(4N)$ の保型形式の空間のプラス部分空間というものと同型になることがわかる．この証明を $N = 1$ の場合に本書で述べる．$n = 1$ の場合は [39] に述べられている．n が一般の場合は，スカラー値については [70], [61]，ベクトル値については [108] に述べられている．ここでは，必要最小限の定義を復習したのち，定理の説明と証明を述べる．$\tau \in H_n$ と $g = \begin{pmatrix} a & b \\ c & d \end{pmatrix} \in Sp(n, \mathbb{R})$ に対して，H_n 上 $\det(c\tau + d)^{1/2}$ を 1 価正則になるように分岐を指定することは可能だが，これは保型因子にはならない．保型因子を定める

めには離散群を少し小さく取り換える必要がある．今 $Z \in H_n$ に対して，

$$\vartheta(\tau) = \sum_{p \in \mathbb{Z}^n} e(p\tau\, {}^t p)$$

と H_n 上の正則関数を定義する．これはテータ定数の言葉でいえば $\theta_0(2\tau)$ とも書ける．あるいはテータ展開の際に定義したテータ関数の記号，つまり (4.7) を用いると $\vartheta_{0,1}(\tau, 0)$ とも書ける．ここで 0 は n 項ゼロベクトル，1 は指数 $M = 1$ なることを表している．任意の正整数 N に対して

$$\Gamma_0^{(n)}(N) = \left\{ g = \begin{pmatrix} a & b \\ c & d \end{pmatrix} \in Sp(n, \mathbb{Z}); c \equiv 0 \bmod N \right\}$$

と定義していた．n は文脈から明らかなときは省略する．記号 $\psi(x) = \left(\frac{-1}{x}\right)$ は x が奇数のとき，$x \equiv 1 \bmod 4$ ならば 1, $x \equiv -1 \bmod 4$ ならば -1 となる $\bmod 4$ のディリクレ指標を表す．$\gamma = \begin{pmatrix} a & b \\ c & d \end{pmatrix} \in \Gamma_0(4) = \Gamma_0^{(n)}(4)$ に対して $\psi(\det(d))$ を対応させると，これは群 $\Gamma_0(4)$ の指標になる．記号を流用して，これも $\psi(\gamma)$ と書くことにする．

4.7 [補題] 任意の $\gamma = \begin{pmatrix} a & b \\ c & d \end{pmatrix} \in \Gamma_0(4) = \Gamma_0^{(n)}(4)$ に対して

$$\vartheta(M\tau)^2 = \psi(\gamma) \det(c\tau + d) \vartheta(\tau)^2$$

となる．

証明 たとえば，Andrianov [2] の 2 次形式のテータ関数に関する変換公式を用いると，即座に証明できるが，ここでは直接証明してみる．$\gamma \in \Gamma_0^{(n)}(4)$ に対して，

$$(\vartheta(\tau))^2|_1[\gamma] = \det(c\tau + d)^{-1} \psi(\gamma) (\vartheta(g\tau))^2$$

と書くと，これは群 $\Gamma_0^{(n)}(4)$ の作用であり，また (1.6) により，$\Gamma_0(4)$ が $u(s) = \begin{pmatrix} 1_n & s \\ 0 & 1_n \end{pmatrix}$, $t(U) = \begin{pmatrix} U & 0 \\ 0 & {}^tU^{-1} \end{pmatrix}$, $v(4s) = \begin{pmatrix} 1_n & 0 \\ 4s & 1_n \end{pmatrix}$ で生成されることが分かっているので，これらについて示せばよい．定義より $\vartheta(\tau+s) = \vartheta(\tau)$ $(s = {}^t s \in M_n(\mathbb{Z}))$ であるから $u(s)$ については成立する．$t(U)$ については，定義より $\vartheta(U\tau\,{}^tU) = \vartheta(\tau)$ であり，また $\det(U) = \pm 1$ であるから，$\psi(t(U)) = \psi(\det(U)) = \det(U)$. これは $\det(c\tau + d) = \det(U)$ の部分と打ち消しあうので，補題の主張の式は成立する．次に

$v(4s)$ であるが,まず $J_n = \begin{pmatrix} 0 & -1_n \\ 1_n & 0 \end{pmatrix}$ として,

$$v(4s) = J_n u(-4s) J_n^{-1}$$

となることに注意する.テータ定数を用いて,$\vartheta(\tau) = \theta_0(2\tau)$ と書けるが,公式 (2.19) より

$$\vartheta(-\tau^{-1}) = \theta_0\left(-\left(\frac{\tau}{2}\right)^{-1}\right) = \det\left(\frac{\tau}{2i}\right)^{1/2} \theta_0\left(\frac{\tau}{2}\right)$$

である.ここで定義より $\theta_0((\tau-4s)/2) = \theta_0(\tau/2)$ はすぐわかる.また

$$\theta_0\left(-\frac{\tau^{-1}}{2}\right) = \theta_0(-(2\tau)^{-1}) = \det\left(\frac{2\tau}{i}\right)^{1/2} \theta_0(2\tau)$$
$$= \det\left(\frac{2\tau}{i}\right)^{1/2} \vartheta(\tau).$$

ゆえに $-(-\tau^{-1}-4s)^{-1} = \tau(1_n+4s\tau)^{-1}$ より,

$$\vartheta(\tau(4s\tau+1_n)^{-1}) = \det\left(-\frac{(\tau^{-1}+4s)}{2i}\right)^{1/2} \det\left(\frac{2\tau}{i}\right)^{1/2} \vartheta(\tau) \qquad (4.13)$$

であるが,$\det((-\tau^{-1}-4s)/2i)\det(2\tau/i) = \det(1_n+4s\tau)$ であるから,

$$\vartheta(v(4s)\tau)^2 = \det(4s\tau+1_n)\vartheta(\tau)^2$$

となる.よって証明された.■

$\gamma \in \Gamma_0(4)$ に対して,$\vartheta(\gamma\tau)/\vartheta(\tau)$ を考えると,これが $\Gamma_0(4)$ の保型因子であることは明らかである.これは $\det(c\tau+d)^{1/2}$ の定数倍である.よってこれをウェイトが $1/2$ の保型因子と考えることにする(もちろん群を少し変えて $\vartheta(\gamma\tau/2)/\vartheta(\tau/2)$ などを採用してもよい.たとえば Shimura [167], [171] では,このどちらかが採用されている).今 $\Gamma_0^{(n)}(4)$ の指標 χ をとる(たとえば前に定義した ψ など).H_n 上の正則関数 $\phi(\tau)$ が任意の $\gamma \in \Gamma_0^{(n)}(4))$ に対し,

$$\phi(\gamma\tau) = \left(\frac{\vartheta(\gamma\tau)}{\vartheta(\tau)}\right)^{2k-1} \chi(\gamma)\phi(\tau)$$

を満たし,また各カスプで正則という条件を満たすとき,これを $\Gamma_0^{(n)}(4)$ の,指標 χ

ウェイト $k-\frac{1}{2}$ の保型形式と呼ぶことにする. 以下, χ は単位指標か ψ の場合のみを考える. このような保型形式の空間を $A_{k-1/2}(\Gamma_0^{(n)}(4),\chi)$ と書く. χ が単位指標のときは $A_{k-1/2}(\Gamma_0^{(n)}(4))$ とも書く. ちなみに $\psi(-1_{2n}) = \psi((-1)^n) = (-1)^n$ であり, また $\vartheta((-1_{2n})\cdot\tau)/\vartheta(\tau) = 1$ であるから, $\phi \in A_{k-1/2}(\Gamma_0^{(n)}(4),\psi)$ ならば $\phi(\tau) = (-1)^n \phi(\tau)$. ゆえに n が奇数ならば, $A_{k-1/2}(\Gamma_0^{(n)}(4),\psi) = \{0\}$ である. たとえば $n=1$ ならば, 指標 ψ の保型形式は 0 以外存在しない.

もっと一般に ρ_0 を $GL(n,\mathbb{C})$ の多項式表現で, $\det(g)$ を含まないもの, つまり $\det(g)^{-l}\rho_0$ は正整数 l に対しては多項式表現ではなくなるようなものを考える. V を ρ_0 の表現空間とする. このとき, $\Gamma_0^{(n)}(4)$ のウェイト $\det^{k-1/2}\rho_0$, 指標 χ のジーゲル保型形式とは V 値の正則関数 $\phi(\tau)$ で

$$\phi(\gamma\tau) = \chi(\gamma)\rho_0(c\tau+d)\left(\frac{\vartheta(\gamma\tau)}{\vartheta(\tau)}\right)^{2k-1}\phi(\tau) \qquad (\gamma \in \Gamma_0^{(n)}(4))$$

であり, 各カスプでの正則なものと定義する (カスプでの条件の正確な意味は後で再度述べる). この空間を $A_{\det^{k-1/2}\rho_0}(\Gamma_0^{(n)}(4),\chi)$ ないしは, より簡単に $A_{k-1/2,\rho_0}(\Gamma_0^{(n)}(4),\chi)$ と書く.

さて, 1変数の場合には半整数ウェイトの保型形式と整数ウェイトの保型形式の間に, よい対応があることが志村 [167] により知られている. これについては詳述しないが, レベルが 1 の場合についておおざっぱにいえば, $SL(2,\mathbb{Z})$ のウェイト $2k-2$ の保型形式は $A_{k-1/2}(\Gamma_0^{(1)}(4))$ の保型形式の一部と L 関数を保つような線形同型対応がある. ここで, $A_{2k-2}(SL(2,\mathbb{Z}))$ に対応する部分を正確に決めるために, Kohnen は, $A_{k-1/2}(\Gamma_0^{(1)}(4))$ のプラス部分空間というものを定めた (cf. [121]). 一般の次数では, このような対応はたぶん期待できないが, $n=2$ については, 割と精密な予想がある ([74], [80]). しかし, これから述べるのはこれとは異なり, $Sp(n,\mathbb{Z})$ のヤコービ形式と $\Gamma_0^{(n)}(4)$ の半整数ウェイトの保型形式の対応である. 前者はレベル 1, 後者はレベル 4 の合同部分群であるから, 後者もこのレベル 1 に対応する部分を取る必要が生じる. このために Kohnen のプラス部分空間の一般化を定義する. $t=0$ または 1 として, $\phi \in A_{\det^{k-1/2}\rho_0}(\Gamma_0^{(n)}(4),\psi^t)$ とする. $\begin{pmatrix} 1_n & S \\ 0 & 1_n \end{pmatrix}$ $(S={}^tS \in M_n(\mathbb{Z}))$ に関する保型性により $\phi(\tau+S) = \phi(\tau)$ であるから,

$$\phi(\tau) = \sum_{N \in L_n^*} a(N) e(\mathrm{Tr}(N\tau))$$

とフーリエ展開される. ここで, 次の条件を考える.

（条件）ある列ベクトル $r \in \mathbb{Z}^n$ に対して，$N + (-1)^{k+t}r\,{}^t r \in 4L_n^*$ とならない限りは $a(N) = 0$ である．

ここで，r は列ベクトルであるから，$r\,{}^t r$ は n 行 n 列の行列であることに注意する．この条件を満たす $A_{\det^{k-1/2}\rho_0}(\Gamma_0^{(n)}(4), \psi^t)$ の元全体のなす線形部分空間をプラス部分空間といい $A_{k-1/2,\rho_0}^+(\Gamma_0^{(n)}(4), \psi^t)$ と書く．

任意の $g = \begin{pmatrix} a & b \\ c & d \end{pmatrix} \in Sp(n, \mathbb{Z})$ に対して，$\det(c\tau+d)^{1/2}$ の分岐をひとつ指定しておき，$\det(c\tau+d)^{k/2} = (\det(c\tau+d)^{1/2})^k$ と定義する．これは保型因子ではなく，また $Sp(n, \mathbb{Z})$ 全体には前に述べた保型因子は延長できないが，$\phi \in A_{k-1/2,\rho_0}(\Gamma_0(4), \psi^h)$ の元 ϕ に対して，

$$\phi|_{k-1/2,\rho_0}[g] = \det(c\tau+d)^{-(2k-1)/2}\rho_0(c\tau+d)^{-1}\phi(g\tau).$$

とおく．ここで $\phi|_{k-1/2,\rho_0}[g_1 g_2]$ は $\phi|_{k-1/2,\rho_0}|[g_1]|_{k-1/2,\rho_0}[g_2]$ とは異なるかもしれないが，異なるとしても符号だけである．しかし，$g \in \Gamma_0^{(n)}(4)$ のときは，半整数の保型因子 $\vartheta(g\tau)/\vartheta(\tau)$ が存在している．よって，この場合は上の定義で $\det(c\tau+d)^{-(2k-1)/2}$ の代わりに $(\vartheta(g\tau)/\vartheta(\tau))^{-(2k-1)/2}$ をとったものを $\phi|_{k-1/2,\rho_0}[g]$ と書くことにする．正確に言えば，$\vartheta(g\tau)/\vartheta(\tau)$ は $\psi(g) = -1$ のときには $\det(c\tau+d)^{1/2}$ の $\pm\sqrt{-1}$ 倍になっているので，記号が少し整合しないが，特に混乱は生じないであろう．

さて，以下カスプでのフーリエ展開の条件について説明する．$u(S) = \begin{pmatrix} 1_n & S \\ 0 & 1_n \end{pmatrix}$ （ただし $S = {}^t S$）とおく．適当な整数 m で任意の $S = {}^t S \in M_n(\mathbb{Z})$ に対して，$g\,u(mS)g^{-1} \in \Gamma_0^{(n)}(4)$ となるものが存在する．よって

$$\phi|_{k-1/2,\rho_0}[g]|_{k-1/2,\rho_0}[u(mS)g^{-1}] = \pm \phi|_{k-1/2,\rho_0}[g\,u(mS)g^{-1}] = \pm\phi(\tau).$$

よって

$$(\phi|_{k-1/2,\rho_0}[g])(\tau + mS) = \pm(\phi|_{k-1/2,\rho_0}[g])(\tau)$$

でもある．よって少なくとも

$$(\phi|_{k-1/2,\rho_0}[g])(\tau + 2mS) = (\phi|_{k-1/2,\rho_0}[g])(\tau)$$

である．以上で符号は S によっているかもしれないが，$\{S = {}^t S \in M_n(\mathbb{Z})\}$ は加群として有限生成であるから，m を十分大きくとりなおせば，任意の $S = {}^t S \in M_n(\mathbb{Z})$ に対して

$$(\phi|_{k-1/2,\rho_0}[g])(\tau + mS) = (\phi_{k-1/2,\rho_0}|[g])(\tau)$$

となる.つまり
$$\phi|_{k-1/2,\rho_0}[g] = \sum_{N \in m^{-1}L_n^*} a^g(N)e(\mathrm{Tr}(N\tau))$$

とフーリエ展開できる.任意の $g \in Sp(n,\mathbb{Z})$ に対して,N が半正定値でない限り $a^g(N) = 0$ となるとき,ϕ は各カスプで正則であるという.また N が正定値でない限り $a^g(N) = 0$ となるとき,ϕ をカスプ形式という.カスプ形式の全体のなす空間を $S_{k-1/2,\rho_0}(\Gamma_0^{(n)}(4),\psi^t)$ と書く.また

$$S^+_{k-1/2,\rho_0}(\Gamma_0^{(n)}(4),\psi^t) = S_{k-1/2,\rho_0}(\Gamma_0^{(n)}(4),\psi^t) \cap A^+_{k-1/2,\rho_0}(\Gamma_0^{(n)}(4),\psi^t)$$

とおく.

ウェイト $\det^k \rho_0$ でスカラー指数 $M = 1$(よって $l = 1$)の $Sp(n,\mathbb{Z})$ に関するヤコービ形式の空間を $J_{(k,\rho_0),1}(Sp(n,\mathbb{Z})^J)$ と書こう.簡単のために,$M = 1$ のときは,テータ展開で用いたテータ関数 $\vartheta_{\nu,M}(\tau,z)$($\nu \in (\mathbb{Z}/2\mathbb{Z})^n$)を $\vartheta_\nu(\tau,z)$ と書くことにする.今 $f \in J_{(k,\rho_0),1}(Sp(n,\mathbb{Z})^J)$ とすると,まえに述べたように f はテータ展開できて,

$$f(\tau,z) = \sum_{\nu \in (\mathbb{Z}/2\mathbb{Z})^n} c_\nu(\tau)\vartheta_\nu(\tau,z)$$

と書ける.ここで,

$$\sigma(f) = \sum_{\nu \in (\mathbb{Z}/2\mathbb{Z})^n} c_\nu(4\tau)$$

とおく.

4.8 [定理]　上で定義した写像 σ は次の線形同型写像を与える.

$$J_{(k,\rho_0),1}(Sp(n,\mathbb{Z})^J) \cong A^+_{k-1/2,\rho_0}(\Gamma_0^{(n)}(4),\psi^k),$$
$$J^{\mathrm{cusp}}_{(k,\rho_0),1}(Sp(n,\mathbb{Z})^J) \cong S^+_{k-1/2,\rho_0}(\Gamma_0^{(n)}(4),\psi^k).$$

証明　証明は,[70], [61], [108] による.実際には,次のようにして,証明できる.まず最初に保型性が保たれること,および σ による対応が 1 対 1 であることを示し,あとでまとめてフーリエ展開の条件を見ることにする.最初に $f \in J_{(k,\rho_0),1}(Sp(n,\mathbb{Z})^J)$ に対して,$\sigma(f) \in A^+_{k-1/2,\rho_0}(\Gamma_0(4),\psi^k)$ であることを示す.ここで,前のプラス空間の定義において,k が偶数ならば $t = 0$,k が奇数ならば,$t = 1$ であるから,いずれにしても $(-1)^{k+t} = 1$.よって,プラス空間の条件は $N + r\,{}^t r \in 4L_n^*$ であることを注

意しておく．群 $\Gamma_0^{(n)}(4)$ は (1.6) により，$u(s) = \begin{pmatrix} 1_n & s \\ 0 & 1_n \end{pmatrix}, t(U) = \begin{pmatrix} U & 0 \\ 0 & {}^tU^{-1} \end{pmatrix},$
$v(4s) = \begin{pmatrix} 1_n & 0 \\ 4s & 1_n \end{pmatrix}$ $(s = {}^ts \in M_n(\mathbb{Z}), U \in GL_n(\mathbb{Z}))$ で生成されるのであった．

簡単のために，$g = \begin{pmatrix} a & b \\ c & d \end{pmatrix} \in Sp(n, \mathbb{R}) \subset J^{(n,1)}(\mathbb{R})$ と $(\tau, z) \in H_n \times \mathbb{C}^n$ に対して，
$$g(\tau, z) = (g\tau, z(c\tau + d)^{-1})$$
と書くことにする．$f \in J_{(k,\rho_0),1}(Sp(n, \mathbb{Z})^J)$ に対して，
$$f(u(s)(\tau, z)) = f(\tau + s, z) = \sum_{\nu \in (\mathbb{Z}/2\mathbb{Z})^n} c_\nu(\tau + s)\vartheta_\nu(\tau + s, z).$$
f は $Sp(n, \mathbb{Z})^J$ のヤコービ形式であるから，$f(u(s)(\tau, z)) = f(\tau, z)$ である．ここで
$$\left(p + \frac{\nu}{2}\right)s\,{}^t\!\left(p + \frac{\nu}{2}\right) \equiv \frac{\nu s\,{}^t\nu}{4} \bmod 1$$
であるから，$\vartheta_\nu(\tau + s, z) = e(\nu s\,{}^t\nu/4)\vartheta_\nu(\tau, z)$．テータ展開の一意性より，
$$c_\nu(\tau + s)e\left(\frac{\nu s\,{}^t\nu}{4}\right) = c_\nu(\tau). \tag{4.14}$$
よって，$c_\nu(\tau + 4s) = c_\nu(\tau)$ である．これより，L_n^* を n 次半整数対称行列全体の集合とすると
$$c_\nu(\tau) = \sum_{N \in L_n^*} a(N)e\left(\mathrm{Tr}\left(\frac{N\tau}{4}\right)\right)$$
と書けるが，(4.14) より，$a(N) \neq 0$ ならば $e(\mathrm{Tr}((N + {}^t\nu\nu)s)/4) = 1$ が任意の $s = {}^ts \in M_n(\mathbb{Z})$ に対して成立する．すなわち，$N + {}^t\nu\nu \in 4L_n^*$ である．また定義より $\psi(u(s)) = 1$ である．ゆえに $\sigma(f)$ はプラス空間のフーリエ係数の条件を満たしている．また，$c_\nu(4\tau) = c_\nu(4(\tau + s))$ であり，更に $\vartheta(u(s)\tau) = \vartheta(\tau)$ が定義から直接わかるから，$\sigma(f)|_{k-1/2,\rho_0}[u(s)] = \sigma(f)$ である．次に $t(U)$ を考える．$\rho = \det^k \rho_0$ と書くと $f|_{k,1}[t(U)] = \rho({}^tU)f(U\tau{}^tU, z\,{}^tU) = f(\tau, z)$．また前にも見たように，定義から直接の計算により
$$\vartheta_\nu(U\tau\,{}^tU, z\,{}^tU) = \vartheta_{\nu U}(\tau, z)$$

がわかるので，

$$f(U\tau\,{}^tU, z\,{}^tU) = \sum_{\nu \in (\mathbb{Z}/2\mathbb{Z})^n} c_\nu(U\tau\,{}^tU)\vartheta_\nu(U\tau\,{}^tU, z\,{}^tU)$$
$$= \sum_{\nu \in (\mathbb{Z}/2\mathbb{Z})^n} c_\nu(U\tau\,{}^tU)\vartheta_{\nu U}(\tau, z).$$

よって，$c_\nu(U\tau{}^tU) = \rho_0({}^tU^{-1})\det(U)^{-k}c_{\nu U}(\tau)$. ここで $\det(U) = \pm 1$ であり，$\det(U) = \left(\frac{-1}{\det(U)}\right) = \psi(t(U))$ である．また $\vartheta(U\tau\,{}^tU) = \vartheta(\tau)$ は定義より明らかなので，

$$c_\nu(U\tau\,{}^tU) = \rho_0({}^tU^{-1})\psi(t(U))^k c_{\nu U}(\tau),$$
$$\sigma(f)(U\tau\,{}^tU) = \rho_0({}^tU^{-1})\psi(t(U))^k \sigma(f)(\tau)$$

となり，$t(U)$ に関する保型性がわかる．次に，$v(4s)$ を考える．まず，次の補題を証明する．

4.9 [補題] 任意の $s = {}^ts \in M_n(\mathbb{Z})$ に対して，

$$\vartheta\left(\frac{v(s)\tau}{4}\right)\vartheta_\mu(v(s)\tau, z(s\tau+1_n)^{-1})$$
$$= 2^{-n}\det(s\tau+1_n)e(z(s\tau+1)^{-1}s\,{}^tz)\vartheta\left(\frac{\tau}{4}\right)$$
$$\times \sum_{\nu,\kappa \in (\mathbb{Z}/2\mathbb{Z})^n} e\left(-\frac{{}^t\nu\mu}{2}\right)e\left(-\frac{{}^t\nu s\nu}{4}\right)e\left(-\frac{{}^t\kappa\nu}{2}\right)\vartheta_\kappa(\tau, z)$$

となる．

補題 4.9 の証明 関係式

$$v(s) = \begin{pmatrix} 0 & -1_n \\ 1_n & 0 \end{pmatrix}\begin{pmatrix} 1_n & -s \\ 0 & 1_n \end{pmatrix}\begin{pmatrix} 0 & 1_n \\ -1_n & 0 \end{pmatrix}$$

を用いて，作用を分解して考えると $v(s)\tau = -(-\tau^{-1}-s)^{-1}$ と書ける．よって (4.12) より，

$$\vartheta_\nu(v(s)\tau, z(s\tau+1_n)^{-1}) = \vartheta_\nu(-(-\tau^{-1}-s)^{-1}, (-z\tau^{-1})(-\tau^{-1}-s)^{-1})$$
$$= 2^{-n/2}\det\left(-\frac{(\tau^{-1}+s)}{i}\right)^{1/2} e(-z(s\tau+1_n)^{-1}\tau^{-1}\,{}^tz)$$
$$\times \sum_{\mu \in (\mathbb{Z}/2\mathbb{Z})^n} e\left(\frac{\mu{}^t\nu}{2}\right)\vartheta_\mu(-\tau^{-1}-s, -z\tau^{-1}).$$

となる. ここで $s = {}^t s \in M_n(\mathbb{Z})$ に対しては, 定義より

$$\vartheta_\mu(-\tau^{-1} - s, -z\tau^{-1}) = e\left(-\frac{\mu s\, {}^t\mu}{4}\right) \vartheta_\mu(-\tau^{-1}, -z\tau^{-1})$$

となるが, この式の右辺に (4.12) を再度適用すると, 結局,

$$\vartheta_\nu(v(s)\tau, z(s\tau + 1_n)^{-1})$$
$$= 2^{-n} \det\left(-\frac{(\tau^{-1} + s)}{i}\right)^{1/2} \det\left(\frac{\tau}{i}\right)^{1/2} e(-z(s\tau + 1_n)^{-1}\tau^{-1}\,{}^t z) e(z\tau^{-1}\,{}^t z)$$
$$\times \sum_{\mu,\kappa \in (\mathbb{Z}/2\mathbb{Z})^n} e\left(\frac{\nu\,{}^t\mu}{2}\right) e\left(-\frac{\mu s\,{}^t\mu}{4}\right) e\left(\frac{\mu\,{}^t\kappa}{2}\right) \vartheta_\kappa(\tau, z) \qquad (4.15)$$

となる. ここで

$$-z(s\tau + 1_n)^{-1}\tau^{-1}\,{}^t z + z\tau^{-1}\,{}^t z$$
$$= -z(s\tau + 1_n)^{-1}(\tau^{-1} - (s\tau + 1_n)\tau^{-1})\,{}^t z = z(s\tau + 1_n)^{-1} s\,{}^t z$$

に注意しておく.

次に $\vartheta((v(s)\tau)/4)$ について考える.

$$\frac{v(s)\tau}{4} = \left(\frac{\tau}{4}\right)(s\tau + 1_n)^{-1} = \left(\frac{\tau}{4}\right)\left(4s\left(\frac{\tau}{4}\right) + 1_n\right)^{-1} = v(4s)\left(\frac{\tau}{4}\right).$$

ここで $\vartheta(\tau) = \vartheta_0(\tau, 0)$ であるから, $\vartheta_\nu(\tau, z)$ に上でおこなった計算を τ を $\tau/4$, s を $4s$, $\nu = 0$ に適用すると, $e(-\mu(4s)^t\mu/4) = 1$ であり, また

$$\sum_{\mu \in (\mathbb{Z}/2\mathbb{Z})^n} e\left(\frac{\mu\,{}^t\kappa}{2}\right) = \begin{cases} 2^n & (\kappa = 0 \text{ の場合}) \\ 0 & \text{それ以外} \end{cases}$$

となるので, まとめて

$$\vartheta\left(\frac{v(s)\tau}{4}\right) = \det\left(-\frac{4(\tau^{-1} + s)}{i}\right)^{1/2} \det\left(\frac{\tau}{4i}\right)^{1/2} \vartheta\left(\frac{\tau}{4}\right)$$

となる. ここで

$$\det\left(-4\frac{\tau^{-1} + s}{i}\right)^{1/2} \det\left(\frac{\tau}{4i}\right)^{1/2} = \det\left(-\frac{\tau^{-1} + s}{i}\right)^{1/2} \det\left(\frac{\tau}{i}\right)^{1/2}$$

であるから, 実際は

$$\vartheta\left(\frac{v(s)\tau}{4}\right) = \det\left(-\frac{\tau^{-1} + s}{i}\right)^{1/2} \det\left(\frac{\tau}{i}\right)^{1/2} \vartheta\left(\frac{\tau}{4}\right) \qquad (4.16)$$

となる．また
$$\left(\det\left(-\frac{\tau^{-1}+s}{i}\right)^{1/2}\det\left(\frac{\tau}{i}\right)^{1/2}\right)^2 = \det((\tau^{-1}+s)\tau) = \det(s\tau+1_n).$$

よって，補題 4.9 が成り立つ． ∎

もとに戻って，f をヤコービ形式とすると，定義により
$$f(v(s)(\tau,z)) = \rho_0(s\tau+1_n)\det(s\tau+1_n)^k e(z(s\tau+1_n)^{-1}s\,{}^t z)f(\tau,z)$$
である．一方，
$$f(v(s)(\tau,z)) = \sum_{\nu\in(\mathbb{Z}/2\mathbb{Z})^n} c_\nu(v(s)\tau)\vartheta_\nu(v(s)(\tau,z))$$
でもある．よってここで $\vartheta_\nu(v(s)(\tau,z))$ に補題 (4.9) を適用した後，$\vartheta_\kappa(\tau,z)$ の係数を比較して，

$\det(s\tau+1_n)^k\rho_0(s\tau+1_n)c_\kappa(\tau)$
$$= \frac{\vartheta((v(s)\tau)/4)}{\vartheta(\tau/4)}\sum_{\nu\in(\mathbb{Z}/2\mathbb{Z})^n}c_\nu(v(s)\tau)\sum_{\mu\in(\mathbb{Z}/2\mathbb{Z})^n}2^{-n}e\left(-\frac{\nu\,{}^t\mu}{2}\right)e\left(-\frac{\mu s\,{}^t\mu}{4}\right)e\left(\frac{\mu\,{}^t\kappa}{2}\right).$$

ここで，κ について和をとると
$$2^{-n}\sum_{\mu,\kappa\in(\mathbb{Z}/2\mathbb{Z})^n}e\left(-\frac{\nu\,{}^t\mu}{2}\right)e\left(-\frac{\mu s\,{}^t\mu}{4}\right)e\left(\frac{\mu\,{}^t\kappa}{2}\right) = 1$$
となる．よって τ を 4τ に変えて，
$$\det(4s\tau+1_n)^k\rho_0(4s\tau+1_n)\sigma(f)(\tau) = \frac{\vartheta(v(4s)\tau)}{\vartheta(\tau)}\sigma(f)(v(4s)\tau)$$
ここで
$$\det(4s\tau+1_n)^k\frac{\vartheta(\tau)}{\vartheta(v(4s)\tau)} = \left(\frac{\vartheta(v(4s)\tau)}{\vartheta(\tau)}\right)^{2k-1}$$
より，$\sigma(f)$ の $v(4s)$ に対する保型性が示された．以上により，$\sigma(f)$ の $\Gamma_0^{(n)}(4)$ に関する保型性が示された．

次に σ は全単射であることをしめす．$h(\tau)\in A_{k-1/2,\rho_0}^+(\Gamma_0(4),\psi^k)$ から各 $c_\nu(\tau)$ を求める必要がある．このため
$$h(\tau) = \sum_{N\in L_n^*}a(N)e(\mathrm{Tr}(N\tau))$$

とフーリエ展開したときに, $\nu \in (\mathbb{Z}/2\mathbb{Z})^n$ を固定して, $N + {}^t\nu\nu \in 4L_n^*$ となる部分をとり, さらに τ を $\tau/4$ としたものを $h_\nu(\tau)$ と書く. すなわち,

$$h_\nu(\tau) = \sum_{N \in L_n^*, N+{}^t\nu\nu \in 4L_n^*} a(N) e\left(\mathrm{Tr}\left(\frac{N\tau}{4}\right)\right)$$

とおく. あるいは,

$$h_\nu(\tau) = \sum_{N \in L_n^*} a(4N - {}^t\nu\nu) e\left(\mathrm{Tr}\left(N - \frac{{}^t\nu\nu}{4}\right)\tau\right) \tag{4.17}$$

と書いてもよい.

$$F(\tau, z) = \sum_{\nu \in (\mathbb{Z}/2\mathbb{Z})^n} h_\nu(\tau) \vartheta_\nu(\tau, z)$$

とおくとき, $F \in J_{(k,\rho_0),1}(Sp(n,\mathbb{Z})^J, \psi^k)$ であることを証明したい. ここで, 定義により,

$$h_\nu(\tau + s) = e\left(-\mathrm{Tr}\left(\frac{{}^t\nu\nu s}{4}\right)\right) h_\nu(\tau) = e\left(-\frac{\nu s {}^t\nu}{4}\right) h_\nu(\tau),$$

$$\vartheta_\nu(\tau + s, z) = e\left(\frac{\nu s {}^t\nu}{4}\right) \vartheta_\nu(\tau, z)$$

であるから, $F(\tau + s, z) = F(\tau, z)$ である. また,

$$h(U\tau {}^tU) = \det(U)^k \rho_0({}^tU^{-1}) h(\tau) = \psi(t(U))^k \rho_0({}^tU^{-1}) h(\tau)$$

であるから, $h_\nu(U\tau {}^tU) = \psi(t(U))^k \rho_0({}^tU^{-1}) h_{\nu U}(\tau)$ でもあり, また

$$\vartheta_\nu(U\tau {}^tU, z {}^tU) = \vartheta_{\nu U}(\tau, z)$$

であるから, $F(U\tau {}^tU, z {}^tU) = \psi(t(U))^k \rho_0({}^tU^{-1}) F(\tau, z)$ でもある. 以上で $u(s)$, $t(U)$ に対する保型性は証明された. ゆえに残るは $v(s)$ である. この証明のために補題を用意する.

4.10 [補題] 記号を上の通りとして, 任意の整数対称行列 $s = {}^ts \in M_n(\mathbb{Z})$ と $\kappa \in (\mathbb{Z}/2\mathbb{Z})^n$ に対して, 次の式が成り立つ.

$$\vartheta\left(\frac{\tau}{4}\right) \det(s\tau + 1_n)^k \rho_0(s\tau + 1_n) h_\kappa(\tau)$$
$$= 2^{-n} \sum_{\nu,\mu \in (\mathbb{Z}/2\mathbb{Z})^n} e\left(-\frac{\nu {}^t\mu}{2}\right) e\left(-\frac{\nu s {}^t\nu}{4}\right) e\left(-\frac{\kappa {}^t\nu}{2}\right) h_\mu(v(s)\tau) \vartheta\left(\frac{v(s)\tau}{4}\right).$$

補題 4.10 の証明　まず $h_\nu(\tau)$ を $h(\tau)$ で表示する式を書く．Δ で対角成分が 0 または 1 の対角行列全体の集合とする．$s_1 \in \Delta$ に対して，

$$h\left(\frac{\tau+2s_1}{4}\right) = \sum_{\nu \in (\mathbb{Z}/2\mathbb{Z})^n} h_\nu(\tau+2s_1) = \sum_{\nu \in (\mathbb{Z}/2\mathbb{Z})^n} e\left(\frac{\nu s_1{}^t\nu}{2}\right) h_\nu(\tau). \quad (4.18)$$

よって，これを逆に解くために，これに $e(\kappa s_1{}^t\kappa/2)$ を掛けて $s_1 \in \Delta$ について和をとると，

$$\sum_{s_1 \in \Delta} e\left(\frac{\kappa s_1^t \kappa}{2}\right) e\left(\frac{\nu s_1^t \nu}{2}\right) = \sum_{s_1 \in \Delta} e\left(\frac{(\kappa+\nu)s_1{}^t(\kappa+\nu)}{2}\right)$$

$$= \begin{cases} 2^n & (\kappa=\nu \text{ の場合}), \\ 0 & (\text{それ以外}). \end{cases}$$

よって，

$$h_\nu(\tau) = 2^{-n} \sum_{s_1 \in \Delta} e\left(\frac{\nu s_1{}^t\nu}{2}\right) h\left(\frac{\tau+2s_1}{4}\right). \quad (4.19)$$

次に $h_\nu(v(s)\tau)$ の振る舞いを調べる必要があるので $h((v(s)\tau+2s_1)/4)$ が問題になる．ここで任意の $\tau \in H_n$ に対して $(v(s)\tau+2s_1)/4 = \gamma_{s,s_1}((\tau+2s_1)/4)$ となる元 γ_{s,s_1} は

$$\gamma_{s,s_1} = \begin{pmatrix} 2^{-1}1_n & s_1 \\ 0 & 21_n \end{pmatrix} \begin{pmatrix} 1_n & 0 \\ s & 1_n \end{pmatrix} \begin{pmatrix} 21_n & -s_1 \\ 0 & 2^{-1}1_n \end{pmatrix} = \begin{pmatrix} 1_n + 2s_1 s & -s_1 s s_1 \\ 4s & 1_n - 2ss_1 \end{pmatrix}$$

で与えられるのが明らかである．また，上の計算より $\gamma_{s,s_1} \in \Gamma_0(4)$ であること，および $(4s)((\tau+2s_1)/4) + 1_n - 2ss_1 = s\tau + 1_n$ に注意すると，h は $\Gamma_0^{(n)}(4)$ では保型性が成り立つと仮定しているから，

$$h\left(\gamma_{s,s_1}\left(\frac{\tau+2s_1}{4}\right)\right)$$
$$= \left(\frac{\vartheta(\gamma_s(s_1)((\tau+2s_1)/4))}{\vartheta((\tau+2s_1)/4)}\right)^{2k-1} \psi(\det(1_n-2ss_1))^k \rho_0(s\tau+1_n) h\left(\frac{\tau+2s_1}{4}\right) \quad (4.20)$$

となる．ここで，

$$\left(\vartheta\left(\gamma_{s,s_1}\left(\frac{\tau+2s_1}{4}\right)\right)\bigg/\vartheta\left(\frac{\tau+2s_1}{4}\right)\right)^2 = \psi(\det(1_n-2ss_1))\det(s\tau+1_n)$$

である. よって,

$$h\left(\frac{v(s)\tau + 2s_1}{4}\right)\vartheta\left(\frac{v(s)\tau + 2s_1}{4}\right)$$
$$= \det(s\tau + 1_n)^k \rho_0(s\tau + 1_n) h\left(\frac{\tau + 2s_1}{4}\right)\vartheta\left(\frac{\tau + 2s_1}{4}\right) \quad (4.21)$$

となる. ここで保型因子をもう少し詳しく調べよう. 定義により

$$\vartheta\left(\frac{\tau + 2s_1}{4}\right) = \sum_{p \in \mathbb{Z}^n} e\left(p\left(\frac{\tau + 2s_1}{4}\right){}^t p\right).$$

ここで, $p = q + 2p_1$ (q は $(\mathbb{Z}/2\mathbb{Z})^n$ の代表を動き, $p_1 \in \mathbb{Z}^n$) とすると, 上式は, $\vartheta_q(\tau) = \vartheta_q(\tau,0)$ と定義するとき,

$$\vartheta\left(\frac{\tau + 2s_1}{4}\right) = \sum_{q \in (\mathbb{Z}/2\mathbb{Z})^n} e\left(\frac{qs_1{}^t q}{2}\right)\vartheta_q(\tau)$$

となる. ゆえに,

$$\vartheta\left(\frac{v(s)\tau + 2s_1}{4}\right) = \sum_{q \in (\mathbb{Z}/2\mathbb{Z})^n} e\left(\frac{qs_1{}^t q}{2}\right)\vartheta_q(v(s)\tau).$$

ここで, (4.15) において, $z = 0$ とすることにより, $\vartheta_q(v(s)\tau)$ は

$$\vartheta_q(v(s)\tau) = 2^{-n}\det\left(-\frac{\tau^{-1}+s}{i}\right)^{1/2}\det\left(\frac{\tau}{i}\right)^{1/2}$$
$$\times \sum_{\mu,\kappa \in (\mathbb{Z}/2\mathbb{Z})^n} e\left(\frac{q{}^t\mu}{2}\right) e\left(-\frac{\mu s{}^t\mu}{4}\right) e\left(\frac{\mu{}^t\kappa}{2}\right)\vartheta_\kappa(\tau).$$

これに $e(qs_1{}^t q/2)$ を掛けて, $q \in (\mathbb{Z}/2\mathbb{Z})^n$ について和をとると, $(s_1)_0$ で s_1 の対角成分からなる n 次の行ベクトルを表すとき,

$$\sum_{q \in \left(\frac{\mathbb{Z}}{2\mathbb{Z}}\right)^n} e\left(\frac{qs_1{}^t q}{2}\right) e\left(\frac{q{}^t\mu}{2}\right) = \begin{cases} 2^n & \mu = (s_1)_0 \text{ の場合,} \\ 0 & \text{それ以外} \end{cases}$$

となる. 一方,

$$\sum_{\kappa \in (\mathbb{Z}/2\mathbb{Z})^n} e\left(\frac{(s_1)_0{}^t\kappa}{2}\right)\vartheta_\kappa(\tau) = \sum_{\kappa \in (\mathbb{Z}/2\mathbb{Z})^n} e\left(\frac{\kappa s_1{}^t\kappa}{2}\right)\vartheta_\kappa(\tau)$$
$$= \vartheta\left(\frac{\tau + 2s_1}{4}\right).$$

よって,

$$\vartheta\left(\frac{v(s)\tau+2s_1}{4}\right)$$
$$=\det\left(-\frac{\tau^{-1}+s}{i}\right)^{1/2}\det\left(\frac{\tau}{i}\right)^{1/2}e\left(-\frac{(s_1)_0s\,{}^t(s_1)_0}{4}\right)\vartheta\left(\frac{\tau+2s_1}{4}\right).$$

しかし, $\vartheta(v(s)\tau/4)$ と $\vartheta(\tau/4)$ の関係式 (4.16) によれば, これより,

$$\frac{\vartheta\left(\dfrac{v(s)\tau+2s_1}{4}\right)}{\vartheta\left(\dfrac{\tau+2s_1}{4}\right)}=e\left(-\frac{(s_1)_0s\,{}^t(s_1)_0}{4}\right)\frac{\vartheta\left(\dfrac{v(s)\tau}{4}\right)}{\vartheta\left(\dfrac{\tau}{4}\right)} \qquad (4.22)$$

となる. よって, (4.19), (4.21), (4.22), (4.18) を順に適用して,

$$\det(s\tau+1_n)^k\rho_0(s\tau+1_n)h_\kappa(\tau)\vartheta\left(\frac{\tau}{4}\right)\Big/\vartheta\left(\frac{v(s)\tau}{4}\right)$$
$$=2^{-n}\sum_{s_1\in\Delta}e\left(-\frac{(s_1)_0s\,{}^t(s_1)_0}{4}\right)e\left(\frac{\kappa s_1\,{}^t\kappa}{2}\right)h\left(\frac{v(s)\tau+2s_1}{4}\right)$$
$$=2^{-n}\sum_{\mu\in(\mathbb{Z}/2\mathbb{Z})^n,s_1\in\Delta}e\left(-\frac{(s_1)_0s\,{}^t(s_1)_0}{4}\right)e\left(\frac{\kappa s_1\,{}^t\kappa}{2}\right)e\left(\frac{\mu s_1\,{}^t\mu}{2}\right)h_\mu(v(s)\tau)$$

ここで $e\left(\dfrac{\kappa s_1\nu}{2}\right)=e\left(\dfrac{\kappa\,{}^t(s_1)_0}{2}\right)$, および $e\left(\dfrac{\mu s_1\,{}^t\mu}{2}\right)=e\left(\dfrac{\mu\,{}^t(s_1)_0}{2}\right)$ に注意すれば, $(s_1)_0=\nu$ として, これは補題の式そのものであることがわかる. ∎

さて, h から定義した $F(\tau,z)$ において, $F(v(s)\tau,z(s\tau+1_n)^{-1})$ に現れる項 $\vartheta_\kappa(v(s)\tau,z(s\tau+1_n)^{-1})$ を補題 4.9 を用いて書き換えると,

$$F(v(s)\tau,z(s\tau+1_n)^{-1})$$
$$=\frac{\vartheta(\tau/4)}{\vartheta(v(s)\tau/4)}\times 2^{-n}\det(s\tau+1_n)e(z(s\tau+1_n)^{-1}s\,{}^tz)$$
$$\times\sum_{\mu,\nu,\kappa\in(\mathbb{Z}/2\mathbb{Z})^n}e\left(\frac{\nu\,{}^t\mu}{2}\right)e\left(-\frac{\nu s\,{}^t\nu}{2}\right)e\left(\frac{\kappa\,{}^t\nu}{2}\right)h_\mu(v(s)\tau)\vartheta_\kappa(\tau,z).$$

ここで, μ と ν の和について, 補題 4.10 を用いると,

$$\left(\frac{\vartheta(\tau/4)}{\vartheta(v(s)\tau/4)}\right)^2=\det(s\tau+1_n)^{-1}$$

に注意して，この右辺は，

$$e(z(s\tau+1_n)^{-1}s\,^tz)\det(s\tau+1_n)^k\rho_0(s\tau+1_n)\sum_{\kappa\in(\mathbb{Z}/2\mathbb{Z})^n}h_\kappa(\tau)\vartheta_\kappa(\tau,z)$$
$$=e(z(s\tau+1_n)^{-1}s\,^tz)\det(s\tau+1_n)^k\rho_0(s\tau+1_n)F(\tau,z)$$

となる．よって F の群作用に対する保型性が言えた．

次に，フーリエ係数の条件を見る．$h(\tau)$ と $f(\tau,z)$ を，半整数ウェイト $\det^{k-1/2}\rho_0$ および，整数ウェイト $\det^k\rho_0$ に対して保型性を持つ，対応する関数としておく．h に対して，$h_\mu(\tau)$ を (4.17) で定義しておく．

$$f(\tau,z)=\sum_{\nu\in(\mathbb{Z}/2\mathbb{Z})^n}h_\nu(\tau)\vartheta_\nu(\tau,z)$$

とすると，全体のフーリエ展開は

$$e\left(\operatorname{Tr}\left(N-\frac{^t\nu\nu}{4}\right)\tau\right)e\left(^t\left(p+\frac{\nu}{2}\right)\tau\left(p+\frac{\nu}{2}\right)\right)e((2p+\nu)\,^tz)$$

に係数を掛けた形に展開されている．ここで，

$$4N-\,^t\nu\nu+4\,^t\left(p+\frac{\nu}{2}\right)\left(p+\frac{\nu}{2}\right)-\,^t(2p+\nu)(2p+\nu)=4N-\,^t\nu\nu$$

であるから，f がフーリエ展開係数についてヤコービ形式の条件をみたすことと，$h_\nu(\tau)$ のフーリエ係数が，半正定値のところだけに係数を持つことは同値である（つまり，f がカスプ $i\infty 1_n$ で「正則」という条件と，h が $i\infty 1_n$ で「正則」という条件が同値）．以上により，h が保型形式のとき，f がヤコービ形式というのは，フーリエ係数の条件を込めて示された．特に h がカスプ形式ならば，フーリエ係数は $N-\,^t\nu\nu/4$ が正定値のときのみ 0 ではないから，f もヤコービカスプ形式である．しかし，逆を示すにはもう少し考察が必要になる．理由は $\Gamma_0(4)$ の「最高次の」カスプ，つまり $\Gamma_0(4)\backslash Sp(n,\mathbb{Q})/P_{n-1}(\mathbb{Q})$ は一つの元からなる訳ではないからである．ここで

$$P_{n-1}(\mathbb{Q})=\left\{\begin{pmatrix}a_1&0&b_1&*\\ *&*&*&*\\ c_1&0&d_1&*\\ 0&0&0&*\end{pmatrix}\in Sp(n,\mathbb{Q});\begin{pmatrix}a_1&b_1\\ c_1&d_1\end{pmatrix}\in Sp(n-1,\mathbb{Q}),\\ *\text{ は }\mathbb{Q}\text{ の元を動く}\right\}$$

としている．つまり，各カスプにおける h のフーリエ係数の条件を確かめておかないと，h が正則保型形式，ないしはカスプ形式であるかどうかはわからない．これを少

し慎重に示したい. f を $Sp(n,\mathbb{Z})$ のヤコービ形式とし, 前と同様

$$f(\tau, z) = \sum_{\nu \in (\mathbb{Z}/2\mathbb{Z})^n} h_\nu(\tau) \vartheta_\nu(\tau, z)$$

とする. $g \in Sp(n,\mathbb{Z})$ とすると,

$$(\vartheta_\nu(\tau, z)|_{1/2,1}[g]) = (\vartheta_\nu(\tau, z)) R(g)$$

となる行列 $R(g)$ が存在することを補題 4.5 で示した. よって

$$f|_{(k,\rho_0),1}[g] = \sum_{\nu \in (\mathbb{Z}/2\mathbb{Z})^n} c_\nu^g(\tau) \vartheta_\nu(\tau, z)$$

となる正則関数 $c_\nu^g(\tau)$ が存在する. また, $c_\nu^g(\tau)$ は $h_\nu(\tau)|_{(k-1/2,\rho_0)}[g]$ ($\nu \in (\mathbb{Z}/2\mathbb{Z})^n$) の線形結合で書け, 逆も正しい (ただし, $\det{}^k \rho_0$ と $\det{}^{k-1/2} \rho_0$ をそれぞれ (k, ρ_0) または $(k-1/2, \rho_0)$ と略記している). 実は f がヤコービ形式であることより, $g \in Sp(n,\mathbb{Z})$ に対して $f|_{(k,\rho_0),1}[g] = f$ であり, $c_\nu^g(\tau) = h_\nu(\tau)$ でもあるが, このフーリエ係数は, 半正定値の T に対する $e(\mathrm{Tr}(T\tau))$ の係数以外はすべて消える. また f がカスプ形式であれば, T が正定値でなければフーリエ係数は消える. すなわち, $h(\tau/4)|_{k-1/2,\rho_0}[g]$ ($g \in Sp(n,\mathbb{Z})$) に対して, フーリエ係数の「正則性」の条件, およびカスプの条件は満たされている. しかしながら, ここで $h(\tau/4)$ と $h(\tau)$ は異なるので, $h(\tau/4)|_{k-1/2,\rho_0}[g]$ ($g \in Sp(n,\mathbb{Z})$) に対する条件だけ述べたのでは, 不十分である. これは次のように考えれば解決される. (1.6) の (3) により, $Sp(n,\mathbb{Q}) = Sp(n,\mathbb{Z})B(\mathbb{Q})$ であった. しかし, $B(\mathbb{Q})$ の作用はフーリエ係数の「正則性」ないしは「カスプ形式」の条件を変えないので, よって, 任意の $g \in Sp(n,\mathbb{Q})$ に対しても, $h(\tau/4)|_{k-1/2,\rho_0}[g]$ のフーリエ展開の条件は満たされていることがわかる. ここで,

$$\frac{g(\tau)}{4} = \frac{(a\tau+b)(c\tau+d)^{-1}}{4} = \left(a\left(\frac{\tau}{4}\right) + \frac{b}{4}\right)\left(4c\left(\frac{\tau}{4}\right) + d\right)^{-1}$$
$$= \begin{pmatrix} a & 4b \\ 4^{-1}c & d \end{pmatrix} \left(\frac{\tau}{4}\right)$$

であるから, ここで τ を 4τ に置き換えて考えれば, 任意の $g \in Sp(n,\mathbb{Q})$ に対して, $h(\tau)|_{k-1/2,\rho_0}[g]$ もフーリエ係数の条件を満たすことになる. よって, f がヤコービ形式ならば h は正則ジーゲル保型形式であり, f がヤコービカスプ形式ならば h もカスプ形式である. ∎

最後の議論から少しおもしろいことがわかる. 実はプラス空間にはいる半整数ウェ

イトの保型形式は，カスプ $i\infty 1_n$ でカスプ形式のフーリエ係数の条件を満たしているならば，他のカスプでも満たしている（これはプラス空間の元は本来レベル 1 のものだという解釈によくあっている）．つまり，

4.11 [命題]　$h \in A^+_{k-1/2,\rho_0}(\Gamma_0^{(n)}(4),\psi^k)$ について，
$$h(\tau) = \sum_{N \in L_n^*} a(N)e(\text{Tr}(N\tau))$$
とフーリエ展開するとき，N が正定値でないならば，$a(N) = 0$ という条件を仮定する．すると $h \in S_{k-1/2,\rho_0}(\Gamma_0^{(n)}(4),\psi^k)$ である．

証明　h に対して，ヤコビ形式 f で $\sigma(f) = h$ となるものをとる．h の仮定，および前の補題の証明に示したように，f はヤコビカスプ形式である．よって，f の像の h もカスプ形式である．　∎

実際には以上の同型は，ヤコビ形式と半整数ウェイトのジーゲル保型形式に対するヘッケ作用素の作用と可換なのであるが，本書ではヘッケ理論は述べない．また，実は $Sp(n,\mathbb{Z})$ を $\Gamma_0^{(n)}(N)$ に，$\Gamma_0^{(n)}(4)$ を $\Gamma_0^{(n)}(4N)$ にそれぞれ変えて，また，両方の保型形式に mod N の指標 χ を追加しても，同様の同型は成立する（[82]）．

以上で，右辺が $A^+_{k-1/2,\rho_0}(\Gamma_0(4),\psi^t)$ で $k+t$ が奇数であれば（つまり $t = k-1$ であれば）どうなるか，というと実は正則ヤコビ形式の代わりに左辺を歪正則ヤコビ形式 (skew holomorphic Jacobi forms) というものに変えれば，同様の同型が成立するが，これについては，論文 [62], [108] などを参照されたい．

2. 一般ベクトル値ヤコビ形式

2.1　定義

前に述べたベクトル値ヤコビ形式の定義では，そのままではベクトル値ジーゲル保型形式のフーリエヤコビ展開とは関係がつかないという点で少々不自然なところがある．たとえば $Sp(2,\mathbb{Z})$ に関する 2 次のジーゲル保型形式 $F(Z)$ でウェイトが $\det^k Sym(j)$ のものを考えると

$$F(Z) = \sum_{m=0}^{\infty} f_m(\tau,z)e(m\omega) \qquad Z = \begin{pmatrix} \tau & z \\ z & \omega \end{pmatrix}$$

となる展開があるが，ここで $F(Z)$ はベクトル値としているから $f_m(\tau,z)$ はベクト

ルである.しかし,前に述べたベクトル値ヤコービ形式の定義では,$g = \begin{pmatrix} a & b \\ c & d \end{pmatrix} \in Sp(1,\mathbb{Z}) = SL(2,\mathbb{Z})$ に対して,$GL(1)$ の既約表現 ρ で決まるウェイト $\rho(c\tau + d)$ は $(c\tau + d)^k$ の形しかないから,Ziegler の流儀によるベクトル値ヤコービ形式では,今の場合にはスカラー値のヤコービ形式しか定義していないことになる.実は,上の $F(Z)$ の展開係数に現れる $f_m(\tau, z)$ は,$SL(2,\mathbb{Z})$ に関しても $H^{(1,1)}(\mathbb{Z})$ に関しても,もっと複雑な保型性を持っている.このようなものも含むような一般的な関数の定義を正確に記述するため,あらたに,前に 4.1.2 項で定義した Ziegler の意味でのベクトル値のヤコービ形式とは異なる,ベクトル値ジーゲル保型形式と整合するようなベクトル値ヤコービ形式を定義しよう.前のものと区別するために,新しい定義で与えられるものを,とりあえず「一般ベクトル値ヤコービ形式」という名前で呼ぶことにする.

(ρ, V) を $GL_{n+l}(\mathbb{C})$ の既約多項式表現とする.ここで V は ρ の表現空間である.$H_n \times M_{ln}(\mathbb{C})$ 上の V 値正則関数 $f(\tau, z)$ と $\tilde{g} \in J^{(n,l)}(\mathbb{R})$ に対し,
$$f(\tau, z)e(\text{Tr}(M\omega))|_{\rho}[\tilde{g}] = \widetilde{f}(\tau, z)e(\text{Tr}(M\omega))$$
となる正則関数 $\widetilde{f}$ が存在するのは,前と同様である.$\widetilde{f} = f|_{\rho, M}[\tilde{g}]$ と書く.より具体的には $g = \begin{pmatrix} a & b \\ c & d \end{pmatrix} \in Sp(n, \mathbb{R})$ と $[(\lambda, \mu), \kappa] \in H^{(n,l)}(\mathbb{R})$ に対して,

$$(f|_{\rho, M}[g])(\tau, z) =$$
$$e(\text{Tr}(M(-z(c\tau + d)^{-1}c\,^tz)))\rho\begin{pmatrix} c\tau + d & c\,^tz \\ 0 & 1 \end{pmatrix}^{-1} f(g\tau, z(c\tau + d)^{-1}), \quad (4.23)$$

$$(f|_{\rho, M}[(\lambda, \mu), \kappa])(\tau, z) =$$
$$e\left(\text{Tr}(M(\lambda\tau\,^t\lambda + 2\lambda\,^tz + \lambda\,^t\mu + \kappa))\right)\rho\begin{pmatrix} 1_n & -\,^t\lambda \\ 0 & 1 \end{pmatrix}^{-1} f(\tau, z + \lambda\tau + \mu) \quad (4.24)$$

となる.以前は ρ は $GL_n(\mathbb{C})$ の表現だったが,今は $GL_{n+l}(\mathbb{C})$ の表現である.また,$H^{(n,l)}(\mathbb{Z})$ に関する保型性も ρ に関係している.さて,ここで $f|_{\rho, M}[\gamma] = f$ かつ $f|_{\rho, M}[(\lambda, \mu), \kappa] = f$ が任意の $\gamma \in \Gamma$ と $\lambda, \mu \in M_{ln}(\mathbb{Z}), \kappa \in M_l(\mathbb{Z})$ で $\lambda\,^t\mu + \kappa$ が対称行列になるものについて成立するとしよう.このとき,十分大きい正整数 m に対する $\gamma = \begin{pmatrix} 1_n & mS \\ 0 & 1_n \end{pmatrix} \in \Gamma$ および $[(\lambda, \mu), \kappa] = [(0, \mu), 0]$ ととることにより,f は τ および z についての整数倍の平行移動に関して不変なことがわかるから,フーリエ展開

$$f(\tau, z) = \sum_{N, r} C(N, r) e(\text{Tr}(N\tau)) e(\text{Tr}(r\,^tz))$$

はいつも通りに存在する．ただしここで $C(N,r) \in V$ である．また，任意の $g \in Sp(n,\mathbb{Z})$ に対して，やはり

$$f|_{\rho,M}[g] = \sum_{N,r} c^g(N,r) e(\mathrm{Tr}(N\tau)) e(\mathrm{Tr}(r\,{}^t z))$$

となる展開がある．ここで N, r は $Sym_n(\mathbb{Q})$ (n 次対称行列全体) または $M_{ln}(\mathbb{Q})$ 内の g, Γ による適当な格子を動く．ここで

$$4N - {}^t r M^{-1} r \text{ が半正定値でなければ } C^g(N,r) = 0 \tag{4.25}$$

という，いつもの条件を要請するのは自然である．すなわち V 値の正則関数 $f(\tau, z)$ が，任意の $\gamma \in \Gamma$ と $\lambda, \mu \in \mathbb{Z}^n, \kappa \in \mathbb{Z}$ に対して，(4.23), (4.24) で定義された作用に対し $f|_{\rho,M}[\gamma] = f$, $f|_M[(\lambda, \mu), \kappa] = f$ を満たし，さらに (4.25) を満たすとき，$f(\tau, z)$ をウェイト ρ, 指数 M の一般ベクトル値ヤコービ形式ということにする．このようなヤコービ形式の空間を，普通のヤコービ形式と区別するために $J_{\rho,M}^{\mathrm{gen}}(\Gamma^{(n,l)})$ と書くことにする．

2.2 両者の関係

実はこの一般ベクトル値ヤコービ形式と，前に定義した Ziegler の意味でのヤコービ形式には関係があるように思われる．たとえば $l = 1, n = 1, 0 < M = m \in \mathbb{Z}$ のときには，

$$J_{\det^k Sym(j),m}^{\mathrm{gen}}(\Gamma^{(1,1)}) \cong \bigoplus_{\nu=0}^{j} J_{k+\nu,m}(\Gamma^{(1,1)})$$

がわかっている．つまり，$J_{\det^k Sym(j),m}^{\mathrm{gen}}(\Gamma^{(1,1)})$ の元は $j+1$ 次元のベクトルであるが，この成分はいずれも，ウェイトが k から $k+j$ までのスカラー値のヤコービ形式に適当な微分作用素を作用させたものの線形結合で書けるのである．詳しくは [89] を参照されたい．一般論は論文などに譲るとして，ここでは例として，なるべく簡単で特殊な場合に Ziegler の定義との関係を例示してみることにする．今 n は一般とし，$l = 1$ とする．よって指数 M はスカラーであるが，$M = m > 0$ とする．正整数 j に対して，$GL_{n+1}(\mathbb{C})$ の j 次対称テンソル表現を $Sym(j)$ と書く．すなわち，$\tilde{u} = (u_1, \ldots, u_n, u_{n+1})$ を変数とする j 次斉次多項式の空間（つまり u_i に関する次数の和が j の単項式の線形結合になるもの）を $V_j(n+1)$ と書くと，$Sym(j)$ は u_i の多項式 $P(\tilde{u}) = P(u_1, \ldots, u_{n+1}) \in V_j(n+1)$ に対して $P(\tilde{u}) \to P(\tilde{u}A)$ ($A \in GL_{n+1}(\mathbb{C})$) として表現が実現される．

2. 一般ベクトル値ヤコービ形式　197

以下，話を簡単にするために $j=2$ のときだけ考えることにする．また以下で u_{n+1} だけ意味あいが少し違ってくるので，$u_{n+1}=v$ と別の記号を用いることにする．また $\tilde{u}$ から $u_{n+1}=v$ を除いた部分を $u=(u_1,\ldots,u_n)$ と書くことにする．$GL_{n+1}(\mathbb{C})$ の $V_2(n+1)$ での表現 $Sym(2)$ を部分群 $\left\{\begin{pmatrix} U & 0 \\ 0 & 1 \end{pmatrix}\right\} \cong GL_n(\mathbb{C}),\ (U \in GL_n(\mathbb{C}))$ に制限すると，明らかに

$$V_2(n+1) = V_2(n) \oplus V_1(n)v \oplus \mathbb{C}v^2 \tag{4.26}$$

と分解されるから，$GL_n(\mathbb{C})$ の表現としては $Sym(2) \oplus Sym(1) \oplus Sym(0)$ と分解されている．ただし $Sym(0)$ は1次元ベクトル空間 $\mathbb{C}$ での単位表現を表す．

以下，この節では $J^{gen}_{(k,2),m}(\Gamma_n^J)$ と $J_{(l,j),m}(\Gamma_n^J)$ の比較を試みる．ただし，前者はウェイトが $GL_{n+1}(\mathbb{C})$ の表現 $\det^k Sym(2)$ に関する一般ヤコービ形式の空間，後者はウェイトが $GL_n(\mathbb{C})$ の表現 $\det^l Sym(j)$ に関する Ziegler の意味でのヤコービ形式の空間を表す．これらの形式は，(τ,z) の正則関数を係数にもつ $\tilde{u}$ または u の同次多項式とみなすのが便利なので，以下そのようにする．さて，$f(\tau,z,u,v) \in J^{gen}_{(k,2),m}(\Gamma^J)$ を (4.26) の既約分解に応じて

$$f(\tau,z,u,v) = \phi_2(\tau,z,u) + \phi_1(\tau,z,u)v + \phi_0(\tau,z)v^2$$

と書いておく（ここで f は $(u,v)=(u_1,\ldots,u_n,v)$ の同次2次式としている）．2つの保型性の条件をこの表示を用いて書こう．このため，次の関係に注意する．

$$(u,v)\begin{pmatrix} 1_n & -{}^t\lambda \\ 0 & 1 \end{pmatrix}^{-1} = (u, u\,{}^t\lambda + v),$$

$$(u,v)\begin{pmatrix} c\tau+d & c\,{}^tz \\ 0 & 1 \end{pmatrix}^{-1} = (u(c\tau+d)^{-1}, -u(c\tau+d)^{-1}c\,{}^tz+v).$$

よって，保型性の条件は上の表示を用いると次のように書ける．

$$f(\tau,z,u,v) = e(m(\lambda\tau\,{}^t\lambda + 2\lambda\,{}^tz))f(\tau,z+\lambda\tau+\mu,u,v+u\,{}^t\lambda),$$

$$f(\tau,z,u,v) = \det(c\tau+d)^{-k}e(-mz(c\tau+d)^{-1}c\,{}^tz)$$
$$\times f(\gamma\tau, z(c\tau+d)^{-1}, u(c\tau+d)^{-1}, v - u(c\tau+d)^{-1}c\,{}^tz).$$

ただし，$\gamma = \begin{pmatrix} a & b \\ c & d \end{pmatrix} \in \Gamma \in Sp(n,\mathbb{Z})$ とした．さて，k と m を固定しておいて，$H_n \times \mathbb{C}^n$ 上の正則関数を係数にもつ u の j 次斉次多項式 $\phi(\tau,z,u)$ に対し，$g \in Sp(n,\mathbb{R})$

および $X = [(\lambda, \mu), \kappa]$ について，次のように書くことにする．

$$\phi|_{(k,j),m}[g] = \det(c\tau + d)^{-k} e(-mz(c\tau+d)^{-1}c^t z)$$
$$\times \phi(g\tau, z(c\tau+d)^{-1}, u(c\tau+d)^{-1}),$$
$$\phi|_m[X] = e(m(\lambda \tau^t \lambda + 2\lambda^t z + \lambda^t \mu + \kappa))\phi(\tau, z + \lambda \tau + \mu, u).$$

この定義によれば $\phi|_{(k,j),m}[\gamma] = \phi$ $(\gamma \in \Gamma)$, $\phi|_m[X] = \phi$ $(X \in H^{(n,1)}(\mathbb{Z}))$ はウェイトが $\det^k Sym(2)$, 指数が m の Ziegler の意味でのヤコービ形式の保型性の条件である．ただし，$n = 1$ のときは，$Sym(j)$ はウェイト j の意味だとみなす．すなわち，ウェイト $\det^k Sym(j)$ というのはウェイト $k+j$ という意味だと解釈する．

さて，f の保型性の条件を ϕ_i を用いて書き直すと，$X = [(\lambda, \mu), 0]$ として，条件の右辺はそれぞれ

$$\phi_2|_m[X] + (\phi_1|_m[X])(v + u^t\lambda) + (\phi_0|_m[X])(v + u^t\lambda)^2$$

および

$$\phi_2|_{(k,2),m}[\gamma] + (\phi_1|_{(k,1),m}[\gamma])(v - u(c\tau+d)^{-1}c^t z)$$
$$+ (\phi_0|_{k,m}[\gamma])(v - u(c\tau+d)^{-1}c^t z)^2$$

となる．さて，保型性の条件の両辺は v の多項式であるから，たとえば v^2 の係数を比較すると

$$\phi_0(\tau, z) = e(m(\lambda \tau^t \lambda + 2\lambda^t z))\phi_0(\tau, z + \lambda \tau + \mu),$$
$$\phi_0(\tau, z) = \det(c\tau+d)^{-k}e(-mz(c\tau+d)^{-1}c^t z)\phi_0(\gamma\tau, z(c\tau+d)^{-1})$$

となる．これは $\phi_0(\tau, z)$ が Ziegler の意味でのウェイト k のヤコービ形式の保型性を表している．同様の計算で，もし $\phi_0 = 0$ ならば，ϕ_1 はウェイトが $\det^k Sym(1)$ の Ziegler の意味でのヤコービ形式になり，また $\phi_0 = \phi_1 = 0$ ならば ϕ_2 が Ziegler の意味でのウェイトが $\det^k Sym(2)$ のヤコービ形式になるのは容易にわかる（ただし，$n = 1$ ならばそれぞれ，ウェイトが $k+1$, およびウェイトが $k+2$ のヤコービ形式になる）．よって，たとえ ϕ_0, ϕ_1 がゼロではない場合でも，適当に ϕ_i を補正したものは，Ziegler の意味でのヤコービ形式で書けるのではないかと推察するのは自然であろう．これが実際のそうなっていることを示してみよう．一般ヤコービ形式の保型性の条件を v の係数を比較して書き下すと次のようになる．

(1) $g \in \Gamma$ について次が成立する.

$$\phi_0|_{k,m}[g] = \phi_0,$$
$$\phi_1|_{(k,1),m}[g] - 2(u(c\tau+d)^{-1}c\,{}^tz)(\phi_0|_{k,m}[g]) = \phi_1,$$
$$\phi_2|_{(k,2),m}[g] - (u(c\tau+d)^{-1}c\,{}^tz)(\phi_1|_{k,m}[g]) + (u(c\tau+d)^{-1}c\,{}^tz)^2(\phi_0|_{k,m}[g])$$
$$= \phi_2.$$

(2) $X \in H^{(n,1)}(\mathbb{Z})$ について次が成立する.

$$\phi_0 = \phi_0|_m[X],$$
$$\phi_1 = \phi_1|_m[X] + 2(u^t\lambda)\phi_0|_m[X],$$
$$\phi_2 = \phi_2|_m[X] + (u^t\lambda)\phi_1|_m[X] + (u^t\lambda)^2\phi_0|_m[X].$$

さて，記号を

$$\partial_z = \frac{1}{2\pi i}\sum_{i=1}^n u_i \frac{\partial}{\partial z_i},$$
$$\partial_\tau = \frac{1}{2\pi i}\sum_{1\le i\le j\le n} u_i u_j \frac{\partial}{\partial \tau_{ij}} = \frac{1}{2\pi i}\sum_{1\le i,j\le n} u_i u_j \frac{1+\delta_{ij}}{2}\frac{\partial}{\partial \tau_{ij}},$$
$$L_m = 4m\partial_\tau - \partial_z^2$$

と定める. 3.5 節の言葉でいえば, $\partial_\tau = \partial[u,u]/(2\pi i)$ である. ここで $H_n \times \mathbb{C}^n$ 上の任意の正則関数 ϕ_0, ϕ_1, ϕ_2 に対し, $\widetilde{\phi}_j$ $(0 \le j \le 2)$ を次のように定義する.

$$\widetilde{\phi}_0 = \phi_0,$$
$$\widetilde{\phi}_1 = \phi_1 - \frac{1}{m}\partial_z \phi_0,$$
$$\widetilde{\phi}_2 = \phi_2 - \frac{1}{2m}\partial_z \phi_1 + \frac{1}{(2m)^2}\left(\partial_z^2 \phi_0 + \frac{1}{2k-1}L_m \phi_0\right).$$

もちろん逆に ϕ_j は $\widetilde{\phi}_j$ により, 一意的に決まる.

実は $f \in J^{\text{gen}}_{\det^k Sym(2),m}(\Gamma^{(n,1)})$ ならば, $\widetilde{\phi}_j$ はウェイトが $\det^k Sym(j)$ で指数が m の Ziegler の意味でのヤコービ形式である. 逆に $j = 0, 1, 2$ に対して, 任意の $J_{\det^k Sym(i),m}(\Gamma^{(n,1)})$ の関数の組 $(\widetilde{\phi}_j)$ をとれば, ϕ_j を上の関係式を逆に解いて決定し, $f(\tau,z,u,v) = \phi_2 + \phi_1 v + \phi_0 v^2$ とおくとき, これは $J^{\text{gen}}_{\det^k Sym(2),m}(\Gamma^{(n,1)})$ の元である. 言い換えると次の命題が成り立つ.

4.12 [命題] 次の線形同型が存在する.

$$J^{\text{gen}}_{\det^k Sym(2),m}(\Gamma^{(n,1)}) \cong \bigoplus_{j=0}^{2} J_{\det^k Sym(j),m}(\Gamma^{(n,1)}).$$

証明 ここでは両者の変換公式がどう結び付くかの計算のアウトラインを示すにとどめる. f が一般ヤコービ形式として $\widetilde{\phi}_j$ が Ziegler の意味でのヤコービ形式 (これを以下, 単にヤコービ形式と呼ぶ) の保型性を満たすことを示す. まず, ϕ_0 がヤコービ形式であることは, 明らかである. 次に, 任意の $H_n \times \mathbb{C}^n$ の正則関数を係数にもつ u の多項式 $\phi(\tau, z, u)$ に対して, しばしば $\phi_{(k,j),m}[g] = \phi|[g]$ と略記する (ここで k は固定している. j は u に関する次数であるべきだから, ϕ から自動的に定まる). まず

$$\partial_z(\phi|[g]) = -2m(u(c\tau+d)^{-1}c\,^tz)(\phi|[g]) + (\partial_z\phi)|[g],$$

$$\partial_z^2(\phi|[g]) = -\frac{2m(u(c\tau+d)^{-1}c\,^tu)}{2\pi i}(\phi|[g]) + 4m^2(u(c\tau+d)^{-1}c\,^tz)^2(\phi|[g])$$
$$- 4m(u(c\tau+d)^{-1}c\,^tz)(\partial_z\phi)|[g] + (\partial_z^2\phi)|[g]$$

となるのは, 偏微分の連鎖律より明らかである. また, 3.5 節の補題 3.25 などより,

$$\partial_\tau(\phi|[g]) = -\frac{k(u(c\tau+d)^{-1}c\,^tu)}{2\pi i}(\phi|[g]) + m(z(c\tau+d)^{-1}cu)^2(\phi|[g])$$
$$+ (\partial_\tau\phi)|[g] - (z(c\tau+d)^{-1}c\,^tu)(\partial_z\phi)|[g]$$
$$- \frac{(u(c\tau+d)^{-1}c\,^tu)}{2\pi i}(u \cdot \text{grad}_u\,\phi)|[g],$$

$$L_m(\phi|[g]) = (L_m\phi)|[g] + 2m(1-2k)(u(c\tau+d)^{-1}c\,^tu)(\phi|[g])$$
$$- \frac{4m(u(c\tau+d)^{-1}c\,^tu)}{2\pi i}(u \cdot \text{grad}_u\,\phi)|[g]$$

であることが簡単にわかる. ただし,

$$\text{grad}_u = \begin{pmatrix} \dfrac{\partial}{\partial u_1} \\ \vdots \\ \dfrac{\partial}{\partial u_n} \end{pmatrix}$$

としている. ϕ が u の斉次式ならば, $u \cdot \text{grad}_u$ はオイラー作用素だから $u \cdot \text{grad}_u\,\phi = \deg_u(\phi)\phi$ である. ここで, $\deg_u$ は u の多項式としての次数である. 以上の計算で ∂_z

は u を含んでいるので,たとえば

$$(\partial_z \phi)|[g] = \frac{1}{2\pi i} u(c\tau+d)^{-1} \cdot \begin{pmatrix} \frac{\partial \phi}{\partial z_1}\left(g\tau, u(c\tau+d)^{-1}, z(c\tau+d)^{-1}\right) \\ \vdots \\ \frac{\partial \phi}{\partial z_n}\left(g\tau, u(c\tau+d)^{-1}, z(c\tau+d)^{-1}\right) \end{pmatrix}$$

となっていることに注意されたい.

また,$X = [(\lambda, \mu), 0]$ として

$$\partial_z(\phi|[X]) = 2m(\lambda^t u)(\phi|[X]) + (\partial_z \phi)|[X],$$
$$\partial_z^2(\phi|[X]) = 4m^2(\lambda^t u)^2 \phi|[X] + 4m(\lambda^t u)(\partial_z \phi)[X] + (\partial_z^2 \phi)|[X],$$
$$\partial_\tau(\phi|[X]) = m(\lambda^t u)^2 \phi|[X] + (\lambda^t u)(\partial_z \phi)|[X] + (\partial_\tau \phi)|[X]$$

も成立する.特に

$$(L_m \phi)|[X] = L_m(\phi|[X])$$

が成り立つ.以上の公式を用いると,たとえば,$\phi_0 \in J_{k,m}(\Gamma^{(n,1)})$ は明らかである. 次に

$$\phi_1|_{(k,1),m}[g] = \phi_1 + 2(u(c\tau+d)^{-1} c^t z)(\phi_0|_{k,m}[g])$$
$$= \phi_1 + 2(u(c\tau+d)^{-1} c^t z)\phi_0$$

であるが,しかし

$$(\partial_z \phi_0)|_{(k,1),m}[g] = 2m((u(c\tau+d)^{-1} c^t z)(\phi_0|_{k,m}\phi_0) + \partial_z(\phi_0|k,m[g])$$
$$= 2m(u(c\tau+d)^{-1} c^t z \phi_0 + \partial_z \phi_0$$

となるので,

$$\phi_1|_{(k,1),m}[g] - \phi_1 = \frac{1}{m}(\partial_z \phi_0)|_{(k,1),m}[g] - \frac{1}{m}\partial_z \phi_0.$$

ゆえに $\widetilde{\phi}_1|_{(k,1),m}[g] = \widetilde{\phi}_1$ となる.また同様に

$$\phi_1|_m[X] - \phi_1 = -2(u^t \lambda)\phi_0 = -\frac{1}{m}\partial_z(\phi_0|[X]) + \frac{1}{m}(\partial_z \phi_0)|[X].$$

よって,$\widetilde{\phi}_1|_m[X] = \widetilde{\phi}_1$ でもある.$\widetilde{\phi}_2$ については,計算はこれよりは込み入っているが,$(u(c\tau+d)^{-1} c^t z)$ のベキと $u(c\tau+d)^{-1} c^t u$ などを消去する方針で計算すれば,$\widetilde{\phi}_j$ ($j = 0, 1$) の結果を援用して,保型性を証明することができる.計算の方針は明らかであり,またフーリエ展開の条件も容易に示されるので,ここでは詳細は省略する.また,カスプで正則という条件も容易に示される.

3. ヤコービ形式のテイラー展開と微分作用素

ヤコービ形式のテイラー展開と微分作用素について述べる．行列 M を指数にもつウェイト k のスカラー値の正則ヤコービ形式 $f(\tau, z)$ はもちろん z について正則で $z = 0$ の周辺でテイラー展開できる．実はこのテイラー展開係数は本質的にベクトル値のジーゲル保型形式になっている．$n = l = 1$ のときは，この事実は Eichler-Zagier [39] で詳しく取り上げられている．一般の次数の，任意の行列指数でも，テイラー展開係数はさまざまなウェイトの（一般にはベクトル値の）ジーゲル保型形式の適当な微分の線形結合で書けている．これは前に述べた，ジーゲル保型形式上の微分作用素の理論の応用である ([83])．一般の行列指数の場合は少々準備が面倒なので，本書では，n は一般とするが，$l = 1$ として，指数 $M = m$ が正整数の場合のみを述べてみる．

簡単のために，$\Gamma \subset Sp(n, \mathbb{Z})$ と $H^{(n,1)}(\mathbb{Z})$ で生成される $J^{(n,1)}(\mathbb{R})$ の部分群を Γ^J と書くことにする．前の記号でいえば $\Gamma^{(n,1)} = \Gamma^J$ である．多重指数 $\alpha = (\alpha_1, \ldots, \alpha_n) \in (\mathbb{Z}_{\geq 0})^n$ に対して $|\alpha| = \sum_{i=1}^n \alpha_i$ とおく．また $z = (z_1, \ldots, z_n) \in \mathbb{C}^n$ に対して，$z^\alpha = \prod_{i=1}^n z_i^{\alpha_i}$ と書く．ヤコービ形式 $f(\tau, z) \in J_{k,m}(\Gamma^J)$ に対して，その $z = 0$ でのテイラー展開を

$$f(\tau, z) = \sum_{\alpha \in (\mathbb{Z}_{\geq 0})^n} f_\alpha(\tau) z^\alpha$$

と書くことにする．$f(\tau, z)$ の保型性より，$f(\tau, 0) = f_0(\tau)$ は Γ の作用で不変なのは明らかである．つまり $\gamma \in \Gamma$ ならば $f_0|_k[\gamma] = f_0$ である．実は $f_0 \in A_k(\Gamma)$ である．実際，各カスプで正則という条件は $n > 1$ ならば Koecher 原理より自動的にみたされるが，任意の n で次のようにしても示される．任意の $M \in Sp(n, \mathbb{Z})$ に対して，$f|_{k,m}[M]$ をテイラー展開で書いてみると，$e(-z(c\tau+d)^{-1}c^t z)$ の定数項は 1 であり，また $z \to z(c\tau+d)^{-1}$ により，z の 1 次以上の項は 1 次以上の項に移る．よって，$f|_{k,m}[M]$ の定数項は $f_0|_k[M]$ である．しかし，$f|_{k,m}[M]$ のフーリエ展開は，ヤコービ形式のカスプでの条件により，$e(\text{Tr}(N\tau))e(r^t z)$ において，$4mN - {}^t rr$ が半正定値のときのみ現れ，よって N は常に半正定値である．すなわち $f_0|_k[M]$ のフーリエ展開に現れる $e(\text{Tr}(N\tau))$ においても N はつねに半正定値である．よって，カスプでの条件は満たされる．ゆえに $f_0 \in A_k(\Gamma)$ となる．さて，ν を非負整数として，テイラー展開の ν 次の部分を簡単に書くために

$$f_\nu(\tau, z) = \sum_{\alpha \in (\mathbb{Z}_{\geq 0})^n, |\alpha| = \nu} f_\alpha(\tau) z^\alpha$$

とおく．ここで，とりあえず状況を見るために，最初は $|\alpha| < \nu$ のときは，みな $f_\alpha = 0$ となっていると仮定してみよう．つまり $0 \leq \mu < \nu$ ならば，$f_\mu = 0$ としよう．する

と，f の Γ に関する保型性の条件を書くと，

$$e(-z(c\tau+d)^{-1}c^tz) = 1 - (z(c\tau+d)^{-1}c^tz) + \cdots$$

であるから，z について ν 次の展開係数を比較して，$M = \begin{pmatrix} a & b \\ c & d \end{pmatrix} \in \Gamma$ に対して，明らかに

$$f_\nu(M\tau, z(c\tau+d)^{-1}) = \det(c\tau+d)^k f_\nu(\tau, z)$$

となる．あるいは，$f_\nu(M\tau, z) = \det(c\tau+d)^k f_\nu(\tau, z(c\tau+d))$ と書いてもよい．$GL_n(\mathbb{C})$ の ν 次対称テンソル表現 $Sym(\nu)$ を z の ν 次斉次多項式の空間で実現しておけば，この等式は明らかに $f_\nu(\tau, z)$ がウェイト $\det^k Sym(\nu)$ のベクトル値の保型形式であることを示している．ただし $n=1$ の場合は，z は 1 次のベクトルであり，この場合は $Sym(\nu)$ で決まるウェイトは $(c\tau+d)^\nu$ と同じである．つまりこの場合はウェイトが $k+\nu$ の保型形式になる．各カスプで正則という条件は，定数項のときと同様に証明される．つまり，ウェイトが $\det^k Sym(j)$ の Γ の n 次ジーゲル保型形式の空間を $A_{k,j}(\Gamma)$ と書くと，以上の仮定の下では $f_\nu(\tau, z) \in A_{k,\nu}(\Gamma)$ ということになる．ただし，z の同次式を表現空間の元とみなしている．

以上の考察から，たとえ $f_\mu = 0 \ (\mu < \nu)$ という条件がなくても，ν 次のテイラー展開係数は，$A_{k,\nu}(\Gamma)$ の元に近いことが想像される．実際，ν 次のテイラー展開係数 f_ν に $f_\mu \ (\mu < \nu)$ の適当な微分を加えて補正すると，$A_{k,\nu}(\Gamma)$ の元が得られるし，また展開係数はこのような保型形式で一意的に決まることが示される．この主張を前の節で述べたジーゲル保型形式への微分作用素の理論の応用として記述することにする．以下，$2k \geq n+1$ と仮定する．

まず，$Z \in H_{n+1}$ の元を

$$Z = \begin{pmatrix} \tau & {}^t z \\ z & \omega \end{pmatrix} \quad (\tau \in H_n, \ z \in \mathbb{C}^n, \ \omega \in H_1)$$

と書く．$(\tau, \omega) \in H_n \times H_1$ を

$$\begin{pmatrix} \tau & 0 \\ 0 & \omega \end{pmatrix}$$

により H_{n+1} に埋め込んだ像を Δ と書く．H_{n+1} 上の正則関数 $F(Z)$ に対して，

$$\mathrm{Res}_\Delta(F) = F\begin{pmatrix} \tau & 0 \\ 0 & \omega \end{pmatrix}$$

とする．2つの元の組 $g_1 = \begin{pmatrix} a_1 & b_1 \\ c_1 & d_2 \end{pmatrix} \in Sp(n, \mathbb{R})$ と $g_2 = \begin{pmatrix} a_2 & b_2 \\ c_2 & d_2 \end{pmatrix} \in SL(2, \mathbb{R})$ に対して，

$$\iota(g_1, g_2) = \begin{pmatrix} a_1 & 0 & b_1 & 0 \\ 0 & a_2 & 0 & b_2 \\ c_1 & 0 & d_1 & 0 \\ 0 & c_2 & 0 & d_2 \end{pmatrix} \in Sp(n+1, \mathbb{R})$$

とする．$GL_n(\mathbb{C})$ の j 次対称テンソル表現の表現空間を V とする．このとき，H_{n+1} 上の正則関数に作用する V に値を取る定数係数正則線形微分作用素 $\mathbb{D}_j$ で任意の H_{n+1} 上の正則関数 $F(Z)$ に対して

$$\mathrm{Res}_\Delta(\mathbb{D}_j(F|_k[\iota(g_1, g_2)])) = \mathrm{Res}_\Delta(\mathbb{D}_j F)|_{k,j}^\tau[g_1]|_{k+j}^\omega[g_2]$$

となるものがあるのが第3章よりわかっていた．ここで $|_{k,j}$ はウェイト $\det^k Sym(j)$ に関する作用で，上付きの添え字 τ, ω はそれぞれの変数に対する作用を表している．任意の $H_n \times \mathbb{C}^n$ 上の正則関数 $f(\tau, z)$ に対して，

$$\mathbb{D}_j(f(\tau, z)e(m\omega))) = (\mathbb{D}_j^{(m)} f(\tau, z))e(m\omega)$$

となる (τ, z) に関する微分作用素 $\mathbb{D}_j^{(m)}$ が存在する．これは $e(m\omega)$ をいくら微分しても $e(m\omega)$ の定数倍になるだけであるから，明らかである．また $\iota(g_1, 1_2)$ に対しては，作用の定義により

$$[f(\tau, z)e(m\omega)]|_k[\iota(g_1, 1_2)] = (f|_{k,m}[g_1])e(m\omega)$$

であった．ゆえに，

$$\mathrm{Res}_{z=0}(\mathbb{D}_j^{(m)}[f|_{k,m}[g_1]]) = (\mathbb{D}_j^{(m)} f)(\tau, 0)|_{k,j}[g_1]. \tag{4.27}$$

ここでもし $g_1 \in \Gamma$ ならば $f|_{k,m}[g_1] = f$ であるから，

$$(\mathbb{D}_j^{(m)} f)(\tau, 0) = (\mathbb{D}_j^{(m)} f)(\tau, 0)|_{k,j}[g_1].$$

つまり $(\mathbb{D}_j^{(m)} f)(\tau, 0) \in A_{k,j}(\Gamma)$ である（カスプでのフーリエ係数の条件は，(4.27) において $f|_{k,m}[g_1]$ をフーリエ展開して，ヤコービ形式の各カスプでのフーリエ展開の条件を用いれば，明らかである）．以上で，任意の非負整数 j に対し，$J_{k,m}(\Gamma^J)$ から $A_{k,j}(\Gamma)$ への線形写像が存在することがわかった．

しかし，このように抽象的に記述しても，テイラー展開係数との関係は今ひとつわからない．そこで，もっと具体的に記述してみよう．$\mathbb{D}_j$ の具体的な公式は，第 3 章にも書いてあるが復習する．

$$\frac{1}{(1-2st+s_2t^2)^{k-1}} = \sum_{j=0}^{\infty} P(s,s_2)t^{\nu}$$

とする．ここで

$$P(s,s_2) = \sum_{\mu=0}^{[\nu/2]} (-1)^{\mu} \frac{(k+\nu-\mu-2)!}{(k-2)!(\nu-2\mu)!\mu!} (2s)^{\nu-2\mu}(s_2)^{\mu}$$

であった．ただし $[\nu/2]$ はガウスの記号である．$\tau=(\tau_{ij})$, $z=(z_i)$ として，

$$\partial_z = \sum_{i=1}^{n} u_i \frac{1}{2\pi i}\frac{\partial}{\partial z_i}, \qquad \partial_\tau = \sum_{1\le i\le j\le n} u_i u_j \frac{1}{2\pi i}\frac{\partial}{\partial \tau_{ij}}, \qquad \partial_\omega = \frac{1}{2\pi i}\frac{\partial}{\partial \omega}$$

とおく．ここでわれわれに必要な条件を満たす $\mathbb{D}_j$ は，定数倍を除きただひとつであり，

$$\mathbb{D}_j = P\left(\frac{1}{2}\partial_z,\ \partial_\tau \times \partial_\omega\right)$$

と定義してよい．更に ω に関する $e(m\omega)$ の微分を書き下せば

$$\mathbb{D}_j^{(m)} = P\left(\frac{1}{2}\partial_z, m\partial_\tau\right)$$

であることがわかる．これを $f(\tau,z)$ のテイラー展開に作用させると，

$$\alpha! = \prod_{i=1}^{n}\alpha_i!, \quad u^{\alpha} = \prod_{i=1}^{n} u_i^{\alpha_i}$$

と書くことにして

$$\partial_z^{\nu-2\mu} = \sum_{|\alpha|=\nu-2\mu} \frac{(\nu-2\mu)!}{\alpha!} u^{\alpha} \prod_{i=1}^{n}\left(\frac{\partial}{\partial z_i}\right)^{\alpha_i}$$

を用いて，

$$(\mathbb{D}_\nu^{(m)} f)(\tau,0) = \sum_{\mu=0}^{[\nu/2]} \sum_{|\alpha|=\nu-2\mu} \frac{(-1)^{\mu}(k+\nu-\mu-2)!}{(2\pi i)^{\nu-2\mu}(k-2)!\mu!} (m^{\mu}\partial_\tau^{\mu} f_\alpha)(\tau) u^{\alpha}$$

$$= \sum_{\mu=0}^{[\nu/2]} \frac{(-m)^{\mu}(k+\nu-\mu-2)!}{(2\pi i)^{\nu-2\mu}(k-2)!\mu!} \partial_\tau^{\mu}(f_{\nu-2\mu}(\tau,u))$$

となる．以下簡単のために $f \in J_{k,m}(\Gamma^J)$ に対し

$$\xi_\nu(f) = (\mathbb{D}_\nu^{(m)} f)(\tau, 0) \tag{4.28}$$

と書くことにする．ここで $\xi_\nu(f)$ の定義の和の項の中で u に関して ν 次の項は，$\mu = 0$ のところから現れる．この項は

$$\frac{1}{(2\pi i)^\nu} \frac{(k+\nu-2)!}{(k-2)!} \sum_{|\alpha|=\nu} f_\alpha(\tau) u^\alpha$$

である．これはつまり $f_\nu(\tau, z)$ の z を u に変えたもののゼロでない定数倍にすぎない．$\mu > 0$ については，$|\alpha| < \nu$ であるから，f_ν よりも z について低い次数の項からなっている．ゆえに，f_ν は $\xi_\nu(f)$ と f_μ ($\mu < \nu$) から決まることになる．よって次の定理を得る．

4.13 [定理] $f(\tau, z) \in J_{k,m}(\Gamma^J)$ の $z = 0$ に対するテイラー展開の ν 次の項を $f_\nu(\tau, z)$ と書く．また $\xi_\nu(f)$ を (4.28) で定義する．このとき
(1) $J_{k,m}(\Gamma^J)$ から $A_{k,\nu}(\Gamma)$ への線形写像 ξ_ν は $(f_0, \ldots, f_\nu)$ のみによる．また逆に f_ν は $\xi_\mu(f)$ ($\mu = 0, \ldots, \nu$) により一意的に定まる．
(2) $J_{k,m}(\Gamma^J)$ から $\bigoplus_{\nu=0}^\infty A_{k,\nu}(\Gamma)$ への写像 $(\xi_0, \xi_1, \ldots)$ は単射である．

4.14 [注意] 以上では，ヤコービ形式の指数がスカラーの場合のみを取り上げたが，一般の $\Gamma^{(l,n)}$ のスカラー値ヤコービ形式で，指数が行列 M の場合でも，z に対するテイラー展開の係数は，本質的にベクトル値のジーゲル保型形式であることがわかる．ただし，$z \in M_{ln}(\mathbb{C})$ であり，$z = (z_{ij})$ の成分に関する同次式の部分を考えることになる．一般にこの同次式全体は，$(g_1, g_2) \in GL_l(\mathbb{C}) \times GL_n(\mathbb{C})$ に対して，$z \to {}^t g_1 z g_2$ で決まる作用に関して既約ではないので，既約なウェイトのジーゲル保型形式をとりたかったら更に表現を分解する必要がある．いずれにせよ，一般的な拡張については，[83] を参照されたい．

4.15 [注意] $n = 1$ のときは，Eichler-Zagier [39] により，$J_{k,m}(\Gamma^J)$ から $\sum_{i=0}^{2m} A_{k+i}(\Gamma)$ への写像 $(\xi_0, \ldots, \xi_{2m})$ は単射であることが知られている．一般の次数では，これは成立しない．指数をどこまで上げれば，写像が単射になるのかはよくわかっていない．つまり Γ と m を固定しておいて，次の条件

「非負整数 l で，任意の $f \in J_{k,m}(\Gamma^J)$ に対して，$0 \le \nu \le l$ なる ν すべてについて $f_\nu(\tau, z) = 0$ ならばいつでも $f = 0$ となる」

を満たすような最小の l を $\overline{m}$ と書こう.
$n = 1$ ならば $\overline{m} \leq 2m$ である. ([39])
$n = 2, m = 1$ ならば $\overline{m} = 2$, また $n = 2, m = 2$ かつ $\Gamma = Sp(2,\mathbb{Z})$ ならば $\overline{m} = 6$ ([77]).
しかし一般の場合は $\overline{m}$ が正確にいくつかはわかっていない.

4.16 [注意]　テイラー展開係数からヤコービ形式は一意的に決まるので，種々のベクトル値のジーゲル保型形式からテイラー展開係数を整合的に定義して，ヤコービ形式を構成できないかという問題が考えられる. $n = 1$ のときには，このようにして構成する方法が，[39], [126] に概説してあり，1変数保型形式の情報が十分ある限りは，ヤコービ形式を具体的に構成することは難しくない．一般のレベルの離散群については，ここにおける主たる問題は，ヤコービ形式のカスプでのフーリエ展開の条件を満たすようにテイラー係数がとれるかということであり，この部分を [126] は詳しく論じている.

　$n \geq 2$ ならばカスプでの条件は Koecher 原理より自動的に成り立っているが，テータ展開が $n = 1$ のときに比べて複雑なこともあり，たとえば H_n の内点で別種の困難が生じるので，一般的に確実に構成できる方法はよくわからない．しかし $n = 2$ でもいくつか具体的な結果がある（たとえば [77], [81] など).

5

1変数のアイゼンシュタイン級数

1. アイゼンシュタイン級数とその展開

1変数の正則,および実解析的アイゼンシュタイン級数 (Eisenstein series) について述べる.この節については,Hecke [64], Shimura [168], [170], Siegel [177], Maass [131], Miyake [136] 等を参考にしている.

まず,実解析的アイゼンシュタイン級数のフーリエ展開に用いるために,Whittaker 関数について必要な事柄を復習する.証明はあまり述べないので,省略しているところは,詳しくは前述の論文などを参照されたい.複素数 $\alpha, \beta \in \mathbb{C}$ を固定するとき,次の方程式を Whittaker の微分方程式という.

$$\frac{d^2 W}{dy} + \left(-\frac{1}{4} + \frac{\alpha}{y} + \frac{\frac{1}{4} - \beta^2}{y^2}\right) W = 0.$$

この方程式の1つの解は次で定義する Whittaker 関数 $W_{\alpha,\beta}(y)$ で与えられる.

$$W_{\alpha,\beta}(y) = \frac{y^{\beta+\frac{1}{2}} e^{-y/2}}{\Gamma(\beta - \alpha + 1/2)} \int_0^\infty e^{-yu} u^{\beta - \alpha - 1/2} (1+u)^{\alpha + \beta - 1/2} du.$$

$$= \frac{y^\alpha e^{-y/2}}{\Gamma(\beta - \alpha + 1/2)} \int_0^\infty e^{-u} u^{\beta - \alpha - 1/2} \left(1 + \frac{u}{y}\right)^{\alpha + \beta - 1/2} du.$$

ここで $\mathrm{Re}(\beta - \alpha + 1/2) > 0$ と仮定している.それ以外の場合は,関係式

$$W_{\alpha,\beta}(y) = y^{1/2} W_{\alpha - 1/2, \beta + 1/2}(y) + \left(\frac{1}{2} - \alpha - \beta\right) W_{\alpha-1,\beta}(y)$$

により上に帰着する.実は $W_{\alpha,\beta}(y) = W_{\alpha,-\beta}(y)$ である.また $y \to \infty$ で $W_{\alpha,\beta}(y) \sim y^\alpha e^{-y/2}$ (比が1に収束) である.

あとで使用するために簡単なフーリエ解析を復習する.$\mathbb{R}^n$ 上の関数 $f(x), g(x)$ について,f, g が可積分のときに

$$\hat{f}(\xi) = \int_{\mathbb{R}^n} f(x) e^{-2\pi i(x,\xi)} dx$$

とおき，畳み込み (convolution product) を

$$f * g(x) = \int_{\mathbb{R}^n} f(x-y)g(y)dy$$

と定義すると，ほとんどすべての x について有限であり，$f * g$ も可積分である．これは

$$\int_{\mathbb{R}^n} |g(y)| \int_{\mathbb{R}^n} |f(x-y)|dxdy = \int_{\mathbb{R}^n} |f(x)|dx \int_{\mathbb{R}^n} |g(y)|dy < \infty$$

なることと，フビニの定理の簡単な応用である．

5.1 [補題] $\mathbb{R}^n$ 上の可積分関数 f, g について,

$$\widehat{f * g}(\xi) = \hat{f}(\xi)\hat{g}(\xi)$$

となる．

証明 フビニの定理より

$$\begin{aligned}
\widehat{f * g}(\xi) &= \int_{\mathbb{R}^n} \int_{\mathbb{R}^n} f(x-y)g(y)e^{-2\pi i(x,\xi)}dydx \\
&= \int_{\mathbb{R}^n} \int_{\mathbb{R}^n} f(x-y)g(y)e^{-2\pi i(x,\xi)}dx\,dy \\
&= \int_{\mathbb{R}^n} \int_{\mathbb{R}^n} f(x)g(y)e^{-2\pi i(x+y,\xi)}dx\,dy \\
&= \hat{f}(\xi)\hat{g}(\xi).
\end{aligned}$$ ∎

この補題の類似として,

$$h(v) = 2^{-n} \int_{\mathbb{R}^n} f\left(\frac{w+v}{2}\right) g\left(\frac{w-v}{2}\right) dw$$

とおくと,

$$\hat{f}(\xi)\hat{g}(-\xi) = \hat{h}(\xi) \tag{5.1}$$

となる．実際,

$$\begin{aligned}
\hat{h}(\xi) &= \int_{\mathbb{R}^n} h(v)e^{-2\pi i(v,\xi)}dv \\
&= 2^{-n} \int_{\mathbb{R}^n} \int_{\mathbb{R}^n} f\left(\frac{v+w}{2}\right) g\left(\frac{w-v}{2}\right) e^{-2\pi i(v,\xi)}dvdw
\end{aligned}$$

だが，ここで，$u_1 = (v+w)/2, u_2 = (v-w)/2$ として，$v = u_1 + u_2, w = u_1 - u_2$, $|dv\,dw| = 2^n|du_1 du_2|$ より

$$\hat{h}(\xi) = \int_{\mathbb{R}^n} \int_{\mathbb{R}^n} f(u_1)g(-u_2)e^{-2\pi i(u_1+u_2,\xi)} du_1\, du_2.$$

ここで $u_3 = -u_2$ とすると $(u_2, \xi) = (u_3, -\xi), |du_2| = |du_3|$ であるから，証明された.

2. フーリエ展開

実解析的ジーゲルアイゼンシュタイン級数のフーリエ展開は [131], [170] などに述べられている．最初にそこで利用される少し一般的な積分変換について紹介したあと，その後，1変数のアイゼンシュタイン級数への応用について述べる．1変数については，ここでの記述は，[168], [179] などによる．

$Sym_n(\mathbb{R})$ を n 次実対称行列のなすベクトル空間とする．Ω を正定値対称行列の全体のなす凸体 (convex cone) としよう．[42] にならって，凸体 Ω に関するガンマ関数を

$$\Gamma_\Omega(s) = \int_\Omega e^{-\text{Tr}(P)} \det(P)^{s-\frac{n+1}{2}} dP$$

と定義する（ただし，座標のとり方の事情で，[42] とは定数倍だけ異なっている）．ここで $P = {}^tP = (p_{ij}) \in Sym_n(\mathbb{R})$ に対して，$dP = \prod_{i \leq j} dp_{ij}$ とした．$\det(P)^{-(n+1)/2}dP$ は $g \in GL_n(\mathbb{R})$ の作用 $P \to {}^tgPg$ に関する不変測度である．次の公式が成り立つ.

5.2 [補題] $\text{Re}(s) > (n-1)/2$ と仮定し，$\Gamma(s)$ を普通の意味でのガンマ関数とすると

$$\Gamma_\Omega(s) = \pi^{n(n-1)/4} \prod_{j=1}^n \Gamma\left(s - \frac{j-1}{2}\right) \tag{5.2}$$

となる.

証明 $P \in \Omega$ に対して，上三角行列 $T = (t_{ij})$ で $P = {}^tTT$ かつ $t_{ii} > 0$ $(i = 1, \ldots, n)$ となるものが一意的に存在する．これについて，$\det(P) = (t_{11} \cdots t_{nn})^2$ であり，$\text{Tr}(P) = \sum_{i \leq j} t_{ij}^2$，また簡単な関数行列式の計算により，$\det(P)^{-(n+1)/2}dP = 2^n \prod_{j=1}^n t_{jj}^{-j} dT$ である．ただし，$dT = \prod_{i \leq j} dt_{ij}$ とした．以上より，

$$\Gamma_\Omega(s) = 2^n \prod_{i=1}^n \int_0^\infty e^{-t_{ii}^2} t_{ii}^{2s-j} dt_{ii} \prod_{1 \leq i < j \leq n} \int_{-\infty}^\infty e^{-t_{ij}^2} dt_{ij}.$$

2. フーリエ展開

よく知られているように，$\int_{-\infty}^{\infty} e^{-x^2} dx = \sqrt{\pi}$ である．また $\alpha > -1$ ならば

$$\int_0^{\infty} e^{-x^2} x^\alpha \, dx = \frac{1}{2}\Gamma\left(\frac{\alpha+1}{2}\right)$$

であることが，変数変換 $u = x^2$ により $\Gamma(s)$ の定義に帰着して示される．よって補題の公式を得る． ∎

更に，$Y \in \Omega$ ならば 2 乗すると Y になる正定値実対称行列がただひとつ定まるから，これを $Y^{1/2}$ と書けば，$\mathrm{Tr}(YP) = \mathrm{Tr}(Y^{1/2}PY^{1/2})$ となる．よって，ここで $P_1 = Y^{1/2}PY^{1/2}$ と変数変換して計算すれば

$$\int_\Omega e^{-\mathrm{Tr}(PY)} \det(P)^{s-(n+1)/2} dP = \Gamma_\Omega(s) \det(Y)^{-s}$$

となる．ここで Y をジーゲル上半空間の元 $Z \in H_n$ の虚部と思って，Z まで解析接続すれば，

$$\int_\Omega e^{i\,\mathrm{Tr}(ZP)} \det(P)^{s-(n+1)/2} dP = \Gamma_\Omega(s) \det\left(\frac{Z}{i}\right)^{-s}$$

を得る．ただしここで $\det(Z/i)^s$ は，$Z = i1_n$ で，1 となるような分岐をとっている（ジーゲル上半空間は単連結であるから，関数はこれで一価に決まる）．さて，$Y \in \Omega$ を固定して，関数 $f_s(P)$ を

$$f_s(P) = \begin{cases} e^{-2\pi\,\mathrm{Tr}(YP)} \det(P)^{s-(n+1)/2} & (P \in \Omega \text{ の場合}), \\ 0 & (P \notin \Omega \text{ の場合}) \end{cases}$$

と定義する．これは $\mathrm{Re}(s) > (n-1)/2$ では可積分で

$$\int_{Sym_n(\mathbb{R})} f_s(P) e^{2\pi i\,\mathrm{Tr}(XP)} dP = \widehat{f_s}(-X) = (2\pi)^{-ns} \Gamma_\Omega(s) \det\left(\frac{X+iY}{i}\right)^{-s}$$

である．ここで

$$h(V) = 2^{n(n+1)/2 - n(\alpha+\beta)}$$
$$\times \int_{W-V>0, W+V>0} e^{-2\pi\,\mathrm{Tr}(YW)} \det(W-V)^{\alpha-(n+1)/2} \det(W+V)^{\beta-(n+1)/2} dW$$

とおく．ただし $W \pm V > 0$ はこれらが正定値の部分を動くことを示す．すると (5.1) より，h のフーリエ変換は

$$\widehat{h}(X) = \widehat{f_\alpha}(-X) \widehat{f_\beta}(X)$$
$$= (2\pi)^{-n(\alpha+\beta)} \Gamma_\Omega(\alpha) \Gamma_\Omega(\beta) \det\left(\frac{Z}{i}\right)^{-\alpha} \det\left(-\frac{\bar{Z}}{i}\right)^{-\beta} \quad (5.3)$$

となる．この関数 $h(V)$ は合流型超幾何関数と呼ばれる関数であるが，多変数の場合には積分範囲が複雑なので，あまり扱いやすいとはいえないであろう．

以下 $n=1$ の場合を考える．特に $n=1$ ならば，上の変数の記号を小文字に変え，また $w+v=2u$ と変数変換して，

$$h(v) = 2^{1-\alpha-\beta}\int_{w\pm v>0}(w+v)^{\beta-1}(w-v)^{\alpha-1}e^{-2\pi yw}dw$$
$$= e^{2\pi yv}\int_{u>\max(0,v)}u^{\beta-1}(u-v)^{\alpha-1}e^{-4\pi yu}du$$

となる．

さて $\tau = x+iy \in H_1$ に対して，

$$h_{t,\alpha,\beta}(\tau) = e^{2\pi itx}h(t) = e^{2\pi it(x-iy)}\int_{u>\max(0,t)}u^{\alpha-1}(u-t)^{\beta-1}e^{-4\pi yu}du \quad (5.4)$$

とおく（他の文献と記号をあわせるため，上とは α と β を入れ替えている点に注意されたい）．すると $h(v)$ に関するフーリエ変換の公式 (5.3) とポアソンの和公式より

$$\sum_{m\in\mathbb{Z}}(\tau+m)^{-\alpha}(\bar{\tau}+m)^{-\beta} = \frac{(2\pi)^{\alpha+\beta}e^{\pi i(\beta-\alpha)/2}}{\Gamma(\alpha)\Gamma(\beta)}\sum_{t=-\infty}^{\infty}h_{t,\alpha,\beta}(\tau). \quad (5.5)$$

となる（フーリエ変換の変数を前と同様 X と書くと，(5.3) の右辺の Z の部分が $X-x+iy = X-\bar{\tau} = -(-X+\bar{\tau})$，$\bar{Z}$ の部分が $X-x-iy = X-\tau = -(-X+\tau)$ などとなることに注意して，これにあわせて i の偏角を考える点に注意せよ）．以上をアイゼンシュタイン級数のフーリエ展開に応用する．

まず，$a>0, b\in\mathbb{R}$ とすると，

$$h_{t,\alpha,\beta}(a\tau+b) = a^{1-(\alpha+\beta)}e^{2\pi itb}h_{ta,\alpha,\beta}(\tau) \quad (5.6)$$

に注意しておく．

これから，いずれもアイゼンシュタイン級数と呼ばれる，いくつかの異なる種類の級数を扱う．正の整数 N と整数 a_1, a_2, k および複素数 s に対して，次で定義される $\tau \in H_1$ の関数はそのうちの一つである．

$$G_{k,s}(\tau,a_1,a_2,N) = \sum_{m_i\equiv a_i \bmod N}^{*}(m_1\tau+m_2)^{-k}|m_1\tau+m_2|^{-s}$$

ただし，$\sum^{*}$ は $m_1 = m_2 = 0$ の部分は除くことを意味する（k が奇数のときには，a_1, a_2, N のとり方によっては，この級数は 0 になるかもしれない）．この級数は

$k + \mathrm{Re}(s) > 2$ で広義一様収束している(証明はここでは略すが,第 8 章で正則ジーゲルアイゼンシュタイン級数の収束を証明しており,それと同様である).定義に代入することにより,$\gamma = \begin{pmatrix} a & b \\ c & d \end{pmatrix} \in SL(2, \mathbb{Z})$ に対しては,
$$G_{k,s}(\gamma\tau, a_1, a_2, N) = (c\tau + d)^k |c\tau + d|^s G_{k,s}(\tau, a_1 a + a_2 c, a_1 b + a_2 d, N)$$
である.とくに
$$\gamma \in \Gamma(N) = \{g \in SL_2(\mathbb{Z}); g \equiv 1_2 \bmod N\}$$
ならば,$f(\tau) = y^{s/2} G_{k,s}(\tau, a_1, a_2, N)$ とおくとき,$f(\gamma\tau) = (c\tau + d)^k f(\tau)$ となる.また,無限級数 $G_{k,0}$ が収束しているなら(つまり,$k > 2$ ならば),$G_{k,0}(\tau, a_1, a_2, N)$ 自身が $\Gamma(N)$ の正則保型形式になっている(フーリエ展開の条件も確かめる必要があるが,$SL_2(\mathbb{Z})$ の作用では (a_1, a_2) が変わるだけなので,すべての (a_1, a_2) について $G_{k,0}$ の展開を見ればよい.これはあとで述べる).

さて,$G_{k,s}(\tau, a_1, a_2, N)$ のフーリエ展開を求めよう.まず,和のうちで,$m_1 = 0$ の部分だけを取り出す.このような項は $a_1 \equiv 0 \bmod N$ のときだけ存在するが,このときは $\delta(a_1/N) = 1$ それ以外で $\delta(a_1/N) = 0$ とおくと,この部分は,定義から
$$\delta\left(\frac{a_1}{N}\right) \sum_{m \equiv a_2 \bmod N, m \neq 0} |m|^{-k-s} (\mathrm{sgn}(m))^k$$
と書ける.ここで $\mathrm{sgn}(x)$ は $x > 0$ のときは 1,$x < 0$ のときは -1 という意味である.次に残りを計算する.簡単のために,$\alpha = k + s/2$,$\beta = s/2$ を固定して,$h_{t,\alpha,\beta}(z) = h_t(z)$ と書くことにする.これとポアソンの和公式を用いて計算しよう.和の部分をくくり出すために,$m_1 > 0$ と $m_1 < 0$ の違いに注意して計算せねばならない.
$$m_1 \tau + m_2 = \mathrm{sgn}(m_1)(|m_1|\tau + \mathrm{sgn}(m_1) m_2)$$
である.ここで,ある整数 n に対して $m_2 = a_2 + nN$ と書けるから,
$$(m_1 \tau + a_2 + nN) = \mathrm{sgn}(m_1) N \left(\frac{|m_1|\tau}{N} + \mathrm{sgn}(m_1) \frac{a_2}{N} + \mathrm{sgn}(m_1) n\right)$$
となる.ここで m_1 を固定して,$n \in \mathbb{Z}$ で和をとるとき,ポアソンの和公式 (5.5) で τ を $\frac{|m_1|\tau}{N} + \mathrm{sgn}(m_1) \frac{a_2}{N}$ とおいたものをこれに適用したい.ここで,n は整数全体を動くので,和をとるときには,m_1 を固定する限りは,n にかかっている符号は無視してよい.ここで対応する (5.5) の右辺を簡易化することを考えると,まず (5.6) より
$$h_t\left(\frac{|m_1|\tau}{N} + \mathrm{sgn}(m_1) \frac{a_2}{N}\right) = h_{|m_1|t/N}(\tau) \left|\frac{m_1}{N}\right|^{1-\alpha-\beta} e\left(\mathrm{sgn}(m_1) \frac{ta_2}{N}\right)$$

となるのだが, ポアソンの和公式で t は $\mathbb{Z}$ を動くのだから, 最終的には t は $t(\mathrm{sgn}(m_1))$ に置き換えてよい. 以上をあわせると $m_1 \neq 0$ を固定した部分の和は

$$\mathrm{sgn}(m_1)^{-k} N^{-\alpha-\beta} h_{tm_1/N}(\tau) \left|\frac{m_1}{N}\right|^{1-\alpha-\beta} e\left(\frac{ta_2}{N}\right) \tag{5.7}$$

の和に書き換えられる. よって, まとめて, $\alpha = k+s/2$, $\beta = s/2$ として,

$$\begin{aligned}G_{k,s}(\tau, a_1, a_2, N) = & \delta\left(\frac{a_1}{N}\right) \sum_{m \equiv a_2 \bmod N, m \neq 0} |m|^{-k-s} (\mathrm{sgn}(m))^k \\ & + \frac{(2\pi)^{\alpha+\beta} i^{\beta-\alpha}}{N \Gamma(\alpha) \Gamma(\beta)} \sum_{\substack{m \equiv a_1 \bmod N \\ m \neq 0}} (\mathrm{sgn}(m))^{-k} |m|^{1-k-s} \sum_{t=-\infty}^{\infty} e\left(\frac{ta_2}{N}\right) h_{tm/N}(\tau).\end{aligned} \tag{5.8}$$

以上の関数 $G_{k,s}(\tau, a_1, a_2, N)$ は, たとえば a_1, a_2, N の最大公約数が 1 ではないと, もっと単純なものに帰着するなど, 少々無駄なところがある. それでもう少し効率のよいアイゼンシュタイン級数を別に定義する. まず念のために次の補題を示しておく.

5.3 [補題] (a_1, a_2) に対して, 整数 m_1, m_2 で, $m_i \equiv a_i \bmod N$ $(i=1,2)$ かつ, m_1 と m_2 の最大公約数 $(m_1, m_2) = 1$ となるものが存在するための必要十分条件は $(a_1, a_2, N) = 1$ である.

証明 $m_i \equiv a_i \bmod N$ かつ $(m_1, m_2) = 1$ となるものが存在すれば, $a_1 + aN$, $a_2 + bN$ が互いに素なる a, b があり, つまり, $ca_1 + da_2 + eN = 1$ となる c, d, e がある. よって $(a_1, a_2, N) = 1$ である. 逆に $(a_1, a_2, N) = 1$ ならば $(a_i, N) = b_i$ $(i=1,2)$ とするとき, b_1, b_2 は互いに素である. ディリクレの算術級数定理により $(a_i + n_i N)/b_i$ $(n_i \in \mathbb{Z})$ には素数が無限個現れる. よって, $i=1,2$ でこれが異なる素数でかつ $b_1 b_2$ の約数でないように n_i をとれば, $m_i = a_i + n_i N$ $(i=1,2)$ は互いに素である. ∎

この補題の条件は, あるいは, a_1, a_2 が $\mathbb{Z}/N\mathbb{Z}$ の中で加群として $\mathbb{Z}/N\mathbb{Z}$ を生成すると言っても同じことである. この条件を満たすとき, 本書では簡単のために (a_1, a_2) は $\bmod N$ で互いに素ということがある.

以上を考慮に入れて, $(a_1, a_2, N) = 1$ と仮定して, 次の定義をする.

$$G^*_{k,s}(\tau, a_1, a_2, N) = \sum_{m_i \equiv a_i \bmod N, (m_1, m_2) = 1} (m_1 \tau + m_2)^{-k} |m_1 \tau + m_2|^{-s}. \tag{5.9}$$

ここで $(a_1, a_2, N) = 1$ なる仮定は，右辺に意味を持たせるためにつけている．前に定義した関数との関係は，次の通りである．

$$G_{k,s}^*(\tau, a_1, a_2, N) = \sum_{u \in (\mathbb{Z}/N\mathbb{Z})^\times} \left(\sum_{\substack{cu \equiv 1 \bmod N, \\ c > 0}} \frac{\mu(c)}{c^{k+s}} \right) G_{k,s}(\tau, ua_1, ua_2, N) \quad (5.10)$$

ただし，μ は Möbius 関数である．この証明は，次の通りである．よく知られているように，

$$\sum_{d | n} \mu(d) = \begin{cases} 1 & (n = 1 \text{ の場合}), \\ 0 & (n \neq 1 \text{ の場合}) \end{cases}$$

である．また，条件 $(a_1, a_2, N) = 1$ と仮定すると，$m_i \equiv a_i \bmod N$ ($i = 1, 2$) をとるとき，$(m_1, m_2) = v$ とすると，$(v, N) = 1$ である．実際，(v, N) は m_i, N を同時に割り切るので，したがって a_1, a_2 も割り切るから，$v | (a_1, a_2, N)$ であり，仮定から $v = 1$ である．これらを用いて

$$G_{k,s}^*(\tau, a_1, a_2, N)$$
$$= \sum_{m_i \equiv a_i \bmod N} \sum_{0 < c | (m_1, m_2)} \mu(c)(m_1\tau + m_2)^{-k} |m_1\tau + m_2|^{-s}$$
$$= \sum_{c > 0, (c,N)=1} \mu(c) c^{-k-s} \sum_{n_i \in \mathbb{Z}, cn_i \equiv a_i \bmod N} (n_1\tau + n_2)^{-k} |n_1\tau + n_2|^{-s}$$
$$= \sum_{u \in (\mathbb{Z}/N\mathbb{Z})^\times} \left(\sum_{c > 0, cu \equiv 1 \bmod N} \mu(c) c^{-s-k} \right) G_{k,s}(\tau, ua_1, ua_2, N).$$

以上により，$G_{k,s}^*$ のフーリエ展開は $G_{k,s}$ のフーリエ展開からわかる．

3. 正則なアイゼンシュタイン級数

この節では $G_{k,s}$ のフーリエ展開を正則なアイゼンシュタイン級数に応用する．まず，$G_{k,s}$ の定義において，もし $k > 2$ ならば $s = 0$ とおいても収束し，$G_{k,0}(\tau, a_1, a_2, N)$ や $G_{k,0}^*(\tau, a_1, a_2, N)$ も正則になる．この場合は，普通の正則保型形式としてのフーリエ展開が存在しているはずである．たとえば，直接に $k > 1$ で次の公式

$$\sum_{n=-\infty}^{\infty} (\tau + n)^{-k} = \frac{(-2\pi i)^k}{(k-1)!} \sum_{n=1}^{\infty} n^{k-1} e^{2\pi i n \tau}$$

が成立するので，これを用いても，これから $k \geq 3$ でのフーリエ展開が得られる．しかし，$k = 2$ の場合は $G_{k,s}$ の最初の定義式で $s = 0$ とおくと収束に問題が生じる．こ

の場合でも，実は，$k=2, s>0$ として，前節のように実解析的な関数として展開しておいてから，$s \to +0$ とすると，そこで収束する実解析的な関数が定義される．その適当な線形結合で正則なものをとることもでき，その展開式も，見やすいものになっている．これらをまとめて説明するために，この節では一般の $G_{k,s}$ のフーリエ展開の応用として，正則アイゼンシュタイン級数について考察する（Hecke [64], Shimura [168], Miyake [136] なども参照されたい）．以下，話を簡単にするために，k は 2 以上の整数と仮定する．前節において，$\alpha = k+s/2, \beta = s/2$ ($k \geq 2$, k は整数）として，まず最初に，$k \geq 2$, $\mathrm{Re}(s) > 0$ と仮定する．その上で，フーリエ展開の各項を $s \to 0$ として計算すると，$k \geq 3$ ならば正則なフーリエ展開が得られる．$k=2$ では非正則項が残る（正確に言えば，前節のフーリエ展開で関数を再定義することで極限に意味を持たせている）．結論から先に言えば，次のようになる．

5.4 ［補題］

$$\lim_{s \to +0} G_{k,s}(s, a_1, a_2, N) = \delta_{k2} \frac{(-2\pi i)}{N^2(\tau - \overline{\tau})} + \delta\left(\frac{a_1}{N}\right) \sum_{\substack{m_2 \equiv a_2 \bmod N \\ m_2 \neq 0}} \frac{1}{m_2^k}$$
$$+ \frac{(-2\pi i)^k}{N^k(k-1)!} \sum_{\substack{tm_1 > 0 \\ m_1 \equiv a_1 \bmod N}} |t|^{k-1} (\mathrm{sgn}(t))^{-k} \zeta_N^{a_2 t} e\left(\frac{tm_1 \tau}{N}\right).$$
(5.11)

ここで δ_{k2} は $k=2$ で 1, それ以外で 0 を表し，$\zeta_N = e(1/N)$ とおいた．

以上の極限の右辺を $G_k(\tau, a_1, a_2, N)$ と書くことにする．特に $k=2$ ならば，$G_2(\tau, a_1, a_2, N)$ は非正則である．

証明 前の $G_{k,s}$ の展開式 (5.8) で，$t=0, tm>0, tm<0$ に分けて計算する．まず $t=0$ ならば，

$$h_0(\tau) = h_{0,k+s/2,s/2}(\tau) = \int_0^\infty u^{k+s-2} e^{-4\pi yu} du = (4\pi)^{1-k-s} y^{1-k-s} \Gamma(k+s-1).$$

よって $\lim_{s \to +0} h_0(\tau) = (4\pi)^{1-k} y^{1-k} \Gamma(k-1)$ であり，これは $k \geq 2$ では収束している．もし $k > 2$ ならば $\sum_{m \equiv a_1 \bmod N} \mathrm{sgn}(m)^{-k} |m|^{1-k}$ は収束し，また $\lim_{s \to 0}(1/\Gamma(\frac{s}{2})) = 0$ であるので，全体として h_0 が現れる項の寄与はゼロである．一方 $k=2$ ならば

$\sum_{m \equiv a_1 \bmod N} |m|^{-1-s}$ は $s \to 0$ は極になる. 実際, $0 < a_1 < N$ ならば

$$\sum_{m \equiv a_1 \bmod N} \frac{1}{|m|^{s+1}} = \sum_{n=0}^{\infty} \frac{1}{(a_1 + Nn)^{1+s}} + \sum_{n=1}^{\infty} \frac{1}{(-a_1 + Nn)^{1+s}}$$
$$= \frac{1}{N^{1+s}} \left(\sum_{n=0}^{\infty} \frac{1}{\left(n + \frac{a_1}{N}\right)^{1+s}} + \sum_{n=0}^{\infty} \frac{1}{\left(1 - \frac{a_1}{N} + n\right)^{1+s}} \right).$$

ここでフルヴィッツのゼータ関数 $\sum_{n=0}^{\infty} \frac{1}{(n+a)^s}$ $(0 < a < 1)$ は $s = 1$ で極をもち, その留数は 1 であること, および $\frac{1}{\Gamma(s/2)} = \frac{s}{2\Gamma(s/2+1)}$ であることより,

$$\lim_{s \to 0} \frac{1}{\Gamma(s/2)} \sum_{m \equiv a_1 \bmod N} \frac{1}{|m|^{s+1}} = \frac{1}{N}$$

となる. また $a_1 = 0$ ならば,

$$\sum_{\substack{m \equiv 0 \bmod N \\ m \neq 0}} \frac{1}{|m|^{s+1}} = \frac{2}{N^{s+1}} \zeta(s+1)$$

であるが, $\zeta(s+1)$ は $s = 0$ で一位の極を持ち, 留数は 1 であるから, $a_1 \neq 0$ のときと同様の結果を得る. ゆえに $t = 0$ から来る項は

$$\lim_{s \to 0} \frac{(2\pi)^2 i^{-k}}{N\Gamma(2+s/2)} \frac{1}{4\pi y N} = \frac{-4\pi^2}{4\pi y N^2} = \frac{-2\pi i}{N^2(\tau - \overline{\tau})}$$

となる.

次に $tm < 0$ の部分が消えることを言う. この場合は $h_{tm/N}(\tau)$ 積分範囲は 0 から ∞ であるが, u を $|tm|u/N$ に変数変換すれば,

$$h_{tm/N}(\tau) = e\left(\frac{tm\overline{\tau}}{N}\right) \int_0^{\infty} u^{k+s/2-1} \left(u - \frac{mt}{N}\right)^{s/2-1} e^{-4\pi y u} du$$
$$= e\left(\frac{tm\overline{\tau}}{N}\right) \left(\frac{|tm|}{N}\right)^{k+s-1} \int_0^{\infty} u^{k+s/2-1} (u+1)^{s/2-1} e^{-4\pi |tm| y u/N} du$$

ここで最後の積分は $k \geq 2$ のとき, $s = 0$ で収束しており, tm に無関係な定数で抑えられる. また

$$\sum_{m \equiv a_1 \bmod N} \mathrm{sgn}(m)^{-k} |m|^{1-s-k} \frac{|tm|^{k+s-1}}{N^{k+s-1}} = \sum_{m \equiv a_1 \bmod N} \mathrm{sgn}(m)^{-k} \frac{|t|^{k+s-1}}{N^{k+s-1}}$$

であり, ここで

$$\sum_{m \equiv a_1 \bmod N} \sum_{t=-\infty}^{\infty} sgn(m)^{-k} |t|^{k-1} \zeta_N^{ta_2/N} e^{2\pi i tmx/N} e^{-2\pi |tm| y/N}$$

は一様絶対収束する．よって，ここで $\lim_{s\to 0} \frac{1}{\Gamma(s/2)} = 0$ を用いると，結局 $tm < 0$ の項はゼロとなる．

最後に，$tm > 0$ の部分を調べる．このときは

$$h_{tm/N}(\tau) = e\left(\frac{tm\overline{\tau}}{N}\right) \int_{tm/N}^{\infty} u^{k+s/2-1} \left(u - \frac{mt}{N}\right)^{s/2-1} e^{-4\pi yu} du$$

であるが，いきなり $s = 0$ とすると $u = mt/N$ のところで発散してしまうので，少し工夫が必要である．まず $u - mt/N = (mt/N)u_2$ と変数変換すると

$$h_{tm}(\tau) = e\left(\frac{tm\tau}{N}\right) \left(\frac{mt}{N}\right)^{k+s-1} \int_0^{\infty} (u_2+1)^{k+s/2-1} u_2^{s/2-1} e^{-4\pi ymtu_2/N} du_2$$

となる（$\overline{\tau}$ が τ に変わるのに注意せよ）．ここで

$$I(s) = \frac{1}{\Gamma(s/2)} \int_0^{\infty} (u_2+1)^{k+s/2-1} u_2^{s/2-1} e^{-4\pi ymtu_2/N} du_2$$

とおくと，

$$I(s) = \frac{1}{\Gamma(s/2+1)} \int_0^{\infty} \frac{du_2^{s/2}}{du_2} (u_2+1)^{k+s/2-1} e^{-4\pi mtyu_2/N} du_2$$

であるから，部分積分が使えて，また $mt > 0$ より $e^{-4\pi mtyu_2/N}$ は $u_2 \to \infty$ で急減少関数であるから，実は

$$I(s) = -\frac{1}{\Gamma(s/2+1)} \int_0^{\infty} u_2^{s/2} \frac{d}{du} \left((u_2+1)^{k+s/2-1} e^{-4\pi mytu_2/N}\right) du_2$$

である．ここで $s \to +0$ として，

$$I(0) = -\left[(u_2+1)^{k-1} e^{-4\pi ymtu_2/N}\right]_0^{\infty} = -(0-1) = 1.$$

よって，$tm > 0$ の部分からは

$$\sum_{\substack{tm > 0 \\ m \equiv a_1 \bmod N}} \operatorname{sgn}(t) \frac{t^{k-1}}{N^k} \frac{(2\pi)^k i^{-k}}{\Gamma(k)} \zeta_N^{ta_2} e\left(\frac{tm\tau}{N}\right)$$

がでる．よって補題は証明された． ∎

k を 2 以上の偶数とすると，$G_k(\tau, 0, 0, N)$ は $SL(2, \mathbb{Z})$ のウェイト k の保型形式である（$k = 2$ ならば非正則である）．このフーリエ展開は次のようになる．

$$\delta_{k2} \frac{(-2\pi i)}{N^2(\tau - \overline{\tau})} + \frac{2}{N^k} \zeta(k) + \frac{2}{N^k} \frac{(2\pi)^k(-1)^{k/2}}{(k-1)!} \sum_{n=1}^{\infty} \sigma_{k-1}(n) q^n.$$

ただし, $\sigma_{k-1}(n) = \sum_{m|n, m>0} m^{k-1}$, $q = e^{2\pi i \tau}$ としている. ここで $k \geq 2$, k 偶数に対しては, B_k をベルヌーイ数とするとき ([12])

$$\zeta(k) = \frac{-(-1)^{k/2}}{2}\frac{B_k}{k!}(2\pi)^k \text{ よって } \frac{(2\pi)^k(-1)^{k/2}}{\zeta(k)(k-1)!} = -\frac{2k}{B_k}$$

であることを用いると, もし $k \geq 4$ で k が偶数ならば, 上に $N^k/2\zeta(k)$ を掛けることにより, 次の $SL(2,\mathbb{Z})$ に関するウェイト k の正則保型形式 $E_k(\tau)$ を得る.

$$E_k(\tau) = 1 - \frac{2k}{B_k}\sum_{n=1}^{\infty}\sigma_{k-1}(n)q^n.$$

たとえば,

$$E_4(\tau) = 1 + 240\sum_{n=1}^{\infty}\sigma_3(n)q^n,$$

$$E_6(\tau) = 1 - 504\sum_{n=1}^{\infty}\sigma_5(n)q^n,$$

$$E_8(\tau) = 1 + 480\sum_{n=1}^{\infty}\sigma_7(n)q^n,$$

$$E_{10}(\tau) = 1 - 264\sum_{n=1}^{\infty}\sigma_9(n)q^n,$$

$$E_{12}(\tau) = 1 + \frac{65520}{691}\sum_{n=1}^{\infty}\sigma_{11}(n)q^n$$

となる. ベルヌーイ数は有理数であるから, $E_k(\tau)$ のフーリエ係数は有理数ではあるが, $E_{12}(\tau)$ に見るように, 整数とは限らない.

$SL(2,\mathbb{Z})$ に関しては, これ以外にアイゼンシュタイン級数は存在しない. ちなみに, $k = 2$ について, 上の定義をそのまま形式的に流用すれば $B_2 = 1/6$ より

$$E_2(\tau) = 1 - 24\sum_{n=1}^{\infty}\sigma(n)q^n$$

となる (ここで $\sigma(n) = \sigma_1(n)$ としている). これは準保型形式 (quasi modular form) と呼ばれている (たとえば [26] 参照). これは正則関数ではあるが保型形式ではない. しかしいろいろな場面でよく現れる. 実際には,

$$\frac{N^2}{2\zeta(2)}G_2(\tau, 0, 0, N) = E_2(\tau) - \frac{3}{\pi y}$$

が $SL(2,\mathbb{Z})$ の非正則な保型形式になっている．$G_2(\tau,0,0,N)$ は $SL(2,\mathbb{Z})$ の nearly holomorphic な保型形式と呼ばれる (nearly holomorphic modular forms の一般論は Shimura [169] を参照されたい)．

もう少し $G_{k,s}$ について見てみよう．N に対して，$SL(2,\mathbb{Z})$ の部分群 $\Gamma_0(N)$ を

$$\Gamma_0(N) = \left\{ \begin{pmatrix} a & b \\ c & d \end{pmatrix} \in SL(2,\mathbb{Z}); c \equiv 0 \bmod N \right\}$$

と定義する．一般に $g = \begin{pmatrix} a & b \\ c & d \end{pmatrix} \in SL_2(\mathbb{Z})$ と H_1 上の関数 $f(\tau)$ について，$(f|_k[g])(\tau) = (c\tau + d)^{-k} f(g\tau)$ と書くと，

$$G_{k,0}(\tau, a_1, a_2, N)|_k[g] = G_{k,0}(\tau, (a_1, a_2)g, N)$$

であるのは前に見たとおりである．さて，$N = p$ が素数とすると，$(a_1, a_2, p) = 1$ の条件下では，(a_1, a_2) に右から $\Gamma_0(p)$ を掛けたものの mod p での軌道は，$S_1 = \{(0, a_2); p \nmid a_2\}$，$S_2 = \{(a_1, a_2); p \nmid a_1\}$ の 2 つに分かれる．このそれぞれについて，

$$G(S_i) = \sum_{(a_1, a_2) \in S_i} G_{k,0}(\tau, a_1, a_2, p)$$

とおき，そのフーリエ展開を計算しよう．まず k を $k > 2$ となる偶数とすると，S_1 については，(5.11) で $p|t$ と $p \nmid t$ に分けて計算して，

$$G(S_1) = 2\zeta(k)(1 - p^{-k}) + \frac{2(-2\pi i)^k}{p^k(k-1)!} \sum_{n=1}^{\infty} \left(p^k \sigma_{k-1}\left(\frac{n}{p}\right) - \sigma_{k-1}(n) \right) q^n$$

$$= -2\zeta(k)p^{-k} - \frac{2(-2\pi i)^k}{p^k(k-1)!} \sum_{n=1}^{\infty} \sigma_{k-1}(n) q^n + 2\zeta(k) + \frac{2(-2\pi i)^k}{(k-1)!} \sum_{n=1}^{\infty} \sigma_{k-1}\left(\frac{n}{p}\right) q^n$$

$$= -2\zeta(k)p^{-k} \left(E_k(\tau) - p^k E_k(p\tau) \right)$$

であり，S_2 についての和は，$p \nmid t$ ならば $\sum_{a_2} \zeta^{a_2 t} = 0$，および $p \nmid a_1$ から $p \nmid m_1$ であることに注意して，

$$G(S_2) = \frac{2(2\pi i)^k}{(k-1)!} \sum_{n=1}^{\infty} \left(\sigma_{k-1}(n) - \sigma_{k-1}\left(\frac{n}{p}\right) \right) q^n$$

$$= \frac{2(2\pi i)^k}{(k-1)!} \times \frac{-B_k}{2k} \left(E_k(\tau) - E_k(p\tau) \right)$$

となる（ただし $p \nmid n$ ならば $\sigma_{k-1}(n/p) = 0$ としている）．ここで，$E_k(\tau) \in A_k(SL(2,\mathbb{Z}))$（$SL(2,\mathbb{Z})$ に関するウェイト k の保型形式の空間）であることより，$E_k(p\tau) \in A_k(\Gamma_0(p))$ である．これは，$\gamma = \begin{pmatrix} a & b \\ pc & d \end{pmatrix}$ ならば，

$$E_k(p\gamma\tau) = E_k\left(\frac{a(p\tau)+pb}{c(p\tau)+d}\right) = E_k(p\tau)(c(p\tau)+d)^k$$

であることから明らかである．k が $k > 2$ となる偶数ならば，$A_k(\Gamma_0(p))$ の正則アイゼンシュタイン級数は $E_k(\tau)$ と $E_k(p\tau)$ の線形結合で与えられる（ここではアイゼンシュタイン級数の定義を正確に与えていないが，とりあえず，$G_{k,0}(\tau)$ で張られる線形空間に属する元という意味で用いた）．さて，

$$\sigma_{k-1}^N(n) = \sum_{m|n, \gcd(m,N)=1} m^{k-1}$$

と定義すると，

$$\sigma_{k-1}^p(n) = \sigma_{k-1}(n) - p^{k-1}\sigma_{k-1}\left(\frac{n}{p}\right)$$

である．実際，$n = p^l n_0$, $(p, n_0) = 1$ ならば，

$$\sigma_{k-1}^p(n) = \sigma_{k-1}(n_0),$$
$$\sigma_{k-1}(n) = (1 + p^{k-1} + \cdots + p^{l(k-1)})\sigma_{k-1}(n_0),$$
$$\sigma_{k-1}\left(\frac{n}{p}\right) = (1 + p^{k-1} + \cdots + p^{(l-1)(k-1)})\sigma_{k-1}(n_0)$$

であるから，明らかである．よって，

$$E_k(\tau) - p^{k-1}E_k(p\tau) = (1-p^{k-1}) - \frac{2k}{B_k}\sum_{n=1}^{\infty} \sigma_{k-1}^p(n)q^n$$

である．逆に，これを $G(S_i)$ で表すこともできる．実際，

$$\frac{1-p^{k-1}}{1-p^{-k}}G(S_1) + \frac{1-p^{-1}}{1-p^{-k}}G(S_2) = 2\zeta(k)(1-p^{k-1}) + \frac{2(-2\pi i)^k}{(k-1)!}\sum_{n=1}^{\infty} \sigma_{k-1}^p(n)q^n$$

となって，これは $E_k(\tau) - p^{k-1}E_k(p\tau)$ の定数倍である．また

$$\frac{2\zeta(k)(k-1)!}{2(-2\pi i)^k} = -\frac{B_k}{2k} = \frac{1}{2}\zeta(1-k)$$

であるから，
$$\frac{\zeta(1-k)(1-p^{k-1})}{2} + \sum_{n=1}^{\infty} \sigma_{k-1}^p(n) q^n$$

も，$A_k(\Gamma_0(p))$ の元である．

次に $k=2$ の場合を考える．前と同様に $\lim_{s \to 0} G_{k,s}$ について，S_1 と S_2 に対する和を考える．この場合もそれぞれの和を $G(S_1)$, $G(S_2)$ と書くことにしよう．すると $\#(S_1) = p-1, \#(S_2) = (p-1)p$ であるから，非正則な項は，それぞれ $(-2\pi i)/p^2(\tau - \overline{\tau})$ の $(p-1)$ 倍，ないしは $p(p-1)$ 倍である．よって，

$$G(S_1) = (p-1)\frac{(-2\pi i)}{p^2(\tau - \overline{\tau})} + 2\zeta(2)(1-p^{-2}) - \frac{2(2\pi i)^2}{p^2}\sum_{n=1}^{\infty}\left(\sigma(n) - p^2\sigma\left(\frac{n}{p}\right)\right)q^n$$

$$G(S_2) = p(p-1)\frac{(-2\pi i)}{p^2(\tau - \overline{\tau})} + 2(2\pi i)^2\sum_{n=1}^{\infty}\left(\sigma(n) - \sigma\left(\frac{n}{p}\right)\right)q^n.$$

ここで，非正則項を消すために，$G(S_1) - p^{-1}G(S_2)$ を考えると

$$G(S_1) - p^{-1}G(S_2) = 2\zeta(2)(1-p^{-2}) - 2(2\pi i)^2\frac{1+p}{p^2}\sum_{n=1}^{\infty}\left(\sigma(n) - p\sigma\left(\frac{n}{p}\right)\right)q^n.$$

よって，$k \geq 2$ の場合も含めて考えると

$$\frac{(k-1)!}{2(2\pi i)^k} \times \frac{1-p^{k-1}}{1-p^{-k}}\left(G(S_1) - \frac{1-p}{p(1-p^{k-1})}G(S_2)\right)$$
$$= \frac{\zeta(1-k)(1-p^{k-1})}{2} + \sum_{n=1}^{\infty} \sigma_{k-1}^p(n) q^n$$

となる．$k=2$ ならば，これが $\Gamma_0(p)$ のただひとつの正則アイゼンシュタイン級数である．

4. 合同部分群のカスプの代表

1.3 節で述べたように自然数 N について，$SL_2(\mathbb{Z})$ の部分群 $\Gamma(N), \Gamma_0(N)$ を次のように定義する．

$$\Gamma(N) = \left\{\gamma = \begin{pmatrix} a & b \\ c & d \end{pmatrix} \in SL_2(\mathbb{Z}); a \equiv d \equiv 1 \bmod N, \ b \equiv c \equiv 0 \bmod N\right\},$$

$$\Gamma_0(N) = \left\{\gamma = \begin{pmatrix} a & b \\ c & d \end{pmatrix} \in SL_2(\mathbb{Z}); c \equiv 0 \bmod N\right\}.$$

よく知られているように，一般に離散部分群 $\Gamma \subset SL(2,\mathbb{Q})$ で $\mathrm{vol}(\Gamma \backslash H_1) < \infty$ となるものについて，有限個の尖点ないしはカスプと呼ばれる境界上の点のある同値類を $\Gamma \backslash H_1$ に付け加えてコンパクト化することができる（たとえば [166]）．ここで付け加えるべきカスプの同値類の代表は，$SL(2,\mathbb{Q})$ の部分群 P を

$$P = \left\{ \begin{pmatrix} a & b \\ 0 & a^{-1} \end{pmatrix} ; a \in \mathbb{Q}^\times, b \in \mathbb{Q} \right\}$$

で定義するとき，$\Gamma \backslash SL(2,\mathbb{Q})/P$ の代表元 g に対して，$g(i\infty)$ で表される $\mathbb{Q} \cup \{i\infty\}$ の点と 1 対 1 に対応する．よってカスプの代表というのは $\Gamma \backslash SL(2,\mathbb{Q})/P$ のことと言ってもよい．特に $\Gamma \subset SL(2,\mathbb{Z})$ ならば，$P(\mathbb{Z}) = P(\mathbb{Q}) \cap SL(2,\mathbb{Z})$ とおいて，$\Gamma \backslash SL(2,\mathbb{Z})/P(\mathbb{Z})$ と同一視してもよい．

さて，$\Gamma(N)$ のカスプの代表を求めよう．

$$C^*(N) = \{(a_1, a_2) \in \mathbb{Z}^2; (a_1, a_2, N) = 1\} \tag{5.12}$$

とおく．ちなみに，$(a_1, a_2, N) = 1$ という条件があれば，$(a_1, a_2) \bmod N$ の中で $(a_1, a_2) = 1$ となる代表がとれる．実際，もし $(a_1, a_2, N) = 1$ ならば $a_1 x + a_2 y + Nz = 1$ となる整数 x, y, z があり，よって，$\gamma = \begin{pmatrix} x & -y \\ a_2 & a_1 \end{pmatrix}$ とおけば，$\gamma \bmod N \in SL(2, \mathbb{Z}/N\mathbb{Z})$ である．しかし，補題 1.8 より，これは $SL(2,\mathbb{Z})$ のある元 $\gamma_2 \bmod N$ の像として得られるから，γ_2 の第 2 行をみれば，このような代表になっている．

$(\mathbb{Z}/N\mathbb{Z})^2$ の 2 つの元 (x_1, x_2)，(y_1, y_2) の同値関係 $\sim$ を，ある $\epsilon = \pm 1$ に対して $(x_1, x_2) = (\epsilon y_1, \epsilon y_2)$ となることと定義する．

$$C(N) = (C^*(N) \bmod N)/\sim \tag{5.13}$$

とおく．

5.5 [補題] $\Gamma(N)$ のカスプの代表は，$C(N)$ の元と 1 対 1 に対応する．

証明 すべてを行ベクトルで記述するために，逆行列をとって，まず $P(\mathbb{Z}) \backslash SL(2,\mathbb{Z})/\Gamma(N)$ の代表を求める．$SL(2,\mathbb{Z})/\Gamma(N) \cong SL(2,\mathbb{Z}/N\mathbb{Z})$ であった．$g_1, g_2 \in SL(2,\mathbb{Z}/N\mathbb{Z})$ の第 2 行が ± 1 倍を除き一致することと，これらの $SL(2,\mathbb{Z})$ での代表が上のダブルコセットで一致することは同値である．実際，$P(\mathbb{Z})$ の元の対角成分は ± 1 であるから，必要なことは明らかである．一方，g_1, g_2 の $SL(2,\mathbb{Z})$ での

代表を
$$h_1 = \begin{pmatrix} b_1 & b_2 \\ a_1 & a_2 \end{pmatrix} \in SL(2,\mathbb{Z}), \quad h_2 = \begin{pmatrix} n_1 & n_2 \\ m_1 & m_2 \end{pmatrix} \in SL(2,\mathbb{Z})$$
とし，かつ $(a_1, a_2) \equiv \epsilon(m_1, m_2) \bmod N$, $\epsilon = \pm 1$ とすると，ある $\epsilon_1 \in \mathbb{Z}$ に対して
$$h_1 h_2^{-1} \equiv \begin{pmatrix} b_1 m_2 - b_2 m_1 & * \\ a_1 m_2 - a_2 m_1 & * \end{pmatrix} \equiv \begin{pmatrix} \epsilon_1 & * \\ 0 & \epsilon \end{pmatrix} \bmod N$$
となるが，$\det(h_1 h_2^{-1}) = 1$ であるから，$\epsilon_1 \epsilon \equiv 1 \bmod N$ であり，ゆえに $\epsilon \equiv \epsilon_1 \equiv \pm 1 \bmod N$ としてよい．ゆえに，ある $\gamma_0 \in P(\mathbb{Z})$ で $\gamma_0 \equiv h_1 h_2^{-1} \bmod N$ となるものが存在する．ここで $\Gamma(N)$ は $SL(2,\mathbb{Z})$ の正規部分群であるから，ある $\gamma' \in \Gamma(N)$ に対して $h_1 = \gamma_0 \gamma h_2 = \gamma_0 h_2 \gamma'$ となる．よって，h_1, h_2 は同じカスプを定める．一方で $SL(2,\mathbb{Z})$ をとり，これの第 2 行を (a_1, a_2) とすると，これは互いに素であるから，$C(N)$ の元を定めるので，$SL(2,\mathbb{Z})$ から $C(N)$ への写像が定まる．これにより，カスプの代表から $C(N)$ への単射が定まるのは，以上の議論により明らかである．この写像が全射であることは $(a_1, a_2) \in C^*(N)$ のとき，$(a_1, a_2, N) = 1$ より，$a_1 x + a_2 y + zN = 1$ となり，これより，$g = \begin{pmatrix} y & -x \\ a_1 & a_2 \end{pmatrix} \in SL(2, \mathbb{Z}/N\mathbb{Z})$ となるので明らかである．∎

なお，具体的な上半平面の境界でカスプを書くには，$(c_1, c_2) \in C(N)$ に対して，$m_1, m_2 \in \mathbb{Z}$ で，$m_i \equiv c_i \bmod N$ かつ，$(m_1, m_2) = 1$ のものをとり，(m_1, m_2) を第 2 行にもつ $SL_2(\mathbb{Z})$ の元 γ について $\gamma^{-1}(i\infty) = -m_2/m_1$ を対応させればよい．念のため，次を示しておく．

5.6 [補題] (a_1, a_2) と (m_1, m_2) が互いに素な整数の組で $a_i \equiv m_i \bmod N$ とする．このとき，ある $\gamma \in \Gamma(N)$ が存在して，$(m_1, m_2) = (a_1, a_2)\gamma$ となる．

証明 適当に整数 b_1, b_2, n_1, n_2 をとると，$g_1 = \begin{pmatrix} b_1 & b_2 \\ a_1 & a_2 \end{pmatrix}$, $g_2 = \begin{pmatrix} n_1 & n_2 \\ m_1 & m_2 \end{pmatrix} \in SL(2,\mathbb{Z})$ とできる．ここで
$$g_1 g_2^{-1} \equiv \begin{pmatrix} 1 & x \\ 0 & 1 \end{pmatrix} \bmod N$$
となる $x \in \mathbb{Z}$ が存在するのは補題 5.5 の証明と同様である．よって，ある $\gamma \in \Gamma(N)$ が存在して，
$$g_1 = \begin{pmatrix} 1 & x \\ 0 & 1 \end{pmatrix} g_2 \gamma$$

となる．両辺の第2行をくらべれば $(m_1, m_2)\gamma = (a_1, a_2)$ となる． ■

さて，後の必要性のために，$\Gamma_0(N)$ のカスプの同値類の代表を，$\Gamma(N)$ のカスプの記述を利用して，求めておく．この代表を具体的に書くために記号を準備する．任意の N の正の約数 a_0 に対して，$a_0' = \gcd(a_0, N/a_0)$ とおく．任意の $(\mathbb{Z}/a_0'\mathbb{Z})^\times$ の元の $\mathbb{Z}$ での代表 a_2 は $(a_0, a_2) = 1$ であるようにとれる（これはたとえばディリクレの算術級数定理により，$(\mathbb{Z}/a_0'\mathbb{Z})^\times$ の一つの元の代表全体は無限個の素数を含むから明らかである）．このような代表 a_2 を一組定めて固定し，この集合を $C_0'(a_0)$ とする．もちろん $|C_0'(a_0)| = \varphi(a_0')$ （φ はオイラー関数）である．

$$C_0(N) = \{(a_0, a_2); 0 < a_0 | N, a_2 \in C_0'(a_0)\} \tag{5.14}$$

とおく．$C_0(N)$ から $C(N)$ への自然な写像は単射である．実際，$(a_0, a_2), (m_0, m_2) \in C_0(N)$ とする．$(a_0, a_2) \equiv (m_0, m_2) \bmod N$ と仮定すると，$a_0 | N$，$m_0 | N$，$a_0 \equiv m_0 \bmod N$ より，$a_0 | m_0$ かつ $m_0 | a_0$ であるから，$a_0 = m_0$ となる．また $a_2 \equiv m_2 \bmod N$ ならば，もちろん $a_2 \equiv m_2 \bmod a_0'$ であるから，とり方により $a_2 = m_2$ である．一方，$(a_0, a_2) \equiv (-m_0, -m_2) \bmod N$ とすると，前と同様の議論で $a_0 = m_0$ となる．また $2a_0 = a_0 + m_0 \equiv 0 \bmod N$ だから，$a_0 = N$ または $N/2$ となる．よって $a_0' = \gcd(a_0, N/a_0) = 1$ または 2 となる．いずれにしても $(\mathbb{Z}/a_0'\mathbb{Z})^\times$ および $C_0'(a_0')$ は一つの元からなるので，とり方により $a_2 = m_2$ である．ゆえに $C_0(N)$ の異なる元は $C(N)$ の中で同値ではない．よって単射が示された．

5.7 [補題] $\Gamma_0(N)$ のカスプの一つの代表系は，$C_0(N)$ の元と一対一に対応する．特にカスプの個数は $\sum_{a_0|N} \varphi(\gcd(a_0, N/a_0))$ で与えられる．

証明 $\overline{\Gamma_0(N)} = \Gamma_0(N)/\Gamma(N)$ とおくと，$\Gamma_0(N)$ のカスプは $C(N)/\overline{\Gamma_0(N)} \cong (C^*(N) \bmod N)/\overline{\Gamma(N)}$ と1対1に対応する．よって，この軌道を見たい．

(1) $C(N)$ の $C^*(N)$ での代表 (m_1, m_2) を一つとり，これに右から，$\Gamma_0(N)$ の元を掛けて第一成分が $0 < a_0 | N$ に出来ることを言う．$(m_1, m_2) = 1$ と仮定しておいてよい．$(m_1, N) = a_0$ とすると $(m_1, m_2 N) = a_0$ でもある．よって $x, y \in \mathbb{Z}$ で $x(m_1/a_0) + y(m_2 N/a_0) = 1$ となるものがある．このとき明らかに $(x, yN) = 1$ であるから，${}^t(x, yN)$ を第一列に持つ $\gamma \in \Gamma_0(N)$ が存在して，$(m_1, m_2)\gamma = (a_0, *)$ となる．よって示された．

(2) $(a_0, a_2), (m_0, m_2) \in C^*(N)$ で $0 < a_0 | N$ かつ $0 < m_0 | N$ とする．このとき，ある $\gamma \in \Gamma_0(N)$ に対して $(a_0, a_2) \equiv (m_0, m_2)\gamma \bmod N$ ならば $a_0 = m_0$ である．実際

γ の第一列を $^t(x, yN)$ とすると, $a_0 \equiv m_0 x + m_2 yN$ であるから, $a_0 \equiv m_0 x \bmod N$ である. よって, $m_0|N$ より $m_0|a_0$ である. 逆行列を掛けて考えれば, $a_0|m_0$ でもある. よって $a_0 = m_0$ である. またこのとき, さらに $\gamma \equiv \begin{pmatrix} t_0^{-1} & l \\ 0 & t_0 \end{pmatrix} \bmod N$ としておいてよいが, $a_0 \equiv t_0 a_0 \bmod N$ より適当な整数 k に対して $t_0 = 1 + (Nk/a_0)$ としてよい. また $a_2 = la_0 + m_2 t_0 = la_0 + m_2 + m_2 k(N/a_0)$ より $a_2 - m_2 = la_0 + m_2 k(N/a_0)$ であるが, 右辺は a_0' の倍数である. よって, $C_0(N)$ のとり方によって $m_2 = a_2$ でもある.

(3) $a_0|N$ かつ $(a_0, a_2), (a_0, m_2) \in C^*(N)$ で $a_2 \equiv m_2 \bmod a_0'$ とすると, ある $\gamma \in \Gamma_0(N)$ に対して, $(a_0, a_2) \equiv (a_0, m_2)\gamma \bmod N$ となる. 実際, $1 = (a_0, m_2, N) = (a_0, m_2)$ より m_2 は a_0 と素である. よって $(m_2 N/a_0, a_0) = (N/a_0, a_0) = a_0'$. よって, $m_2 = a_2 - ca_0'$ となる c をとると, 整数 k, l で $k(m_2 N/a_0) + la_0 = ca_0'$ となるものが存在する. ここで $t_0 = 1 + (N/a_0)k$ とすると, これは N と素である. 実際, ある素数 p について, $p|(t_0, N)$ とすると, $m_2(t_0 - 1) + la_0 = a_2 - m_2$ であるから, $m_2 t_0 + la_0 = a_2$. 一方で, $a_0 = a_0 t_0 - Nk$ より, $p|a_0$ である. ゆえに $p|a_2$ となるが, これは $(a_0, a_2) = 1$ に反する. ゆえに

$$\gamma = \begin{pmatrix} t_0^{-1} & l \\ 0 & t_0 \end{pmatrix}$$

とおけば, $\gamma \in \Gamma_0(N)/\Gamma(N)$ であり, また $(a_0, a_2) \equiv (a_0, m_2)\gamma \bmod N$ となる. 以上により, 代表が $C_0(N)$ にとれることはわかった. 異なる $C_0(N)$ の元は互いに同値でないことは, すでに (2) で証明してあったので, 証明は完了した. ∎

ついでに, $C_0(N)$ の元 (a_0, a_2) をとるとき, これを固定する $\Gamma_0(N)/\Gamma(N)$ の部分群 $\Gamma(a_0, a_2)$ を求めておく (これは第7章で必要となる).

5.8 [補題]

$$\Gamma(a_0, a_2) = \left\{ \begin{pmatrix} t_0^{-1} & l \\ 0 & t_0 \end{pmatrix} \bmod N;\ t_0 \equiv 1 \bmod \frac{N}{a_0'},\ l \equiv a_2 \frac{1 - t_0}{a_0} \bmod \frac{N}{a_0} \right\}$$

特に, $\Gamma(a_0, a_2)$ の位数は a_2 には依らず, a_0 のみにより, $a_0 a_0'$ になる.

証明 $\gamma = \begin{pmatrix} t_0^{-1} & l \\ 0 & t_0 \end{pmatrix} \in \Gamma_0(N)/\Gamma(N)$ とおき, $(a_0, a_2)\gamma \equiv (a_0, a_2) \bmod N$ と仮定する. $a_0 \equiv a_0 t_0^{-1} \bmod N$ より $t_0 = 1 + kN/a_0$ と書けるが, $la_0 + a_2 t_0 \equiv a_2 \bmod N$

より, $la_0 + a_2 kN/a_0 \equiv 0 \bmod N$ となる. ここで $a_0|N, (a_0, a_2) = 1$ と仮定しているので, この式から a_0 は kN/a_0 を割り切る. よって $kN/a_0 a_0'$ は a_0/a_0' で割り切れる. しかし, $a_0' = \gcd(a_0, N/a_0)$ の定義より, $N/a_0 a_0'$ と a_0/a_0' は互いに素であるから, a_0/a_0' は k を割り切る. よって $k = k_0(a_0/a_0')$ と書ける. ゆえに, $t_0 = 1 + k_0 N/a_0'$ となる. また, $l \equiv -a_2 k_0(N/a_0' a_0) \bmod (N/a_0)$ でもある. さて, 逆に任意の整数 n に対して, $1 + nN/a_0'$ は N と素である. 実際, $N = (N/a_0)(a_0)$ は a_0' の定義により, $a_0'^2$ で割り切れるので, N/a_0' を割り切る素数と N を割り切る素数は同じである. よって, 任意の整数 $k_0 \in \mathbb{Z}$ に対して, $t_0 = 1 + k_0(N/a_0') \in (\mathbb{Z}/N\mathbb{Z})^\times$ であるから, $\Gamma_0(N)/\Gamma(N)$ の対角成分になり得る. よって, このような t_0 と $l \equiv -a_2 k_0(N/a_0' a_0) \bmod (N/a_0)$ なる l に対して, γ を先ほどのように定めれば, $(a_0, a_2)\gamma = (a_0, a_2) \bmod N$ である. 以上で, 元の個数は $t_0 \bmod N$ の部分から a_0' 個, $l \bmod N$ の部分から a_0 個現れるので, 全体で $a_0 a_0'$ となる. ∎

5.9 [練習問題] $C(N)$ を $\Gamma_0(N)/\Gamma(N)$ の作用する空間とみなし, 以上の固定群の位数と推移域の代表の情報から $C(N)$ の個数を計算せよ. また, 直接 $C(N)$ の個数を計算して, 両方が一致していることを確かめよ.

6

分数ウェイトの保型形式

　　この章では 1 変数の分数ウェイトの保型形式について，簡単に述べる．半整数ウェイトについては，前の章でも少し触れたが，ここで述べたいのは主として半整数ウェイトではない有理数ウェイトの場合である．このようなものは，それほど美しい性質を持っているわけではない．たとえば，ヘッケ作用素の理論とか，フーリエ展開係数の良い性質とかは望めないようである．にもかかわらず筆者がこのような保型形式に興味を持ったのは，分数ウェイトまで考えると，離散群によっては保型形式のなす環の構造が非常に易しくなることがあるという事実を坂内英一氏に教わったのがきっかけである．以下はこの事実の周辺を述べる．なお，分数ウェイトについて書かれた本には [151]，[119] などがあり，この章を書くに当たっては，これらも参照した．

1. Γ の実数ウェイトの保型因子と乗法因子

　　G を $SL(2,\mathbb{R})$ の部分群とする．$J(g,\tau)$ を群 G の $\mathbb{C}^\times$ に値をとる保型因子とする．ある実数 r について，$|J(g,\tau)| = |c\tau+d|^r$ がすべての $g = \begin{pmatrix} a & b \\ c & d \end{pmatrix} \in G$ について成り立つとき，$J(g,\tau)$ をウェイト r の保型因子という．このときは，固定された g に対して $(c\tau+d)^r$ の分岐を，たとえば $c\tau+d = |c\tau+d|e^{i\theta}$ $(-\pi < \theta \leq \pi)$ にとって，$(c\tau+d)^r = |c\tau+d|^r e^{ir\theta}$ により $\tau \in H$ 上の一価正則な関数として定義するとき，この g に対して，H 上の正則関数 $J(g,\tau)/(c\tau+d)^r$ はどこでも絶対値が 1 であるが，複素関数論の最大値の原理より，このような正則関数は定数しかあり得ない．よって，任意の $g \in G$ に対して，

$$v(g) = \frac{J(g,\tau)}{(c\tau+d)^r}$$

は τ によらない定数である．これを保型因子 $J(g,\tau)$ の乗法因子という．

　　群 G のウェイト r の保型因子が 2 つあったとする．これらを J_1, J_2 とし，乗法因子を v_1, v_2 とすると，

$$\frac{J_1(g,\tau)}{J_2(g,\tau)} = \frac{v_1(g)}{v_2(g)}$$

である．右辺は τ によらず，また保型因子のコサイクル条件より $v_1(g)/v_2(g)$ は G の指標となる．よって，2 つの保型因子は G の指標の分だけずれ得るので，ウェイト r の保型因子が存在するなら，これは，$G/[G,G]$ 分の自由度がある．ここで $[G,G]$ は，G の交換子群である．

2. $SL_2(\mathbb{R})$ の被覆群

2.1 被覆群の定義と上半平面上の正則関数への作用

自然数 n を固定する．$SL_2(\mathbb{R})$ の n 重被覆群 $\widetilde{G}_n$ は定義により，次のように記述される（たとえば Yoshida [197]）．集合としては

$$\widetilde{G}_n = \{(g, \phi(g,\tau));\ \phi(g,\tau)^n = (c\tau+d)\}$$

ここで，$\phi(g,\tau)$ は $c\tau+d$ の n 乗根のどれかである．すなわち一つの g に対して，$\widetilde{G}_n$ の元は n 個定義される．$\widetilde{G}_n$ の元の積は，

$$(g_1, \phi(g_1,\tau))(g_2, \psi(g_2,\tau)) = (g_1 g_2, \phi(g_1, g_2\tau)\psi(g_2,\tau))$$

と定義する．$\widetilde{G}_n$ の第 1 成分への射影 $\widetilde{G}_n \to SL_2(\mathbb{R})$ は位相群としての被覆写像になっている．虚数単位を i と書き，$SL_2(\mathbb{R})$ の元 $g = \begin{pmatrix} a & b \\ c & d \end{pmatrix}$ に対して $g(i) = (ai+b)(ci+d)^{-1} = x+yi$ $(x, y \in \mathbb{R},\ y > 0)$ と書くとき，

$$\begin{pmatrix} 1 & x \\ 0 & 1 \end{pmatrix} \begin{pmatrix} \sqrt{y} & 0 \\ 0 & 1/\sqrt{y} \end{pmatrix} (i) = x + yi$$

であること，および $g(i) = i$ となる $SL(2,\mathbb{R})$ の元は

$$SO(2) = \left\{ \begin{pmatrix} \cos\theta & -\sin\theta \\ \sin\theta & \cos\theta \end{pmatrix}; 0 \leq \theta < 2\pi \right\}$$

の元に限ることにより，

$$g = \begin{pmatrix} 1 & x \\ 0 & 1 \end{pmatrix} \begin{pmatrix} \sqrt{y} & 0 \\ 0 & 1/\sqrt{y} \end{pmatrix} \begin{pmatrix} \cos\theta & -\sin\theta \\ \sin\theta & \cos\theta \end{pmatrix}$$

となる $x, y \in \mathbb{R},\ y > 0,\ 0 \leq \theta < 2\pi$ が一意的に存在する．この表示を $SL(2,\mathbb{R})$ の岩

澤分解という．これにより，$\mathbb{R}_+^\times = \{y \in \mathbb{R}; y > 0\}$ と書くとき，$SL(2,\mathbb{R})$ は位相的には $\mathbb{R} \times \mathbb{R}_+^\times \times \mathbb{R}/\mathbb{Z}$ と同相であり，$\mathbb{R}$ と $\mathbb{R}_+^\times$ は単連結であるから，$SL(2,\mathbb{R})$ の（位相的な）基本群は $\mathbb{R}/\mathbb{Z}$ の基本群と等しく，よって $\mathbb{Z}$ である．よって，その不分岐 n 重被覆群はただひとつ存在し，それが $\widetilde{G}_n$ である．

2.2　$SL_2(\mathbb{R})$ の部分群 Γ の保型因子と被覆群の関係

前項で定義した $\widetilde{G}_n$ は $SL(2,\mathbb{R})$ を部分群としては含まない．しかし，たとえば $\Gamma \subset SL_2(\mathbb{R})$ のウェイト $1/n$ の保型因子 $J(M,\tau)$ が存在すると仮定すると，

$$\widetilde{\Gamma} = \{(M, J(M,\tau));\ M \in \Gamma\}$$

とおけば，各元を $\widetilde{G}_n$ の元と思って積を考えることにより，$\widetilde{G}_n$ の部分群とみなせる．これは第一成分への射影が Γ と同型になるような $\widetilde{G}_n$ の部分群である．ちなみに，n 重被覆群 $\widetilde{G}_n$ は

$$f|(g, \phi(g,\tau)) = f(g\tau)\phi(g,\tau)^{-1}$$

により，上半平面 H_1 上の正則関数の集合 $\mathrm{Hol}(H_1, \mathbb{C})$ に自然に作用していることを注意しておく．

3. 保型形式の定義

分数ウェイトというのは，通常取り扱われることが少ないので，念のため，これまでに述べたこととの重複をいとわず，最初から保型形式の定義を復習しておく．特にカスプでの正則性を注意して見る．

3.1　カスプの定義

第 1 種フックス群 $\Gamma \subset SL_2(\mathbb{R})$（つまり $\int_{\Gamma \backslash H_1} y^{-2} dx dy < \infty$ となる離散群）について，$\gamma \in \Gamma$ が $\gamma \neq \pm 1_2$ であり，かつ γ の固有値が 1 のみ，または -1 のみのとき γ は放物元といわれる．このとき，$\gamma(x) = x$ となる $\mathbb{R} \cup \infty$ の元がただひとつ定まる．このような固定点 x のことを Γ のカスプという．カスプ全体に Γ が作用するが，この作用の軌道をカスプの同値類という．たとえば，$SL_2(\mathbb{Z})$ のカスプ全体は，$\mathbb{Q} \cup \infty$ であり，$SL_2(\mathbb{Z})$ と通約的 (commensurable) な群についても，同様である．簡単のために Γ を $SL_2(\mathbb{Z})$ と通約的としておくと，Γ のカスプの同値類は次の集合と 1 対 1 である．

$$\Gamma \backslash SL_2(\mathbb{Q})/(\mathcal{P} \cap SL_2(\mathbb{Q})).$$

ここで，$\mathcal{P}$ は $SL_2(\mathbb{R})$ 内の上三角行列全体のなす群とした．特に $SL_2(\mathbb{Z})$ のカスプの

同値類は，系 1.6 により，ただひとつである．

カスプの実例　次の群

$$\Gamma_0(4) = \left\{ \begin{pmatrix} a & b \\ c & d \end{pmatrix} \in SL_2(\mathbb{Z}); \ c \equiv 0 \bmod 4 \right\}$$

のカスプの代表は，補題 5.7 により，たとえば $i\infty, 0, 1/2$ である．

3.2　正則保型形式の定義とフーリエ展開

一般の第 1 種フックス群 Γ の，ウェイト r，乗法因子 $v(M)$ の保型因子 $J(M,\tau)$ をひとつとる．ここで定義により，すべての $M \in \Gamma$ について $|v(M)| = 1$ と仮定している．この保型因子に対応する正則保型形式を定義する．$M \in \Gamma$ について

$$(f|_J[M])(\tau) = J(M,\tau)^{-1} f(M\tau)$$

とおく．

6.1 [定義]　H 上の正則関数 f が任意の $M \in \Gamma$ について $f|_J[M] = f$ を満たし，かつ，各カスプで正則なとき，f を Γ に属するウェイト r，乗法因子 $v(M)$ の正則保型形式という．

「各カスプで正則」という言葉の意味はまだ説明していない．ここは少し微妙な点であり，一般のウェイトでは，定義はそれほど明らかではない．整数ウェイトや半整数ウェイトのときと同様に，各カスプの局所座標で「展開」したとき非負のべきだけ現れることを要求するのだが，実数ウェイトだと，そもそもどのような展開があるのかというところから正確に説明する必要が生じる．ちなみに，今 Γ は $SL_2(\mathbb{Z})$ と通約的とは仮定していないので，Γ の放物元，ないしはカスプは存在しないかも知れない．この場合はカスプでの条件はないということになる．

以上を説明するために，いくつか記号を導入する．任意の実数 r と $T = \begin{pmatrix} a & b \\ c & d \end{pmatrix} \in SL_2(\mathbb{R})$ に対して

$$\mu_r(T,\tau) = (c\tau + d)^r$$

とおく．ここでベキは主値をとる．任意の S, T について，

$$\sigma(S,T) = \frac{\mu_r(S, T\tau) \mu_r(T,\tau)}{\mu_r(ST,\tau)}$$

とおく．これが 1 ならば $\mu_r(*, \tau)$ は保型因子になるので，$\sigma(S,T)$ は，おおざっぱ

に言って，$\mu_r(*, \tau)$ の保型因子からのずれの程度を表すと思えるであろう．群 Γ の ウェイト r の保型因子 $J(M, \tau)$ の乗法因子 v が与えられているときに，(すなわち $J(M, \tau) = v(M)\mu_r(M, \tau)$ が保型因子のときに)，$L \in SL_2(\mathbb{R})$ を固定し，Γ の共役 $L^{-1}\Gamma L$ のウェイト r の 保型因子 $J^L(L^{-1}TL, \tau)$, $(T \in \Gamma)$ ないしは乗法因子 v^L を 自然に作りたい．これは，$T \in \Gamma$ について

$$J^L(L^{-1}TL, \tau) = \frac{J(T, L\tau)\mu_r(L, \tau)}{\mu_r(L, L^{-1}TL\tau)},$$

$$v^L(L^{-1}TL) = \frac{v(T)\sigma(T, L)}{\sigma(L, L^{-1}TL)}$$

とおけばよい．すなわち，このとき次が成り立つ．

6.2 [補題]

(1) $J^L(L^{-1}TL, \tau)$ は $L^{-1}\Gamma L$ の保型因子である (ただし，この定義は L のとり方によっている).

(2) v^L はこの保型因子の乗法因子である．すなわち

$$J^L(L^{-1}TL, \tau) = v^L(L^{-1}TL)\mu_r(L^{-1}TL, \tau)$$

である．

(3) $L, T \in \Gamma$ ならば，

$$J^L(L^{-1}TL, \tau) = J(L^{-1}TL, \tau)$$

である．

証明 定義により

$$J^L(L^{-1}T_1T_2L, \tau) = \frac{J(T_1T_2, L\tau)\mu_r(L, \tau)}{\mu_r(L, L^{-1}T_1T_2L\tau)}$$

$$= \frac{J(T_1, T_2L\tau)J(T_2, L\tau)\mu_r(L, \tau)}{\mu_r(L, L^{-1}T_1T_2L\tau)},$$

$$J^L(L^{-1}T_1L, L^{-1}T_2L\tau) = \frac{J(T_1, T_2L\tau)\mu_r(L, L^{-1}T_2L\tau)}{\mu_r(L, L^{-1}T_1LL^{-1}T_2L\tau)},$$

$$J^L(L^{-1}T_2L, \tau) = \frac{J(T_2, L\tau)\mu_r(L, \tau)}{\mu_r(L, L^{-1}T_2L\tau)}.$$

ここで下の 2 つの式の右辺を掛けると最初の式の右辺になるので (1) は証明された．

定義により

$$\sigma(T,L)\mu_r(TL,\tau) = \mu_r(T,L\tau)\mu_r(L,\tau),$$
$$\sigma(L,L^{-1}TL)\mu_r(TL,\tau) = \sigma(L,L^{-1}TL)\mu_r(LL^{-1}TL,\tau)$$
$$= \mu_r(L,L^{-1}TL\tau)\mu_r(L^{-1}TL,\tau).$$

よって

$$v^L(L^{-1}TL)\mu_r(L^{-1}TL,\tau) = \frac{v(T)\sigma(T,L)}{\sigma(L,L^{-1}TL)}\mu_r(L^{-1}TL,\tau)$$
$$= \frac{J(T,L\tau)\mu_r(L,\tau)}{\mu_r(L,L^{-1}TL\tau)} = J^L(L^{-1}TL,\tau).$$

ゆえに (2) が示された. $L \in \Gamma$ ならば, $J(L,\tau) = v(L)\mu_r(L,\tau)$, $J(L,L^{-1}TL\tau) = v(L)\mu_r(L,L^{-1}TL\tau)$ であるから,

$$J(T,L\tau)J(L,\tau) = J(TL,\tau) = J(LL^{-1}TL,\tau) = J(L,L^{-1}TL\tau)J(L^{-1}TL,\tau).$$

より,

$$J^L(L^{-1}TL,\tau) = \frac{J(L,\tau)\mu_r(L,\tau)}{\mu_r(L,L^{-1}TL\tau)} = \frac{J(T,L\tau)J(L,\tau)}{J(L,L^{-1}TL\tau)} = J(L^{-1}TL,\tau).$$

よって (3) も示された. ■

以下, Γ のカスプ $\kappa \in \mathbb{R} \cup \infty$ を一つ固定して, κ で正則という意味を考えよう. $L(i\infty) = \kappa$ となる $L \in SL_2(\mathbb{R})$ をひとつ固定する. カスプのまわりで関数を考えるには関数を $i\infty$ に写して, そこで考えるのがわかりやすい. しかし L は一般に Γ の元ではないから, $J(L,\tau)$ などは定義されていない. よって, J の代わりに μ_r を用いて,

$$f_\kappa = f_r|[L] = f(L\tau)\mu_r(L,\tau)^{-1}$$

とおく. Γ_κ を κ を固定する Γ の元全体のなす部分群とすると, 第1種フックス群の一般論より, ある $h_0 \in \mathbb{R}$ と $\epsilon = \pm 1$ があって,

$$L^{-1}\Gamma_\kappa L = L^{-1}\Gamma L \cap \mathcal{P} = \begin{cases} \left\{\{\pm 1\} \times \left\{\begin{pmatrix} 1 & h_0 \\ 0 & 1 \end{pmatrix}^m ; m \in \mathbb{Z}\right\}\right\} & (\pm 1 \in \Gamma \text{ の場合}), \\ \left\{\left(\epsilon \begin{pmatrix} 1 & h_0 \\ 0 & 1 \end{pmatrix}\right)^m ; m \in \mathbb{Z}\right\} & (\pm 1 \notin \Gamma \text{ の場合}) \end{cases}$$

となる．あとの都合のために，

$$h = \begin{cases} h_0 & \pm 1 \in \Gamma \text{ または } \epsilon = 1, \\ 2h_0 & \pm 1 \notin \Gamma \text{ かつ}, \epsilon = -1 \end{cases}$$

とおく．前にも述べたが

- f が Γ について保型的なら，f_κ は $L^{-1}\Gamma L$ について保型的である．すなわち，$T \in \Gamma$ について，$f(T\tau) = J(T, \tau)f(\tau)$ ならば，

$$f_\kappa(L^{-1}TL\tau) = J^L(L^{-1}TL, \tau)f_\kappa(\tau)$$

となる．

これは次のように示される．

$$\begin{aligned}(f|_r[L])(L^{-1}TL\tau) &= \mu_r(L, L^{-1}TL\tau)^{-1}f(TL\tau) \\ &= J(T, L\tau)\mu_r(L, L^{-1}TL\tau)^{-1}f(L\tau) \\ &= J^L(L^{-1}TL, \tau)\mu_r(L, \tau)^{-1}f(L\tau) \\ &= J^L(L^{-1}TL, \tau)(f|_r[L])(\tau).\end{aligned}$$

よって，f_κ はカスプの近傍の関数として $L^{-1}\Gamma_k L$ の元の作用であまりかわらないことが期待される．しかし，一般に f_κ 自身は平行移動で不変な関数にはなっているとは限らない．よって，これに近い関数 F をとって，$F(\tau+n) = F(\tau)$ となる正整数 n があることを言いたい．

- $R \in \mathcal{P}$ で，かつ R の対角成分が正だとすると，任意の $L \in SL_2(\mathbb{R})$ について

$$\sigma(LRL^{-1}, L) = \sigma(L, R) = 1 \tag{6.1}$$

が成立する．これは，L の (2,1) 成分が正または負またはゼロに場合分けして，主値の定義通りに分岐をよく見れば簡単にわかる．たとえば $J(LRL^{-1}, L)$ については，$L = \begin{pmatrix} a & b \\ c & d \end{pmatrix}$, $R = \begin{pmatrix} \alpha & \beta \\ 0 & \alpha^{-1} \end{pmatrix}$ ($\alpha > 0$) とおいて，分岐のとり方をよく見て，$c > 0, c < 0, c = 0$ のどれでも

$$\left(\frac{c(\alpha\tau + \beta) + d\alpha^{-1}}{c\tau + d}\right)^r$$

が分母分子に分解できることを言えばよい．

- 前に定義した h について $U = \begin{pmatrix} 1 & h \\ 0 & 1 \end{pmatrix}$ とおき，$L^{-1}TL = U$ となる $T \in \Gamma$ をとるとき，$\mu_r(U, \tau) = 1$ と (6.1) より次の等式が成り立つ．

$$J^L(U, \tau) = v^L(U) = v(T)\frac{\sigma(LUL^{-1}, L)}{\sigma(L, U)} = v(T) = v(LUL^{-1}).$$

- 今は乗法因子は絶対値が 1 としているので，$v(T) = v^L(U) = e^{2\pi i n_\kappa}$ ($0 \leq n_\kappa < 1$) とおいてよいが，このとき，

$$f_\kappa(\tau + h) = (f_\kappa|_r[U])(\tau) = J^L(U, \tau)f_\kappa(\tau) = e^{2\pi i n_\kappa} f_\kappa(\tau)$$

である．

- $F(\tau) = e^{-2\pi i n_\kappa \tau} f_\kappa(h\tau)$ とおけば，

$$F(\tau + 1) = e^{-2\pi i n_\kappa (\tau+1)} f_\kappa(h\tau + h) = e^{-2\pi i n_\kappa \tau} f_\kappa(h\tau) = F(\tau)$$

である．特に

$$F(\tau) = \sum_{n=-\infty}^{\infty} a_\kappa(n) e^{2\pi i n \tau}$$

と展開できる．すなわち，

$$f_\kappa(\tau) = e^{2\pi i n_\kappa \tau/h} \sum_{n=-\infty}^{\infty} a_\kappa(n) e^{2\pi i n \tau/h}$$

である．

以上により，最後の展開で，$n < 0$ ならば $a_\kappa(n) = 0$ となるものをカスプ κ で正則という．これで「すべてのカスプで正則」という意味が説明できた．ちなみに，この概念はカスプの Γ 同値類のみにより，L のとり方にはよらない．さらに，f がすべてのカスプ κ で正則であり，かつ，$a_\kappa(n) \neq 0$ となる最小の n を N_κ と書くとき，すべてのカスプにおいて，$n_\kappa + N_\kappa > 0$ となるとき，f をカスプ形式という．

4. $\Gamma(N)$ の分数ウェイトの保型形式

4.1 構成

少し応用を述べる．この章の以下の内容は，おおむね [73] の内容である．N を

奇数とする．$\Gamma(N)$ の分数ウェイトの保型形式を構成してみよう．r を奇数とする．$m = {}^t(\frac{r}{2N}, \frac{1}{2})$ として，$f_r(\tau) = \theta_m(N\tau)$ とおこう．ここで θ_m は以前に定義したテータ定数である．詳しく書けば

$$f_r(\tau) = \theta_m(N\tau) = \sum_{p\in\mathbb{Z}} e\left(\frac{1}{2}\left(p+\frac{r}{2N}\right)^2 (N\tau) + \left(p+\frac{r}{2N}\right)\frac{1}{2}\right)$$

であった．ただし，r を奇数としているので，$N=1$ ならば，$f_r(\tau)$ は定義の和において p と $-p-1$ の項が打ち消しあって恒等的にゼロになるので，以下，N は3以上を仮定する．

$$M = \begin{pmatrix} a & b \\ c & d \end{pmatrix} \in SL(2,\mathbb{Z})$$

に対して，$d \equiv 1 \bmod N$ かつ，$b \equiv 0 \bmod N$ と仮定すると，記号 $\circ$ で (2.13) で定義した $SL(2,\mathbb{Z})$ のテータ標数への作用を表せば，

$$M \circ m = \begin{pmatrix} \frac{dr}{2N} - \frac{c}{2} + \frac{1}{2}cd \\ -\frac{br}{2N} + \frac{a}{2} + \frac{ab}{2} \end{pmatrix} \equiv \begin{pmatrix} \frac{r}{2N} \\ \frac{1}{2} \end{pmatrix} \bmod 1$$

となる．実際，$d = 1 + Nk$ ならば，$\frac{dr}{2N} - \frac{c}{2} + \frac{1}{2}cd = \frac{r}{2N} + \frac{rk}{2} - \frac{c}{2} + \frac{1}{2}cd$ であるが，N が奇数より，$d \equiv 0 \bmod 2$ と $k \equiv 1 \bmod 2$ つまり $kr \equiv 1 \bmod 2$ は同値である．また d が偶数ならば，$ad - bc = 1$ より，c は奇数，よって，$c(1-d)$ も奇数であり，もし d が奇数ならば，$c(1-d)$ は偶数である．以上により，いつでも $rk - c + cd \equiv 0 \bmod 2$. ほぼ同様にして，$b = Nb_1$ とするとき $-b_1r + a + ab$ が奇数であることがわかる．よって，$\theta_{M\circ m}(\tau) = e(\frac{r}{2N}(-\frac{br}{2N} + \frac{a}{2} + \frac{ab}{2} - \frac{1}{2}))\theta_m(\tau)$ である．ここで M に対して

$$M' = \begin{pmatrix} a & N^{-1}b \\ Nc & d \end{pmatrix}$$

とおくと，$N \times M'\tau = M(N\tau)$ となるから，定理 2.17 を適用して

$$\begin{aligned} f_r(M'\tau) &= \theta_m(M(N\tau)) \\ &= e\left(-\frac{r}{2N}\left(-\frac{br}{2N} + \frac{a}{2} + \frac{ab}{2} - \frac{1}{2}\right)\right) \theta_{M\circ m}(M(N\tau)) \\ &= e\left(-\frac{r}{2N}\left(-\frac{br}{2N} + \frac{a}{2} + \frac{ab}{2} - \frac{1}{2}\right)\right) \\ &\quad \times \kappa(M) e(\phi_m(M))(cN\tau + d)^{1/2} f_r(\tau), \end{aligned}$$

$$\phi_m(M) = -\frac{1}{2}\left(\frac{bdr^2}{4N^2} + \frac{ac}{4} - \frac{bcr}{2N} - \frac{abdr}{2N} + \frac{abc}{2}\right).$$

となる．つまり，$f_r(\tau)$ は適当な乗法因子に対する重さ半整数の保型形式になっている．実は $N = 3$ ならば，$f_1(\tau) = e(1/6)f_{-1}(\tau)$ になるので，この場合には保型性をみたすためには $d \equiv 1 \bmod 3$ という条件は不要である（実際この場合は本質的にエータ関数だから実際には $SL_2(\mathbb{Z})$ の保型形式であるが）．しかし一般には $d \equiv 1 \bmod N$ と仮定しないと $f_r(\tau)$ が保型形式にならない．さらには，$b \equiv 0 \bmod N^2$ としておけば，適当な乗法因子付きで，$f_r(\tau)$ が $\Gamma(N)$ の重さ半整数の保型形式となることがわかる．今，特に，r, N を奇数としているが，これにより，保型因子ないしは乗法因子が r によらないこと，つまり，$M' \in \Gamma(N)$ について $f_r(M'\tau)/f_r(\tau)(cN\tau+d)^{1/2}$ は r によらないことがわかる．実際，これは $b = N^2 b_0$，$a = 1 + kN$ とおくと，この比は $\kappa(M)$ に次の量を掛けたものになる．

$$e\left(\left(-\frac{b_0 d}{8}+\frac{b_0}{4}\right)r^2+\frac{r}{4}(b_0 N(c+ad-a)-k)-\left(\frac{ac}{8}+\frac{abc}{4}\right)\right)$$

ここで，r は奇数より，$r^2 \equiv 1 \bmod 8$ だから，r^2 は1で置き換えてよい．r の1次の項は，分子を $\bmod 4$ で考えればよいから，比が r によらないことを言うには $r=1$ と $r=-1$ で $\bmod 4$ で分子が同じになることを言えばよい．すなわち，$b_0 N(c+ad-a)-k \equiv 0 \bmod 2$ を言えばよい．

実際 $b_0 \equiv 0 \bmod 2$ ならば，a は奇数だから，k は偶数である．よってよい．また b_0 が奇数ならば，もともと N は奇数としているから，$b_0 N(c+ad-a)-k \equiv c+ad-a-k \bmod 2$ であるが，ここでさらに a を奇数と仮定すると，N は奇数と仮定しているから，k は偶数．よって，$c+ad-a-k \equiv c+d-1 \bmod 2$ だが，このときは，a, b が奇数で $ad-bc = 1$ であることより，c, d のどちらかが偶数でどちらかが奇数，つまり $c+d-1$ は偶数である．また，a が偶数ならば，k, c は奇数であるから $c-k+a(d-1) \equiv 0 \bmod 2$ である．

以上より，変換は r によらないことが，証明された．もう一度書けば，

$$M' = \begin{pmatrix} a & b_0 N \\ Nc & d \end{pmatrix}, \quad M = \begin{pmatrix} a & N^2 b_0 \\ c & d \end{pmatrix} \quad (a, b_0, c, d \in \mathbb{Z}, a \equiv d \equiv 1 \bmod N)$$

のとき，

$$f_r(M'\tau) = f_r(\tau)(cN\tau+d)^{1/2}\kappa(M) \times$$
$$e\left(-\frac{b_0 d}{8}+\frac{b_0}{4}+\frac{1}{4}b_0 N(c+ad-a)+\frac{1-a}{4N}-\frac{ac}{8}-\frac{ab_0 c}{4}\right)$$

となる．これにより，r によらず同じ保型因子をもつ保型形式の集合が得られたことになる．さらに命題 2.21 により $\kappa(M)$ も具体的に書き出して，変換のかたちを詳しく書いておこう．

6.3 [命題] 3以上の任意の奇数 $N > 0$ を固定し，奇数 r に対して $m = {}^t(\frac{r}{2N}, \frac{1}{2})$ とおき，$f_r(\tau) = \theta_m(N\tau)$ と書く．$SL_2(\mathbb{Z})$ の元 $M' = \begin{pmatrix} a & Nb_0 \\ Nc & d \end{pmatrix}$ $(b_0, c \in \mathbb{Z})$ をとり，$b = N^2 b_0$ とする．$a \equiv d \equiv 1 \bmod N$ とする．

(1) 次の変換公式が成り立つ．

(i) c が奇数のとき，

$$f_r(M'\tau) = \left(\frac{d}{|c|}\right) e\left(\frac{1}{8}c(a+d-3)\right)(cN\tau + d)^{1/2} f_r(\tau)$$

(ii) c が偶数のとき，

$$f_r(M'\tau) = \left(\frac{c}{d}\right)_* e\left(\frac{(1-2N)(d-1)}{8} + \frac{d(b-c)}{8}\right)(cN\tau + d)^{1/2} f_r(\tau)$$

となる．

(2) $1 \le r \le N-2$ となる奇数 r に対して，$f_r(\tau)/\eta(\tau)^{3/N}$ は $\Gamma(N)$ の同じ乗法因子に属する重さ $(N-3)/2N$ の $(N-1)/2$ 個の線形独立な保型形式である．また，このうちの任意の2つは代数的独立である．

(3) 重さ $(N-3)/2$ の保型形式 $f_r(\tau)^N/\eta(\tau)^3$ の $\Gamma(N)$ での乗法因子は1になる．

注意1：この命題で現れた $f_r(\tau)/\eta(\tau)^{3/N}$ の乗法因子 $v(M)$ は Petersson [144] のいう，いわゆる不分岐な乗法因子である．すなわち $v(M)$ は，$\Gamma(N)$ $(N \ge 3)$ の固有値が1のみからなる行列上で1になるような乗法因子である．

注意2：以上でたとえば $N = 7$ ならば，重さ $(N-3)/2N = 2/7$ の，いわゆる「不分岐」乗法因子に属する保型形式が3次元得られたことになる．Petersson は一連の論文 ([144] など) の中で，任意の第一種フックス群に関する不分岐な保型因子の分類などの一般論を述べており，また保型形式の存在についても評価しているが，我々の保型形式は，これらとはかなり異なっているし，また Petersson の評価より多くの保型形式を与えていることもある．

証明 $c = 0$ ならば，直接代入して示せるので，以下 $c \ne 0$ とする．まず，c が奇数の場合を証明する．$\kappa(M)$ の公式から，$f_r(\tau)$ の乗法因子は

$$\left(\frac{d}{|c|}\right) e\Big(-\frac{b_0 d}{8} + \frac{b_0}{4} + \frac{1}{4}b_0 N(c+ad-a)$$
$$+ \frac{1-a}{4N} - \frac{ac}{8} - \frac{ab_0 c}{4} + \frac{abcd}{4} + \frac{acd^2}{8} - \frac{c}{8}\Big)$$

であるが，ここで $N^{-1} \equiv N \bmod 8$, $b = b_0 N^2 \equiv b_0 \bmod 8$, $ad = bc+1$, $acd^2 - bd \equiv bd(c^2 - 1) + cd \equiv cd \bmod 8$ などを用いると，分母が 8 の項だけ集めれば

$$\frac{1}{8}(-bd - ac + acd^2 - c) \equiv \frac{1}{8}c(d + a - 3) + \frac{1}{4}c(1 - a) \bmod 1$$

となり，$c(a + d - 3)/8$ を除いた残りは，$N^2 \equiv c^2 \equiv 1 \bmod 8$ に注意して，また $ad = bc + 1$ を用いて d を消去すると，

$$\frac{1}{4}(b + bN(c + ad - a) + N(1 - a) - abc + abcd + c(1 - a))$$
$$\equiv \frac{1}{4}(b(1 + b)(1 + Nc) + (1 - a)(b + 1)(c + N)) \bmod 1.$$

しかし，$b(b + 1) \equiv 1 + Nc \equiv c + N \equiv 0 \bmod 2$ であり，また，a, b はともに偶数ではありえないから $(1 - a)(b + 1) \equiv 0 \bmod 2$ である．よって (1) の (i) の f_r の変換公式を得る．また $v(M') = \eta(M'\tau)/\eta(\tau)(Nc\tau + d)^{1/2}$ とおくと，命題 (2.26) の公式により，cN 奇数のときには $c^2 \equiv N^2 \equiv 1 \bmod 8$ により

$$v(M')^3 = \left(\frac{d}{Nc}\right)^* e\left(\frac{1}{8}(a + d - N^2 b_0 dc - 3)Nc + Nb_0 d\right)$$
$$= \left(\frac{d}{|Nc|}\right) e\left(\frac{1}{8}(a + d - 3)Nc\right).$$

N は奇数であるから，$\left(\frac{d}{|Nc|}\right)^N = \left(\frac{d}{|c|}\right)$ であり，よって $f_r(\tau)^N$ の変換公式とあわせて，命題の (3) を得る．

次に c を偶数とする．$\theta_m(M(N\tau))$ の変換は，$\kappa(M)$ まで含めると，

$$\left(\frac{c}{d}\right)_* e\left(\frac{d-1}{8}\right)$$
$$\times e\left(-\frac{bd}{8} + \frac{b}{4} + \frac{N}{4}b(c + ad - a) + \frac{N}{4}(1 - a) - \frac{ac}{8} - \frac{abc}{4}\right)$$

である．$ad = bc + 1$ より，

$$\frac{N}{4}b(c+ad-a) = \frac{N}{4}b(c+bc+1-a) = \frac{Ncb(b+1)}{4} + \frac{N}{4}b(1-a) \equiv \frac{N}{4}b(1-a) \bmod 1.$$

また，$abc + a = a^2 d \equiv d \bmod 8$ より，

$$\frac{N}{4}(1-a) + \frac{N}{4}b(1-a) = \frac{N}{4}(1+b)(1-a) \equiv \frac{N}{4}(1+b)(1-d+abc)$$
$$= \frac{N(1+b)(1-d)}{4} + \frac{Nabc(1+b)}{4} \bmod 1$$

$$-\frac{ac}{8} \equiv \frac{abc^2}{8} - \frac{cd}{8} \bmod 1$$

であり，さらには，

$$\frac{Nabc(1+b)}{4} + \frac{abc^2}{8} - \frac{abc}{4} = -\frac{abc(1-N)}{4} + \frac{abc(2bN+c)}{8}$$

であるが，ここで N 奇数，c 偶数より $c(1-N) \equiv 0 \bmod 4$. また，もし b が偶数ならば $bc(2bN+c) \equiv 0 \bmod 8$, もし b が奇数ならば bN も奇数であり，$c \equiv 2 \bmod 4$ ならば $2bN+c \equiv 0 \bmod 4$ より $c(2bN+c) \equiv 0 \bmod 8$, もし $c \equiv 0 \bmod 4$ ならば明らかに $c(2bN+c) \equiv 0 \bmod 8$ であるから，上式は $0 \bmod 1$ である．また，以上の残りと命題の (1) の主張を比較して，

$$\frac{d-1}{8} - \frac{bd}{8} + \frac{b}{4} + \frac{N(1+b)(1-d)}{4} - \frac{cd}{8} - \left(\frac{(1-2N)(d-1)}{8} + \frac{d(b-c)}{8}\right)$$
$$= \frac{b(N+1)(1-d)}{4} \equiv 0 \bmod 1$$

となる．よって (1) の (ii) が示された．

次に (3) をしめす．命題 2.26 より，c が偶数ならば，$\eta(M'\tau)^3$ からは

$$v(M')^3 = \left(\frac{Nc}{d}\right)_* e\left(\frac{3}{8}(d-1) + \frac{1}{8}Nb_0d + \frac{1}{8}(a-2d-bcd)Nc\right)$$

がでるが，c が偶数より，a, d は奇数だから，$a-2d-bcd = a-2d-(ad-1)d = a-2d-ad^2+d \equiv -d \bmod 8$ となり，さらに $b = b_0N^2 \equiv b_0$ であり，また，$d \equiv 1 \bmod N$ より，

$$\left(\frac{N}{|d|}\right) = \left(\frac{|d|}{N}\right)(-1)^{(N-1)(|d|-1)/4}$$
$$= \left(\frac{\mathrm{sgn}\,(d)}{N}\right)(-1)^{(N-1)(\mathrm{sgn}(d)d-1)/4} = (-1)^{(N-1)(d-1)/4}.$$

よって，上式は

$$\left(\frac{c}{d}\right)_* e\left(\frac{1}{8}(N-1)(d-1) + \frac{3}{8}(d-1) + \frac{1}{8}(b-c)dN\right)$$

と一致する．以上より，$f_r(\tau)^N$ と $\eta(\tau)^3$ の部分から出る項とのずれの残りの指数関数の部分の中身は，$N^2 \equiv 1 \bmod 8$ などに注意して，前の結果から，

$$\frac{(N-2)(d-1)}{8} + \frac{Nd(b-c)}{8} - \frac{(N-1)(d-1)}{8} - \frac{3}{8}(d-1) - \frac{1}{8}dN(b-c)$$
$$= -\frac{1}{2}(d-1) \equiv 0 \bmod 1.$$

よって，この場合も (3) を得る．

次に，$r = 1, 3, \ldots, N-2$ について $f_r(\tau)$ が線形独立なことを確かめる．$f_r(\tau)$ を q 展開したときの最初の項（係数がゼロでないような q のべきが一番小さい項）を求める．これは，固定された r に対して，$(p + r/2N)^2$ ($p \in \mathbb{Z}$) の最小値を求めればよい．

$$\left(p + \frac{r}{2N}\right)^2 - \left(\frac{r}{2N}\right)^2 = p\left(p + \frac{r}{N}\right)$$

であるが，$p > 0$ ならばこれはもちろん正であり，$p < 0$ でも，$p + r/N \leq -1 + r/N \leq -1 + (N-2)/N = -2/N < 0$ だから，上式は正である．よって，$p = 0$ のときに最小である．よって，$f_r(\tau)$ の q 展開は $q^{r^2/8N} \times$ (ゼロでない定数) から始まる．特に $f_r(\tau) \neq 0$ である．以上により，$f_r(\tau)$ のフーリエ展開は，r が異なれば，現れる最小の指数のベキが異なり，当然線形独立である．すなわち線形関係

$$\sum_{1 \leq r \leq N-2, \, r:\text{odd}} c_r f_r(\tau) = 0$$

があるとすると，$q^{r^2/8N}$ の項を $r = 1, 3, \ldots, N-2$ について順次比較すると，$c_1 = 0, \ldots, c_{N-2} = 0$ が順次得られる．同様の理由で，2つの異なる奇数 r_1, r_2 ($1 \leq r_1, r_2 \leq N-2$) に対して，2つの保型形式 $f_{r_i}(\tau)/\eta(\tau)^{3/N}$ ($i = 1, 2$) は代数的独立でもある．実際，$r_1 < r_2$ と仮定し

$$\sum_{\nu=\nu_0}^{\mu} d_\nu \left(\frac{f_{r_1}}{\eta^{3/N}}\right)^{\mu-\nu} \left(\frac{f_{r_2}}{\eta^{3/N}}\right)^\nu = 0$$

かつ $d_{\nu_0} \neq 0$ とすると，左辺のフーリエ展開は，

$$d_{\nu_0} q^{(\mu-\nu_0)r_1^2/8N + \nu_0 r_2^2/8N}$$

のところ以外は，これよりも q のべきが大きく，左辺が 0 であることに反する（ただしモジュラー多様体が 1 次元であることにより，3 つ以上の f_r は必ず代数的従属である）．$f_r(\tau)/\eta(\tau)^{3/N}$ が各カスプで正則なことは，次の節で見る． ■

4.2　$\Gamma(N)$ の乗法因子と $SL_2(\mathbb{Z})$ の作用

普通の整数ウェイト k の保型形式では，たとえば $A_k(\Gamma(N))$ で $\Gamma(N)$ に属するウェイトが k の正則保型形式全体のなすベクトル空間を表すと，$\Gamma(N)$ が $SL(2, \mathbb{Z})$ の正規部分群であることにより，$SL(2, \mathbb{Z})$ ないしは $SL(2, \mathbb{Z})/\Gamma(N) \cong SL(2, \mathbb{Z}/N\mathbb{Z})$ がベクトル空間 $A_k(\Gamma(N))$ に作用することが容易に証明できる．普通あまり意識しないが，ここでの証明には，$\Gamma(N)$ のウェイト k の保型因子 $(c\tau + d)^k$ が $SL(2, \mathbb{Z})$ の保型因子でもあることを用いている．分数ウェイトだとそうとは限らないから，このような主

張をするには，もっときちんとした証明が必要になる．作用を拡張する一番単純な方法は，群の方を取り換えて多重被覆群にすることである．しかし，今の場合には，いささか偶然的な事情であるが，そのように被覆群をとらなくてもすむ方法がある．それを説明するために，前節の命題 6.3 をもう少しよく見てみよう． $f_r(\tau) = \theta_m(N\tau)$ の $\Gamma(N)$ に対する乗法因子を $v_1(M)$ と書く．すなわち，$M = \begin{pmatrix} a & b \\ c & d \end{pmatrix} \in \Gamma(N)$ に対して，$f_r(M\tau) = v_1(M)(c\tau+d)^{1/2}f_r(\tau)$ とする．また，$\eta(\tau)^{3/N}$ の乗法因子を $v_0(M)$ と書く．命題 6.3 で示したことは，$v_1(M)^N = v_0(M)^N$ である．しかし，そこで示した変換公式より，$v_1(M)$ は 1 の 8 乗根であり，N は奇数としているから，$v_1(M)^{N^2} = v_1(M)$ である．すなわち，$M \in \Gamma(N)$ に対して，

$$v_1(M) = v_0(M)^{N^2}$$

なのである．以上より，$\theta_m(N\tau)$ の $\Gamma(N)$ に対する乗法因子は，$\eta(\tau)^{3N}$ のそれと一致することがわかった．すなわち，$\theta_m(N\tau)\eta(\tau)^{-3/N}$ の乗法因子は，$\eta(\tau)^{3(N^2-1)/N}$ の乗法因子とも一致している（重さは違うけれども乗法因子の部分だけみれば一致するという意味である）．たとえば，$N = 5$ ならば，$\eta(\tau)^{3\cdot 24/5} = \Delta(\tau)^{3/5}$ の乗法因子とも一致するのである．一般には，$\eta(\tau)^{3(N^2-1)/N} = \Delta(\tau)^{(N^2-1)/8N}$ の乗法因子と一致している．さて，一般に $\eta(\tau)$ の分数ベキは，$\eta(\tau)$ が上半平面上でゼロ点を持たないことから，分岐を一つ固定すれば，1 価正則な関数になり，これは $SL_2(\mathbb{Z})$ に関する適当な乗法因子付きの保型形式になる．よって，$\eta(\tau)^{3/N}$ の乗法因子 $v_0(M)$ と前に述べたのは，実際には，$M \in SL_2(\mathbb{Z})$ で定義された（重さ $3/2N$ に対する）乗法因子である．

さて，上で，本来は重さ $(N-3)/2N$ の保型因子の乗法因子が重さ $3(N^2-1)/2N$ のところに現れたが，この差を少し正確に見てみよう．本来 $M \in SL_2(\mathbb{Z})$ に対して，$\eta(\tau)^{3(N^2-1)/N}$ の保型因子は

$$v_0(M)^{N^2-1}(c\tau+d)^{3(N^2-1)/2N}$$

である．しかし，

$$(c\tau+d)^{3(N^2-1)/2N} = (c\tau+d)^{(N-3)/2N}(c\tau+d)^{(3N-1)/2}$$

であり，$(c\tau+d)^{(3N-1)/2}$ は（重さ整数の）保型因子である．これにより，$M \in SL(2,\mathbb{Z})$ に対して

$$J(M,\tau) = v_0(M)^{N^2-1}(c\tau+d)^{(N-3)/2N} \tag{6.2}$$

とおけば，$J(M,\tau)$ が $SL_2(\mathbb{Z})$ に対して保型因子であることがわかる．ここで $\eta(-1_2\tau)$ $= \eta(\tau)$ より，$v_0(-1_2)^{N^2-1}(-1)^{3(N^2-1)/2N} = 1$ であり，よって $J(-1_2,\tau) =$ $(-1)^{(3N-1)/2} = (-1)^{(N+1)/2}$ である．これは -1 かもしれないから，この保型因子をウェイトに持つ $SL(2,\mathbb{Z})$ の保型形式は存在しないかもしれないが，これを $\Gamma(N)$ に制限すれば，たとえば $f_r(\tau)/\eta(\tau)^{3/N}$ は，この保型因子に対応する $\Gamma(N)$ の保型形式である．以上の考察から，自然に次のようなことが観察できる．

上半平面上の正則関数 $f(\tau)$ と $M \in SL_2(\mathbb{Z})$ および (6.2) で定義された $J(M,\tau)$ に対して，$\rho(M)$ を

$$f(\tau) \to (\rho(M)f)(\tau) = f(M\tau)J(M,\tau)^{-1}$$

で定義すると，これは $SL_2(\mathbb{Z})$ の作用であり，この作用は，$f_r(\tau)/\eta(\tau)^{3/N}$ 上では恒等的である．また，$\Gamma(N)$ の $J(M,\tau)$ に関する保型形式の空間 $A_J(\Gamma(N))$ は明らかに上記の $SL_2(\mathbb{Z})$ の作用 ρ で (全体として) 不変な空間である．つまり $\rho(M)A_J(\Gamma(N)) \subset A_J(\Gamma(N))$ となることがわかる．さらに，$f_r(\tau)/\eta(\tau)^{3/N}$ $(r=1,3,\ldots,N-2)$ で張られる $A_J(\Gamma(N))$ の線形部分空間は，全体として $SL_2(\mathbb{Z})$ の作用で不変である．以下でこれを示し，その作用を求めてみよう．結果の表示を見やすくするために，

$$F_r(\tau) = e\left(\frac{(N-1)(r-1)}{4N}\right)\frac{f_r(\tau)}{\eta(\tau)^{3/N}}$$

とおく．

6.4 [命題] r を $1 \le r \le N-2$ なる奇数とするとき，$SL_2(\mathbb{Z})$ は次のように作用する．

$$\rho\left(\begin{pmatrix} 0 & -1 \\ 1 & 0 \end{pmatrix}\right)F_r = \sum_{1 \le t \le N-2,\ t:奇数} \frac{1}{\sqrt{N}}\left(e\left(\frac{r-t}{4} + \frac{rt}{4N} + \frac{3N-1}{8}\right)\right.$$
$$\left. + (-1)^{(N+1)/2} e\left(-\frac{r-t}{4} - \frac{rt}{4N} - \frac{3N-1}{8}\right)\right)F_t,$$

$$\rho\left(\begin{pmatrix} 1 & 1 \\ 0 & 1 \end{pmatrix}\right)F_r = e\left(\frac{r^2-N^2}{8N}\right)F_r,$$

$$\rho(-1_2)F_r = (-1)^{(N+1)/2}F_r.$$

またここで，ρ はユニタリー表現である．

証明 テータの変換公式 (2.19) より,

$$f_r(-\tau^{-1}) = \left(\frac{\tau}{Ni}\right)^{1/2} \sum_{p \in \mathbb{Z}} e\left(\frac{1}{2N}\left(p - \frac{1}{2}\right)^2 \tau + \frac{pr}{2N}\right)$$

である. $p = Np_0 + s$, $(p_0 \in \mathbb{Z}, s = 1, 2, \ldots, N)$ と書き換えると

$$f_r(-\tau^{-1}) = \left(\frac{\tau}{Ni}\right)^{1/2} \sum_{s=1}^{N} \sum_{p_0 \in \mathbb{Z}} e\left(\frac{N}{2}\left(p_0 + \frac{2s-1}{2N}\right)^2 \tau + \frac{(Np_0+s)r}{2N}\right)$$

であるが, まず, $s = (N+1)/2$ ならば, $p_0 + \frac{2s-1}{2N} = p_0 + \frac{1}{2} = -(-p_0 - 1 + \frac{1}{2})$ であり, $e(*)$ の中身の符号の部分を p_0 と $-p_0 - 1$ で比較すると $e((-p_0-1)/2) = -e(p_0/2)$ と符号が逆になるので, $\mathbb{Z}$ にわたる和を $p_0 \geq 0$ と $-p_0 - 1 \leq -1$ に分けて考えると, 符号が打ち消し合って, 消えることがわかる. その他の s について, s と $N-s+1$ を比較すると,

$$p_0 + \frac{2N - 2s + 1}{2N} = -\left(-p_0 - 1 + \frac{2s-1}{2N}\right)$$

かつ

$$\frac{(Np_0 + N - s + 1)r}{2N} \equiv \frac{(N(-p_0-1)+s)r}{2N} + \frac{r}{2N} - \frac{sr}{N} \mod 1$$

よって, $f_r(\tau)$ の s に関する和の部分は, $(N+3)/2 \leq s \leq N$ の部分を $1 \leq s \leq (N-1)/2$ の和に書き換えると,

$$\sum_{s=1}^{(N-1)/2} e\left(\frac{r}{2N} - \frac{sr}{N}\right) \sum_{p_0 \in \mathbb{Z}} e\left(\frac{N}{2}\left(p_0 + \frac{2s-1}{2N}\right)^2 \tau + \frac{(Np_0+s)r}{2N}\right)$$

となる. すなわち,

$$f_r(-\tau^{-1}) = \left(\frac{\tau}{Ni}\right)^{1/2} \sum_{s=1}^{(N-1)/2} \left(1 + e\left(\frac{r}{2N} - \frac{sr}{N}\right)\right)$$
$$\times \sum_{p_0 \in \mathbb{Z}} e\left(\frac{N}{2}\left(p_0 + \frac{2s-1}{2N}\right)^2 \tau + \frac{(Np_0+s)r}{2N}\right)$$

である. ここで $t = 2s - 1$ とおいて, $f_t(\tau)$ と関連付けよう.

$$\frac{(Np_0+s)r}{2N} \equiv \frac{1}{2}\left(p_0 + \frac{t}{2N}\right) + \frac{(r-1)(t+1)}{4N} + \frac{1}{4N} \mod 1$$

である．よって，これを前の式に代入して，

$$f_r(-\tau^{-1}) = \frac{e(-1/8)\sqrt{\tau}}{\sqrt{N}} \times \sum_{1 \leq t \leq N-2,\ t:\text{odd}} \left(e\left(\frac{(t+1)(r-1)}{4N} + \frac{1}{4N}\right) \right.$$
$$\left. + e\left(-\frac{(t+1)(r+1)}{4N} + \frac{r}{2N} + \frac{1}{4N}\right) \right) f_t(\tau).$$

となる．また，

$$\eta(-\tau^{-1})^{3/N} = e\left(-\frac{3}{8N}\right) \tau^{3/N} \eta(\tau)^{3/N}$$

であるから，$M = \begin{pmatrix} 0 & -1 \\ 1 & 0 \end{pmatrix}$ に対して，$v_0(M) = e(-3/8N)$ であり，$v_0(M)^{1-N^2} = e(-3/8N + 3N/8)$.

以上のデータで命題の最初に変換公式を得るには十分なのではあるが，かなり微妙な計算なので，詳しく見てみよう．まず，$F_r(\tau)$ への M の作用は，$f_r(-\tau^{-1})/\eta(-\tau^{-1})^{3/N}$ に $\tau^{-(N-3)/2N}$ を掛け，さらに乗法因子を掛け，さらに定義でずらした定数を掛ける必要がある．乗法因子の部分は，$v_0(M)^{1-N^2}$ を掛けるのであったが，実際には

$$\eta(-\tau^{-1})^{-3/N} = v_0(M)^{-1} \tau^{-3/N} \eta(\tau)^{-3/N}$$

も掛けるのであるから，全体としては $v_0(M)^{-N^2} = e(3N/8)$ を掛けるという処理をする方が簡単である．また $f_r(-\tau^{-1})$ は既に求めたが，$F_r(\tau)$ は，表示を簡単にするために，これとは定数倍ずらしているので，その部分を F_r と F_t の方の両方で処理する必要があるのと，変換公式では $\left(\frac{\tau}{Ni}\right)^{1/2} = e(-1/8)\tau^{1/2}/\sqrt{N}$ も掛かっていることを考慮にいれて，前の変換公式から必要な量を計算すると，$\rho(M)F_r$ を F_t の線形結合で表す部分の最初の指数関数の部分の中身は

$$\frac{(N-1)(r-1)}{4N} - \frac{(N-1)(t-1)}{4N} + \frac{(t+1)(r-1)}{4N} + \frac{1}{4N} + \frac{3N}{8} - \frac{1}{8}$$
$$= \frac{tr}{4N} + \frac{r-t}{4} + \frac{3N-1}{8}$$

となる．2 項目の指数関数の中身は

$$\frac{(N-1)(r-1)}{4N} - \frac{(N-1)(t-1)}{4N} - \frac{(t+1)(r+1)}{4N} + \frac{r}{2N}$$
$$+ \frac{1}{4N} + \frac{3N}{8} - \frac{1}{8} = -\frac{rt}{4N} + \frac{r-t}{4} + \frac{3N-1}{8}$$

となる．しかしなるべく第 1 項と対称的に表示したいので，まず r, t が奇数だから，$e(2(r-t)/4) = 1$，つまり $e((r-t)/4) = e(-(r-t)/4)$ と書き換えてもよい．また N

が奇数より $e((6N-2)/8) = e((3N-1)/4) = e(-(N+1)/4) = (-1)^{(N+1)/2}$ だから，これを掛けておけば，$(3N-1)/8$ のところを $-(3N-1)/8$ に変えてもよい．以上で，命題の最初の式は証明された．その他の元については，たとえば $M = \begin{pmatrix} 1 & 1 \\ 0 & 1 \end{pmatrix}$ に対して，$v_0(M) = e(1/8N)$, $v_0(M)^{N^2} = e(N^2/8N)$ などより，直接計算によって容易に示される．最後に生成元に対する表現行列がユニタリー行列になっていることを示す．$\begin{pmatrix} 1 & 1 \\ 0 & 1 \end{pmatrix}$ については明らかである．$A = \rho\left(\begin{pmatrix} 0 & -1 \\ 1 & 0 \end{pmatrix}\right)$ とおく．すると $A^2 = \rho(-1_2) = (-1)^{(N+1)/2} 1_{(N-1)/2}$ であるから，$A^{-1} = (-1)^{(N+1)/2} A$. しかし A がユニタリー行列であるための必要十分条件は，$A^{-1} = {}^t\overline{A}$ ($\overline{*}$ は複素共役) であるから，${}^t\overline{A} = (-1)^{(N+1)/2} A$ を示せばよい．これは直接計算すれば，r, t：奇数に対して，$e((r-t)/2) = 1$, $e((r-t)/4) = e((t-r)/4)$ となることなどより，容易に証明される．よって全体もユニタリー表現である．■

もちろん実際上は，最初に変換公式を計算してみて，表示が単純に見えるように $F_r(\tau)$ の定義を調節したのであるが，ここでは天下り式に定義を与えてしまったので，かえって計算は複雑になったかもしれない．

さて，$F_t(\tau)$ 自身はもともと定義より q 展開をみれば容易にわかるように，どの t についても無限遠点で正則であるが，この変換公式より，$\rho(M)F_r(\tau)$ は $M \in SL_2(\mathbb{Z})$ がなんであっても F_t の線形結合であるから，やはり無限遠点で正則であることがわかり，よって，$\Gamma(N)$ のどのカスプでも正則である．よって，正則保型形式であることがわかる．よって前節の証明が完了する．

以下，前記の命題を，ユニタリー鏡映群 (unitary reflection group) に応用する．有限ユニタリー鏡映群 G というのは複素数体上の有限次元ベクトル空間に作用する有限群であって，生成元の固有値 1 の固有空間が超平面になるものをいう（残りの固有値は，ただひとつであり，これは G が有限群であることから，もちろん 1 のベキ根である）．このような群は G. C. Shephard と J. A. Todd により分類されている ([164]).

命題 6.4 は，たとえば $N = 5$ ならば，ウェイト $(N-3)/2N = 1/5$ の F_1, F_3 での $SL(2, \mathbb{Z})$ の作用を与え，この表現行列自身も $\rho(M)$ と書くことにして，$\zeta = e(\frac{1}{5})$ とおくと，

$$\rho\left(\begin{pmatrix} 0 & -1 \\ 1 & 0 \end{pmatrix}\right) = \frac{1}{\sqrt{5}}\begin{pmatrix} \zeta^4 - \zeta & \zeta^2 - \zeta^3 \\ \zeta^2 - \zeta^3 & \zeta - \zeta^4 \end{pmatrix},$$

$$\rho\left(\begin{pmatrix} 1 & 1 \\ 0 & 1 \end{pmatrix}\right) = \begin{pmatrix} \zeta^2 & 0 \\ 0 & \zeta^3 \end{pmatrix},$$

$$\rho\left(\begin{pmatrix} -1 & 0 \\ 0 & -1 \end{pmatrix}\right) = \begin{pmatrix} -1 & 0 \\ 0 & -1 \end{pmatrix}$$

となる. これらより,

$$\rho\left(\begin{pmatrix} 0 & -1 \\ 1 & -1 \end{pmatrix}\right) = \rho\left(\begin{pmatrix} 0 & -1 \\ 1 & 0 \end{pmatrix}\begin{pmatrix} 1 & -1 \\ 0 & 1 \end{pmatrix}\right) = \frac{1}{\sqrt{5}}\begin{pmatrix} \zeta^2 - \zeta^4 & \zeta^4 - 1 \\ 1 - \zeta & \zeta^3 - \zeta \end{pmatrix}$$

となる. よって,

$$S_1 = \rho\left(\begin{pmatrix} 0 & -1 \\ 1 & 0 \end{pmatrix}\right), \quad T_1 = \rho\left(\begin{pmatrix} 0 & -1 \\ 1 & -1 \end{pmatrix}\right)$$

とおけば, これらと $e(2\pi il/10)1_2$ (1_2 は2次単位行列, l は整数) で生成される群は, ユニタリー鏡映群 であり, Shephard and Todd の論文 (cf.[164] p.282) に No.16 と書かれている位数 600 の群 G_{600} になる (Shephard-Todd の解説はしないので, ここでは以上で与えられた群を G_{600} の定義とみなしてもよい). さらに詳しく, G_{600} と $SL_2(\mathbb{R})$ の5重被覆群との関係を見よう. $SL_2(\mathbb{R})$ の自明でない5重被覆群 $\widetilde{G}_5$ を考える. これは同型を除き一意的に定まり, 実現の仕方はいろいろありうるが, ここでは, 6.2 節で説明した実現を採用する. すなわち, $g = \begin{pmatrix} a & b \\ c & d \end{pmatrix} \in SL_2(\mathbb{R})$ と自然数 $1 \leq l \leq 5$ について, $c\tau + d = |c\tau + d|e^{ix_l}$, $2\pi(l-1) \leq x_l < 2\pi l$ として, $\mu_l(g,\tau) = |c\tau + d|^{1/5}e^{ix_l/5}$ とおく. 自明でない5重被覆群 $\widetilde{G}$ は次のように実現される.

$$\widetilde{G} = \{(g, \mu_l(g,\tau)); \ g \in SL_2(\mathbb{R}), \ 1 \leq l \leq 5\}.$$

ここで, 群構造は,

$$(g_1, \mu_{l_1}(g_1,\tau))(g_2, \mu_{l_2}(g_2,\tau)) = (g_1g_2, \mu_{l_1}(g_1, g_2\tau)\mu_{l_2}(g_2,\tau))$$

で入れる. $pr : \widetilde{G} \ni (g, \phi(g,z)) \to g \in SL_2(\mathbb{R})$ は被覆写像を与える. 上半平面上の関数 $f(\tau)$ と, $(g, \phi(g,z)) \in \widetilde{G}$ に対し, $f(\tau) \to f(g\tau)\phi(g,z)^{-1}$ なる写像は, $\widetilde{G}$ の作用を与えることは明らかである. さて, 前に述べたように, $M \in SL_2(\mathbb{Z})$ に対して, $J(M,\tau) = v_0(M)^{24}(c\tau+d)^{1/5}$ は保型因子であった. $v_0(M)^{40} = 1$ であるから,

$J(M,\tau)^5 = 1$ であり，$M \in SL_2(\mathbb{Z})$ に対して $(M, J(M,\tau))$ は $\widetilde{G}$ の元であるのは当然であるが，保型因子であることより，これは $SL_2(\mathbb{Z})$ と同型な $\widetilde{G}$ の部分群である．これを $\widetilde{\Gamma}$ と書き，$SL_2(\mathbb{Z})$ の正規部分群 $\Gamma(5)$ を，この同型を通じて自然に $\widetilde{\Gamma}$ の部分群とみなしたものを $\widetilde{\Gamma}(5)$ と書こう．上記の $\widetilde{G}$ の作用を，$pr^{-1}(SL_2(\mathbb{Z}))$ の作用に制限すると，この作用で，$F_1(\tau), F_3(\tau)$ で張られる線形空間 V は全体として不変である．また，$\widetilde{\Gamma}(5)$ の作用では，元ごとに不変である．よって，$\widetilde{\Gamma}/\widetilde{\Gamma}(5) \cong SL_2(\mathbb{Z})/\Gamma(5)$ が，V に作用する．この作用の行列はすでに与えた．これに (1 の 5 乗根) × (単位行列) の作用を追加して，$G_{600} \cong pr^{-1}(SL_2(\mathbb{Z})/\widetilde{\Gamma}(5))$ であることは明らかである．$pr^{-1}(SL_2(\mathbb{Z}))$ は $SL_2(\mathbb{Z})/\Gamma(5)$ の 5 重被覆群であるが，群構造から，この被覆は自明であり，5 次巡回群と $SL_2(\mathbb{Z})/\Gamma(5)$ の直積に同型になる．なお，$-1_2 \in SL_2(\mathbb{Z}) \cong \widetilde{\Gamma}$ の作用は -1 である点は注意しておく．G_{600} の不変式が，$F_1(\tau), F_3(\tau)$ の多項式で書けるのは（これらは $e(\tau)$ の位数を見れば明らかに代数的に独立であるから），上の作用の具体的な公式から当然であり，また，それぞれの 5 乗の多項式になっているのも明らかである．不変式の次数より，20 次と 30 次の 2 つの基本不変式が，$SL_2(\mathbb{Z})$ の乗法因子が自明の，重さ 4, 重さ 6 の保型形式になるのは容易に見てとれる．あとで，(6.3) で見るように，これらの保型形式の空間は 1 次元であるから，もちろん重さが 4, および 6 の正則アイゼンシュタイン級数 E_4, E_6 の定数倍になる（定数がいくつになるかは基本不変式のとり方によるが，いずれにせよフーリエ展開の定数項をみれば，この定数はきわめて容易に求められる）．

以下では，ついでに，$M \in \Gamma(N)$ について，$F_r(\tau)$ の乗法因子をデデキント和で書く公式を与えておく．デデキント和というのは，下に記述する $\log(\eta(\tau))$ の変換公式のうちの $\Phi(M)$ の部分に現れる量である．すなわち，次の公式が知られている．

$$\log(\eta(M(\tau))) = \log(\eta(\tau)) + \frac{1}{2}(\operatorname{sgn} c)^2 \log\left(\frac{c\tau + d}{i\operatorname{sgn}(c)}\right) + \frac{\pi i}{12}\Phi(M).$$

ここで，$\operatorname{sgn}(c)^2$ を含む項は $c = 0$ ならば 0 を意味するものとする．また，$\log(\eta(\tau))$ は分岐を（どれでもよいから）ひとつ固定して考えている．その他の $\log$ は主値であり，$\Phi(M)$ の定義は，$M \in SL_2(\mathbb{Z})$ に対して，

$$\Phi(M) = \begin{cases} \frac{b}{d} & c = 0 \text{ の場合,} \\ \frac{a+d}{c} - 12\operatorname{sgn}(c)s(d,|c|) & c \neq 0 \text{ の場合.} \end{cases}$$

ただし，$s(d,|c|)$ はデデキント和と呼ばれる量で，整数 h, k ($k \neq 0$) に対し

$$s(h,k) = \sum_{\mu=1}^{k}\left(\!\!\left(\frac{h\mu}{k}\right)\!\!\right)\left(\!\!\left(\frac{\mu}{k}\right)\!\!\right)$$

と定義される．ここで，

$$((x)) = \begin{cases} x - [x] - \frac{1}{2} & x \text{ は整数ではない場合,} \\ 0 & x \in \mathbb{Z} \text{ の場合.} \end{cases}$$

以上で，$\Phi(M)$ は，整数値をとることが知られている．この変換公式と前の結果をあわせると，$\theta_m(N\tau)/\eta(\tau)^{3/N}$ の乗法因子の公式は，$M \in \Gamma(N)$ に対して，次のように書ける．

$$v(M) = \begin{cases} 1 & c = 0 \text{ のとき,} \\ e(-\frac{(\text{sgn } c) \cdot 3(N^2-1)}{8N})e(\frac{N^2-1}{8N}\Phi(M)). & c \neq 0 \text{ のとき.} \end{cases}$$

実際には，$\Phi(M)$ の代わりに，

$$\Psi(M) = \Phi(M) - 3\,\text{sgn}(c(a+d)).$$

とおくと，これは $SL_2(\mathbb{Z})$ 共役で不変な関数であることが知られている．以上の証明は，Rademacher and Grosswald [147] p.58, Lemma 7 などを参照されたい．そこでは $SL_2(\mathbb{Z})$ の生成元で M を表示したときには，$\Psi(M)$ の非常に具体的な公式が与えられている．

例．$M = \begin{pmatrix} 1 & 0 \\ N & 1 \end{pmatrix}$ ならば，

$$s(1, N) = -\frac{1}{4} + \frac{1}{6N} + \frac{N}{12} = \frac{(N-1)(N-2)}{12N}$$

が知られているので (cf [147] p.5),

$$v(M) = e\left(-\frac{3(N^2-1)}{8N}\right)e\left(\frac{N^2-1}{8N} \times \left(\frac{2}{N} - \frac{(N-1)(N-2)}{N}\right)\right)$$
$$= e\left(-\frac{N^2-1}{8}\right) = 1.$$

あるいは，$\Gamma(N)$ のカスプはみな $SL_2(\mathbb{Z})$ 共役であるが，

$$\Psi\begin{pmatrix} 1 & N \\ 0 & 1 \end{pmatrix} = N$$

よって，一般に $\text{Tr}(M) = 2$, $c \neq 0$ の $M \in \Gamma(N)$ をとると $\Psi(M) = N$, すなわち，$\Phi(M) = N + 3\,\text{sgn}(c)$ となる．ゆえに

$$v(M) = e\left(\frac{N^2-1}{8}\right) = 1.$$

すなわち，放物元ではすべて 1 になる乗法因子である．すなわち，Petersson のいうところの，不分岐な乗法因子である (cf. Petersson [144] III, p.538).

注意 1: 乗法因子をどうとってもよいのならば，$SL_2(\mathbb{Z})$ のどんな分数ウェイト r の保型形式でも存在する．たとえば，$\eta(\tau)^{2r}$ とすればよい．

注意 2: デデキント和の指数関数というのはあまりわかりやすい数とは言えないので，たとえば $\Gamma(5)$ の乗法因子のもっと易しい表示が期待できないか気になるところであるが，よくわからない．また，われわれの乗法因子自身になにか深い数論的な意味があるのかどうかは，よくわからない．

注意 3: $N = p \geq 5$ を素数とすると，ここで構成したウェイト $(p-3)/2p$ の保型形式の張る $(p-1)/2$ 次元のベクトル空間上，$SL_2(\mathbb{Z}/p\mathbb{Z})$ が作用している．この作用 ρ は，既約である．これは，よく知られた有限群論の結果で，$SL_2(\mathbb{Z}/p\mathbb{Z})$ の既約表現の次数が，$1, (p\pm 1)/2, p\pm 1, p$ のみであることによる（たとえば [66] を参照されたい）．

5. 分数ウェイトの保型形式のなす環

5.1 保型形式の次元公式

重さが十分大きければ，分数ウェイトでも，（乗法因子の，楕円元やベキ単元での値がある程度わかっていれば）保型形式の次元公式を Riemann Roch の定理により求めることができる．われわれのあつかった $\Gamma(N)$ (N: 奇数, $N > 3$) の重さ $(N-3)/2N$ の乗法因子 $v_N(M)$ について，保型因子 $v_N(M)^k(c\tau+d)^{k(N-3)/2N}$ を持つ正則保型形式の空間 $A_{k(N-3)/2N}(\Gamma(N))$ を考えよう．Riemann Roch の定理を用いて，k が大きいときにこの空間の次元を求める．ただし，ここでは一般論はあつかわないで，われわれの場合のみ考えてみよう．Riemann Roch の定理を証明なしに引用する（証明については，たとえば，岩澤健吉 [102] の第 2 章を参照されたい）．

$\mathcal{R}$ を種数が g のコンパクトリーマン面とする．A を $\mathcal{R}$ の任意の因子，つまり $\mathcal{R}$ の有限個の点 P と整数 n_P に対して，$A = \sum_P n_P P$ となるものとする．$\deg(A) = \sum_P n_P$ とおいて，これを A の次数という．W を $\mathcal{R}$ の微分で決まる因子（標準因子）とする．$K(\mathcal{R})$ を $\mathcal{R}$ の有理関数体とし，$f \in K(\mathcal{R})^\times$ に対して，$\mathrm{div}(f)$ で f のゼロ点と極で決まる因子，すなわち $\mathrm{div}(f) = \sum_{f(P)=0} P - \sum_{Q \text{ は極}} Q$ とする．$L(A) = \{f \in K(\mathcal{R}); \mathrm{div}(f) + A \geq 0\}$, $l(A) = \dim_\mathbb{C} L(A)$ と書く．

6.5 [定理] (Riemann-Roch の定理) 任意の因子 A について，次の関係式が成立する．

$$l(A) = \deg(A) - g + 1 + l(W - A).$$

特に，$l(W) = g$, $\deg(W) = 2g - 2$ である．また $l(0) = 1$ であり，$\deg(A) < 0$ ならば $l(A) = 0$ である．

この応用として次の定理が得られる．証明は後述する．

6.6 [定理]　N が奇数で $N > 3$ とし，k を $k > 4(N-6)/(N-3)$ となる整数とすると，
$$\dim A_{k(N-3)/2N}(\Gamma(N)) = \frac{k(N-3)N^2}{48} \prod_{p|N} \left(1 - \frac{1}{p^2}\right) - \frac{N^2(N-6)}{24} \prod_{p|N} \left(1 - \frac{1}{p^2}\right)$$
である．

例：
$$\dim A_{k/5}(\Gamma(5)) = k + 1, \ k \geq 0,$$
$$\dim A_{2k/7}(\Gamma(7)) = 4k - 2, \ k \geq 2,$$
$$\dim A_{k/3}(\Gamma(9)) = 9k - 9, \ k \geq 3,$$
$$\dim A_{4k/11}(\Gamma(11)) = 20k - 25, \ k \geq 3,$$
$$\dim A_{5k/13}(\Gamma(13)) = 35k - 49, \ k \geq 3.$$

ただし，後で見るように，$N = 7, N = 9$ については $k = 1, 2$ での次元もわかり，$\dim A_{2/7}(\Gamma(7)) = 3$, $\dim A_{1/3}(\Gamma(9)) = 4$, $\dim A_{2/3}(\Gamma(9)) = 10$ である．その値は上の公式に k を代入したものとは異なっている．

注意：$k = 4$ ならば，上の公式から，任意の奇数 $N > 3$ で次元は
$$\dim A_{2(N-3)/N}(\Gamma(N)) = \frac{N^3}{24} \prod_{p|N} \left(1 - \frac{1}{p^2}\right)$$
である．一方で，構成した $(N-1)/2$ 個のウェイト $(N-3)/2N$ の保型形式の形式的な 4 次式は重複組合せを計算して，全部で
$$\binom{\frac{N-1}{2} + 4 - 1}{4} = \binom{\frac{N+5}{2}}{4} = \frac{(N+5)(N+3)(N+1)(N-1)}{16 \cdot 24}$$
通りの組み合わせがある．よって，$N = p$ (p は素数) とすると，これらの差をみれば，少なくとも
$$\frac{(p+1)(p-1)(p-3)(p-5)}{24 \cdot 16}$$
通りのテータ関数の間の（線形独立な）関係式が存在することになる

定理 6.6 の証明 前に示した構成により,
$$\dim A_{(N-3)/2N}(\Gamma(N)) \geq \frac{N-1}{2} > 1$$
であるから,任意の整数 k について,$\dim A_{k(N-3)/2N}(\Gamma(N)) \geq 1$ でもある.以下 k を固定して,記号を簡単にするために $\kappa = k(N-3)/2N$ とおく.$0 \neq F \in A_\kappa(\Gamma(N))$ をひとつ固定する.定義より明らかに

$$A_\kappa(\Gamma(N)) = \{fF; f \text{ は } \Gamma(N) \text{ の有理型保形関数で } fF \text{ はカスプを込めて正則}\}$$

となる.有理型保形関数というのは,上半平面上の有理型関数で,$\Gamma(N)$ で不変であり,また各カスプでも有理型,つまりカスプでの展開の負ベキの項が高々有限個しかないもののことである.この f はコンパクトリーマン面 $\mathcal{R} = H^*/\Gamma(N)$ (H^* は上半平面 H にカスプを付け加えたもの) の有理型関数とみなせるから,上の条件を $\mathcal{R}$ 上の因子 $\mathrm{div}(f)$ の条件に置き換えたい.このため,$\mathcal{R}$ の局所座標について復習しておこう.$N \geq 3$ という仮定の下では $\Gamma(N)$ には楕円元 (有限位数の元) は存在しないから上半平面上の点 τ_0 から来る $\mathcal{R}$ の点 P では,局所座標はたとえば $(\tau - \tau_0)/(\tau - \overline{\tau_0})$ ととればよい.各カスプ x におけるリーマン面の局所座標は次のように定義されている.$x = \sigma(i\infty)$ となる $\sigma \in SL_2(\mathbb{Z})$ がとれる.Γ_x を $\Gamma(N)$ 内の x を固定する元全体のなす群とすると,$\sigma^{-1}\Gamma_x\sigma \cdot \{\pm 1\} = \left\{ \pm \begin{pmatrix} 1 & mh \\ 0 & 1 \end{pmatrix}; m \in \mathbb{Z} \right\}$ となるような正の定数 h が存在する.このとき,x での局所座標を $e^{2\pi i\tau/h}$ と定義している.点 $P \in \mathcal{R}$ の局所座標による f のローラン展開の最小位数を $\nu_P(f)$ と書けば,定義により $\mathrm{div}(f) = \sum_{P \in \mathcal{R}} \nu_P(f)$ である.一般に,$\Gamma(N)$ の重さ κ の有理型保型形式 F を考える.保型因子はどこでもゼロにならないから,F の上半平面上の点での普通の意味でのローラン展開に現れる最小の次数は,点の Γ 同値類のみによっている.さて,今の設定では,乗法因子は $\Gamma(N)$ だけではなくて,$SL_2(\mathbb{Z})$ まで延ばせるのであった.よって,前と同様,$M = \begin{pmatrix} a & b \\ c & d \end{pmatrix} \in SL_2(\mathbb{Z})$ に対して,$J(M,\tau) = v_0(M)^{N^2-1}(c\tau + d)^{(N-3)/2N}$ とおき,

$$(f|_{J^k}[M])(\tau) = f(M\tau)J(M,\tau)^{-k}$$

とおけば,これは $SL_2(\mathbb{Z})$ の作用である.カスプ x での展開は $f|_{J^k}[\sigma]$ の $i\infty$ での展開で考えればよい.しかし,$M_x \in \Gamma_x$ を $M_x\sigma = \sigma\begin{pmatrix} 1 & h \\ 0 & 1 \end{pmatrix}$ となる Γ_x の元とすれば,

$$f|_{J^k}[M_x]|_{J^k}[\sigma] = (f|_{J^k}[\sigma])|_{J^k}\begin{pmatrix} 1 & h \\ 0 & 1 \end{pmatrix} = (f|_{J^k}[\sigma])(\tau + h)$$

であるが，定義により $f|_{J^k}[M_x] = f$ であるから，$f|_{J^k}[\sigma]$ は $\tau \to \tau+h$ で不変であり，$e^{2\pi i\tau/h}$ で展開されている．よって，重さ κ の有理型保型形式 g についても，$\mathcal{R}$ と同じ局所座標を用いて，$\mathcal{R}$ の因子 $\mathrm{div}(g)$ を整数係数の因子として定義できる（一般には分数係数ででてくる方が普通である）．よって fF が正則というのは $\mathrm{div}(fF)$ が因子として非負（各係数が正またはゼロ）ということと同値であり，この条件は $\mathrm{div}(f) + \mathrm{div}(F) \geq 0$ と書いても同じである．次に $\mathrm{div}(F)$ を求める．このために $c\kappa$ が整数でかつ偶数となるような N の倍数 c をひとつ固定する．すると，前に示したように，今とっている $\Gamma(N)$ の保型因子の乗法因子の N 乗は1であり，$\omega = F^c(d\tau)^{c\kappa/2}$ は，$\Gamma(N)$ 不変な $c\kappa/2$ 次の微分である．これは $\mathcal{R}$ 上の $c\kappa/2$ 次の（有理型）微分とみなせるが，このような微分は $K(\mathcal{R})$ 上1次元であるから，$\mathrm{div}(\omega) = (c\kappa/2)\mathrm{div}(\omega_1)$（$\omega_1$ は1次微分）となる．$\tau \in H_1$ で $\nu_P(d\tau) = 0$，カスプ P では $\nu_P(d\tau) = -1$ とみなせるから，$\Gamma(N)$ のカスプの個数を $\mu(N)$ として $\deg(\mathrm{div}(\omega)) = \deg(\mathrm{div}(F^c)) - \mu(N)c\kappa/2$ である．一方，$\deg(\mathrm{div}(\omega)) = (c\kappa/2) \times (2g-2) = c\kappa(g-1)$ となる．ゆえに，

$$\deg(\mathrm{div}(F)) = \kappa(g-1) + \frac{\kappa}{2}\mu(N).$$

また $\deg(\mathrm{div}(F)) > 2g-2$ ならば，$\deg(W - \mathrm{div}(F)) < 0$ となるから，Riemann Roch の定理により，

$$l(\mathrm{div}(F)) = \deg(\mathrm{div}(F)) - g + 1 = (\kappa-1)(g-1) + \frac{\kappa}{2}\mu(N)$$

ここで，

$$g = \frac{N^3}{24}\prod_{p|N}\left(1 - \frac{1}{p^2}\right) - \frac{N^2}{4}\prod_{p|N}\left(1 - \frac{1}{p^2}\right) + 1,$$

$$\mu(N) = \frac{N^2}{2}\prod_{p|N}\left(1 - \frac{1}{p^2}\right)$$

がよく知られている（[166]）．また $\deg(\mathrm{div}(F)) > 2g-2$ が成立するような k の条件は，

$$\frac{k(N-3)}{2N}\left(g - 1 + \frac{\mu(N)}{2}\right) > 2g-2$$

であって，これに g と $\mu(N)/2$ の公式を代入すると，

$$k > \frac{4(N-6)}{N-3}$$

という条件であり，このような k に対して，定理の結果を得る．

少し説明が重複するが，以上の計算法を少し振り返って，他の場合も考えてみよう．Γ を適当な第 1 種フックス群，つまり $SL_2(\mathbb{R})$ の離散部分群で $\mathrm{vol}(\Gamma\backslash H_1)$ が体積有限のものとする．Γ の $PSL_2(\mathbb{R})$ への像を $\overline{\Gamma}$ と書く．κ を有理数として，F をウェイト κ の有理型保型形式とする．そもそもこのような有理型保型形式の存在は，Riemann-Roch の定理を適用する際の前提であって，この存在が何らかの方法でわかっている場合にのみ以下の議論は有効である．さて，この F と同じ保型因子を持つ正則保型形式の次元を求めるには $\mathrm{div}(fF) \geq 0$ なる保形関数の次元を求めればよいのであるが，この方法を再度説明する．$\mathrm{div}(F)$ の定義を再度述べよう．$\Gamma \backslash H_1$ のコンパクト化を R とするとき，$P \in R$ が $\tau_0 \in H_1$ と対応するとき，$\overline{\Gamma}_{\tau_0} = \{\gamma \in \overline{\Gamma}; \gamma\tau_0 = \tau_0\}$ とおき，$e = e(\tau_0) = |\overline{\Gamma}_{\tau_0}|$ とする．リーマン面上の P での局所座標は $t = ((\tau - \tau_0)/(\tau - \overline{\tau_0}))^e$ で与えられる．このとき，

$$\nu_P(F) = \frac{\nu_{\tau-\tau_0}(F)}{e}$$

とおく．ただし，$\nu_{\tau-\tau_0}$ は F を $\tau - \tau_0$ でローラン展開したときの位数である．$e > 1$ となる点 z_0 を Γ の楕円点，また ± 1 以外の有限位数の Γ の元を楕円元という．また，$P \in R$ がカスプ $s \in \mathbb{R} \cup \{\infty\}$ と対応するときは，$\rho(i\infty) = s$ として，s の Γ 内での固定群を Γ_s と書き，

$$\rho^{-1}\Gamma_s\rho \cdot \{\pm 1\} = \left\{\pm \begin{pmatrix} 1 & mh \\ 0 & 1 \end{pmatrix}; m \in \mathbb{Z}\right\}$$

とおくと，P での局所座標は $e^{2\pi i\tau/h}$ である．このとき，$F(\rho\tau)(c\tau + d)^{-\kappa} = F_0(\tau)$ とおくと，$F_0(\tau + h) = e^{2\pi i\epsilon}F_0(\tau)$ となる．ここで $\epsilon \in \mathbb{R}$ は乗法因子によって決まり，$0 \leq \epsilon < 1$ としておいてよい．このとき，$F_0(\tau) = e^{2\pi i\epsilon\tau/h}\Phi(q)$，ただし $q = e^{2\pi i\tau/h}$，$\Phi(w)$ は有理型関数と書ける．ここで

$$\nu_P(F) = \epsilon + \nu_q(\Phi)$$

とおく．ただし，$\nu_q(\Phi)$ は $\Phi(q)$ の q についてのローラン展開の位数である．以上によって

$$\mathrm{div}(F) = \sum_{P \in R} \nu_P(F) P$$

とおけば，これは R の $\mathbb{R}$ 係数の因子であるが，整数係数の因子になるかどうかはわからない．ここで

$$[\mathrm{div}(F)] = \sum_{P \in R} [\nu_P(F)] P$$

(ただし $[x]$ はガウス記号,つまり x を超えない最大の整数)とおく.f を Γ の保型関数とすると,fF が正則のための条件は $\mathrm{div}(f) + \mathrm{div}(F) \geq 0$ (つまりすべての係数が正)であるが,$\mathrm{div}(f)$ はリーマン面上の有理関数の因子だから,整数係数であり,上の条件は,$\mathrm{div}(f) \geq -[\mathrm{div}(F)]$ といっても同じである.特にウェイト κ の保型形式の空間の次元は $l([\mathrm{div}(F)])$ である.さて,$[\mathrm{div}(F)]$ を求める方法が問題である.もし F が具体的に与えられているのならば,それから直接計算してしまう手もある.しかし通常はこれは面倒である.よって,別の方法を考える.適当な自然数 c で,F^c が偶数ウェイト $2c_0$ の乗法因子の自明な保型形式とすると $\omega = F^c(d\tau)^{c_0}$ は R 上の c_0 次微分形式であり,$\deg(\mathrm{div}(\omega)) = c_0(2g-2)$ は明らかである.一方,局所座標をよく見ることにより,

$$\mathrm{div}(F^c) = \mathrm{div}(\omega) + c_0 \left(\sum_{P:elliptic} \left(1 - \frac{1}{e}\right)P + \sum_{Q:cusp} Q \right)$$

である.ただし,右辺の和は楕円点,およびカスプに対応する点の Γ 同値類での和であり,e は楕円点の位数である.よって,

$$\mathrm{div}(F) = \frac{1}{c}\mathrm{div}(F^c) = \frac{1}{c}\left(\mathrm{div}(\omega) + c_0 \left(\sum_{P:elliptic} \left(1 - \frac{1}{e}\right)P + \sum_{Q:cusp} Q) \right) \right)$$

である.$\mathrm{div}(\omega)$ が具体的にわからなければ,$\mathrm{div}(F)$ も因子としては具体的にはわからない.しかし,$\deg([\mathrm{div}(F)]$ がわかり,かつ $\deg([\mathrm{div}(F)]) > 2g-2$ ならば $l(W - [\mathrm{div}(F)]) = 0$ より,$l([\mathrm{div}(F)]) = \deg([\mathrm{div}(F)]) - genus(\Gamma) + 1$ ($genus(\Gamma)$ は R の種数)であるから,次元は計算できることになる.一般には $\deg(\mathrm{div}(F))$ と $\deg([\mathrm{div}(F)])$ はもちろん異なっている.ここは微妙であり,保型因子にかなり依る.もしも以前にとりあつかった特殊な分数ウェイトのときのように $\mathrm{div}(F) = [\mathrm{div}(F)]$ がわかっていたりすると,$\deg([\mathrm{div}(F)]) = \deg(\mathrm{div}(F^c))/c$ をいきなり上の関係式から計算して求めればよいから,楽である.しかしこのようなことはめったにない.たとえば通常の偶数ウェイトの保型形式でも,楕円点があれば,その部分の処理を正確に考える必要が生じる.このような適用の際の細かい考察は他の本にゆずる(たとえば Shimura [166]).

ここでは少し異なる方向について考えてみたい.今 $\Gamma \subset SL_2(\mathbb{Z})$ と仮定しよう.Γ の標準因子は主類(保型関数の因子)のずれを除いてしか決まらないが,これを具体的に一つ書いてみよう.$SL_2(\mathbb{Z})$ の楕円点の Γ 同値類の代表元は $i = e^{\pi/2}$ と $e^{2\pi i/3}$ で,それぞれ位数は 2 と 3 である.さて,$F = E_6/E_4$ (E_4, E_6 はウェイトがそれぞれ 4 と 6 のアイゼンシュタイン級数)とする.E_4, E_6 はともにカスプではゼロにならず,H_1 内

では E_4 は $\tau = e^{2\pi i/3} = \omega_3$ と $SL_2(\mathbb{Z})$ 同値な点でのみ位数 1 のゼロ, その他の点では消えない. E_6 は $\tau = e^{2\pi i/4} = i$ と $SL_2(\mathbb{Z})$ 同値な点でのみ 1 位のゼロであり, 他ではゼロでないことが知られている (証明は, たとえば $J(\tau) = E_4(\tau)^3/(E_4(\tau)^3 - E_6(\tau)^3)$ とおくとき, $J(\tau)$ が $SL_2(\mathbb{Z}) \backslash H_1 \cap \{\infty\} \cong P^1(\mathbb{C})$ から $P^1(\mathbb{C})$ への 1 対 1 写像を与えていることからわかるが, 詳細は略す). よって, たとえば $SL_2(\mathbb{Z})$ で, 因子を考えると

$$\mathrm{div}(F) = \frac{1}{2}P_i - \frac{1}{3}P_{\omega_3}$$

などとなる. ただし, P_τ は $\tau \in H_1$ に対応する点である. 以上より, 正の整数 l について, F^l を考えれば, $SL_2(\mathbb{Z})$ のウェイト $2l$ ($l \in Z_{\geq 1}$) の保型形式の次元は, $g(SL_2(\mathbb{Z})) = 0$ などより

$$\left[\frac{l}{2}\right] + \left[-\frac{l}{3}\right] + 1 = \left[\frac{l}{2}\right] - \left[\frac{l}{3}\right] + \begin{cases} 1 & l \equiv 0 \bmod 3 \text{ のとき}, \\ 0 & l \not\equiv 0 \bmod 3 \text{ のとき} \end{cases}$$

で与えられることがわかる. これは普通よく書かれている次元公式

$$\dim A_k(SL(2,\mathbb{Z})) = \begin{cases} \left[\dfrac{k}{12}\right] & k \equiv 2 \bmod 12 \text{ のとき}, \\ \left[\dfrac{k}{12}\right] + 1 & \text{それ以外の偶数の } k \text{ のとき}, \\ 0 & k \text{ が奇数のとき} \end{cases} \tag{6.3}$$

ともちろん一致している.

さて, $\mathrm{div}(F)$ なる概念は, 関数 F だけではなくて, もちろん群にもよっている. よって $SL(2,\mathbb{Z})$ の指数有限の部分群 Γ ではどうなるかを考えてみよう. そのためには $SL_2(\mathbb{Z})$ の楕円点が Γ でどのように分解するかを見なければならない. 以下, 簡単のために, $\pm 1_2 \in \Gamma$ とする. $SL_2(\mathbb{Z})$ の楕円点 τ_0 に対して, 固定群 Γ_{τ_0} を考えて, 両側傍系 (ダブルコセット)

$$\Gamma \backslash SL_2(\mathbb{Z}) / \Gamma_{\tau_0}$$

を考える.

6.7 [補題]　　$SL_2(\mathbb{Z})$ の楕円点 $\tau_0 \in H_1$ を一つ固定する.
(1) $SL_2(\mathbb{Z})\tau_0$ の点を Γ 同値類に分けると, 各同値類は $\Gamma \backslash SL_2(\mathbb{Z})/\Gamma_{\tau_0}$ の元と 1 対 1 に対応する.
(2) $\gamma \in SL_2(\mathbb{Z})$ に対して, $\gamma \tau_0$ が Γ の楕円点であるための必要十分条件は, $\Gamma \gamma \Gamma_{\tau_0} = \Gamma \gamma$

である．また $\gamma\tau_0$ が Γ の楕円点でなければ $\Gamma\backslash\Gamma\gamma\Gamma_{\tau_0}$ はちょうど $|\Gamma_{\tau_0}|$ 個の Γ コセットからなる．

証明 (1) $\gamma \in \Gamma$, $\gamma_1, \gamma_2 \in SL_2(\mathbb{Z})$ について，$\gamma_1\tau_0 = \gamma\gamma_2\tau_0$ と仮定すると $\gamma_1^{-1}\gamma\gamma_2 \in \Gamma_{\tau_0}$ だから，$\Gamma\gamma_1\Gamma_{\tau_0} = \Gamma\gamma_2\Gamma_{\tau_0}$．逆も正しい．よって示された．(2) $\Gamma_{\tau_0}/\pm 1$ は，2次または3次の巡回群である．よって，$\Gamma_{\tau_0} \cap \gamma^{-1}\Gamma\gamma$ は $\{\pm 1\}$ または Γ_{τ_0} であり，後者が $\gamma\tau_0$ が Γ の楕円点であるための必要十分条件である．しかし $[\Gamma\gamma\Gamma_{\tau_0} : \Gamma] = [\Gamma_{\tau_0} : \Gamma_{\tau_0} \cap \gamma^{-1}\Gamma\gamma]$ が容易にわかるから，補題の主張を得る． ∎

特に Γ の位数 e の楕円点の個数を ν_e とする．今 $SL_2(\mathbb{Z}) = \cup_\gamma \Gamma\gamma\Gamma_{\tau_0}$ (disjoint) と分解しておくと，ダブルコセットの内で，Γ の楕円点と対応する物が ν_e 個であり，これらについては Γ の単独のコセットになるから，$\Gamma\backslash SL_2(\mathbb{Z})$ のなかで，楕円元以外と対応するダブルコセットの Γ コセットの数は $[SL_2(\mathbb{Z}) : \Gamma] - \nu_e$．しかし，この場合のダブルコセットは e 個の Γ コセットからなるから，その総数，つまり τ_0 と $SL_2(\mathbb{Z})$ 同値な Γ の非楕円点の個数は

$$\frac{1}{e}\left([SL_2(\mathbb{Z}) : \Gamma] - \nu_e\right)$$

である．ここで，Γ において E_6/E_4 の因子を求めると

$$\mathrm{div}\left(\frac{E_6}{E_4}\right) = \sum_{P \in \mathcal{P}_1} P + \frac{1}{2}\sum_{P \in \mathcal{P}_2} P - \sum_{P \in \mathcal{P}_3} P - \frac{1}{3}\sum_{P \in \mathcal{P}_4} P$$

となる．ただし，

$\mathcal{P}_1 = i$ と $SL_2(\mathbb{Z})$ 同値な Γ の非楕円点の Γ 同値類，

$\mathcal{P}_2 = i$ と $SL_2(\mathbb{Z})$ 同値な Γ の楕円点の Γ 同値類，

$\mathcal{P}_3 = e^{2\pi i/3}$ と $SL_2(\mathbb{Z})$ 同値な Γ の非楕円点の Γ 同値類，

$\mathcal{P}_4 = e^{2\pi i/3}$ と $SL_2(\mathbb{Z})$ 同値な Γ の楕円点の Γ 同値類

である．よって

$$\left[\mathrm{div}\left(\frac{E_6}{E_4}\right)\right] = \sum_{P \in \mathcal{P}_1} P - \sum_{P \in \mathcal{P}_3 \cup \mathcal{P}_4} P.$$

ゆえに $\mu = [SL_2(\mathbb{Z}) : \Gamma]$ として，k が自然数なら

$$\deg\left(\left[\mathrm{div}\left(\left(\frac{E_4}{E_6}\right)^k\right)\right]\right) = \frac{k}{2}(\mu - \nu_2) - \frac{k}{3}(\mu - \nu_3) - k\nu_3. \tag{6.4}$$

また，$\mathcal{C}$ で Γ のカスプの同値類を表すと，$\mathcal{R}$ の標準因子 W は，楕円点では $\nu_t(d\tau) = -(1-1/e)$，またカスプ Q に対して，$\nu_Q(d\tau) = -1$ が $d\tau/dt$ の計算などにより簡単にわかるので，

$$\begin{aligned} W &= -\frac{1}{2}\sum_{P \in \mathcal{P}_2} P - \frac{2}{3}\sum_{P \in \mathcal{P}_4} P - \sum_{P \in \mathcal{C}} P \\ &\quad + \sum_{P \in \mathcal{P}_1} P + \frac{1}{2}\sum_{P \in \mathcal{P}_2} P - \sum_{P \in \mathcal{P}_3} P - \frac{1}{3}\sum_{P \in \mathcal{P}_4} P \\ &= \sum_{P \in \mathcal{P}_1} P - \sum_{P \in \mathcal{P}_3 \cup \mathcal{P}_4} P - \sum_{P \in \mathcal{C}} P. \end{aligned}$$

よって，特に Γ のカスプの同値類の個数を ν_∞ とすると

$$\begin{aligned} \deg(W) &= \frac{1}{2}(\mu - \nu_2) - \frac{1}{3}(\mu - \nu_3) - \nu_3 - \nu_\infty \\ &= \frac{1}{6}\mu - \frac{1}{2}\nu_2 - \frac{2}{3}\nu_3 - \nu_\infty \\ &= 2g - 2 \end{aligned}$$

これは $\Gamma \backslash H^*$ の種数 g を与える公式とも思える．以上に関連する内容の，より一般的な解説は [166] などを参照されたい．

6.8 [練習問題] (6.4) を用いて，ウェイトが 2 以上の偶数のときに，$A_k(\Gamma)$ の公式を求めよ（ヒント：$f(E_6/E_4)^k$ が正則になるような有理型保型形式 f の次元を Riemann Roch の定理により求めればよい．カスプを込めて正則という条件から，カスプの個数が必要になることには注意せよ．

ちなみに奇数ウェイトの保型形式の次元公式は，$-1 \notin \Gamma$ のときには，もしカスプ κ の固定群が $\left(-\begin{pmatrix} 1 & h \\ 0 & 1 \end{pmatrix}\right)^m$ ($m \in \mathbb{Z}$) と共役になっているときは，もう少し複雑になる．これは大ざっぱに言って，$\kappa = L(i\infty)$ ($L \in SL_2(\mathbb{R})$)，$f_\kappa = f|_k L$ としたときに $f_\kappa(\tau + h) = -f_\kappa(\tau)$ となることから，カスプでの局所座標と保型形式でのフーリエ展開がずれるためである．このようなカスプを irregular cusp と呼ぶ．

さて，今まで $\deg([\mathrm{div}(F)]) > 2g - 2$ となる場合のみ考えてきたが，実際にはそのような条件が成り立たないこともあり，その場合は難しい．一つ例を挙げる．p を素数として，η^2 と同じ乗法因子 v を持つ $\Gamma_0(p)$ のウェイト 1 の正則保型形式の空間 $A_1(p,v)$ を考えよう．この場合は保型形式はたとえば η^2 がそうであるから，η^2 の因子を計算してみよう．η^2 は H_1 では正則でゼロ点も全くないから，カスプのみにゼロ

を持つ. $\Gamma_0(p)$ のカスプの代表は $i\infty$ と 0 である. $\tau \to -1/p\tau$ なる変換は $\eta(-\tau^{-1})$ と $\tau \to p\tau$ の組み合わせで得られるから, $i\infty$ と 0 でのフーリエ展開を考えて, P_∞, P_0 で ∞, 0 に対応するリーマン面上の点を表すとき

$$\operatorname{div}(\eta^2) = \frac{1}{12}P_\infty + \frac{p}{12}P_0$$

は明らかである. ここで

$$[\operatorname{div}(\eta^2)] = \left[\frac{p}{12}\right]P_0$$

であるから, $\deg([\operatorname{div}(\eta^2)]) = \left[\frac{p}{12}\right]$ であり, これは一般に $2g-2$ よりも小さい. よって, Riemann Roch の定理からは,

$$\dim A_1(p, v) = \left[\frac{p}{12}\right] - g + 1 + l(W - [\operatorname{div}(\eta^2)])$$

しかでない. しかし今の場合は実は P_0 はリーマン面の Weierstrass 点ではないことが知られている (cf. Ogg [141], Rohrlich [154] および Atkin [15] などによる). リーマン面の Weierstrass 点というのは次のようなものである. 今 P をコンパクトリーマン面上の点とし, $l(kP)$ $(k=0,1,2,\ldots)$ を考える. $k \geq 2g-1$ ならば $l(W-kP)=0$ であるから $l(kP) = k-g+1$ になる. 特に, $k \geq 2g-1$ ならば k が 1 増えるたびに次元は 1 増えてゆく. ところで, $l(0)=1$ であるから,

$$l(0) \leq l(P) \leq \cdots \leq l(gP) \leq \cdots \leq l((2g-1)P) = g \leq l(2gP) = g+1 \leq \cdots$$

となる. もし $l((k-1)P) = l(kP)$ ならば, P で「ちょうど k 位の極を持ち, 他の点で正則」という関数が存在しないことになる. このような k を Weierstrass gap という. 上の不等式から考えて, ひとつの P に対して, gap は $1 \leq k \leq 2g-1$ の部分に, ちょうど g 個存在しなければならない. この gap は, 有限個の P を除いて, $k=1$, $2, \ldots, g$ に現れる. この場合に P は Weierstrass 点ではないという. これが成立しない例外的な点が Weierstrass 点である (たとえば [102] や [57] を参照されたい).

今, P_0 が Weierstrass 点でないという事実を用いると, Weierstrass 点の定義により, $1 = l(0) = l(P_0) = l(2P_0) = \cdots = l(gP_0)$ かつ $n \geq g$ ならば $l(nP_0) = n-g+1$ となる. しかし, よく知られているように

$$g = \begin{cases} \dfrac{p-13}{12} & p \equiv 1 \bmod 12 \\[4pt] \dfrac{p-5}{12} & p \equiv 5 \bmod 12 \\[4pt] \dfrac{p-7}{12} & p \equiv 7 \bmod 12 \\[4pt] \dfrac{p+1}{12} & p \equiv 11 \bmod 12 \end{cases}$$

(たとえば [166]) であるから, $p \equiv 1 \bmod 12$ ならば

$$l\left(\left[\frac{p}{12}\right]P_0\right) = l((g+1)P_0) = 2$$

であり, $p \equiv 5, 7, 11 \bmod 12$ ならば $\left[\frac{p}{12}\right] \leq g$ より $l(\left[\frac{p}{12}\right]P_0) = 1$, よって

$$\dim A_1(p, v) = \begin{cases} 1 & p \equiv 5, 7, 11 \bmod 12 \text{ の場合}, \\ 2 & p \equiv 1 \bmod 12 \text{ の場合} \end{cases}$$

となる. 特に $p \equiv 1 \bmod 12$ のときは, $\eta^2(\tau), \eta^2(p\tau)$ で張られていることが命題 2.26 の公式より容易にわかる.

6.9 [練習問題] 我々の定義したウェイト $k(N-3)/2N$ の保型因子をもつ $SL(2, \mathbb{Z})$ の保型形式の次元を, $1 \leq k \leq 3$ なる k について求めよ. たとえばウェイト $(N-3)/2N$ の $SL(2, \mathbb{Z})$ の有理型保型形式

$$F_0 = \eta^{3(N^2-1)/N}(E_4/E_6)^{(3N-1)/4}$$

を考えて計算せよ.

5.2 保型形式のなす環の具体例

離散群を指定して, これに属する, ウェイトがある一定の保型因子のベキである保型形式のなす次数環 (graded ring) については, いろいろな領域のいろいろな群について, さまざまな具体的な結果がある. 通常は, 重さが整数, または半整数の場合のみ, 考えることが多いが, ここでは, 前節までの応用として, いくつかの易しい具体的な群について, 1 変数保型形式環を分数ウェイトの保型形式を用いた, 従来とは違った表示を与えてみる. なお, このように分数ウェイトまで考えると保型形式環の表示が易しくなる場合があるという結果を, 筆者は坂内英一氏から教わった. すなわち,

6.10 [定理] (Bannai) 前節の $\Gamma(5)$ に対応する $F_r(\tau)$ の乗法因子を $v_5(M)$ と書いて, $A^{(1/5)}(\Gamma(5)) = \bigoplus_{k=0}^{\infty} A_{k/5}(\Gamma(5), v_5^k)$ を, $M = \begin{pmatrix} a & b \\ c & d \end{pmatrix} \in \Gamma(5)$ の保型因子 $v_5(M)^k(c\tau+d)^{k/5}$ に対する正則保型形式全体のなす環とすると,

$$A^{(1/5)}(\Gamma(5)) = \mathbb{C}[F_1, F_3]$$

であり, F_1, F_3 は代数的に独立である.

ここで, この次数環のウェイトが整数の部分は, ちょうど $\Gamma(5)$ のウェイト整数の正

則保型形式全体に一致している（これは命題 6.3(3) で示した乗法因子の N 乗が 1 になるという結果から明らかである）．$\Gamma(5)$ に対して，分数ウェイトを考えないで，整数ウェイトだけで保型形式環を考えると，最小のウェイト 1 だけでも 6 次元分の保型形式があるわけで，これらが生成する環というのは，生成元の間にいろいろ関係式があって，記述が面倒になる．これにひきかえ上記の記述は極めて簡明であって，大変印象的である．分数ウェイトの保型形式には，ヘッケ理論や L 関数などの通常の整数論はなさそうだけれども，一方では，なかなか面白い側面もあるのだということを筆者はこれにより初めて知った．

この定理の証明は，ここでは省略するが，一歩進めて，もう少し複雑な $N=7$ の場合について，類似の現象を記述し，証明を与えよう（$N=5$ の場合の証明もほとんど同様である）．

記号を単純にするために，$N=7$ の保型形式を定数倍取り換えて，

$$x = e\left(-\frac{1}{28}\right)\eta(\tau)^{-3/7}f_1(\tau) = \eta(\tau)^{-3/7}e\left(-\frac{1}{28}\right)\theta_{\left(\frac{1}{14},\frac{1}{2}\right)}(7\tau)$$

$$y = e\left(-\frac{3}{28}\right)\eta(\tau)^{-3/7}f_3(\tau) = \eta(\tau)^{-3/7}e\left(-\frac{3}{28}\right)\theta_{\left(\frac{3}{14},\frac{1}{2}\right)}(7\tau)$$

$$z = e\left(-\frac{5}{28}\right)\eta(\tau)^{-3/7}f_5(\tau) = \eta(\tau)^{-3/7}e\left(-\frac{5}{28}\right)\theta_{\left(\frac{5}{14},\frac{1}{2}\right)}(7\tau)$$

とおく．また $\tau \in H_1$ に対して，$q = e^{2\pi i \tau}$ とする．

$$f_0(\tau) = \prod_{n=1}^{\infty}(1-q^n)^{3/7}$$

とおくとき，$\eta(\tau)^{3/7} = q^{1/56}f_0(\tau)$ であるから

$$xf_0 = \sum_{p\in\mathbb{Z}}(-1)^p q^{(7p^2+p)/2} = 1 - q^3 - q^4 + q^{13} + q^{15} - q^{30} - q^{33} + \cdots,$$

$$yf_0 = q^{1/7}\sum_{p\in\mathbb{Z}}(-1)^p q^{(7p^2+3p)/2} = q^{1/7}(1 - q^2 - q^5 + q^{11} + q^{17} - q^{27} + \cdots),$$

$$zf_0 = q^{3/7}\sum_{p\in\mathbb{Z}}(-1)^p q^{(7p^2+5p)/2} = q^{3/7}(1 - q - q^6 + q^9 + q^{19} - q^{24} + \cdots),$$

である．

重さが整数の部分についてはよく知られた次元公式（たとえば [166]）により，

$$\sum_{k=0}^{\infty}\dim A_{2k}(\Gamma(7))t^{2k} = \frac{1+24t^2+3t^4}{(1-t^2)^2}$$

である.

$\Gamma(7)$ に対して, 前節で与えた $f_r(\tau)$ の重さ $2/7$ の乗法因子を $v_7(M)$ とする.

6.11 [命題] x, y, z のうち, どの2つも代数的に独立である. また, この3つの関数の間の基本関係式は,
$$x^3 z + yz^3 = xy^3$$
で与えられる. 特に, 保型因子 $v_7(M)^k (c\tau + d)^{2k/7}$ (k は非負整数) をもつ正則保型形式のなす環 $A^{(2/7)}(\Gamma(7))$ は次で与えられる.

$$\begin{aligned} A^{(2/7)}(\Gamma(7)) &= \mathbb{C}[x, y, z] \\ &= \mathbb{C}[x, z] \oplus y\mathbb{C}[x, z] \oplus y^2 \mathbb{C}[x, z] \oplus y^3 \mathbb{C}[y, z] \\ &\cong \mathbb{C}[X, Y, Z]/(X^3 Z + YZ^3 - XY^3) \end{aligned}$$

($\oplus$ は加群としての直和で X, Y, Z は独立変数). 特に $\Gamma(7)$ に属する重さ偶数の保型形式は $A^{(2/7)}(\Gamma(7))$ の元で x, y, z の 7 次式のなす部分環である. また, 次元の母関数は
$$\sum_{k=0}^{\infty} \dim A_{2k/7}(\Gamma(7), v_7^k) \, t^{2k/7} = \frac{1 + t^{2/7} + t^{4/7} + t^{6/7}}{(1 - t^{2/7})^2}$$
である.

証明 まず, x, y, z の関係式の証明を与える. $P(X, Y, Z) = X^3 Z + YZ^3 - XY^3$ とおくと, $P(x, y, z) = 0$ と $P(xf_0, yf_0, zf_0) = 0$ は同値であるので, 後者を証明する. この証明はよく知られたリーマンのテータ関数の関係式などを用いても証明できるが (たとえば [140]), ここでは直接初等的に証明してみる. 3つの関数, $q^{-3/7}(yf_0)(zf_0)^3$, $q^{-3/7}(xf_0)^3(zf_0)$, $q^{-3/7}(xf_0)(yf_0)^3$ を q 展開したときのそれぞれの $q^{l/2}$ の係数 $a_1(l)$, $a_2(l)$, $a_3(l)$ と書く (ここで l は偶数としている). これらを記述するのに次の集合を導入する.

$$\begin{aligned} S_1(l) = \{(a, b, c, d) \in \mathbb{Z}^4; \, &2 + 7a^2 + 3a + 7b^2 + 5b \\ &+ 7c^2 + 5c + 7d^2 + 5d = l\}, \end{aligned}$$
$$S_2(l) = \{(x, y, z, w) \in \mathbb{Z}^4; \, 7x^2 + x + 7y^2 + y + 7z^2 + z + 7w^2 + 5w = l\},$$
$$S_3(l) = \{(p, t, r, s) \in \mathbb{Z}^4; \, 7p^2 + p + 7t^2 + 3t + 7r^2 + 3r + 7s^2 + 3s = l\}$$

すると, 上記の関数の定義により,
$$a_i(l) = \sum_{(a,b,c,d) \in S_i(l)} (-1)^{a+b+c+d}$$

がわかる．各 $S_i(l)$ の条件を，両辺に 28 を掛けて書きなおすと，それぞれ

$$(14a+3)^2 + (14b+5)^2 + (14c+5)^2 + (14d+5)^2 = 28(l+1),$$
$$(14x+1)^2 + (14y+1)^2 + (14z+1)^2 + (14w+5)^2 = 28(l+1),$$
$$(14p+1)^2 + (14t+3)^2 + (14r+3)^2 + (14s+3)^2 = 28(l+1)$$

と書き換えられる．証明したいのは，各偶数 l について，$a_1(l) + a_2(l) = a_3(l)$ となることである．これを，S_1, S_2, S_3 の間に具体的な対応をつけることによって示そう．4元数体のノルムの関係を用いるとアイデアがわかりやすい．そこで，$\mathbb{H} = \mathbb{R} + \mathbb{R}i + \mathbb{R}j + \mathbb{R}k$ を実数体上の4元数体とする．すなわち，$i^2 = j^2 = k^2 = -1$, $ij = -ji = k$ としている．これは $\mathbb{R}$ を中心に持つ $\mathbb{R}$ 上有限次元の唯一の斜体（非可換な体）であることが知られている．$\mathbb{H}$ の元 $x = a + bi + cj + dk$ ($a, b, c, d \in \mathbb{R}$) に対して，$a^2 + b^2 + c^2 + d^2$ を x のノルム（または被約ノルム）といい，$N(x)$ と書く．$x, y \in \mathbb{H}$ ならば $N(xy) = N(x)N(y)$ であることが容易にわかる．一方で，有理数体 $\mathbb{Q}$ 上の4元数体（$\mathbb{Q}$ を中心に持つ4次の斜体）は同型を除いても無限に多く存在するが，そのうちのひとつ，$D = \mathbb{Q} + \mathbb{Q}i + \mathbb{Q}j + \mathbb{Q}k$ を考える．一般に4元数体の整数（つまり適当な有理数 $p, q \in \mathbb{Z}$ に対して $\alpha^2 + p\alpha + q = 0$ となるような元）を全部集めた集合は環にならない．そこで整数からなる環のうち，極大なものを，極大整数環というが，今述べた D については，D の極大整数環は同型を除きただひとつに定まり，

$$\mathcal{O} = \mathbb{Z} + \mathbb{Z}i + \mathbb{Z}j + \mathbb{Z}\frac{1+i+j+k}{2}$$

で与えられる（極大整数環であることの判定方法は，たとえば [67] などを参照されたい）．特に $(1 \pm i \pm j \pm k)/2$ は $\mathcal{O}$ の単数である．この単数を用いると話のアイデアがわかりやすい．次の関係式に着目する．

$(p, t, r, s) \in S_3(l)$ で，$p + t + r + s \equiv 0 \bmod 2$ のものに対して，

$$x = \frac{p+t+r+s}{2}, \quad y = \frac{-p+t-r+s}{2},$$
$$z = \frac{-p+t+r-s}{2}, \quad w = \frac{-p-t+r+s}{2},$$

とおくと，$x + y + z + w = -p + t + r + s \equiv p + t + r + s \equiv 0 \bmod 2$ であり，さらに

$$((14p+1) + (14t+3)i + (14r+3)j + (14s+3)k) \times \frac{1-i-j-k}{2}$$
$$= 14x + 5 + (14y+1)i + (14z+1)j + (14w+1)k$$

となる．よって，両辺のノルムを考えれば，これは $S_3(l)$ の $p + t + r + s \equiv 0 \bmod 2$ なる元の集合と，$S_2(l)$ の $x + y + z + w \equiv 0 \bmod 2$ なる元の集合の間の全単射を与

える（実際には，この 4 元数環の計算を実行してみて，上のように (x, y, z, w) を定義できることを発見するわけである）．

同様にして，$(p, t, r, s) \in S_3(l)$ で $p + t + r + s \equiv 1 \bmod 2$ なるものに対し，

$$a = \frac{p - t - r - s - 1}{2}, \quad b = \frac{-p - t - r + s - 1}{2},$$
$$c = \frac{-p + t - r - s - 1}{2}, \quad d = \frac{-p - t + r - s - 1}{2},$$

とおくと，$a + b + c + d = -p - t - r - s - 2 \equiv p + t + r + s \equiv 1 \bmod 2$ であり，

$$((14p + 1) + (14t + 3)i + (14r + 3)j + (14s + 3)k) \times \frac{1 + i + j + k}{2}$$
$$= 14a + 3 - (14b + 5)i - (14c + 5)j - (14d + 5)k$$

となるから，これは $S_3(l)$ の $p + t + r + s \equiv 1 \bmod 2$ なる元の集合から，$S_1(l)$ の $a + b + c + d \equiv 1 \bmod 2$ なる元の集合への全単射を与える．最後に，$(x, y, z, w) \in S_2(l)$ で $x + y + z + w \equiv 1 \bmod 2$ なるものに対して，

$$a = \frac{-x - y - z - w - 1}{2}, \quad b = \frac{x - y + z - w - 1}{2},$$
$$c = \frac{-x + y + z - w - 1}{2}, \quad d = \frac{x + y - z - w - 1}{2},$$

とおくと，$a + b + c + d = -2x - 2 \equiv 0 \bmod 2$ である．また，

$$((14x + 1) + (14y + 1)i + (14z + 1)j + (14w + 5)k) \times \frac{1 - i - j - k}{2}$$
$$= -(14a + 3) - (14b + 5)i + (14c + 5)j - (14d + 5)k$$

であるから，これは $S_2(l)$ の $x + y + z + w \equiv 1 \bmod 2$ の元の集合から，$S_1(l)$ の $a + b + c + d \equiv 0 \bmod 2$ の元の集合への全単射を与える．以上より，全体の符号を考慮に入れれば，$a_1(l) + a_2(l) = a_3(l)$ が示された．

以上で，関係式がひとつ示されたが，これ以外に関係式がないことを示す必要がある．抽象的な理論を述べれば，$XY^3 - YZ^3 - ZX^3$ は既約多項式であって，これは $\mathbb{C}[X, Y, Z]$ の中で素イデアル $\mathfrak{p}$ を生成し，またこの素イデアルの「高さ」は少なくとも 1 であるが，これを真に含む素イデアルの「高さ」は 1 よりも大きく，また $\mathbb{C}[x, y, z]$ の超越次元は 2 だから，よって，$\mathfrak{p}$ が関係式のイデアルと一致することがわかる．しかし，ここではあえて直接証明を解説してみよう．具体的には

$$\mathbb{C}[x, y, z] = \mathbb{C}[x, z] + y\mathbb{C}[x, z] + y^2\mathbb{C}[x, z] + y^3\mathbb{C}[y, z]$$

であり，しかも右辺は加群としての直和であることを示す．左辺が右辺に一致することは，xy^3 が現れるたびに，前に示した関係式で $yz^3 + zx^3$ に置き換えれば，明らかである．よって，直和であることを示せばよい．これは次数環 (graded ring) であり，異なる重さの元は互いに独立である（証明は保型因子の独立性によるが，明らかなので省略する）．よって，右辺に現れる $a+b+c$ が一定であるような単項式 $x^a y^b z^c$ （ただし，$a > 0$ ならば，$0 \leq b \leq 2$）の間に線形関係がないことを示せばよい．これを次数に関する背理法で示す．$\mathbb{Z}_{\geq 0}$ で非負整数全体の集合を表し，

$$S_l = \left\{ (a,b,c) \in (\mathbb{Z}_{\geq 0})^3;\ \begin{array}{l} a+b+c = l,\ \text{かつ} \\ a > 0\ \text{ならば}\ 0 \leq b \leq 2 \end{array} \right\}$$

とおく．線形関係があるような x, y, z に関する最小の次数を l をする．よって，

$$\sum_{(a,b,c) \in S_l} C(a,b,c) x^a y^b z^c = 0 \tag{6.5}$$

で $C(a,b,c)$ のどれかはゼロでないとすると矛盾を生じることを示したい．$(a,b,c) \in S_l$ のとき，式 $f_0^l x^a y^b z^c$ の q 展開を考える．この q 展開の最小次数を $\nu(a,b,c)$ と書くと，これは $(b+3c)/7$ に等しい．またこの展開に現れる q のベキの指数は $\nu(a,b,c) + \mathbb{Z}_{\geq 0}$ の元に限る．である．これらが線形関係のなかで打ち消し合う状況をよく見るのが証明の方針である．

主張 (1): $i = 1, 2$ に対して，$(a_i, b_i, c_i) \in S_l$ とし，$\nu(a_1, b_1, c_1) = \nu(a_2, b_2, c_2)$ と仮定する．このとき，もし $a_1 > 0$ かつ $a_2 > 0$ ならば，$(a_1, b_1, c_1) = (a_2, b_2, c_2)$ である．またもし $a_1 = a_2 = 0$ ならば $(0, b_1, c_1) = (0, b_2, c_2)$ である．

証明：いずれも $b_1 + 3c_1 = b_2 + 3c_2$ である．もし $a_1 > 0$ かつ $a_2 > 0$ ならば，$0 \leq b_i \leq 2$ でしかも $b_1 \equiv b_2 \bmod 3$ であるから，$b_1 = b_2$ である．よって $c_1 = c_2$ よって $a_1 = a_2$ となる．もし $a_1 = a_2 = 0$ ならば $b_1 + c_1 = b_2 + c_2 = l$，$b_1 + 3c_1 = b_2 + 3c_2$ より，$2c_1 = 2c_2$，よって $b_1 = b_2$ でもある．

主張 (2): $(a,b,c) \in S_l$ でかつ $C(a,b,c) \neq 0$ ならば $\nu(a,b,c) \geq l/7$ である．

証明：もし $a = 0$ ならば $b + 3c = l + 2c \geq l$，よって $\nu(0,b,c) \geq l/7$ であり，この場合は正しい．次に，$C(a,b,c) \neq 0$ となる $(a,b,c) \in S_l$ の中で $\nu(a,b,c)$ が最小なものをとると，それは関係式 (6.5) に現れる単項式の q 展開の最小べきでもあり，ここで $\nu(a,b,c) < l/7$ と仮定する．(6.5) の中で他にこの展開項と打ち消し合う項があるとすると $\nu(a_1, b_1, c_1) + \mathbb{Z}_{\geq 0}$ から来るはずだが，$\nu(a,b,c)$ の最小性より $\nu(a,b,c) = \nu(a_1, b_1, c_1)$ である．これらが $l/7$ より小さければ，前の議論により $a > 0$，$a_1 > 0$ となり，このとき主張 (1) により，$(a,b,c) = (a_1, b_1, c_1)$ だから，$C(a,b,c)$

と打ち消し合う他の項は存在しないので，$C(a,b,c) = 0$ であり，これは矛盾である．よって $\nu(a,b,c) \geq l/7$ となる．

主張 (3): $C(a,b,c) \neq 0$ かつ $\nu(a,b,c) = \nu < l/7 + 1$ と仮定すると，S_l の元 (α,β,γ), $\alpha > 0$ および $(0,m,n)$ で $\nu(\alpha,\beta,\gamma) = \nu(0,m,n) = \nu$ となるものがあり，このとき，$C(\alpha,\beta,\gamma) + C(0,m,n) = 0$ となる．また，$c \leq 2$ ならばいつでも $\nu(a,b,c) < l/7 + 1$ となる．

証明: 主張 (2) より，任意の単項式 $f_0^l x^{a_1} y^{b_1} z^{c_1}$ の q 展開の最小次数以外の項の次数は最小でも $l/7 + 1$ であり，ν はこれよりも小さいと仮定しているので，$f_0^l x^a y^b z^c$ の q^ν の項が (6.5) に現れる他の単項式の最小次数以外と打ち消しあうことはない．よって (6.5) の左辺がゼロになるためには，q^ν の項は単項式の q 展開の最小次数どうしで打ち消し合うはずであり，主張 (1) によりこのような単項式は主張 (3) に現れる 2 通りしかない．これが主張 (3) の最初の内容である．また $c \leq 2$ とすると $\nu = (b+3c)/7 \leq (l+6)/7 < l/7 + 1$ である．

さて，以上に基づき，関係式 (6.5) が自明なものしかないこと，つまりすべての $C(a,b,c) = 0$ となることを証明する．方針は，次数 l がより少ない関係式に帰着できることを言う点にある．より具体的に言うと，左辺に x を掛けると，すべての項が z^2 の倍数になり，関係式をこれで割ると次数が $l-1$ になる，という方針で証明する．

関係式 (6.5) のうちで，z^2 が現れる項は，この目的のためには問題がないので，とりあえず無視すると，$(a,b,c) \in S_l$ のうちで $c \leq 1$ のものを考えることになる．このとき，主張 (3) にみるように，(a,b,c) は $(\alpha,\beta,\gamma) \in S_l$ $(\alpha > 0)$ と $(0,m,n) \in S_l$ で $\alpha + \beta + \gamma = m + n$, $\beta + 3\gamma = m + 3n$ となる組のどちらかであって，しかも，$C(\alpha,\beta,\gamma) + C(0,m,n) = 0$ となるのだった．$c \leq 1$ という条件は $\gamma \leq 1$ または $n \leq 1$ を意味しているので，そう仮定する．さて，上の関係式より $m = 3(\gamma - n) + \beta$, かつ $\alpha = \beta + 3\gamma - 2n - (\beta + \gamma) = 2(\gamma - n)$ である．$\alpha > 0$ と仮定しているから，$\gamma > n$ であり，もし $\gamma \leq 1$ なら $n \leq 0$ つまり $n = 0$ でもある．よって $\gamma \leq 1$ または $n \leq 1$ ならば，いつでも $n \leq 1$ となるのでそう仮定する．また $\gamma - n \geq 1$ から $m \geq 3$ でもある．以上の設定で $y^m z^n - x^\alpha y^\beta z^\gamma$ と考える．これに x を掛けると，$xy^3 = yz^3 + x^3 z$ を利用して，

$$x(y^m z^n - x^\alpha y^\beta z^\gamma) = y^{m-3} z^n (yz^3 + x^3 z) - x^{\alpha+1} y^\beta z^\gamma. \qquad (6.6)$$

ここで，$n \geq 1$ ならば $\gamma > n$ より $\gamma \geq 2$. よって全体として，これは z^2 で割り切れる．以下 $n = 0$ とする．ここで $\gamma = 1$ ならば，$m = 3 + \beta, \alpha = 2$, よって，(6.6) は $y^{\beta+1} z^3 + x^3 y^\beta z - x^{2+1} y^\beta z = y^{\beta+1} z^3$. よって z^2 で割り切れる．もし $\gamma \geq 2$ ならば $m \geq 6 + \beta$ であり，$y^{m-3} x^3 z = x^2 y^{m-6} z (yz^3 + x^3 z)$ となるから，これはやはり

z^2 で割り切れる. よって以上で取り扱った項はすべて x を掛けると z^2 の倍数であった. 一方で以上に現れなかった単項式はもともとすべて z^2 を含んでいる. よって, 関係式 (6.5) に x を掛けるとすべて z^2 で割り切れるので, 次数が $l-1$ の関係式が得られ, l の最小性に矛盾する. 以上により, 加群として直和なことがわかったので, 証明できた.

最後に, 保型因子 $v_7(M)^k(c\tau+d)^{2k/7}$ を持つものは, $\mathbb{C}[x,y,z]$ の元で尽きることを言っておく. まず, $\mathbb{C}[x,y,z]$ の元のウェイトが $2k/7$ で multipler system が v_7^k の元のなすベクトル空間を $A'_{2k/7}(\Gamma(7), v_7^k)$ と書く. 示したいのは, $A'_{2k/7}(\Gamma(7), v_7^k) = A_{2k/7}(\Gamma(7), v_7^k)$ である.

$$\sum_{k=0}^{\infty} \dim A'_{2k/7}(\Gamma(7). v_7^k) t^{2k/7} = \frac{1+t^{2/7}+t^{4/7}+t^{6/7}}{(1-t^{2/7})^2}$$

は直和という事実より直ちにわかる. これから k が 7 の倍数の部分は容易に計算できて, $\mathbb{C}[x,y,z]$ 内の重さ整数の部分の次元は

$$\sum_{k=0}^{\infty} \dim A'_{2k}(\Gamma(7)) t^{2k} = \frac{1+24t^2+3t^4}{(1-t^2)^2}$$

であるが, これはよく知られた重さ整数の保型形式の次元公式と一致しているから, $k \equiv 0 \mod 7$ ならば $A'_{2k}(\Gamma(7)) = A_{2k}(\Gamma(7))$ となる. この事実を用いて, 重さ分数のものについても同様なことが成り立つことを示すために, 以下 $A'_{2k/7}(\Gamma(7)) = A_{2k/7}(\Gamma(7))$ と仮定すれば, $A'_{(2k-2)/7}(\Gamma(7)) = A_{(2k-2)/7}(\Gamma(7))$ となることを示す. $g \in A_{(2k-2)/7}(\Gamma(7))$ とする. $yg, zg \in A_{2k/7}(\Gamma(7)) = A'_{2k/7}(\Gamma(7))$ より適当な 2 変数多項式 A_i, B_i ($1 \le i \le 4$) に対して

$$yg = A_1(x,z) + yA_2(x,z) + y^2 A_3(x,z) + y^3 A_4(y,z),$$
$$zg = B_1(x,z) + yB_2(x,z) + y^2 B_3(x,z) + y^3 B_4(y,z)$$

としてよい. $B_3(x,z) = B_5(z) + xB_6(x,z)$ とおくと,

$$y^3 B_3(x,z) = y^3 B_5(z) + (xy^3) B_6(x,z) = y^3 B_5(z) + yz^3 B_6(x,z) + x^3 z B_6(x,z)$$

である. $zyg - yzg = 0$ を用いて,

$$zA_1(x,z) + yzA_2(x,z) + y^2 zA_3(x,z) + y^3 zA_4(y,z),$$
$$= yB_1(x,z) + y^2 B_2(x,z) + y^3 B_3(x,z) + y^4 B_4(y,z)$$
$$= x^3 zB_6(x,z) + y(B_1(x,z) + z^3 B_6(x,z))$$
$$\quad + y^2 B_2(x,z) + y^3(B_5(z) + yB_4(y,z))$$

となる．よって，前に示した加群としての直和という事実を用いて

$$A_1(x,z) = x^3 B_6(x,z),$$
$$zA_2(x,z) = B_1(x,z) + z^3 B_6(x,z),$$
$$zA_3(x,z) = B_2(x,z),$$
$$zA_4(y,z) = B_5(z) + yB_4(y,z)$$

となる．最後の式の保型形式としてのウェイトは正であるから，$B_5(z)$ は z の正のベキの（ゼロかもしれない）定数倍である．しかし，y と z は代数的独立であるから，最後の関係式より，適当な多項式 B_7 により $B_4(y,z) = zB_7(y,z)$ と書ける．同様に $B_1(x,z)$ も $B_2(x,z)$ も z で割り切れる．ここで，$xg = C_1(x,z) + yC_2(x,z) + y^2 C_3(x,z) + y^3 C_4(y,z)$ とおく．$xzg = xB_1(x,z) + yxB_2(x,z) + y^2 xB_3(x,z) + xy^3 B_4(y,z)$ である．ここで $xy^3 B_4(y,z)$ の部分は複雑であるが，$B_4(y,z)$ は z で割り切れるのであるから，適当な多項式 D_i $(1 \le i \le 4)$ を用いて，

$$xy^3 B_4(y,z) = zD_1(x,z) + yzD_2(x,z) + y^2 zD_3(x,z) + y^3 zD_4(y,z)$$

と書ける．よって，$zxg = xzg$ において，$y^2 \mathbb{C}[x,z]$ にはいる項を比較して

$$xB_3(x,z) + zD_3(x,z) = zC_3(x,z)$$

となる．よって，x, z が代数的に独立より，$B_3(x,z)$ も z で割り切れる．以上をあわせて，$zg \in z\mathbb{C}[x,y,z]$ となり，$g \in \mathbb{C}[x,y,z]$ である．以上により，$A'_{2k/7}(\Gamma(7)) = A_{2k/7}(\Gamma(7))$ がすべての $k \in \mathbb{Z}$ $(k \ge 0)$ について言えたことになる．以上により，命題はすべて証明された． ∎

さて，この命題とユニタリー鏡映群との関係について少し考察してみよう．$a = e(\frac{1}{28})$ とする．$a^{14} = -1$ である．$SL_2(\mathbb{Z})$ の作用は，$A_{2/7}(\Gamma(7))$ の基底 F_1, F_3, F_5 に対して，

$$\rho\begin{pmatrix}0 & -1\\ 1 & 0\end{pmatrix} = \frac{1}{\sqrt{7}}\begin{pmatrix}a^{13}-a & a^3-a^{11} & a^9-a^5\\ a^3-a^{11} & a^5-a^9 & a^{13}-a\\ a^9-a^5 & a^{13}-a & a^{11}-a^3\end{pmatrix}$$

$$\rho\begin{pmatrix}1 & 1\\ 0 & 1\end{pmatrix} = \begin{pmatrix}a^4 & 0 & 0\\ 0 & a^8 & 0\\ 0 & 0 & a^{16}\end{pmatrix}$$

$$\rho\begin{pmatrix}-1 & 0\\ 0 & -1\end{pmatrix} = 1_3$$

となる. $PSL_2(\mathbb{Z}/7\mathbb{Z})$ は位数 168 の単純群である ([66]). この群の 3 次既約表現は互いに複素共役なものが一組あることが知られているが, 上記の ρ は, この内のひとつである. この ρ の像と -1_3 で生成される群は, Shephard-Todd [164], No.24 の位数 336 の群であり, 同論文によれば, この作用の不変式は, 4, 6, 14 次であるから, 保型形式で言えば $SL_2(\mathbb{Z})$ の重さ 8/7, 12/7, 4 の保型形式と対応するはずであるが, 不変式 $xy^3 - yz^3 - zx^3$ はゼロになるので, ゼロで無いものは, 重さ 12/7 と 4 であり, 不変式はこれらで生成されるはずである. すなわち, ユニタリー鏡映群の理論の応用として, $SL_2(\mathbb{Z})$ に属する, k が偶数の保型因子 $v_0(M)^{48k}(c\tau+d)^{2k/7}$ ($v_7(M) = v_0(M)^{48}$) に対応する正則保型形式は, 重さ 12/7 と 4 の 2 つの元で生成される多項式環であることがわかる. 12/7 の分は, $F_1 = ax, F_3 = a^{15}y = -ay, F_5 = az$ を用いて,

$$g := -(-F_1^5 F_3 + F_3^5 F_5 - F_1 F_5^5 - 5 F_1^2 F_3^2 F_5^2) = -a^6(x^5 y - y^5 z - xz^5 - 5x^2 y^2 z^2)$$

であることがわかる. これは実は, $F = XY^3 - YZ^3 - ZX^3$ のヘッセ行列式 (Hessian) つまり

$$\begin{vmatrix}\dfrac{\partial^2 F}{\partial X^2} & \dfrac{\partial^2 F}{\partial X \partial Y} & \dfrac{\partial^2 F}{\partial X \partial Z}\\ \dfrac{\partial^2 F}{\partial Y \partial X} & \dfrac{\partial^2 F}{\partial Y^2} & \dfrac{\partial^2 F}{\partial Y \partial Z}\\ \dfrac{\partial^2 F}{\partial Z \partial X} & \dfrac{\partial^2 F}{\partial Z \partial Y} & \dfrac{\partial^2 F}{\partial Z^2}\end{vmatrix}$$

の定数倍よりきている (cf. Klein [111]). このようにとればよいことは, F が前の作用で不変なことと, ヘッセ行列式への作用は座標変換の行列式の 2 乗倍になること (今は行列式は実際は 1 なこと) からもわかる. さて, g は $q^{1/7}$ から展開が始まるので, 明らかにカスプ形式であり, $SL_2(\mathbb{Z})$ の重さ 12 のカスプ形式は定数倍を除いて Ramanujan のデルタ関数 $\Delta(\tau) = q\prod_{n=1}^{\infty}(1-q^n)^{24}$ ただひとつしか存在しないこ

とが知られているので，展開係数を比較して

$$g^7 = \Delta(\tau) = q\prod_{n=1}^{\infty}(1-q^n)^{24}$$

がわかる．通常の重さが 4 と 6 のアイゼンシュタイン級数を

$$E_4(\tau) = 1 + 240\sum_{n=1}^{\infty}\sigma_3(n)q^n,$$

$$E_6(\tau) = 1 - 504\sum_{n=1}^{\infty}\sigma_5(n)q^n$$

とおくと，14 次の不変式はウェイト 4 だが，これは当然，定数倍を除き E_4 と一致する．具体的に書けば，

$$E_4 = x^{14} + y^{14} + z^{14} + 18(x^7y^7 - y^7z^7 - z^7x^7) + 34(xy^2z^{11} - yz^2x^{11} + zx^2y^{11})$$
$$- 126(x^5y^3z^6 - y^5z^3x^6 - z^5x^3y^6) - 250(xy^9z^4 - yz^9x^4 - zx^9y^4)$$
$$+ 375(x^4y^8z^2 + y^4z^8x^2 + z^4x^8y^2)$$

となる．これは，$f = x^3y - y^3z - z^3x$ とおくとき，次の covariant

$$\frac{1}{9a^{12}}\begin{vmatrix} \dfrac{\partial^2 f}{\partial x^2} & \dfrac{\partial^2 f}{\partial x\partial y} & \dfrac{\partial^2 f}{\partial x\partial z} & \dfrac{\partial g}{\partial x} \\ \dfrac{\partial^2 f}{\partial y\partial x} & \dfrac{\partial^2 f}{\partial y^2} & \dfrac{\partial^2 f}{\partial y\partial z} & \dfrac{\partial g}{\partial y} \\ \dfrac{\partial^2 f}{\partial z\partial x} & \dfrac{\partial^2 f}{\partial z\partial y} & \dfrac{\partial^2 f}{\partial z^2} & \dfrac{\partial g}{\partial z} \\ \dfrac{\partial g}{\partial x} & \dfrac{\partial g}{\partial y} & \dfrac{\partial g}{\partial z} & 0 \end{vmatrix}$$

に一致する．

以上ではユニタリー鏡映群 G_{336} で不変なものを考えていたので，-1_3 の作用により不変であることを要請したために，不変式がゼロでないためには，ウェイト $2k/7$ の k が偶数であることが必要だった．しかし，-1_3 で不変であるという条件をはずして，奇数の k まで込めて，保型因子 $v_0(M)^{48k}(c\tau + d)^{2k/7}$ に対応する $SL_2(\mathbb{Z})$ の保型形式を考えよう．ここで $k \equiv 0 \bmod 7$ ならば $v_0(M)^{48k} = 1$ であることに注意する．すると次を得る．

6.12 [命題] この保型因子に対する，重さが $2k/7$ (k は非負整数) の，前と同様の multipler を持つ $SL_2(\mathbb{Z})$ の保型形式のなす環を $A^{(2/7)}(SL_2(\mathbb{Z}))$ と書くと

$$A^{(2/7)}(SL_2(\mathbb{Z})) = \mathbb{C}[g, E_4, E_6]$$

である．この3つの保型形式の基本関係式は

$$1728g^7 = E_4^3 - E_6^2$$

であり，

$$\mathbb{C}[g, E_4, E_6] \cong \mathbb{C}[A, B, C]/(A^3 - B^2 - 1728C^7)$$

となる．

証明 k が偶数でウェイトが $2k/7$ の保型形式については，ユニタリー鏡映群の理論より，$\mathbb{C}[g, E_4]$ と一致する．よって k が奇数とし，h を重さ $2k/7$ の $SL_2(\mathbb{Z})$ の保型形式とする．このとき，$h^2 \in \mathbb{C}[g, E_4]$ となる．よって，適当な定数 $c_{a,b}$ について，$h^2 = \sum_{3a+7b=k} c_{a,b} g^a E_4^b$ となるが，$c_{a,b} \neq 0$ となるような a の最小値を a_0 とする．右辺の q 展開は，$q^{a_0/7}$ から始まることになるが，h は x, y, z を多項式であるから，h^2 は $q^{1/7}$ の偶数ベキから始まるはずである．よって a_0 は偶数である．ゆえに，$(h/g^{a_0/2})^2$ はカスプ $i\infty$ で正則であり，また $1/g$ は無限積表示より，上半平面で正則であるから，$(h/g^{a_0/2})$ は重さが偶数の $SL_2(\mathbb{Z})$ の正則保型形式であり，よって $h/g^{a_0/2}$ も重さ整数の正則保型形式で，$v_7(M)^7 = 1$ より乗法因子は自明だから，やはり $\mathbb{C}[E_4, E_6]$ の元である．すなわち，$h \in g^{a_0/2}\mathbb{C}[g, E_4]$．よって証明された． ∎

注意：E_6 は，$F = XY^3 - YZ^3 - ZX^3$，その Hessian g, E_4 の3つの関数の X, Y, Z による関数行列式の定数倍であり，次で与えられる．

$E_6 =$
$x^{21} + y^{21} - z^{21} - 7(xy^2z^{18} + yz^2x^{18} - zx^2y^{18})$
$- 57(x^7y^{14} + y^7z^{14} - z^7x^{14}) + 217(x^4yz^{16} - y^4zx^{16} + z^4xy^{16})$
$- 289(x^7z^{14} + y^7x^{14} - z^7y^{14}) - 308(x^4y^{15}z^2 - y^4z^{15}x^2 + z^4x^{15}y^2)$
$+ 637(x^{12}y^3z^6 - y^{12}z^3x^6 + z^{12}x^3y^6) - 1638(x^9y^{11}z + y^9z^{11}x + z^9x^{11}y)$
$- 4018(x^3y^{13}z^5 + y^3z^{13}x^5 + z^3x^{13}y^5) - 6279(x^{11}y^8z^2 + y^{11}z^8x^2 - z^{11}x^8y^2)$
$+ 7007(x^6y^5z^{10} - y^6z^5x^{10} + z^6x^5y^{10})$
$- 10010(x^8y^9z^4 - y^8z^9x^4 + z^8x^9y^4) - 10296x^7y^7z^7.$

6.13 [練習問題] $N = 7$ で $\det\left(\rho\begin{pmatrix} 0 & -1 \\ 1 & 0 \end{pmatrix}\right) = 1$ であることを確かめよ．また，上で述べた E_4, E_6 の構成法がなぜ正しいのか説明し，また表示式の計算を検証せよ．

注意 1：以上で登場した，4 つの $SL_2(\mathbb{Z})$ の「不変式」(g, E_4, E_6, および $xy^3-yz^3-zx^3$) は Klein [111] にも登場している．本質的な主張の内容は Klein と同じとも言えるが，Klein では保型関数の考察がその中心であり，分数ウェイトという概念はなく，また分数ウェイトの保型形式という点からの環の構造についての考察ももちろんない．われわれの視点は，Klein の古い結果を，分数ウェイトを持ち出すことにより，多少はわかりやすく書き換えたとも言えると思う．

注意 2：$\Gamma_0(7)$ のウェイト 2 のカスプ形式は 3 次元だが，これらは実は $\eta^3 f_1$, $\eta^3 f_3$, $\eta^3 f_5$ で与えられる．これは x, y, z の乗法因子が $\eta^{21} = \eta^{24-3}$ と等しいことを考えれば明らかである．しかし，われわれの結果によれば x, y, z の 7 次式でも書けるはずである．この事実は η^3 と f_1, f_3, f_5 の間には関係式があることを示唆している．すなわち，x, y, z の 7 次式の分母は η^3 であり，この 7 次式がたとえば $\eta^3 f_r$ ならば，$\eta^6 f_r$ は f_1, f_3, f_5 の 7 次式であるはずである．しかし，$g = \Delta^{1/7} = \eta^{24/7}$ は x, y, z の 6 次式であった．この 6 次式の分母は $\eta^{18/7}$ だから，この分母を払うと η^6 が f_1, f_3, f_5 の 6 次式となる．よって，実はウェイト 2 を x, y, z の 7 次式で表す式は，今述べた 6 次式での関係式の両辺に f_r を掛けて更に両辺を $\eta^3 = (\eta^{3/7})^7$ で割って得られる．この式は既に述べた g の記述から明らかなので，ここでは繰り返さない．

5.3　$N=9$ について

$N = 9$ の場合の，$(N-3)/2N = 1/3$ なので，重さが $k/3$ ($k = 0, 1, \ldots$) の保型形式の環構造を求める．前と同様 $q = e^{2\pi i \tau}$, $f_0 = \prod_{n=1}^{\infty}(1-q^n)$ として，

$$xf_0^{1/3} = \sum_{p=0}^{\infty}(-1)^p q^{(9p^2+p)/2},$$

$$yf_0^{1/3} = q^{1/9}\sum_{p=0}^{\infty}(-1)^p q^{(9p^2+3p)/2},$$

$$zf_0^{1/3} = q^{1/3}\sum_{p=0}^{\infty}(-1)^p q^{(9p^2+5p)/2},$$

$$wf_0^{1/3} = q^{2/3}\sum_{p=0}^{\infty}(-1)^p q^{(9p^2+7p)/2}$$

とおいて，x, y, z, w を定義する．前に述べた $\Gamma(9)$ の乗法因子 $v_9(M)$ について，$v_9(M)^k$ に対応する重さ $k/3$ の $\Gamma(9)$ の正則保型形式のなす線型空間を $A_{k/3}(\Gamma(9))$ と書くと，$x, y, z, w \in A_{1/3}(\Gamma(9))$ である．$A^{1/3}(\Gamma(9)) = \bigoplus_{k=0}^{\infty} A_{k/3}(\Gamma(9))$ とおく．以前に示したように，$M \in \Gamma(9)$ について $v_9(M)^9 = 1$ であったが，実は，任意の

$M \in \Gamma(9)$ について
$$v_9(M)^3 = 1$$
である. 証明は次の通りである. $\eta^{3/9} = \eta^{1/3}$ の乗法因子を $v_0(M)$ とすると, $v_9(M) = v_0(M)^{N^2-1} = v_0(M)^{80}$. よって, $v_9(M)^3 = v_0(M)^{240}$ である. この乗法因子は $SL_2(\mathbb{Z})$ の乗法因子まで延びるのであった. さて, $v_0(M)^3$ は η の乗法因子であるから, その公式 (2.26) より

$$v_9(M)^3 = (v_0(M)^3)^{80}$$
$$= \begin{cases} \exp(\frac{20\pi i}{3}((a+d-bdc-3)c+bd))) & (c \text{ が奇数のとき}), \\ \exp(\frac{20\pi i}{3}((a+d-bdc-3)c+bd))) & (c \text{ が偶数のとき}) \end{cases}$$

となる. よって, $b \equiv c \equiv 0 \mod 3$ ならば, $v_9(M)^3 = 1$ となる. とくに $M \in \Gamma(3)$ ならば, $v_9(M)^3 = 1$ である. $\Gamma(9) \subset \Gamma(3)$ であるから, 以上により, 整数 k については, $A_k(\Gamma(9))$ は普通の乗法因子のつかない重さ整数の保型形式の空間に一致している.

6.14 [補題] $F(X, Z, W) = XZ^2 - ZW^2 - WX^2$, $G(X, Y, Z, W) = Y^3 + XW^2 - WZ^2 - ZX^2$ とおくと, $F(x, z, w) = 0$, $G(x, y, z, w) = 0$ である.

証明 $\Gamma(9)$ の重さ 1 の正則保型形式の次元は知られていて, 18 次元である (cf. Shimura [166] p.48). 一方, x, y, z, w の積で得られる重さ 1 の単項式 (3 次の式) は 20 個ある. これらの間には少なくとも 2 つは線型関係がなければならない. 単項式を q 展開の最小次数ごとにまとめて書くと次の通りである.

最小次数	単項式
0	x^3
1/9	x^2y
2/9	xy^2
1/3	y^3, x^2z
4/9	xyz
5/9	y^2z
2/3	xz^2, x^2w
7/9	yz^2, xyw
8/9	y^2w
1	z^3, xzw
10/9	yzw
4/3	xw^2, z^2w
13/9	yw^2
5/3	zw^2
2	w^3

最小次数が, q^l から始まるならば, 他の項は, q^{l+n} ($n \in \mathbb{Z}$) の形であるから, この 20 個の関数の線型関係は $l \bmod 1$ が等しいもの同士のみを考えれば十分である. たとえば, l が 0, 1, 2 のものをまとめて考えると, x^3, z^3, xzw, w^3 であるが, これらに線形関係

$$ax^3 + bz^3 + cxzw + dw^3 = 0$$

があると仮定すると, 左辺の最小次数を見て, $a = 0$ がわかる. また,

$$\begin{aligned} z^3 &= q(1 - q^2 - q^7 + \cdots), \\ xzw &= q(1 - q - q^2 + q^3 + \cdots), \\ w^3 &= q^2(1 - 3q + 3q^2 + \cdots) \end{aligned}$$

である. これより, $b+c=0, -c+d=0, -b-c-3d=0$ であるから, $b=c=d=0$ となる. すなわち自明でない線型関係は存在しない. 同様にして, 最小次数の組がそれぞれ, $(1/9, 10/9), (2/9), (4/9, 13/9), (5/9), (7/9), (8/9)$ となるものの中には線形関係は存在しないことがわかる. よって, 線型関係が存在する可能性があるのは $(1/3, 4/3)$ に対する y^3, x^2z, z^2w, xw^2 の組, $(2/3, 5/3)$ に対する xz^2, zw^2, x^2w の組のみである. q 展開を比較することにより, 線型関係があるとすれば,

$$\begin{aligned} xz^2 &= zw^2 + wx^2, \\ y^3 + xw^2 &= wz^2 + zx^2 \end{aligned}$$

の 2 つだけが可能である. しかし前に述べた次元の関係より線型関係は 2 つは存在するはずであるから, 上記の 2 つの線型関係は実際に成り立つ. ∎

6.15 [練習問題] $N=7$ のときにならって, 次元公式を用いないで, 初等的にテータ関数の間の関係式を証明せよ.

6.16 [定理] (1) F, G を前記の補題の通りとし, $\mathfrak{a}$ を 4 変数多項式環 $\mathbb{C}[X, Y, Z, W]$ の F, G で生成されるイデアルとすると, これは素イデアルであり, 次の同型が成り立つ.

$$\mathbb{C}[X, Y, Z, W]/\mathfrak{a} \cong \mathbb{C}[x, y, z, w].$$

(2) $B = \mathbb{C}[x, z, w]$ とおくと

$$\begin{aligned} B &= \mathbb{C}[x, w] \oplus z\mathbb{C}[x, w] \oplus z^2\mathbb{C}[z, w], \\ \mathbb{C}[x, y, z, w] &= B \oplus yB \oplus y^2B \end{aligned}$$

である．ただし，ここで $\oplus$ は加群としての直和を意味する．

(3) $v_9(M)^k$ を乗法因子とする，重さが $k/3$ ($k=0,1,2,\ldots$) の保型形式のなす環は

$$A^{(1/3)}(\Gamma(9)) = \mathbb{C}[x,y,z,w]$$

で与えられる．

注意：ちなみに，この代数曲線の種数は 10 である．[123] では $\Gamma(9)$ のウェイト 2 の 10 個のカスプ形式を具体的に与え，それを利用して $\Gamma(9)\backslash H_1$ をコンパクト化して得られる曲線の定義式を与えている．それは結果的に上の記述と一致している．ただし彼らには分数ウェイトという視点はない．

証明 (1) $P(x,y,z,w) = 0$ となる $\mathbb{C}[X,Y,Z,W]$ の元で生成されるイデアルを $\mathfrak{p}$ と書こう．$\mathbb{C}[x,y,z,w]$ は連結な領域上の正則関数の生成する環であるから，もちろん整域であり，$\mathfrak{p}$ は素イデアルである．また前の補題より $\mathfrak{a} \subset \mathfrak{p}$ である．F で生成される $\mathbb{C}[X,Y,Z,W]$ のイデアル を (F) と書けば，$(F) \subsetneq \mathfrak{a} \subset \mathfrak{p}$ である．F は明らかに既約多項式であるから，(F) は素イデアルである．ここでもし $\mathfrak{a}$ が素イデアルならば，$\mathfrak{a} \neq \mathfrak{p}$ のときには，$\mathfrak{p}$ の高さは少なくとも 3 になり，$\mathbb{C}[x,y,z,w] = \mathbb{C}[X,Y,Z,W]/\mathfrak{p}$ は高々 1 次元になる．しかし x,y,z,w のどの 2 つも代数的に独立であったからこれは矛盾である．よって，$\mathfrak{a} = \mathfrak{p}$ となる．

以下，実際に $\mathfrak{a}$ が素イデアルであることを示そう．$\mathfrak{a}_0 = \mathfrak{a} \cap \mathbb{C}[Y,Z,W]$，$\mathfrak{p}_0 = \mathfrak{p} \cap \mathbb{C}[Y,Z,W]$ とおこう．今，2 つの関係式から X を消去するために，F と G の X に関する終結式をとって，

$$H = \begin{vmatrix} W & -Z^2 & ZW^2 & 0 \\ 0 & W & -Z^2 & ZW^2 \\ Z & -W^2 & WZ^2-Y^3 & 0 \\ 0 & Z & -W^2 & WZ^2-Y^3 \end{vmatrix}$$
$$= W^2Y^6 - Z^2(Z^3-W^3)Y^3 + ZW(Z^3-W^3)^2$$

とおくと，実際，

$$H = (-X^2Z^2W - (Z^4-2ZW^3)X - W^5)F$$
$$+ (X^2ZW^2 - XW^4 + W^2Y^3 + 2Z^2W^3 - Z^5)G.$$

となるので，$H \in \mathfrak{a}_0$ である．H は既約多項式であるから，$(H) = H\mathbb{C}[Y,Z,W]$ は $\mathbb{C}[Y,Z,W]$ の素イデアルであるが，$(H) \subset \mathfrak{a}_0 \subset \mathfrak{p}_0$ で，y,z は代数的独立であるから，次元から考えて，$\mathfrak{p}_0 = (H)$ である．よって，$\mathfrak{a}_0 = H\mathbb{C}[Y,Z,W]$ がわかった．

さて, 次に多項式 $P, Q \in \mathbb{C}[X, Y, Z, W]$ について $PQ \in \mathfrak{a}$ とする. $ZF(X, Z, W) - WG(X, Z, W) = X(Z^3 - W^3) - Y^3 W$ であることを利用して, 適当な自然数 m, n と多項式 $P', Q' \in \mathbb{C}[Y, Z, W]$ で, $(Z^3 - W^3)^m P - P' \in \mathfrak{a}$, $(Z^3 - W^3)^n Q - Q' \in \mathfrak{a}$ となるものが存在する. $\mathfrak{a}$ はイデアルだから $((Z^3 - W^3)^m P - P')Q \in \mathfrak{a}$ であるが, $PQ \in \mathfrak{a}$ でもあるから, $P'Q \in \mathfrak{a}$ である. 全く同様に $Q'P \in \mathfrak{a}$ もわかる. ここで更に $((Z^3 - W^3)^m P - P')((Z^3 - W^3)^n Q - Q') \in \mathfrak{a}$ であるから, 明らかに, $P'Q' \in \mathfrak{a}_0$ でもあり, $\mathfrak{a}_0$ は素イデアルであったから, 必要なら P と Q の記号を入れ替えて $P' \in \mathfrak{a}_0$ としてよい. その結果 $(Z^3 - W^3)^m P \in \mathfrak{a}$ となる.

次に, 任意の多項式 $P(X, Y, Z, W)$ について, もし $(Z^3 - W^3)P \in \mathfrak{a}$ ならば, $P \in \mathfrak{a}$ であることを言う. つまり, 多項式 $Q, R \in \mathbb{C}[X, Y, Z, W]$ について

$$(Z^3 - W^3)P = FQ + GR \tag{6.7}$$

ならば, $P \in \mathfrak{a}$ を言う. 1 の原始 3 乗根 ζ を一つ固定する. $Z^3 = (\zeta Z)^3$ であるから, 仮定より,

$$F(X, Z, \zeta Z)Q(X, Y, Z, \zeta Z) + G(X, Y, Z, \zeta Z)R(X, Y, Z, \zeta Z) = 0.$$

しかし,

$$F(X, Z, \zeta Z) = XZ^2 - \zeta^2 Z^3 - \zeta X^2 Z,$$
$$G(X, Y, Z, \zeta Z) = Y^3 + \zeta^2 XZ^2 - \zeta Z^3 - \zeta X^2 Z$$

であって, これらは共通因子を持たないから, ある多項式 $P_0(X, Y, Z)$ があって,

$$Q(X, Y, Z, \zeta Z) = P_0(X, Y, Z)G(X, Y, Z, \zeta Z),$$
$$R(X, Y, Z, \zeta Z) = -P_0(X, Y, Z)F(X, Z, \zeta Z)$$

となる. 多項式 Q_1, R_1 を

$$Q_1(X, Y, Z, W) = Q(X, Y, Z, W) - P_0(X, Y, Z)G(X, Y, Z, W),$$
$$R_1(X, Y, Z, W) = R(X, Y, Z, W) + P_0(X, Y, Z)F(X, Z, W)$$

で定めると, $FQ_1 + GR_1 = FQ + GR$ は明らかである. 一方で, $Q_1(X, Y, Z, \zeta Z) = R_1(X, Y, Z, \zeta Z) = 0$. よって, これらは $W - \zeta Z$ で割り切れるので,

$$Q_1(X, Y, Z, W) = (Z - \zeta W)Q_2(X, Y, Z, W),$$
$$R_1(X, Y, Z, W) = (Z - \zeta W)R_2(X, Y, Z, W)$$

としてよい. よって (6.7) の両辺を $(W - \zeta Z)$ で割っておくと,
$$(Z - W)(Z - \zeta^2 W)P = FQ_2 + GR_2.$$
ここで全く同じ論法を $Z - W$ および $Z - \zeta^2 W$ について繰り返せば, 結局 $P \in \mathfrak{a}$ が言える. 同様に, $(Z^3 - W^3)^m P \in \mathfrak{a}$ ならば, 明かな帰納法により, $P \in \mathfrak{a}$ である. 以上により $\mathfrak{a}$ が素イデアルであることが証明された. よって, $\mathfrak{a} = \mathfrak{p}$ であり, (1) は証明された.

(2) の証明. 関係式 $F(x, z, w) = 0$ より, 可能な限り xz^2 を $zw^2 + wx^2$ に置き換える操作を考えて, $B = \mathbb{C}[x, w] + z\mathbb{C}[x, w] + z^2 \mathbb{C}[z, w]$ となるのは明らかである. また, $G(x, y, z, w) = 0$ より, y^a $(a \geq 3)$ は, y についての指数が 2 以下のものに書き換えられる. よって, $\mathbb{C}[x, y, z, w] = B + yB + y^2 B$ であることもよい. 以上の和がみな加群としての直和であることを示す. F と G は互いに素であるから, $FQ + GR = 0$ となるには, $G|Q$ かつ $F|R$ が必要である. よって, $C[x, y, z, w]$ のヒルベルト多項式 (次元の母関数) は, F の倍数と G の倍数の共通部分は, FG の倍数だけであるから, $A'_{k/3}(\Gamma(9)) = A_{k/3}(\Gamma(9)) \cap \mathbb{C}[x, y, z, w]$ とおくとき
$$\sum_{k=0}^{\infty} \dim A'_{k/3}(\Gamma(9)) t^k = \frac{(1-t)^2}{(1-t^{1/3})^4}.$$
一方, 上の和の表示で個々の項の次元の和は
$$(1 + t^{1/3} + t^{2/3}) \times \frac{1 + t^{1/3} + t^{2/3}}{(1 - t^{1/3})^2}$$
と表されて, これは上で求めた母関数と一致する. よって, すべて直和である.

(3) $A_{k/3}(\Gamma(9)) = A'_{k/3}(\Gamma(9))$ を示す. まず, 重さ整数の部分については
$$\sum_{k=0}^{\infty} A'_k(\Gamma(9)) = \frac{1 + 16t + 10t^2}{(1-t)^2}$$
であるが, これは $A_k(\Gamma(9))$ の次元公式に一致するので, $A'_k(\Gamma(9)) = A_k(\Gamma(9))$ である.

次に, $A'_{k/3}(\Gamma(9)) = A_{k/3}(\Gamma(9))$ ならば $A'_{(k-1)/3}(\Gamma(9)) = A_{(k-1)/3}(\Gamma(9))$ であることを示す. $g \in A_{(k-1)/3}(\Gamma(9))$ ならば $wg \in A_{k/3}(\Gamma(9)) = A'_{k/3}(\Gamma(9))$ であるが, このとき, $g \in A'_{k/3}(\Gamma(9))$ を示す. $xg, zg \in A'_{k/3}(\Gamma(9))$ でもあるから
$$wg = P_1(x, z, w) + yP_2(x, z, w) + y^2 P_3(x, z, w),$$
$$zg = Q_1(x, z, w) + yQ_2(x, z, w) + y^2 Q_3(x, z, w),$$
$$xg = R_1(x, z, w) + yR_2(x, z, w) + y^2 R_3(x, z, w)$$

とおく. $x(wg) = w(xg)$ より, $xP_i(x,z,w) = wR_i(x,z,w)$. また $z(wg) = w(zg)$ より, $zP_i(x,z,w) = wQ_i(x,z,w)$. 一般に, $xP(x,z,w) = wQ(x,z,w)$ かつ $zP(x,z,w) = wR(x,z,w)$ ($Q, R \in \mathbb{C}[x,z,w]$) ならば $P(x,z,w) \in w\mathbb{C}[x,z,w]$ を示そう.

$$P(x,z,w) = P_4(x,w) + zP_5(x,w) + z^2 P_6(z,w)$$

とおく. $xz^2 = w(zw + x^2) \in w\mathbb{C}[x,z,w] = wB$ より, 前に求めた B の加群構造により, 適当な多項式 P_i ($i = 7, 8, 9$) に対して

$$xP(x,z,w) = xP_4(x,w) + zxP_5(x,w) + wP_7(x,w) + zwP_8(x,w) + z^2 wP_9(z,w)$$

と書ける. 一方, $xP \in wB$ だから, 適当な多項式 Q_i ($i = 4, 5, 6$) について

$$xP = wQ = wQ_4(x,w) + wzQ_5(x,w) + z^2 wQ_6(z,w).$$

ゆえに, $xP_4(x,w) + wP_7(x,w) = wQ_4(x,w)$, $xP_5(x,w) + wP_8(x,w) = wQ_5(x,w)$, $wP_9(z,w) = wQ_6(z,w)$. ここで x, w は代数的独立であるから, 以上より, $P_4(x,w), P_5(x,w) \in w\mathbb{C}[x,w]$ がわかる. 次に $P_6(z,w)$ の部分を調べよう.

$$zP(x,z,w) = zP_4(x,w) + z^2 P_5(x,w) + z^3 P_6(z,w) = wR(x,z,w)$$

であるが, $P_4(x,w), P_5(x,w) \in w\mathbb{C}[x,w]$ より, $z^3 P_6(z,w) \in w\mathbb{C}[x,z,w]$ となる. よって, 適当な多項式 R_i ($i = 4, 5, 6$) について $z^3 P_6(z,w) = wR_4(x,w) + zwR_5(x,w) + z^2 wR_6(z,w)$ となるが, 右辺は直和であるから, $R_4 = R_5 = 0$. よって $zP_6(z,w) = wR_6(z,w)$ であり, z, w が代数的独立であることより $P_6(z,w) \in w\mathbb{C}[z,w]$ となる. ゆえに, $wg \in w\mathbb{C}[x,y,z,w]$ が得られ, $g \in \mathbb{C}[x,y,z,w]$ となる. よって $A'_{(k-1)/3}(\Gamma(9)) = A_{(k-1)/3}(\Gamma(9))$ である. 以上により (3) が証明された. ∎

5.4　$N = 11$

$N = 11$ のとき, $x = e(-1/44)F_1$, $y = -e(-1/44)F_3$, $z = e(-1/44)F_5$, $v = e(-1/44)F_7$, $w = e(-1/44)F_9$ とおいて,

$$\begin{aligned}
xf_0^{3/11} &= 1 - q^5 - q^6 + q^{21} + q^{23} - q^{48} - q^{51} \cdots, \\
yf_0^{3/11} &= q^{1/11}(1 - q^4 - q^7 + q^{19} + q^{25} \cdots), \\
zf_0^{3/11} &= q^{3/11}(1 - q^3 - q^8 + q^{17} + q^{27} \cdots), \\
vf_0^{3/11} &= q^{6/11}(1 - q^2 - q^9 + q^{15} + q^{29} \cdots), \\
wf_0^{3/11} &= q^{10/11}(1 - q - q^{10} + q^{13} + q^{31} \cdots)
\end{aligned}$$

である.

Klein [113] にもあるように，次の 15 個の関係式がなりたつ.

$$x^3v + v^3w - y^3z = 0,$$
$$xz^3 - vy^3 - w^3y = 0,$$
$$v^3z - z^3y + x^3w = 0,$$
$$-y^3x + x^3z + vw^3 = 0,$$
$$z^3w + w^3x - v^3y = 0,$$
$$z^2vw + x^2yw - y^2zv = 0,$$
$$-x^2yv - zvw^2 + xyz^2 = 0,$$
$$-w^2yz + v^2yx - x^2wz = 0,$$
$$xzv^2 - y^2zw - xvw^2 = 0,$$
$$xy^2w - z^2xv + v^2yw = 0,$$
$$-xyvw + z^2wy + z^2x^2 - y^3z = 0,$$
$$-wvyz - x^2zv + x^2w^2 + xz^3 = 0,$$
$$-vyzx + w^2yx + w^2v^2 + x^3w = 0,$$
$$-yzxw - v^2zw + v^2y^2 + w^3v = 0,$$
$$xzvw - y^2xv + y^2z^2 - yv^3 = 0.$$

これらの関係式は，ウェイトが 16/11 の次元公式がわかっているから，十分たくさんのフーリエ展開係数を求めて比較すればわかる（あるいは直接証明しても良いであろう）．

6.17 [練習問題] $N = 7$ のときにならって，上の関係式を直接証明せよ．

ちなみに，これら以外に関係式がないことは証明できるし，また $A^{(4/11)}(\Gamma(11)) = \bigoplus_k A_{4k/11}(\Gamma(11), v_{11}^k)$ は x, y, z, v, w で生成されることも証明できるが，少々面倒な理論的な考察が必要なので証明は省略する．それを認めると，グレブナー基底などを利用して，次が成り立つことがわかる．

$$\mathbb{C}[x,y,z,v,w] \cong$$

$$\mathbb{C}[x,w] \oplus \mathbb{C}[x,w]y \oplus \mathbb{C}[x,w]z \oplus \mathbb{C}[x,w]yz \oplus \mathbb{C}[x,w]xv$$
$$\oplus \mathbb{C}[x,w]zv \oplus \mathbb{C}[x,w]xy^2 \oplus \mathbb{C}[x,w]y^2z \oplus \mathbb{C}[x,w]y^2v \oplus \mathbb{C}[x,w]xyv$$
$$\oplus \mathbb{C}[v,w]v \oplus \mathbb{C}[v,w]xv^2 \oplus \mathbb{C}[v,w]x^2v^2 \oplus \mathbb{C}[y,w]y^2 \oplus \mathbb{C}[z,w]z^2$$
$$\oplus \mathbb{C}[z,w]zv^2 \oplus \mathbb{C}[z,w]zv^3 \oplus \mathbb{C}[z,w]zv^4 \oplus \mathbb{C}[z,w]zv^5 \oplus \mathbb{C}[z,w]z^2v$$
$$\oplus \mathbb{C}[w]yv \oplus \mathbb{C}[w]yvz \oplus \mathbb{C}[w]yvz^2 \oplus \mathbb{C}[w]yv^2 \oplus \mathbb{C}[w]yv^2z$$
$$\oplus \mathbb{C}[w]yv^2z^2 \oplus \mathbb{C}[w]xz^2 \oplus \mathbb{C}[w]yz^2.$$

証明は省略する.

注意：一般に

$$A^{((N-3)/2N)}(\Gamma(N)) = \bigoplus_{k=0}^{\infty} A_{k(N-3)/2N}(\Gamma(N), v_N^k)$$

とおいて，我々の定めた保型因子の正整数ベキをウェイトにもつ保型形式全体の環を考える．このとき，われわれの構成した保型形式 $F_r(\tau)/\eta(\tau)^{3/N}$ (r が奇数で $1 \leq r \leq N-2$) で全体が生成されるか，という問題が生じる．これが成立するか否かを検証する数値計算をする具体的な計算手段があるが，大きい N では，これらでは生成されない例があるというのが答えである．詳細は省略する．N が十分大きいと，いつでも生成されないのではないかと推測されるが，はっきりとはわかっていない．

7

不定符号2次形式のゼータ関数と実解析的保型形式

この章の最終的な目標は，不定符号2次形式のジーゲルの意味でのゼータ関数が既知ゼータ関数で書けることを示すことである．

1. テータ関数とガウスの和

この節では，不定符号2次形式に付随した H_1 上のテータ関数の $SL_2(\mathbb{Z})$ に関する変換公式を述べ，また，そこに現れる2次形式に対応するガウスの和の公式を導く．内容は基本的には Siegel [177] および Klingen [114] に基づくが，細部を少し改良している．なお，類似の方法で，この種のテータ関数で H_n 上定義されているものを考えることもできるが，そのような一般化は Klingen [114] を参照されたい．

m 次対称行列 S と m 行 n 列の行列 X に対して，ジーゲルにならって $S[X] = {}^t XSX$ という記号を用いる．m 次の正定値実対称行列 S に対して，上半平面上の関数

$$\sum_{x \in \mathbb{Z}^m} e(S[x]z)$$

($z \in H_1$) を S に付随するテータ関数という（ここで以前と同様，$e(z) = \exp(2\pi i z)$ と書いている）．このような関数がうまく定義できるには，任意の数 r に対して，$S[x] = r$ となるような $x \in \mathbb{Z}^m$ が有限個しか存在しないという条件が必要であるが，これは上では S を正定値と仮定したので，これを用いて容易に証明される．しかし S が不定値（不定符号ともいう）であれば，ごく特殊な場合を除いては $S[x] = r$ となる $x \in \mathbb{Z}^m$ は無限個あるから，同じ式でテータ関数を定義することは普通はできない．正定値実対称行列のテータ関数の変換公式に関する書物は数多いので，ここで再度取り上げるまでもないように思う（たとえば [2]）．これに比して不定符号の対称行列のテータ関数についてはきわめて限られた文献しかないので，本書で詳しく解説してみたい．

m 次の実対称行列 S が正則行列かつ不定符号と仮定する．すなわち S の2次形式

としての符号を (p,q)（つまり S の正の固有値が p 個，負の固有値が q 個）とするとき，$pq > 0$ で，$p + q = m$ と仮定している．固定された S に対して

$$X(S) = \{P \in M_m(\mathbb{R});\ {}^tP = P > 0,\ PS^{-1}P = S\}$$

とおく．ここで $P > 0$ は P が正定値対称行列であることを表す．$X(S)$ の元を S の優行列 (majorant) という．$X(S)$ は不定符号 2 次形式の簡約理論との関係でエルミートなどによって利用されている．その意味はだいたい次の通りである．

$$O(S) = \{g \in GL_m(\mathbb{R});\ {}^tgSg = S\}$$

とおくと，$O(S)$ は $X(S)$ 上に推移的に作用していて，$X(S)$ の 1 点 P_0 を固定する $O(S)$ の部分群 $O(S, P_0)$ はコンパクト群であり，$X(S) \cong O(S)/O(S, P_0)$ となる．すなわち $X(S)$ は $O(S)$ に自然に付随するリーマン対称空間である（$X(S)$ の具体的な座標表示はまた後で述べる）．

S に対して，$P \in X(S)$ を一つとると，$z = x + iy \in H_1$ $(x, y \in \mathbb{R}, y > 0)$ に対して，級数

$$\vartheta_{S,P}(z) = \sum_{\mathfrak{n} \in \mathbb{Z}^m} e(xS[\mathfrak{n}] + iyP[\mathfrak{n}])$$

が収束する．これを S の（P による）H_1 上のテータ関数と呼ぶ（この定義はあとでもう少し一般化する）．この関数の変換公式を，z を H_m に埋め込むことで，H_m 上のテータ関数の変換公式に帰着することにより示したい．このためには，保型因子について，良い振る舞いをする埋め込みを考えておく必要がある．そこで，第 2 章と少し重複する部分もあるが，ここでまず具体的な保型因子について復習する．

まず $(Z, w) \in H_m \times \mathbb{C}^m$ と $g = \begin{pmatrix} A & B \\ C & D \end{pmatrix} \in Sp(m, \mathbb{R})$ に対して，

$$g(Z, w) = ((AZ + B)(CZ + D)^{-1},\ {}^t(CZ + D)^{-1}w)$$

と定義すると，これは $Sp(m, \mathbb{R})$ の $H_m \times \mathbb{C}^m$ への作用になる．証明は容易なので省略する．ここで，

$$\rho(g, Z, w) = e\left(\frac{1}{2}\, {}^tw(CZ + D)^{-1}Cw\right),\quad J(g, Z) = \det(CZ + D)$$

とおけば，これらは

$$\rho(g_1 g_2, Z, w) = \rho(g_1, g_2(Z, w))\rho(g_2, Z, w), \tag{7.1}$$

$$J(g_1 g_2, Z) = J(g_1, g_2 Z)J(g_2, Z) \tag{7.2}$$

という保型因子の条件を満たす．(7.2) については第 1 章で示したので，(7.1) の証明だけ書いておこう．

$$g_i = \begin{pmatrix} A_i & B_i \\ C_i & D_i \end{pmatrix} \in Sp(n, \mathbb{R}),$$

$$g = g_1 g_2 = \begin{pmatrix} A & B \\ C & D \end{pmatrix} \in Sp(n, \mathbb{R})$$

とおく．また $g_2 Z = Z_2$ とおく．すると

$$(C_1 Z_2 + D_1)(C_2 Z + D_2) = (CZ + D)$$

であり，

$$\rho(g_1, g_2(Z,w)) = e\left(\frac{1}{2}{}^t w (C_2 Z + D_2)^{-1}(C_1 Z_2 + D_1)^{-1} C_1 {}^t(C_2 Z + D_2)^{-1} w\right).$$
$$= e\left(\frac{1}{2}{}^t w (CZ + D)^{-1} C_1 {}^t(C_2 Z + D_2)^{-1} w\right).$$

一方で

$$\rho(g_2, Z, w) = e\left(\frac{1}{2}{}^t w (C_2 Z + D)^{-1} C_2 w\right),$$
$$\rho(g, Z, w) = e\left(\frac{1}{2}{}^t w (CZ + D)^{-1} C w\right)$$

であるから，保型因子の条件を確かめるには，

$$(CZ + D)^{-1} C = (CZ + D)^{-1} C_1 {}^t(C_2 Z + D_2)^{-1} + (C_2 Z + D_2)^{-1} C_2 \quad (7.3)$$

を確かめればよい．今 $(C_2 Z + D_2)^{-1} C_2$ が対称行列であることは $C_2 {}^t D_2 = D_2 {}^t C_2$ から容易にわかるので，$(C_2 Z + D_2)^{-1} C_2 = {}^t C_2 {}^t(C_2 Z + D_2)^{-1}$ と書き換えると，等式 (7.3) は

$$C {}^t(C_2 Z + D_2) = C_1 + (CZ + D) {}^t C_2$$

と同値である．ここで $Z = {}^t Z$ より，

$$C {}^t(C_2 Z + D_2) - (CZ + D) {}^t C_2 = C {}^t D_2 - D {}^t C_2$$
$$= (C_1 A_2 + D_1 C_2) {}^t D_2 - (C_1 B_2 + D_1 D_2) {}^t C_2$$
$$= C_1 (A_2 {}^t D_2 - B_2 {}^t C_2) + D_1 (C_2 {}^t D_2 - D_2 {}^t C_2) = C_1.$$

よって示された.

さて, H_1 上のテータ関数の変換公式を, H_1 を H_m に埋め込んだ先の標準的なテータ関数の公式に帰着して証明する方針なので, 埋め込みをうまく定義したい. 不定符号実対称行列 S を固定し, $P \in X(S)$ も固定する. $z = x + iy \in H_1$ に対して, $R = xS + iyP$ とおく. 今 H_1 から H_m への埋め込みを $z \to \iota(z) = 2R = 2(xS+iyP)$ と定義し, $M = \begin{pmatrix} a & b \\ c & d \end{pmatrix} \in SL_2(\mathbb{R})$ 対して,

$$\iota(M) = \begin{pmatrix} a1_m & b(2S) \\ c(2S)^{-1} & d1_m \end{pmatrix}$$

と定義する. すると ι は $SL_2(\mathbb{R})$ から $Sp(m, \mathbb{R})$ への準同型になる. また, $SL_2(\mathbb{R})$ の H_1 への普通の作用を $Mz = (az+b)(cz+d)^{-1}$ と書く. このとき次の関係式を得る.

$$\iota(Mz) = \iota(M)\iota(z). \tag{7.4}$$

このことを, 群と領域の埋め込みが同変的 (equivariant) であるという. (7.4) は次のようにして証明される.

$$\iota(M)\iota(z) = (a(2R) + b(2S))(c(2S)^{-1}(2R) + d1_m)^{-1}$$

であるが, この「分母」は

$$c(2S)^{-1}(2R) + d1_m = c(2S)^{-1}((2S)x + 2iyP) + d1_m = (cx+d)1_m + ciyS^{-1}P$$

である. 分母を有理化したいので, これに $(cx+d)1_m - ciyS^{-1}P$ を掛けると $(cx+d)^2 1_m + c^2y^2(S^{-1}PS^{-1}P)$ となるが, ここで P のとり方により $PS^{-1}P = S$ であるから $S^{-1}PS^{-1}P = 1_m$. ゆえにこれは

$$((cx+d)^2 + (cy)^2)1_m = |cz+d|^2 1_m$$

となる. ゆえに

$$\iota(M)\iota(z)|cz+d|^2$$
$$= 2((ax+b)S + iayP)((cx+d)1_m - ciyS^{-1}P)$$
$$= 2\left((ax+b)(cx+d)S + acy^2 PS^{-1}P + i(a(cx+d) - c(ax+b))yP\right)$$
$$= 2\left((ax+b)(cx+d) + acy^2)S + iyP\right).$$

一方で,
$$Mz = \frac{az+b}{cz+d} = \frac{(az+b)(c\bar{z}+d)}{|cz+d|^2} = \frac{(ax+b)(cx+d) + acy^2 + iy}{|cz+d|^2}$$
であるから, $\iota(Mz) = \iota(M)\iota(z)$ がわかる.

さらに $w \in \mathbb{C}^m$ に対しては, 埋め込みと $H_m \times \mathbb{C}^m$ への作用をあわせるために,
$$\iota(M)(\iota(z), w) = (\iota(Mz), M \circ w) \tag{7.5}$$
という式により, $M \circ w$ を定義する. ここで実際には $M \circ w$ は z に依っているので, 混乱が生じそうなときには $M \circ_z w$ と書くことにする. すると定義により,
$$M \circ_z w = {}^t(c(2S)^{-1}\iota(z) + d1_m)^{-1} w = {}^t((cx+d)1_m + icyS^{-1}P)^{-1} w$$
であるが, z を用いて書けば,
$$M \circ_z w = \frac{1}{2}\left((cz+d)^{-1}(1_m + PS^{-1}) + (c\bar{z}+d)^{-1}(1_m - PS^{-1})\right) w \tag{7.6}$$
となる. 実際,
$$\begin{aligned}
c(2S)^{-1}\iota(z) + d1_m &= cS^{-1}R + d1_m \\
&= cS^{-1}\left(\frac{z+\bar{z}}{2}S + \frac{z-\bar{z}}{2}P\right) + d1_m \\
&= \frac{cz+d}{2}(1_m + S^{-1}P) + \frac{c\bar{z}+d}{2}(1_m - S^{-1}P). \tag{7.7}
\end{aligned}$$
ここで転置行列をとれば
$${}^t(c(2S)^{-1}\iota(z) + d1_m) = \frac{cz+d}{2}(1_m + PS^{-1}) + \frac{c\bar{z}+d}{2}(1_m - PS^{-1})$$
となる. さて, これに
$$\frac{(cz+d)^{-1}}{2}(1_m + PS^{-1}) + \frac{(c\bar{z}+d)^{-1}}{2}(1_m - PS^{-1})$$
を掛けると, $PS^{-1}P = S$ という仮定から $(PS^{-1})^2 = 1_m$ であることを用いると, 積は 1_m になることがわかる. ゆえに証明された.

また, 同時に, (7.6) および $S^{-1}PS^{-1} = P^{-1}$ を用いて
$${}^tw(c(2S)^{-1}\iota(z) + d1_m)^{-1} c(2S)^{-1} w$$

を計算すれば,

$$\rho(\iota(M), \iota(z), w)$$
$$= e\left(\frac{1}{8}{}^t w(c(cz+d)^{-1}(S^{-1}+P^{-1}) + c(c\bar{z}+d)^{-1}(S^{-1}-P^{-1}))w\right)$$

であることもわかる.

以下, 都合上, S は不定符号半整数対称行列と仮定する (対称行列 $S = (s_{ij})$ は $s_{ii} \in \mathbb{Z}$, $2s_{ij} \in \mathbb{Z}$ のとき, 半整数対称行列というのであった. これは偶行列を 2 で割った形と言っても同じである). このとき, $M = \begin{pmatrix} a & b \\ c & d \end{pmatrix} \in SL_2(\mathbb{Z})$ で, かつ $c(2S)^{-1}$ が整数行列ならば, 定義により $\iota(M) \in Sp(m, \mathbb{Z})$ である. $N(2S)^{-1}$ が偶行列になるような最小の正の整数 N のことを, $2S$ のレベルという. よって, $2S$ のレベル N に対して, $c \equiv 0 \bmod N$ ならば $\iota(M) \in Sp(m, \mathbb{Z})$ である.

次に不定符号半整数対称行列 S と S の優行列 P を固定して $R = xS + iyP$ とおき, また $\mathfrak{a} \in \mathbb{C}^m$ も固定して, $H_1 \times \mathbb{C}^m$ 上の関数 $f_\mathfrak{a}$ を

$$f_\mathfrak{a}(z, w, P) = \sum_{\mathfrak{g} \in \mathbb{Z}^m} e\bigl(R[\mathfrak{g} + \mathfrak{a}] + {}^t w(\mathfrak{g} + \mathfrak{a})\bigr) \tag{7.8}$$

と定義する. ここで $R = \iota(z)/2$ である. もちろん $f_\mathfrak{a}$ は $\mathfrak{a} \bmod 1$ にしかよらない. ここで, $\mathfrak{a}$ として, $(2S)^{-1}\mathbb{Z}^m/\mathbb{Z}^m$ の代表を適当な順序で動かして (すなわち $(2S)\mathfrak{a} \in \mathbb{Z}^m$ となる, 有理数を成分に持つベクトル $\mathfrak{a}$ の $\bmod 1$ での代表をとって),

$$f(z, w, P) = \bigl(f_\mathfrak{a}(z, w, P)\bigr)_{\mathfrak{a} \in (2S)^{-1}\mathbb{Z}^m/\mathbb{Z}^m}$$

と, $f_\mathfrak{a}$ を成分とする $|\det(2S)|$ 次のベクトル $f = f(z, w, P)$ を定義する. このベクトルと $M \in SL_2(\mathbb{Z})$ に対して, $f(Mz, M \circ_z w, P)$ を $f(z, w, P)$ で表す公式を求めたい.

以下では簡単のために, 一貫して行列のサイズ m は偶数と仮定しておく. S の符号が (p, q) のとき,

$$\epsilon = \exp\left(\frac{\pi i(q-p)}{4}\right) = e\left(\frac{q-p}{8}\right)$$

と書く. m が偶数との仮定より $p + q \equiv 0 \bmod 2$ よって, $p \equiv q \bmod 2$ であるから, $\epsilon^4 = 1$ である. また $M \in SL_2(\mathbb{Z})$ について, $|\det(2S)|$ 次の正方行列

$$\Lambda(M) = (\lambda_{\mathfrak{a}\mathfrak{b}}(M)) \qquad (\mathfrak{a}, \mathfrak{b} \in (2S)^{-1}\mathbb{Z}^m/\mathbb{Z}^m)$$

を次のように定義する.

(i) $c \neq 0$ のとき,

$$\lambda_{\mathfrak{ab}}(M) = \epsilon |\det(2S)|^{-1/2} |c|^{-m/2} \sum_{\mathfrak{g} \in \mathbb{Z}^m / c\mathbb{Z}^m} e\left(\frac{aS[\mathfrak{g}+\mathfrak{a}] - 2{}^t\mathfrak{b} S(\mathfrak{g}+\mathfrak{a}) + dS[\mathfrak{b}]}{c}\right)$$

$$\times \begin{cases} 1 & (c > 0 \text{ の場合}), \\ \epsilon^{-2} & (c < 0 \text{ の場合}) \end{cases}$$

(ii) $c = 0$ のとき,

$$\lambda_{\mathfrak{ab}}\begin{pmatrix} 1 & b \\ 0 & 1 \end{pmatrix} = \begin{cases} e(bS[\mathfrak{a}]) & \mathfrak{a} \equiv \mathfrak{b} \bmod 1 \text{ の場合}, \\ 0 & \text{それ以外}. \end{cases}$$

$$\lambda_{\mathfrak{ab}}\begin{pmatrix} -1 & b \\ 0 & -1 \end{pmatrix} = \begin{cases} \epsilon^2 e(-bS[\mathfrak{a}]) & \mathfrak{a} \equiv -\mathfrak{b} \bmod 1 \text{ の場合}, \\ 0 & \text{それ以外}. \end{cases}$$

7.1 [定理] 記号を前の通りとすると, $M = \begin{pmatrix} a & b \\ c & d \end{pmatrix} \in SL_2(\mathbb{Z})$ に対して,

$$f(Mz, M \circ_z w, P) = (cz+d)^{(p-q)/2} |cz+d|^q \rho(\iota(M), \iota(z), w) \Lambda(M) f(z, w, P)$$

となる. さらに, $\Lambda(M)$ は $SL_2(\mathbb{Z})$ のユニタリー表現を与える. 特に $\overline{{}^t\Lambda(M^{-1})} = \Lambda(M)$ である.

証明 補題 2.6 が主要な証明の道具である. $c = 0$ の場合は容易なので, まずこの場合を証明する. このときは $M = \begin{pmatrix} a & b \\ 0 & d \end{pmatrix} \in SL_2(\mathbb{Z})$ より, $a = d = \pm 1$ である. また, $Mz = z \pm b = z + bd$, $M \circ w = d^{-1}w = \pm w = dw$ であり, また $\iota(Mz) = 2(R + Sdb)$. ここで S が半整数対称行列であるから $\mathfrak{g} \in \mathbb{Z}^m$ ならば $S[\mathfrak{g}] \in \mathbb{Z}$ であり, また $\mathfrak{a}$ のとり方により $2S\mathfrak{a} \in \mathbb{Z}^m$ であるから, $S[\mathfrak{g}] + {}^t\mathfrak{g}(2S)\mathfrak{a} \equiv 0 \bmod 1$, よって $S[\mathfrak{g}+\mathfrak{a}] \equiv S[\mathfrak{a}] \bmod 1$ である. ゆえに

$$f_{\mathfrak{a}}(Mz, M \circ_z w, P) = \sum_{\mathfrak{g} \in \mathbb{Z}^m} e(R[\mathfrak{g}+\mathfrak{a}] + bdS[\mathfrak{g}+\mathfrak{a}] + d\,{}^tw(\mathfrak{a}+\mathfrak{g}))$$

$$= \sum_{\mathfrak{g} \in \mathbb{Z}^m} e(R[d\mathfrak{g}+d\mathfrak{a}] + bdS[\mathfrak{a}] + {}^tw(d\mathfrak{a}+d\mathfrak{g}))$$

$$= \sum_{\mathfrak{g} \in \mathbb{Z}^m} e(R[\mathfrak{g}+d\mathfrak{a}] + bdS[\mathfrak{a}] + {}^tw(d\mathfrak{a}+\mathfrak{g}))$$

であり，これは
$$e(bdS[\mathfrak{a}])f_{d\mathfrak{a}}(z,w,P)$$
に等しい．しかし，$(cz+d)^{(p-q)/2} = d^{(p-q)/2}$ であり，これは $d=1$ ならば 1, $d=-1$ ならば ϵ^2 に等しい．よって，$\rho(\iota(M),\iota(z),w)=1$ となることと，$\lambda_{\mathfrak{a}\mathfrak{b}}(M)$ の定義とあわせて，この場合には定理は証明された．

次に $c \neq 0$ の場合を証明する．まず，4.5 節で $\theta_0(\tau)$ の変換公式を証明したときと同様に，M の作用を簡単なものに分解するために，記号を準備する．$M = \begin{pmatrix} a & b \\ c & d \end{pmatrix}$ とおき，$M_2 = \begin{pmatrix} 1 & d/c \\ 0 & 1 \end{pmatrix}$, $M_1 = \begin{pmatrix} 0 & -1 \\ 1 & 0 \end{pmatrix} M_2$ とおくと

$$M = \begin{pmatrix} c^{-1} & a \\ 0 & c \end{pmatrix} \begin{pmatrix} 0 & -1 \\ 1 & 0 \end{pmatrix} \begin{pmatrix} 1 & d/c \\ 0 & 1 \end{pmatrix} = \begin{pmatrix} c^{-1} & a \\ 0 & c \end{pmatrix} M_1$$

となる．ここで，$J = \begin{pmatrix} 0 & -1 \\ 1 & 0 \end{pmatrix}$ として，z_1, z_2 を

$$z_2 = M_2 z = z + \frac{d}{c}, \quad z_1 = M_1 z = J z_2 = -\frac{1}{z_2}$$

と定義する．このとき $Mz = \frac{a}{c} + \frac{z_1}{c^2}$ となる．

また，$w_1 = M_1 \circ_z w$ つまり，$\iota(M_1)(\iota(z),w) = (\iota(z_1),w_1)$ とすると，

$$\iota(M)(\iota(z),w) = \iota\left(\begin{pmatrix} c^{-1} & a \\ 0 & c \end{pmatrix}\right) \iota(M_1)(\iota(z),w)$$
$$= \left(\iota\left(\frac{z_1}{c^2} + \frac{a}{c}\right), c^{-1} w_1\right)$$

となる．以上の分解より
$$f_{\mathfrak{a}}\left(\frac{z_1}{c^2} + \frac{a}{c}, \frac{w_1}{c}, P\right)$$
を計算すればよい．計算を始める前に少し記号を定めておく．$z = x+iy$, $z_j = x_j + iy_j$ ($x, y, x_j, y_j \in \mathbb{R}$) とし，また $2R = \iota(z)$, $2R_j = \iota(z_j)$ ($j = 1, 2$) とおく．定義により，
$$R_j = \frac{z_j + \overline{z}_j}{2} S + \frac{z_j - \overline{z}_j}{2} P = x_j S + i y_j P \quad (j = 1, 2)$$
である．また，
$$R_2 = \frac{z+\overline{z}}{2} S + \frac{z-\overline{z}}{2} P + \frac{d}{c} S = R + \frac{d}{c} S \tag{7.9}$$

である．ここで定義により

$$\iota(J) = \begin{pmatrix} 0 & -2S \\ (2S)^{-1} & 0 \end{pmatrix}$$

で，また $Jz_1 = z_2$ であるから，(7.4) より，

$$R_2 = \frac{\iota(z_2)}{2} = \frac{\iota(J)\iota(z_1)}{2} = -\frac{(2S)(2R_1)^{-1}(2S)}{2} = -R_1^{-1}[S] \qquad (7.10)$$

である．あるいは $R_1 = -R_2^{-1}[S]$ といっても同じである．次に，$w_2 = M_2 \circ_z w$ とおくと，$w_2 = w$ であり，また $w_1 = J \circ_{z_2} w_2$ とおくと，(7.6) などにより，

$$\begin{aligned} w_1 &= \frac{1}{2}\left(z_2^{-1}(S+P)S^{-1} + \overline{z_2}^{-1}(S-P)S^{-1}\right)w \\ &= {}^t((2S)^{-1}\iota(z_2))^{-1}w_2 = SR_2^{-1}w_2 = -R_1 S^{-1} w_2 \end{aligned} \qquad (7.11)$$

などとなる．

さて，計算をわかりやすくするために，いくつかのステップに分けることにしよう．

ステップ 1.
定義により，

$$\begin{aligned} \frac{1}{2}\iota\left(\frac{z_1}{c^2} + \frac{a}{c}\right) &= \left(\frac{z_1 + \overline{z_1}}{2c^2} + \frac{a}{c}\right)S + \left(\frac{z_1 - \overline{z_1}}{2c^2}\right)P \\ &= \frac{R_1}{c^2} + \frac{a}{c}S. \end{aligned}$$

よって，

$$f_{\mathfrak{a}}\left(\frac{z_1}{c^2} + \frac{a}{c}, \frac{w_1}{c}, P\right) = \sum_{\mathfrak{g} \in \mathbb{Z}^m} e\left(\left(\frac{R_1}{c^2} + \frac{a}{c}S\right)[\mathfrak{g}+\mathfrak{a}] + \frac{w_1}{c}(\mathfrak{g}+\mathfrak{a})\right)$$

であるが，この和において，$\mathfrak{g}$ を $\mathfrak{g} = \mathfrak{g}_1 + c\mathfrak{g}_0$ と書いて，$\mathfrak{g}_1$ は $\mathbb{Z}^m/(c\mathbb{Z})^m$ の代表を動き，$\mathfrak{g}_0$ は $\mathbb{Z}^m$ の任意の元を動くとしてよい．これにより，上式の指数関数の中身は

$$(R_1 + acS)\left[\mathfrak{g}_0 + \frac{\mathfrak{g}_1 + \mathfrak{a}}{c}\right] + {}^tw_1\left(\mathfrak{g}_0 + \frac{\mathfrak{g}_1 + \mathfrak{a}}{c}\right)$$

となるが，

$$\begin{aligned} acS\left[\mathfrak{g}_0 + \frac{\mathfrak{g}_1 + \mathfrak{a}}{c}\right] &= acS[\mathfrak{g}_0] + a\,{}^t\mathfrak{g}_0(2S)(\mathfrak{g}_1+\mathfrak{a}) + \frac{a}{c}S[\mathfrak{g}_1+\mathfrak{a}] \\ &\equiv \frac{a}{c}S[\mathfrak{g}_1+\mathfrak{a}] \bmod 1 \end{aligned}$$

である．よって

$$f_{\mathfrak{a}}\left(\frac{z_1}{c^2}+\frac{a}{c},\frac{w_1}{c},P\right) = \sum_{\mathfrak{g}_1 \bmod c} e\left(\frac{a}{c}S[\mathfrak{g}_1+\mathfrak{a}]\right)$$
$$\times \sum_{\mathfrak{g}_0 \in \mathbb{Z}^m} e\left(R_1\left[\mathfrak{g}_0+\frac{\mathfrak{g}_1+\mathfrak{a}}{c}\right] + {}^t w_1\left(\mathfrak{g}_0+\frac{\mathfrak{g}_1+\mathfrak{a}}{c}\right)\right)$$
(7.12)

となる．

ステップ 2.

式 (7.12) の後半の和にテータ関数の変換公式を適用しよう．補題 2.6 において，Z を $2R_1$，$\mathfrak{n}$ を $\mathfrak{g}_0$，$\mathfrak{a}$ を $\dfrac{\mathfrak{g}_1+\mathfrak{a}}{c}$ に置き換えて適用する．すると

$$\sum_{\mathfrak{g}_0 \in \mathbb{Z}^m} e\left(R_1\left[\mathfrak{g}_0+\frac{\mathfrak{g}_1+\mathfrak{a}}{c}\right] + {}^t w_1\left(\mathfrak{g}_0+\frac{\mathfrak{g}_1+\mathfrak{a}}{c}\right)\right)$$
$$= \det(-2iR_1)^{-1/2} \sum_{\mathfrak{g}_0 \in \mathbb{Z}^m} e\left(-\frac{1}{4}R_1^{-1}[w_1-\mathfrak{g}_0] + {}^t\mathfrak{g}_0\frac{\mathfrak{g}_1+\mathfrak{a}}{c}\right)$$

となる．次に，$\mathfrak{g}_0$ の項を処理するために，テータ関数の和をもう少し細分することを考える．$(2S)^{-1}\mathbb{Z}^m/\mathbb{Z}^m$ の代表 $\{\mathfrak{b}\}$ を一組固定する．あるいは $(2S)\mathfrak{b}$ が $\mathbb{Z}^m/(2S)\mathbb{Z}^m$ の代表と言っても同じことである．よって $\mathfrak{g}_0 \in \mathbb{Z}^m$ に対して，ある代表 $\mathfrak{b} \in (2S)^{-1}\mathbb{Z}^m$ と $\mathbb{Z}^m$ の元 $\mathfrak{g}_2$ で，$\mathfrak{g}_0 = -(2S)(\mathfrak{b}+\mathfrak{g}_2)$ となるようなものがとれる．以上より，右辺の和の指数関数の中身は

$$-\frac{1}{4}R_1^{-1}[w_1-\mathfrak{g}_0] + {}^t\mathfrak{g}_0\left(\frac{\mathfrak{g}_1+\mathfrak{a}}{c}\right) = -\frac{1}{4}R_1^{-1}[w_1] - {}^t w_1 R_1^{-1}S(\mathfrak{g}_2+\mathfrak{b})$$
$$- R_1^{-1}[S][\mathfrak{g}_2+\mathfrak{b}] - {}^t(\mathfrak{g}_2+\mathfrak{b})(2S)(\mathfrak{g}_1+\mathfrak{a})c^{-1} \quad (7.13)$$

である．式 (7.13) を (7.9), (7.10), (7.11) を適用して，書き換えると

$$-\frac{1}{4}R_1^{-1}[w_1] + {}^t w(\mathfrak{g}_2+\mathfrak{b}) + R[\mathfrak{g}_2+\mathfrak{b}] + \frac{d}{c}S[\mathfrak{g}_2+\mathfrak{b}] - \frac{2}{c}{}^t(\mathfrak{g}_2+\mathfrak{b})S(\mathfrak{g}_1+\mathfrak{a}) \quad (7.14)$$

と一致する．ここで，定義より上三角行列 M_0 に対しては $\rho(M_0,\iota(z),w)=1$ であり，また保型性とあわせて

$$\rho(\iota(M),\iota(z),w) = \rho\left(\begin{pmatrix} c^{-1} & a \\ 0 & c \end{pmatrix},\iota(z_1),w_1\right)\rho(\iota(J),\iota(z_2),w_2)\rho(M_2,\iota(z),w)$$
$$= \rho(\iota(J),\iota(z_2),w_2).$$

一方で
$$\rho(\iota(J),\iota(z_2),w_2) = e\left(\frac{{}^t w_2 R_2^{-1} w_2}{4}\right) = e\left(-\frac{{}^t w_1 R_1^{-1} w_1}{4}\right)$$

となるので,式 (7.14) の第 1 項はこれに相当する.また,見かけから,(7.14) の第 2 項と第 3 項から,大体 $f_{\mathfrak{b}}(z,w,P)$ が出てきそうに思われるのだが,実際はそれ以外の最後の 2 項も,見かけ上 $\mathfrak{g}_2$ に関係しているので,この部分が余分である.これをうまく消去することを考える必要がある.そのために $\mathfrak{g}_2$ を固定して,$\mathfrak{g}_1 \bmod c$ の和に関する部分の項を先にまとめたい.ここで,(7.12) に現れる $aS[\mathfrak{g}_1+\mathfrak{a}]/c$ の部分も一緒にして,分母が c の部分の分子をまとめると

$$aS[\mathfrak{g}_1+\mathfrak{a}] + dS[\mathfrak{g}_2+\mathfrak{b}] - 2\,{}^t(\mathfrak{g}_2+\mathfrak{b})S(\mathfrak{g}_1+\mathfrak{a})$$
$$= aS[\mathfrak{g}_1+\mathfrak{a}] + dS[\mathfrak{g}_2] - 2\,{}^t\mathfrak{g}_2 S(\mathfrak{g}_1+\mathfrak{a}) - 2\,{}^t\mathfrak{b} S(\mathfrak{g}_1+\mathfrak{a}-d\mathfrak{g}_2) + dS[\mathfrak{b}]$$

となる.ここで $ad = 1+bc \equiv 1 \bmod c$ に注意すれば,$dS[\mathfrak{g}_2] \equiv ad^2 S[\mathfrak{g}_2] \bmod c$,また $2S\mathfrak{a} \equiv 0 \bmod 1$ より $2\,{}^t\mathfrak{g}_2 S(\mathfrak{g}_1+\mathfrak{a}) \equiv 2ad\,{}^t\mathfrak{g}_2 S(\mathfrak{g}_1+\mathfrak{a}) \bmod c$ によって,最初の 3 項の和が $\bmod c$ で $aS[\mathfrak{g}_1+\mathfrak{a}-d\mathfrak{g}_2]$ に等しくなるので,全体は $\bmod c$ で

$$aS[\mathfrak{g}_1+\mathfrak{a}-d\mathfrak{g}_2] - 2\,{}^t\mathfrak{b} S(\mathfrak{g}_1+\mathfrak{a}-d\mathfrak{g}_2) + dS[\mathfrak{b}] \bmod c$$

と等しくなる.しかし,$\mathfrak{g}_2 \in \mathbb{Z}^m$ を固定したときに,$\mathfrak{g}_1$ が $\bmod c$ の代表を動くと,$\mathfrak{g}_1-d\mathfrak{g}_2$ もそうであるから,$\mathfrak{g} = \mathfrak{g}_1-d\mathfrak{g}_2$ が $\bmod c$ の代表を動くとして書き換えると

$$f_{\mathfrak{a}}(Mz, M\circ_z w, P) = \det(-2iR_1)^{-1/2}\rho(\iota(M),\iota(z),w)$$
$$\times \sum_{\mathfrak{b} \bmod (2S)^{-1}\mathbb{Z}^m/\mathbb{Z}^m} f_{\mathfrak{b}}(z,w,P) \sum_{\mathfrak{g} \bmod c} e\left(\frac{1}{c}\left(aS[\mathfrak{g}+\mathfrak{a}] - 2\,{}^t\mathfrak{b} S(\mathfrak{g}+\mathfrak{a}) + dS[\mathfrak{b}]\right)\right)$$

となる.

ステップ 3.

次に $\det(-2iR_1)^{-1/2}$ を計算する.この分岐は,$(-2iR_1)^{-1}$ に対して,第 2 章の補題 2.2 で定義した $\det((-2iR_1)^{-1})^{1/2}$ のこととして定義している.P は正定値であるから,$P = P_0^2$ となる正定値対称行列 P_0 がただひとつ存在する.また $P_0^{-1}SP_0^{-1}$ は実対称行列であるから,実直交行列で対角化可能であり,ある実直交行列 K があって $K^{-1}P_0^{-1}SP_0^{-1}K = \begin{pmatrix} S_1 & 0 \\ 0 & -S_2 \end{pmatrix}$ (S_1, S_2 は p 次および q 次の対角行列で,対角成分がみな正となるもの)と書けている.さて,P のとり方により,$PS^{-1}P = S$ であった.よっ

て, $P_0^{-1}SP_0^{-1} = P_0S^{-1}P_0$ であるから, $K^{-1}P_0^{-1}SP_0^{-1}K = (K^{-1}P_0^{-1}SP_0^{-1}K)^{-1}$ である. すなわち, $S_1^{-1} = S_1$, $S_2^{-1} = S_2$. これらは対角行列で対角成分は正としているから, つまり $S_1 = 1_p$, $S_2 = 1_q$ となる. 以上によって, 実は

$$R_1 = \frac{z_1 + \overline{z}_1}{2}S + \frac{z_1 - \overline{z}_1}{2}P$$
$$= P_0K\left(\frac{z_1 + \overline{z}_1}{2}\begin{pmatrix} 1_p & 0 \\ 0 & -1_q \end{pmatrix} + \frac{z_1 - \overline{z}_1}{2}1_m\right)K^{-1}P_0$$
$$= P_0K\begin{pmatrix} z_1 & 0 \\ 0 & -\overline{z}_1 \end{pmatrix}K^{-1}P_0$$

となる. よって, $z_2 = x_2 + iy_2 = -z_1^{-1}$ に注意して, 分岐のとり方に注意すれば, 補題 2.2 を利用して,

$$\det((-2iR_1)^{-1})^{1/2} = \left|\det\left(\frac{y_2P_0^{-2}}{2}\right)\right|^{1/2}\left(1 - \frac{x_2}{y_2}i\right)^{p/2}\left(1 + \frac{x_2}{y_2}i\right)^{q/2}$$
$$= 2^{-m/2}|\det(P_0)|^{-1}(y_2 - x_2i)^{p/2}(y_2 + ix_2)^{q/2}$$

である. ここで, $(y_2 \pm x_2i)^{1/2}$ の定義は, 主値, すなわち偏角 θ を (今の場合) $-\pi/2$ 以上 $\pi/2$ 以下にとったときの $\sqrt{|z_2|}e^{i\theta/2}$ で定義されている. これを p 乗したもの等を $p/2$ 乗と書く. $y_2 - x_2i = (-i)z_2 = -i(z + d/c) = -ic^{-1}(cz + d)$, $y_2 + x_2i = i\overline{z}_2 = i(\overline{z} + d/c) = ic^{-1}(c\overline{z} + d)$ であり, また $(cz + d)^{1/2}$, $(c\overline{z} + d)^{1/2}$ の分岐も主値と定義すると $c > 0$ のとき

$$(y_2 - x_2i)^{1/2} = (cz + d)^{1/2}c^{-1/2}e^{-\pi i/4},$$
$$(y_2 + x_2i)^{1/2} = (c\overline{z} + d)^{1/2}c^{-1/2}e^{\pi i/4}$$

であるから, $\epsilon = \exp(\pi i(q - p)/4)$ に注意して,

$$(y_2 - x_2i)^{p/2}(y_2 + x_2i)^{q/2} = \epsilon c^{-m/2}(cz + d)^{p/2}(c\overline{z} + d)^{q/2}$$

である. $c < 0$ のときは

$$(y_2 - x_2i)^{1/2} = (cz + d)^{1/2}|c|^{-1/2}e^{\pi i/4},$$
$$(y_2 + x_2i)^{1/2} = (c\overline{z} + d)^{1/2}|c|^{-1/2}e^{-\pi i/4}$$

であるから,

$$(y_2 - x_2i)^{p/2}(y_2 + x_2i)^{q/2} = \epsilon^{-1}|c|^{-m/2}(cz + d)^{p/2}(c\overline{z} + d)^{q/2}$$

である．ここで $|\det(P_0)^2| = |\det(S)|$ を考慮に入れて，

$$\det((-2iR_1)^{-1})^{1/2}$$
$$= |\det(2S)|^{-1/2}|c|^{-m/2}(cz+d)^{p/2}(c\bar{z}+d)^{q/2} \times \begin{cases} \epsilon & (c>0) \\ \epsilon^{-1} & (c<0) \end{cases}$$

となる．更には，m が偶数との仮定の元では $c \neq 0$ のときには，

$$(cz+d)^{p/2}(c\bar{z}+d)^{q/2} = (cz+d)^{(p-q)/2}|cz+d|^q$$

である．実際，偏角を，$\arg(cz+d) = \theta$ とおくとき，$c > 0$ ならば $0 < \theta < \pi$ とし，$c < 0$ のときは，$-\pi < \theta < 0$ として $\arg(c\bar{z}+d) = -\theta$ とおけば，$-\pi < \arg(c\bar{z}+d) < \pi$ となる．よって，分岐は主値をとっていることより，

$$(cz+d)^{p/2}(c\bar{z}+d)^{q/2} = |cz+d|^{m/2}e^{i(p-q)\theta/2}$$
$$= |cz+d|^{(p-q)/2}e^{i(p-q)\theta/2}|cz+d|^q$$
$$= (cz+d)^{(p-q)/2}|cz+d|^q$$

である．よって定理の変換公式は証明された．

ステップ 4.

最後に $\Lambda(M)$ がユニタリー表現であることを示す．まず最初に ${}^t\overline{\Lambda(M^{-1})} = \Lambda(M)$ を示す．$M^{-1} = \begin{pmatrix} d & -b \\ -c & a \end{pmatrix}$ である．ここで，$e(-bS[\mathfrak{a}]) = \overline{e(bS[\mathfrak{a}])}$ であり，また $\epsilon^4 = e((q-p)/2) = \pm 1$ であるから，$c = 0$ のときは，$\lambda_{\mathfrak{a}\mathfrak{b}}(M)$ の定義により明らかである（実際は $p+q$ が偶数と仮定しているので $\epsilon^2 = \pm 1$ であるが）．以下では $c \neq 0$ と仮定する．M^{-1} では a と d が入れ替わり，c が $-c$ になり，また複素共役をとると x が実数のとき $\overline{e(x/(-c))} = e(x/c)$ となるので，定義より

$$\overline{\lambda_{\mathfrak{b}\mathfrak{a}}(M^{-1})}$$
$$= |\det(2S)|^{-1/2}|c|^{-m/2} \sum_{\mathfrak{g} \bmod c} e\left(\frac{1}{c}(dS[\mathfrak{g}+\mathfrak{b}] - 2\,{}^t\mathfrak{a}S(\mathfrak{g}+\mathfrak{b}) + aS[\mathfrak{a}])\right) \cdot$$
$$\times \begin{cases} \bar{\epsilon} & (c<0 \text{ の場合}) \\ \bar{\epsilon}^{-1} & (c>0 \text{ の場合}) \end{cases}$$

ここで，M^{-1} の $(2,1)$ 成分が $-c$ であるので，$\bar{\epsilon}^{\pm}$ の符号が見かけ上，M のときと逆になっている．しかし，定義より明らかに $\bar{\epsilon}\epsilon = 1$ であるから，結果的に $c > 0$ ならば

ϵ, $c < 0$ ならば ϵ^{-1} になり，$\lambda_{\mathfrak{a}\mathfrak{b}}(M)$ での ϵ の現れ方と同じになっている．よって，以下，指数和の部分だけを $\lambda_{\mathfrak{a}\mathfrak{b}}(M)$ と比較しよう．ここで a は c と互いに素であるから，指数和において，$\mathfrak{g}$ を $-a\mathfrak{g}$ に置き換えても和は変わらない．よって $ad \equiv 1 \bmod c$ などを用いて，$\overline{\lambda_{\mathfrak{b}\mathfrak{a}}(M^{-1})}$ の指数和の部分は，

$$\sum_{\mathfrak{g} \bmod c} e\left(\frac{1}{c}(aS[\mathfrak{g}] - 2{}^t\mathfrak{b}S\mathfrak{g} + dS[\mathfrak{b}] + 2a{}^t\mathfrak{a}S\mathfrak{g} - 2{}^t\mathfrak{a}S\mathfrak{b} + aS[\mathfrak{a}])\right)$$
$$= \sum_{\mathfrak{g} \bmod c} e\left(\frac{a}{c}\left(S[\mathfrak{g}] + 2{}^t\mathfrak{a}S\mathfrak{g} + S[\mathfrak{a}]\right) + \frac{1}{c}(-2{}^t\mathfrak{b}S(\mathfrak{g} + \mathfrak{a}) + dS[\mathfrak{b}])\right)$$
$$= \sum_{\mathfrak{g} \bmod c} e\left(\frac{a}{c}S[\mathfrak{g} + \mathfrak{a}] - \frac{2{}^t\mathfrak{b}S(\mathfrak{g} + \mathfrak{a})}{c} + \frac{d}{c}S[\mathfrak{b}]\right).$$

これは $\lambda_{\mathfrak{a}\mathfrak{b}}(M)$ の指数和の部分に等しい．よって $\overline{\lambda_{\mathfrak{b}\mathfrak{a}}(M^{-1})} = \lambda_{\mathfrak{a}\mathfrak{b}}(M)$ が示されたので，${}^t\overline{\Lambda(M^{-1})} = \Lambda(M)$ である．次に $\Lambda(M)$ が表現であることを示す．$M_i \in SL(2, \mathbb{R})$ ($i = 1, 2$) に対して，$(M_1 M_2) \circ_z w = M_1 \circ_{M_2 z}(M_2 \circ_z w)$ であり，また $M = \begin{pmatrix} a & b \\ c & d \end{pmatrix}$，$z \in H_1$ に対して

$$J_1(M, z) = (cz + d)^{(q-p)/2}|cz + d|^{-q}$$

とおくと，今 $m = p + q$ を偶数としているので $(q - p)/2 \in \mathbb{Z}$ であり，$J_1(M, z)$ は（正則では無いが）保型因子のコサイクル条件を満たす．定義により

$$f((M_1 M_2)z, (M_1 M_2) \circ_z w, P) = J(M_1 M_2, z)\rho(M_1 M_2, \iota(z), w)\Lambda(M_1 M_2)f(z, w, P)$$

であるが，一方，これは

$$f(M_1(M_2 z), M_1 \circ_{M_2 z}(M_2 \circ_z w), P)$$
$$= J(M_1, M_2 z)\rho(M_1, \iota(M_2 z), M_2 \circ_z w)\Lambda(M_1)f(M_2 z, M_2 \circ_z w, P)$$
$$= J(M_1, M_2 z)\rho(M_1, \iota(M_2 z), M_2 \circ_z w)J(M_2, z)\rho(M_2, \iota(z), w)$$
$$\quad \times \Lambda(M_1)\Lambda(M_2)f(z, w, P)$$
$$= J(M_1 M_2, z)\rho(M_1 M_2, \iota(z), w)\Lambda(M_1)\Lambda(M_2)f(z, w, P)$$

となるので $\Lambda(M_1 M_2)f(z, w, P) = \Lambda(M_1)\Lambda(M_2)f(z, w, P)$ である．ここでベクトル $f(z, w, P)$ の $|\det(2S)|$ 個の成分が $\mathbb{C}$ 上線形独立ならば $\Lambda(M_1 M_2) = \Lambda(M_1)\Lambda(M_2)$ が言える．そこで，$f_{\mathfrak{a}}(z, w, P)$ の定義の式で $e({}^t w(\mathfrak{g} + \mathfrak{a}))$ の部分を見れば，$\mathfrak{g} \in \mathbb{Z}^m$ であることより，異なる $(2S)^{-1}\mathbb{Z}^m/\mathbb{Z}^m$ の代表 $\mathfrak{a}$ に対しては，現れるベキ指数が異な

るのは明らかである.よって $f_{\mathfrak{a}}$ は線形独立である.よって,表現であることがわかった.また $^t\overline{\Lambda(M)} = \Lambda(M^{-1})$ より $^t\overline{\Lambda(M)}\Lambda(M) = \Lambda(1_2)$. ここで, $\Lambda(1_2)$ は $\lambda_{\mathfrak{a}\mathfrak{b}}(1_2)$ の定義より,単位行列であるから, $\Lambda(M)$ はユニタリー行列である.以上により,定理は証明された. ∎

ジーゲルの記号にならって, $M = \begin{pmatrix} a & b \\ c & d \end{pmatrix} \in SL_2(\mathbb{Z})$ に対して,

$$\omega(a,c) = \lambda_{00}(M) \tag{7.15}$$

と書く.ここで 0 はゼロベクトルを表す. $\lambda_{00}(M)$ は (a,c) にしかよらないので,この記号は正当化される.すなわち,互いに素な整数の組 (a,c) に対して, $c=0$ のときは(互いに素という条件より $a = \pm 1$ だが),

$$\omega(a,0) = \begin{cases} 1 & a=1 \text{ のとき} \\ \epsilon^2 & a=-1 \text{ のとき} \end{cases} \tag{7.16}$$

とおき, $c \neq 0$ のときは

$$\omega(a,c) \tag{7.17}$$
$$= \epsilon |\det(2S)|^{-1/2} |c|^{-m/2} \sum_{\mathfrak{g} \in \mathbb{Z}^m/c\mathbb{Z}^m} e\left(\frac{a}{c}S[\mathfrak{g}]\right) \times \begin{cases} 1 & (c > 0 \text{ の場合}), \\ \epsilon^{-2} & (c < 0 \text{ の場合}) \end{cases}$$

とおくわけである.これは 2 次形式 S に付随するガウスの和の一つである.以下,この節では記号 N を常に $2S$ のレベル($N(2S)^{-1}$ が偶行列となる最小の正整数)という意味で用いる.

7.2 [補題] $M = \begin{pmatrix} a & b \\ c & d \end{pmatrix} \in SL_2(\mathbb{Z})$ で $c \equiv 0 \bmod N$ と仮定する.このとき

(1) $\mathfrak{b} \not\equiv a\mathfrak{a} \bmod 1$ ならば $\lambda_{\mathfrak{a}\mathfrak{b}}(M) = 0$ である.

(2) 特に $\Lambda(M)$ の $(\mathfrak{a}, \mathfrak{b}) = (0,0)$ の成分を $(1,1)$ 成分になるように行列の番号を決めると, 1 行と 1 列は $(1,1)$ 成分以外は 0 である.つまり

$$\Lambda(M) = \begin{pmatrix} \omega(a,c) & 0 & \cdots & 0 \\ 0 & * & * & * \\ \vdots & & * & * & * \\ 0 & * & * & * \end{pmatrix}.$$

また，$SL_2(\mathbb{Z})$ の3つの元

$$M = \begin{pmatrix} a & b \\ c & d \end{pmatrix}, \quad M_1 = \begin{pmatrix} a_1 & b_1 \\ c_1 & d_1 \end{pmatrix}, \quad M_2 = \begin{pmatrix} a_2 & b_2 \\ c_2 & d_2 \end{pmatrix}$$

が，$MM_1 = M_2$ を満たしているとし，さらに $c \equiv 0 \bmod N$ であるなら，

$$\omega(a,c)\omega(a_1,c_1) = \omega(a_2,c_2) \tag{7.18}$$

となる．

証明 まず (1) を証明する．$c = 0$ ならば，$\lambda_{\mathfrak{ab}}(M)$ の定義より明らかである．よって $c \neq 0$ と仮定する．$\lambda_{\mathfrak{ab}}(M)$ の $\mathfrak{a}, \mathfrak{b}$ による部分は

$$\sum_{\mathfrak{g} \bmod c} e\left(\frac{1}{c}(aS[\mathfrak{g}+\mathfrak{a}] - 2{}^t\mathfrak{b}S(\mathfrak{g}+\mathfrak{a}) + dS[\mathfrak{b}])\right)$$

であったが，ここで $\mathfrak{g}_1 \in \mathbb{Z}^m$ を固定し $\mathfrak{g} = \mathfrak{g}_0 + (2S)^{-1}c\mathfrak{g}_1$ とおくと，$c \equiv 0 \bmod N$ の仮定より $(2S)^{-1}c \in M_n(\mathbb{Z})$ であるから，$\mathfrak{g}_0 \in \mathbb{Z}^m$ であり，$\mathfrak{g}_0$ を $\bmod\, c$ で動かすことと $\mathfrak{g}$ を $\bmod\, c$ で動かすのは同値である．よって，$\mathfrak{g}$ にこの式を代入して

$$\begin{aligned}
aS[\mathfrak{g}+\mathfrak{a}] &- 2{}^t\mathfrak{b}S(\mathfrak{g}+\mathfrak{a}) + dS[\mathfrak{b}] \\
&= aS[\mathfrak{g}_0 + (2S)^{-1}c\mathfrak{g}_1 + \mathfrak{a}] - 2{}^t\mathfrak{b}S(\mathfrak{g}_0 + (2S)^{-1}c\mathfrak{g}_1 + \mathfrak{a}) + dS[\mathfrak{b}] \\
&= aS[\mathfrak{g}_0 + \mathfrak{a}] + 4^{-1}ac^2 S^{-1}[\mathfrak{g}_1] + ac{}^t\mathfrak{g}_1(\mathfrak{g}_0 + \mathfrak{a}) \\
&\quad - 2{}^t\mathfrak{b}S(\mathfrak{g}_0 + \mathfrak{a}) - c{}^t\mathfrak{b}\mathfrak{g}_1 + dS[\mathfrak{b}].
\end{aligned} \tag{7.19}$$

ここで，$c \equiv 0 \bmod N$ より $c(2S)^{-1}$ は偶行列であるから $c(2S)^{-1}[\mathfrak{g}_1] \in 2\mathbb{Z}$ であり，よって $2^{-1}ac^2(2S)^{-1}[\mathfrak{g}_1] \in c\mathbb{Z}$．また $ac{}^t\mathfrak{g}_1\mathfrak{g}_0 \in c\mathbb{Z}$ でもある．ゆえに，(7.19) は $\bmod\, c$ で

$$aS[\mathfrak{g}_0 + \mathfrak{a}] - 2{}^t\mathfrak{b}S(\mathfrak{g}_0 + \mathfrak{a}) + dS[\mathfrak{b}] + c{}^t\mathfrak{g}_1(a\mathfrak{a} - \mathfrak{b})$$

と合同である．よって，任意の $\mathfrak{g}_1 \in \mathbb{Z}^m$ について

$$\lambda_{\mathfrak{ab}}(M) = \lambda_{\mathfrak{ab}}(M)e({}^t\mathfrak{g}_1(a\mathfrak{a} - \mathfrak{b})).$$

ゆえに，$a\mathfrak{a} \equiv \mathfrak{b} \bmod 1$ でない限りは，$\lambda_{\mathfrak{ab}}(M) = 0$ である．よって (1) が示された．(2) の最初の主張は $c \equiv 0 \bmod N$ という仮定の下では，(1) により $\mathfrak{b} \equiv a \cdot 0 = 0 \bmod 1$ でないと $\lambda_{0\mathfrak{b}}(M) = 0$ であるから，第1行は (1,1) 成分以外はゼロである．また

$\Lambda(M)$ はユニタリー行列であるから，$|\lambda_{00}(M)| = 1$ であり，よって $\lambda_{00}(M) \neq 0$ であるが，各行は直交するので，よって第一列も $(1,1)$ 成分以外はゼロである．また $\Lambda(M)\Lambda(M_1) = \Lambda(M_2)$ であり，$c \equiv 0 \bmod N$ という仮定から $\Lambda(M)$ の第 1 行は $(\omega(a,c), 0, \ldots, 0)$ であるが，定義により $i = 1, 2$ に対して，$\Lambda(M_i)$ の $(1,1)$ 成分は $\omega(a_i, c_i)$ であるから，両辺の $(1,1)$ 成分を比較すれば，直ちに主張の等式が得られる． ∎

この補題はベクトル $f = (f_\mathfrak{a})$ の成分 f_0 のみをとれば，これが群

$$\Gamma_0(N) = \left\{ \begin{pmatrix} a & b \\ c & d \end{pmatrix} \in SL(2,\mathbb{Z}); c \equiv 0 \bmod N \right\}$$

については，保型性を満たしていることを意味するのだが，詳しくはまた後で触れる．

7.3 [補題]　a, c を互いに素な整数とし，$c \equiv 0 \bmod N$ と仮定する．また，b, d を $ad - bc = 1$ となる，任意の整数とする．このとき次が成り立つ．

(1) $\omega(a,c) = |d|^{-m/2} \sum_{\mathfrak{g} \in \mathbb{Z}^m/d\mathbb{Z}^m} e\left(\dfrac{b}{d} S[\mathfrak{g}]\right) \times \begin{cases} 1 & (d > 0 \text{ の場合}), \\ \epsilon^{-2} & (d < 0 \text{ の場合}). \end{cases}$

(2) $\omega(a,c) = |a|^{-m/2} \sum_{\mathfrak{g} \in \mathbb{Z}^m/a\mathbb{Z}^m} e\left(-\dfrac{c}{a} S[\mathfrak{g}]\right) \times \begin{cases} 1 & (a > 0 \text{ の場合}), \\ \epsilon^{-2} & (a < 0 \text{ の場合}). \end{cases}$

(今，m が偶数と仮定しているから $\epsilon^4 = 1$，よって $\epsilon^2 = \epsilon^{-2} = \pm 1$ でもある)．

証明　(1) を示す．定義により，$\omega(0,1) = \epsilon |\det(2S)|^{-1/2}$ である．さて，

$$\begin{pmatrix} a & b \\ c & d \end{pmatrix} \begin{pmatrix} 0 & -1 \\ 1 & 0 \end{pmatrix} = \begin{pmatrix} b & -a \\ d & -c \end{pmatrix}$$

であるが，$c \equiv 0 \bmod N$ と仮定したので，補題 7.2 の (2) より，

$\omega(a,c)\omega(0,1) = \omega(b,d)$

$= \epsilon |\det(2S)|^{-1/2} |d|^{-m/2} \sum_{\mathfrak{g} \in \mathbb{Z}^m/d\mathbb{Z}^m} e\left(\dfrac{b}{d} S[\mathfrak{g}]\right) \times \begin{cases} 1 & (d > 0), \\ \epsilon^{-2} & (d < 0). \end{cases}$

両辺を $\omega(0,1)$ で割って，(1) を得る．次に (2) を示す．c, d は互いに素であるから，(1) において $\mathfrak{g}$ を $c\mathfrak{g}$ に置き換えてもよい．$bc^2 = c(-1 + ad) \equiv -c \bmod d$ より，

$$\omega(a,c) = |d|^{-m/2} \sum_{\mathfrak{g} \in \mathbb{Z}^m/d\mathbb{Z}^m} e\left(-\dfrac{c}{d} S[\mathfrak{g}]\right) \times \begin{cases} 1 & d > 0 \text{ の場合}, \\ \epsilon^{-2} & d < 0 \text{ の場合} \end{cases} \tag{7.20}$$

となる．ここで $^t\overline{\Lambda(M^{-1})} = \Lambda(M)$ であったから，$M^{-1} = \begin{pmatrix} d & -b \\ -c & a \end{pmatrix}$ に注意して $\omega(a,c) = \overline{\omega(d,-c)}$ であるが，$\begin{pmatrix} d & -b \\ -c & a \end{pmatrix} \in \Gamma_0(N)$ に上式 (7.20) を適用し，複素共役に注意して

$$\omega(a,c) = \overline{\omega(d,-c)} = |a|^{-m/2} \sum_{\mathfrak{g} \in \mathbb{Z}^m/a\mathbb{Z}^m} e(-\frac{c}{a}S[\mathfrak{g}]) \times \begin{cases} 1 & (a>0) \\ \overline{\epsilon}^{-2} & (a<0) \end{cases}$$

となる．ここで明らかに $\overline{\epsilon}^{-2} = \epsilon^2 = \epsilon^{-2}$ であるから，主張を得る． ∎

話を先に進めるために，$2S$ のレベルに対する補題を一つ証明なしで挙げておく．証明は 7.2 節で与える．

7.4 [補題] (1) m を偶数とし，S を m 次半整数対称行列とする．このとき $|\det(2S)|$ は N^m の約数である．また N は $|\det(2S)|$ を割り切る．
(2) $N = 1$ または $N = 2$ ならば，$p \equiv q \bmod 4$，よって $\epsilon^2 = 1$ である．

7.5 [命題] m が偶数で，(a,c) が互いに素であるとき，
(1) $a \equiv 1 \bmod N$ かつ $c \equiv 0 \bmod N$ ならば $\omega(a,c) = 1$ である．
(2) $\omega(a,c)$ は $(a \bmod N, c \bmod N)$ のみによる．

証明 補題 7.3 (2) より $\omega(1,N) = 1$ である．$\omega(a,N)$ の定義 (7.17) より，$a \equiv 1 \bmod N$ のとき $\omega(a,N) = \omega(1,N)$ は明らかである．さらには，$a \equiv 1 \bmod N$ かつ $c \equiv 0 \bmod N$ ならば $\omega(a,c) = 1$ であることを示そう．まず $c \neq 0$ とする．ここで $c = c_0 N$ とおくと，補題 7.3 の (2) より

$$\omega(a,c) = |a|^{-m/2} \sum_{\mathfrak{g} \bmod a} e\left(-\frac{c_0 N}{a}S[\mathfrak{g}]\right) \times \begin{cases} 1 & (a>0) \\ \epsilon^2 & (a<0) \end{cases}$$

であるが，ここで c と a は互いに素であるから，もちろん c_0 と a も互いに素であり，$e(-c_0 N S[\mathfrak{g}]/a)$ と $e(-N S[\mathfrak{g}]/a)$ は $|a|$ 分体 $\mathbb{Q}(e(1/a))$ の元として，$\mathbb{Q}$ 上の自己同型で互いに写る．また m は偶数と仮定しているから $|a|^{m/2}, \epsilon^2 = \pm 1 \in \mathbb{Z}$ より，$\omega(a, c_0 N)$ も $\omega(a,N)$ のガロア共役である．しかし，今 $\omega(a,N) = 1$ であるから当然 $\omega(a,c) = 1$ となる．次に，$c = 0$ と仮定する．このとき $a = \pm 1$ である．定義により，

$\omega(1,0) = 1$, $\omega(-1,0) = \epsilon^2$ であるが，N が 1 または 2 以外ならば，$-1 \not\equiv 1 \bmod N$ であるから，$a \equiv 1 \bmod N$ ならば $\omega(a,0) = 1$ である．$N = 1$ または $N = 2$ であれば，$-1 \equiv 1 \bmod N$ であるが，このときは補題 7.4 (2) より $\epsilon^2 = 1$ となるので，やはり $\omega(a,0) = 1$ である．よって (1) が示された．

次に (2) を示す．互いに素な整数の 2 つの組 (a_i, c_i) $(i = 1, 2)$ を考えると

$$M \begin{pmatrix} a_1 \\ c_1 \end{pmatrix} = \begin{pmatrix} a_2 \\ c_2 \end{pmatrix} \tag{7.21}$$

となる $M = \begin{pmatrix} a & b \\ c & d \end{pmatrix} \in SL_2(\mathbb{Z})$ は存在するが，この M のとり方は当然いろいろありうる．しかし，ここでさらに，$(a_1, c_1) \equiv (a_2, c_2) \bmod N$ と仮定すると，(7.21) を満たす M を $c \equiv 0 \bmod N$, $a \equiv 1 \bmod N$ となるようにとれることが，次のようにして示せる．今 $i = 1, 2$ を固定すると，a_i, c_i が互いに素であるから，$b_i, d_i \in \mathbb{Z}$ で $M_i = \begin{pmatrix} a_i & b_i \\ c_i & d_i \end{pmatrix} \in SL_2(\mathbb{Z})$ となるものが存在する．ここで $(a_1, c_1) \equiv (a_2, c_2) \bmod N$ より，

$$\begin{aligned} M_1^{-1} M_2 &= \begin{pmatrix} d_1 & -b_1 \\ -c_1 & a_1 \end{pmatrix} \begin{pmatrix} a_2 & b_2 \\ c_2 & d_2 \end{pmatrix} = \begin{pmatrix} a_2 d_1 - b_1 c_2 & d_1 b_2 - b_1 d_2 \\ a_1 c_2 - c_1 a_2 & a_1 d_2 - c_1 b_2 \end{pmatrix} \\ &\equiv \begin{pmatrix} a_1 d_1 - b_1 c_1 & d_1 b_2 - b_1 d_2 \\ a_1 c_1 - c_1 a_1 & a_2 d_2 - b_2 c_2 \end{pmatrix} = \begin{pmatrix} 1 & x \\ 0 & 1 \end{pmatrix} \bmod N \end{aligned}$$

$(x = d_1 b_2 - b_1 d_2)$ となる．ここで

$$M_3 = M_2 \begin{pmatrix} 1 & -x \\ 0 & 1 \end{pmatrix}$$

とおくと，M_3 の第 1 列は ${}^t(a_2, c_2)$ であり，ここで $M = M_3 M_1^{-1}$ とおくと，(7.21) が成り立つ．ここでまた M_3 のとり方により $M_3 \equiv M_1 \bmod N$ でもあるから，$M \equiv 1_2 \bmod N$ である．また $MM_1 = M_3$ だから，補題 7.2 より $\omega(a, c)\omega(a_1, c_1) = \omega(a_2, c_2)$ である．ここで (1) より $\omega(a, c) = 1$ であるから，$\omega(a_1, c_1) = \omega(a_2, c_2)$ となる．よって (2) が示された． ■

2. 2 次形式のジョルダン分解とレベル

2.1 ジョルダン分解

ここでは p 進整数環上の 2 次形式のジョルダン分解について，本書で必要な最小限

の範囲に限って概要を述べる．理論の詳細については，たとえば，北岡良之 [106] に非常に丁寧に述べられているので，そちらを参照していただければ幸いである．

ここでは S を m 次半整数対称行列，つまり $2S$ を偶対称行列とする．R が単位可換整域のとき，$GL_m(R)$ で $M_m(R)$ 自身の可逆元，つまり $P \in M_m(R)$ かつ $P^{-1} \in M_m(R)$ となる元 P 全体のなす群を表す．R 係数の m 次対称行列 S_1, S_2 について，ある $P \in GL_m(R)$ が存在して，$S_1[P] = {}^t P S_1 P = S_2$ となるとき，S_1, S_2 は R 上同値と呼ぶことにする．

有理数体 $\mathbb{Q}$ 上の対称行列 S_1 と S_2 が $\mathbb{Q}$ 上同値であれば，もちろん $\mathbb{R}$ 上も，またすべての素数 p に対して p 進数体 $\mathbb{Q}_p$ 上も同値であるが，これの逆が成立する．すなわち S_1, S_2 が $\mathbb{R}$ 上同値で，しかもすべての素数に対して $\mathbb{Q}_p$ 上同値であれば $\mathbb{Q}$ 上同値でもある．これを 2 次形式の Hasse の原理という（証明はたとえば [106] や [156] を参照されたい）．

一方で，S_1, S_2 が整数係数の対称行列のとき，これらが $\mathbb{Z}$ 上同値ならばもちろん $\mathbb{R}$ 上も，また任意の素数 p に対して p 進整数環 $\mathbb{Z}_p$ 上も同値であるが，逆は成立しない．たとえば，Siegel は [173] で，$5x^2 + 11y^2$ と $x^2 + 55y^2$ は $\mathbb{R}$ 上，およびすべての $\mathbb{Z}_p$ 上では同値だが $\mathbb{Z}$ 上では同値でないことを序文で説明して，その差をどう記述するかということを動機として，2 次形式のゼータ関数や，いわゆるジーゲル公式を導入している．$\mathbb{R}$ 上およびすべての $\mathbb{Z}_p$ 上で同値な整数係数対称行列の集合を「種」という．1 つの種の中の $\mathbb{Z}$ 上の同値類は有限個となり，これを 2 次形式の「種」の類数と呼ぶ．しかし $\mathbb{Z}$ 上の同値類を分類するには，その前に $\mathbb{R}$ 上の分類と $\mathbb{Z}_p$ 上の分類をすることが先決でもある．$\mathbb{R}$ 上の分類は，線形代数学でおなじみのシルベスターの慣性法則と呼ばれるもので，符号のみで決まっている．また，p が奇素数ならば，$\mathbb{Z}_p$ 上の分類結果は，あまり複雑ではない．しかし，$\mathbb{Z}_2$ 上の同値類の分類は極めて複雑である．結果はたとえば [142] などに書いてあるが，なかなか面倒なので「分類というよりは，分類の存在定理だ」という意見を聞いたこともある．このため，近年，もう少し粗い分類の仕方が工夫されてきているようである．

それはともかく，$\mathbb{Z}_p$ 上の一種の標準形がジョルダン分解である．これは $\mathbb{Z}_p$ 上の非退化対称行列を，$GL_m(\mathbb{Z}_p)$ 同値なものに取り換えることにより，$GL_\nu(\mathbb{Z}_p)$ $(\nu \leq m)$ の標準的な元の p^j 倍のブロックを対角線にならべた形に変形する話である．ジョルダン分解の一意性は $\mathbb{Z}_2$ 上では成り立たない（つまり見かけのかなり異なるジョルダン分解が同値になることがある）という点で話が面倒になるのである．ここではジョルダン分解のどのような同値類が，どの程度 2 次形式を決めるか，ということには立ち入らずに，あとで使用するために，どのようなジョルダン分解と同値になるのか，と

いう観点のみから分類を述べることにする.

7.6 [命題] p を奇素数とする. $S \in M_m(\mathbb{Z}_p)$ を $\det(S) \neq 0$ となる対称行列とする.

(1) もし $\det(S) \subset \mathbb{Z}_p^\times$ ならば, ある $P \in GL_m(\mathbb{Z}_p)$ が存在して,

$$ {}^t PSP = \begin{pmatrix} 1_{m-1} & 0 \\ 0 & u \end{pmatrix} $$

$u \in \mathbb{Z}_p^\times$ とできる.

(2) 一般の対称行列 $S \in M_n(\mathbb{Z}_p)$ では, ある $P \in GL_m(\mathbb{Z}_p)$ に対して

$$ {}^t PSP = \begin{pmatrix} p^{b_1}U_1 & 0 & 0 & \cdots & 0 \\ 0 & p^{b_2}U_2 & 0 & \cdots & 0 \\ \vdots & 0 & \ddots & \vdots & 0 \\ 0 & 0 & \cdots & 0 & p^{b_l}U_l \end{pmatrix} $$

となる. ここで b_i は $0 \leq b_1 < b_2 < \cdots < b_l$ となる整数で, U_i は適当な正整数 ν_i に対して ν_i 次の対角行列で,

$$ U_i = \begin{pmatrix} 1_{\nu_i - 1} & 0 \\ 0 & u_i \end{pmatrix} $$

かつ $u_i \in \mathbb{Z}_p^\times$ の形である.

証明 一般の対称行列 $S \in M_m(\mathbb{Z}_p)$ を考える. S の全成分の最大公約イデアルを $p^{b_1}\mathbb{Z}_p$ とする. ここでもし対角成分のうちに $p^{b_1}\mathbb{Z}_p^\times$ に入る成分があれば, S を置換行列 P で $S[P]$ に取り換えることにより, $(1,1)$ 成分がそうであるとしてよい. もしそのような対角成分がないとすると, やはり置換行列で S を変換して, 第 1 列の全成分の最大公約イデアルが p^{b_1} と仮定してよい. またこのとき, すべての対角成分は $p^{b_1+1}\mathbb{Z}_p$ の元としておいてよい. ここで $(1,1)$ 成分が $p^{b_1}\mathbb{Z}_p^\times$ にできることを言う. S の $(i,1)$ 成分 $(i \neq 1)$ が $p^{b_1}u$, $u \in \mathbb{Z}_p^\times$ だったとする. e_{ij} で (i,j) 成分が 1, 他の成分がすべてゼロの行列を表すとする. S の成分を $S = (s_{ij})$ と書き, $P = 1_m + e_{i1}$ とおくとき ${}^tPSP$ の $(1,1)$ 成分 x_{11} は $s_{11} + s_{1i} + s_{i1} + s_{ii}$ である. ここで, 仮定により $s_{11}, s_{ii} \in p^{b_1+1}\mathbb{Z}_p$ である. また $s_{1i} = s_{i1} = p^{b_1}u$ である. よって $(1,1)$ 成分は $2p^{b_1}u \mod p^{b_1+1}$ である. ここで $p \neq 2$ と仮定しているので, $2p^{b_1}u \in p^{b_1}\mathbb{Z}_p^\times$ となる. よって $(1,1)$ 成分が $p^{b_1}\mathbb{Z}_p^\times$ の元となった. さて, 第 1 行, および第 1 列の他の成分はみな $p^{b_1}\mathbb{Z}_p$ の元であるから, たとえば $j \neq 1$ に対して, ${}^tPSP$ の $(1,j)$ 成分 $=(j,1)$ 成分を $p^{b_1}v_j$ $(v_j \in \mathbb{Z}_p)$

とすると, $P_1 = 1 - \sum_{j=2}^{m} e_{1j}(v_j/x_{11})$ とすれば, ${}^tP_1\,{}^tPSPP_1 = \begin{pmatrix} p^{b_1}u_1 & 0 \\ 0 & S_1 \end{pmatrix}$ とできる. S_1 に関して同様の操作を繰り返して, 結局, S を $GL_m(\mathbb{Z}_p)$ の元で同値なものに取り換えることにより, 対角化することができる. 適当に置換行列で順序を入れ替えて, 対角成分は $p^{f_1}v_1, \ldots, p^{f_m}v_m$, $0 \leq f_1 \leq f_2 \leq \cdots \leq f_m$, $v_i \in \mathbb{Z}_p^\times$ としてよい. 次に $\det(S) \in \mathbb{Z}_p^\times$ と仮定する. このときは上で $f_i = 0$ $(1 \leq i \leq m)$ である. さて, p が奇数という仮定より, $u_1, u_2 \in \mathbb{Z}^\times$ ならば $u_1 x^2 + u_2 y^2 = 1$ となる $x, y \in \mathbb{Z}_p$ が存在する ($p = 2$ ならば正しくない. たとえば $-x^2 - y^2 = 1$ は $\mathbb{Z}_2$ 内に解を持たない). これはヒルベルト記号の公式より明らかだが, 一応証明を与えておく. 実際, $u_1 \in (\mathbb{Z}_p^\times)^2$ または $u_2 \in (\mathbb{Z}_p^\times)^2$ ならば $x = u_1^{-1/2}$, $y = 0$ または $x = 0$, $y = u_2^{-1/2}$ とすればよい. もし u_1, u_2 がともに $(\mathbb{Z}_p^\times)^2$ の元でなければ, p: 奇数より $[\mathbb{Z}_p^\times, (\mathbb{Z}_p^\times)^2] = 2$ であるから, $u_1^{-1}u_2 \in (\mathbb{Z}_p^\times)^2$. よって, $u_1^{-1}u_2 = u^2$ として, $x^2 + (uy)^2 = u_1^{-1}$ となる x, y があればよいが, $\sqrt{-1} \in \mathbb{Z}_p$ ならば, 連立1次方程式 $x + u\sqrt{-1}uy = 1$, $x - u\sqrt{-1}uy = u_1^{-1}$ を解けば, 解は $x, y \in \mathbb{Z}_p$ となるからよい. また, もし $\sqrt{-1} \notin \mathbb{Z}_p$ ならば, 局所類体論より, p が不分岐な拡大 $\mathbb{Q}_p(\sqrt{-1})/\mathbb{Q}_p$ のノルムは単数群に全射, つまりノルム $N(x + \sqrt{-1}uy) = u_1^{-1}$ となる $x, y \in \mathbb{Q}_p$ が存在するが, 局所体で考えているから, このことは $x + \sqrt{-1}uy$ が局所体の整数環 $\mathbb{Z}_p[\sqrt{-1}]$ の元であることを意味し, したがって $x, y \in \mathbb{Z}_p$ である. 以上により, (x, y) を第1列にもつ $P \in GL_2(\mathbb{Z}_p)$ をとって

$$ {}^tP \begin{pmatrix} u_1 & 0 \\ 0 & u_2 \end{pmatrix} P = \begin{pmatrix} 1 & * \\ * & * \end{pmatrix} $$

とできる. あとは前と同様にして, これを $GL_2(\mathbb{Z}_p)$ の元で対角化することができるので, 結局, $\begin{pmatrix} 1 & 0 \\ 0 & d \end{pmatrix}$ の形の行列と同値になる. よって帰納法によって, 行列式が $\mathbb{Z}_p^\times$ に属する行列について (1) が言える. (2) で f_i が同じ部分をまとめて (1) を適用すると (2) が言える. ■

p が奇数のときには, (2) の形のジョルダン分解は u_i の $(Z_p^\times)^2$ 倍の取り換えを除いて, 一意的であることが知られている.

7.7 [命題] $p = 2$ とし, $\det(S) \neq 0$ となる対称行列 $S \in M_m(\mathbb{Z}_2)$ を考える. このとき,

(1) S は次のような行列と $\mathbb{Z}_2$ 上同値になる.
$$\begin{pmatrix} S_o & 0 \\ 0 & S_e \end{pmatrix}$$
ただし,
$$S_o = \begin{pmatrix} p^{b_1}u_1 & 0 & 0 & \cdots & 0 \\ 0 & p^{b_2}u_2 & 0 & \cdots & 0 \\ \vdots & 0 & \ddots & \vdots & 0 \\ 0 & 0 & \cdots & 0 & p^{b_l}u_l \end{pmatrix},$$
$$S_e = \begin{pmatrix} p^{c_1}U_1 & 0 & 0 & \cdots & 0 \\ 0 & p^{c_2}U_2 & 0 & \cdots & 0 \\ \vdots & 0 & \ddots & \vdots & 0 \\ 0 & 0 & \cdots & 0 & p^{c_{l'}}U_{l'} \end{pmatrix}$$
ここで, $u_j \in \mathbb{Z}_p^{\times}$, また U_j は,
$$U(-1) = \begin{pmatrix} 0 & 1 \\ 1 & 0 \end{pmatrix}, \quad U(3) = \begin{pmatrix} 2 & 1 \\ 1 & 2 \end{pmatrix}$$
のどちらか, また $0 \le b_1 \le \cdots \le b_l$, $0 \le c_1 \le \cdots \le c_{l'}$ である.

(2) $S \in M_m(\mathbb{Z}_2)$ が偶行列 (すなわち対角成分が $2\mathbb{Z}_2$ の元) であり, かつ $\det(S) \in \mathbb{Z}_2^{\times}$ とすると S は次のいずれかに同値である (特に m は自動的に偶数になる).

$$\begin{pmatrix} U(-1) & 0 & \cdots & 0 \\ 0 & \ddots & 0 & 0 \\ 0 & \ddots & U(-1) & 0 \\ 0 & \cdots & 0 & U(-1) \end{pmatrix}, \quad \begin{pmatrix} U(-1) & 0 & \cdots & 0 \\ 0 & \ddots & 0 & 0 \\ 0 & 0 & U(-1) & 0 \\ 0 & \cdots & 0 & U(3) \end{pmatrix}.$$

7.8 [注意] より詳しい説明は, [106] p.79 および Theorem 5.2.2, [29] p.117 なども参照されたい. なお, ジョルダン分解は全然一意的ではない. S_o と S_e の分解さえ, 一意的には決まらない. たとえば, 次の2つの対称行列は $\mathbb{Z}_2$ 上 (また $\mathbb{Z}$ 上でも), 同値である.

$$S_1 = \begin{pmatrix} 1 & 0 & 0 \\ 0 & 1 & 0 \\ 0 & 0 & -1 \end{pmatrix}, \quad S_2 = \begin{pmatrix} 1 & 0 & 0 \\ 0 & 0 & 1 \\ 0 & 1 & 0 \end{pmatrix}. \tag{7.22}$$

実際,
$$P = \begin{pmatrix} 1 & 0 & 1 \\ -1 & 1 & 0 \\ -1 & 1 & -1 \end{pmatrix}$$
とおくと,$\det(P) = 1$ であり,また ${}^tPS_1P = S_2$ となる.

上の命題の形に同値変形できると言うだけならば,証明は,たいして難しくはないので,命題 7.7 の証明を書く.

証明 まず $S = 2^r S_0$ かつ S_0 の成分のどれかは $\mathbb{Z}_2^\times$ の元となるようにできる.よって S_0 をあらためて S と書く.S の対角成分のどれかが $\mathbb{Z}_2^\times$ の元ならば,p が奇数のときと同様にして,S を同値で取り換えて $\begin{pmatrix} u & 0 \\ 0 & S' \end{pmatrix}$ ($u \in \mathbb{Z}_2^\times$) とできるので,$S'$ について調べればよく,帰納法が使える.もし S の対角成分がすべて $2\mathbb{Z}_2$ の元だとすると,対角成分以外の成分で $\mathbb{Z}_2^\times$ の元であるものがあるが,置換行列で行と列を(対称的に)入れ替えて,これが $(1,2)$ 成分になるようにできる.ここで,$S = \begin{pmatrix} S_1 & S_{12} \\ {}^tS_{12} & S_2 \end{pmatrix}$ (S_1 は 2 次対称行列)とすると,仮定により,S_1 の対角成分は $2\mathbb{Z}_2$ の元で $(1,2)$ 成分は $\mathbb{Z}_2^\times$ の元だから,$\det(S_1) \in \mathbb{Z}_2^\times$ であり,$S_1^{-1} \in M_2(\mathbb{Z}_2)$ である.よって
$$\begin{pmatrix} 1_2 & 0 \\ -{}^tS_{12}S_1^{-1} & 1_{m-2} \end{pmatrix} \begin{pmatrix} S_1 & S_{12} \\ {}^tS_{12} & S_2 \end{pmatrix} \begin{pmatrix} 1_2 & -S_1^{-1}S_{12} \\ 0 & 1_{m-2} \end{pmatrix}$$
$$= \begin{pmatrix} S_1 & 0 \\ 0 & S_2 - {}^tS_{12}S_1^{-1}S_{12} \end{pmatrix}$$
となる.ここで 2 次対称行列 S_1 が $U(-1)$ または $U(3)$ と同値なことを示そう.
$$S_1 = \begin{pmatrix} 2^{t_1}u_1 & u_{12} \\ u_{12} & 2^{t_2}u_2 \end{pmatrix} \quad (u_{12} \in \mathbb{Z}_2^\times, 1 \le t_1, t_2)$$
としてよい.$\begin{pmatrix} 1 & 0 \\ 0 & u_{12}^{-1} \end{pmatrix}$ を S_1 の左右から掛けて同値なものに取り換えることにより,$u_{12} = 1$ と仮定しておいてよい.最初に $\max(t_1, t_2) \ge 2$ ならば S_1 は $U(-1)$ に同値なことを示す.まず $x, y \in \mathbb{Z}_2$ で $2^{t_1}u_1 x^2 + 2xy + 2^{t_2}u_2 y^2 = 0$ なるものの存在を言う.これは $2^{t_1-1}u_1 x^2 + xy + 2^{t_2-1}u_2 y^2 = 0$ と同値である.$y = 2^{t_1-1}$ として,方程式を書き換えて,$2^{t_1-1}u_1$ で割ると
$$x^2 + u_1^{-1}x + 2^{t_1+t_2-2}u_1^{-1}u_2 = 0$$

となる．$\max(t_1, t_2) \geq 2$ より，$t_1 + t_2 - 2 \geq 1$ である．よってヘンゼルの補題（または $(\mathbb{Z}_2^\times)^2 = 1 + 8\mathbb{Z}_2$ なることと平方完成を用いた簡単な計算）によりこの方程式を満たす x で $x \in \mathbb{Z}_2^\times$ のものが存在することがわかる．この (x, y) を第一行にもつ $A \in GL_2(\mathbb{Z}_2)$ がとれるから，$AS_1{}^t A = \begin{pmatrix} 0 & u \\ u & 2^a u_3 \end{pmatrix}$ $(u \in \mathbb{Z}_2, u_3 \in \mathbb{Z}_2^\times)$ となる．S_1 は偶行列であるから，$1 \leq a$ は明らかである．また $u \in 2\mathbb{Z}_2$ ならば S_1 が 2 で割り切れることになって矛盾であるから，$u \in \mathbb{Z}_2^\times$ である．ここで

$$\begin{pmatrix} 1 & 0 \\ -u^{-2} 2^{a-1} u_3 & u^{-1} \end{pmatrix} \begin{pmatrix} 0 & u \\ u & 2^a u_3 \end{pmatrix} \begin{pmatrix} 1 & -u^{-2} 2^{a-1} u_3 \\ 0 & u^{-1} \end{pmatrix} = \begin{pmatrix} 0 & 1 \\ 1 & 0 \end{pmatrix}.$$

よってこの場合は S_1 は $U(-1)$ と同値である．次に元に戻って S_1 において $t_1 = t_2 = 1$，$u_{12} = 1$ と仮定する．このときは（たとえばヘンゼルの補題によって），$2u_1 x^2 + 2xy + 2u_2 y^2 = 2$ となる $(x, y) \in \mathbb{Z}_2^2$ が存在する．x, y が共に $2\mathbb{Z}_2$ ならば，とり方に矛盾するから，(x, y) を第一行にもつ $A \in GL_2(\mathbb{Z}_2)$ があり，これで S_1 を $AS_1{}^t A$ に取り換えることにより，

$$S_1 = \begin{pmatrix} 2 & u_4 \\ u_4 & 2^t u_5 \end{pmatrix} \quad (u \in \mathbb{Z}_2^\times, 1 \leq t)$$

としておいてよい．ここで $t = 1$ である．実際，もともと $u_1 u_2 \in \mathbb{Z}_2^\times$ より，$\det(S_1) = -1 + 4u_1 u_2 \equiv -1 + 4 = 3 \bmod 8$ であるが，新しい表示では $\det(S_1) = -u_4^2 + 2^{t+1} u_5$ であるから，もし $t \geq 2$ ならば $\det(S_1) \equiv -1 \bmod 8$ となって矛盾する．また，前と同様，$u_4 = 1$ としてもよい．ここで

$$\begin{pmatrix} 1 & 0 \\ x & y \end{pmatrix} \begin{pmatrix} 2 & 1 \\ 1 & 2u_5 \end{pmatrix} \begin{pmatrix} 1 & x \\ 0 & y \end{pmatrix} = \begin{pmatrix} 2 & 2x + y \\ 2x + y & 2(x^2 + xy + u_5 y^2) \end{pmatrix}$$

を考える．この式で $2x + y = 1$ となる $x, y \in \mathbb{Z}_2$ をとって，y を消去すると，(2,2) 成分は $2((4u_5 - 1)(x^2 - x) + u_5)$ となり，方程式 $(4u_5 - 1)(x^2 - x) + u_5 = 1$ は $x \in \mathbb{Z}_2$ なる解を持つ．このとき $y = 1 - 2x \in \mathbb{Z}_2^\times$ であるから，上の変形は $GL(\mathbb{Z}_2)$ 同値な変形である．よって S_1 は $U(3)$ と同値である．以上により，S の次数に関する帰納法により，S は $U(-1)$ または $U(3)$ の直和になる．ここで，$U(3)$ が高々一つしか現れないようにできることは，以下の同値関係を見れば明らかである．今 $x \in \mathbb{Z}_2$ を $(2x + 1)^2 = -7$ すなわち $x^2 + x + 2 = 0$ となるようにとれる．このような x には $x \in \mathbb{Z}_2^\times$，$x \in 2\mathbb{Z}_2$ となるものがひとつずつ存在するが，ここでは $x \equiv 1 \bmod 2$ のもの

をとっておく．ここで

$$P = \begin{pmatrix} x & -x & (x-1)/3 & 1+2x \\ 1 & -1 & (x+2)/3 & 1-x \\ 1 & 0 & 1/3 & 1 \\ 0 & -1 & 1/3 & 1 \end{pmatrix}$$

とおくと，$\det(P) = 1/3$ で，$1/3 \in \mathbb{Z}_2^\times$ に注意して $P \in GL_4(\mathbb{Z}_2)$ である．また直接計算により

$$ {}^t P \begin{pmatrix} U(3) & 0 \\ 0 & U(3) \end{pmatrix} P = \begin{pmatrix} U(-1) & 0 \\ 0 & U(-1) \end{pmatrix}$$

であることがわかる．よって $U(3)$ が偶数個現れれば，みな $U(-1)$ に置き換えることができる．よって命題が証明された．■

さて，2次形式の Hasse 記号について述べておきたい．Hasse 記号の定義にはいくつか流儀があり，本によって異なっているが，ここでは O'Meara [142] の定義に従う．S を $M_m(\mathbb{R})$ または $M_m(\mathbb{Q}_p)$ に属する正則対称行列とする．$\mathbb{R}$ 上，または $\mathbb{Q}_p$ 上の同値で取り換えて，S を

$$\begin{pmatrix} a_1 & 0 & \cdots & 0 \\ 0 & a_2 & 0 & \vdots \\ \vdots & 0 & \ddots & \vdots \\ 0 & \cdots & 0 & a_m \end{pmatrix}$$

とすることができる．ここで $\mathbb{R} = \mathbb{Q}_\infty$ 上または $\mathbb{Q}_p$ 上に応じて，$v = \infty$ または $v = p$ として，$(a,b)_v$ で v でのヒルベルト記号（つまり $ax^2 + by^2 = 1$ が $(x,y) \in \mathbb{Q}_v^2$ なる解を持つとき 1，持たないとき -1）を表すとする．このとき，

$$\mathrm{inv}_v(S) = \prod_{1 \leq i \leq j \leq m} (a_i, a_j)_v$$

とおいて，これを S の v での Hasse 記号という．

7.9 [補題] (Hasse 記号の積公式) $S = {}^t S \in GL_m(\mathbb{Q})$ とすると

$$\prod_{v \leq \infty} \mathrm{inv}_v(S) = 1$$

である．

証明やヒルベルト記号の計算法は省略する ([106],[163],[156] など参照)．

2.2 レベルについての考察

整数係数の m 次正則対称行列 S が偶行列とする．このとき NS^{-1} もまた偶行列となるような最小の自然数 N を S のレベル（ないしは段）というのであった．S を $\mathbb{Z}$ 上同値で取り換えても，レベルも判別式 $\det(S)$ も不変である．N の p ベキ部分を p^f とすると，f は p が奇数ならば $p^f S^{-1} \in M_m(\mathbb{Z}_p)$，$p$ が偶数ならば $p^f S^{-1}$ が $M_m(\mathbb{Z}_2)$ の偶行列（対角成分がすべて $2\mathbb{Z}_2$ の元）となるような最小の非負整数である．f は S の $\mathbb{Z}_p$ 上の同値類のみによって決まる．また $\det(S)$ は S を $\mathbb{Z}_p$ 上の同値で取り換えるとき $(\mathbb{Z}_p^\times)^2$ 倍のみ変わる可能性があるが，p ベキの指数はかわらない．よって，$S \in M_m(\mathbb{Z})$ の符号がわかっていれば，$\det(S)$ を p 上の同値類の判別式から求めることができる．

この節では次の補題を証明する．

7.10 ［補題］ m を正の偶数として，m 次対称行列 $S \in M_m(\mathbb{Z})$ を符号が (p,q) の正則偶行列とし，N を S のレベルとする．前と同様 $\epsilon = \exp(\frac{\pi i}{4}(q-p)) = e\left(\frac{q-p}{8}\right)$ とする．

(1) $\det(S) | N^m$ である．また $N | \det(S)$ である．
(2) $N = 1$ ならば $\epsilon = 1$ すなわち $p - q \equiv 0 \bmod 8$ である．特に S が正定値偶ユニモジュラー行列ならば，m は 8 の倍数である．
(3) $N = 2$ ならば $\epsilon^2 = 1$，すなわち $p \equiv q \bmod 4$ である．
(4) $\det(S)$ は $\det(S) \equiv 0 \bmod 4$ または $(-1)^{m/2} \det(S) \equiv 1 \bmod 4$ を満たす．

証明 直接証明も可能であるが，ジョルダン分解を用いる方があっさりしているので，これを用いる．

S を命題 7.6 と 7.7 において，各 p についてジョルダン分解してみると，N の p 成分は $p \neq 2$ ならば命題の b_j の最大値 b_l に対する p^{b_l}，また $\det(S)$ の p 成分のベキは，$b_1 \nu_1 + \cdots + b_l \nu_l$ で，これは b_l 以上 $m b_l$ 以下である．よって N の p 成分は $\det(S)$ の p 成分を割り切る．また N^m の p 成分は $p^{m b_l}$ だから，これも $\det(S)$ の p 成分で割り切れる．次に $p = 2$ とする．N の 2 ベキの部分は 2^{b_l+1} または $2^{c_{l'}}$ である．もし $S = S_e$ ならば，主張は $c'_l \leq \sum_{i=1}^{l'} 2c_i \leq m c'_l$ より明らかである．今 S は偶行列としているから，もし S_o の部分があるならば $1 \leq b_1$ である．$\det(S)$ の 2 成分は，$2^{\sum_{j=1}^{l} b_j + \sum_{j=1}^{l'} 2c_j}$ である．最初に $b_l + 1 \leq c_{l'}$ と仮定すると N の 2 ベキ部分は $p^{c_{l'}}$ であるが，これは明らかに $\det(S)$ を割り切る．一方 $\sum_{j=1}^{l} b_j \leq l b_l \leq l(c'_l - 1) \leq l c_{l'}$ かつ $\sum_{j=1}^{l'} 2c_j \leq 2l' c_{l'}$ であり，よって $\det(S)$ に現れる 2 のベキ指数は $(l + 2l') c'_l = m c'_l$ 以下である．よって N^m の 2 ベキ部分を割り切る．次に $c_{l'} \leq b_l + 1$ と仮定すると，N

の 2 ベキの部分は 2^{b_l+1} である. 今 m は偶数と仮定しているから, $m = l + 2l'$ より l は偶数であり, 今 S_o の部分があるとしているから, $l \geq 2$ である. また S が偶という仮定より, すべての j に対して, $b_j \geq 1$ である. ゆえに $2^{1+b_l} | 2^{b_l+b_j}$ よって 2^{b_l+1} が $\det(S)$ を割り切る. 一方で $\sum_{j=1}^{l'} 2c_j \leq (2l')(b_l+1)$ かつ $\sum_{j=1}^{l} b_j \leq l b_l$ だから $\det(S)$ の指数はたかだか $l b_l + 2l'(b_l+1) \leq m(b_l+1)$. よって $\det(S)$ の指数の和は N^m の 2 ベキ部分の指数 $m(b_l+1)$ 以下であり, よって $\det(S) | N^m$ である. 以上により (1) は示された.

次に $N = 1$ または 2 とする. S は偶行列としているから, $p = 2$ でのジョルダン分解では S_o の部分があれば, $1 \leq b_1$ であり, このときは S_o のレベルは 4 以上になるので, これは現れない. よって $N = 1$ とすると, S は $U(-1)$ または $U(3)$ の何個かの直和と $\mathbb{Z}_2$ 上同値である. $U(-1)$ と $U(3)$ の行列式はともに -1 または 3 である. 一方 $GL_m(\mathbb{Z}_p)$ の行列式の 2 乗は $(\mathbb{Z}_2^\times)^2 = 1 + 8\mathbb{Z}_2$ より $1 \bmod 8$ であり, 同値なものに取り換えても, 行列式は $1 \bmod 8$ 分しかずれないので, よって行列式 $\det(S)$ は $3^e(-1)^{(m-2e)/2} \bmod 8$ になる. ここで e は S のジョルダン分解に $U(3)$ が現れるときは 1, 現れないときは 0 としている. (1) により, $\det(S)$ は $N^m = 1$ の約数であるから $\det(S) = \pm 1$ である. しかし $\pm 1 \not\equiv \pm 3 \bmod 8$ であるから, 結局 $e = 0$ となる. ゆえに S は $\mathbb{Z}_2$ 上は $U(-1)$ の $m/2$ 個の直和と同値になり, また $-1 \not\equiv 1 \bmod 8$ だから $\det(S) = (-1)^{m/2} \bmod 8$ しかありえない. しかし S の符号は (p, q) であるが, $GL_m(\mathbb{R})$ 同値では $\det(S)$ の正負は変わらないので, $\det(S) = (-1)^q$ である. よって $m/2 \equiv q \bmod 2$ であり, $m = 2q + 4r$ ($r \in \mathbb{Z}$) と書いてよい.

さて, もう少し詳しく m と q の関係を見るために, S の Hasse 記号を調べる. まず $\det(S) = \pm 1$ より, $p \neq 2$ なる素数上ではジョルダン分解の対角成分はすべて $\mathbb{Z}_p^\times$ の元であり, $p \neq 2$ では $x, y \in \mathbb{Z}_p^\times$ ならば $(x, y)_p = 1$ であるから, $\mathrm{inv}_p(S) = 1$ である. $\mathbb{R}$ 上は 1 が p 個, -1 が q 個なので, $\mathrm{inv}_\infty(S) = (-1, -1)_\infty^{q(q+1)/2} = (-1)^{q(q+1)/2}$ となる. また $\mathbb{Q}_2$ 上では $U(-1)$ の $m/2$ 個の直和であること, および

$$\begin{pmatrix} 1 & 1/2 \\ 1 & -1/2 \end{pmatrix} \begin{pmatrix} 0 & 1 \\ 1 & 0 \end{pmatrix} \begin{pmatrix} 1 & 1 \\ 1/2 & -1/2 \end{pmatrix} = \begin{pmatrix} 1 & 0 \\ 0 & -1 \end{pmatrix},$$

また $(-1, -1)_2 = -1$, $(1, *)_2 = 1$ であることにより $\mathrm{inv}_2(S) = (-1)^{(m/2)(m/2+1)/2}$ となる. 積公式より $\prod_{v \leq \infty} \mathrm{inv}_v(S) = 1$ であるから, よって $m(m+2)/8 + q(q+1)/2 \equiv 0 \bmod 2$. この左辺に $m = 2q + 4r$ を代入して計算すると, $2r^2 + r(2q+1) + q(q+1) \equiv r(2r+2q+1) \equiv 0 \bmod 2$, よって r は偶数であり, $m \equiv 2q \bmod 8$. ここで $m = p + q$ だったので $p \equiv q \bmod 8$ よって $\epsilon = e((q-p)/8) = 1$ である. ゆえに (2) が証明された.

次に $N=2$ とする. S_o は現われないので, $U(-1)$ または $U(3)$ のいくつかの直和と $2U(-1)$ または $2U(3)$ のいくつかの直和からなっている. $N=2$ であるから $\det(S)$ の素因子は 2 のみであり, よって $\det(S)=\pm 2^v$ と書ける. S の符号を考えて, $\det(S)=2^v(-1)^q$ となるが, ジョルダン分解と比較すれば $2U(-1)$ または $2U(3)$ となる部分が全部で s 個あるとすると, これらからのみ 2 ベキが現れるので, $v=2s$ であり, $\det(U(-1))\equiv \det(U(3))\equiv -1 \bmod 4$ より, $\det(S)=2^{2s}u$, $u\equiv (-1)^{m/2} \bmod 4$ である. よって,

$$(-1)^{m/2}\equiv (-1)^q \bmod 4 \iff (-1)^{m/2}=(-1)^q$$
$$\iff m\equiv 2q \bmod 4$$
$$\iff p-q\equiv 0 \bmod 4$$
$$\iff \epsilon^2=(-1)^{(p-q)/2}=1.$$

ゆえに (3) が示された.

次に (4) を示す. S は偶行列で m は偶数であるから, $p=2$ でのジョルダン分解で, l は偶数である. もし S_o の部分が現れれば, $1\leq b_1$, $2\leq l$ となり $\det(S)\in 4\mathbb{Z}$ である. もし S_o の部分が現れなければ, $1\leq c_{l'}$ ならば明らかに $\det(S)\in 4\mathbb{Z}$ である. もし $c_{l'}=0$ ならば, S のジョルダン分解は $U(-1)$ または $U(3)$ の直和であるが, これらの行列式はいずれも $-1 \bmod 4$ である. $\mathbb{Z}_2$ 上同値なものに取り換えても判別式は $(\mathbb{Z}_2^\times)^2=1+8\mathbb{Z}_2$ 倍ずれるだけなので, よって $\mathbb{Z}_2$ 内では $\det(S)\equiv (-1)^{m/2} \bmod 4$, ゆえに $(-1)^{m/2}\det(S)\equiv 1 \bmod 4$ となる. ■

7.11 [注意] $S_1=U(-1)\oplus 2U(-1)$ とすると $p=q=2, N=2, \epsilon=1$ である. また

$$S_2=\begin{pmatrix} 2 & 0 & 0 & 1 \\ 0 & 2 & 0 & 1 \\ 0 & 0 & 2 & 1 \\ 1 & 1 & 1 & 2 \end{pmatrix}$$

とおくと, S_2 のレベルは 2 で $\det(S_2)=4$. また S_2 は正定値なので, $p=4, q=0$, $\epsilon=-1$ である. あるいは不定符号で例を挙げるのならば, $S_3=U(-1)\oplus S_2$ をとれば, やはり $N=2$ で, $p=5, q=1$ より, $\epsilon=-1$ である. よって $N=2$ のとき, $\epsilon=1$, -1 のどちらもあり得る(ちなみに, S_2 は $2\cdot\infty$ が分岐する $\mathbb{Q}$ 上の四元数環の極大整数環のノルム形式で決まる 2 次形式である). また, $S_4=1_2$ とすると $N=2, p=2$, $q=0$ で $\epsilon=-\sqrt{-1}$ であるが, S_4 は偶行列ではない. また $S_5=U(-1)\oplus U(3)$ と

すると，$N=3, p=3, q=1$ であり，$\epsilon = -\sqrt{-1}$ である．また (1) は m が奇数ならば正しくない．たとえば

$$S_6 = \begin{pmatrix} 2 & 0 & 0 \\ 0 & 0 & 1 \\ 0 & 1 & 0 \end{pmatrix}$$

とおくと，$N=4$ だが，$\det(S_6) = -2$ であり，$\det(S_6)$ は N で割り切れない．

7.12 [練習問題]　S を偶行列，N を S のレベルとすると，m が奇数であっても，$N | 2\det(S)$ であることを示せ．

Weber [194] にならって，$0 \bmod 4$ または $1 \bmod 4$ となる整数 D のことを判別式という．判別式 D に対しては，2次体 K の基本判別式 D_K（つまり K の全整数環の判別式）または $D_K = 1$（$\mathbb{Q} \oplus \mathbb{Q}$ も退化した2次体と思って，1 はこれの判別式とみなしてもよい）が一意的に定まって $D = D_K f^2$（f は正整数）と書けることはよく知られているし証明も容易である．今証明した補題 7.10 (4) により，S が偶数次数の半整数対称行列のときには $(-1)^{m/2} \det(2S)$ は判別式である．ここで $(-1)^{m/2} \det(2S) = D_K f^2$ と分解したとする．D_K の符号は $(-1)^{m/2+q}$ の符号と同じである．ここで次が成立する．

7.13 [補題]　m を偶数として，$2S$ を m 次の偶行列とし，N を $2S$ のレベルとする．また，$(-1)^{m/2} \det(2S) = D_K f^2$ とする．このとき，N は D_K で割り切れる．

証明　補題 7.10 より，$N | \det(2S) | N^m$ であるから，$\det(2S)$ と N の因数分解に現れる素因子は一致する（もちろんベキ指数は異なるかもしれない）．よって $(-1)^{m/2} \det(2S) = D_K f^2$ とし，$D_K = \pm 2^s \prod_{i=1}^r p_i$（$p_i$ は相異なる奇数）とするとき，N は $\prod_{i=1}^r p_i$ で割り切れるのは明らかである．

$s=0$ ならば，これで証明は終わるが，$s=2$ または 3 のときが問題である．このとき，2^s が N を割り切ることを $p=2$ でのジョルダン分解を用いて証明する．$2S$ をジョルダン分解しておく．記号を命題 7.7 の通りとして，$2S$ を S_o と S_e に分解しておく．$2S$ は偶行列としているので，S_o の部分がもしあれば，$1 \le b_1 \le b_2 \le \cdots \le b_l$ であり，また m が偶数であるから l は偶数である．

まず $s=3$ とする．$(-1)^{m/2} \det(2S) = D_K f^2$ であるから，$\det(2S)$ を素因数分解するとき，2 のベキは奇数である．しかし $\det(S_e)$ は 2 は偶数ベキしかでないので，$\det(S_o)$ から 2 の奇数ベキが現れるはずである．具体的には $2^{b_1+b_2+\cdots+b_l}$ において，$b_1 + \cdots + b_l$ が奇数のはずである．ここで l は偶数だったから，b_i がすべて奇数という

ことはあり得ない．b_i が偶数だとすると，$2^{b_i}u_i$ のレベルは 2^{b_i+1} であり，$b_i \geq 1$ より $b_i \geq 2$，よって $3 \leq b_i+1 \leq b_l+1$ である．ゆえに $8|N$ となる．よって示された．

次に $s=2$ と仮定する．このときは，もし S_o がジョルダン分解に現れるなら，$2^{b_1}u_1$ のレベルは 2^{b_1+1} だから，$1 \leq b_1$ より $4|N$ となる．よってこの場合はよい．

次に $s=2$ で S_o がジョルダン分解に現れないならば矛盾であることを言う．$2S = S_e$ とする．$c_0 = c_1 + \cdots + c_{l'}$ とする．$\det(U(-1)) = -1$ と $\det(U(3)) = 3$ はともに $\equiv -1 \bmod 4$ であるから，ジョルダン分解の判別式は $2^{2c_0}(-1)^{m/2}a, a \in 1+4\mathbb{Z}_2$ の形である．また同値で取り換えても，判別式は $(\mathbb{Z}_2^\times)^2 = 1+8\mathbb{Z}_2$ 倍しかかわらないから，$2S$ 自身も $(-1)^{m/2}\det(2S) = 2^{2c_0}a_0$ ($a_0 \equiv 1 \bmod 4$) となっている．一方 $s=2$ ならば，もちろん $1 \leq c_0$ であるが，基本判別式の性質より $D_K = 4d_0, d_0 \equiv 3 \bmod 4$ のはずである．よって $2^{2c_0}a_0 = 4d_0f^2$ とすると，$f = 2^{c_0-1}f_0$ (f_0 は奇数) となり，$a_0 = d_0 f_0^2$ であるが，左辺は $1 \bmod 4$，右辺は $3 \bmod 4$ であるから，矛盾する．∎

ちなみに，レベル N と D_K は素因子が同じとは限らない．すなわち，N を割り切るが D_K を割り切らないような素数があるかもしれない．例として

$$S = \begin{pmatrix} 1 & 0 & 0 & 0 \\ 0 & -7 & 0 & 0 \\ 0 & 0 & -7 & 0 \\ 0 & 0 & 0 & -7 \end{pmatrix}$$

とおくと，$\det(2S) = -2^4 7^3$, $D_K = -7$, $N = 28$ である．あるいは，$S = \begin{pmatrix} 0 & 1 \\ 1 & 0 \end{pmatrix}$ とすると $(-1)^{2/2}\det(2S) = 4$ より，$D_K = 1$ であるが，$2S$ のレベルは $N = 2$ である．

3. テータ関数の平均値とゼータ関数

3.1 指標の公式

7.14 [命題]　a, c を互いに素な整数とし，$c \equiv 0 \bmod N$ と仮定する．このとき，

$$\omega(a, c) = \left(\frac{(-1)^{m/2}\det(2S)}{a} \right) \tag{7.23}$$

となる．さらには右辺は，$(-1)^{m/2}\det(2S)$ が平方数ならば自明な指標であり，それ以外では 2 次体 $\mathbb{Q}(\sqrt{(-1)^{m/2}\det(2S)})$ に対応する指標，すなわち，この 2 次体の基

本判別式 D_K を導手とする指標である.

注意: 右辺の指標は，(表示どおりに考えると) $\mod |\det(2S)|$ の指標である. 今は $(a,c) = 1$, $c \equiv 0 \mod N$ より，もちろん $(a,N) = 1$ である. また，N と $\det(2S)$ の素因子は一致している. よって $D_K|N$ より，結果的には右辺を modulo N の指標とみなすことができる. 実際の導手は N より小さいかもしれないが，以下の節ではあえて原始指標で考えずに $\mod N$ の非原始的なディリクレ指標として取り扱うことも多い点は注意されたい.

証明 $\omega(a,c)$ は $(a,c) \mod N$ のみによるのであった. よって a を $\mod N$ で取り換えて計算したいのだが，念のため，任意の互いに素な a,c を固定し，$a_1 \in \mathbb{Z}$ が $a \equiv a_1 \mod N$ を満たすとすると，$c_1 \in \mathbb{Z}$ で $c_1 \equiv c \mod N$ かつ $(a_1,c_1) = 1$ を満たすものがあることを示しておく. これを示すのに，$c_0 = (c,N)$ とおく. このとき，$(c,a) = 1$ であるから，$(c_0,a) = 1$ であり，よって $a_1 = a + Na_0$ とおくと，$c_0|N$ より，$(c_0,a_1) = 1$ である. また $(c/c_0,N/c_0) = 1$ であるから，ディリクレの算術級数定理により $c/c_0 \mod N/c_0$ は無限個の素数を含むので，この中には a_1 と素なものが存在する. これを p とすると $(a_1,c_0p) = 1$ であり，$c_0p \equiv c \mod N$ である. よって $c_1 = c_0p$ とすれば，これが上の条件を満たす. このとき命題 7.5(2) より $\omega(a,c) = \omega(a_1,c_1)$ となる (ちなみに，以上では $c \equiv 0 \mod N$ の条件は用いていない). 以上の結果より，a を $\mod N$ で勝手なものに取り換えても，それに応じて c も適当に取り換えておけば，計算上の不都合はない.

さて，(7.23) の右辺は，$a \mod N$ のみによる. 実際，N は $|\det(2S)|$ を割り切り，かつ $|\det(2S)|$ は N^m を割り切るので，素因数分解において，$\det(2S)$ の素因子と N の素因子は一致している. よって $(-1)^{m/2}\det(2S) = D_K f^2$ とするとき，a は N と素なのだから，a は D_K とも f とも素であり，

$$\left(\frac{(-1)^{m/2}\det(2S)}{a}\right) = \left(\frac{D_K}{a}\right)$$

でもある. これがゼロになることはない. $D_K|N$ なので，右辺の値は $a \mod N$ のみによる. ゆえに両辺とも $\mod N$ で取り換えて考えてもよいことになる. さて，a,c は互いに素であり，$c \equiv 0 \mod N$ という仮定から，a は N と素でもあるから，a を $\mod N$ で取り換えて a は N と素な奇素数 p であると仮定してよい (ディリクレの算術級数定理による). さて，S は半整数対称行列なので $x \in \mathbb{Z}^m$ に対して，$S[x]$ は整数値であり，$x \in \mathbb{Z}^m$ が $\mod p$ の代表を動くとき，$S[x] \mod p$ の全体はもちろん $x \mod p$ の代表系のとり方によらずに，重複を込めて，一意的に定まっている. また

p は奇素数であるから，$S \bmod p \in M_m(\mathbb{F}_p)$ とみなせ，$S \bmod p$ を $GL_m(\mathbb{F}_p)$ による座標変換で取り換えると，標数が 2 でない体上の 2 次形式の一般論により，$S \bmod p$ は対角化できる．この対角成分が $f_1, \ldots, f_m$ になったとすると，x に同じ座標変換を施すことにより，$\sum_{i=1}^m f_i x_i^2$ $(x_i \in \mathbb{Z}/p\mathbb{Z}, (1 \leq i \leq m))$ は $S[x] \bmod p$ と重複を込めて同じ数を動く．ここで p は N と素としているから，$\det(2S)$ とも素である．よって各 f_i は $(\mathbb{Z}/p\mathbb{Z})^\times$ の元になる．任意の整数 $l \not\equiv 0 \bmod p$ に対して，次の公式は命題 2.18 に述べたガウスの和の公式である．

$$\sum_{x \bmod p} e^{2\pi i \frac{lx^2}{p}} = \left(\frac{l}{p}\right) \times \epsilon_p \sqrt{p}.$$

ただし，$\left(\frac{f}{p}\right)$ は平方剰余記号であり，

$$\epsilon_p = \begin{cases} 1 & (p \equiv 1 \bmod 4), \\ \sqrt{-1} & (p \equiv 3 \bmod 4) \end{cases}$$

とおいた．よって，$c \equiv 0 \bmod N$ の仮定より，補題 7.3 を用いて

$$\omega(p, c) = p^{-m/2}(\sqrt{p}\epsilon_p)^m \prod_{i=1}^m \left(\frac{-cf_i}{p}\right)$$

である．ここで，m は偶数と仮定しているので，$\epsilon_p^m = (-1/p)^{m/2}$ であり，$(-1/p)^m = 1$ でもある．また $\det(2S) \equiv 2^m f_1 \cdots f_m \bmod p$ であり，p は奇数，m は偶数であるから，

$$\omega(a, c) = \left(\frac{(-1)^{m/2} c^m f_1 \cdots f_m}{p}\right)$$
$$= \left(\frac{(-1)^{m/2} 2^m f_1 \cdots f_r}{p}\right) = \left(\frac{(-1)^{m/2} \det(2S)}{p}\right).$$

よって公式は証明された． ■

ここで，$\gamma = \begin{pmatrix} a & b \\ cN & d \end{pmatrix} \in \Gamma_0(N)$ に対して，

$$\chi_S(\gamma) = \left(\frac{(-1)^{m/2} \det(2S)}{a}\right) \tag{7.24}$$

と定義する．χ_S は明らかに $\Gamma_0(N)$ の指標になっている．

7.15 [系]　m を偶数として，S を符号が (p,q) $(pq \neq 0)$ の m 次不定符号半整数対称行列，N を $2S$ のレベルとする．$f_0(z,w,P)$ を $\mathfrak{a} = 0$ および S の優行列 P に対して定義されたテータ関数とする．このとき，$\gamma = \begin{pmatrix} a & b \\ cN & d \end{pmatrix} \in \Gamma_0^{(1)}(N)$ に対して，

$$f_0(\gamma z, 0, P) = \chi_S(\gamma)(cNz+d)^{(p-q)/2}|cNz+d|^q f_0(z,0,P)$$

である．

証明　定理 7.1 および補題 7.2，命題 7.14 より明らかである． ∎

さて，一般の半整数対称行列 S と，互いに素な整数の組 (a,c) に対して，もし $c \not\equiv 0 \bmod N$ ならば $\omega(a,c) = 0$ となることもある．これを念のため，補題の形で述べておこう．

7.16 [補題]　$a_0 | N$ とし，$a_0' = \gcd(a_0, N/a_0)$ とする．もし，$t \equiv 1 \bmod N/a_0'$ なるような整数 t で $\chi_S(t) \neq 1$ となるものがあると仮定すると，任意の a_0 と素な a_2 について，$\omega(a_2, a_0) = 0$ となる．

証明　a_0, a_0', a_2 を補題の通りとする．$t \equiv 1 \bmod N/a_0'$ とすると，$(a_0')^2$ は N を割り切るから，N と N/a_0' に現れうる素因子は等しく，t は N と素である．また，N は $a_0 a_0'$ で割り切れるから $t \equiv 1 \bmod a_0$ でもある．よって，$l = a_2(1-t)/a_0$ とおくと，

$$\gamma \equiv \begin{pmatrix} t & l \\ 0 & t^{-1} \end{pmatrix} \bmod N$$

となる $\gamma \in \Gamma_0(N)$ が存在する．ここで $\bar{t}$ を γ の $(2,2)$ 成分とすると $\bar{t} \equiv t^{-1} \bmod N$ である．さらに ${}^t(a_2, a_0)$ を第 1 列とする $M_1 \in SL(2, \mathbb{Z})$ をとっておくと

$$\gamma M_1 \equiv \begin{pmatrix} ta_2 + la_0 & * \\ \bar{t}a_0 & * \end{pmatrix} = \begin{pmatrix} a_2 & * \\ \bar{t}a_0 & * \end{pmatrix} \bmod N$$

であり，補題 7.2 と命題 7.5 から $\chi_S(t)\omega(a_2, a_0) = \omega(a_2, \bar{t}a_0)$ となる．一方で，$t \equiv 1 \bmod N/a_0'$ より，$\bar{t} \equiv 1 \bmod N/a_0'$ でもあり，$a_0\bar{t} \equiv a_0 \bmod N$．よって，命題 7.5 より，

$$\omega(a_2, a_0) = \chi_S(t)\omega(a_2, a_0).$$

ゆえに，$t \equiv 1 \bmod N/a_0'$ となる t で，$\chi_S(t) \neq 1$ となるものが存在すれば，$\omega(a_2, a_0) = 0$ である． ∎

たとえば，
$$S = \begin{pmatrix} 1 & 0 & 0 & 0 \\ 0 & -1 & 0 & 0 \\ 0 & 0 & -1 & 0 \\ 0 & 0 & 0 & -5 \end{pmatrix}$$

すると，$\det(2S) = -2^4 \cdot 5 = (-20) \cdot 2^2$, $D_K = -20$, $N = 20 = -D_K$ である．$a_0 = 2$ とすると，$a_0' = 2$. ここで $t = 11$ とすると，$11 \equiv 1 \bmod N/2$, $\left(\frac{-20}{11}\right) = -1$ である．よって，任意の奇数 a_2 に対して，$\omega(a_2, 2) = 0$ のはずである．実際，a_2 を奇数とすると，定義により
$$\omega(a_2, 2) = \epsilon |\det(2S)|^{-1/2} 2^{-2} \sum_{g \in (\mathbb{Z}/2\mathbb{Z})^4} e\left(\frac{a}{2} S[g]\right)$$

である．$g = {}^t(g_1, g_2, g_3, g_4)$ として $S[g] = g_1^2 - g_2^2 - g_3^2 - 5g_4^2 \equiv g_1 + g_2 + g_3 + g_4 \bmod 2$ だから，g を mod 2 で動かすと，0 mod 2 と 1 mod 2 がちょうど半数ずつ現れて，和はゼロになる．

以下ではこの指標 χ_S を導手が D_K の原始指標と思っては使用しないことが多い．すなわち，ディリクレ指標として，N と素でないところではゼロと考えている．

3.2 テータ関数の平均値とジーゲル公式

この節では，前に述べた不定符号2次形式のテータ関数の平均値を実解析的なアイゼンシュタイン級数で記述するジーゲル公式を証明なしで紹介する．

記号を導入する．ジーゲル [177] に従って，既約分数 a/c ($c > 0$) に対し
$$\gamma\left(\frac{a}{c}\right) = \epsilon^{-1} |\det(2S)|^{-1/2} c^{-m} \sum_{x \in \mathbb{Z}^m/c\mathbb{Z}^m} e\left(\frac{a}{c} S[x]\right) = \epsilon^{-2} c^{-\frac{m}{2}} \omega(a, c)$$

とおく．$f_0(z, w, P)$ を不定符号半整数対称行列 S とその優行列 P および $\mathfrak{a} = 0$ について，(7.8) で定義された実解析的なテータ関数とする．つまり $z = x + iy$ に対して，
$$f_0(z, 0, P) = \sum_{\mathfrak{g} \in \mathbb{Z}^m} e(x S[\mathfrak{g}] + iy P[\mathfrak{g}])$$

としている．また
$$\Gamma(S) = \{g \in GL_m(\mathbb{Z}); {}^t g S g = S\}$$

とおき，この $\Gamma(S)$ を S の自己同型群と呼ぶ．ごく例外的な場合を除き，$\Gamma(S)$ は無限群である．$\Gamma(S)$ は前に定義した優行列の空間 $X(S)$ に $X(S) \ni P \to {}^t g P g$ で作用す

る．F をこの作用に関する $\Gamma(S)$ の基本領域とする．また dP を $O(S)$ の作用で不変な $X(S)$ の自然な測度とする（しかし，こう言ったのでは定数倍を除いてしか決まらないので，もっと正確な定義については，7.3.3 項で述べる）．

次に述べるのはジーゲル公式と呼ばれるジーゲルの定理のうちの一部である（ジーゲルでは $\mathfrak{a} \neq 0$ の場合も述べてある）．

7.17 [定理] (Siegel [177]) 行列 S を符号が (p, q) $(pq \neq 0)$ の m 次非退化半整数対称行列とする．$m \geq 4$ と仮定し，さらに $m = 4$ ならば，$\det(S)$ が平方で，かつ 2 次形式 $S[x]$ がゼロ形式（すなわち $S[x] = 0$ となる $x \in \mathbb{Q}^4$, $x \neq 0$ が存在するもの）の場合を除外する．このとき

$$V^{-1} \int_F f_0(z, 0, P) dP = 1 + \sum_r \gamma(r)(z - r)^{-p/2}(\bar{z} - r)^{-q/2}$$

となる．ここで，r は正負または 0 の既約分数の全体をわたる．ただし，$m = 4$ ならば右辺は条件収束であり，まず r の分母を固定したものについて和をとり，しかる後に分母を正の整数の増大列を動かして和をとる．また，分岐は主値をとる．

この定理の詳しい記述はこの章全体のテーマでもある．定理 7.17 の証明は少々面倒なので，ここでは省略する．気になる方は，ジーゲルの原論文 [177] を参照されたい．

以下，この節では，上の式の右辺を実解析的アイゼンシュタイン級数として解釈する計算を述べる．簡単のために，以下，常に m は偶数と仮定する．$c > 0$ で

$$\gamma\left(\frac{a}{c}\right)\left(z - \frac{a}{c}\right)^{-p/2}\left(\bar{z} - \frac{a}{c}\right)^{-q/2} = \epsilon^{-2}\omega(a, c)(cz - a)^{-p/2}(c\bar{z} - a)^{-q/2}$$

である．ここで分岐のとり方により，$(c\bar{z} - a)^{-q/2} = |cz - a|^{-q}(cz - a)^{q/2}$ であるが，$(cz - a)^{-p/2}(cz - a)^{q/2} = (cz - a)^{(q-p)/2}$ よって $(cz - a)^{-p/2}(c\bar{z} - a)^{-q/2} = (cz - a)^{(q-p)/2}|cz - a|^{-q}$ である．さて，我々はこれをアイゼンシュタイン級数と関連づけたいので，$c < 0$ のときも考えたい．$c < 0$ とすると，m が偶数より

$$(cz - a)^{(q-p)/2}|cz - a|^{-q} = (-1)^{(q-p)/2}(|c|z + a)^{(q-p)/2}||c|z + a|^{-q}$$

であるが，(7.17) より $\omega(-a, -c) = \epsilon^2\omega(a, c) = (-1)^{(q-p)/2}\omega(a, c)$ であるから，

$$\omega(a, c)(cz - a)^{(q-p)/2}|cz - a|^{-q} = \omega(-a, |c|)(|c|z + a)^{(q-p)/2}||c|z + a|^{-q}.$$

よって，(a, c) で $c < 0$ の場合の量を $(-a, |c|)$ の場合の同じ量で置き換えることができ，$c > 0$ と $c < 0$ は二重に数えていることになるので

$$\sum_{(a,c)=1, c \neq 0} \omega(a, c)(cz - a)^{(q-p)/2}|cz - a|^{-q} = 2\epsilon^2 \sum_r \gamma(r)(z - r)^{-p/2}(\bar{z} - r)^{-q/2}$$

3. テータ関数の平均値とゼータ関数　317

となる. さらには, $c = 0$ のときを考えると, (7.16) より $\omega(1, 0) = 1$, $\omega(-1, 0) = \epsilon^2 = (-1)^{(q-p)/2}$ であったから,

$$\sum_{a=\pm 1} \omega(a, 0)(0z - a)^{(q-p)/2}|0z - a|^{-q} = 2\epsilon^2$$

よって, これを定理 7.17 の等式の右辺の 1 の部分にあてることができて, 結局, ジーゲル公式は

$$V^{-1} \int_F f_0(z, 0, P) \, dP = (2\epsilon^2)^{-1} \times \sum_{(a,c)=1} \omega(a, c)(cz - a)^{(q-p)/2}|cz - a|^{-q}$$

と書き換えられる. ところが $\omega(a, c)$ は $(a \bmod N, c \bmod N)$ (N は $2S$ のレベル) のみによっていたから, 右辺は

$$(2\epsilon^2)^{-1} \sum_{\substack{(a_1, a_2) = 1, \\ (a_1, a_2) \in (\mathbb{Z}/N\mathbb{Z})^2}} \omega(-a_2, a_1) G^*_{(p-q)/2, q}(z, a_1, a_2, N) \tag{7.25}$$

と一致する. ここで, 和は $(\mathbb{Z}/N\mathbb{Z})^2$ の代表のうちで, $(a_1, a_2) = 1$ となる組がとれるものを動く (これは $\bmod N$ で言えば, $(a_1, a_2, N) = 1$ なる代表がとれる組と言っても同じであるが, $\omega(-a_2, a_1)$ は $\gcd(a_1, a_2) = 1$ でのみ定義されていることには注意せよ). また $G^*_{(p-q)/2, q}$ は (5.9) で定義されたアイゼンシュタイン級数である. もともとの定義の級数自身は $(p+q)/2 = m/2 > 2$ で収束しているが, q を $q + s$ としておいて, フーリエ展開において, $s \to 0$ ととれば, $m = 4$ でも定義できている (以下, 本書では $m = 4$ の場合の詳しい議論は省略し, 概ね $m > 4$ として述べるが, $m = 4$ でもほぼ同様である).

ここで, テータ関数の変換公式 (系 7.15) によれば, 定理 7.17 の左辺は $\Gamma_0(N)$ の指標つきの保型形式であるから, もっと単純な表示があるはずである. これを求めてみよう. 以下,

$$M_{p,q}(z) = \sum_{\substack{(a_1, a_2) = 1, \\ (a_1, a_2) \in (\mathbb{Z}/N\mathbb{Z})^2}} \omega(-a_2, a_1) G^*_{(p-q)/2, q}(z, a_1, a_2, N) \tag{7.26}$$

と書くことにする. 簡単な計算により, $\gamma \in SL_2(\mathbb{Z})$ に対して

$$G^*_{(p-q)/2, q}(\gamma z, a_1, a_2, N) = (cz + d)^{(p-q)/2}|cz + d|^q G^*_{(p-q)/2, q}(z, (a_1, a_2)\gamma, N)$$

である. また, $(a'_1, a'_2) = (a_1, a_2)\gamma$ とおくと,

$$\begin{pmatrix} -a'_2 \\ a'_1 \end{pmatrix} = \gamma^{-1} \begin{pmatrix} -a_2 \\ a_1 \end{pmatrix}$$

であるから，補題 7.2 の (7.18) より，$\gamma \in \Gamma_0(N)$ ならば，$\omega(-a'_2, a'_1) = \chi_S(\gamma)\omega(-a_2, a_1)$ である（$\chi_S(\gamma)$ は前に定義した通りである）．よって，(5.12) で定義した $C^*(N)$ の任意の $\Gamma_0(N)$-軌道の代表，つまり (5.14) で定義した $\Gamma_0(N)$ のカスプの代表 $C_0(N)$ の元 (a_1, a_2) に対して

$$\mathcal{E}(z, a_1, a_2) = \sum_{\gamma \in \Gamma_0(N)/\Gamma(N)} \chi_S(\gamma) G^*_{(p-q)/2, q}(z, (a_1, a_2)\gamma, N) \tag{7.27}$$

とおくと，

$$M_{p,q}(z) = \sum_{(a_1, a_2) \in C_0(N)} \omega(-a_2, a_1) \mathcal{E}(z, a_1, a_2) \tag{7.28}$$

となる．ちなみに $G^*_{(p-q)/2, q}(z, a_1, a_2, N)$ は $(a_1, a_2) \in C^*(N)$ について全部線形独立なわけではなく，また $G^*_{k,s}(z, -a_1, -a_2, N) = (-1)^k G^*_{k,s}(z, a_1, a_2, N)$ であるが，われわれの場合は $k = (p-q)/2$ であり，また $\chi_S(-1) = (-1)^{m/2}(-1)^q = (-1)^{(q-p)/2}$ であるから，$\gamma = -1_2$ に対しては，この部分は符号がうち消しあって 1 になり，同じ級数が 2 回和に出てくる．

よって，$\mathcal{E}(z, a_1, a_2)$ が基本的である．$\gamma = \begin{pmatrix} a & b \\ c & d \end{pmatrix} \in \Gamma_0(N)$ とすると，$\chi_S(\gamma^{-1}) = \chi_S(\gamma)$ などに注意すれば，

$$\mathcal{E}(\gamma z, a_1, a_2) = \chi_S(\gamma) \mathcal{E}(z, a_1, a_2)(cz + d)^{(p-q)/2}|cz + d|^q$$

となることがわかる．すなわち，$\mathcal{E}(z, a_1, a_2)$ は $\Gamma_0(N)$ の指標 χ_S を持つ保型形式である．これはもともと $f_0(z, 0, P)$ もそうだったので，自然な結果である．

3.3　ゼータ関数の定義とジーゲル公式

S を m 次半整数対称行列とし，$\det(S) \neq 0$ としておく．今，整数 n に対して，$S[x] = {}^t x S x = n$ となる整数ベクトル $x \in \mathbb{Z}^m$ の個数を数えたいとする．S が正定値対称行列ならば，S の固有値の最小のものを λ とするとき，$\lambda\, {}^t x x \leq S[x]$ であるから，このような整数ベクトル x は各 n に対して有限個しかない．したがって，少し考えれば，

$$\sum_{x \in \mathbb{Z}^m - \{0\}} \frac{1}{S[x]^s}$$

が，十分大きい s について収束することはすぐわかる．このゼータ関数については，任意の複素数 s へ有理型関数として解析接続され，$s \to m/2 - s$ について関数等式を持つことが知られている．これを Epstein のゼータ関数という．これと同様なことを

S が不定符号の場合にも行おうとするといくつか定式化を変更せざるを得なくなる.
まず第1に, $S[x] = n$ となる $x \in \mathbb{Z}^m$ は一般には無限個存在する（S が2次行列で, $-\det(S)$ が平方数のときは例外である）. しかし, Minkowski の簡約理論により,
$$\Gamma(S) = \{\gamma \in GL_m(\mathbb{Z});\ {}^t\gamma S\gamma = S\}$$
とおくと, $n \neq 0$ ならば, $S[x] = n$ となるベクトルの左 $\Gamma(S)$ 軌道は有限個であることが知られている. また $n = 0$ のときは, $S[x] = 0$ となる $x \in \mathbb{Z}^m$ のうちで x の成分の最大公約数が1のものを原始的という. 原始的なものに限ればやはり $\Gamma(S)$ 軌道は有限個になる. しかし, これらの軌道の数自身を数えるのは, かなり難しい. 実際, 正定値のときも, ゼータ関数はそのような軌道の個数を直接与えているわけではない. よって, もう一度正定値の場合をよく検討しよう. $X(n) = \{x \in \mathbb{Z}^m; S[x] = n\}$ とおき, $X(n)$ に $\Gamma(S)$ を左からふつうに積で作用させる. $X(n)$ をこの作用の推移域に分解して $X(n) = X_1 \cup \cdots \cup X_r$ となったとする. 各 X_i から, 代表元 x_i をとり, これを固定する $\Gamma(S)$ の元からなる群を $\Gamma(S, x_i)$ とする. S を定符号とすると, 集合 $X(n)$ の元の個数は, 明らかに
$$\#(X(n)) = \sum_{i=1}^{r} \frac{\#(\Gamma(S))}{\#(\Gamma(S, x_i))}$$
で与えられる. 一般に S が不定符号の場合は, これらの群は有限群ではない（$\Gamma(S)$ は $m = 2$ で $-\det(S)$ が平方数のときは例外的に有限群になる. また, $\Gamma(S, x_i)$ は, たとえば, $S[x] = n > 0$ ならば, S の符号が $(1, m-1)$ のときは有限群になる. しかし一般にはこれも無限群である）. ゆえに群の位数の代わりをつとめるものが必要である. m 次の半整数不定符号対称行列 S と $x \in \mathbb{Z}^m$ に対して,
$$O(S) = \{g \in GL_m(\mathbb{R});\ {}^tgSg = S\},$$
$$O(S, x) = \{g \in O(S); gx = x\}$$
とおく. また $\Gamma(S) = O(S) \cap GL_m(\mathbb{Z})$, $\Gamma(S, x) = O(S, x) \cap GL_m(\mathbb{Z})$ とおく. ここで $m = 2$ かつ $-\det(S)$ が平方数という場合を除けば $\Gamma(S) \backslash O(S)$ は体積有限である. また, $S[x] = n \neq 0$ ならば, $m = 3$ かつ $-n\det(S)$ が平方数という場合を除けば, $\Gamma(S, x) \backslash O(S, x)$ は体積有限であることが知られている. よって, とりあえずは, 体積が無限大になるような面倒な場合は除外して, これらの体積を群の位数の逆数の代わりに使用すればよい. よって, ゼータ関数の定義としては,
$$\frac{\text{vol}(\Gamma(S, x) \backslash O(S, x))}{\text{vol}(\Gamma(S) \backslash O(S))}$$
を $\Gamma(S)$ 軌道の代表 x について加えたものを係数としてディリクレ級数をつくればよ

いということになる．しかし，ここには1つ問題がある．それは体積をはかるときに，$O(S)$ や $O(S,x)$ の不変測度をどうとるかということである．もちろん不変測度（群のハール測度）は定数倍を除いて一意的であるから，個々の $O(S,x)$ の測度を決めるのにはあまり問題はないように見えるかもしれないが，しかし，実際は x はいろいろ変わるのであるから，全体としてすべての x について一斉に $O(S,x)$ の測度を与える方法が必要なのである．このために，まずは概均質ベクトル空間でふつうに行われている方法を解説する．複素数体上定義された簡約代数群 G と有限次ベクトル空間 V を考える．$G(\mathbb{C}), V(\mathbb{C})$ で複素数値の点のなす（座標が複素数の）群，およびベクトル空間として，$G(\mathbb{C})$ が $V(\mathbb{C})$ に作用しているとする．このとき，この作用が，$V(\mathbb{C})$ のある代数的部分集合 S 以外の集合 $V(\mathbb{C}) - S$ 上では推移的であるとき，(G,V) を概均質ベクトル空間という（概均質ベクトル空間の一般論については，たとえば [107], [160], [158] などを参照されたい）．さらに G, V が実数体上定義されているとしよう．このとき，$G(\mathbb{R})$ の作用で，$V(\mathbb{R}) - S(\mathbb{R})$ は有限個の軌道に分かれる．ひとつの推移域 V_i の元 x に対して，$G(\mathbb{R})_x = \{g \in G(\mathbb{R}); gx = x\}$ とおく．$G(\mathbb{R})/G(\mathbb{R})_x = V_i$ であり，また V_i はユークリッド空間の開集合である．$V(\mathbb{R})$ 上には $G(\mathbb{R})$ の作用で不変な測度が存在する．これを固定し，ω とする．また，$G(\mathbb{R})$ のハール測度をひとつとり，dg とする．このとき，$dg = dg_x \omega(gx)$ によって，$G(\mathbb{R})_x$ のハール測度 dg_x を定めることができる．この測度は，個別の x それぞれに対して定義された測度ではあるが，定数倍のあいまいさがなく統一的に定められている．もちろんこれは $G(\mathbb{R})$ および $V(\mathbb{R})$ の測度のとり方には依っているので，これらを変えれば定数倍は変わりうる．一般に概均質ベクトル空間のゼータ関数を定める測度はこの測度を用いる．

さて，われわれの場合は $G(\mathbb{R}) = \mathbb{R}^\times \times O(S), V = \mathbb{R}^m$ であって，$a \in \mathbb{R}^\times, g \in O(S)$, $x \in \mathbb{R}^m$ に対して，$(a,g)x = agx$ で作用を定めると（その複素数体への係数拡大が）概均質ベクトル空間になる．$V(\mathbb{R})$ の $G(\mathbb{R})$ 不変な測度として，$|S[x]^{-m/2}dx|$（dx は普通の $\mathbb{R}^m$ のルベーグ測度）がとれる．また，$a \in \mathbb{R}^\times$ 上は $a^{-1}da$, $O(S)$ 上はハール測度 $d_S g$（定数倍のあいまいさがあるが）をとる．以上により，$x \in \mathbb{R}^m$ に対し，$G(\mathbb{R})_x$ のハール測度を決めたことになる．

しかし，以上はかなり抽象的な説明である．実際に測度がどう書けるかという話はもっと複雑である（ジーゲルの論文 [173], [174], [177] などでは，論文によって体積の定義が違うので，かなり注意深く見る必要がある）．そこで，以上の説明をもう少し違う観点から述べてみよう．今，符号 (p,q) の半整数対称行列 S と $A \in GL_m(\mathbb{R})$ に対して，${}^t ASA = T$ と書けているとしよう．A の $GL_m(\mathbb{R})$ の積で不変な測度は $\det(A)^{-m}dA$（$dA = \prod_{1 \le i,j \le m} da_{ij}, A = (a_{ij})$）であり，$T$ については，${}^t BTB$ と

いう作用で不変な測度は $\det(T)^{-(m+1)/2}dT$ $(dT = \prod_{i \leq j} dt_{ij}, T = {}^tT = (t_{ij}))$ である．よって $O(S)$ のハール測度 dk を適当にとって

$$|\det(A)|^{-m}dA = dk|\det(T)|^{-(m+1)/2}dT$$

という測度の分解ができる．$|\det(A)| = |\det(S)|^{-1/2}|\det(T)|^{1/2}$ であるから

$$dA = |\det(S)|^{-m/2}|\det(T)|^{-1/2}dTdk$$

といっても同じである．もちろんこのような分解は両辺で定数倍のずれがありうるが，そのずれるかもしれない定数の部分はとりあえず dk に押しつけているわけである．言い換えると $\int_{\Gamma(S)\backslash O(S)} dk$ の値が実際のところ何なのかということは，この関係式に基づいて計算しない限り，よくわからないのである．ジーゲルはこのような計算をいろいろ具体的に実行している．記号を簡単にするために，1以上の整数 n に対して，

$$\rho_n = \prod_{k=1}^{n} \frac{\pi^{k/2}}{\Gamma(k/2)}$$

と書くことにする．g を T を含む体積有限であるようなある領域として，g_1 を ${}^tASA \in g$ となるような $A \in GL_m(\mathbb{R})$ の集合とする．g_1 は左から $\Gamma(S)$ を書けても変わらないので，$g^* = \Gamma(S)\backslash g_1$ とする（つまり g^* は g_1 内の $\Gamma(S)$ に関する基本領域とする）．ここで

$$\int_{g^*} dA = \frac{1}{2}\rho_m \mu(S) \int_g |\det(T)|^{-1/2}dT$$

によって $\mu(S)$ を定義する（この定義は，[174] II の定義を採用している）．ここで $\frac{1}{2}\rho_m$ はあとの都合上つけた定数である．次に $\mathfrak{a} \in \mathbb{Z}^m$, $S[\mathfrak{a}] = t$ として，$\mathfrak{a}$ の固定群の体積 $\mu(S, \mathfrak{a})$ を正確に定義しよう．$t = 0$ のときは若干異なる表示になるが，その場合はあとで使用しないので，$t \neq 0$ と仮定する．ここで，必要ならば $\mathfrak{a}$ と t を整数で割って，$\mathfrak{a}$ を成分の最大公約数が 1 の $\mathfrak{a}_0$ に変更し，$S[\mathfrak{a}_0] = t_0$ とかく．すると適当な $B \in M_{m,m-1}(\mathbb{Z})$ に対して $A = (\mathfrak{a}_0, B)$ とおくと $A \in GL_m(\mathbb{Z})$ となる．このとき ${}^tASA = \begin{pmatrix} t_0 & {}^t\mathfrak{b} \\ \mathfrak{b} & R_1 \end{pmatrix}$ と書けるが，さらに $G = \begin{pmatrix} 1 & t_0^{-1}{}^t\mathfrak{b} \\ 0 & 1_{m-1} \end{pmatrix}$ として，

$${}^tASA = {}^tG\begin{pmatrix} t_0 & 0 \\ 0 & R \end{pmatrix}G \tag{7.29}$$

$(R = R_1 - t_0^{-1}\mathfrak{b}{}^t\mathfrak{b})$ と書ける．以上のような $A, \mathfrak{b}$ を固定しておく．さて，$U \in \Gamma(S, \mathfrak{a})$ とすると，定義により $U\mathfrak{a} = \mathfrak{a}$ だから，$U\mathfrak{a}_0 = \mathfrak{a}_0$ であり，これから容易にわかるよ

うに，ある $\mathfrak{c} \in \mathbb{Z}^{m-1}$ と $W \in M_{m-1}(\mathbb{Z})$ が存在して

$$A^{-1}UA = \begin{pmatrix} 1 & {}^t\mathfrak{c} \\ 0 & W \end{pmatrix}$$

と書ける．(7.29) において $S = {}^tUSU$ を代入すると

$$\begin{aligned}
{}^tG^{-1}\,{}^tASAG^{-1} &= {}^tG^{-1}\,{}^tA\,{}^tUSUAG^{-1} \\
&= ({}^tG^{-1}\,{}^tA\,{}^tU\,{}^tA^{-1}\,{}^tG)({}^tG^{-1}\,{}^tASAG^{-1})(GA^{-1}UAG^{-1}).
\end{aligned}$$

ここで

$$GA^{-1}UAG^{-1} = \begin{pmatrix} 1 & {}^t\mathfrak{c} + t_0^{-1}\,{}^t\mathfrak{b}(W - 1_{m-1}) \\ 0 & W \end{pmatrix}$$

より，

$$\begin{pmatrix} t_0 & 0 \\ 0 & R \end{pmatrix} =$$

$$\begin{pmatrix} t_0 & t_0\,{}^t\mathfrak{c} + (W - 1_{m-1}){}^t\mathfrak{b} \\ t_0\mathfrak{c} + ({}^tW - 1_{m-1})\mathfrak{b} & t_0(\mathfrak{c} + t_0^{-1}({}^tW - 1_{m-1})\mathfrak{b})({}^t\mathfrak{c} + t_0^{-1}\,{}^t\mathfrak{b}(W - 1_{m-1})) + {}^tWRW \end{pmatrix}.$$

これより，$t_0\mathfrak{c} = (1_{m-1} - {}^tW)\mathfrak{b}$，${}^tWRW = R$ がわかる．逆に，固定された $A, \mathfrak{b}$ に対して，$W \in M_{m-1}(\mathbb{Z})$ で $W \in \Gamma(R)$ かつ

$${}^tW\mathfrak{b} \equiv \mathfrak{b} \bmod t_0$$

となるものがあるとし，$\mathfrak{c} \in \mathbb{Z}^{m-1}$ を $\mathfrak{b} - {}^tW\mathfrak{b} = t_0\mathfrak{c}$ で定まるものとすれば，以上の計算をさかのぼって $\Gamma(S, \mathfrak{a})$ の元を定義することができる．言い換えると

$$\Gamma(S, \mathfrak{a}) \cong \{W \in \Gamma(R);\ {}^tW\mathfrak{b} \equiv \mathfrak{b} \bmod t_0\}$$

なのである．このように $\Gamma(S, \mathfrak{a})$ を $\Gamma(R)$ の部分群と同一視すると，これは単に合同条件で定義されているから，明らかに $\Gamma(R)$ の指数有限の部分群であり，この指数を $j(S, \mathfrak{a})$ とかく．このとき $\mu(R)$ は定義されているとして，$\mu(S, \mathfrak{a})$ を

$$\mu(S, \mathfrak{a}) = j(S, \mathfrak{a})\mu(R)$$

と定義する．この体積は $\mathfrak{a}$ の S による．Darstellungsmass（表現の体積）と呼ばれることが多い．この定義も [174] II で定義されているものである．

さて，$\mu(S)$ をもう少し具体的に表示するには，以前に定義した S の優行列の集合
$$X(S) = \{P \in Sym_m(\mathbb{R}); PS^{-1}P = S, P > 0\}$$
のもっと具体的な表示が必要になる．$X(S)$ には $g \in O(S)$ が $P \to {}^t gPg$ $(P \in X(S))$ と働くが，この作用は推移的である．これは次のようにしてわかる．今 $P_1, P_2 \in X(S)$ とする．P_i は正定値であるから，$g_i \in GL_m(\mathbb{R})$ で $P_i = (g_i {}^t g_i)^{-1}$ となるものがある．よって，${}^t g_i S g_i = g_i^{-1} S^{-1} {}^t g_i^{-1}$ である．これより，両辺を掛けて，$({}^t g_i S g_i)^2 = 1_m$ が容易にわかる．また ${}^t g_i S g_i$ は対称行列であるから，ある実直交行列 k_i により対角化されるが，2乗して 1_m になるのだから，適当に k_i を取り換えて
$${}^t k_1 {}^t g_1 S g_1 k_1 = {}^t k_2 {}^t g_2 S g_2 k_2 = S_0 = \begin{pmatrix} 1_p & 0 \\ 0 & -1_q \end{pmatrix}$$
としておいてよい．よって，$g = g_1 k_1 k_2^{-1} g_2^{-1}$ とおくと，${}^t gSg = S$ だから，$g \in O(S)$ である．また ${}^t gP_1 g = P_2$ も容易にわかる．よって，$X(S)$ への $O(S)$ の作用は推移的である．また，$X(S)$ の1点の固定群は $O(S)$ の極大コンパクト群である．これを K と書けば，つまりは $X(S)$ は $O(S)$ に付随するリーマン対称空間 $O(S)/K$ であって，K の体積が1の $O(S)$ の測度を決めるには $X(S)$ の $O(S)$ 不変な測度をひとつ決めておけばよいことになる．座標変換で S を，$S_0 = \begin{pmatrix} 1_p & 0 \\ 0 & -1_q \end{pmatrix}$ に移して考えることにする．$X(S)$ もそれに応じて変数変換しておけば，この場合に帰着するので，このようにしても問題はない．$X(S_0)$ は次のようにパラメーター表示される ([177])．

$$X(S_0) = \left\{ \begin{pmatrix} (1_p + Y {}^t Y)(1_p - Y {}^t Y)^{-1} & 2(1_p - Y {}^t Y)^{-1} Y \\ 2 {}^t Y (1_p - Y {}^t Y)^{-1} & (1_q + {}^t YY)(1_q - {}^t YY)^{-1} \end{pmatrix} \right.$$
$$\left. ; Y \in M_{p,q}(\mathbb{R}), 1_p - Y {}^t Y > 0 \right\}.$$

証明 右辺が左辺に含まれることは計算でわかる．たとえば，$1_p - Y {}^t Y > 0$ より $1_q - {}^t YY > 0$ でもある．これは
$$\begin{pmatrix} 1_p & -Y \\ 0 & 1_q \end{pmatrix} \begin{pmatrix} 1_p & Y \\ {}^t Y & 1_q \end{pmatrix} \begin{pmatrix} 1_p & 0 \\ -{}^t Y & 1_q \end{pmatrix} = \begin{pmatrix} 1_p - Y {}^t Y & 0 \\ 0 & 1_q \end{pmatrix}$$
より，$\begin{pmatrix} 1_p & Y \\ {}^t Y & 1_q \end{pmatrix}$ は正定値であり，よって，
$$\begin{pmatrix} 1_p & 0 \\ -{}^t Y & 1_q \end{pmatrix} \begin{pmatrix} 1_p & Y \\ {}^t Y & 1_q \end{pmatrix} \begin{pmatrix} 1_p & -Y \\ 0 & 1_q \end{pmatrix} = \begin{pmatrix} 1_p & 0 \\ 0 & 1_q - {}^t YY \end{pmatrix}$$

より，$1_q - {}^tYY$ も正定値である．さらに，$X(S_0)$ に含まれる行列が対称なのは $1_p + Y\,{}^tY$ と $1_p - Y\,{}^tY$ は交換可能なことなどより，明らかである．次に

$$P = \begin{pmatrix} (1_p + Y\,{}^tY)(1_p - Y\,{}^tY)^{-1} & 2(1_p - Y\,{}^tY)^{-1}Y \\ 2\,{}^tY(1_p - Y\,{}^tY)^{-1} & (1_q + {}^tYY)(1_q - {}^tYY)^{-1} \end{pmatrix}$$

とおいて，これが正定値であることを言う．まず，$(1_p + Y\,{}^tY)(1_p - Y\,{}^tY)^{-1}$ は正定値である．実際，$1_p - Y\,{}^tY = Y_0^2$ (Y_0 は正定値対称行列) としてよいが，$Y\,{}^tY = 1_p - Y_0^2$ より $(1_p + Y\,{}^tY)(1_p - Y\,{}^tY)^{-1} = (21_p - Y_0^2)Y_0^{-2} = 2Y_0^{-2} - 1_p = Y_0^{-1}(2 - Y_0^2)Y_0^{-1}$ $= Y_0^{-1}(1_p + Y\,{}^tY)Y_0^{-1}$．ここで $1_p + Y\,{}^tY$ は $Y\,{}^tY$ が半正定値であるから，正定値なことは明らかである．同様に $(1_q + {}^tYY)(1_q - {}^tYY)^{-1}$ も正定値なことがわかる．さて，P 全体が正定値なことを言うために少し変形する．

$$C = \begin{pmatrix} 1_p & 0 \\ -2\,{}^tY(1_p + Y\,{}^tY)^{-1} & 1_q \end{pmatrix}$$

とすると

$$CP\,{}^tC = \begin{pmatrix} (1_p + Y\,{}^tY)(1_p - Y\,{}^tY)^{-1} & 0 \\ 0 & D \end{pmatrix}.$$

ただし，

$$D = (1_q + {}^tYY)(1_q - {}^tYY)^{-1} - 4\,{}^tY(1_p + Y\,{}^tY)^{-1}(1_p - Y\,{}^tY)^{-1}Y$$

となる．ここで $Y(1_q - {}^tYY) = (1_p - Y\,{}^tY)Y$ より，

$$D(1_q - {}^tYY) = (1_q + {}^tYY) - 4\,{}^tY(1_p + Y\,{}^tY)^{-1}Y.$$

また $(1_q + {}^tYY)\,{}^tY = {}^tY(1_p + Y\,{}^tY)$ より

$$(1_q + {}^tYY)D(1_q - {}^tYY) = (1_q + {}^tYY)^2 - 4\,{}^tYY = (1_q - {}^tYY)^2.$$

よって，

$$D = (1_q + {}^tYY)^{-1}(1_q - {}^tYY)$$

となり，ここで D^{-1} の形を見ると，これが正定値であることは前に示したので，D も正定値である．また $PS_0^{-1}P = S_0$ となることは $1_p - Y\,{}^tY$ と $1_p + Y\,{}^tY$ は交換可能なことなどを用いて直接計算すればよい．以上で右辺が左辺に含まれることはわかった．

次に, 逆に $X(S_0)$ の元がかならずこのように書けることを言おう. $P \in X(S)$ とすると, P は正定値だから, 適当な正則行列 P_1 を用いて ${}^t P_1 P P_1 = 1_m$ と書ける. このとき $PS^{-1}P = S$ より, $P_1^{-1} S^{-1} {}^t P_1^{-1} = {}^t P_1 S P_1$ より $({}^t P_1 S P_1)^2 = 1_m$ である. また ${}^t P_1 S P_1$ も対称行列であるから, さらに実直交行列 k を用いて $k^{-1} {}^t P_1 S P_1 k$ が対角行列であるようにできる. 必要なら k を取り換えて

$$k^{-1} {}^t P_1 S P_1 k = \begin{pmatrix} 1_p & 0 \\ 0 & -1_q \end{pmatrix}$$

としてよい. よって

$$k^{-1} {}^t P_1 \frac{P+S}{2} P_1 k = \begin{pmatrix} 1_p & 0 \\ 0 & 0 \end{pmatrix}$$

である. ゆえに

$$K = \frac{P+S}{2}$$

とおくと, K の階数は p で, また半正定値である. よって W を p 次の正定値実対称行列とすると

$$K = \begin{pmatrix} X_1 & X_3 \\ X_2 & X_4 \end{pmatrix} \begin{pmatrix} W^{-1} & 0 \\ 0 & 0 \end{pmatrix} \begin{pmatrix} {}^t X_1 & {}^t X_2 \\ {}^t X_3 & {}^t X_4 \end{pmatrix}$$

となる実正則行列 $\begin{pmatrix} X_1 & X_3 \\ X_2 & X_4 \end{pmatrix}$ が存在する. 言い換えると $X = \begin{pmatrix} X_1 \\ X_2 \end{pmatrix} \in M_{mp}(\mathbb{R})$ に対して, $K = W^{-1}[{}^t X]$ になると言ってもよい. 後の都合上, 記号を X を SX と変更しておく. よって $K = W^{-1}[{}^t XS]$ である (記号は $A[B] = {}^t BAB$ としていた). ここでもちろん W と X はそれぞれが任意に動けるわけではない. 実は上の関係があれば常に $W = S[X]$ であることが次のようにしてわかる. $PS^{-1}P = S$ より, $(2K-S)S^{-1}(2K-S) = S$ である. 左辺は $4KS^{-1}K - 4K + S$ であるから実は $KS^{-1}K = K$ である. これに $K = W^{-1}[{}^t XS]$ という関係式を代入すると,

$$KS^{-1}K = SXW^{-1} {}^t XSS^{-1}SXW^{-1} {}^t XS = SX(S[XW^{-1}]) {}^t XS$$

これが $K = SXW^{-1} {}^t XS$ に等しいので,

$$X(S[XW^{-1}]) {}^t X = XW^{-1} {}^t X$$

となる. ここで X は正方行列ではないので, X の部分はこのままではキャンセルすることはできない. しかし, $W_0 = S[XW^{-1}] - W^{-1}$ とおき, X を正則行列に延長

しておけば,
$$\begin{pmatrix} X_1 & X_3 \\ X_2 & X_4 \end{pmatrix} \begin{pmatrix} W_0 & 0 \\ 0 & 0 \end{pmatrix} \begin{pmatrix} {}^tX_1 & {}^tX_2 \\ {}^tX_3 & {}^tX_4 \end{pmatrix} = \begin{pmatrix} X_1 W_0 {}^tX_1 & X_1 W_0 {}^tX_2 \\ X_2 W_0 {}^tX_1 & X_2 W_0 {}^tX_2 \end{pmatrix} = 0$$
となるから, 実は $W_0 = 0$ である. よって, $W^{-1}S[X]W^{-1} = W^{-1}$, ゆえに $W = S[X]$ となる. さて W はもともと正定値としているのだから, $S = S_0 = \begin{pmatrix} 1_p & 0 \\ 0 & -1_q \end{pmatrix}$ ならば $S[X] = {}^tX_1 X_1 - {}^tX_2 X_2$ が正定値であり, ゆえに X_1 は正則になる. $K = SXW^{-1}{}^tXS = SXX_1^{-1}(X_1 W^{-1}{}^tX_1)({}^tX_1)^{-1}S$ となるから W を ${}^tX_1 W X_1$ に取り換え, X もそれに応じて XX_1^{-1} に取り換えれば, $Y = {}^t(X_2 X_1^{-1}) \in M_{pq}(\mathbb{R})$ とおくとき,
$$W = (1_p, Y)S\begin{pmatrix} 1_p \\ {}^tY \end{pmatrix} = 1_p - Y{}^tY$$
と書ける. ここで W は正定値であるから $1_p - Y{}^tY > 0$ である. ゆえに
$$K = S\begin{pmatrix} 1_p \\ {}^tY \end{pmatrix}(1_p - Y{}^tY)^{-1}\begin{pmatrix} 1_p & Y \end{pmatrix}S$$
$$= \begin{pmatrix} (1_p - Y{}^tY)^{-1} & -(1_p - Y{}^tY)^{-1}Y \\ -{}^tY(1_p - Y{}^tY)^{-1} & {}^tY(1_p - Y{}^tY)^{-1}Y \end{pmatrix}$$
である. $P = 2K - S$ であったから, $2(1_p - Y{}^tY)^{-1} - 1_p = (1_p + Y{}^tY)(1_p - Y{}^tY)^{-1}$, $2{}^tY(1 - Y{}^tY)^{-1}Y + 1_q = (1_q + {}^tYY)(1 - {}^tYY)^{-1}$ などの簡単な変形を用いて
$$P = \begin{pmatrix} (1_p + Y{}^tY)(1_p - Y{}^tY)^{-1} & -2(1_p - Y{}^tY)^{-1}Y \\ -2{}^tY(1_p - Y{}^tY)^{-1} & (1_q + {}^tYY)(1_q - {}^tYY)^{-1} \end{pmatrix}$$
がわかる. これは前に述べた $X(S_0)$ の表示で Y を $-Y$ に変えたものである. 以上の表示で Y は P に対して一意的に決まる. これは同じ P に対して Y_1, Y_2 と 2 つの表示があるとすると, 上の K の表示を見れば, (1,1) 成分の比較より $(1 - Y_1 {}^tY_1)^{-1} = (1 - Y_2 {}^tY_2)^{-1}$ であり, また, また (1,2) 成分の比較より $(1 - Y_1 {}^tY_1)^{-1}Y_1 = (1 - Y_2 {}^tY_2)^{-1}Y_2$ となるので, 結局 $Y_1 = Y_2$ となるからである. ∎

このとき $X(S)$ 上の $O(S)$ 不変な測度は次の dv の定数倍で与えられる.
$$dv = \det(1_p - Y{}^tY)^{-m/2}dY$$
ただし, $dY = \prod_{1 \leq i \leq p,\ 1 \leq j \leq q} dy_{ij}$ とおいた. F を $\Gamma(S)$ の $X(S)$ での基本領域を $X(S_0)$ に移したものとする. F の dv による体積を V と書く.

7.18 [補題] 次が成り立つ.

$$\mu(S) = \frac{\rho_p \rho_q}{\rho_m} V$$

この証明は [174] II の p.406, 式 (21) によっている ([177] も参照されたい). ここでは詳細は省略する.

ここで述べたことは, あるいは $O(S)$ の測度と対応する $X(S)$ の測度としては

$$\frac{\rho_p \rho_q}{\rho_m} dv$$

を用いることにしたと言っても同じことである. 最初からそう述べれば補題を証明する必要はなくなるが, それでは意味がよくわからない.

これを用いて dg_x を定義し, $S[x] \neq 0$ となる $x \in \mathbb{Z}^m$ に対して, dg_x に対する体積を用いて

$$\mu(x) = vol(\Gamma(S,x) \backslash O(S,x))$$

とおいたのが, $\mu(S,x)$ の定義だと言ってもよい.

次に,

$$C = \{x \in \mathbb{R}^m;\ S[x] > 0\}$$

とおく. 以下 $m \geq 4$ とし, また $m = 4$ のときは, S が, ゼロ形式 ($S[x] = 0$ なる $x \neq 0, x \in \mathbb{Z}^4$ を持つ) でかつ $\det(S)$ が平方数になる場合を除外しておく.

7.19 [定義] 以上の仮定の下で, 不定符号半整数対称行列 S に付随するジーゲルのゼータ関数を次のように定義する.

$$\zeta(s,S) = \sum_{x \in \Gamma(S) \backslash (C \cap \mathbb{Z}^m)} \frac{\mu(S,x)}{S[x]^s}.$$

次に, このゼータ関数と (7.26) で定義した $M_{p,q}(z)$ との関係を述べる.

$$(2\epsilon^2)^{-1} M_{p,q}(z) = 1 + \sum_{t=-\infty}^{\infty} \alpha_t h_t(z)$$

というかたちに Whittaker 関数を用いてフーリエ展開されるのは, (5.8) と (5.10) より明らかである. ただし, $h_{t,\alpha,\beta}(z)$ を (5.4) で定義し, $h_t(z) = h_{t,p/2,q/2}(z)$ とおいている. この係数 α_t を用いて, ゼータ関数が記述できるというのがもう一つのジーゲル公式である.

7.20 [定理] (Siegel [177], [174] II)　　記号を上の通りとして，次の関係式を得る．

$$\sum_{t=1}^{\infty} \frac{\alpha_t}{t^s} = \frac{\pi^{m/2}}{\Gamma(p/2)\Gamma(q/2)} \times \frac{\rho_{m-1}}{\rho_m \mu(S)} \zeta\left(s + \frac{m}{2} - 1, S\right).$$

ただし，$\mu(S)$ は $\Gamma(S)\backslash O(S)$ の $(\rho_p \rho_q/\rho_m)dv$ による体積である．

この証明は省略する．[177] を参照されたい．

ここであとの都合のため，もう一つ体積を定義しておく．

$$\rho(S) = \frac{1}{2}\rho_m |\det(S)|^{-(m+1)/2} \mu(S) \tag{7.30}$$

と定義する．実はあとで体積の平均値を局所密度で表すときにはこの方が都合がよくなる．これを用いると上の式は

$$\sum_{t=1}^{\infty} \frac{\alpha_t}{t^s} = \frac{\pi^{m/2}}{\Gamma(p/2)\Gamma(q/2)} \times \frac{|\det(S)|^{-(m+1)/2}\rho_{m-1}}{2\rho(S)} \zeta\left(s + \frac{m}{2} - 1, S\right)$$

と書けている．

　ちなみに，上で証明を大部分省略してしまったので，ジーゲルの論文から読み解くヒントを述べておきたい．まず $\mu(S)$ を V で書く公式は，前に述べたように [174] II の p.406, 式 (21) によっている．また $\rho(S)$ はもともと [173] II で定義された記号である．その意味は次の通りである．S と同じ符号をもつ T_0 を一つ固定して，T_0 を含む S と同じ符号を持つ m 次対称行列の体積有限な領域 B のユークリッド体積 $v(B)$ をとる．${}^t ASA = T \in B$ $(A \in GL_m(\mathbb{R}))$ という関係式で決まる A の領域を B_1, それを $\Gamma(S)$ で割った領域を $\overline{B}$ とし，そのユークリッド体積を $v(\overline{B})$ とする．ここで

$$\rho(S) = \lim_{T \to T_0} \frac{v(\overline{B})}{v(B)}$$

として $\rho(S)$ を定義する（$m = 2$ で $-\det(S)$ が平方数のときは例外的に極限が存在しない．この場合は除く）．さて，これが (7.30) のように書けるということは当然証明が必要である．実は $\rho(S)$ の定義は [177] における $\mu_{\mathfrak{a}}(S)$ で $\mathfrak{a} = 0$ としたものと同一であって，(7.30) の結果は，[177] の式 (13) によっている．また，もともと [177] において採用されている Darstellungsmass（混乱をさけるために $\mu^{III}(S, x)$ と書こう）の定義は，上で述べた $\mu(S, x)$ とは異なっている．この違いは，[177] p.50, 式 (89) で調べることができる．われわれの $\mu(T)$ と [177] の $\mu_0(T)$ の違いなどに注意すれば，$S[x] = t$ として

$$\mu^{III}(S, x) = \frac{1}{2}\rho_{m-1}|t|^{1-\frac{m}{2}}|\det(S)|^{-m/2}\mu(S, x)$$

となる．以上によって，[177] における式 (40) の $\mu_0(S)$ を $\mu(S)$ で表示し，また $M(A, 0, t)$ を，その定義の [177] (13) に基づいて $\sum_{x/\sim} \mu(S, x)$ で表示することにより定理 7.20 を得る．

本来のジーゲル公式はゼータ関数と局所密度との関係を述べなければならないのであるが，その部分は省略する（あとで $\mu(S)$ と局所密度との関係は説明する）．詳しくは原論文を参照されたい．

3.4 ゼータ関数の具体的な公式

m 次の半整数対称行列 S に対して，mod N のディリクレ指標 χ_S を前と同様 (7.24) で定義しておく．

7.21 [定理] S を定理 7.17 と同じ仮定を満たす半整数不定符号対称行列とする．m を偶数とすると，$\zeta(s, S)$ は

$$a^s L(s, \chi_1) L\left(s - \frac{m}{2} + 1, \chi_2\right)$$

という形のディリクレ級数の有理数係数の線形結合である．ただしここで，a は適当な正の有理数をわたり，χ_1, χ_2 は実ディリクレ指標（実数値のディリクレ指標）であって，$\chi_1\chi_2 = \chi_S$ となるものをわたる．

この定理の証明は，アイゼンシュタイン級数の係数とこのゼータ関数の係数が一致するというジーゲル公式 (7.20) を用いて，アイゼンシュタイン級数のフーリエ係数を上手にまとめることに帰着する．かなり長い計算であり，それほど易しいわけではない．以下，この章の終わりまでのほとんどすべての節は，この証明を目標としている．

7.22 [系] S が定理 7.17 と同じ仮定を満たすとする．このとき，m が偶数であるか，または q が偶数であれば，任意の自然数 n に対して，$\zeta(1-n, S)$ は有理数である．

ここで m が奇数で，q が偶数のときの証明は，ゼータ関数の関数等式（ジーゲル [174] による）からの帰結であるが，その部分は本書では証明を省略する．

この系のような結果を最初に述べたのは栗原章氏であると思う ([127])．彼の証明はコンタワー積分 (contour integral) を用いてゼータ関数を積分表示し，あわせて非常に複雑な解析数論の議論を用いて，特に

$$S = \begin{pmatrix} 1 & 0 & 0 & 0 \\ 0 & -7 & 0 & 0 \\ 0 & 0 & -7 & 0 \\ 0 & 0 & 0 & -7 \end{pmatrix}$$

の場合ならば，ゼータ関数の特殊値の有理性が証明できるというものである．

我々は一般的にゼータ関数自身が実は易しい表示を持つという事実を証明して，その系としてこれを示す方針である．これは，もともと概均質ベクトル空間のゼータ関数は，通常考えられているよりも易しいものに帰着する場合が多い，という観測 [91] の一例である．

注意 1：以上により，符号が $(1, m-1)$ ならば，ゼータ関数の特殊値は，いつでも有理数であることがわかる．実際，m が偶数ならば，上の定理であるし，m が奇数ならば $m-1$ が偶数だから，上の定理による．この場合は IV 型領域 ($SO(2, n)$ に対応する対称管状領域 (symmetric tube domain)) 上の保型形式の次元公式の一部に表れるので，値が有理数という結果は，非常に自然である．

注意 2：m が奇数で q も奇数のときはよくわからないが，特殊値が有理数ではないとしても，特に不思議ではないと思う．

3.5 非原始的な指標とガウスの和

今後，非原始的なディリクレ指標のガウスの和を取り扱うことが多いので，ちょっと本筋からそれるが，念のため，ここで少し丁寧に説明しておく．前節の証明に進みたい方は，直接次の節から読まれることをお勧めする．

整数 $a > 0$ に対して，群 $(\mathbb{Z}/a\mathbb{Z})^\times$ の指標 ϕ (つまり $\mathbb{C}^\times$ への準同型) を考えよう．この指標に付随する $\bmod a$ のディリクレ指標 Φ というのは，$\mathbb{Z}$ から $\mathbb{C}$ への関数 Φ であって，a と素でない x では $\Phi(x) = 0$ であり，a と素な x では，$\Phi(x) = \phi(x \bmod a)$ とおいて決まるものをいう．この関数は，$\mathbb{Z}$ 上で $\Phi(xy) = \Phi(x)\Phi(y)$ となる，いわゆる乗法的な関数ではあるが，厳密に言えば，整数環 $\mathbb{Z}$ 上の関数 Φ と $(\mathbb{Z}/a\mathbb{Z})^\times$ 上の関数 ϕ は本来は別のものである．これをいちいち記号を分けて書くのも面倒なので，ϕ と Φ を同じ記号で書くのが普通である (どちらの意味かは文脈からわかるはずなので，本書でもたいていの場合はそうしている)．また，$b|a$ かつ $0 < b < a$ なる整数 b について ϕ が $(\mathbb{Z}/a\mathbb{Z})^\times \to (\mathbb{Z}/b\mathbb{Z})^\times \to \mathbb{C}^\times$ という合成写像の形に書けるときと，そのような b が存在しないときとは性質が若干異なりうる．このために，不用意に考えると，ときとして混乱しかねないこともあるので，以下説明を書く．

群 $(\mathbb{Z}/a\mathbb{Z})^\times$ の指標 ϕ がある指標 $\phi': (\mathbb{Z}/b\mathbb{Z})^\times \to \mathbb{C}^\times$ と $(\mathbb{Z}/a\mathbb{Z})^\times \to (\mathbb{Z}/b\mathbb{Z})^\times$ の合成写像として書けるような正整数 $b|a$ を考える．このような b のうちで最小のものを f と書くとき，ϕ に対応する $\mathrm{mod}\, a$ のディリクレ指標 Φ は導手が f であるという．$f = a$ のとき，Φ を原始的なディリクレ指標，そうでないとき非原始的なディリクレ指標という．また $b = f$ のときに対応する ϕ' を ϕ_0 と書き，ϕ_0 に対応する $\mathrm{mod}\, f$ の原始的ディリクレ指標 Φ_0 を Φ に付随する原始的ディリクレ指標ということにする．このような Φ_0 が一意的に存在するのは明らかである．ここで $(x, a) = 1$ ならば $\Phi(x) = \Phi_0(x)$ であるが，$(x, f) = 1, (x, a) > 1$ ならば $\Phi(x) = 0, \Phi_0(x) \neq 0$ である．ゆえに，a の素因子であるが f の素因子ではないような素数があれば，Φ と Φ_0 は異なる関数である．しかし，a と f の素因子がみな同じならば $\Phi = \Phi_0$ である．

本書では $\mathrm{mod}\, a$ のディリクレ指標と言ったときには，原始的かどうかにかかわらず，a と素でない元については 0 となるディリクレ指標のことを意味することにしておく．繰り返すと $\mathrm{mod}\, a$ の原始的なディリクレ指標というのは，導手が a のディリクレ指標のことである．

a を正整数，t を整数として，任意の $\mathrm{mod}\, a$ の（非原始的かもしれない）ディリクレ指標 Φ について，ガウスの和

$$G(\Phi, a, t) = \sum_{x \,\mathrm{mod}\, a} \Phi(x) e\left(\frac{xt}{a}\right) \tag{7.31}$$

を考える．後で必要となるので，このような値について考察しよう．

非原始的指標と原始的指標は注意深く扱わないと混乱するので，よく知られていることではあるが，中国式剰余定理から復習する．

$a = p_1^{e_1} \cdots p_r^{e_r}$ $(e_i \geq 1)$ と素因数分解する．$q_i = a/p^{e_i}$ とおくと，q_i $(1 \leq i \leq r)$ の最大公約数は 1 であるから，$q_1 y_1 + \cdots + q_r y_r = 1$ となる整数 $y_1, \ldots, y_r$ が存在する．$x \,\mathrm{mod}\, a \in (\mathbb{Z}/a\mathbb{Z})$ に対して，代表 $x \in \mathbb{Z}$ をとり，$x_i = x q_i y_i$ とおくと，写像

$$x \,\mathrm{mod}\, a \to (x_1 \,\mathrm{mod}\, p_1^{e_1}, \ldots, x_r \,\mathrm{mod}\, p_r^{e_r})$$

は矛盾なく定義され，環としての同型

$$(\mathbb{Z}/a\mathbb{Z}) \cong (\mathbb{Z}/p_1^{e_1}\mathbb{Z}) \times \cdots \times (\mathbb{Z}/p_r^{e_r}\mathbb{Z})$$

を導く．実際，x を $x + ax_0$ に取り換えると，x_i は $x_i + ax_0 q_i y_i$ にかわり，$\mathrm{mod}\, p_i^{e_i}$ では同一である．また，$j \neq i$ ならば $q_j \equiv 0 \,\mathrm{mod}\, p_i^{e_i}$ であるから，$q_i y_i \equiv 1 \,\mathrm{mod}\, p_i^{e_i}$，よって $x_i \equiv x \,\mathrm{mod}\, p_i^{e_i}$ でもある．この写像が準同型であるのは明らか．全射を示す．右辺から $(z_1, \ldots, z_r)$ をとり，これらの $\mathbb{Z}$ での代表を一組とって，これも同じ記号で

書く．ここで $x = z_1 q_1 y_1 + \cdots + z_r q_r y_r$ とおけば，$x q_i y_i \equiv z_i (q_i y_i)^2 \equiv z_i \bmod p_i^{e_i}$ である．よって，全射が証明された．$x \equiv x_i \bmod p_i^{e_i}$ だから，$x_i \equiv 0 \bmod p_i^{e_i}$ ならば $x \equiv 0 \bmod a$ でもある．よって単射も示された．

以上の同型は，環の可逆元のへの制限として，次の同型も導く．

$$(\mathbb{Z}/a\mathbb{Z})^\times \cong (\mathbb{Z}/p_1^{e_1}\mathbb{Z})^\times \times \cdots \times (\mathbb{Z}/p_r^{e_r}\mathbb{Z})^\times.$$

より詳しく述べれば，すべての $1 \leq i \leq r$ について，x_i が $(\mathbb{Z}/p_i^{e_i}\mathbb{Z})^\times$ の（p_i と素な）代表を動くとき $x = \sum_{i=1}^r x_i y_i q_i$ も a と素で，これは $(\mathbb{Z}/a\mathbb{Z})^\times$ の代表を動く．実際，$p_i | q_j$ ($j \neq i$)，$p_i \nmid x_i y_i q_i$ より x は各 p_i と素であり，よって a と素である．ちなみに $\{y_i q_i; 1 \leq i \leq r\}$ は $\mathbb{Z}/a\mathbb{Z}$ の直交ベキ等元である．つまり $(y_i q_i)(y_j q_j) \equiv 0 \bmod a$ ($i \neq j$)，$(y_i q_i)^2 \equiv (y_i q_i) \bmod a$ である．実際，最初の合同は q_i の定義より明らかである．2 つめの式は

$$(q_i y_i)^2 = q_i y_i \left(1 - \sum_{j \neq i} y_j q_j\right) \equiv q_i y_i \bmod p^{e_i}$$

から従う．特に，$x \equiv \prod_{i=1}^r (y_1 q_1 + \cdots + y_i q_i x_i + \cdots + y_r q_r) \bmod a$ であるのは，明らかである．もちろん x_i が p_i と素なとき，各 $y_1 q_i + \cdots + x_i y_i q_i + \cdots + y_r q_r$ は a と素である．

同様に，上の同型はこれらの群の指標群の間の同型も導く．すなわち，$(\mathbb{Z}/a\mathbb{Z})^\times$ の指標群を $X(a)$ などと書くとき

$$X(a) \cong X(p_1^{e_1}) \times \cdots \times X(p_r^{e_r})$$

である．この同型は，具体的には次のように与えられる．$\Phi \in X(a)$ と任意の p_i と素な x_i に対して，

$$\Phi_i(x_i) = \Phi(y_1 q_1 + \cdots + x_i y_i q_i + \cdots + y_r q_r)$$

とおく．これが $(\mathbb{Z}/p_i^{e_i}\mathbb{Z})^\times$ の指標であることは明らかである．実際 $x_i' = x_i + p_i^{e_i} x_0$ ならば，$x_i' y_i q_i \equiv x_i y_i q_i \bmod a$ だから Φ での値は等しい．またこれが指標なことは，$y_i q_i$ がベキ等元であることから容易にわかる．また $x = \sum_{i=1}^r x_i y_i q_i$ で，各 x_i が p_i と素ならば，

$$\Phi(x) = \Phi_1(x_1) \cdots \Phi_r(x_r)$$

は明らかである．ここで，$y_i q_i \equiv 1 \bmod p_i^{e_i}$, $x \equiv x_i y_i q_i \equiv x_i \equiv \bmod p_i^{e_i}$ であるから，$\Phi_i(x_i) = \Phi_i(x_i y_i q_i) = \Phi_i(x) = \Phi_i(x y_i q_i)$ でもある．以上は指標について述べ

た．ここで，Φ と Φ_i をそれぞれ $\bmod a$ と $\bmod p_i^{e_i}$ の（非原始的かもしれない）ディリクレ指標とみなすと，任意の整数 x について，$\Phi(x) = \Phi_1(x) \cdots \Phi_r(x)$ といってもよい．なお，注意として，ディリクレ指標としては，Φ_i はあくまで $\bmod p_i^{e_i}$ の指標と考えている．たとえば Φ_i は導手が 1 かもしれないが，その場合でも x が p_i の倍数ならば $\Phi_i(x) = 0$ と考えるわけである．よって，特に $\gcd(x, a) > 1$ ならば両辺ともゼロになり，ディリクレ指標として一致することになる．

さて，以上をもとに，ガウスの和を分解しよう．Φ を $\bmod a$ の，また Φ_i を $\bmod p_i^{e_i}$ のディリクレ指標と同一視して，$x = x_1 y_1 q_1 + \cdots + x_r y_r q_r$ で，$1 \le x_i \le p_i^{e_i}$ を動かすと，x は $\bmod a$ の代表全体を動く．またすべての i について x_i が p_i と素なら，x は $\bmod a$ で a と素なものの代表全体を動く．いずれにせよ，Φ, Φ_i などは a または p_i と素でない値については，0 ととっている．当然次の式が成り立つ．

$$G(\Phi, a, t) = \sum_{x \bmod a} \Phi(x) e\left(\frac{xt}{a}\right) = \prod_{i=1}^{r} \sum_{x_i=1}^{p_i^{e_i}} \Phi_i(x_i) e\left(\frac{x_i y_i t}{p_i^{e_i}}\right)$$
$$= \prod_{i=1}^{r} \sum_{x_i \in (\mathbb{Z}/p_i^{e_i}\mathbb{Z})^\times} \Phi_i(x_i) e\left(\frac{x_i y_i t}{p_i^{e_i}}\right).$$

ここで，y_i は p_i と素であるから，$x_i y_i$ も $\bmod p_i^{e_i}$ の代表をわたり，また $\Phi_i(x_i) = \Phi_i(x_i y_i) \Phi_i(y_i^{-1})$ であるが，$y_i q_i \equiv 1 \bmod p_i^{e_i}$ であるから，$\Phi_i(y_i^{-1}) = \Phi_i(q_i)$ である．よって，

$$G(\Phi, a, t) = \prod_{i=1}^{r} \Phi_i(q_i) G(\Phi_i, p_i^{e_i}, t) \tag{7.32}$$

となる．

あるいは，以上と同様なことをもう少し中間的な分解で行うと，$a = bc$ で b と c が互いに素とするとき，$\Phi = \Phi_b \Phi_c$ と $\bmod b$ と $\bmod c$ のディリクレ指標に分解できて，

$$G(\Phi, a, t) = \Phi_b(c) \Phi_c(b) G(\Phi_b, b, t) G(\Phi_c, c, t)$$

となる．ちなみに $(l, a) = 1$ ならば $G(\Phi, a, lt) = \Phi(l)^{-1} G(\Phi, a, t)$ である．$G(\Phi, a, t)$ の t への依存の仕方は補題 7.25 などでまた詳しく調べる．

いずれにしても，以上より，ガウスの和の計算には，当然ながら素数ベキを法とするときが基本的である．Φ が $\bmod p^e$ のディリクレ指標で $t = 1$ のときは簡略に

$$G(\Phi, p^e) = G(\Phi, p^e, 1)$$

と書くことにする．

7.23 [命題] p を素数とする．整数 $e \geq 1, f \geq 0, g \geq 0$ を固定する．Φ を $\mod p^e$ の（非原始的かもしれない）ディリクレ指標とし，p^f を Φ の導手とする．このとき，次が成り立つ．

$$G(\Phi, p^e, p^g) = \begin{cases} p^{e-f} G(\Phi, p^f) & (1 \leq f = e - g \text{ の場合}), \\ -p^{e-1} & (f = 0, \ e - g = 1 \text{ の場合}), \\ p^e - p^{e-1} & (f = 0, \ e - g \leq 0 \text{ の場合}), \\ 0 & (\text{それ以外の場合}). \end{cases}$$

証明 導手の定義より，もちろん $f \leq e$ である．またここで，$f \geq 1$ ならば，$(x, p^e) = 1$ と $(x, p^f) = 1$ は同じ条件だから，$G(\phi, p^f)$ は ϕ を $\mod p^f$ の原始的な指標と思ったときの「普通の」ガウスの和と一致している．

さて，最初に $f = 0$ の場合の証明を述べる．$1 \leq e$ と仮定したから，x が p で割り切れれば $\Phi(x) = 0$ であり，それ以外では 1 である．ここで $e \leq g$ と仮定すると，$G(\Phi, p^e, p^g) = \sum_{x=1}^{p^e} \Phi(x) e(p^{g-e} x) = \sum_{x=1}^{p^e} \Phi(x) = \#((\mathbb{Z}/a\mathbb{Z})^\times) = p^e - p^{e-1}$ である．次に $e - g \geq 1$ と仮定すると，$x = x_0 + p^{e-g} x_1$ ($0 \leq x_1 \leq p^g - 1$, $0 \leq x_0 \leq p^{e-g} - 1$, $(x_0, p) = 1$) と分解して，$G(\Phi, p^e, p^g) = p^g \sum_{x_0 \in (\mathbb{Z}/p^{e-g}\mathbb{Z})^\times} e(x/p^{e-g})$．和の部分は原始 p^{e-g} 乗根 $e(1/p^{e-g})$ の $\mathbb{Q}$ 上の跡であるから，最小多項式を考えて，跡は $e - g = 1$ では -1 （よって和の全体は $-p^g = -p^{e-1}$），$e - g \geq 2$ では 0 となる．よって $f = 0$ のときは示された．

次に $f \geq 1$ と仮定する．$x \in \mathbb{Z}/p^e\mathbb{Z}$ を $\mod p^f$ で細分すると，$x = x_0 + cp^f$ ($0 \leq c \leq p^{e-f} - 1$, $0 \leq x_0 \leq p^f - 1$) としてよい．ここで p と素な x に対して，$\phi(x) = \phi(x_0)$ であるから，

$$\sum_{x \in (\mathbb{Z}/p^e\mathbb{Z})^\times} \phi(x) e\left(\frac{x_0 + cp^f}{p^{e-g}}\right) = \sum_{x_0 = 0}^{p^f - 1} e\left(\frac{x_0}{p^{e-g}}\right) \phi(x_0) \sum_{c=0}^{p^{e-f}-1} e\left(\frac{c}{p^{e-g-f}}\right)$$

となる．ここで $1 \leq e - g - f$ ならば最後の c にわたる和はもちろんゼロであるから全体の和もゼロである．よって $e - g - f \leq 0$ と仮定する．このときは c の部分の和は p^{e-f} となるので，全体の和は

$$p^{e-f} \sum_{x_0 \in (\mathbb{Z}/p^f\mathbb{Z})^\times} \phi(x_0) e\left(\frac{x_0}{p^{e-g}}\right)$$

となる．ゆえに $e - g = f$ ならば，主張は示されたことになる．次に $e - g < f$ と仮定する．$e - g \leq 0$ ならば和は $\sum_{x_0 \in (\mathbb{Z}/p^f\mathbb{Z})^\times} \phi(x_0)$ となり ϕ は導手が p^f で，また $1 \leq f$

と仮定しているから, $(\mathbb{Z}/p^f\mathbb{Z})^\times$ の非自明な指標とみなせ, よって和はゼロになる. 次に $0 < e - g < f$ のとき, x_0 を $\bmod p^{e-g}$ で分け直す. $H = (1 + p^{e-g}\mathbb{Z})/(1 + p^f\mathbb{Z})$ は $(\mathbb{Z}/p^f\mathbb{Z})^\times$ の部分群であり, x_0 をこの部分群の剰余類の代表元 x_1 と $x_2 \in H$ の積で書くと,

$$\sum_{x_0 \in (\mathbb{Z}/p^f\mathbb{Z})^\times} \Phi(x_0) e\left(\frac{x_0}{p^{e-g}}\right) = \sum_{x_1} \Phi(x_1) e\left(\frac{x_1}{p^{e-g}}\right) \sum_{x_2 \in H} \Phi(x_2)$$

となる. もし Φ が H 上自明な指標ならば, Φ は $\bmod p^{e-g}$ の指標とみなせることになって, $e - g < f$ という仮定に反する. よって自明でなく, $\sum_{x_2 \in H} \phi(x_2) = 0$ となる. よって和の全体もゼロになる. 以上で命題は証明された. ∎

7.24 [系] a, a_0 を正整数として, $a_0 | a$ とする. また $t \in \mathbb{Z}$ とする. Φ を $\bmod a$ のディリクレ指標とする. このとき,

$$\sum_{x \bmod a} \Phi(x) e\left(\frac{xt}{a_0}\right) \neq 0$$

であるためには, Φ の導手が a_0 の約数であることが必要である.

証明 系で与えられている和は, すなわち, $G(\Phi, a, (a/a_0)t)$ である. Φ の導手を $\prod_{i=1}^r p_i^{f_i}$ とする. これが a_0 を割り切ることを示すのに, $f_i = 0$ の部分は考える必要はない. $f_i \geq 1$ とすると, (7.32) と補題 7.23 より, $\mathrm{ord}_{p_i}(a_0/t) = f_i$ でなければゼロになる (ここで $\mathrm{ord}_{p_i}(n)$ は n が p_i で割れる最大のベキ指数を表す). よって $\mathrm{ord}_{p_i}(a_0) = f_i + \mathrm{ord}_{p_i}(t) \geq f_i$. ゆえに a_0 は $\prod_i p_i^{f_i}$ で割り切れる. ∎

さて, 後で必要になるので, $G(\Phi, a, t)$ の t への依存の仕方を詳しく調べておく. ここで, ガウスの和の局所分解について, 再度まとめておこう. $a = \prod_{i=1}^r p_i^{e_i}$ を素因数分解とし, Φ を一般の $\bmod a$ のディリクレ指標とする. Φ の導手を $\prod_{i=1}^r p_i^{f_i}$ とし, $1 \leq i \leq r_1$ については $f_i = 0$, $r_1 + 1 \leq i \leq r$ については $1 \leq f_i$ とする. $t = t_1 \prod_{i=1}^r p_i^{g_i}$ $((a, t_1) = 1, g_i \geq 0)$ を一つ固定する. また, $r_1 + 1 \leq j \leq r$ について, $l_j = \prod_{1 \leq i \leq r, i \neq j} p_i^{f_i}$ とおく. つまり Φ の導手を $l = \prod_{i=r_1+1}^r p_i^{f_i}$ とするとき, $l_j = l/p^{f_j}$ である. $\Phi = \Phi_1 \cdots \Phi_r$ を Φ の各 p_i への分解とする. ここで $1 \leq i \leq r_1$ について Φ_i は p_i と素な元については 1 であるが, 素でない元については 0 としている. Φ_0 を Φ に付随する原始的ディリクレ指標, つまり $\prod_{i=r_1+1}^r \Phi_i$ できまる $\bmod \prod_{i=r_1+1}^r p_i^{f_i}$ のディリクレ指標とする. さらに $1 \leq i \leq r_1$ について, $c_i(g_i)$

を次で定義する.

$$c_i(g_i) = \begin{cases} 0 & g_i \leq e_i - 2 \text{ の場合}, \\ -p^{e-1} & g_i = e_i - 1 \text{ の場合}, \\ p^e - p^{e-1} & g_i \geq e_i \text{ の場合}. \end{cases}$$

また $r_1 + 1 \leq i \leq r$ なる i については

$$c_i(g_i) = \begin{cases} p^{e_i - f_i} & e_i - g_i = f_i \text{ の場合}, \\ 0 & \text{それ以外の場合} \end{cases}$$

とおく.

7.25 [補題]　以上の記号のもとで, 次が成立する.

$$G(\Phi, a, t) = \Phi_0(t_1)^{-1} \Phi_0 \left(\prod_{i=1}^{r_1} p_i^{e_i - g_i} \right) \prod_{i=1}^{r} c_i(g_i) \prod_{i=r_1+1}^{r} \Phi_i(l_i) G(\Phi_i, p_i^{f_i}).$$

証明　同型 $(\mathbb{Z}/a\mathbb{Z})^\times \cong \prod_{i=1}^{r}(\mathbb{Z}/p_i^{e_i})^\times$ に応じて局所的なガウスの和の積に分解して考えれば計算できる. 前と同様 $q_i = a/p_i^{e_i}$ とし, $\sum_{i=1}^{r} q_i y_i = 1$ とする. 同型 $\mathbb{Z}/a\mathbb{Z} \cong \prod_{i=1}^{r}(\mathbb{Z}/p_i^{e_i})$ を $x \to (x, \ldots, x)$ で定義する. $q_i y_i \equiv 1 \bmod p_i^{e_i}$ なので, $(xq_1 y_1, \ldots, xq_r y_r)$ への写像と言っても同じことである.

$$e\left(\frac{tx}{a}\right) = \prod_{i=1}^{r} e\left(\frac{txq_i y_i}{a}\right) = \prod_{i=1}^{r} e\left(\frac{txy_i}{p_i^{e_i}}\right)$$

であるが, $y_i^{-1} \equiv q_i \bmod p_i^{e_i}$ より

$$G(\Phi, a, t) = \prod_{i=1}^{r} G(\Phi_i, p_i^{e_i}, ty_i) = \prod_{i=1}^{r} \Phi_i(q_i) G(\Phi_i, p_i^{e_i}, t)$$

である. ここで, $t/p_i^{g_i}$ が p_i と素なことに注意すると, 補題 7.23 により, $G(\Phi_i, p_i^{e_i}, t)$ は $1 \leq i \leq r_1$ については, $g_i \geq e_i - 1$ のときに限りゼロではなく, その値は $c(g_i)$ に等しい. また $r_1 + 1 \leq i \leq r$ ならば $e_i - g_i = f_i$ のときに限りゼロではなく, その値は $\Phi_i(t/p_i^{g_i})^{-1} c(g_i) G(\Phi_i, p_i^{f_i}, 1)$ に等しいことがわかる. ここで, $e_i - g_i = f_i$ ($r_1 + 1 \leq i \leq r$) のときには次の式が成り立つ.

$$\prod_{i=1}^{r}\Phi_i(q_i)\prod_{j=r_1+1}^{r}\Phi_j\left(\frac{t}{p_j^{g_j}}\right)^{-1}$$
$$=\Phi_0(t_1)^{-1}\prod_{j=r_1+1}^{r}\Phi_j\left(q_j\left(\prod_{i=1}^{r_1}p_i^{-g_i}\right)\left(\prod_{i=r_1+1,i\neq j}^{r}p_i^{-g_i}\right)\right)$$
$$=f\Phi_0(t_1)^{-1}\Phi_0\left(\prod_{i=1}^{r_1}p_i^{e_i-g_i}\right)\prod_{j=r_1+1}^{r}\Phi_j\left(\prod_{i\neq j}p_i^{f_i}\right).$$

よって証明された. ∎

ここで $\Phi_0 = \prod_{j=r_1+1}^{r}\Phi_j$ は Φ を原始的な指標に取り直しているので, $\Phi_0(\prod_{i=1}^{r_1}p_i^{g_i-e_i})$ は 0 ではないことに注意されたい. もちろん $c_i(g_i)=0$ かもしれないから, 全体の値はゼロかもしれない.

7.26 [練習問題] 上の証明では, 実際には t/a を簡約してから分解を実行する方が, 計算は簡単になるが, 別な記号を準備するのが面倒なので, 元のままで実行した. 簡約してから計算するとどうなるか, 計算を実行して, 結果が同じになることを確かめよ.

最後に実ディリクレ指標について述べておく. $\bmod a$ のディリクレ指標 Φ は Φ^2 の導手が 1 のとき (つまり $(x,a)=1$ ならば $\Phi(x)=\pm 1$ のとき), 実ディリクレ指標という. 特に ϕ が素数 p ベキの導手を持つ自明でない原始的実ディリクレ指標とすると, よく知られているように, p が奇数ならば, Φ はルジャンドル記号 $\left(\frac{x}{p}\right)$ であり, この導手は p で, これは 2 次拡大体 $\mathbb{Q}(\sqrt{(-1)^{(p-1)/2}p})$ に対応する指標でもある. $p=2$ ならば, 自明でない実指標は 3 種類ある. すなわち, 次表の群指標に対応するものである.

$\bmod 8$	1	3	5	7	導手
χ_{-4}	1	-1	1	-1	4
χ_8	1	-1	-1	1	8
χ_{-8}	1	1	-1	-1	8

ここで, χ_a の a は対応する $\mathbb{Q}$ の 2 次拡大 $\mathbb{Q}(\sqrt{a})$ の判別式を表す.

実指標 χ に対する普通の意味でのガウスの和 $G(\chi,p^f)$ の公式は大変よく知られており, 次のようになる.

7.27 [補題]　ガウスの和について，次の公式が成り立つ．

(1) χ を奇素数 p を導手とする実指標とすると，

$$G(\chi, p) = \sqrt{p}\epsilon_p$$

である．ただし，ϵ_d は $d \equiv 1 \mod 4$ または $3 \mod 4$ に応じて，1 または $i = \sqrt{-1}$ とおいた．

(2) $p = 2$ については，

$$G(\chi_{-4}, 4) = 2\sqrt{-1},$$
$$G(\chi_8, 8) = 2\sqrt{2},$$
$$G(\chi_{-8}, 8) = 2\sqrt{-2}$$

となる．

証明　$p = 2$ の場合は直接計算してみればわかる．p が奇数の場合は，たとえば [181] を参照されたい．ここでは証明は省略する． ∎

3.6　フーリエ展開の具体形とゼータ関数の計算

前節で述べた定理 7.21 と系 7.22 を証明する．証明はかなり長い計算による．このためには，$M_{p,q}(z)$ の展開係数 α_t を計算する必要があるが，このためには (7.28) により，(7.27) で定義された $\mathcal{E}(z, a_1, a_2)$ を調べる必要がある．

まず各 $(a_0, a_2) \in C_0(N)$ についてアイゼンシュタイン級数 $\mathcal{E}(z, a_0, a_2)$ のフーリエ展開の公式を述べよう．$C_0(N)$ の定義は (5.14) で与えた通りであり，これが $\Gamma_0(N)$ のカスプの代表で，特に $0 < a_0 | N$ としている．かなり複雑な式が現れるが，実際には $t > 0$ の部分の $h_t(z)$ の係数が必要なのだから，それ以外の展開項は除外して計算したいので，

$$\mathcal{E}(z, a_0, a_2) = \sum_{t=-\infty}^{\infty} \beta_t h_t(z) + (\text{定数項})$$

という展開に対して，$t \geq 1$ の部分の級数を，記号を簡略にするために

$$\mathcal{E}^+(z, a_0, a_2) = \sum_{t=1}^{\infty} \beta_t h_t(z)$$

と書くことにする．$C_0(N)$ の元 (a_0, a_2) の $\begin{pmatrix} t_0^{-1} & l \\ 0 & t_0 \end{pmatrix} \in \Gamma_0(N)/\Gamma(N)$ の右作用に

よる軌道の具体的な記述を用いると

$$\mathcal{E}(z, a_0, a_2) = (a_0 a_0')^{-1} \sum_{t_0 \in (\mathbb{Z}/N\mathbb{Z})^\times} \sum_{l \in (\mathbb{Z}/N\mathbb{Z})} \chi_S(t_0) G^*_{(p-q)/2, q}(z, a_0 t_0^{-1}, a_0 l + a_2 t_0, N)$$

となる.ここで,$(a_0 a_0')^{-1}$ は,補題 5.8 で求めた $\Gamma_0(N)/\Gamma(N)$ による作用の固定群 $\Gamma(a_0, a_2)$ の位数である.以下,記号を簡単にするために

$$c_{p,q} = \frac{(2\pi)^{m/2} i^{(q-p)/2}}{\Gamma(p/2)\Gamma(q/2)} = \frac{(2\pi)^{m/2} \epsilon}{\Gamma(p/2)\Gamma(q/2)}$$

とおく.ここで $G^*_{k,s}(z, a_1, a_2, N)$ と $G_{k,s}(z, a_1, a_2, N)$ の関係 (5.10) および後者のフーリエ展開 (5.8) を用いれば,ひとまず

$$\begin{aligned}\mathcal{E}^+&(z, a_0, a_2)\\&= (a_0 a_0')^{-1} c_{p,q} N^{-1} \sum_{u \in (\mathbb{Z}/N\mathbb{Z})^\times} \sum_{\substack{ru \equiv 1 \bmod N \\ r > 0}}^{\infty} \frac{\mu(r)}{r^{m/2}}\\&\quad \times \sum_{l \in (\mathbb{Z}/N\mathbb{Z})} \sum_{t_0 \in (\mathbb{Z}/N\mathbb{Z})^\times} \chi_S(t_0) \sum_{n \equiv a_0 u t_0^{-1} \bmod N} (\operatorname{sgn}(n))^{(p-q)/2} |n|^{1-m/2}\\&\quad \times \sum_{\operatorname{sgn}(n) t = 1}^{\infty} e\left(\frac{tu(a_2 t_0 + a_0 l)}{N}\right) h_{tn/N}(z).\end{aligned}$$

を得る.ただし,ここで $\sum_{\operatorname{sgn}(n)t=1}^{\infty}$ という和の意味は,もし $n > 0$ ならば $t = 1$ から ∞ までの和,もし $n < 0$ ならば $t = -1$ から $-\infty$ までの和という意味であり,$tn > 0$ のところを動かすためにこのような記号になっている.またここで,$l \in \mathbb{Z}/N\mathbb{Z}$ についての和をとると,$ta_0/N \in \mathbb{Z}$ ならば $\sum_{l \in \mathbb{Z}/N\mathbb{Z}} e(tua_0 l/N) = N$,それ以外ではこの和は 0 であるから,$t$ を Nt/a_0 と置き換えて,すべてを書き換える.また,カスプの代表のとり方より,$a_0 | N$ なのであるから,$n \equiv a_0 u t_0^{-1} \bmod N$ の条件から,n も a_0 で割り切れるので,n も na_0 と書き換える.以上により

$$\begin{aligned}\mathcal{E}^+&(z, a_0, a_2)\\&= c_{p,q} a_0^{-m/2} a_0'^{-1} \sum_{u \in (\mathbb{Z}/N\mathbb{Z})^\times} \sum_{ru \equiv 1 \bmod N,\, r > 0}^{\infty} \frac{\mu(r)}{r^{m/2}} \sum_{t_0 \in (\mathbb{Z}/N\mathbb{Z})^\times} \chi_S(t_0)\\&\quad \sum_{n \equiv ut_0^{-1} \bmod N/a_0} (\operatorname{sgn} n)^{(p-q)/2} |n|^{1-m/2} \sum_{\operatorname{sgn}(n)t=1}^{\infty} e\left(\frac{ta_2 t_0 u}{a_0}\right) h_{tn}(z).\end{aligned}$$

となり,幾分易しくなる.次に $nu^{-1} t_0 \equiv 1 \bmod N/a_0$ の条件があつかいにくいので,ここを他の表示に置き換えたい.一般に有限アーベル群 G の指標群を $\widehat{G}$ とする

と, $x \in G$ に対して, $\sum_{\chi \in \hat{G}} \chi(x)$ は $x = 1$ ならば $\#(G)$, $x \neq 1$ ならば 0 であることがよく知られている. よって, $(\mathbb{Z}/(N/a_0)\mathbb{Z})^{\times}$ の指標群を $X(N/a_0)$ と書けば, $\psi \in X(N/a_0)$ について, n が N/a_0 と素なときは, $nt_0 u^{-1} \equiv 1 \bmod N/a_0$ のときのみ

$$\sum_{\psi \in X(N/a_0)} \psi(nu^{-1}t_0) = \varphi(N/a_0)$$

で, それ以外ではこの和はゼロになる. ここで $\varphi(*)$ はオイラー関数である. あるいは, ψ を, $\bmod N/a_0$ の非原始的かもしれないディリクレ指標, つまり, $\mathbb{Z}$ 上の関数で, N/a_0 と素なところでは, $X(N/a_0)$ の元としての ψ の値を取り, N/a_0 と素でないところではゼロとおいたもの, という意味にするならば, n が N/a_0 と素という条件なしでも, 上の和は $nt_0 u^{-1} \equiv 1 \bmod N/a_0$ 以外のときはゼロになる. $X(N/a_0)$ から決まる $\bmod N/a_0$ の非原始的かもしれないディリクレ指標全体を $Y(N/a_0)$ と書くことにすると, これを用いて,

$$\begin{aligned}
&\mathcal{E}^{+}(z, a_0, a_2) \\
&= c_{p,q} a_0^{-m/2} a_0'^{-1} \varphi\left(\frac{N}{a_0}\right)^{-1} \sum_{u \in (\mathbb{Z}/N\mathbb{Z})^{\times}} \sum_{ru \equiv 1 \bmod N, \, r > 0}^{\infty} \frac{\mu(r)}{r^{m/2}} \\
&\quad \sum_{t_0 \in (\mathbb{Z}/N\mathbb{Z})^{\times}} \chi_S(t_0) \sum_{n \in \mathbb{Z}} \sum_{\psi \in Y(N/a_0)} \psi(nt_0 u^{-1}) \operatorname{sgn}(n)^{(p-q)/2} |n|^{1-m/2} \\
&\quad \times \sum_{t \operatorname{sgn}(n)=1}^{\infty} e\left(\frac{ta_2 t_0 u}{a_0}\right) h_{tn}(z).
\end{aligned}$$

となる (ここで ψ 内の u^{-1} の意味は, $\equiv u^{-1} \bmod N$ となる任意の整数を一つ固定しているという意味である).

ここで, 変数を見やすくするために, 少し変数を書き換える. $v = t_0 u$ と定義し, $t_0, u \in (\mathbb{Z}/N\mathbb{Z})^{\times}$ を動かす代わりに, $u, v \in (\mathbb{Z}/N\mathbb{Z})^{\times}$ を動かすとしてもよい. $t_0 u^{-1} = vu^{-2}$ であり, $\psi(nt_0 u^{-1}) = \psi(n)\psi(v)\psi(u)^{-2}$, $\chi_S(t_0) = \chi_S(u)^{-1}\chi_S(v)$ となる. よって,

$$\mathcal{E}^+(z, a_0, a_2)$$
$$= c_{p,q} a_0^{-m/2} a_0'^{-1} \varphi\left(\frac{N}{a_0}\right)^{-1} \sum_{u \in (\mathbb{Z}/N\mathbb{Z})^\times} \sum_{ru \equiv 1 \bmod N, \ r>0}^{\infty} \frac{\mu(r)\chi_S(u^{-1})\psi(u^{-2})}{r^{m/2}}$$
$$\times \sum_{v \in (\mathbb{Z}/N\mathbb{Z})^\times} \sum_{n \in \mathbb{Z}} \sum_{\psi \in Y(N/a_0)} \psi(n)(\operatorname{sgn} n)^{(p-q)/2}|n|^{1-m/2}$$
$$\times \sum_{t \operatorname{sgn}(n)=1}^{\infty} \psi(v)\chi_S(v) e\left(\frac{ta_2 v}{a_0}\right) h_{tn}(z).$$

ここで,
$$\sum_{u \in (\mathbb{Z}/N\mathbb{Z})^\times} \sum_{ru \equiv 1 \bmod N, \ r>0} \frac{\mu(r)\chi_S(u^{-1})\psi(u^{-2})}{r^{m/2}}$$
$$= \sum_{(r,N)=1, \ r>0} \frac{\mu(r)\chi_S(r)\psi(r^2)}{r^{m/2}} = L_N\left(\frac{m}{2}, \chi_S\psi^2\right)^{-1}.$$

(ただし最後の L_N の添え字 N の意味は,普通のディリクレの L 関数から, N と素でない素数 p についてのオイラー積の因子を除いたものである). これは当然定数であるが,一般には有理数ではない.少々先走って述べれば,実は命題 7.30 で ψ が実指標だけ考えればよいことがわかるので, $L_N(m/2, \chi_S\psi^2) = L_N(m/2, \chi_S)$ となる.またこの部分は有理数倍を除いて $\Gamma(S)\backslash O(S)$ の体積と打ち消し合う.これについては補題 7.35 で述べる.

さて, v の部分を消すために
$$\sum_{v \in (\mathbb{Z}/N\mathbb{Z})^\times} \chi_S(v)\psi(v) e\left(\frac{vta_2}{a_0}\right) \tag{7.33}$$

を考えよう. ψ は $\bmod N/a_0$ の指標であるから $\psi(v)$ という意味はもちろん, 自然な全射 $pr: (\mathbb{Z}/N\mathbb{Z})^\times \to (\mathbb{Z}/(N/a_0)\mathbb{Z})^\times$ のもとで $\psi(pr(v))$ を考えているという意味である. 最終的には $\omega(-a_2, a_0)$ を $\mathcal{E}^+(z, a_0, a_2)$ に掛けた和を考えるのであるが, 以前に補題 7.16 で示したように, $c \equiv 1 \bmod N/a_0'$ でかつ $\chi_S(c) \neq 1$ なる整数 c があれば, $\omega(-a_2, a_0) = 0$ であり, このようなものは必要ではない. よって,

7.28 [仮定] $0 < a_0 | N$ の条件として, $a_0' = (a_0, N/a_0)$ とするとき, もし $(c, N) = 1$ かつ $c \equiv 1 \bmod N/a_0'$ ならばいつでも $\chi_S(c) = 1$ と仮定する.

言い換えると, χ_S は $\bmod N/a_0'$ の (非原始的かもしれない) 指標だと思ってもよい. あるいは, χ_S の導手は D_K だったので, $D_K | (N/a_0')$ と言っても同じ事である (な

お，念のために述べれば $x \in \mathbb{Z}$ について，次の 3 つは同じ条件である．

(1) x は N/a_0' と素．(2) x は N と素．(3) x は $\det(2S)$ と素．

実際 $a_0 a_0' | N$ より (1) と (2) が同値なのは明らかである)．

ちなみに，この仮定 7.28 は a_0' または D_K が奇数ならばいつでも満たされている．これは次のようにしてわかる．$(-1)^{m/2} \det(2S) = D_K f^2$ とおく．ここで D_K は 2 次体の基本判別式，または 1 である．D_K が $2S$ のレベル N を割り切ることは命題 7.14 ですでに示してあった．定義により，N は $(a_0')^2$ で割り切れる．よって $N = D_K N_0$ と書くとき，もし a_0' が奇数ならば，D_K は奇素因子ではちょうど一回しか割れないので，$a_0' | N_0$ である．ということは，N/a_0' も D_K で割り切れると言うことであり，よって $c \equiv 1 \bmod N/a_0'$ ならば，$c \equiv 1 \bmod D_K$ である．よって，$\chi_S(c)$ はもともと $(c, N) = 1$ ならば $c \bmod D_K$ のみによって決まっているから，この場合 $\chi_S(c) = 1$ になる．よって仮定は満たされている．またもし D_K が奇数ならば (a_0' が偶数の場合でも)，N/a_0' はやはり D_K で割り切れるので，同じ議論で仮定は満たされていることがわかる．よって，仮定が満たされない可能性があるのは，D_K も a_0' も偶数のときのみである．$8 | a_0'$ ならば，D_K を割り切る 2 の指数はたかだか 3 であるから，$a_0'^2 | N$ より $a_0' | N_0$ がわかり，やはり D_K は N/a_0' を割り切るので仮定は満たされる．残りは $2 | a_0'$ かつ $a_0'/2$ が奇数，または $4 | a_0'$ かつ $a_0'/4$ が奇数の場合である．後者の場合は $D_K/4$ が奇数ならば，やはり仮定は成り立つ．しかし，一般的には $2 | a_0'$ で $a_0' \not\equiv 0 \bmod 8$ ならば，χ_S は仮定を満たさないことがある．

例 1：
$$S = \begin{pmatrix} 1 & 0 & 0 & 0 \\ 0 & -1 & 0 & 0 \\ 0 & 0 & -1 & 0 \\ 0 & 0 & 0 & -1 \end{pmatrix}$$

とおくと，$(-1)^{4/2} \det(2S) = -2^4$，$D_K = -4$，$N = 4$，$\chi_S(n) = \left(\frac{-4}{n}\right)$．ここで，$a_0 = 2$ とすると，$a_0' = 2$．よって，$N/2 = 2$ であるが，$x \equiv 1 \bmod 2$ でも $x \equiv 3 \bmod 4$ ならば $\chi_S(x) = -1$ である．また，$\sum_{x \bmod 2} e(\pm x^2/2) = 0$ であるから，$\omega(-a_2, a_0) = 0$ である．

例 2：
$$S = \begin{pmatrix} 1 & 0 & 0 & 0 \\ 0 & -1 & 0 & 0 \\ 0 & 0 & -2 & 0 \\ 0 & 0 & 0 & -4 \end{pmatrix}$$

とおくと, $(-1)^{4/2}\det(2S) = -2^4 \cdot 8$ で $D_K = -8$, $\chi_S(n) = \left(\frac{-8}{n}\right)$. また $N = 16$ である. $a_0 = 4$ とすると $a_0' = 4$. $N/a_0' = 4$ は D_K で割り切れない. このときは, $x \equiv 1 \bmod 4$ でも $x \equiv 5 \bmod 8$ ならば $\chi_S(x) = -1$ である. また a_2 奇数のときに

$$\sum_{g \in (\mathbb{Z}/4\mathbb{Z})^4} e\left(\frac{-a_2}{4}(g_1^2 - g_2^2 - 2g_3^2 - 4g_4^2)\right)$$

を考えると, $\sum_{g_3 \in (\mathbb{Z}/4\mathbb{Z})} e(a_2 g_3^2/2) = 0$ であるから, この和はゼロであり, よって $\omega(a_2, a_0) = 0$ である.

なお, 注意として, 以上に見るように $\omega(a_2, a_0) = 0$ となる部分は $M_{pq}(z)$ から除外してよいのだが, 実際はこの場合 $\mathcal{E}(z, a_0, a_2) = 0$ でもある. これは, そもそも定義により,

$$\mathcal{E}(z, a_0, a_2) = \sum_{\gamma \in \Gamma_0(N)/\Gamma(N)} \chi_S(\gamma) G^*_{(p-q)/2, q}(z, (a_0, a_2)\gamma, N)$$

であったが, (a_0, a_2) の固定群の元 $\gamma_0 \in \Gamma_0(N)$ をとれば, $\mathcal{E}(z, a_0, a_2) = \chi_S(\gamma_0)\mathcal{E}(z, a_0, a_2)$ となる. しかし, γ_0 の $(1,1)$ 成分は, 固定群の構造についての補題 5.8 より任意の $t_0 \equiv 1 \bmod N/a_0'$ をとれる. よって, $\chi_S(t_0) \neq 1$ のことがあれば, $\mathcal{E}(z, a_0, a_2) = 0$ となる.

以下, 仮定 7.28 を満たす N の約数 $a_0 | N$ を一つ固定する. a_0 の約数以外の素因子を持たないような, N の最大の約数を A_0 と書く. A_0 と N/A_0 は, 互いに素である. よって, 中国式剰余定理により,

$$(\mathbb{Z}/N\mathbb{Z})^\times \cong (\mathbb{Z}/A_0\mathbb{Z})^\times \times (\mathbb{Z}/(N/A_0)\mathbb{Z})^\times$$
$$(\mathbb{Z}/(N/a_0')\mathbb{Z})^\times \cong (\mathbb{Z}/(A_0/a_0')\mathbb{Z})^\times \times (\mathbb{Z}/(N/A_0)\mathbb{Z})^\times$$
$$(\mathbb{Z}/(N/a_0)\mathbb{Z})^\times \cong (\mathbb{Z}/(A_0/a_0)\mathbb{Z})^\times \times (\mathbb{Z}/(N/A_0)\mathbb{Z})^\times$$

である. $pr : (\mathbb{Z}/N\mathbb{Z})^\times \to (\mathbb{Z}/(N/a_0)\mathbb{Z})^\times$ は

$$(\mathbb{Z}/N\mathbb{Z})^\times \to (\mathbb{Z}/(N/a_0')\mathbb{Z})^\times \to (\mathbb{Z}/(N/a_0)\mathbb{Z})^\times$$

と自然に分解されるが, これは, $(\mathbb{Z}/(N/A_0)\mathbb{Z})^\times$ 上の自明な写像と $(\mathbb{Z}/A_0\mathbb{Z})^\times$ 上での自然な全射 $(\mathbb{Z}/A_0\mathbb{Z})^\times \to (\mathbb{Z}/(A/a_0')\mathbb{Z})^\times \to (\mathbb{Z}/(A_0/a_0)\mathbb{Z})^\times$ に分解される. ここで χ_S を $\bmod(N/a_0')$ の指標とみなして,

$$\chi_S = \chi_1 \chi_2. \qquad (7.34)$$

(ただし, χ_1 は mod (A_0/a_0'), χ_2 は mod (N/A_0) の指標), と積に分解する. また ψ はもともと mod (N/a_0) の指標であるが, $(\mathbb{Z}/(A_0/a_0)\mathbb{Z})^\times$ の指標 ψ_1 と $(\mathbb{Z}/(N/A_0)\mathbb{Z})^\times$ の指標 ψ_2 の積に分解して, さらには ψ_1 を全射 $\mathbb{Z}/(A_0/a_0')\mathbb{Z} \to \mathbb{Z}/(A/a_0)\mathbb{Z}$ により, $(\mathbb{Z}/(A_0/a_0')\mathbb{Z})^\times$ の指標とみなし, これも ψ_1 と書くことにする. v が N と素な整数ならば, 当然いつでも $\chi_S(v) = \chi_1(v)\chi_2(v)$, $\psi(v) = \psi_1(v)\psi_2(v)$ が成り立つ.

(7.33) の指数部分もきちんと記述するために, 以上をもう少し詳しく見る. $(N/A_0)x_0 + (A_0/a_0')y_0 = 1$ となる整数 x_0, y_0 を一組固定する. すると $(N/A_0)x_0v + (A_0/a_0')y_0v = v$ となり, ここで, $x = (N/A_0)x_0v$, $y = (A_0/a_0')y_0v$ とおけば,

$$(\mathbb{Z}/(N/a_0')\mathbb{Z})^\times \ni v \to \left(v \bmod \left(\frac{A_0}{a_0'}\right), v \bmod \frac{N}{A_0}\right)$$
$$= \left(x \bmod \left(\frac{A_0}{a_0}\right)', y \bmod \frac{N}{A_0}\right) \in (\mathbb{Z}/(A_0/a_0')\mathbb{Z})^\times \times (\mathbb{Z}/(N/A_0)\mathbb{Z})^\times$$

で中国式剰余定理の具体的な同型が実現されており, $\chi_S(v) = \chi_1(v)\chi_2(v) = \chi_1(x)\chi_2(y)$ $\psi(v) = \psi_1(v)\psi_2(v) = \psi_1(x)\psi_2(y)$ となる. また $a_0 a_0' | N$ であるから, $v \equiv v' \bmod N/a_0'$ ならば $e(ta_2 v/a_0) = e(ta_2 v'/a_0)$ であり

$$\sum_{v \in (\mathbb{Z}/N\mathbb{Z})^\times} \chi_S(v)\psi(v) e\left(\frac{vta_2}{a_0}\right)$$
$$= [(\mathbb{Z}/N\mathbb{Z})^\times : (\mathbb{Z}/(N/a_0')\mathbb{Z})^\times] \sum_{v \in (\mathbb{Z}/(N/a_0')\mathbb{Z})^\times} \chi_S(v)\psi(v) e\left(\frac{vta_2}{a_0}\right)$$

となる. さらに a_0 は A_0/a_0' の約数であるから $e((A/a_0')y_0v/a_0) = e((A/a_0 a_0')y_0v) = 1$. よってこれは

$$\varphi(N)\varphi\left(\frac{N}{a_0'}\right)^{-1} \times \sum_{\substack{x \in (\mathbb{Z}/(A_0/a_0')\mathbb{Z})^\times, \\ y \in (\mathbb{Z}/(N/A_0)\mathbb{Z})^\times}} \chi_1(x)\psi_1(x)\chi_2(y)\psi_2(y) e\left(\frac{ta_2 x}{a_0}\right).$$

に等しい. ここで $\chi_2\psi_2$ が $(\mathbb{Z}/(N/A_0)\mathbb{Z})^\times$ 上で単位指標でないなら,

$$\sum_{y \in (\mathbb{Z}/(N/A_0)\mathbb{Z})^\times} \chi_2(y)\psi_2(y) = 0$$

であるから, 以下の計算では, mod (N/A_0) の指標として $\chi_2 = \psi_2$ と仮定してよい. このときは上の y に関する和は $\varphi(N/A_0)$ になる. 残りの部分を考えるために

$$G^*(\chi_1\psi_1, a_0, a_2 t) = \sum_{x \in (\mathbb{Z}/(A_0/a_0')\mathbb{Z})^\times} \chi_1(x)\psi_1(x) e\left(\frac{ta_2 x}{a_0}\right) \qquad (7.35)$$

とおく（a_0 はいつでも A_0/a_0' の約数であることを注意しておく）．この和の値を評価する必要がある．ここで a_2 は，とり方により a_0 と互いに素であるが，t は a_0 と素かどうかわからない．また，χ_1, ψ_1 は原始指標かどうかわからない．実際，たとえば $a_0' < a_0$ ならば ψ_1 は本来は $\mathrm{mod}\,(A_0/a_0)$ の指標であるから，原始指標ではない．χ_1 については，そもそも χ_S は $\mathrm{mod}\,(N/a_0')$ の指標とみなしているが，本来は，$\mathrm{mod}\,|D_K|$ の原始指標から来ている．よって，χ_1 の導手は A_0/a_0' でない場合も多い（これはもちろん a_0 のとり方のみによって決まる）．これらのことを考えるに，この和自身は通常ガウスの和と呼ばれるものとは少々異なっている（ふつう，ガウスの和という名称は，その指標の導手を法として上のような和をとったものの意味に使うことが多い）．しかし，いずれにせよ，前節で述べた系 7.24 によれば，$\Phi = \chi_1 \psi_1$ とおくとき，Φ の導手が a_0 の約数でない限り $G^*(\Phi, a_0, a_2 t) = 0$ である．よって，以下 $\Phi = \chi_1 \psi_1$ の導手は a_0 の約数と仮定してよい．

フーリエ展開の計算を続けるために，少し別のまとめを述べよう．われわれが本当に必要なのは，$M_{pq}(z)$ であった．よってまず $M_{pq}(z)$ の中の部分和として，まず a_0 を固定しておき，a_2 についての和を求めたい．すなわち，固定された a_0 に対して，

$$\sum_{a_2 \in C_0'(a_0)} \omega(-a_2, a_0) \mathcal{E}^+(z, a_0, a_2) \tag{7.36}$$

の展開を求めることにする．ここで $C_0'(a_0)$ は (5.14) で定義されたとおりであり，$(a_0, a_2) \in C_0(N)$ である．

記号を簡単にするために，$a_0 | N$ に対して，導手が a_0 の約数である，非原始的かもしれない $\mathrm{mod}\,(A_0/a_0')$ のディリクレ指標 Φ をとり，$G^*(\Phi, a_0, a_2 t)$ を (7.35) のように

$$G^*(\Phi, a_0, a_2 t) = \sum_{x \in (\mathbb{Z}/(A_0/a_0')\mathbb{Z})^\times} \Phi(x) e\left(\frac{ta_2 x}{a_0}\right)$$

と定義すると，$x = x_0 + a_0 x_1$ (x_0 は $\mathrm{mod}\,a_0$ の代表，$x_1 = 0, \ldots, (a_0/a_0 a_0') - 1$) と書き換えて

$$G^*(\Phi, a_0, a_2 t) = \left(\frac{A_0}{a_0 a_0'}\right) \sum_{x \bmod a_0} \Phi(x) e\left(\frac{a_2 t x}{a_0}\right)$$

となる．ここで

$$G(\Phi, a_0, a_2 t) = \sum_{x \bmod a_0} \Phi(x) e\left(\frac{a_2 t x}{a_0}\right)$$

とおく．さて，(7.36) において，a_2 による部分だけをまとめるために，

$$A(\Phi, a_0, t) = \sum_{a_2 \in C_0'(a_0)} \omega(-a_2, a_0) G(\Phi, a_0, a_2 t) \tag{7.37}$$

とおく. a_2 と a_0 は互いに素としていたが, 定義により A_0 は a_0 の素因子以外の素因子は持たないとしているので, $(a_2, A_0) = 1$ でもあり, $G(\Phi, a_0, a_2 t)$ において, x を $(a_2)^{-1} x$ に置き換えることにより,

$$A(\Phi, a_0, t) = \sum_{a_2 \in C_0'(a_0)} \omega(-a_2, a_0) \Phi(a_2)^{-1} \sum_{x \bmod a_0} \Phi(x) e\left(\frac{tx}{a_0}\right).$$

となる. ここで, a_0 は固定されており, a_2 が動いている. (a_2, a_0) は $C_0(N)$ のある元 (つまり $\Gamma_0(N)$ のカスプの同値類) のひとつの代表である. この代表のとり方に以上の量がどのように依存しているのかを正確に見ておかないと計算しにくいので, これについてもう少し明確にしておこう. 正の約数 $a_0|N$ を一つ固定しておくとき, $(a_0, a_2) \in C_0(N)$ での a_2 の選び方は, もともと a_2 を $\bmod\, a_0'$ で変えても, カスプとしては同値であったから, この部分の a_2 の決め方に任意度があった. 一方, $\omega(-a_2, a_0)$ は, a_0 を固定する限りは, 定義 7.17 により明らかに $a_2 \bmod a_0$ にしかよらない. しかし, $a_0' \leq a_0$ だから, これは $a_2 \bmod a_0'$ にしかよらないとは限らない. この事実が不都合を引き起こさないことを見ておくために, 念のため次の補題を示しておく.

7.29 [補題] χ_1 を χ_S の A_0/a_0' 部分とし, ψ_1 を導手が A_0/a_0 の約数であるような, $\bmod\,(A_0/a_0')$ のディリクレ指標とする. $\Psi = \chi_1 \psi_1$ とおき, さらに Ψ の導手が a_0 の約数であると仮定する. 整数 a_2, a_2' がともに a_0 と素とする. このとき, $a_2 \equiv a_2' \bmod a_0'$ ならば, $\omega(-a_2, a_0) \Psi(a_2)^{-1} = \omega(-a_2', a_0) \Psi(a_2')^{-1}$ となる.

証明 整数 n について, $a_2' - a_2 = a_0' n \ (n \in \mathbb{Z})$ となるとしよう. a_2 は a_0 と素であり, よって, a_0' は a_0 と $a_2 N/a_0$ の最大公約数であるから, $a_0' n = a_0 l + a_2 k N/a_0$ となる整数 l と k が存在する. すなわち, $a_2' = a_2(1 + Nk/a_0) + a_0 l$ である. よって, $t_0 = 1 + Nk/a_0$ とおくと, $a_2' = a_2 t_0 + a_0 l$ であるから, t_0 は a_0 と素であり, また t_0 の定義より, これが N/a_0 と素なのは明らかだから, t_0 は N とも素である. また $t_0 a_0 = a_0 + Nk \bmod N$ である. よって,

$$\begin{pmatrix} -a_2' \\ a_0 \end{pmatrix} \equiv \begin{pmatrix} t_0 & -l \\ 0 & t_0^{-1} \end{pmatrix} \begin{pmatrix} -a_2 \\ a_0 \end{pmatrix} \bmod N$$

であって, 補題 7.2 より $\omega(-a_2', a_0) = \omega(-a_2, a_0) \chi_S(t_0)$ となる. ここで $\chi_S = \chi_1 \chi_2$ と $\bmod\, A_0/a_0'$ の指標と $\bmod\, N/A_0$ の指標に分解してあった. 今, $t_0 \equiv 1 \bmod N/a_0$ で, $a_0|A_0$ であるから, もちろん $t \equiv 1 \bmod N/A_0$ でもあり, よって $\chi_2(t_0) = 1$ である. また, $N/a_0 = (A_0/a_0) \times (N/A_0)$ であるから, $t_0 \equiv 1 \bmod A_0/a_0$ でもある. ψ_1 は導

手が A_0/a_0 の約数であるから，$\psi_1(t_0) = 1$. よって，$\chi_1(t_0) = \chi_1(t_0)\psi_1(t_0) = \Psi(t_0)$ でもある．一方で，$\Psi(a_2') = \Psi(a_2 t_0 + a_0 l)$ であるが，a_2' は a_0 と素としているので，A_0 とも素であり，Ψ は $\mathrm{mod}(A_0/a_0')$ のディリクレ指標としているから，これはゼロではない．また Ψ の導手は a_0 の約数としているので，$\Psi(a_2 t_0 + a_0 l) = \Psi(a_2 t_0)$ である．よって $\chi_S(t_0) = \Psi(t_0) = \Psi(a_2')\Psi(a_2)^{-1}$ である．よって補題は証明された． ∎

なお，注意として，a_2 は a_0 と素とはしているが，N と素とは限らない．しかし実際上，代表を取り換えて N と素としておいても差し支えない．

以上の結果から，$\sum_{a_2 \in C_0'(a_0)} \omega(-a_2, a_0) \Phi(a_2)^{-1}$ の和は a_2 の代表のとり方に依存しないのであるから，任意の a_0 と素な代表 $a_2 \bmod a_0'$ で和をとればよい．あるいは重複して和をとることにすれば，$a_2 \bmod a_0$ で和をとって，重複した個数 $\varphi(a_0)\varphi(a_0')^{-1}$ (φ はオイラー関数) で割ってもよい．ここで $\omega(-a_2, a_0)$ は，今は $a_0 > 0$ としているから定義 7.17 から，

$$\omega(-a_2, a_0) = \epsilon |\det(2S)|^{-1/2} a_0^{-m/2} \sum_{x \in (\mathbb{Z}/a_0\mathbb{Z})^m} e\left(-\frac{a_2}{a_0} S[x]\right)$$

であった．よって記号を簡略にするために，a_0 と素な整数 q に対して，

$$G\left(S, \frac{qa_2}{a_0}\right) = \sum_{x \bmod a_0} e\left(\frac{qa_2}{a_0} S[x]\right),$$

$$C(a_0, q, \Phi) = \sum_{a_2 \in (\mathbb{Z}/a_0\mathbb{Z})^\times} G\left(S, \frac{qa_2}{a_0}\right) \Phi(a_2)^{-1}$$

(ただし Φ は (7.37) と同様) とおくと，

$$A(\Phi, a_0, t) = \epsilon |\det(2S)|^{-1/2} a_0^{-m/2} C(a_0, -1, \Phi) G(\Phi, a_0, t) \times \varphi(a_0')\varphi(a_0)^{-1} \tag{7.38}$$

となる．a_2 の代わりに，$qa_2 \in (\mathbb{Z}/a_0\mathbb{Z})^\times$ で和をとれば，

$$C(a_0, q, \Phi) = \Phi(q) C(a_0, 1, \Phi)$$

が容易にわかるから，上で $C(a_0, -1, \Phi) = \Phi(-1)\Phi(a_0, 1, \Phi)$ と書き換えられる．よって，本質的に問題なのは $C(a_0, 1, \Phi)G(\Phi, a_0, t)$ ということになる．

以上の記号を用いて，少し中間的なまとめをしておく．$a_0 | N$ を固定して，$(a_0, a_2) \in C_0(N)$ となるような a_2 の代表で和をとると

$$\sum_{a_2}\omega(-a_2,a_0)\mathcal{E}^+(z,a_0,a_2) = c_{p,q}\frac{a_0^{-m/2}}{a_0'}\frac{A_0}{a_0a_0'}\frac{\varphi(N)\varphi(N/A_0)}{\varphi(N/a_0)\varphi(N/a_0')}L_N\left(\frac{m}{2},\chi_S\psi^2\right)^{-1}$$
$$\times \sum_{n\in\mathbb{Z}}\sum_{\psi\in Y(N/A_0)}\psi(n)(\mathrm{sgn}\,n)^{(p-q)/2}|n|^{1-m/2}\sum_{t\,\mathrm{sgn}(n)=1}^{\infty}A(\Phi,a_0,t)h_{tn}(z)$$
(7.39)

となる

注意1. 実は次節で見るように，ここで Φ が実指標でないとすると，$C(a_0,1,\Phi)=0$ となる．よって，寄与があるのは ψ_1 が実指標のときだけであり，以下 ψ_1 は実指標であると仮定してよい．すなわち，$\psi_1^2=1$ としてよい．$\psi_2=\chi_2$ も実指標であったから，結局 $\psi^2=1$ であり，$L_N(\frac{m}{2},\chi_S\psi^2)=L_N(\frac{m}{2},\chi_S)$ となる．

注意2. Φ としては，実際には $\chi_1\psi_1$ をとるのであるから，対称行列 S に応じてそれなりの条件があり，$C(a_0,1,\Psi)\neq 0$ のものに限っても，たとえば，$\mathrm{mod}\,a_0$ の指標が全部現れるとは限らない．

次節で具体的な $A(\Phi,a_0,t)$ の計算を詳しく見ることにする．

3.7　2次形式のガウスの和

1変数2次形式のガウスの和は，本来のガウスの和であって，命題2.18で述べてあった．この節では一般の次数の2次形式のガウスの和について，指標についてのガウスの和と同様な素数ベキへの分解，および素数ベキを法とするものの計算法について述べておきたい．このことの応用として，前節で証明を延期してあった Φ が実指標であることの証明を述べる．

半整数対称行列 S に対して，N を $2S$ のレベルとする．既約分数 b/a_0 $(a_0>0)$ をとる．前節で定義したように，

$$G\left(S,\frac{b}{a_0}\right) = \sum_{x\,\mathrm{mod}\,(\mathbb{Z}/a_0\mathbb{Z})^m} e\left(\frac{b}{a_0}S[x]\right)$$

とおく．これを計算してみよう（あとでは a_0 は N の約数と仮定することになるが）．

以前の記号を用いて，$a_0=p_1^{e_1}\cdots p_r^{e_r}$ に対して，$q_i=a_0/p_i^{e_i}$, $\sum_{i=1}^r q_iy_i=1$ と定める．ベクトル x の成分ごとに中国式剰余定理を用いて，$x=x_1y_1q_1+\cdots+x_ry_rq_r$ $(x_i\in\mathbb{Z}^m)$ として，x が $(\mathbb{Z}/a_0\mathbb{Z})^m$ の代表を動くとき x_i が $(\mathbb{Z}/p_i^{e_i}\mathbb{Z})^m$ の代表を動く

としてよいから，$q_i q_j \equiv 0 \bmod a_0$，$(q_i y_i)^2/a_0 = q_i y_i^2/p_i^{e_i}$ を用い，また y_i が p_i と素なことより，計算の過程で x_i を $x_i y_i^{-1}$ に取り換えて

$$G\left(S, \frac{b}{a_0}\right) = \prod_{i=1}^r \sum_{x_i \in (\mathbb{Z}/p_i^{e_i}\mathbb{Z})^m} e\left(\frac{S[x_i]y_i^2 q_i b}{p_i^{e_i}}\right)$$

$$= \prod_{i=1}^r \sum_{x_i \in (\mathbb{Z}/p_i^{e_i}\mathbb{Z})^m} e\left(\frac{S[x_i]q_i b}{p_i^{e_i}}\right)$$

$$= \prod_{i=1}^r G\left(S, \frac{q_i b}{p_i^{e_i}}\right)$$

となる．ここで，b を $\mathbb{Z}/a_0\mathbb{Z}$ の元とみなして，$(b_1, \ldots, b_r) \in \prod_{i=1}^r (\mathbb{Z}/p_i^{e_i}\mathbb{Z})$ と同一視すれば，中国式剰余定理の実際の同型を考えあわせて，b を b_i に書き換えられて，

$$G\left(S, \frac{q_i b}{p_i^{e_i}}\right) = G\left(S, \frac{q_i b_i}{p_i^{e_i}}\right)$$

となるのは明らかであるから，$G(S, b/a) = \prod_{i=1}^r G(S, q_i b_i/p_i^{e_i})$ としてもよい．前節で定義したように，任意の正の整数 a_0，a_0 と素な整数 q および $\bmod a$ の（原始的とは限らない）ディリクレ指標 Φ に対して，

$$C(a_0, q, \Phi) = \sum_{b \in (\mathbb{Z}/a_0\mathbb{Z})^\times} G\left(S, \frac{qb}{a_0}\right) \Phi(b)^{-1}$$

とおく．Φ を $X(a_0) \cong \prod_{i=1}^r X(p^{e_i})$ により分解して，$\Phi = \Phi_1 \times \cdots \times \Phi_r$ とする（ここで Φ_i は $\bmod\, p^{e_i}$ の原始的とは限らないディリクレ指標であり，特に Φ_i の導手にかかわらず，$(c, p_i) > 1$ のときは $\Phi_i(c) = 0$ としている）．よって

$$C(a_0, 1, \Phi) = \sum_{b \in (\mathbb{Z}/a_0\mathbb{Z})^\times} \left(\prod_{i=1}^r G\left(S, \frac{q_i b_i}{p_i^{e_i}}\right)\right) \Phi(b)^{-1}$$

$$= \sum_{(b_1, \ldots, b_r) \in \prod_{i=1}^r (\mathbb{Z}/p_i^{e_i}\mathbb{Z})^\times} \prod_{i=1}^r \left(G\left(S, \frac{q_i b_i}{p_i^{e_i}}\right) \Phi(b_i)^{-1}\right)$$

$$= \prod_{i=1}^r \left(\sum_{b_i \in (\mathbb{Z}/p_i^{e_i}\mathbb{Z})^\times} G\left(S, \frac{q_i b_i}{p_i^{e_i}}\right) \Phi(b_i)^{-1}\right).$$

よって

$$C(a, 1, \Phi) = \prod_{i=1}^r C(p_i^{e_i}, q_i, \Phi_i). \tag{7.40}$$

である．また，これ以外に $A(\Phi, a_0, t)$ の計算に必要な量は，

$$G(\Phi, a_0, t) = \sum_{x \bmod a_0} \Phi(x) e\left(\frac{tx}{a_0}\right)$$

であった．ここで t は任意の整数であり，$\Phi(x)$ は $\bmod\ a_0$ の指標としているので，和は $\sum_{x \in (\mathbb{Z}/a_0\mathbb{Z})^\times}$ と書いても同じことである．前に補題 7.25 で，任意の t について，$G(\Phi, a_0, t)$ の局所的な分解を詳しく述べてあった．以上により，$A(\Phi, a_0, t)$ を計算するには，Φ の値などの簡単な量を除けば本質的には

$$C(p_i^{e_i}, q_i, \Phi_i) G(\Phi_i, p_i^{f_i})$$

を計算すればよいということになる．最終的にはフーリエ展開の計算においては Φ をいろいろ動かして和をとるのであるが，もしどれかの i について $C(p_i^{e_i}, q_i, \Phi_i) = 0$ ならば，そのような Φ_i は除外して考えてよいということになる．

ここで，もしこれがゼロでなければ，Φ_i は実指標であることを命題 7.30 で示す．また，全体のとる値が有理数になるかどうか知りたいのだが，Φ_i が実指標ならば，指標の値は ± 1 つまり有理数になるから，補題 7.25 を考慮に入れると，そこにおける $G(\Phi, a_0, t)$ の分解を見て，これを $G(\Phi_i, p^{f_i})$ の積の部分に置き換えて全体が有理数になることを示しておくだけで，有理性は証明できることになる．

そこで，少し記号を簡略にするために，次のように記号を定める．S を半整数対称行列，p を素数として，p^e は $2S$ のレベルを割り，$1 \le e$ とする．また Φ を $\bmod\ p^e$ のディリクレ指標で p^f $(0 \le f \le e)$ を Φ の導手，q を p と素な整数とする．このとき，

$$B(p^e, q, \Phi) = C(p^e, q, \Phi) G(\Phi, p^f)$$
$$= \sum_{a_2 \in (\mathbb{Z}/p^e\mathbb{Z})^\times} G\left(S, \frac{a_2 q}{p^e}\right) \Phi(a_2)^{-1} G(\Phi, p^f)$$

とおく．これをなるべく正確に記述しよう．

分母が素数ベキのガウスの和では，S を $GL_m(\mathbb{Z}_p)$ 同値で取り換えても値は同じなので，S をジョルダン分解しておいてよい．各分解成分には，$p \ne 2$ ならば，$p^b u$ $(u \in \mathbb{Z}_p^\times)$, $p = 2$ ならば，これに加えて，

$$p^b \begin{pmatrix} 0 & 1/2 \\ 1/2 & 0 \end{pmatrix}, \quad p^b \begin{pmatrix} 1 & 1/2 \\ 1/2 & 1 \end{pmatrix}$$

が現れうる．これら個々の 1 元または 2 元の 2 次形式についてのガウスの和の公式は第 2 章で既に与えた．ここで問題になるのは，その全体である．

7.30 [命題]　記号と仮定を上記の通りとする.

(1) $C(p^e, q, \Phi) \neq 0$ ならば Φ は実指標である.

(2) Φ が実指標のとき, $B(p^e, q, \Phi)$ は有理数である.

証明　まず, p を奇数とすると, ジョルダン分解により,

$$S = \begin{pmatrix} p^{b_1}u_1 & 0 & 0 & \cdots & 0 \\ 0 & p^{b_2}u_2 & 0 & \cdots & 0 \\ \vdots & 0 & \ddots & \vdots & 0 \\ 0 & 0 & \cdots & 0 & p^{b_m}u_m \end{pmatrix}$$

で, $0 \leq b_1 \leq b_2 \leq \cdots \leq b_m$, $u_i \in \mathbb{Z}_p^\times$ としてよい. $2S$ の $\mathbb{Z}_p$ 上のレベルは明らかに p^{b_m} であり, p^e は $2S$ のレベルを割るのだから, もちろん $e \leq b_m$. 和 $G(S, a_2q/p^e)$ は $\prod_{i=1}^m \sum_{x \bmod p^e} e(a_2q p^{b_i-e}x^2)$ であるが, $b_i \geq e$ ならば, 和の値は p^e となり, a_2, q などには関係ない. よって, $b_0 = 0$ とおき, ν を $b_\nu < e \leq b_{\nu+1}$ $(0 \leq \nu \leq m-1)$ により定義する. 補題 2.18 より

$$\sum_{x \bmod p^e} e\left(\frac{a_2 q p^{b_j} u_j x^2}{p^e}\right) = \begin{cases} p^e & j > \nu \text{ の場合,} \\ p^{b_j}\left(\frac{a_2 q u_j}{p}\right)^{e-b_j} p^{(e-b_j)/2} \epsilon_{p^{e-b_j}} & 1 \leq j \leq \nu \text{ の場合.} \end{cases}$$

ここで,

$$\mu = \sum_{\substack{1 \leq j \leq \nu, \\ e-b_j \text{ が奇数}}} (e - b_j)$$

とおくと, $\sum_{j=1}^\nu (e-b_j)$ が偶数であることと μ が偶数であることは同値である. また $e - b_j$ が偶数ならば $\epsilon_{p^{e-b_j}} = 1$ であり, 奇数ならば $\epsilon_{p^{e-b_j}} = \epsilon_p$ である. よって

$$G\left(S, \frac{a_2 q}{p^e}\right) = p^{b_1 + \cdots + b_\nu} p^{e(m-\nu)} p^{(\nu e - b_1 - \cdots - b_\nu)/2} \prod_{j=1}^\nu \left(\frac{u_j}{p}\right)^{e-b_j}$$
$$\times \left(\frac{a_2 q}{p}\right)^\mu \epsilon_p^\mu.$$

ここで $\nu = 0$ ならばもちろん積の記号の部分は 1 とみなしている.

次に $C(a_0, q, \Phi)$ を見る. この量が 0 にならないためには,

$$\sum_{a_2 \in (\mathbb{Z}/p^e\mathbb{Z})^\times} \Phi(a_2)^{-1} \left(\frac{a_2}{p}\right)^\mu \neq 0$$

が必要なので，この指標は，全体として導手が 1 でなければならず，

$$\Phi(a_2) = \left(\frac{a_2}{p}\right)^\mu$$

であることが必要である．よって Φ は実指標である．またここで，Φ の導手が 1 であることと，μ が偶数であることと，$e\nu - b_1 - \cdots - b_\nu$ が偶数であることは，みな同値である．この場合 $\epsilon_p^\mu = \pm 1$ であり，また定義により $G(\Phi, p^f) = G(\Phi, 1) = 1$ であるから，$B(p^e, q, \Phi)$ はもちろん有理数である．一方，μ が奇数とすると，$p^{(e\nu - b_1 - \cdots - b_\nu)/2}$ は $\sqrt{p} \times$ (有理数) である．また Φ の導手が p であり，$G(\Phi, p) = \sqrt{p} \epsilon_p$ である．よって $(\sqrt{p})^2 \epsilon_p^{\mu+1}$ が有理数であることより，やはり $B(p^e, q, \Phi)$ は有理数である．

次に，$p = 2$ のときを考察する（以下では常に $p = 2$ とおいているが，直接 2 と書くより混乱が少ないと思うので，あえて p という文字を用いる）．この場合は，p が奇数の場合に比べて，かなり面倒になる．たとえばジョルダン分解の形がより複雑である．まず S が半整数対称行列であることより，$2S$ が偶行列である．よって，$\mathbb{Z}_2$ 上で考えると，

$$S = \begin{pmatrix} S_o & 0 \\ 0 & S_e/2 \end{pmatrix}$$

という形である．ただし，

$$S_o = \begin{pmatrix} p^{b_1} u_1 & 0 & 0 & \cdots & 0 \\ 0 & p^{b_2} u_2 & 0 & \cdots & 0 \\ \vdots & 0 & \ddots & \vdots & 0 \\ 0 & 0 & \cdots & 0 & p^{b_{m-2\rho}} u_{m-2\rho} \end{pmatrix},$$

$$S_e = \begin{pmatrix} p^{c_1} U_1 & 0 & 0 & \cdots & 0 \\ 0 & p^{c_2} U_2 & 0 & \cdots & 0 \\ \vdots & 0 & \ddots & \vdots & 0 \\ 0 & 0 & \cdots & 0 & p^{c_\rho} U_\rho \end{pmatrix}$$

となっている．ここで，$u_j \in \mathbb{Z}_p^\times$, $0 \leq b_1 \leq \cdots \leq b_{m-2\rho}$, $c_1 \leq \cdots \leq c_\rho$，また U_j は，

$$U(-1) = \begin{pmatrix} 0 & 1 \\ 1 & 0 \end{pmatrix}, \quad U(3) = \begin{pmatrix} 2 & 1 \\ 1 & 2 \end{pmatrix}$$

のどちらかである．ここで $x = {}^t(x_1, x_2)$ ならば，$U(-1)[x]/2 = x_1 x_2$, $U(3)[x]/2 = x_1^2 + x_1 x_2 + x_2^2$ である．今 S は m 次の行列で m は偶数としているので，S_o は偶数次の行列であることに注意する．

ちなみに，1次行列 $2p^{b_j}u_j$ のレベルは，$4p^{b_j} = p^{b_j+2}$ であり，2次行列 $p^{c_j}U_j$ のレベルは p^{c_j} である．よって，$2S$ のレベルの 2 ベキ部分は $\max(p^{c_\rho}, p^{b_{m-2\rho}+2})$ である．仮定により e はもちろんこれ以下である．さて，$G(S, \frac{a_2q}{p^e})$ からの寄与は，S_e の方は，補題 2.19 から a_2q には無関係であり，もし $e \geq c_j$ ならば $p^{c_j}U_j$ からの寄与は $\pm p^{e+c_j}$，もし $e \leq c_j$ ならば，p^{2e} となる．S_e 全体としては，$I_e(3) = \{ j; 1 \leq j \leq \rho,\ U_j = U(3),\ c_j \leq e \}$ とおくとき，

$$G\left(S_e, \frac{a_2q}{p^e}\right) = p^{e\rho + \sum_{j=1}^{\rho} \min(c_j, e)} \prod_{j \in I_e(3)} (-1)^{e-c_j}$$

である．これは S と e のみによる整数である．一方，S_o の方の寄与はもう少し複雑である．正確な値を求めようとすると，補題 2.18 を用いて，若干場合分けする必要がある．b_j についての性質で場合分けするために $I = \{1, 2, \ldots, m - 2\rho\}$ として，次の集合を考える．

$$\begin{aligned}
N_0 &= \{j \in I;\ e \leq b_j\}, \\
N_1 &= \{j \in I,\ e - b_j = 1\}, \\
N_2 &= \{j \in I,\ e - b_j \geq 2, e - b_j \equiv 0 \bmod 2\}, \\
N_3 &= \{j \in I;\ e - b_j \geq 3; e - b_j \equiv 1 \bmod 2\}.
\end{aligned}$$

また，ここで $\nu_i = \#(N_i)$ $(0 \leq i \leq 3)$ と書くことにする．もし $j \in N_0$ ならば明らかに

$$G\left(p^{b_j}u_j, \frac{a_2q}{p^e}\right) = p^e$$

である．また $j \in N_1$ ならば，(今は $p = 2$ だから) 補題 2.18 より

$$G\left(p^{b_j}u_j, \frac{a_2q}{p^e}\right) = 0$$

である．$G(S, a_2q/p^e)$ はこれらの積で与えられるから，$\nu_1 > 0$ ならば，$G(S, a_2q/p^e) = 0$ であり，考える必要がない (たとえば具体的に S を与えて実際にゼータ関数を具体的に計算するときには，このような a_0 は最初から除いておくのがよい)．よって，以下では $\nu_1 = 0$ と仮定しておく．次に a を奇数とすると，$a \bmod 8$ で場合分けして考察することにより

$$\epsilon_a^{-1} e\left(\frac{1}{8}\right) = \chi_8(a) e\left(\frac{a}{8}\right)$$

が容易にわかる．よって，$j \in N_2$ とすると，補題 2.18 によって

$$G\left(p^{b_j}u_j, \frac{a_2q}{p^e}\right) = 2^{(e-b_j)/2} \sqrt{2} \chi_8(a_2qu_j) e\left(\frac{a_2qu_j}{8}\right). \tag{7.41}$$

容易にわかるようにこれは，

$$G\left(p^{b_j}u_j, \frac{a_2q}{p^e}\right) = 2^{(e-b_j)/2}\left(1 + e\left(\frac{a_2qu_j}{4}\right)\right) \tag{7.42}$$

とも書ける．また，$j \in N_3$ とすれば，$\chi_8(a_2qu_j) = \left(\frac{2}{|a_2qu_j|}\right)$ より

$$G\left(p^{b_j}u_j, \frac{a_2q}{p^e}\right) = p^{(e-b_j+1)/2}e\left(\frac{a_2qu_j}{8}\right)$$

となることがわかる．以下，少し場合分けして計算する．

(I) まず $\nu_2 = \nu_3 = 0$ (かつ $\nu_1 = 0$) とする．このとき，$G(S, a_2q/p^e)$ の部分は a_2 によらない定数であるから，$C(p^e, q, \Phi)$ には $\sum_{a_2 \in (\mathbb{Z}/p^e\mathbb{Z})^\times} \Phi(a_2)^{-1}$ があらわれるが，これがゼロでないためには，Φ の導手は 1 でなければならず，これはもちろん実指標である．このときは $f = 0$ で $G(\Phi, 1) = 1$ でもあるから，$B(p^e, q, \Phi)$ は有理数になる．

(II) 次に $\nu_3 = 0, \nu_2 \geq 1$ とする．このときは $e - b_j \geq 2$ より $e \geq 2$ である．(7.42) を用いて，$G(s, a_2q/p^e)$ は a_2 に依らない定数と $\prod_{j \in N_2}\left(1 + e\left(\frac{a_2qu_j}{4}\right)\right)$ を掛けたものに等しい．ここで

$$\sum_{a_2 \in (\mathbb{Z}/p^e\mathbb{Z})^\times} \Phi(a_2)^{-1} \prod_{j \in N_2}\left(1 + e\left(\frac{a_2qu_j}{4}\right)\right)$$

を考えると，これは適当な $u_0 \in \mathbb{Z}$ について

$$\sum_{a_2 \in (\mathbb{Z}/p^e\mathbb{Z})^\times} \Phi(a_2)^{-1} e\left(\frac{a_2u_0}{4}\right)$$

となる項の和をとったものになる．この項がゼロでないためには，系 7.24 より Φ の導手は 4 の約数でなければならない．よって χ_0 で 2 と素な元については 0, 奇数については 1 をとるディリクレ指標とすると，$\Phi = \chi_{-4}$ または $\Phi = \chi_0$ であり，これは実指標である．ここで $\Phi = \chi_0$ ならば，$\sum_{a_2 \in (\mathbb{Z}/p^e\mathbb{Z})^\times} e(a_2u_0/4)$ は u_0 に応じて，$u_0 \equiv 0 \bmod 4$ ならば p^e, $u_0 \equiv 2 \bmod 4$ ならば $-p^e$, u_0 奇数ならば 0 に等しい．つまりいずれの場合も有理数である．よって，ガウスの和全体も有理数であり，また $G(\Phi, 1) = 1$ より，$B(p^e, q, \Phi)$ も有理数である．次に $\Phi = \chi_{-4}$ とすると，$\sum_{a_2 \in (\mathbb{Z}/p^e\mathbb{Z})^\times} \chi_{-4}(a_2)e(a_2u_0/4)$ は u_0 が偶数ならば 0, また u_0 が奇数ならば $p^{e-2}\chi_{-4}(u_0)G(\chi_{-4}, 4)$ に等しい．補題 7.27 より $G(\chi_{-4}, 4)^2 = -4$ であるから，やはり $B(p^e, q, \chi_{-4})$ は有理数である．

(III) 最後に $\nu_3 \geq 1$ のときを考える．このときは，$e - b_j \geq 3$ となる j があるから，$e \geq 3$ である．$w = \sum_{j \in I_e(3)}(e - c_j)$ とおく．$j \in N_2$ のガウスの和については

(7.41) の表示を用いて，全体を統一的に書くことにすると

$$G\left(\frac{S, a_2q}{p^e}\right) =$$
$$(-1)^w p^{e\rho + \sum_{j=1}^{\rho} \min(c_j, e)} \times p^{\sum_{j \in N_3}(e-b_j+1)/2 + \sum_{j \in N_2}(e-b_j)/2}$$
$$\times \left(\prod_{j \in N_2} \chi_8(qu_j)\right) \times (\sqrt{2})^{\nu_2} \chi_8(a_2)^{\nu_2} e\left(\frac{qa_2 \sum_{j \in N_2 \cup N_3} u_j}{8}\right)$$

となる．ここで $p^{\sum_{j \in N_3}(e-b_j+1)/2}$ と $p^{\sum_{j \in N_2}(e-b_j)/2}$ は有理数である．ここで

$$u_0 = q \sum_{j \in N_2 \cup N_3} u_j$$

とおけば，a_2 の関わる部分は $e(a_2 u_0/8)$ という形と実指標 $\chi_8(a_2)^{\nu_2}$ の積になっている．ここで $u_0 \bmod 8$ がなんであるかは，もちろん S のジョルダン分解のとり方によって決まっている．

さて，以上から $C(p^e, q, \Phi) \neq 0$ ならば Φ が実指標であることがでる．実際，

$$\sum_{a_2 \in (\mathbb{Z}/p^e\mathbb{Z})^\times} \Phi(a_2)^{-1} \chi_8(a_2)^{\nu_2} e\left(\frac{a_2 u_0}{8}\right) \tag{7.43}$$

がゼロでないとすると，$e \geq 3$ から補題 7.23 の系が使えて $\Phi^{-1} \chi_8^{\nu_2}$ の導手は $a_2 u/8$ の分母を割り切るので，少なくとも 8 の約数である．導手が 8 の約数であるようなディリクレ指標は $\chi_{-4}, \chi_8, \chi_{-8}$ または自明なものしかないので，みな実指標である．よって $\Phi^{-1} \chi_8^{\nu_2}$ が実指標であり，よって Φ も実指標である．

次に $B(p^e, q, \Phi) = C(p^e, q, \Phi) G(\Phi, p^f)$ の有理性を具体的に見るために，u_0 が 2 でどれくらい割り切れるかによって，場合分けしてみる．まず注意として，(7.43) は

$$2^{e-3} \sum_{a_2 \in (\mathbb{Z}/8\mathbb{Z})^\times} \Phi(a_2) \chi_8(a_2)^\nu e\left(\frac{a_2 u_0}{8}\right).$$

である．

(1) $u_0 \equiv 0 \bmod 8$ とする．このときは，和がゼロでないためには $\Phi^{-1} \chi_8^{\nu_2}$ の導手が 1 でなければならないので，$\Phi = \chi_8^{\nu_2}$ である．このときは (7.43) は 1 の和だから明らかに有理数である．さて，$B(\Phi, p^e, q)$ には $G(\Phi, p^f) = G(\chi_8^{\nu_2}, p^f)$ が掛かっている．もし ν_2 が偶数ならば，$f = 0$ であり，$G(\phi_8^{\nu_2}, 1) = 1$ である．また，$G(S, a_2 q/p^e)$ の公式において $(\sqrt{2})^{\nu_2}$ も有理数となるので，全体として有理数になる．また ν_2 が奇数とすると，$\Phi = \chi_8$ であり $G(\chi_8, 8) = 2\sqrt{2}$ であって，これは $\sqrt{2}^{\nu_2}$ と打ち消しあって有理数になる．

(2) $u_0 \equiv 2 \bmod 8$ のとき.前と同じ理由で $\Phi^{-1}\chi_8^{\nu_2}$ の導手が 4 を割るべきであるから,$\Phi\chi_8^{\nu_2} = \chi_{-4}$,または χ_0 ある.しかし後者の場合は $e \geq 3$ であることと $\mathrm{ord}_2(a_2 u_0) = 1$ であることより,$\sum_{x \in (\mathbb{Z}/8\mathbb{Z})^\times} e(a_2 u_0/8) = 0$ がわかる.よって除外しておいてよい.よって前者の場合を見る.この場合は,$\sum_{a_2 \in (\mathbb{Z}/8\mathbb{Z})^\times} \chi_{-4}(a_2) e\left(\frac{a_2 u_0}{8}\right)$ は $\sqrt{-1}$ の有理数倍である.しかし関係式 $\Phi = \chi_8^{\nu_2}\chi_{-4}$ を場合分けして考えると,ν_2 が奇数ならば $\Phi = \chi_{-8}$,ν_2 が偶数ならば $\Phi = \chi_{-4}$ である.$G(\Phi, p^f)$ は $\Phi = \chi_{-8}$ のとき $2\sqrt{-2}$ であり,これは $(\sqrt{2})^{\nu_2}\sqrt{-1}$ と積を取れば有理数になる.また $\Phi = \chi_{-4}$ のときは $G(\Phi, p^f) = 2\sqrt{-1}$ であり,これは前の $\sqrt{-1}$ と打ち消しあうが,$2^{\nu_2/2}$ は有理数であるから,やはり全体として有理数になる.

(3) $u_0 \equiv 6 \bmod 8$ の場合は (7.43) が (2) の場合の -1 倍になるだけであるから,有理性の証明は同様である.

(4) $u_0 \equiv 4 \bmod 8$ のとき.このときは,$\Psi^{-1}\chi_8^{\nu_2}$ の導手は 2 を割り切るべきだが,導手が 2 の指標は存在しないので,$\Phi^{-1}\chi_8^{\nu_2}$ は自明な(しかし非原始的な)指標である.言い換えると $\Phi = \chi_8^{\nu_2}$ である.また $e(a_2 u_0/8) = \pm 1$ となるから,(7.43) は有理数である.ν_2 は偶数ならば,$G(\Phi, 1) = 1$ でもあるので,全体として有理数である.もし ν_2 が奇数ならば,$\Phi = \chi_8$ であるから,$G(\Phi, 8) = 2\sqrt{2}$ である.これは $\sqrt{2}^{\nu_2}$ とあわせて,全体として有理数になる.

(5) u_0 が奇数のとき.結果がゼロでないとすると,$\Phi^{-1}\chi_8^{\nu_2}$ の導手は 8 を割り切る.まず $\Phi^{-1}\chi_8^{\nu_2}$ の導手が 1 の場合を考える.ここで

$$\sum_{a_2 \in (\mathbb{Z}/8\mathbb{Z})^\times} e\left(\frac{a_2 u_0}{8}\right) = 0$$

となるので,この場合は除外してよい.次に $\Phi^{-1}\chi_8^{\nu_2} = \chi_{-4}$ と仮定する.このとき $e(5u_0/8) = -e(u_0/8)$,$e(3u_0/8) = -e(7u_0/8)$ なので

$$\sum_{a_2 \in (\mathbb{Z}/8\mathbb{Z})^\times} \chi_{-4}(a_2) e\left(\frac{a_2 u_0}{8}\right) = 0$$

である.この場合も考えなくてよい.次に $\Phi^{-1}\chi_8^{\nu_2}$ の導手が 8 と仮定する.このとき,これは χ_8 または χ_{-8} であり,

$$\sum_{a_2 \in (\mathbb{Z}/p^e\mathbb{Z})^\times} \chi_{\pm 8}(a_2) e\left(\frac{a_2 u_0}{8}\right) = p^{e-2}\chi_{\pm 8}(u_0)\sqrt{\pm 2} \qquad \text{(複合同順)} \qquad (7.44)$$

となる.一方で ν_2 が偶数ならば $\Phi = \chi_{\pm 8}$ であるが,$G(\chi_{\pm 8}, 8) = 2\sqrt{\pm 2}$ を上に掛ければ,明らかに有理数で,また $2^{\nu_2/2}$ も有理数となる.また,もし ν_2 が奇数ならば,$\Phi\chi_8 = \chi_8$ ならば Φ は自明,$\Phi\chi_8 = \chi_{-8}$ ならば $\Phi = \chi_{-4}$ である.Φ が自明なときは

$G(\Phi,1)=1$ である. 一方 $\sqrt{2}^{\nu_2}$ から $\sqrt{2}$ がでるので, これと (7.44) の $\sqrt{2}$ を掛けて, 有理数となる. 一方, $G(\chi_{-4},4)=2\sqrt{-1}$ であるが $2^{\nu_2/2}$ から $\sqrt{2}$ がでるので, これとあわせて, $\sqrt{-2}$ になる. これと (7.44) とを掛け合わせて, やはり有理数になる.

以上によって, すべての場合で $B(\Phi,p^e,q)$ は有理数になることが証明された. ∎

注意: 以上の証明は, 単に命題を証明しただけではなく, もっと具体的に $B(\Phi,p^e,q)$ がどのような Φ に対してゼロでないか, また実際に数値として何であるかという計算法をすべて与えていることになる.

さて, 以上では, 実際に S を与えたときに, それがどのようなジョルダン分解を持っているかを与えれば計算できることになる. 以上で $p=2$ ではジョルダン分解は一意的ではないが, ある分解があれば, それを用いて計算したということなので, これは別に問題ではない. 計算をみればわかるように, 実は以上の量は S の $\mathbb{Z}_p$ 上の振る舞いのみによっている.

4. 大域的なまとめ

以上で必要な量を局所的な量に帰着して, 局所的な量がどのように計算されるかを調べてきた. ここで大域的にはどうなっているのかを振り返ってみる. まず, Φ が実指標であるとの仮定の下では, 前節に述べた有理性について, もっと抽象的な別証明があることを述べておこう. もう一度主張を書き, 別証明をつける.

7.31 [補題] a_0 を正の整数とし, Φ を導手が a_0 を割り切る mod a_0 の実ディリクレ指標とする. また t を任意の整数とする. このとき,

$$C(a_0,1,\Phi)G(\Phi,a_0,t)\in\mathbb{Q}$$

である.

証明 和を交換して,

$$C(a_0,1,\Phi)=\sum_{x\in(\mathbb{Z}/a_0\mathbb{Z})^m}\sum_{a_2\in(\mathbb{Z}/a_0\mathbb{Z})^\times}\Phi(a_2)^{-1}e\left(\frac{a_2 S[x]}{a_0}\right)$$

と書ける. Φ は実指標としているので, $\Phi^{-1}=\Phi$ である. さて, ここで x を固定して, それぞれの和を見れば

$$C(a_0,1,\Phi)=\sum_{x\in(\mathbb{Z}/a_0\mathbb{Z})^m}G(\Phi,a_0,S[x])$$

でもある．よって $G(\Phi, a_0, S[x])G(\Phi, a_0, t)$ がそれぞれの x について，有理数であることを示せばよい．記号を補題 7.25 の通りとして，この積を局所的な量の積に分解しておくと，Φ は実指標としたから，有理数でない可能性があるのは，

$$\prod_{j=r_1+1}^{r} G(\Phi_i, p_i^{f_i})^2$$

の部分だけである．しかし，実指標に対しては $G(\Phi_i, p_i^{f_i})^2$ は補題 7.27 の公式より有理数であるから，よって全体も有理数である（もちろんゼロかも知れないが）．よって，証明された． ■

ちなみに，この補題は Φ が実指標でなくても正しい．これは $G(\Phi^{-1}, p^f) = \Phi(-1)\overline{G(\Phi, p^f)}$, $G(\Phi, p^f)\overline{G(\Phi, p^f)} = p^f$ を用いればわかる．もちろんこの補題を実際の具体的な計算に用いるのは少々無理がある．各 x に対して，$-a_2 S[x]/a_0$ がどのような量か，$S[x]$ がどう素因数分解されるか，といったことが一般論ではうまく書けないからである．前節の証明はこの点，具体的な計算に適していると思う．

さて，大域的な計算にもどる．我々は定理 7.20 の左辺を計算しようと思っていたのだった．このために我々に必要な量がなんであったかを今一度，復習しておこう．S を偶数次数 m 次の半整数対称行列，N を $(2S)$ のレベルとし，a_0 を N の正の約数で仮定 7.28 を満たすものとする．前と同様 $a_0' = \gcd(a_0, N/a_0)$ とし，A_0 を a_0 と共通の素因子のみを持つ最大の N の約数とする．χ_S を 2 次形式 $2S$ に付随する $\mathrm{mod}\, N$ の実ディリクレ指標とし，$\chi_S = \chi_1 \chi_2$ (χ_1, χ_2 はそれぞれ $\mathrm{mod}\, A_0/a_0'$, $\mathrm{mod}\, N/A_0$ の指標) とする．また ψ を $\mathrm{mod}\, N/a_0$ のディリクレ指標として，$\psi = \psi_1 \psi_2$ と $\mathrm{mod}\, A_0/a_0$ の指標 ψ_1 と $\mathrm{mod}\, N/a_0$ の指標 ψ_2 に分解する．ここで自然な写像 $(\mathbb{Z}/(A_0/a_0')\mathbb{Z}) \to (\mathbb{Z}/(A_0/a_0)\mathbb{Z})$ により，ψ_1 を $\mathrm{mod}\, A/a_0'$ のディリクレ指標とみなして計算したが，もともとは導手が A_0/a_0 の約数のものだけを考えている点は注意が必要である．さて，前の示した通り，寄与が消えないという条件から，ψ に $\psi_2 = \chi_2$ という条件がつくので，この場合だけを考える．ただし正確に言えば，ψ_2, χ_2 は $\mathrm{mod}\, N/a_0$ の非原始的かもしれないディリクレ指標と解釈している．ここで $\Phi = \phi_1 \chi_1$ とおく．これも実ディリクレ指標としている．Φ は導手が a_0 を割り切る指標に制限して考えればよかった．

以上の条件下で，a_0 を固定したときのゼータ関数への寄与を求めたい．このためには前節で行った局所的な計算結果をよく見る必要がある．$\Phi = \chi_1 \psi_1$ は導手が a_0 を割る $\mathrm{mod}\, a_0$ の実ディリクレ指標とし，$C(\Phi, 1, a_0) \neq 0$ なるものとする．前と同様 $a_0 = \prod_i p_i^{e_i}$ とする．

任意の整数 n, t に対して，次のように記号を定める．

$$\delta_{tn}(a_0, \Phi) = \psi_1(n)\chi_2(n)\operatorname{sgn}(n)^{(p-q)/2}|n|^{1-m/2}C(\Phi, 1, a_0)G(\Phi, a_0, t).$$

ここで $\psi(n) = \psi_1(n)\chi_2(n)$ は $\operatorname{mod} N/a_0$ の指標としているので，n が N/a_0 と素でないときは $\psi(n) = 0$ としている．この記号を用いると，$a_0|N$ を固定して，a_2 を $(a_0, a_2) \in C_0(N)$ なる代表にわたって和をとるとき，今までの計算 (7.38), (7.39) をまとめて

$$\sum_{a_2} \omega(-a_2, a_0)\mathcal{E}^+(z, a_0, a_2)$$
$$= c_{p,q}\epsilon|\det(2S)|^{-1/2}L_N\left(\frac{m}{2}, \chi_S\right)^{-1}$$
$$\times \sum_{\psi_1}(\chi_1\psi_1)(-1)\sum_{tn>0}\delta_{tn}(a_0, \chi_1\psi_1)h_{nt}(z)$$
$$\times a_0^{-m}a_0'^{-1}\varphi\left(\frac{N}{a_0}\right)^{-1}\varphi(N)\varphi\left(\frac{N}{a_0'}\right)^{-1}\varphi\left(\frac{N}{A_0}\right)\left(\frac{A_0}{a_0 a_0'}\right)\varphi(a_0')\varphi(a_0)^{-1}.$$

ここで ψ_1 は A_0/a_0 の実指標で，$\Phi = \chi_1\psi_1$ の導手が a_0 の約数であるものをわたる．ここで最後の行を少し簡易化する．$N = (N/A_0) \times A_0$, $N/a_0' = (N/A_0) \times (A_0/a_0')$ は互いに素な部分への分解だから，

$$\varphi(N)\varphi\left(\frac{N}{a_0'}\right)^{-1} = \varphi\left(\frac{N}{A_0}\right)\varphi(A_0)\varphi\left(\frac{N}{A_0}\right)^{-1}\varphi\left(\frac{A_0}{a_0'}\right)^{-1} = \varphi(A_0)\varphi\left(\frac{A_0}{a_0'}\right)^{-1}$$

であるが，$a_0' = \gcd(a_0, A_0/a_0)$ であり，また a_0 と A_0 に現れる素因子は等しいとしているから，A_0 と A_0/a_0' に現れる素因子も等しい．よってこの式は a_0' となる．同様に，$\varphi(N/a_0)^{-1}\varphi(N/A_0) = \varphi(A_0/a_0)^{-1}$ である．よって以上までをまとめると，$a_0^{-m}a_0'^{-1}(A_0/a_0)\varphi(A_0/a_0)^{-1}\varphi(a_0')\varphi(a_0)^{-1}$ となる．

ここで，更に，$\varphi(A_0/a_0)^{-1}\varphi(a_0') = a_0 a_0'/A_0$ が言える．実際，もし素数 p について $p|(A_0/a_0)$ ならば，$p|A_0$ であるが，A_0 と a_0 の素因子は等しいとしているから，$p|a_0$ でもある．しかし $a_0' = (a_0, A_0/a_0)$ より $p|a_0'$ でもある．もし $1 \leq b \leq a$ ならば $\varphi(p^a)/\varphi(p^b) = p^{a-b}$ は明らかだから，$\varphi(A/a_0)/\varphi(a_0') = A_0/a_0 a_0'$ となる．以上により，結局，最終行は $a_0^{-m}\varphi(a_0)^{-1}$ となる．

さらに，

$$\mathcal{L}(s, a_0, \Phi) = \Phi(-1)\sum_{n, t \in \mathbb{Z},\ nt > 0}\delta_{nt}(a_0, \Phi)(nt)^{-s}$$

とおくと，我々に必要なゼータ関数への $a_0|N$ の部分からの寄与は，簡単な a_0 による定数を除き，$\mathcal{L}(s, a_0, \Phi)$ で与えられる．ここで χ_2, ψ_1 は原始的指標とは限らない．

実際には n が N と素でない部分はゼロとしている．それはともかく，$nt > 0$ という条件から $n > 0$ かつ $t > 0$ の部分，および $n < 0$ かつ $t < 0$ の部分に分けて考える．$n > 0$ ならば $\mathrm{sgn}(n)^{(p-q)/2}|n|^{1-m/2} = n^{1-m/2}$ である．ここで $\mathcal{L}(s, a_0, \Phi)$ の中で，$t > 0, n > 0$ にわたる部分和は n と t に分離して考えると，

$$\Phi(-1) L_{N/a_0'}\left(s + \frac{m}{2} - 1, \psi_1\chi_2\right) \sum_{t=1}^{\infty} C(a_0, 1, \Phi) G(\Psi, a_0, t) t^{-s}$$

がでる．ここで下の添え字 N/a_0' は N/a_0' を割る素数の部分ではオイラー因子を除外することを意味する．また $n < 0$ ならば，記号 n を $-n$ $(n > 0)$ に置き換えて書くと

$$\psi_1(-n)\chi_2(-n)\,\mathrm{sgn}(-n)^{(p-q)/2}|(-n)|^{1-m/2}$$
$$= (-1)^{(p-q)/2}\psi_1(-1)\chi_2(-1)\psi_1(n)\chi_2(n) n^{1-m/2} \quad (7.45)$$

ここで

$$\psi_1(-1)\chi_2(-1) = \chi_S(-1)\psi_1(-1)\chi_1(-1) = \chi_S(-1)\Phi(-1)$$
$$= (-1)^{m/2+q}\Phi(-1) = (-1)^{(p-q)/2}\Phi(-1) \quad (7.46)$$

である（よく知られているように，一般に $\left(\frac{*}{-1}\right)$ は $*$ の符号に等しい）．よって上式 (7.45) に n^{-s} を掛けて $n \geq 1$ についての和をとると，

$$\Phi(-1) L_{N/a_0}\left(s + \frac{m}{2} - 1, \psi_1\chi_2\right)$$

となる．一方で nt $(n < 0, t < 0)$ を $(-n)(-t)$ $(n > 0, t > 0)$ と書き換えておけば，t に関する和は

$$\sum_{t=1}^{\infty} C(a_0, 1, \Phi) G(\Phi, a_0, -t) t^{-s}$$

となる．明らかに $G(\Phi, a_0, -t) = \Phi(-1) G(\Phi, a_0, t)$ であるから，結局 $\Phi(-1)^2 = 1$ より打ち消しあって，全体として，$nt > 0$ のときの寄与と同じになり，

$$\mathcal{L}(s, a_0, \Phi) = 2\Phi(-1) L_{N/a_0'}\left(s + \frac{m}{2} - 1, \psi_1\chi_2\right) \sum_{t=1}^{\infty} C(a_0, 1, \Phi) G(\Phi, a_0, t) t^{-s}$$

となる．よって次に

$$\mathcal{L}^*(s, a_0, \Phi) = \sum_{t=1}^{\infty} C(a_0, 1, \Phi) G(\Phi, a_0, t) t^{-s}$$

とおいて，これを求めよう．ただしここで $\Phi = \psi_1\chi_1$ であり，しかもその導手は a_0 を割り切ると仮定している．

さて，元に戻って $\Phi = \phi_1\chi_1$ で実指標の場合を考える．この場合は $\Phi^{-1} = \Phi$ である．また Φ に付随する原始指標を Φ_0 と書く．以下，補題 7.25 と同じ記号を用いる．$t = t_1 \prod_{i=1}^{r} p_i^{g_i}$ $((t_1, a_0) = 1)$ において，前と同様 $1 \leq i \leq r_1$ だけで $f_i = 0$ とする．結果がゼロになるところは無視してよいから，$1 \leq i \leq r_1$ で $g_i = e_i - 1 + n_i$ $(n_i \geq 0)$, $r_1 + 1 \leq i \leq r$ で $g_i = e_i - f_i$ としてよい．よって，

$$t = t_1 \prod_{i=1}^{r_1} p_i^{e_i-1+n_i} \prod_{i=r_1+1}^{r} p_i^{e_i-f_i} \qquad (n_i \geq 0) \tag{7.47}$$

としてよい．$C(a_0, 1, \Phi)$ は t にはよらない（しかし Φ にはよる）定数である．$G(\Phi, a_0, t)$ は t を (7.47) のようにとると補題 7.25 から計算できる．より正確にいえば，まず

$$\Phi_0\left(\prod_{i=1}^{r_1} p_i^{e_i-g_i}\right) = \prod_{i=1}^{r_1} \Phi_0(p_i^{1-n_i})$$

であり，また，$1 \leq i \leq r_1$ に対して，$n_i \geq 1$ のとき，$d_i(n_i) = p_i^{e_i} - p_i^{e_i-1}$，また $n_i = 0$ のとき $d_i(n_i) = -p_i^{e_i-1}$ として，

$$\sum_{t=1}^{\infty} G(\Phi, a_0, t) t^{-s} = \left(\sum_{(t_1, a_0)=1, t_1 \geq 1} t_1^{-s} \Phi_0(t_1)\right) \times$$

$$\prod_{i=1}^{r_1} \sum_{n_i=0}^{\infty} d_i(n_i) \Phi_0(p_i^{1-n_i}) \frac{1}{p_i^{(e_i-1+n_i)s}} \prod_{i=r_1+1}^{r} p_i^{(1-s)(e_i-f_i)} G(\Phi_i, p_i^{f_i}) \Phi_i(l_i).$$

ここで，$\Phi_0 = \Phi_0^{-1}$ などに注意して計算すると，

$$\sum_{n_i=0}^{\infty} \frac{d_i(n_i) \Phi_0(p_i^{1-n_i})}{p_i^{(e_i-1+n_i)s}}$$

$$= -p_i^{(e_i-1)(1-s)} \Phi_0(p_i) \sum_{n_i=0}^{\infty} \Phi_0(p_i^{-n_i}) p_i^{-n_i s} + p_i^{e_i(1-s)} \sum_{n_i=1}^{\infty} \Phi_0(p_i^{1-n_i}) p_i^{-(n_i-1)s}$$

$$= (p_i^{e_i(1-s)} - p_i^{(e_i-1)(1-s)} \Phi_0(p_i))(1 - \Phi_0(p_i) p_i^{-s})^{-1}$$

である．また

$$\sum_{(t_1, a_0)=1, t_1 \geq 1} t_1^{-s} \Phi_0(t_1) = \prod_{p \nmid a_0} (1 - \Phi_0(p) p^{-s})^{-1}.$$

よって，これと前に計算した $1 \leq i \leq r_1$ の部分をあわせれば，$L(s, \Phi_0)$ がでてくる．ここで

$$c(a_0, \Phi) = \prod_{i=r_1+1}^{r} G(\Phi_i, p_i^{f_i}) \Phi_i(l_i)$$

とおくと，これは s によらない定数だから，

$$\sum_{t=1}^{\infty} G(\Phi, a_0, t) t^{-s} =$$

$$c(a_0, \Phi) L(s, \Phi_0) \prod_{i=1}^{r_1} p_i^{e_i(1-s)} (1 - \Phi_0(p_i) p^{s-1}) \prod_{j=r_1+1}^{r} p_j^{(1-s)(e_j - f_j)}$$

となる．$C(a_0, 1, \Phi)$ も a_0 と Φ のみによる定数であり，またこれはガウスの和の部分を掛けると有理数になることが証明済みであったから，結局

7.32 [命題] a_0 と Φ のみによる有理数 $c^*(a_0, \Phi)$ が存在して

$$\mathcal{L}^*(s, a_0, \Phi)$$
$$= c^*(a_0, \Phi) L(s, \Phi_0) \left(\prod_{i=1}^{r_1} p_i^{e_i(1-s)} (1 - \Phi_0(p_i) p^{s-1}) \prod_{j=r_1+1}^{r} p_j^{(1-s)(e_j - f_j)} \right)$$

となる．

より正確に書けば，

$$c_0^*(a_0, \Phi) = C(a_0, 1, \Phi) c_0(a_0, \Phi) = C(a_0, 1, \Phi) \prod_{i=r_1+1}^{r} G(\Phi_i, p_i^{f_i}) \Phi_i(l_i) \quad (7.48)$$

である．ここで $M_{p,q}$ の係数から決まるディリクレ級数をもう一度まとめて記載しておくと，まず，

$$\mathcal{L}(s, a_0, \Phi) = 2\Phi(-1) L_{N/a_0'}(s + \frac{m}{2} - 1, \psi_1 \chi_2) L(s, \Phi_0)$$
$$\times c^*(a_0, \Phi) \left(\prod_{i=1}^{r_1} p_i^{e_i(1-s)} (1 - \Phi_0(p_i) p_i^{s-1}) \prod_{j=r_1+1}^{r} p_j^{(1-s)(e_j - f_j)} \right)$$

となる．次に今までの定数をいろいろ集めると

$$\sum_{t=1}^{\infty} \frac{\alpha_t}{t^s} = \epsilon |\det(2S)|^{-1/2} c_{p,q} \sum_{a_0 | N} a_0^{-m} \varphi(a_0)^{-1} \sum_{\Phi} \mathcal{L}(s, a_0, \Phi)$$
$$\times (2\epsilon^2)^{-1} L_N(m/2, \chi_S)$$

である．定義により
$$c_{p,q} = \frac{(2\pi)^{m/2}\epsilon}{\Gamma(p/2)\Gamma(q/2)}$$
であるので，ϵ の部分は全体としては $(2\epsilon^2)^{-1}$ から来る部分とあわせて $\epsilon^{-2}\epsilon^2 = 1$ により，また分母の 2 は $\mathcal{L}$ に含まれる 2 倍と打ち消し合う．また $c_{p,q}$ の $2^{m/2}$ は $|\det(2S)|^{1/2} = 2^{m/2}|\det(S)|^{1/2}$ の 2 ベキと打ち消し合う．また $\pi^{m/2}/\Gamma(p/2)\Gamma(q/2)$ は定理 7.20 の右辺に現れる量と打ち消し合う．よって定理 7.20 で s を $s - m/2 + 1$ として再度書き下すと，次を得る．

7.33 [定理]　m を偶数と仮定すると，
$$\zeta(s, S) = \frac{\rho_m \mu(S) |\det(S)|^{-1/2}}{\rho_{m-1} L_N(m/2, \chi_S)} \sum_{a_0 | N} a_0^{-m} \varphi(a_0)^{-1}$$
$$\times \sum_{\psi_1} (\chi_1 \psi_1)(-1) c^*(a_0, \psi_1 \chi_1) L\left(s - \frac{m}{2} + 1, (\psi_1 \chi_1)_0\right) L_{N/a_0'}(s, \psi_1 \chi_2)$$
$$\times \prod_{i=1}^{r_1} p_i^{e_i(m/2 - s)} (1 - (\chi_1 \psi_1)_0(p_i) p_i^{s - m/2}) \prod_{j=r_1+1}^{r} p_j^{(m/2-s)(e_j - f_j)}$$
となる．ただし，χ_S は対称行列 S に付随する指標，χ_1 は χ_S を N/a_0' の指標とみなした上で，これを mod A_0/a_0' と mod N/A_0 の指標に分解したときの，A_0/a_0' 部分を表す．また ψ_1 は導手が A_0/a_0 の約数である mod A_p/a_0' の実ディリクレ指標をわたる．また，$(\chi_1 \psi_1)_0$ は $\chi_1 \psi_1$ に付随する原始的指標を表し，$c^*(a_0, \psi_1 \chi_1)$ は (7.48) で与えられている．

ここで $\mu(S)$ を $\mu(S) = 2\rho_m^{-1}|\det(S)|^{(m+1)/2}\rho(S)$ で置き換えると，
$$\frac{\rho_m \mu(S) |\det(S)|^{-1/2}}{\rho_{m-1}} L_N\left(\frac{m}{2}, \chi_S\right)^{-1} = |\det(S)|^{m/2} \frac{2\rho(S)}{\rho_{m-1}} L_N\left(\frac{m}{2}, \chi_S\right)^{-1} \tag{7.49}$$
となる．ここで，任意の自然数 m に対して
$$\rho_m = \prod_{i=1}^{m} \frac{\pi^{k/2}}{\Gamma(k/2)}$$
とおいたのだった．今 m は偶数と仮定しているから，$|\det(2S)|^{m/2}$ は有理数である．次の節では，密度公式などをあわせて，
$$\frac{\rho(S)}{\rho_{m-1}} L_N\left(\frac{m}{2}, \chi_S\right)^{-1}$$
が有理数であることの証明のアウトラインを述べる．

さて，かなり長い計算だったので，念のため，この定理での記号と，和の動く範囲を詳しく総復習しておく．S は m 次の半整数対称行列で，N は $2S$ のレベルである．$\varphi(n)$ はオイラー関数で，1 から n の間の整数で n と素なものの個数を表す．χ_S は

$$\chi_S(a) = \left(\frac{(-1)^{m/2} \det(2S)}{a} \right)$$

で定義される指標とする．ここで，a が N と素ならば，a は $\det(2S)$ とも素であり，また $\chi_S(a)$ は $\bmod N$ のみによることが命題 7.14 により分かっているので，χ_S は $\bmod N$ の（非原始的かもしれない）指標とみなしている．a_0 は N の（正の）約数とし，$a_0' = \gcd(a_0, N/a_0)$ とする．さらに，定理の $\sum_{a_0 | N}$ の和において，$(c, N) = 1$ でかつ $c \equiv 1 \bmod N/a_0'$ ならばつねに $\chi_S(c) = 1$ という条件を満たすような a_0 のみを和で考える．この条件下で χ_S は $\bmod N/a_0'$ の非原始的かもしれないディリクレ指標とみなす．

さて，A_0 は N の約数のうち，a_0 と素因子が等しいような最大の正整数を表す．(7.34) のように，χ_S を $\bmod N/a_0'$ の指標として，$\chi_S = \chi_1 \chi_2$，χ_1 は $\bmod A_0/a_0'$ の指標，χ_2 は $\bmod N/A_0$ の指標と分解しておく．また ψ_1 は $(\mathbb{Z}/(A_0/a_0)\mathbb{Z})^\times$ の指標から決まる実指標を $\bmod A_0/a_0'$ で考えたディリクレ指標とする（つまり，(A_0/a_0) は (A_0/a_0') の約数だが，現れる素因子は異なるかもしれないので，x が (A_0/a_0') と素ではないときは，たとえ (A/a_0) と素であっても，$\psi_1(x) = 0$ とおく）．さらに，ψ_1 は $\bmod A_0/a_0'$ の実指標としているが，$\Phi = \psi_1 \chi_1$ とおくとき，Φ の導手が a_0 の約数になるという条件を要請する．このとき，$\psi_1 \chi_2$ は $\bmod (A_0/a_0' \times N/A_0) = N/a_0'$ のディリクレ指標とみなせる．$L_{N/a_0'}(s, \psi_1 \chi_2)$ と $L_N(m/2, \chi_S)$ において，添え字の N/a_0' と N はその数を割る素数でのオイラー因子は 1 とみなし，割らない素数でのオイラー因子だけの積をとることを意味している．また，ψ_1 に対して，$\Phi = \chi_1 \psi_1$ とおくと，これは A_0/a_0' のディリクレ指標みなせるが，もちろんこれは原始的とは限らない．Φ に付随する原始的な指標を $\Phi_0 = (\psi_1 \chi_1)_0$ と書いている．次に p_i, e_i, r_1, r を説明する．これらはみな ψ_1 のとり方による量である．まず，$a_0 = p_1^{e_1} \cdots p_r^{e_r}$ を a_0 の素因数分解とする．ここで，順序を適当に入れ替えておいて，a_0 の素因子の中で，Φ の導手の素因子に現れない素因子がちょうど $p_1, \ldots, p_{r_1}$ になっているという条件で r_1 を定義する．言い換えると Φ_0 の導手を割る素因子は $p_{r_1+1}, \ldots, p_r$ と仮定する．最後に $c^*(a_0, \psi_1 \chi_1)$ であるが，これは前に見たように少々ややこしい．$\Phi_0 = \prod_{j=r_1+1}^r \Phi_j$（$\Phi_j$ は導手 $p_j^{f_j}$ の原始指標）と分解するとき，

$$c_0^*(a_0,\Phi) = C(a_0,1,\Phi)\prod_{j=r_1+1}^{r} G(\Phi_j, p_j^{f_j})\Phi_j(l_j).$$

ここで, Φ_0 の導手を $l = \prod_{i=r_1+1}^{r} p_i^{f_i}$ とするとき, $r_1+1 \leq j \leq r$ に対して, $l_j = l/p_j^{f_j}$ とおいた. また

$$G(\Phi_j, p_j^{f_j}) = \sum_{x \bmod p_j^{f_j}} \Phi_j(x) e\left(\frac{x}{p_j^{f_j}}\right)$$

であり, その公式は, 補題 7.27 の通りである. また定義により,

$$C(a_0,1,\Phi) = \sum_{c \in (\mathbb{Z}/a_0\mathbb{Z})^\times} \sum_{x \in (\mathbb{Z}/a_0\mathbb{Z})^m} \Phi(c) e\left(\frac{cS[x]}{a_0}\right).$$

ここで $S[x] = {}^t x S x$ としている (今, Φ は実指標としているので, $\Phi^{-1} = \Phi$ である). ここで $q_i = a_0/p_i^{e_i}$ とすれば (7.40) より,

$$C(a,1,\Phi) = \prod_{i=1}^{r} C(p_i^{e_i}, q_i, \Phi_i).$$

ただし,

$$C(p_i^{e_i}, q_i, \Phi_i) = \sum_{c \in (\mathbb{Z}/p_i^{e_i}\mathbb{Z})^\times} G\left(S, \frac{q_i c}{p_i^{e_i}}\right)\Phi_i(c)$$

$$= \sum_{c \in (\mathbb{Z}/p_i^{e_i}\mathbb{Z})^\times} \sum_{x \in (\mathbb{Z}/p_i^{e_i}\mathbb{Z})^m} \Phi_i(c) e\left(\frac{cq_i S[x]}{p_i^{e_i}}\right)$$

とおいている. $C(p_i^{e_i}, q_i, \Phi_i)$ の計算については, 前の節で詳しく解説したので, ここでは繰り返さないが, S のジョルダン分解を決めておくと計算可能であった.

そこで L 関数の部分は, 本質的に $L(s+m/2-1, \Psi_1)L(s, \Psi_2)$ (Ψ_1, Ψ_2 は実指標で $\Psi_1\Psi_2 = \chi_S$ となるもの) が現れる. 以上で定理 7.21 の証明はほぼ完了したが, 体積などの部分などから来る係数の有理性や, 特殊値の有理性がまだ証明されていない. このためには $\mu(S)|\det(S)|^{-1/2}L(m/2,\chi_S)^{-1}$ の部分について, 考察しなければならない. これは次の節で行う. この係数の有理性を除けば, $n \in \mathbb{Z}, n \geq 1$ に対して, $\zeta(1-n, S)$ の有理性は

$$L\left(2-n-\frac{m}{2}, \Psi_1\right) L(1-n, \Psi_2)$$

の有理性に帰着する. これは

$$\frac{B_{n,\Psi_2} B_{n+m/2-1,\Psi_1}}{n(n+m/2-1)}$$

に一致する．ただしここで，任意の非負整数 n に対し，B_{n,Ψ_i} は一般ベルヌーイ数で

$$\sum_{a=1}^{f}\frac{\Psi_i(a)e^{at}}{e^{ft}-1}=\sum_{n=0}^{\infty}\frac{B_{n,\Psi_i}}{n!}t^n$$

(f は Ψ_i の導手) で定義されている ([12], [13] を参照)．今 Ψ_i は実指標であるから，一般ベルヌーイ数は有理数であり，よって特殊値は有理数である．ここで Ψ_i は自明な指標かもしれない．その場合は，一般ベルヌーイ数ではなくて，普通のベルヌーイ数ということになる．ちなみに，一般ベルヌーイ数 $B_{n,\Psi}$ は自明でない実指標 Ψ に対しては，$\Psi(-1)=1$ のときは n が奇数ならば 0，$\Psi(-1)=-1$ のときは n が偶数ならば 0 に等しい．よってたとえば，$m/2$ が偶数で $\chi_S(-1)=\Psi_1(-1)\Psi_2(-1)=1$ のときは，Ψ_1, Ψ_2 が共に自明な指標でない限り，任意の $n\geq 1$ に対して，$B_{n+m/2-1,\Psi_1}B_{n,\Psi_2}=0$ となる．Ψ が自明であれば，$n=1$ 以外の奇数に対しては，$B_{n,\Phi}=B_n=0$ となるが，B_1 はゼロではない．よって上の式はゼロとは限らない．

次の節で，$\mu(S)$, $L(m/2,\chi_S)^{-1}$ などを合わせた量の有理性について述べる．

5. 2次形式の種と体積に関するジーゲル公式

2次形式の種，スピノール種，Siegel 公式などについて，証明無しで，短い説明を加える．この節では S は対称整数行列とする (つまり $S={}^tS\in M_m(\mathbb{Z})$ とする)．単位可換環 R に成分を持つ，m 次対称行列の全体を $Sym_m(R)$ と書こう．

$$GL_m(R)=\{g\in M_m(R); g\text{ の逆行列 }g^{-1}\text{ が存在して }g^{-1}\in M_m(R)\}$$

とおく．$S_1, S_2\in Sym_m(R)$ について，ある $U\in GL_m(R)$ があって

$$^tUS_1U=S_2$$

となるとき，S_1 と S_2 は R 上同値という．$S_1, S_2\in Sym_m(\mathbb{Q})$ とする．このとき，Hasse の原理により，もし S_1 と S_2 が $\mathbb{R}$ 上も，またすべての素数 p に対して $\mathbb{Q}_p$ 上も同値ならば S_1 と S_2 は $\mathbb{Q}$ 上同値である (証明はたとえば [106] を参照)．一方で，S_1, $S_2\in Sym_m(\mathbb{Z})$ については，たとえこれが $\mathbb{R}$ 上，かつすべての素数 p について p 進整数環 $\mathbb{Z}_p$ 上で同値だとしても $\mathbb{Z}$ 上同値だとは限らない．$S_1, S_2\in Sym_m(\mathbb{Z})$ について，ある $U_\infty\in GL_m(\mathbb{R})$ について ${}^tU_\infty S_1U_\infty=S_2$ であり，かつすべての素数 p について，ある $U_p\in GL_m(\mathbb{Z}_p)$ が存在して，${}^tU_pS_1U_p=S_2$ となるとき，S_1 と S_2 は同じ種 (英語 genus, ドイツ語 Geschlecht) に属するという．ある一つの S と同じ種

に属する $Sym_m(\mathbb{Z})$ の元全体を S を含む「種」といい，ここでは $\mathcal{L}(S)$ と書くことにしよう．S_1 と S_2 が $\mathbb{Z}$ 上同値ならばもちろん同じ種に属する．逆は正しいとは限らない．しかし，一つの種 $\mathcal{L}$ に含まれる $\mathbb{Z}$ 上の同値類の個数は有限であることが知られている．この個数を $\mathcal{L}$ の類数という．

なお，2次体のイデアル論で種の理論というものがあるが，これはイデアルに対応する 2元 2次形式を考えたときの上で述べた意味での種の理論と同じである．2次体のイデアル論では，2元 2次形式の立場からは，(極大とは限らない) 一般の整数環のイデアル論が大切であるが，多くの本では，全整数環のイデアル論しか取り扱っていないことが多く，これでは 2元 2次形式論の全貌がよくわからないだけでなく，しばしば誤解を生む元になっているようにも思われる．たとえば [182], [181] を読んでも，このあたりの全貌は全くわからないので，注意が必要だと思う．ちなみに，ディリクレの整数論講義 [34] や H. Weber の代数学教程 [194] では，このあたりは正確に書かれているし，また Cassels [29] にも全体の解説がある．[12], [13] にも多少の解説はある．

さて，このような局所的な量と大域的な量の違いを説明するためにジーゲルは 2次形式の局所密度の理論とそのアイゼンシュタイン級数との関係の理論を [173] で展開した．とりあえずここでは，$\zeta(s, S)$ の計算に必要なジーゲルの理論を，特殊な場合に限って，証明抜きで解説する．種 $\mathcal{L}(S)$ はいくつかの類を含むので，$\mathcal{L}(S)$ に関して局所的な量から記述できる大域的な量は，$\mathcal{L}(S)$ の類全体にわたるある種の平均値であることが期待される．今 $S \in Sym_m(\mathbb{Z})$ で $\det(S) \neq 0$ と仮定する．$S_1, S_2, \ldots, S_h \in Sym_m(\mathbb{Z})$ を種 $\mathcal{L}(S)$ に属する $\mathbb{Z}$ 上の同値類の完全代表系とする．素数 p に対して，まず

$$E_p(S) = \#\{X \in M_m(\mathbb{Z}/p^r\mathbb{Z});\ {}^tXSX \equiv S \bmod p^r\}$$

とおく．# は有限集合の元の個数という意味である．ここで

$$\alpha_p(S) = \frac{1}{2} \lim_{r \to \infty} p^{-rm(m-1)/2} E_p(S)$$

とおくと，これは収束する (実際には r が十分大きいところで，lim の中身は一定値になる)．これを S から S への局所密度 $\alpha_p(S)$ (local density) と呼ぶ．

7.34 [定理] ([173] p.257) 次の関係式が成立する．

$$\sum_{i=1}^{h} \rho(S_i) = 2 \prod_p \alpha_p(S)^{-1}.$$

ここで積はすべての素数 p をわたる.

この定理もジーゲル公式という. この証明は省略する. 証明は [173] I, p.539 または前掲の [106] を参照されたい.

ちなみに, $\alpha_p(S)$ については, 任意の S と任意の素数 p について完全に具体的な公式が知られている. 一般の素数 p (たとえば $p|(2\det(S))$ となる p) については結論は複雑であり, 昔からいろいろな文献があるようであるが, ミスプリが多いことでも有名である. しかし, たとえば [106] の Theorem 5.6.3 (ただし α_p の定義は同 p.98) には正確な記述がある. 個々の $\alpha_p(S)$ は有理数であるが, 積はそうではなく, おおざっぱに言って $\alpha_p(S)$ をオイラー因子とするゼータ関数の値などになる. $\zeta(s,S)$ の特殊値の有理性を判定するために, ここをもう少し見てみよう. もし p が $2\det(S)$ の約数でなければ, すでにジーゲルが結論を与えており, その一部を引用すれば次のようになる.

$$\alpha_p(S) = (1 - \chi_S(p)p^{m/2}) \prod_{k=1}^{m/2-1} (1 - p^{2k-m}).$$

言い換えると, $\prod_p \alpha_p(S)^{-1}$ は, 有限個のオイラー因子を除いて,

$$L\left(\frac{m}{2}, \chi_S\right) \prod_{k=1}^{m/2-1} \zeta(m-2k) = L\left(\frac{m}{2}, \chi_S\right) \zeta(2)\zeta(4)\cdots\zeta(m-2) \tag{7.50}$$

に等しいということである.

7.35 [補題] m が偶数とする. このとき $\rho_{m-1} L(\frac{m}{2}, \chi_S)^{-1} \sum_{i=1}^h \rho(S_i)$ は有理数である.

補題 7.35 の証明 一般に, 正の整数 n に対して, ベルヌーイ数 B_n を

$$\frac{te^t}{e^t - 1} = \sum_{n=0}^\infty \frac{B_n}{n!}$$

で定義する. このとき,

$$\zeta(2n) = \frac{(-1)^{n-1}}{2} \frac{B_{2n}}{(2n)!} (2\pi)^{2n}$$

が知られている ([12] p.61 など). ここで B_{2n} はもちろん有理数であるから, $\zeta(2n)$ は有理数倍を除いて π^{2n} に等しい. よって (7.50) により, $L(m/2,\chi_S)^{-1} \sum_{i=1}^h \rho(S_i)$ は有理数倍を除いて,

$$\prod_{n=1}^{m/2-1} \pi^{2n} = \pi^{m(m-2)/4}$$

に等しい．一方で $\rho_{m-1} = \prod_{k=1}^{m-1}(\pi^{k/2}/\Gamma(k/2))$ は，まず $\Gamma(k/2)$ は k が奇数ならば $\Gamma(1/2) = \sqrt{\pi}$ の有理数倍，k が偶数ならば $(k/2 - 1)!$ であるから，m は偶数としているので，有理数倍を除いて

$$\frac{1}{\pi^{m/4}} \times \prod_{k=1}^{m-1} \pi^{k/2} = \pi^{m(m-2)/4}$$

よって証明された． ∎

さて，われわれの取り扱いたいのは，種にわたる平均値ではなくて，単独の $\zeta(s,S)$ である．前の定理 7.33，およびその計算の経過から見れば $\zeta(s,S)/\mu(S)$ は，S の属する種のみによっている．不定符号 2 次形式では，実は種の類数は 1 になることが多いが，それでも一般には 1 ではない．ジーゲルは，類数が 1 でないのに，なぜ単独の S での値が種にしかよらないのか，という問題を論文 [177] で提出している．これに答えたのが，Eichler [36], Kneser [117], Schulze-Pillot [162] などである．結果の一部を書くと次の通りである．

7.36 [定理]([36],[117])　　S の条件を前の定理の通りとする．このとき，$\zeta(s,S)$ および $\rho(S)$ は S の属する種のみによって決まる．

この結果から言えば，S の属する種の類数を $h = h(S)$，種の代表を $S_1, \ldots, S_h$ とするとき，

$$h(S)\rho(S) = \sum_{i=1}^{h} \rho(S_i) = 2\prod_p \alpha_p(S)^{-1}$$

となる．よって $\rho(S)$ の計算は類数の部分を除けば，局所密度の計算に帰着する．類数は正整数であるから，$\zeta(s,S)$ の特殊値が有理数であるという主張には問題ない因子である．よってこの系として，定理 7.21 が証明されるのは明らかあり，ようやくその証明が完全に完了した．

ここで，定理 7.36 の内容を証明付きで証明するのは，やめにして，Kneser の得た結果に沿って，数学的事実のアウトラインだけを数式をあまり使わずにスケッチすることにする．

まず，種よりも細かい概念として，スピノール種 (spinor genus) というものがある．これはおおざっぱに言って，つぎのような概念である．そもそも半整数対称行列というのは，有理数体上の 2 次空間 V（有理数体上の有限次元ベクトル空間で，2 次形式 Q，ないしは対称双一次形式が固定されているもの）を一つ決めたときに，その

中の一つの格子 L（$\mathbb{Z}$ 上の自由加群で V の $\mathbb{Q}$ 上の基底を含むもの）で，2次形式 Q がそこで整数値をとるもののことだと思うことができる．格子 L の基底 $e_1, \ldots, e_n$ に対するグラム行列 $((e_i, e_j))$ が半整数対称行列を与える（もちろんこれは基底のとり方によっているが，みな $GL(n, \mathbb{Z})$ による変換で写りうる）．V の2次形式に関する直交群 $O(V)$ の元 g に対して，L と Lg はグラム行列は同じなので，これらは同じ類であるという．

一方で，(V, Q) のクリフォード代数 $C(V)$ が $C(V) = \sum_{i=0}^{d} V^{\otimes d}/(v \cdot v - Q(v)1)$ として定義される．つまりおおざっぱに言って，ベクトルの掛け算を2次形式の値に置き換えて得られる最も一般的な代数を考えている．

さて，$O(V)$ の元は，$C(V)$ の部分空間 V に作用しているわけだが，これは $C(V)$ の自己同型に自然に延長される．特に $SO(V)$（$O(V)$ の中で行列式1の元のなす部分群）の元は，$C(V)$ の内部自己同型を引き起こす．$C(V)$ には標準的な位数2の逆同型 (canonical involution) ι が存在する．$x\iota(x)$ のことをスピノールノルムという．$C(V)^\times$ の元で，その元による内部自己同型が V を不変にするもののうちスピノールノルムが1になるもの全体のなす群を $Spin(V)$ と書く．$Spin(V)$ から $SO(V)$ の中への準同型写像がある．一般にこの像を $O'(V)$ と書こう．一般に $O'(V)$ は $SO(V)$ よりは小さいが，$O'(V)$ は $O(V)$ の交換子群を含んでいる．さて，局所的には（素数でも ∞ でも）$O'(V)$ で格子が移り合うようなもの全体は，明らかに種の部分集合をなす．これをスピノール種という．つまり種はスピノール種の和集合に細分される．次に，$\mu(S, x)$ や $\rho(S)$ を種 (genus) 全体で和をとるのではなくて，スピノール種 (spinor genus) の中だけで和をとることを考える．するとひとつの種の中では，これらの和はスピノール種のとり方によらずに一定であることがまず証明できる（これには $O'(V)$ が交換子群を含むという事実だけを使っている）．ところが，3次以上の不定符号2次形式ではスピノール種の類数（スピノール種に含まれる類の個数）は常に1であることが知られている（たとえば [118] Satz (25.2)）．以上により，我々の仮定の下では，ひとつの種の中では，$\mu(S, x)$ も $\rho(S)$ も一定であることが示されたことになる．

ちなみに，ここまで証明しなくても，同じ種 $\mathcal{L}(S)$ の中では $\mu(S_i)$ は有理数倍しか違わないことは簡単に証明できることを注意しておこう．

7.37 [補題] $S_1, S_2 \in \mathcal{L}(S)$ とすると $\mu(S_1)/\mu(S_2)$ は有理数である．

証明 S_1 と S_2 は $GL_m(\mathbb{Z})$ 上同値とは限らないが，同じ種に属するので，Hasse の原理により，$\mathbb{Q}$ 上は同値である．このことから，$\Gamma(S_1)$ と $\Gamma(S_2)$ は通約的であることがわかり，よって主張は明らかである． ■

6. 具体的な体積とゼータ関数の実例

具体的な S を与えて，ゼータ関数に出てきた体積の部分を実際に計算し，ゼータ関数自身を求めてみる．

$$S = \begin{pmatrix} 1 & 0 & 0 & 0 \\ 0 & -7 & 0 & 0 \\ 0 & 0 & -7 & 0 \\ 0 & 0 & 0 & -7 \end{pmatrix}$$

とおく．まず S の類数は 1 である．これは 3 次以上の不定符号 2 次形式では，$\det(S)$ を割り切る素因子のベキがあまり大きくなければ類数が 1 になるという判定法を使えば言える（たとえば Kneser [118], [116] を参照されたい）．よって $\rho(S)$ 自身が局所密度で与えられる．

まず，局所密度を計算しておく．計算法は Kitaoka [106], p.108, Theorem 5.6.3 で $\beta_p(S,S)$ というものを求め，さらに [106], p.98 の定義により，$\alpha_p(S) = 2^{m\delta_{2,p}-1}\beta_p(S,S)$ により，局所密度 $\alpha_p(S)$ を求めればよい．大体直ちにできるが，$p=2$ が一番計算が面倒なので，まずそれを先に述べておく．まず $-7 \in 1+8\mathbb{Z}_2 = ((\mathbb{Z}_2)^\times)^2$ なので，S は $\mathbb{Z}_2$ 上では 1_4 と同値である．一方で，

$$\begin{pmatrix} 1 & -1 & 1 \\ 0 & 1 & 1 \\ 1 & 1 & 0 \end{pmatrix} \begin{pmatrix} 1 & 0 & 1 \\ -1 & 1 & 1 \\ 1 & 1 & 0 \end{pmatrix} = \begin{pmatrix} 3 & 0 & 0 \\ 0 & 2 & 1 \\ 0 & 1 & 2 \end{pmatrix}$$

である．よって S は $\mathbb{Z}_2$ 上

$$\begin{pmatrix} 1 & 0 & 0 & 0 \\ 0 & 3 & 0 & 0 \\ 0 & 0 & 2 & 1 \\ 0 & 0 & 1 & 2 \end{pmatrix}$$

と同値である（このような変形法は [106], p.78, Proposition 5.2.3 にある）．これを用いると $\beta_2(S,S)$ の計算に必要な標準的な形になっている．記号 E_j, E, χ, q_j, s, w, P, n_j などを全部 [106] の記号の通りの意味で用いると，$N_{-2} = N_{-1} = N_1 = N_2 = 0$, $N_0 = S = N_0(e) \perp N_0(o)$，ここで，$N_0(e) = \begin{pmatrix} 2 & 1 \\ 1 & 2 \end{pmatrix}$, $N_0(o) = \langle 1 \rangle \perp \langle 3 \rangle$, $\chi(N_0(e)) = -1$. よって，

$$E_j = \begin{cases} 1 & j \leq -2 \text{ または } 2 \leq j \text{ の場合}, \\ 1/2 & j = -1 \text{ または } 1 \text{ の場合}, \\ 2^{-1}(1+\chi(N_0(e))) = 1/4 & j = 0 \text{ の場合}. \end{cases}$$

よって $E = \prod_j E_j^{-1} = 2^4$. また, $w = 0$ で $q_0 = 4$, $j \neq 0$ ならば $q_j = 0$, よって $q = \sum_j q_j = 4$, $P = 1 - 2^{-2} = 3/4$. よって

$$\beta_2(S,S) = 2^{w-q}PE = 2^{-4}(3/4)2^4 = \frac{3}{4}, \quad \alpha_2(S) = 2^3 \times \frac{3}{4} = 2 \cdot 3.$$

となる. これよりは易しいが, $p \neq 2, 7$ では $w = 0$, $P = (1-p^{-2})(1-p^{-4})$, $s = 1$, $E = 1 + \left(\frac{-7}{p}\right)$. よって,

$$\beta_p(S,S) = 2(1-p^{-2})\left(1 - \left(\frac{-7}{p}\right)p^{-2}\right),$$
$$\alpha_p(S) = (1-p^{-2})\left(1 - \left(\frac{-7}{p}\right)p^{-2}\right).$$

また $p = 7$ では, $s = 2$, $n_0 = 1$, $n_1 = 3$, $w = 6$, $P = 1 - 7^{-2}$, $E = 1$. よって

$$\beta_7(S,S) = 2^2 \cdot 7^6 \cdot (1 - 7^{-2}), \quad \alpha_7(S) = 2 \cdot 7^6 \cdot (1 - 7^{-2}).$$

となる. よって,

$$\rho(S) = 2\prod_p \alpha_p(S)^{-1} = \zeta(2)(1-2^{-2})L_2\left(2, \left(\frac{-7}{*}\right)\right) \times \frac{1}{2 \cdot 3 \cdot 7^6}$$
$$= \frac{\pi^2}{2^4 \cdot 3 \cdot 7^6} \times L_2\left(2, \left(\frac{-7}{*}\right)\right)$$

一方で

$$\rho_3 = \frac{\pi^3}{\Gamma(1/2)\Gamma(1)\Gamma(3/2)} = 2\pi^2$$

であり, また $L_{28}(s, \left(\frac{-7}{*}\right)) = L_2(s, \left(\frac{-7}{*}\right))$ であるから,

$$\frac{2\rho(S)L_{28}(m/2, \chi_S)^{-1}}{\rho_3} = \frac{2\rho(S)L_{28}(2, \chi_S)^{-1}}{\rho_3} = \frac{1}{2^4 \cdot 3 \cdot 7^6}$$

よって,

$$|\det(S)|^{m/2} \frac{2\rho(S)}{L_{28}(m/2, \chi_S)\rho_{m-1}} = \frac{1}{2^4 \cdot 3}$$

となる.

ちなみに，局所密度の検算のために，符号の $S = 1_4$ についてジーゲル公式を適用してみる．このときは $\alpha_2(S) = 6$ は上の通りであり，$p \neq 2$ ならば $\alpha_p = (1 - p^{-2})$ である．よって

$$2 \prod_p \alpha_p(S)^{-1} = 2\zeta(2)^2 \left(1 - \frac{1}{2^2}\right)^2 \frac{1}{6} = \frac{\pi^4}{2^6 \cdot 3}.$$

これに $m = 4$ として，

$$\pi^{-m(m+1)/4} \prod_{i=0}^{m-1} \Gamma\left(\frac{m-i}{2}\right) = \frac{1}{2\pi^4}$$

と掛けると，$1/2^7 \cdot 3$ が得られるが，Minkowski-Siegel の定理 (Kitaoka, p.173) によると（今は S の類数は 1 なので）$\Gamma(S)$ の逆数になるはずである．$\Gamma(S)$ は各行各列に一カ所だけ ± 1 がある行列からなるので，その個数は $4! \cdot 2^4 = 2^7 \cdot 3$ であり，確かに計算は一致している．

次に $c^*(a_0, \Phi)$ の部分を計算する．念のために復習しておくと，

$$c_0^*(a_0, \Phi) = C(a_0, 1, \Phi) \prod_{i=r_1+1}^{r} G(\Phi_i, p_i^{f_i}) \Phi_i \left(\prod_{j \neq i} p_j^{f_j}\right),$$

$$C(a_0, 1, \Phi) = \sum_{c \in (\mathbb{Z}/a_0\mathbb{Z})^\times} \sum_{x \in (\mathbb{Z}/a_0)^m} \Phi(c) e\left(\frac{cS[x]}{a_0}\right)$$

であった．

$2S$ のレベル $N = 28$ で，$(-1)^{m/2} \det(2S) = -2^4 \cdot 7^3$，よって $D_K = -7$ である．もし x が奇数ならば，$\chi_S(x) = \left(\frac{-7}{x}\right)$ であるが，x が偶数ならば $\chi_S(x) = 0$ とする．$a_0 | 28$ となる $a_0 > 0$ および a_0 とのみ素因子を共有する N の最大の約数 A_0，ないしは $a_0' = \gcd(a_0, N/a_0)$ は下記の表の様になる．

a_0	1	2	4	7	14	28
a_0'	1	2	1	1	2	1
A_0	1	4	4	7	28	28
A_0/a_0'	1	2	4	7	14	28
A_0/a_0	1	2	1	1	2	1
N/A_0	28	7	7	4	1	1
N/a_0'	28	14	28	28	14	28
$\phi(a_0)$	1	1	2	6	6	12

さて，$D_K = -7$ が奇数であるから，仮定 7.28 はいつでも満たされている（これは表から D_K がいつでも N/a_0' を割り切ることからも明らかである）．以下，前節の局所的な計算を利用しつつ，定理 7.33 に沿った計算をしてみる．ここで $\chi_S = \left(\frac{-28}{*}\right)$ とそれに付随する原始的な指標を区別するために，$\chi_{-7} = \left(\frac{-7}{*}\right)$ と書くことにする．以下，定理 7.33 の右辺の a_0 にわたる和の部分について，個々の a_0 の部分だけを，場合分けして計算してみる．

(i) $a_0 = 2$ または $a_0 = 14$ のときは，a_0 と素な b に対して $G(S, b/a_0) = 0$ が容易にわかり，$c_0^*(a_0, \Phi) = C(a_0, 1, \Phi) = 0$ なので，寄与はない．

(ii) $a_0 = 1$ のとき，$A_0/a_0 = 1$ より $\psi_1 = 1$，また $\chi_1 = 1, \chi_2 = \chi_S = \left(\frac{-28}{*}\right)$，よって $\Phi = 1$ であり，$\Phi(-1) = 1, \psi_1\chi_2 = \chi_S$．また $r = r_1 = 0, c_0^*(1, \Phi) = C(1, 1, \Phi) = 1$，$\phi(a_0) = a_0^{-m} = 1$．よってこれらからは，

$$\zeta(s-1)L_2(s, \chi_{-7})$$

がでる．

(iii) $a_0 = 4$ とする．$A_0/a_0 = 1$ であり，ψ_1 は $(\mathbb{Z}/(A_0/a_0)\mathbb{Z})^\times = \{1\}$ の指標からくる $\bmod A_0/a_0' = 4$ の指標であるから，x が偶数ならば $\psi_1(x) = 0$，x が奇数ならば $\psi_1(x) = 1$ である．また χ_S は $\bmod 28$ の指標とみなしていて，$\chi_2 = N/A_0 = 7$ なので $\bmod 7$ の指標であり，$\chi_2(x) = \left(\frac{-7}{x}\right)$ である．χ_1 は $\bmod 4$ のディリクレ指標だが，非原始的で，ψ_1 と等しい．$\Phi = \psi_1\chi_1$ は $\bmod 4$ のディリクレ指標だが，導手は 1 である．また $\Phi(-1) = 1$．さらに $\chi_2\psi_1$ は χ_2 を $\bmod 28$ のディリクレ級数とみなしたもの，つまり χ_S と等しい．ゼータ関数の部分は

$$\zeta(s-1)L_2(s, \chi_{-7})$$

である．$r = r_1 = 1, p_1 = 2, e_1 = 2$ から $2^{2(2-s)}(1 - 2^{s-2})$ が現れる．一方で，

$$c_0^*(a_0, \Phi) = C(4, 1, \Phi)$$
$$= \sum_{c \in (\mathbb{Z}/4\mathbb{Z})^\times} \sum_{x \in (\mathbb{Z}/4\mathbb{Z})^4} \Phi(c) e\left(\frac{cS[x]}{4}\right)$$
$$= \sum_{x \in (\mathbb{Z}/4\mathbb{Z})^4} \left(e\left(\frac{S[x]}{4}\right) + e\left(\frac{3S[x]}{4}\right)\right)$$
$$= (2(1+i))^4 + (2(1-i))^4 = -128 = -2^7.$$

また $a_0^{-m}\varphi(a_0)^{-1} = 4^{-4}\varphi(4)^{-1} = 2^{-9}$，よって全体としては

$$-2^{2-2s}(1 - 2^{s-2})\zeta(s-1)L_2(s, \chi_{-7}) = 2^{-s}(1 - 2^{2-s})\zeta(s-1)L_2(s, \chi_{-7})$$

である.

(iv) $a_0 = 7$ とする. $A_0/a_0 = 1$ より, ψ_1 は自明だが, $A_0/a_0' = 7$ より mod 7 のディリクレ指標とみなしている. χ_S は mod 28 の指標であり, $\chi_1(x) = \chi_{-7}$, また χ_2 は自明な mod 4 の指標である. ここで $\Phi = \chi_1\psi_1 = \chi_1$ は mod 7 の指標だが, 導手も 7 であって原始指標であり $\Phi_0 = \Phi$ である. また $\psi_1\chi_2$ は自明な mod 28 の指標である. つまり $\psi_1(x)\chi_2(x)$ は x が 28 と素ならば 1, 素でなければ 0 である. ゼータ関数の部分は

$$L(s-1, \chi_{-7})\zeta_{14}(s)$$

である. また, $r = 1, r_1 = 0, p_1 = 7, e_1 = f_1 = l_1 = 1$ であって, $\Phi = \Phi_1$. 指数部分は $7^{(2-s)(1-1)} = 1$ である.

$$G(\Phi, 7) = \sqrt{-7},$$
$$C(7, 1, \Phi) = \sum_{c=1}^{6} \Phi(c) \sum_{x \in (\mathbb{Z}/7\mathbb{Z})^4} e\left(\frac{cS[x]}{7}\right)$$
$$= 7^3 \sum_{c=1}^{6} \Phi(c) \sum_{x \in \mathbb{Z}/7\mathbb{Z}} e\left(\frac{cx^2}{7}\right)$$
$$= 7^3 \sqrt{-7} \sum_{c=1}^{6} \Phi(c) \left(\frac{c}{7}\right).$$

ここで, $\Phi(c) = \chi_{-7}(c) = \left(\frac{c}{7}\right)$ だから, 上式は $6 \cdot 7^3 \sqrt{-7}$ に等しい. よって $c_0^*(7, \Phi) = -6 \cdot 7^4$. また $a_0^{-4}\varphi(a_0)^{-1} = 7^{-4}\varphi(7)^{-1} = 7^{-4}6^{-1}$ かつ $\Phi(-1) = -1$ だから, $(-1) \cdot (-6 \cdot 7^4) \times 7^{-4}6^{-1} = 1$ より, 以上を全部あわせて,

$$L(s-1, \chi_{-7})\zeta_{14}(s)$$

となる.

(v) $a_0 = 28$ とする. $A_0/a_0' = 28$ だから, χ_1 は mod 28 のディリクレ指標で 28 と素な x に対しては, $\chi_1(x) = \chi_{-7}$ である. また $\chi_2 = 1$ (mod 1 のディリクレ指標) である. ψ_1 は mod $A_0/a_0 = 1$ の群指標からくるが, $A_0/a_0' = 28$ なので, mod 28 の自明なディリクレ指標である. よって $\Phi = \psi_1\chi_1 = \chi_{-7}$ であるが, これは mod 28 のディリクレ指標とみなしている. ここで $\Phi(-1) = -1$ である. 付随する原始指標は $\Phi_0 = \chi_{-7}$ である. また $\psi_1\chi_2$ は自明な mod 28 のディリクレ指標である. よってゼータ関数の部分は

$$L(s-1, \chi_{-7})\zeta_{14}(s)$$

となる.

次にこれ以外の指数部分を求める. $a_0 = 2^2 \cdot 7$ であるが, Φ の導手は 7 だから, $\mod a_0$ で分解して, $\Phi_1 = 1 \pmod 4$, $\Phi_2 = \chi_{-7}$, $\Phi_0 = \chi_{-7}$, $r = 2$, $r_1 = 1$, $p_1 = 2$, $e_1 = 2$, $f_1 = 0$, $p_2 = 7$, $e_2 = 1$, $f_2 = 1$, $l_2 = 1$ である. よって, $\Phi_0(2) = 1$ より,

$$2^{2(2-s)}(1 - 2^{s-2}\Phi_0(2)) \times 7^{(2-s)(1-1)} = 2^{2(2-s)}(1 - 2^{s-2})$$

という因子が出る. 次に $c_0^*(28, \Phi)$ を求める.

$$\begin{aligned}
G(\Phi_2, 7) &= \sqrt{-7}, \\
C(28, 1, \Phi) &= C(4, 7, \Phi_1) C(7, 4, \Phi_2), \\
C(7, 4, \Phi_2) &= \sum_{c=1}^{6} \Phi_2(c) \sum_{x \in (\mathbb{Z}/7\mathbb{Z})^4} e\left(\frac{4cS[x]}{7}\right) \\
&= 7^3 \sum_{c=1}^{6} \Phi_2(c) \sum_{x \in \mathbb{Z}/7\mathbb{Z}} e\left(\frac{4cx^2}{7}\right) \\
&= 7^3 \sqrt{-7} \sum_{c=1}^{6} \Phi_2(c)^2 \left(\frac{4}{7}\right) \\
&= 6 \cdot 7^3 \sqrt{-7}. \\
C(4, 7, \Phi_1) &= \sum_{x \in (\mathbb{Z}/4\mathbb{Z})^4} \left(e\left(\frac{7S[x]}{4}\right) + e\left(\frac{3 \cdot 7 S[x]}{4}\right)\right) \\
&= \left(\sum_{x \in (\mathbb{Z}/4\mathbb{Z})} e\left(-\frac{x^2}{4}\right)\right)^4 + \left(\sum_{x \in (\mathbb{Z}/4\mathbb{Z})} e\left(\frac{x^2}{4}\right)\right)^4 \\
&= -2^7.
\end{aligned}$$

つまり

$$C(28, 1, \Phi) = -2^8 \cdot 3 \cdot 7^3 \sqrt{-7}$$

である. よって,

$$c_0^*(28, \Phi) = 2^8 \cdot 3 \cdot 7^4.$$

一方で, $a_0^{-m}\varphi(28)^{-1} = 2^{-8}7^{-4} \cdot 2^{-2}3^{-1} = 2^{-10}3^{-1}7^{-4}$. よって, 全体としては, $\Phi(-1) = -1$ と $(-1) \cdot 2^8 \cdot 3 \cdot 7^4 \cdot 2^{-10}3^{-1}7^{-4} = -2^{-2}$ を考慮に入れて

$$-2^{2-2s}(1 - 2^{s-2})L(s-1, \chi_{-7})\zeta_{14}(s) = 2^{-s}(1 - 2^{2-s})L(s-1, \chi_{-7})\zeta_{14}(s)$$

となる.

さて，以上の全体に

$$|\det(S)|^{m/2}\frac{2\rho(S)}{\rho_{m-1}}L_{28}\left(\frac{m}{2},\chi_S\right) = \frac{7^6}{2^4\cdot 3\cdot 7^6} = \frac{1}{2^4\cdot 3}$$

を掛けておく必要がある．よって，全体としては，次のようになる．

$$\zeta(s,S) = \frac{1}{2^4\cdot 3}\Big(\zeta(s-1)L_2(s,\chi_{-7}) + 2^{-s}(1-2^{2-s})\zeta(s-1)L_2(s,\chi_{-7})$$
$$+ \zeta_{14}(s)L(s-1,\chi_{-7}) + 2^{-s}(1-2^{2-s})\zeta_{14}(s)L(s-1,\chi_{-7})\Big)$$

L 関数において，添え字はそのオイラー因子を除外することを意味する（もちろん $\chi_{-7}(7)=0$ なので $L(s,\chi_{-7})$ のオイラー7因子はない）．添え字がないものは，その導手以外ではオイラー因子はすべてとる．

特殊値については，たとえば，

$$B_{1,\chi_{-7}} = \frac{1}{7}\sum_{a=1}^{7}\chi_{-7}(a)a = -1,$$
$$B_{2,\chi_{-7}} = 0.$$

また

$$L_2(0,\chi_{-7}) = L(0,\chi_{-7}) = -B_{1,\chi_{-7}} = 1,$$
$$L(-1,\chi_{-7}) = -\frac{B_{2,\chi_{-7}}}{2} = 0,$$
$$\zeta(-1) = -\frac{B_2}{2} = -\frac{1}{12},$$
$$\zeta_{14}(0) = \zeta(0) = -B_1 = -\frac{1}{2}$$

などにより，

$$\zeta(0,S) = \frac{1}{2^5\cdot 3^2}$$

となる．

8

保型形式の構成

この章では，種々の保型形式の構成法を利用して，ジーゲル保型形式やヤコービ形式を具体的に書くことを目標とする．特に次数 2 の合同部分群 $\Gamma_0(2)$ について考えたい．

1. アイゼンシュタイン級数 (収束の証明)

集合 X に群 G が作用しているときに，G 不変な元を作るもっとも単純な方法は $x \in X$ に対して $\sum_{g \in G} gx$ と作用の平均をとることであろう．もちろん G が無限群ならばこれは無限和であるから，何らかの意味で確定値に収束している必要がある．今，正整数 k を固定して，$\gamma = \begin{pmatrix} A & B \\ C & D \end{pmatrix} \in \Gamma_n = Sp(n, \mathbb{Z})$ とジーゲル上半空間 H_n の適当な関数 $\phi(Z)$ に対して，

$$(\phi|_k[\gamma])(Z) = \det(CZ + D)^{-k} \phi(\gamma Z)$$

と書き，$\sum_{\gamma \in \Gamma_n} \phi|_k[\gamma]$ を考えると，これは ϕ が急速に減少するような関数でない限りは，普通は発散する．実際，たとえば

$$\Gamma_\infty = \left\{ \begin{pmatrix} U & 0 \\ 0 & {}^tU^{-1} \end{pmatrix} \begin{pmatrix} 1_n & S \\ 0 & 1_n \end{pmatrix}; U \in GL(n, \mathbb{Z}),\ S = {}^tS \in M_n(\mathbb{Z}) \right\}$$

とおくと，これは Γ_n の無限部分群であるが，$\phi(Z) = 1$ (恒等的に 1 となる関数) と $\gamma = \begin{pmatrix} U & US \\ 0 & {}^tU^{-1} \end{pmatrix} \in \Gamma_\infty$ に対しては，k が偶数ならば $\phi|_k[\gamma] = \det(U)^k = 1$ であり，よって $\sum_{\gamma \in \Gamma_\infty} \phi|_k[\gamma]$ は無限大に発散する．

以下，k を偶数とすると，$\gamma \in \Gamma_\infty$ に対しては，$1|_k[\gamma] = 1$ であるから，和は Γ_n 上ではなくて，$\gamma \in \Gamma_\infty \backslash \Gamma_n$ で和をとるのが自然である．よって k を偶数と仮定して，

$$E_k(Z) = \sum_{\gamma = \left(\begin{smallmatrix} A & B \\ C & D \end{smallmatrix}\right) \in \Gamma_\infty \backslash \Gamma_n} \det(CZ + D)^{-k}$$

とおくことにする．この無限級数が収束するとき，これをアイゼンシュタイン級数と呼ぶ．

8.1 [定理] (H. Braun) アイゼンシュタイン級数 $E_k(Z)$ は，$k > n+1$ ならば H_n 上で広義一様絶対収束する．

この節ではこの証明を述べる．簡約理論などを用いた非常に一般的な比較的短い証明はたとえば A. Borel [22] にあるが，ここでは敢えて，概ね H. Braun の原論文 [25] の証明方針に従う．その証明で使用される補助的な評価が，ほかの場面（たとえば次元公式など）でも役に立つこともあるし，また，この証明の方が状況がわかりやすい点もあると思うからである．なお，以下の証明は，ほとんどそのまま，一般の対称管状領域 (symmetric tube domain) のアイゼンシュタイン級数の収束定理に流用することができる．まず補題をいくつか準備する．V_n を n 次実対称行列全体のなすベクトル空間とし，Ω を V_n 内の正定値対称行列の全体とする．複素数 α と $Z \in H_n$ に対して，

$$I_\alpha(Z) = \int_{V_n} |\det(Z+S)|^{-\alpha} dS \quad \left(S = (s_{ij}),\ dS = \prod_{1 \le i \le j \le n} ds_{ij}\right)$$

とおく．また，以前に定義したように

$$\Gamma_\Omega(\alpha) = \int_\Omega e^{-\operatorname{Tr}(S)} \det(S)^{\alpha - \frac{n+1}{2}} dS$$

とする．

8.2 [補題] (1) $\operatorname{Re}(\alpha) > (n-1)/2$ で次の公式が成り立つ．

$$\Gamma_\Omega(\alpha) = \pi^{n(n-1)/4} \prod_{j=1}^n \Gamma\left(\alpha - \frac{j-1}{2}\right).$$

(2) Y を Z の虚部とするとき，$\operatorname{Re}(\alpha) > n$ に対して，次の公式が成り立つ．

$$I_\alpha(Z) = \det(Y)^{\frac{n+1}{2}-\alpha} 2^{n(n+3)/2 - n\alpha} \pi^{n(n+3)/4} \prod_{j=1}^n \frac{\Gamma\left(\alpha - \frac{n+j}{2}\right)}{\Gamma\left(\frac{\alpha-(j-1)}{2}\right)^2}$$

証明 (1) は補題 5.2 の主張と同じである．よって (2) を示す．$Z = X + iY\ (Y > 0)$ と書いておくと，S を $S - X$ に変数変換すれば，積分 $I_\alpha(Z)$ は $I_\alpha(iY)$ に等しいのは明らかである．Y が正定値であるから，$Y = Y_1^2$ となる正定値対称行列 Y_1 が

存在する．よって，$\det(iY + S) = \det(Y)\det(i1_n + Y_1^{-1}SY_1^{-1})$ である．ここで $S_1 = Y_1^{-1}SY_1^{-1}$ とおくと，$dS_1 = \det(Y_1)^{-n-1}dS = \det(Y)^{-(n+1)/2}dS$．よって，$I_\alpha(Z) = \det(Y)^{(n+1)/2-\alpha}I_\alpha(i1_n)$ である．次に，$I_\alpha(i1_n)$ を帰納法で求める．$n=1$ のときは，$\mathrm{Re}(\alpha) > 1/2$ に対して，

$$\frac{\Gamma(\alpha)}{(1+x^2)^\alpha} = \int_0^\infty e^{-t}\frac{t^\alpha}{(1+x^2)^\alpha}\frac{dt}{t}$$
$$= \int_0^\infty e^{-t(1+x^2)}t^{\alpha-1}dt,$$
$$\int_{-\infty}^\infty \frac{\Gamma(\alpha)}{(1+x^2)^\alpha}dx = \int_0^\infty e^{-t}t^{\alpha-1}\left(\int_{-\infty}^\infty e^{-tx^2}dx\right)dt$$
$$= \sqrt{\pi}\int_0^\infty e^{-t}t^{\alpha-1/2-1}dt = \sqrt{\pi}\,\Gamma\left(\alpha - \frac{1}{2}\right).$$

よって，a を実数として，$\mathrm{Re}(\alpha) > 1$ のとき，

$$\int_{-\infty}^\infty \frac{1}{(a^2+x^2)^{\alpha/2}}dx = |a|^{1-\alpha}\int_{-\infty}^\infty \frac{1}{(1+x^2)^{\alpha/2}}dx = |a|^{1-\alpha}\frac{\sqrt{\pi}\,\Gamma\left(\frac{\alpha-1}{2}\right)}{\Gamma(\alpha/2)}.$$

ガンマ関数の倍角の公式によれば，

$$\Gamma(\alpha-1) = \frac{2^{\alpha-3/2}}{\sqrt{2\pi}}\Gamma\left(\frac{\alpha-1}{2}\right)\Gamma\left(\frac{\alpha}{2}\right) \tag{8.1}$$

であるから，

$$I_\alpha(i) = \frac{\sqrt{\pi}\,\Gamma\left(\frac{\alpha-1}{2}\right)}{\Gamma(\alpha/2)} = 2^{2-\alpha}\pi\frac{\Gamma(\alpha-1)}{\Gamma(\alpha/2)^2} \tag{8.2}$$

とも書ける．さて次に $n > 1$ とする．$S = \begin{pmatrix} x & y \\ {}^ty & S_1 \end{pmatrix}$，ただし，$x \in \mathbb{R}, y \in \mathbb{R}^{n-1}$, $S_1 = {}^tS_1 \in M_{n-1}(\mathbb{R})$ とする．ここで，$i1_{n-1} + S_1$ は H_{n-1} の元であるから，もちろん正則行列である．

$$\begin{pmatrix} 1 & -y(i1_{n-1}+S_1)^{-1} \\ 0 & 1_{n-1} \end{pmatrix}\begin{pmatrix} i+x & y \\ {}^ty & i1_{n-1}+S_1 \end{pmatrix}\begin{pmatrix} 1 & 0 \\ -(i1_{n-1}+S_1)^{-1}\,{}^ty & 1_{n-1} \end{pmatrix}$$
$$= \begin{pmatrix} i+x-y(i1_{n-1}+S_1)^{-1}\,{}^ty & 0 \\ 0 & i1_{n-1}+S_1 \end{pmatrix}$$

より，$\det(i1_n + S) = (i+x-y(i1_{n-1}+S_1)^{-1}\,{}^ty)\det(i1_{n-1}+S_1)$．よって，積分 dS を dx と $dy = \prod_i^{n-1}dy_i$ $(y = (y_1,\ldots,y_{n-1}))$ と $dS_1 = \prod_{2 \leq i \leq j \leq n}ds_{ij}$ の部

分に分けて考えると，

$I_\alpha(i1_n)$
$$= \int_{V_{n-1}} \int_{\mathbb{R}^{n-1}} \int_{-\infty}^{\infty} |i + x - y(i1_{n-1} + S_1)^{-1}\,{}^t y|^{-\alpha} |\det(i1_{n-1} + S_1)|^{-\alpha} dx dy dS_1$$

となる．$y(i1_{n-1} + S_1)^{-1}\,{}^t y = a_1 + ia_2$ $(a_i \in \mathbb{R})$ と書くと，

$$\int_{-\infty}^{\infty} |i + x - y(i1_{n-1}+S_1)^{-1}\,{}^t y|^{-\alpha} dx = \int_{-\infty}^{\infty} ((x-a_1)^2 + (1-a_2)^2)^{-\alpha/2} dx$$
$$= \int_{-\infty}^{\infty} (x^2 + (1-a_2)^2)^{-\alpha/2} dx \quad (8.3)$$
$$= |1-a_2|^{1-\alpha} \frac{\sqrt{\pi}\,\Gamma((\alpha-1)/2)}{\Gamma(\alpha/2)} \quad (8.4)$$

である．一方で，

$$(2i)a_2 = y(i1_{n-1}+S_1)^{-1}\,{}^t y - y(-i1_{n-1}+S_1)^{-1}\,{}^t y$$
$$= y\left((i1_{n-1}+S_1)^{-1} - (-i1_{n-1}+S_1)^{-1}\right){}^t y$$
$$= y(i1_{n-1}+S_1)^{-1}\left((-i1_{n-1}+S_1) - (i1_{n-1}+S_1)\right)(-i1_{n-1}+S_1)^{-1}\,{}^t y$$
$$= -2iy(i1_{n-1}+S_1)^{-1}(-i1_{n-1}+S_1)^{-1}\,{}^t y = -2iy(1_n + S_1^2)^{-1}\,{}^t y$$

よって，
$$1 - a_2 = 1 + y(1_{n-1} + S_1^2)^{-1}\,{}^t y > 0$$

となる．よって，次に問題になるのは
$$\int_{\mathbb{R}^{n-1}} (1 + y(1_{n-1}+S_1^2)^{-1}\,{}^t y)^{1-\alpha} dy \quad (8.5)$$

である．$1_{n-1} + S_1^2$ は正定値対称行列だから，$T^2 = 1_{n-1} + S_1^2$ となる正定値対称行列 T が存在する．yT^{-1} を新たな変数にして書き換えると，$d(yT^{-1}) = \det(T)^{-1} dy = \det(1_{n-1}+S_1^2)^{-1/2} dy = |\det(i1_{n-1}+S_1)|^{-1} dy$ だから，(8.5) は

$$\int_{\mathbb{R}^{n-1}} (1 + y\,{}^t y)^{1-\alpha} |\det(i1_{n-1}+S_1)| dy$$

となる．前と同様にして，$\mathrm{Re}(\alpha) > \frac{n+1}{2}$ で，

$$\Gamma(\alpha-1)\int_{\mathbb{R}^{n-1}}(1+y\,{}^t y)^{1-\alpha}dy = \int_0^\infty \int_{\mathbb{R}^{n-1}} t^{\alpha-2} e^{-(1+y\,{}^t y)t} dy dt$$
$$= \int_0^\infty \left(\frac{\pi}{t}\right)^{(n-1)/2} e^{-t} t^{\alpha-2} dt = \pi^{(n-1)/2}\Gamma\left(\alpha - \frac{n+1}{2}\right).$$

以上をあわせると

$$I_\alpha(i1_n) = \pi^{n/2} \frac{\Gamma\left(\alpha - \frac{n+1}{2}\right)\Gamma\left(\frac{\alpha-1}{2}\right)}{\Gamma(\alpha-1)\Gamma\left(\frac{\alpha}{2}\right)} I_{\alpha-1}(i1_{n-1})$$

となる．これはガンマ関数の倍角の公式より，

$$I_\alpha(i1_n) = 2^{2-\alpha} \pi^{(n+1)/2} \frac{\Gamma\left(\alpha - \frac{n+1}{2}\right)}{\Gamma\left(\frac{\alpha}{2}\right)^2} I_{\alpha-1}(i1_{n-1}).$$

とも書ける．この式により帰納的に行列の次数を下げていくと，最後は $I_{\alpha-n+1}(i)$ が現れるが，(8.2) により，$\text{Re}(\alpha) > n$ に対して，

$$I_{\alpha-n+1}(i) = \pi^{1/2} \frac{\Gamma\left(\frac{\alpha-n}{2}\right)}{\Gamma\left(\frac{\alpha-n+1}{2}\right)} = 2^{n+1-\alpha} \pi \frac{\Gamma(\alpha-n)}{\Gamma\left(\frac{\alpha-n+1}{2}\right)^2}$$

である．よって，結果を得る．収束範囲は，$I_{\alpha-j}(i1_{n-j})/I_{\alpha-j-1}(i1_{n-j-1})$ では，$\text{Re}(\alpha) - j > \frac{n-j+1}{2}$ であるから，全体では，$\text{Re}(\alpha) > n$ が収束範囲となる．■

次に L を V_n 内の格子，つまり n 次実対称行列の加群 V_n に含まれる自由 $\mathbb{Z}$ 加群で，V_n の $\mathbb{R}$ 上の基底を一組含むものとする．また，V_n の元 S, T に対し，$S - T$ が半正定値対称行列になることを，$S \geq T$ と，また $S - T$ が正定値対称行列になることを $S > T$ と表すことにする．V_n をその成分により $\mathbb{R}^{n(n+1)/2}$ と自然に同一視して，その座標に関するルベーグ測度を考え，$\text{vol}(V_n/L)$ で，格子 L の基本領域の，ルベーグ測度に対する体積を表す．

8.3 [補題] (1) 任意の $\epsilon > 0$ と $Z = X + iY \in H_n$ $(X, Y \in V_n)$ に対して，$c_1 = 2^{n/2}(1 + \epsilon^{-1}\text{Tr}(Y^{-1}))^n$ とおく．このとき，$S \in V_n$ が $S^2 \leq \epsilon^{-2} 1_n$ を満たせば，

$$c_1^{-1}|\det(Z)| \leq |\det(Z+S)| \leq c_1|\det(Z)|$$

となる．

(2) α を $\alpha > n$ なる実数とする．任意の $\epsilon > 0$ に対して，n のみによる，ある正定数 $c > 1$ が存在して，$Y \geq \epsilon 1_n$ となる任意の $Z = X + iY$ に対して，

$$c^{-\alpha} \text{vol}(V_n/L)^{-1} I_\alpha(Z) \leq \sum_{S \in L} |\det(Z+S)|^{-\alpha} \leq c^\alpha \text{vol}(V_n/L)^{-1} I_\alpha(Z)$$

が成り立つ.

証明 $Y = Y_1^2, 0 < Y_1 \in V_n$ とすると,

$$\det(Z+S) = \det(Y)\det(i1_n + Y_1^{-1}(X+S)Y_1^{-1}),$$
$$|\det(Z+S)|^2 = \det(Y)^2 \det(1_n + (Y_1^{-1}(X+S)Y_1^{-1})^2)$$

であるが, $1_n + (Y_1^{-1}(X-S)Y_1^{-1})^2$ は正定値であるから,

$$1_n + (Y_1^{-1}(X+S)Y_1^{-1})^2 \le 2 \cdot 1_n + (Y_1^{-1}(X+S)Y_1^{-1})^2 + (Y_1^{-1}(X-S)Y_1^{-1})^2$$
$$= 2(1_n + (Y_1^{-1}XY_1^{-1})^2 + (Y_1^{-1}SY_1^{-1})^2).$$

また, $S^2 \le \epsilon^{-2}1_n$ ならば, たとえば対角化を用いれば, S の固有値の絶対値はみな ϵ^{-1} 以下になることがわかり, よって明らかに $-\epsilon^{-1}1_n \le S \le \epsilon^{-1}1_n$ である. よって,

$$-\epsilon^{-1}Y^{-1} = -\epsilon^{-1}Y_1^{-2} \le Y_1^{-1}SY_1^{-1} \le \epsilon^{-1}Y_1^{-2} = \epsilon^{-1}Y^{-1}.$$

また, Y^{-1} の固有値はみな正なので, どれも $\mathrm{Tr}(Y^{-1})$ 以下であり, よって, $Y^{-1} \le \mathrm{Tr}(Y^{-1})1_n$. ゆえに $(Y_1^{-1}SY_1^{-1})^2 \le \epsilon^{-2}\mathrm{Tr}(Y^{-1})^2 1_n$ である. よって

$$\det(1_n + (Y_1^{-1}SY_1^{-1})^2 + (Y_1^{-1}XY_1^{-1})^2)$$
$$\le \det((1 + \epsilon^{-2}\mathrm{Tr}(Y^{-1})^2)1_n + (Y_1^{-1}XY_1^{-1})^2)$$
$$= (1 + \epsilon^{-2}\mathrm{Tr}(Y^{-1})^2)^n \det(1_n + (Y_1^{-1}XY_1^{-1})^2(1 + \epsilon^{-2}\mathrm{Tr}(Y^{-1})^2)^{-1})$$

ここで $\epsilon^{-2}\mathrm{Tr}(Y^{-1})^2 > 0$ より $(\epsilon^{-2}\mathrm{Tr}(Y^{-1})^2 + 1)^{-1} < 1$ であるから, 上式は

$$\le (1 + \epsilon^{-2}\mathrm{Tr}(Y^{-1})^2)^n \det(1_n + (Y_1^{-1}XY_1^{-1})^2)$$

となる. ここで

$$\det(Y)^2 \det(1_n + (Y_1^{-1}XY_1^{-1})^2) = \det(Y)^2 |\det(i1_n + Y_1^{-1}XY_1^{-1})|^2$$
$$= |\det(iY + X)|^2 = |\det(Z)|^2$$

である. ゆえに

$$|\det(Z+S)|^2 \le 2^n(1 + \epsilon^{-2}\mathrm{Tr}(Y^{-1})^2)^n |\det(Z)|^2$$

である. しかし,

$$1 + \epsilon^{-2}\mathrm{Tr}(Y^{-1})^2 < 1 + 2\epsilon^{-1}\mathrm{Tr}(Y^{-1}) + \epsilon^{-2}\mathrm{Tr}(Y^{-1})^2 = (1 + \epsilon^{-1}\mathrm{Tr}(Y^{-1}))^2$$

であるから，

$$|\det(Z+S)| \leq 2^{n/2}(1+\epsilon^{-1}\operatorname{Tr}(Y^{-1}))^n|\det(Z)|$$

となる．逆の不等式は，Z を $Z-S$ に，S を $-S$ に置き換えて考えればよい．よって (1) が示された．

次に (2) を示す．$Y \geq \epsilon 1_n$ とすると，$Y^{-1} \leq \epsilon^{-1} 1_n$ であり，よって，$\operatorname{Tr}(Y^{-1}) \leq n\epsilon^{-1}$ である．F を V_n/L の基本領域とする．これはコンパクトであるから，$\{\operatorname{Tr}(H^2) : H \in F\}$ は上に有界であり，$H^2 \leq c_2^{-2} 1_n$ となるような定数 $c_2 > 0$ が存在する．ここで $c = 2^{n/2}(1+nc_2^{-1}\epsilon^{-1})^n$ とおくと，$2^{n/2}(1+c_2^{-1}\operatorname{Tr}(Y^{-1}))^n \leq c$ である．よって (1) より，任意の $S \in V_n$ と $H \in F$ に対して，

$$c^{-1}|\det(Z+S)| \leq |\det(Z+H+S)| \leq c|\det(Z+S)| \tag{8.6}$$

となる．ここで，V_n の積分を分解すれば，

$$I_\alpha(Z) = \int_{V_n/L} \sum_{S \in L} |\det(Z+H+S)|^{-\alpha} dH$$

であり，被積分関数を (8.6) で評価することにより，全体は上下から

$$c^{\pm\alpha} \int_F \sum_{S \in L} |\det(Z+S)|^{-\alpha} dH = c^{\pm\alpha} \operatorname{vol}(V_n/L) \sum_{S \in L} |\det(Z+S)|^{-\alpha}$$

で抑えられるので (2) が得られる． ∎

定理 8.1 の証明 補題 8.3 を用いて，定理 8.1 が証明できることを述べる．まず，$\gamma = \begin{pmatrix} A & B \\ C & D \end{pmatrix}$ が $\Gamma_\infty \backslash Sp(n,\mathbb{Z})$ の代表を動くとき，(C,D) がどこを動くかを見たい．実際には上記の収束の証明のためにはあまり詳しい記述は必要ないのだが，ジーゲルの論文 [175] 以来知られている事実なので，そこに書かれている結果を紹介しておくことにする（なお，Shimura [172] にも，関連した事実の非常に綺麗なまとめがある）．さて，$C, D \in M_n(\mathbb{Z})$ について $C^t D$ が対称行列であるとき，これらを対称対 (symmetric pair) と呼ぶ．また任意の $G \in M_n(\mathbb{Q})$ に対して，$GC, GD \in M_n(\mathbb{Z})$ ならば $G \in M_n(\mathbb{Z})$ となるとき，C, D は互いに素という．もし $\begin{pmatrix} A & B \\ C & D \end{pmatrix} \in Sp(n,\mathbb{Z})$ ならば，(C,D) は対称対であり，さらに $D^t A - C^t B = 1_n$ であるから，(C,D) は互いに素でもある．逆に (C,D) が互いに素な対称対であれば，ある $A, B \in M_n(\mathbb{Z})$ に対して，$\begin{pmatrix} A & B \\ C & D \end{pmatrix} \in Sp(n,\mathbb{Z})$ である．実際，単因子論より，$(C,D)U = (F, 0_n)$ と

なる $U \in GL_{2n}(\mathbb{Z})$ が存在する. (C, D) が互いに素であるから, 任意の $G \in M_n(\mathbb{Q})$ について, $GF \in M_n(\mathbb{Z})$ ならば $G \in M_n(\mathbb{Z})$. よって $F \in GL_n(\mathbb{Z})$ でもあるのは, たとえば単因子を考えれば明らかである. ここで

$$\begin{pmatrix} X \\ Y \end{pmatrix} = U \begin{pmatrix} F^{-1} \\ 0_n \end{pmatrix}$$

とおくと, $CX + DY = 1_n$ となる. $A = {}^tY + {}^tXYC$, $B = -{}^tX + {}^tXYD$ とおくと, $CX + DY = 1_n$ より,

$$\begin{aligned} A\,{}^tB - B\,{}^tA &= ({}^tY\,{}^tD\,{}^tYX + {}^tXYC\,{}^tD\,{}^tYX - {}^tYX - {}^tXYCX) \\ &\quad + (-{}^tXYDY - {}^tXYD\,{}^tC\,{}^tYX + {}^tXY + {}^tX\,{}^tC\,{}^tYX) \\ &= -{}^tXY(CX + DY) + ({}^tY\,{}^tD + {}^tX\,{}^tC)\,{}^tYX + {}^tXY - {}^tYX \\ &= 0 \end{aligned}$$

である. また

$$A\,{}^tD - B\,{}^tC = {}^tY\,{}^tD + {}^tX\,{}^tC = 1_n.$$

よって, $\begin{pmatrix} A & B \\ C & D \end{pmatrix} \in Sp(n, \mathbb{Z})$ である. よって, $\Gamma_\infty \backslash Sp(n, \mathbb{Z})$ の代表から決まる (C, D) の代表元は互いに素な対称対であって, (C, D) に対して, 左から $GL_n(\mathbb{Z})$ の元 V を掛けた (VC, VD) をみな同値とみなした同値類全体, つまり

$$\mathcal{X} = GL_n(\mathbb{Z}) \backslash \{(C, D) : (C, D) \text{ は互いに素な対称対}\}$$

と一致している. ゆえに

$$\phi_k(Z) = \sum_{(C,D) \in \mathcal{X}} \det(CZ + D)^{-k}$$

となる. $\phi_k(Z)$ の代わりに, 実数 α に対して, $\sum_{(C,D) \in \mathcal{X}} |\det(CZ + D)|^{-\alpha}$ を考えて, これの広義一様収束をみる. この和の表示のうちで, $\det(C) \neq 0$ となる部分の部分和を $f(Z, \alpha)$ と書く. すなわち

$$f(Z, \alpha) = \sum_{(C,D) \in \mathcal{X}, \det(C) \neq 0} |\det(CZ + D)|^{-\alpha}.$$

この広義一様収束が言えれば, 全体の絶対広義一様収束も言えることをまず見る. S を n 次整数対称行列の集合 L_n の元とすれば $\begin{pmatrix} S & -1_n \\ 1_n & 0 \end{pmatrix} \in Sp(n, \mathbb{Z})$ である.

$$Z = \begin{pmatrix} S & -1_n \\ 1_n & 0 \end{pmatrix} Z_1 = S - Z_1^{-1}$$

とするともちろん $Z_1 \in H_n$ である．ここで

$$\det(CZ+D) = \det((CS+D)-CZ_1^{-1}) = \det(Z_1)^{-1}\det((CS+D)Z_1-C)$$

である．$\det(CS+D)$ は $S=(s_{ij})={}^tS$ とするとき，$n(n+1)/2$ 個の変数 s_{ij} の多項式として，ゼロにはならない．実際，命題 1.1 より，任意の $W \in H_n$ に対して，$\det(CW+D) \neq 0$ であり，W は（複素）対称行列であるから，$\det(CS+D)$ が恒等的にゼロになることはない．

さて，$S=(s_{ij})={}^tS$ とすると $\det(CS+D)$ は s_{ij} それぞれについて高々 n 次の多項式である．これを s_{11} の多項式とみなせば，係数は s_{ij} $((i,j)\neq(1,1))$ に関する $n(n+1)/2-1$ 個の変数の多項式となる．Vandermonde の行列式を考えればわかるように，s_{11} に $0, 1, \ldots, n$ を代入するとき，もしそのすべてで $\det(CS+D)$ が恒等的にゼロになるならば，$l=0,\ldots,n$ のすべてについて s_{11}^l の係数はすべて恒等的にゼロになるので，多項式としてゼロでないという結論に反する．よって，s_{11} に $0, 1, \ldots, n$ のどれかを代入することにより，恒等的にゼロでない s_{ij} $((i,j)\neq(1,1))$ の多項式が得られる．以下，同様の操作をすべての変数で繰り返せば，結局，どのような $(C,D)\in\mathcal{X}$ についても，すべての s_{ij} を $0, 1, \ldots, n$ にわたって動かすとき，そのどれかの組では $\det(CS+D)\neq 0$ となる．そこで対称行列の有限集合 $\{S=(s_{ij}); s_{ij}\in\mathbb{Z}, 0\leq s_{ij}\leq n\}$ の全体に適当に順番をつけて，i 番目を S_i $(i=1,\ldots,n(n+1)^2/2)$ と書く．各 $1\leq i\leq n(n+1)^2/2$ なる i を固定して，「$1\leq j<i$ なる j ではすべて $\det(CS_j+D)=0$ であるが，$\det(CS_i+D)\neq 0$ で，かつ $\det(C)=0$ となる」という条件を満たす (C,D) からなる $\mathcal{X}$ の部分集合について，$|\det((CS_i+D)Z_i-C)|^{-\alpha}$ の和をとったものを $\psi_i(Z,\alpha)$ と書くことにする．ただし $Z=S_i-Z_i^{-1}$ としている．このとき

$$\sum_{(C,D)\in\mathcal{X}}|\det(CZ+D)|^{-\alpha} = f(Z,\alpha) + \sum_{i=1}^{n(n+1)^2/2}\psi_i(Z,\alpha)|\det(Z_i)|^{\alpha}$$

となるのは明らかである．ここで $\psi_i(Z,\alpha)$ については $\det(CS_i+D)\neq 0$ だから，$f(Z,\alpha)$ が広義一様収束ならば，$\psi_i(Z,\alpha)$ も広義一様収束である．よって $f(Z,\alpha)$ の収束に帰着することがわかった．そこで，今 $\det(C)\neq 0$ とすれば $|\det(CZ+D)| = |\det(C)||\det(Z+C^{-1}D)|$ である．$Sym_n(\mathbb{Q})$ を n 次有理対称行列のなすベクトル空間とすると，(C,D) は対称対だから $C^{-1}D\in Sym_n(\mathbb{Q})$ である．C を固定したときの $(C,D)\in\mathcal{X}$ となる D 全体を考える．ここで L_n を n 次整数対称行列のなす加群として，$C^{-1}D$ を modulo L_n で分類しよう．C の単因子を $e_1,\ldots,e_n$ $(e_i|e_{i+1})$ とす

る．単因子論より $UCV = \mathrm{diag}(e_1, \ldots, e_n)$ (diag は対角成分が $e_1, \ldots, e_n$ の対角行列で，$U, V \in GL_n(\mathbb{Z})$) とするとき，$V^{-1}C^{-1}D\,{}^tV^{-1}$ は，次の集合

$$\begin{pmatrix} e_1^{-1} & 0 & 0 \\ \vdots & \ddots & \vdots \\ 0 & \cdots & e_n^{-1} \end{pmatrix} M_n(\mathbb{Z}) \cap Sym_n(\mathbb{Q}) = \begin{pmatrix} e_1^{-1}\mathbb{Z} & e_1^{-1}\mathbb{Z} & \cdots & e_1^{-1}\mathbb{Z} \\ e_1^{-1}\mathbb{Z} & e_2^{-1}\mathbb{Z} & \cdots & e_2^{-1}\mathbb{Z} \\ \vdots & \vdots & \ddots & \vdots \\ e_1^{-1}\mathbb{Z} & e_2^{-1}\mathbb{Z} & \cdots & e_n^{-1}\mathbb{Z} \end{pmatrix}$$

の元となる．ここでは (C, D) が互いに素という条件を考慮していないから，実際に現れる $C^{-1}D$ はもっと少ないかもしれないが，とにかく C を固定するとき，$\mathrm{mod}\,L_n$ での代表の個数は，高々 $e_1^n e_2^{n-1} \cdots e_n$ であることがわかる (U, V は C によっているので，C を動かすことはできない)．また，C を固定するとき $C^{-1}D$ のそれぞれの $\mathrm{mod}\,L_n$ での代表を，$C^{-1}D_\lambda$ とすると，その類に属する集合は $C^{-1}D_\lambda + S$ ($S \in L_n$) 全体を動く．

次に，C の動く範囲を見る．$GL_n(\mathbb{Z}) \backslash (M_n(\mathbb{Z}) \cap GL_n(\mathbb{Q}))$ は上三角行列に代表を持つのは明らかである．その対角成分を正にとって，$d_1, d_2, \ldots, d_n$ とする．C の単因子を前と同様 e_i ($1 \leq i \leq n$) とすると，単因子論より，任意の r 次小行列式は $e_1 \cdots e_r$ で割り切れるので，$d_1 \cdots d_r$ は $e_1 \cdots e_r$ で割り切れる．よって $e_1 \cdots e_r \leq d_1 \cdots d_r$ でもある．ゆえに $e_1^n e_2^{n-1} \cdots e_n \leq d_1^n d_2^{n-1} \cdots d_n$ でもある．さて，対角成分が d_i の上三角整数行列について，左から $GL_n(\mathbb{Z})$ を掛けて同値なものに取り換えるとき，第 i 列の第 1 行から第 $i-1$ 行までは $\mathrm{mod}\,d_i$ の代表にとれる．よって，対角成分が d_i のものの代表の個数は $d_2 d_3^2 \cdots d_n^{n-1}$ である．また $\det(C) = d_1 d_2 \cdots d_n$ である．一方で，

$$\sum_{S \in L_n} |\det(Z + C^{-1}D + S)|^{-\alpha}$$

は，補題 8.3 より，$C^{-1}D$ に無関係に，$\alpha > n$ ならば H_n 上で広義一様収束している．よって，上で述べた評価により $C^{-1}D \bmod L_n$ の個数と C の個数を数えると，

$$\sum_{d_1, \ldots, d_n \geq 1} (d_1^n d_2^{n-1} \cdots d_n)(d_2 d_3^2 \cdots d_n^{n-1})(d_1 \cdots d_n)^{-\alpha} = \zeta(\alpha - n)^n$$

は $\alpha > n+1$ で収束する．よって，結局 $f(Z, \alpha)$ は $\alpha > n+1$ で広義一様収束する．

2. テータ定数による構成

テータ定数は, $m \in \mathbb{Q}^{2n}$ をテータ標数にもつテータ関数の $z=0$ での値 $\theta_m(\tau) = \theta_m(\tau, 0)$ として定義したが, ここでは $m \in (2^{-1}\mathbb{Z})^{2n}$ の場合について, 考えたい. このため, 記号を少し変えて, $m = (m', m'') \in \mathbb{Z}^{2n}$ $(m', m'' \in \mathbb{Z}^n)$ をとり, $\tau \in H_n$ に対し,

$$\theta_m(\tau) = \sum_{p \in \mathbb{Z}^n} e\left(\frac{1}{2} {}^t\!\left(p + \frac{m'}{2}\right) \tau \left(p + \frac{m'}{2}\right) + {}^t\!\left(p + \frac{m'}{2}\right) \frac{m''}{2} \right)$$

と書くことにする. これは定義 2.11 の記号でいえば, $\theta_{m/2}(\tau, 0)$ にあたる. この記号の変更により, (2.13) で定義した $Sp(n, \mathbb{Z})$ の作用は, 次のように変更する必要がある.

$$M \circ m = \begin{pmatrix} D & -C \\ -B & A \end{pmatrix} m + \begin{pmatrix} (C {}^t\!D)_0 \\ (A {}^t\!B)_0 \end{pmatrix}. \tag{8.7}$$

(正方行列 X に対し X_0 は X の対角成分のなすベクトルであった). また (2.17) における $\phi_m(M)$ の式も, この節では,

$$\phi_m(M) = -\frac{1}{8}({}^t\!m' {}^t\!BDm' + {}^t\!m'' {}^t\!ACm'' - 2\, {}^t\!m' {}^t\!BCm'' - {}^t\!(A {}^t\!B)_0(Dm' - Cm''))$$

と理解することにする. ここで, $M \circ m$ により, $Sp(2, \mathbb{Z})$ の $(\mathbb{Z}/2\mathbb{Z})^{2n}$ への作用が引き起こされる. この変換公式を用いて具体的な離散群の保型形式を構成するには, $\kappa(M)$ の情報が必要である. $\kappa(M)^2$ の情報をある程度書いてみよう. まず

$$M = \begin{pmatrix} U & US \\ 0 & {}^t\!U^{-1} \end{pmatrix} \qquad U \in GL(n, \mathbb{Z}), S = {}^t\!S \in M_n(\mathbb{Z})$$

について見る. (8.7) の定義より

$$M \circ 0 = \begin{pmatrix} {}^t\!U^{-1} & 0 \\ -US & U \end{pmatrix} \begin{pmatrix} 0 \\ 0 \end{pmatrix} + \begin{pmatrix} 0 \\ (US {}^t\!U)_0 \end{pmatrix} = \begin{pmatrix} 0 \\ (US {}^t\!U)_0 \end{pmatrix}.$$

よって

$$\theta_{M \circ 0}(M\tau) = \sum_{p \in \mathbb{Z}^n} e\left(\frac{1}{2} {}^t\!p(U\tau {}^t\!U + US {}^t\!U)p + \frac{1}{2} {}^t\!p(US {}^t\!U)_0 \right)$$

であるが, ${}^t\!Up$ を p と書くと, これは

$$\sum_{p \in \mathbb{Z}^n} e\left(\frac{1}{2} {}^t\!p\tau p + \frac{1}{2} {}^t\!pSp + {}^t\!pU^{-1}(US {}^t\!U)_0 \right)$$

となる．ここで $S = (s_{ij})$, $p = (p_i)$ と書くとき，

$$ {}^t pSp \equiv \sum_{i=1}^n p_i^2 s_{ii} \equiv \sum_{i=1}^n p_i s_{ii} \equiv {}^t pS_0 \bmod 2 $$

となる．一方，$U = (u_{ij})$ と書くと，

$$ (US\,{}^tU)_0 = \left(\sum_{l=1}^n u_{il}^2 s_{ll} + 2 \sum_{1 \leq l < m \leq n} u_{il} u_{im} s_{lm} \right)_{1 \leq i \leq n} $$
$$ \equiv \left(\sum_{l=1}^n u_{il} s_{ll} \right)_{1 \leq i \leq n} \equiv US_0 \bmod 2. $$

よって，$U^{-1}(US\,{}^tU)_0 \equiv S_0 \bmod 2$ であり，

$$ \theta_{M \circ 0}(M\tau) = \theta_0(\tau) $$

がわかる．一方，M にかかわらず $\phi_0(M) = 1$ である．ゆえに (2.17) により，$\theta_{M \circ 0}(M\tau)^2 = \kappa(M)^2 \det(U) \theta_0(\tau)^2$ となるので，$\kappa(M)^2 = \det(U)$ でなければならない．次に

$$ M_1 = \begin{pmatrix} 1_n & 0 \\ S & 1_n \end{pmatrix} $$

について調べる．これは $J_n = \begin{pmatrix} 0 & -1_n \\ 1_n & 0 \end{pmatrix}$, $u(S) = \begin{pmatrix} 1_n & S \\ 0 & 1_n \end{pmatrix}$ とおくとき，$M_1 = -J_n u(-S) J_n$ とも書ける．ここで $M_0 = -u(-S)J_n = \begin{pmatrix} S & 1_n \\ -1_n & 0_n \end{pmatrix}$ とおくと，$M_1 = J_n M_0$ だから，(2.19) より

$$ \theta_{M_1 \circ 0}(M_1 \tau)^2 = \det\left(\frac{M_0 \tau}{i}\right) \theta_{M_0 \circ 0}(M_0 \tau)^2 $$

となる．ここで $M_0 \circ 0 = \begin{pmatrix} 0 \\ S_0 \end{pmatrix}$ であるから，前と同様の論法で

$$ \theta_{M_0 \circ 0}^2(M_0 \tau) = \theta_0^2(J_n \tau) $$

となるが，最後の式はやはり (2.19) より $\det(\tau/i)\theta_0(\tau)^2$ に等しい．よって

$$ \theta_{M_1 \circ 0}(M_1 \tau)^2 = \det\left(\frac{M_0 \tau}{i}\right) \det\left(\frac{\tau}{i}\right) \theta_0^2(\tau) $$

である．ここで $\det(M_0\tau) = \det((-S\tau - 1_n)\tau^{-1})$ より $\det(M_0\tau/i)\det(\tau/i) = \det(S\tau + 1_n)$．よって結局

$$\theta_{M_1\circ 0}(M_1\tau)^2 = \det(S\tau + 1_n)\theta_0(\tau)^2$$

となる．ゆえに $\kappa(M_1)^2 = 1$ である．次に

$$M_2 = \begin{pmatrix} U & 0 \\ {}^tU^{-1}S & {}^tU^{-1} \end{pmatrix}$$

とおくと，$M_2 \circ 0 = \begin{pmatrix} ({}^tU^{-1}SU)_0 \\ 0 \end{pmatrix}$ であるから，

$$\theta_{M_2\circ 0}(M_2\tau) = \sum_{p\in\mathbb{Z}^n} e\left(\frac{1}{2}{}^t\left(p + \frac{({}^tU^{-1}SU^{-1})_0}{2}\right)M_2\tau\left(p + \frac{({}^tU^{-1}SU^{-1})_0}{2}\right)\right)$$

である．ここで $M_2\tau = U(M_1\tau){}^tU$ だから，p を ${}^tU^{-1}p$ に取り換えて，${}^tU({}^tU^{-1}SU^{-1})_0 \equiv S_0 \bmod 2$ および $M_1\circ 0 = \begin{pmatrix} S_0 \\ 0 \end{pmatrix}$ に注意すると，

$$\theta_{M_2\circ 0}(M\tau)^2 = \theta_{M_1\circ 0}(M_1\tau)^2$$
$$= \det(S\tau + 1_n)\theta_0(\tau)^2.$$

よって，$\kappa(M_2)^2 = \det(U)$ である．

さて，$\theta_m(\tau)^2$ は $m \bmod 2$ にしかよらないことは定義から容易にわかる．また $M \in \Gamma(2)$ ならば $M \circ 0 \equiv 0 \bmod 2$ である．よって

$$\kappa(M)^2 = \frac{\theta_0(M\tau)^2}{\det(C\tau + D)\theta_0^2(\tau)}$$

となり，これはもちろん τ にはよらない量であるから，$\kappa(M)^2$ が $\Gamma(2)$ の指標であることが容易にわかる．$\Gamma(2)$ は，以上で調べた行列のうち，$U \equiv 1_n \bmod 2$, $S \equiv 0 \bmod 2$ となるもので生成されるから（練習問題 1.7），$M \in \Gamma(2)$ ならば常に $\kappa(M)^4 = 1$ となる．更には，任意の $M \in \Gamma(2)$ について，$\phi_m(M)^4 = 1$ も定義より容易にわかる．よって任意の m に対して，$\theta_m(\tau)^4$ は $\Gamma(2)$ のウェイト 2 の保型形式である．

3. 保型形式環

今 $\Gamma \subset Sp(n,\mathbb{Z})$ を指数有限の部分群として，$A_k(\Gamma)$ を Γ に関するウェイト k のジーゲル保型形式のなす線形空間とする．$A(\Gamma) = \sum_{k=0}^{\infty} A_k(\Gamma)$ とおく．ここでの和の意

味は，H_n 上の関数としての和をとったという意味であるが，まずこれが直和であること，すなわち互いに異なる k_i に対して

$$f_{k_1}(\tau) + \cdots + f_{k_d}(\tau) = 0 \tag{8.8}$$

($f_{k_i}(\tau) \in A_{k_i}(\Gamma)$) ならば，$f_{k_i} = 0$ であることを示す．保型性より，$\gamma = \begin{pmatrix} a & b \\ c & d \end{pmatrix} \in \Gamma$ に対して，(8.8) において τ を $\gamma\tau$ に変えると，

$$\det(c\tau+d)^{k_1} f_{k_1}(\tau) + \cdots + \det(c\tau+d)^{k_d} f_{k_d}(\tau) = 0$$

となる．Vandermondo の行列式を利用するために，適当な k について $f_k = 0$ を補って考えると

$$\sum_{k=0}^{N} \det(c\tau+d)^k f_k(\tau) = 0$$

という関係式としてもよい．さて，ここで $\gamma \in \Gamma$ を動かす．$\Gamma \subset Sp(n, \mathbb{Z})$ が有限指数であるから，$\gamma = \begin{pmatrix} 1_n & 0 \\ mI_0 & 1_n \end{pmatrix} \in \Gamma$, $I_0 = \begin{pmatrix} 1 & 0 \\ 0 & 0_{n-1} \end{pmatrix}$ となる整数 m が無限個存在する．この γ に対して $\det(c\tau+d) = m\tau_{11} + 1$ である．$m_1 \neq m_2$ に対して，$m_1\tau_{11} + 1 \neq m_2\tau_{11} + 1$ であるから，このような異なる m_i を $N+1$ 個とって，$\det(((m_i\tau_{11}+1)^k)_{0 \leq i,k \leq N}) = \prod_{i>j}((m_i - m_j)\tau_{11}) \neq 0$. よって $f_k(\tau) = 0$ となる．ゆえに $A(\Gamma)$ は次数つきの環 (graded ring) となり，

$$A(\Gamma) = \bigoplus_{k=0}^{\infty} A_k(\Gamma)$$

と書いてよい．

4. 1変数の保型形式環

1変数の保型形式の次元公式は，参考書も多いので，ここではそれから引用する（たとえば [166], [136] などを参照されたい）．例を挙げると，

$$\sum_{k=0}^{\infty} \dim A_k(SL(2,\mathbb{Z})) t^k = \frac{1}{(1-t^4)(1-t^6)},$$

$$\sum_{k=0}^{\infty} \dim A_k(\Gamma_0^{(1)}(2)) t^k = \frac{1}{(1-t^2)(1-t^4)}$$

などとなる．ここで $A(\Gamma_0^{(1)}(N)) = \bigoplus_{k=0}^{\infty} A_k(\Gamma_0^{(1)}(N))$ とおく．この環を $N = 1, 2$ のときに，テータ定数を用いて具体的に求めてみよう．

$$u = \frac{(2\theta_{01}^4 + \theta_{10}^4)}{2}, \quad v = \theta_{01}^8 + \theta_{01}^4 \theta_{10}^4 + \theta_{10}^8$$

とおく．

8.4 [命題]

$$A(\Gamma_0^{(1)}(2)) = \mathbb{C}[u, v]$$

となる．

証明 u, v は $\Gamma(2)$ の保型形式であるのは前節の結果より明らかである．まずこれらが $A(\Gamma_0^{(1)}(2))$ の元でもあることを示す．$\Gamma(2) \backslash \Gamma_0(2)$ の代表は，上三角行列にとれるので，これらに対する変換公式を見る．$T = \begin{pmatrix} 1 & 1 \\ 0 & 1 \end{pmatrix}$ に対しては，別にテータ関数の変換公式を見るまでもなく，直接定義によって

$$\theta_{01}(\tau + 1) = \theta_{00}(\tau) \tag{8.9}$$

$$\theta_{10}(\tau + 1) = e\left(\frac{1}{8}\right) \theta_{10}(\tau) \tag{8.10}$$

がわかる．ここで，

$$\theta_{00}^4 = \theta_{01}^4 + \theta_{10}^4 \tag{8.11}$$

であることはよく知られているが，これは下に述べる補題の関係式からも，容易に示される．あるいは，$\theta_{00}^4, \theta_{01}^4, \theta_{10}^4$ が $\Gamma(2)$ のウェイト 2 の保型形式であり，また $\dim A_2(\Gamma(2)) = 2$ であることから，フーリエ展開を比較して結果を得る（もっと一般の関係式については [140] などを参照されたい）．

8.5 [補題] $\nu = 0, 1$ に対して

$$\vartheta_\nu(\tau) = \sum_{n \in \mathbb{Z}} e\left(\left(n + \frac{\nu}{2}\right)^2 \tau\right)$$

とおくと，次の関係式が成立する．

$$\theta_{00}(\tau)^2 = \vartheta_0(\tau)^2 + \vartheta_1(\tau)^2,$$

$$\theta_{10}(\tau)^2 = 2\vartheta_0(\tau)\vartheta_1(\tau),$$

$$\theta_{01}(\tau)^2 = \vartheta_0(\tau)^2 - \vartheta_1(\tau)^2.$$

証明 このような関係式を一般のジーゲル上半空間で与える証明は Igusa [97] などにある．ここでは直接証明しておく．$\theta_{00}(\tau)^2$ は，$q = e^{2\pi i \tau}$ とおくとき，$q^{(n_1^2+n_2^2)/2}$ の和であるが，

$$\frac{1}{2}(n_1^2 + n_2^2) = \frac{1}{4}((n_1+n_2)^2 + (n_1-n_2)^2)$$

である．ここで (n_1+n_2, n_1-n_2) なる整数の組は $(x,y) \in \mathbb{Z}^2$ ($x \equiv y \bmod 2$) となる組と言ってもよい．一方で，$\vartheta_0(\tau)^2$ は $q^{n_1^2+n_2^2} = q^{((2n_1)^2+(2n_2)^2)/4}$ の和であり，$\vartheta_1(\tau)^2$ は $q^{((2n_1+1)^2+(2n_2+1)^2)/4}$ の和である．これらは $q^{(x^2+y^2)/4}$ ($x \equiv y \bmod 2$) の和に等しい．よって，最初の等式を得る．$\theta_{01}(\tau)^2$ は $q^{(n_1^2+n_2^2)/2}(-1)^{n_1+n_2}$ の和，すなわち，$q^{(x^2+y^2)/4}(-1)^x$ ($x \equiv y \bmod 2$) の和であり，$x \equiv 0 \bmod 2$ が $\vartheta_0(\tau)^2$ に，また $x \equiv 1 \bmod 2$ での和は $-\vartheta_1(\tau)^2$ に該当することがわかるので 3 番目の等式も明らかである．$\theta_{10}(\tau)^2$ は $q^{(x^2+y^2)/8}$ (x, y は奇数) の和であるが，ここで

$$\frac{x^2+y^2}{8} = \frac{(x+y)^2 + (x-y)^2}{16}$$

と書き直せる．ここで $2n_1 = x+y, 2n_2 = x-y$ と置けるが，$n_1 - n_2 = y$ は奇数である．よって $q^{(n_1^2+n_2^2)/4}$ ($n_1 - n_2$ が奇数) の和と言ってもよい．一方で $\vartheta_0(\tau)\vartheta_1(\tau)$ は $q^{m_1^2+(m_2+1/2)^2} = q^{((2m_1)^2+(2m_2+1)^2)/4}$ の和であるが，(n_1, n_2) ($n_1 - n_2$ が奇数) なる組では，n_1 が奇数，または n_2 が奇数の 2 通りあるから，θ_{10}^2 は $\vartheta_0 \vartheta_1$ の 2 倍になる． ∎

この補題から，(8.11) は明らかである．ちなみに，$\theta_{00}(\tau), \theta_{01}(\tau), \theta_{10}(\tau)$ を第 1 種のテータ定数，$\vartheta_0(\tau), \vartheta_1(\tau)$ を第 2 種のテータ定数と呼ぶことがある．

さて，(8.9), (8.10), (8.11) より $\theta_{01}^4(\tau+1) = \theta_{00}^4(\tau) = \theta_{01}^4(\tau) + \theta_{10}^4(\tau), \theta_{10}^4(\tau+1) = -\theta_{10}^4(\tau)$ だから，

$$2\theta_{01}^4(\tau+1) + \theta_{10}^4(\tau+1) = 2(\theta_{01}^4(\tau) + \theta_{10}^4(\tau)) - \theta_{10}^4(\tau)$$
$$= 2\theta_{01}^4(\tau) + \theta_{10}^4(\tau),$$

$$\theta_{01}^8(\tau+1) + \theta_{01}^4(\tau+1)\theta_{10}^4(\tau+1) + \theta_{10}^8(\tau+1)$$
$$= (\theta_{01}^4 + \theta_{10}^4)^2 - (\theta_{01}^4 + \theta_{10}^4)\theta_{10}^4 + \theta_{10}^8 = \theta_{01}^8 + \theta_{01}^4\theta_{10}^4 + \theta_{10}^8.$$

よって，$u \in A_2(\Gamma_0^{(1)}(2)), v \in A_4(\Gamma_0^{(1)}(2))$ である．特に，

$$u = \vartheta_0(\tau)^4 + \vartheta_1(\tau)^4,$$
$$v = \vartheta_0(\tau)^8 + 14\vartheta_0(\tau)^4\vartheta_1(\tau)^4 + \vartheta_1(\tau)^8$$

でもある．ここで
$$u = 1 + 24q + 24q^2 + 96q^3 + \cdots,$$
$$v = 1 + 240q + 2160q^2 + 6720q^3 \cdots$$

となるが，
$$\frac{(v - u^2)}{192} = q + 8q^2 + 28q^3 + \cdots$$

である．明らかに $\mathbb{C}[u, v] = \mathbb{C}[u, v - u^2]$ であるが，u と $v - u^2$ は代数的に独立である．実際，$\sum_{n=0}^{[m/2]} a_n(v - u^2)^n u^{m-2n} = 0$ とする．$a_n \neq 0$ となる n の最少のものをとると，両辺のフーリエ展開を比較して，右辺では q^n の係数が 0 となることより $a_n = 0$ となって矛盾する．ここで次元公式の母関数より，t^d の係数は $2n + 4m = d$ となる非負整数の組 (n, m) の個数に一致するが，これはウェイトが d となる $u^n v^m$ の個数であるので $A(\Gamma_0^{(1)}(2)) = \mathbb{C}[u, v]$ であることがわかる． ■

ちなみにカスプ形式のなすイデアルは次の保型形式
$$\chi_8 = -\frac{(v - u^2)(v - 4u^2)}{576}$$

で生成される．χ_8 がカスプ形式であることは，次のようにして確かめられる．まず
$$\chi_8 = q - 8q^2 + 12q^3 + 64q^4 - 210q^5 + \cdots$$

であるから，カスプ $i\infty$ でこれは消える．次に，まず，$J_1 = \begin{pmatrix} 0 & -1 \\ 1 & 0 \end{pmatrix}$ に対する変換公式を書くと (2.19) より，
$$\theta_{01}(-\tau^{-1})^2 = \left(\frac{\tau}{i}\right)\theta_{10}(\tau)^2,$$
$$\theta_{10}(-\tau^{-1})^2 = \left(\frac{\tau}{i}\right)\theta_{01}(\tau)^2$$

であるから，
$$u(-\tau^{-1}) = -(\tau)^2 \frac{(2\theta_{10}^4 + \theta_{01}^4)}{2},$$
$$v(-\tau^{-1}) = (\tau)^4(\theta_{01}^8 + \theta_{01}^4\theta_{10}^4 + \theta_{10}^8) = (\tau)^4 v(\tau)$$

となる．これより，
$$\tau^{-8}\chi_8(-\tau^{-1}) = -\left(v - \frac{(2\theta_{10}^4 + \theta_{01}^4)^2}{4}\right)\frac{v - (2\theta_{10}^4 + \theta_{01}^4)^2}{576}$$
$$= \frac{1}{16}q^{1/2} - \frac{1}{2}q + \frac{3}{4}q^{3/2} + 4q^2 + \cdots$$

となるので，カスプ 0 でも消える．群 $\Gamma_0^{(1)}(2)$ のカスプの同値類はこの 2 つしかないので，よって χ_8 はカスプ形式である．カスプ形式が上で述べたものしかないことはカスプ形式の次元公式よりわかる（あるいは $u(-\tau^{-1})$, $v(-\tau^{-1})$ の公式より直接証明してもよい）．

次に，$SL(2,\mathbb{Z})$ について調べよう．これは実はアイゼンシュタイン級数 E_4 と E_6 から生成されているが，ここではテータ関数を用いて述べてみる．上で述べたテータ関数の変換公式から，$A_2(\Gamma_0(2))$ の元の $\tau \to \tau+1$, $\tau \to -\tau^{-1}$ に関する保型性を調べれば，$SL_2(\mathbb{Z})$ はこれらで生成されるので $v \in A_4(SL_2(\mathbb{Z}))$ であり，またこれが定数倍を除き唯一の $A_4(SL_2(\mathbb{Z}))$ の元であることがわかる．同様に，

$$4u^3 - 3uv = \theta_{01}^{12} + \frac{3}{2}\theta_{01}^8\theta_{10}^4 - \frac{3}{2}\theta_{01}^4\theta_{10}^8 - \theta_{10}^{12}$$
$$= \vartheta_0^{12} - 33\vartheta_0^8\vartheta_1^4 - 33\vartheta_0^4\vartheta_1^8 + \vartheta_1^{12} = 1 - 504q - 16632q^2 + \cdots$$

が，$\mathbb{C}[u,v]$ の中では，定数倍を除き J_1 で不変な唯一のウェイト 6 の保型形式であることがわかる．フーリエ展開の定数項を比較して，$E_4 = v$, $E_6 = 4u^3 - 3uv$ である．

$$\Delta = \frac{(E_4^3 - E_6^2)}{1728} = q - 24q^2 + 252q^3 + \cdots$$

とおくと，展開の初項を比較して E_4 と Δ は代数的に独立であることが容易にわかり，$\mathbb{C}(E_4, \Delta) \subset \mathbb{C}(E_4, E_6)$ だから，もちろん E_4 と E_6 も代数的に独立である．よって次元公式より $A(SL(2,\mathbb{Z})) = \mathbb{C}[E_4, E_6]$ である（あるいは，次のようにすれば保型形式の次元も直接示せる．任意の保型形式 f から，$E_4^a E_6^b$ の定数倍を引くことで，カスプ形式をつくり，これを $\Delta(\tau)$ で割る．Δ の無限積表示より，$\Delta(\tau)^{-1}$ は H_1 上で正則であり，割ったものもウェイトが 12 少ない正則保型形式になる）．今までの表示を利用して，Δ をテータ関数で書くと

$$\Delta = \frac{1}{256}(\theta_{01}\theta_{10})^8(\theta_{01}^4 + \theta_{10}^4)^2 = \frac{1}{256}(\theta_{01}\theta_{10}\theta_{00})^8$$

である．特に $\eta(\tau)^{24} = \Delta(\tau)$ であるから，展開係数を比較して

$$\eta(\tau)^3 = \frac{1}{2}(\theta_{01}\theta_{10}\theta_{00}) \tag{8.12}$$

がわかる．また，$E_4 = v$, $E_6 = 4u^3 - 3uv$, $\chi_8 = -(v - u^2)(v - 4u^2)/576$ から，

$$\Delta = -\frac{1}{3}(v - 4u^2)\chi_8$$

であることもわかる．

5. 1次のヤコービ形式の構造定理の例

ヤコービ形式のテイラー展開とテータ展開を組み合わせて，正則ヤコービ形式を求める方法は，Eichler-Zagier の本 [39] にも述べられているが，レベルつきの場合は Kramer の論文 [126] に詳しい解説がある．これについて，$\Gamma_0^{(1)}(N)$ で $N = 1, 2$ で指数 1 の場合に解説してみる（一般の場合は，[126] または [76] を参照されたい）．

第 4 章のテータ展開のところで定義したように，$\nu = 0, 1$ と $(\tau, z) \in H_1 \times \mathbb{C}$ に対して，

$$\vartheta_\nu(\tau, z) = \sum_{p \in \mathbb{Z}} e\left(\left(p + \frac{\nu}{2}\right)^2 \tau + (2p + \nu)z\right)$$

と置く．前節の記号では $\vartheta_\nu(\tau) = \vartheta_\nu(\tau, 0)$ である．H_1 上の正則関数 $c_\nu(\tau)$ ($\nu = 0, 1$) に対して，

$$\phi(\tau, z) = c_0(\tau)\vartheta_0(\tau, z) + c_1(\tau)\vartheta_1(\tau, z) \tag{8.13}$$

と書ける関数 ϕ を考える．もし $\phi \in J_{k,1}(\Gamma_0^{(1)}(N)^J)$（ただし $\Gamma_0^{(1)}(N)^J = \Gamma_0^{(1)}(N)^{(1,1)}$ と書いた）ならばテータ展開 (4.8) より，もちろんこのように書けているが，しばらくそう仮定せずに話を進める．ここで，$\vartheta_\nu(\tau, -z) = \vartheta_\nu(\tau, z)$ であることが定義から容易にわかるので，このような関数 ϕ は，z に関して偶関数，すなわち $\phi(\tau, -z) = \phi(\tau, z)$ である．$\vartheta_\nu(\tau, z)$ は正則で，また $c_\nu(\tau)$ も正則と仮定したので，

$$\phi(\tau, z) = \phi_0(\tau) + z^2 \phi_2(\tau) + O(z^4) \tag{8.14}$$

とテイラー展開され，展開係数も正則である．実は関数 $\phi(\tau, z)$ は ϕ_0, ϕ_2 により一意的に決定される．これは次のようにして示される．$\vartheta_\nu(\tau) = \vartheta_\nu(\tau, 0)$ と書くと，(8.14) の両辺を z で 2 回微分までして比較して，

$$c_0(\tau)\vartheta_0(\tau) + c_1(\tau)\vartheta_1(\tau) = \phi_0(\tau)$$
$$c_0(\tau)\frac{\partial^2 \vartheta_0(\tau, z)}{\partial z^2}\bigg|_{z=0} + c_1(\tau)\frac{\partial^2 \vartheta_1(\tau, z)}{\partial z^2}\bigg|_{z=0} = 2\phi_2(\tau).$$

ここで，定義から容易にわかるように

$$\frac{\partial^2 \vartheta_\nu(\tau, z)}{\partial z^2}\bigg|_{z=0} = 4(2\pi i)\frac{\partial \vartheta_\nu(\tau)}{\partial \tau}.$$

よって，

$$\begin{pmatrix} \vartheta_0(\tau) & \vartheta_1(\tau) \\ \frac{1}{2\pi i}\vartheta'_0(\tau) & \frac{1}{2\pi i}\vartheta'_1(\tau) \end{pmatrix} \begin{pmatrix} c_0(\tau) \\ c_1(\tau) \end{pmatrix} = \begin{pmatrix} \phi_0(\tau) \\ \frac{1}{2(2\pi i)^2}\phi_2(\tau) \end{pmatrix}. \tag{8.15}$$

ここで $\vartheta'_\nu(\tau)$ は τ での微分を表す．(8.15) の左辺の行列を $A(\tau)$ と書くと，フーリエ展開により

$$\det A(\tau) = \frac{1}{2\pi i}\left(\vartheta_0(\tau)\vartheta'_1(\tau) - \vartheta_1(\tau)\vartheta'_0(\tau)\right) = \frac{1}{2}\left(q^{1/4} - 6q^{5/4} + 9q^{9/4} + \cdots\right)$$

となり，これはゼロではないので，(8.15) を $c_0(\tau), c_1(\tau)$ を未知数とする連立一次方程式とみなすと，その解 $c_0(\tau), c_1(\tau)$ は ϕ_0, ϕ_2 のみで決まる．よって示された．

さて，もし $\phi \in J_{k,1}(\Gamma_0^{(1)}(N)^J)$ ならば $\phi(\tau,-z) = (-1)^k\phi(\tau,z)$ であるが，$\vartheta_\nu(\tau,z)$ が z の偶関数であること，およびテータ展開表示から，指数 1 のヤコービ形式はみな z の偶関数である．よって k が奇数ならば $J_{k,1}(\Gamma_0^{(1)}(N)) = 0$ となる．よって以下 k を偶数で $k \geq 2$ と仮定する．さきに述べたように，ϕ の $z=0$ でのテイラー展開は

$$\phi(\tau,z) = \phi_0(\tau) + \phi_2(\tau)z^2 + \cdots$$

と書ける．このテイラー展開係数と保型形式の関係は，一般の次数に関して (4.28) で述べたが，今の場合について少し復習する．

$$\xi_0(\phi) = \phi_0(\tau),$$
$$\xi_2(\phi) = \phi_2(\tau) - \frac{2\pi i}{k}\frac{\partial \phi_0}{\partial \tau}$$

とすると $\xi_0(\phi) \in A_k(\Gamma_0^{(1)}(N)), \xi_2(\phi) \in A_{k+2}(\Gamma_0^{(1)}(N))$ となるのであった（ただし，ここで ξ_2 の定義は，簡単にするために，以前 (4.28) で定義したものを $k(k-1)$ で割ったものにしている）．前に示したように，ヤコービ形式 ϕ は ϕ_0, ϕ_2 から一意的に決まる（これは [39] では，最初は関数論を用いて，τ を固定したとき $\phi(\tau,z)$ の $\mathbb{C}/\mathbb{Z}\tau+\mathbb{Z}$ における z のゼロ点が重複を込めて $2m$ であることにより証明しているが，上のような別証もそこで述べられている．同様の証明は [126] にもある）．

ここで逆に，与えられた $f_0 \in A_k(\Gamma_0^{(1)}(N)), f_2 \in A_{k+2}(\Gamma_0^{(1)}(N))$ に対して，$\phi_0 = f_0$, $\phi_2 = f_2 + \frac{2\pi i}{k}\frac{\partial f_0}{\partial \tau}$ とおく．これを用いて，連立１次方程式 (8.15) の解として $c_0(\tau)$, $c_1(\tau)$ を定義する．またこれらに対して

$$\phi(\tau,z) = c_0(\tau)\vartheta_0(\tau,z) + c_1(\tau)\vartheta_1(\tau,z) \tag{8.16}$$

とおく．このとき，$\phi(\tau,z)$ は，いつ $J_{k,1}(\Gamma_0^{(1)}(N))$ の元になるかということを調べて $J_{k,1}(\Gamma_0^{(1)}(N))$ の構造を求めるという方法が考えられる．この方法は一般の N についても原理的には実行可能なのであるが ([126] 参照)，少々面倒な点もあるので，ここでは $N=1, 2$ について求めてみたい．

まず，次を示す．
$$\det A(\tau) = \frac{\eta(\tau)^6}{2} \tag{8.17}$$
この証明は，まず $g \in SL(2,\mathbb{Z})$ については $(\vartheta_\nu|_{1/2}[g]) = (\vartheta_\nu)R(g)$ となる定数行列 $R(g)$ が存在することが補題 4.5 ですでに示されており，よって
$$\det \begin{pmatrix} \vartheta_0|_{1/2}[g] & \vartheta_1|_{1/2}[g] \\ \frac{1}{2\pi i}(\vartheta_0|_{1/2}[g])' & \frac{1}{2\pi i}(\vartheta_1'|_{1/2}[g])' \end{pmatrix} = \det(R(g))\det \begin{pmatrix} \vartheta_0 & \vartheta_1 \\ \frac{1}{2\pi i}\vartheta_0' & \frac{1}{2\pi i}\vartheta_1' \end{pmatrix}$$
であるが，$\det A(\tau)$ が Rankin-Cohen 型の微分作用素の定義をみれば，$\{\vartheta_0, \vartheta_1\}_2$ の定数倍であって，また $((c\tau+d)^{1/2})^2 = c\tau + d$ は 1/2 乗の分岐のとり方によらずに正しいし，また Rankin-Cohen 型微分作用素は，作用と領域の制限について可換なのであるから，上式の左辺は
$$\frac{1}{2\pi i}\det \begin{pmatrix} \vartheta_0 & \vartheta_1 \\ \vartheta_0' & \vartheta_1' \end{pmatrix}\bigg|_3 [g]$$
に等しい（ここで作用のウェイトは $3 = 1/2 + 1/2 + 2$ と計算される）．つまり $\det A(g\tau) = \det(R(g))(c\tau+d)^3 \det A(\tau)$ となる．ここで，$\det(R(g))$ は 1 のベキ根であり，また $\vartheta_\nu(\tau)$ の変換公式 (4.12), (4.9) を $SL(2,\mathbb{Z})$ の生成元 $\begin{pmatrix} 0 & -1 \\ 1 & 0 \end{pmatrix}$, $\begin{pmatrix} 1 & 1 \\ 0 & 1 \end{pmatrix}$ について，よく見ると，$\det(R(g))^3$ は $\eta(\tau)^6$ の乗法因子に等しい．つまり
$$\frac{\det A(g\tau)}{\eta(g\tau)^6} = \frac{\det A(\tau)}{\eta(\tau)^6}$$
が任意の $g \in SL(2,\mathbb{Z})$ について成立する．$\eta(\tau)^6$ はその無限積表示より，上半平面上でゼロ点を持たない．よって $\det A(\tau)/\eta(\tau)^6$ は上半平面上で正則である．また
$$\det A(\tau) = \frac{1}{2}q^{1/4} + \cdots$$
となっており，$\eta(\tau)^6 = q^{1/4}\prod_{n=1}^\infty (1-q^n)^6$ であるから，$\det A(\tau)/\eta(\tau)$ は $i\infty$ でも正則である．よって，これはコンパクトリーマン面上の正則関数であり，定数になる．フーリエ展開で定数を比較して，$\det A(\tau) = \eta(\tau)^6/2$ となる．

これにより，$\eta(\tau)^{-6}$ が H_1 上で正則関数であることから，連立 1 次方程式 (8.15) の解 $c_\nu(\tau)$ は，H_1 上で正則である．よって $\phi(\tau,z)$ も $H_1 \times \mathbb{C}$ 上の正則関数になる．次に，$\phi(\tau,z)$ の保型性を調べる．任意の $g \in SL(2,\mathbb{Z})$ に対して（任意に平方根の分岐を固定して作用させて），
$$\phi(\tau,z)|_{k,1}[g] = c_0(\tau)|_{k-1/2}[g]\vartheta_0(\tau,z)|_{1/2}[g] + c_1(\tau)|_{k-1/2}[g]\vartheta_1(\tau,z)|_{1/2}[g]$$

であるが, $(\vartheta_\nu(\tau,z)|_{1/2}[g]) = (\vartheta_\nu(\tau,z))R(g)$ なる定数行列 $R(g)$ が存在したから, これもまたテータ展開できて,

$$\phi(\tau,z)|_{k,1}[g] = c_0^g(\tau)\vartheta_0(\tau,z) + c_1^g(\tau)\vartheta_1(\tau,z)$$

となる正則関数 $c_\nu^g(\tau)$ が存在する ($c_\nu^g(\tau)$ は $c_\mu(\tau)|_{k-1/2}[g]$ の線形結合であり, その係数は $R(g)$ で決まる). ここで

$$\phi(\tau,z)|_{k,1}[g] = f_0^g(\tau) + f_2^g(\tau)z^2 + O(z^4)$$

とテイラー展開しておくと, 定義により,

$$\xi_0(\phi(\tau,z)|_{k,1}[g]) = f_0^g(\tau),$$
$$\xi_\nu(\phi(\tau,z)|_{k,1}[g]) = f_2^g(\tau) - \frac{2\pi i}{k}\frac{\partial f_0^g}{\partial \tau}(\tau)$$

である. また微分作用素のとり方により

$$\xi_\nu(\phi(\tau,z)|_{k,1}[g]) = \xi_\nu(\phi(\tau,z))|_{k+\nu}[g]$$

であった. しかし, $f_0 = \xi_0(\phi) \in A_k(\Gamma_0^{(1)}(N))$, $f_2 = \xi_2(\phi) \in A_{k+2}(\Gamma_0^{(1)}(N))$ ととっていたので, $g \in \Gamma_0^{(1)}(N)$ ならば, $\xi_\nu(\phi)|_{k+\nu}[g] = \xi_\nu(\phi)$ であり, $f_0^g = f_0$, $f_2^g = f_2$ となる. これにより, $c_\nu^g(\tau)$ は連立一次方程式 (8.15) の解でもあり, よって $c_\nu^g = c_\nu$ である. ゆえに $g \in \Gamma_0^{(1)}(N)$ については, $\phi|_{k,1}[g] = \phi$ である.

以上により $A_k(\Gamma_0^{(1)}(N)) \oplus A_{k+2}(\Gamma_0^{(1)}(N))$ の各元から, ヤコービ形式の定義の保型性の条件を満たす ϕ が作れたことになるわけである. しかし, これだけでは ϕ がヤコービ形式とは言えない. ヤコービ形式の定義には各カスプにおけるフーリエ展開係数に関する条件があるからである. 以下, この部分を慎重に見てみたい.

今, ϕ を $q = e(\tau)$, $\zeta = e(z)$ について展開すると, $c_\nu(\tau)\vartheta_\nu(\tau,z)$ では ζ^r ($r \equiv \nu \bmod 2$) のものだけ現れるから, 展開は $\nu = 0$ と $\nu = 1$ では別々に分離して現れている. よって, このそれぞれでフーリエ展開の条件を見ればよい.

まず, $\phi(\tau,z)$ を前と同様, $f_0 \in A_k(\Gamma_0^{(1)}(N))$, $f_2 \in A_{k+2}(\Gamma_0^{(1)}(N))$ に対して (8.16) で定義した関数とする. f_0, f_2 はもちろん q の非負の整数ベキにフーリエ展開されており, また定義より, ϕ_0, ϕ_2 は f_0, f_2 およびその微分の線形結合だから, これもフーリエ展開できて, q^n の級数としては $n \geq 0$ の部分のみ現れる. 一方で, 連立 1 次方程式 (8.15) の係数は, $\vartheta_\nu(\tau)$ の定義から $q^{1/4}$ のべき級数とみなせる. また $\det(A(\tau))$ は $q^{1/4}$ の項から始まるから, $A(\tau)^{-1}$ のフーリエ展開では, $q^{-1/4}$ が一番小さいべきの指数である.

以上により，連立 1 次方程式の解である $c_\nu(\tau)$ の展開では，$q^{-1/4}$ の項よりもベキの小さい項は存在しない．さて，

$$\vartheta_\nu(\tau, z) = \sum_{n,r} c_\nu(n, r) q^n \zeta^r \quad (q = e(\tau),\ \zeta = e(z),\ \tau \in H_1,\ z \in \mathbb{C})$$

と書くと，$\vartheta_\nu(\tau, z)$ においては，$n = (p + \frac{\nu}{2})^2$, $r = 2p + \nu$ の形であったから，$4n - r^2 = 4(p + \frac{\nu}{2})^2 - (2p + \nu)^2 = 0$ である．よって，$c_\nu(\tau) = \sum_m c(m) q^m$ とすると，$c_\nu(\tau) \vartheta_\nu(\tau, z) = \sum_{m,n,r} c(m) c_\nu(n, r) q^{n+m} \zeta^r$ であるが，$4(m+n) - r^2 \geq 0$ となるための条件は $m \geq 0$ である．つまり $c_\nu(\tau)$ のフーリエ展開が，q の非負の（分数かもしれない）ベキになっていることが，カスプ $i\infty$ に関するフーリエ展開に関する条件である．もともと

$$\begin{pmatrix} c_0(\tau) \\ c_1(\tau) \end{pmatrix} = A(\tau)^{-1} \begin{pmatrix} \phi_0(\tau) \\ \frac{1}{2(2\pi i)^2} \phi_2(\tau) \end{pmatrix}$$
$$= \frac{2}{\eta(\tau)^6} \begin{pmatrix} \frac{\vartheta_1'(\tau)}{2\pi i} & -\vartheta_1(\tau) \\ -\frac{\vartheta_0'(\tau)}{2\pi i} & \vartheta_0(\tau) \end{pmatrix} \begin{pmatrix} \phi_0(\tau) \\ \frac{1}{2(2\pi i)^2} \phi_2(\tau) \end{pmatrix}$$

であるから，右辺のフーリエ展開をよく見れば

$$c_0(\tau) = \sum_{n=0}^\infty b_0(n) q^n,$$
$$c_1(\tau) = \sum_{n=0}^\infty b_1(n) q^{n-1/4}$$

という形になることが簡単にわかるが，上で述べてきたことにより，ここでカスプ $i\infty$ でのフーリエ展開に関するヤコビ形式の条件は $b_1(0) = 0$ と同値である．このような条件がどのような f_0, f_2 の組に対して自動的に満たされるのかを調べるのが次に行うべきことである．

とりあえず，f_0, f_2 の必要条件を調べて，そのあとで，それが十分条件でもあることを言う．さて，連立一次方程式 (8.15) の両辺を比較すると，まず

$$c_0(\tau) \vartheta_0(\tau) + c_1(\tau) \vartheta_1(\tau) = f_0(\tau)$$

からは，特に新しい条件はでない．一方で，連立 1 次方程式の 2 つ目の式は，$\partial_\tau = \frac{1}{2\pi i} \frac{\partial}{\partial \tau}$ とすれば

$$c_0(\tau) \partial_\tau \vartheta_0(\tau) + c_1(\tau) \partial_\tau \vartheta_1(\tau) = c_0(\tau)(2q + 8q^4 + \cdots) + c_1(\tau) \left(\frac{1}{2} q^{1/4} + \frac{9}{2} q^{9/4} + \cdots \right)$$

と書けている．このフーリエ展開は，

$$\frac{1}{2}b_1(0) + \left(2b_0(0) + \frac{1}{2}b_1(1)\right)q + \cdots$$

となるので，$b_1(0) = 0$ となることと，次の関数

$$\frac{\phi_2(\tau)}{2(2\pi i)^2} = \frac{f_2(\tau)}{2(2\pi i)^2} + \frac{1}{2k}\frac{1}{2\pi i}\frac{\partial f_0}{\partial \tau}$$

のフーリエ展開の定数項がないことと同値である．ここで $\frac{\partial f_0}{\partial \tau}$ では定数項は消えるので，フーリエ展開は q^n $(n \geq 1)$ しか現れない．よって，f_2 のフーリエ展開で定数項がないというのが，必要条件となる．さて，逆に (f_0, f_2) において，f_2 の定数項が消えると仮定すると，連立1次方程式より，$b_1(0) = 0$ もわかる．ゆえに，カスプ $i\infty$ でのフーリエ展開の条件は f_2 の定数項が消えることと同値である．もし $N = 1$ ならば，これは f_2 がカスプ形式であることを表す．ゆえに

$$J_{k,1}(SL_2(\mathbb{Z})^J) \cong A_k(SL_2(\mathbb{Z})) \oplus S_{k+2}(SL_2(\mathbb{Z}))$$

となる．次に N が素数 p であると仮定する．

$$P_0(\mathbb{Q}) = \left\{\begin{pmatrix} a & b \\ 0 & d \end{pmatrix}; a,b,d \in \mathbb{Q}, ad = 1\right\}, \quad P_0(\mathbb{Z}) = P_0(\mathbb{Q}) \cap M_2(\mathbb{Z})$$

とする．すると5.4節にも見たことだが，

$$\Gamma_0^{(1)}(p)\backslash SL_2(\mathbb{Q})/P_0(\mathbb{Q}) = \Gamma_0^{(1)}(p)\backslash SL_2(\mathbb{Z})/P_0(\mathbb{Z}) = \left\{\begin{pmatrix} 1 & 0 \\ 0 & 1 \end{pmatrix}, \begin{pmatrix} 0 & -1 \\ 1 & 0 \end{pmatrix}\right\}$$

である．実際，

$$\Gamma_0(p)\backslash SL(2,\mathbb{Z}) = \left\{\begin{pmatrix} 0 & -1 \\ 1 & 0 \end{pmatrix}, \begin{pmatrix} 1 & 0 \\ x & 1 \end{pmatrix}; \; x \text{ は} \bmod p \text{ の代表元をわたる}\right\}$$

となるが，$x \not\equiv 0 \bmod p$ のときは，$bx \equiv 1 \bmod p$ となる $b \in \mathbb{Z}$ をとれば

$$\begin{pmatrix} 0 & -1 \\ 1 & 0 \end{pmatrix}\begin{pmatrix} 1 & b \\ 0 & 1 \end{pmatrix}\begin{pmatrix} 1 & 0 \\ -x & 1 \end{pmatrix} = \begin{pmatrix} x & -1 \\ 1-bx & b \end{pmatrix} \in \Gamma_0^{(1)}(p)$$

であるからである．よって，$g \in SL(2,\mathbb{Z})$ での $\phi|_{k,1}[g]$ についてのフーリエ展開の条件を求めたければ，$g = 1_2$ は済んでいるので，$J_1 = \begin{pmatrix} 0 & -1 \\ 1 & 0 \end{pmatrix}$ のみについて考えれ

ば十分である．前に述べたように，$g \in SL(2,\mathbb{Z})$ について，$\vartheta_\nu(\tau,z)|_{1/2,1}[g]$ は ϑ_ν の線形結合になるから，

$$\phi|_{k,1}[g] = c_0^g(\tau)\vartheta_0(\tau,z) + c_1^g(\tau)\vartheta_1(\tau,z)$$

となる正則関数 $c_\nu^g(\tau)$ が存在するのであった．これがフーリエ係数に関する条件を満たすには，$c_\nu^g(\tau)$ のフーリエ展開が負ベキの項を含まないことが必要十分条件である．一方で，$\phi(\tau,z)$ のテイラー展開に g を作用させれば，$e(-c(c\tau+d)^{-1}z^2)$ の部分も展開して，

$$(\phi_0|_k[g])(\tau) - c(c\tau+d)^{-k-1}\phi_0(g\tau)z^2 + (\phi_2|_k[g])(\tau)(c\tau+d)^{-2}z^2 + O(z^4)$$

であるが，前の節でも見たように，そもそも $\xi_{2i}(\phi|_{k,1}[g]) = (\xi_{2i}(\phi))|_{k+2i}[g]$ であり，よって

$$\phi|_{k,1}[g] = (\xi_0(\phi)|_k[g])(\tau) + \left((\xi_2(\phi)|_{k+2}[g])(\tau) + \frac{2\pi i}{k}\frac{\partial}{\partial \tau}(\xi_0(\phi)|_k[g])\right)z^2 + O(z^4)$$

でもある．$\xi_0(\phi) = f_0, \xi_2(\phi) = f_2$ と書いていたので，$c_0^g(\tau), c_1^g(\tau)$ は連立 1 次方程式 (8.15) において，ϕ_0, ϕ_2 を

$$\phi_0^g = f_0|_k[g], \quad \phi_2^g = f_2|_{k+2}[g] + \frac{2\pi i}{k}\frac{\partial}{\partial \tau}(f_0|_k[g])$$

に置き換えて得られる方程式の解である．

ここで，$g = J = \begin{pmatrix} 0 & -1 \\ 1 & 0 \end{pmatrix}$ の場合，つまりカスプ 0 に対応する場合を考えよう．前と大きく異なるのは $(f_{2i}|_{k+2i}[J])(\tau+p) = (f_{2i}|_{k+2i}[J])(\tau)$ ではあるが，$f_{2i}|_{k+2i}[J]$ は $\tau \to \tau+1$ では不変ではないということである．これは

$$J^{-1}\begin{pmatrix} 1 & x \\ 0 & 1 \end{pmatrix}J = \begin{pmatrix} 1 & 0 \\ -x & 1 \end{pmatrix} \in \Gamma_0^{(1)}(p)$$

であるための必要十分条件が $x \in p\mathbb{Z}$ であるという理由による．よって，ϕ_0^g, ϕ_2^g は $q^{1/p}$ のベキ級数であり，f_0, f_2 が保型形式であるという条件から，現れるベキは非負である．さて，$c_\nu^J(\tau)$ は (8.15) において右辺を ϕ_ν^J に変えた方程式の根であるから，やはり q の分数ベキの級数とみなすと，前と同様ベキの指数は $-1/4$ 以上である．また，方程式の解法を見れば，

$$A(\tau)^{-1} = \det(A(\tau))^{-1}\begin{pmatrix} \dfrac{1}{2\pi i}\dfrac{\partial \vartheta_1(\tau)}{\partial \tau} & -\vartheta_1(\tau) \\ -\dfrac{1}{2\pi i}\dfrac{\partial \vartheta_0(\tau)}{\partial \tau} & \vartheta_0(\tau) \end{pmatrix}$$

において，第1行はqの0次以上の整数ベキ，第2行は$q^{-1/4}$掛けるqの0次以上の整数ベキであるから，$c_0^J(\tau) = \sum_{n=0}^{\infty} b_0^J(n) q^{n/p}$, $c_1^J(\tau) = \sum_{n=0}^{\infty} b_1^J(n) q^{n/p - 1/4}$ となることも明らかである．ここで，ベキの指数が負になるのは，$n/p - 1/4 < 0$ のとき，つまり $0 \leq n < p/4$ のときのみである．特に $p = 2$ または 3 ならば，$n = 0$ のみが問題である．ゆえに，以下 $p = 2$ または 3 と仮定すれば，ヤコービ形式のフーリエ展開の条件は $b_1^J(0) = 0$ と同値である．

さて，連立1次方程式の第2式を眺めると，$c_0^J(\tau) \frac{\partial \vartheta_0(\tau)}{\partial \tau}$ からは q のベキ指数は 1 以上である．一方，$c_1^J(\tau) \frac{1}{2\pi i} \frac{\partial \vartheta_1(\tau)}{\partial \tau}$ からは，$p = 2, 3$ では

$$\frac{1}{2} c_1^J(0) + \frac{1}{2} c_1^J(1) q^{1/p} + \cdots$$

となる．よって，フーリエ展開の条件は ϕ_2^J のフーリエ展開の定数項が消えるという条件と同じになる．$\frac{\partial}{\partial \tau} f_0 |_k [J]$ には定数項はないので，これは $f_2 |_{k+2} [J]$ の定数項が消えるという条件と同じである．つまり，カスプ $i\infty$ の条件とあわせると，f_2 がカスプ形式という条件になる．またこの条件下で，更に ϕ がヤコービカスプ形式であるための条件は，$c_\nu(\tau)$ および $c_\nu^J(\tau)$ のフーリエ展開が共に正のベキしか持たないことである．この条件は $c_0(\tau)$ および $c_0^J(\tau)$ の条件であり，これは f_0 および $f_0|_k [J]$ のフーリエ展開が正のベキしか持たないこと，つまり f_0 もカスプ形式であることと同値であることは，以上の議論を振り返ってみればすぐわかる．よって次が成り立つ．

8.6 [補題]　　$N = 1, 2$ または 3 とすると，

$$J_{k,1}(\Gamma_0^{(1)}(N)^J) \cong A_k(\Gamma_0^{(1)}(N)) \oplus S_{k+2}(\Gamma_0^{(1)}(N)),$$

$$J_{k,1}^{\mathrm{cusp}}(\Gamma_0^{(1)}(N)^J) \cong S_k(\Gamma_0^{(1)}(N)) \oplus S_{k+2}(\Gamma_0^{(1)}(N))$$

となる．

実際は $N = 4$ でも以上の同型は成立するが，ここでは省略する（[76] 参照）．$N \geq 5$ ではこのような同型は成立しない．この場合，保型形式の各カスプでのフーリエ展開について定数項が消えるというよりももっと多くの項が消えているというある条件をつければ，同様な形の同型が成立する．これについては [126], [11] などを参照されたい．

さて，以下では，この補題を用いて，$\bigoplus_{k \geq 1} J_{k,1}(\Gamma_0^{(1)}(2)^J)$ の構造をより詳しく見ることにする．まず，次元であるが，[166] 等でわかるように

$$\sum_{k=0}^{\infty} \dim A_k(SL(2,\mathbb{Z})) t^k = \frac{1}{(1-t^4)(1-t^6)},$$

$$\sum_{k=0}^{\infty} \dim S_k(SL(2,\mathbb{Z})) t^k = \frac{t^{12}}{(1-t^4)(1-t^6)},$$

$$\sum_{k=0}^{\infty} \dim A_k(\Gamma_0^{(1)}(2)) t^k = \frac{1}{(1-t^2)(1-t^4)},$$

$$\sum_{k=0}^{\infty} \dim S_k(\Gamma_0^{(1)}(2)) t^k = \frac{t^8}{(1-t^2)(1-t^4)}$$

である.よって,たとえば

$$\sum_{k=1}^{\infty} \dim J_{k,1}(SL(2,\mathbb{Z})^J) t^k = \frac{1}{(1-t^4)(1-t^6)} + \frac{t^{10}}{(1-t^4)(1-t^6)} - 1$$

$$= \frac{t^4 + t^6}{(1-t^4)(1-t^6)}$$

となる.同様に

$$\sum_{k=1}^{\infty} \dim J_{k,1}^{\mathrm{cusp}}(SL(2,\mathbb{Z})^J) t^k = \frac{t^{10} + t^{12}}{(1-t^4)(1-t^6)},$$

$$\sum_{k=1}^{\infty} \dim J_{k,1}(\Gamma_0^{(1)}(2)) t^k = \frac{t^2 + t^4}{(1-t^2)(1-t^4)},$$

$$\sum_{k=1}^{\infty} \dim J_{k,1}^{\mathrm{cusp}}(\Gamma_0^{(1)}(2)) t^k = \frac{t^6 + t^8}{(1-t^2)(1-t^4)}.$$

さて,加群 $\bigoplus_{k=1}^{\infty} J_{k,1}(\Gamma_0^{(1)}(N)^J)$ は $A(\Gamma_0^{(1)}(N)) = \bigoplus_{k=0}^{\infty} A_k(\Gamma_0^{(1)}(N))$ とおくとき,明らかに $A(\Gamma_0^{(1)}(N))$ 加群になるから,この加群としての構造がどうなっているかと問うのは自然な問題である.上で述べた次元公式の母関数から,ヤコービ形式加群 $\bigoplus_{k=1}^{\infty} J_{k,1}(SL(2,\mathbb{Z})^J)$ は $A(SL(2,\mathbb{Z}))$ 上,ウェイト 4 と 6 のヤコービ形式で生成される自由加群になっていることが容易に想像される.これは [39] にも書いてある事実である.同様に $\Gamma_0^{(1)}(2)$ についてもウェイト 2 と 4 で生成される $A(\Gamma_0^{(1)}(2))$ 上の自由加群であることが推測されるし,また実際にそのようになっている.もう少し具体的に見るために,実際にヤコービ形式を書いてみよう.

記号を前の通りとして,補題 8.6 で $f_0 = E_4$, $f_2 = 0$ と対応するヤコービ形式を $E_{4,1}$, $f_0 = E_6$, $f_2 = 0$ と対応するヤコービ形式を $E_{6,1}$ と書く.ここで,定義により $E_{4,1}$, $E_{6,1}$ の $z = 0$ でのテイラー展開は

$$E_{4,1}(\tau, z) = E_4(\tau) + \frac{2\pi i}{4}\frac{\partial E_4(\tau)}{\partial \tau}z^2 + O(z^4),$$
$$E_{6,1}(\tau, z) = E_6(\tau) + \frac{2\pi i}{6}\frac{\partial E_6(\tau)}{\partial \tau}z^2 + O(z^4)$$

で与えられる．ここで $h_1 \in A_{k-4}(SL(2,\mathbb{Z}))$, $h_2 \in A_{k-6}(SL(2,\mathbb{Z}))$ とし，$h_1 E_{4,1} + h_2 E_{6,1} = 0$ と仮定する．$h_1 E_{4,1} + h_2 E_{6,1}$ の $z = 0$ でのテイラー展開は，定数項が $h_1 E_4 + h_2 E_6$, z^2 の項が $h_1(\tau)\frac{2\pi i}{4}\frac{\partial E_4}{\partial \tau} + h_2(\tau)\frac{2\pi i}{6}\frac{\partial E_6}{\partial \tau}$ であるから，この両方がゼロであるとすると，前の節で見たように，

$$\left| \begin{matrix} E_4 & E_6 \\ \frac{1}{4}\frac{\partial E_4}{\partial \tau} & \frac{1}{6}\frac{\partial E_6}{\partial \tau} \end{matrix} \right| = -(2\pi i)144\Delta(\tau) \neq 0$$

から $h_1 = h_2 = 0$ がわかる．ゆえに $E_{4,1}, E_{6,1}$ は自由基底である．次元公式より，これらは $A(SL(2,\mathbb{Z}))$ 上の $\bigoplus_{k=1}^{\infty} J_{k,1}(SL(2,\mathbb{Z}))$ の生成元である．

この生成元をもっと具体的に書くために，$\phi_0(\tau) + z^2\phi_2(\tau) + \cdots$ をテイラー展開に持つ関数に対して，$\phi_0(\tau) = f_0(\tau), \phi_2(\tau) = f_2(\tau) + \frac{2\pi i}{k}\frac{\partial f_0(\tau)}{\partial \tau}$ として，連立一次方程式

$$A(\tau)\begin{pmatrix} c_0(\tau) \\ c_1(\tau) \end{pmatrix} = \begin{pmatrix} f_0(\tau) \\ \frac{1}{2(2\pi i)^2}\phi_2 \end{pmatrix} = \begin{pmatrix} f_0(\tau) \\ \frac{1}{2(2\pi i)^2}f_2(\tau) + \frac{1}{2k}\frac{1}{2\pi i}\frac{\partial f_0}{\partial \tau} \end{pmatrix}$$

の解を具体的に書いてみる．ここで

$$\begin{pmatrix} c_0(\tau) \\ c_1(\tau) \end{pmatrix} = A(\tau)^{-1}\begin{pmatrix} f_0(\tau) \\ \frac{1}{2k}\frac{1}{2\pi i}\frac{\partial f_0}{\partial \tau} + \frac{1}{2(2\pi i)^2}f_2(\tau) \end{pmatrix}$$
$$= \frac{2}{\eta(\tau)^6}\begin{pmatrix} \frac{1}{2\pi i}\vartheta_1'(\tau) & -\vartheta_1(\tau) \\ -\frac{1}{2\pi i}\vartheta_0'(\tau) & \vartheta_0(\tau) \end{pmatrix}\begin{pmatrix} f_0(\tau) \\ \frac{1}{2k(2\pi i)}f_0'(\tau) + \frac{1}{2(2\pi i)^2}f_2(\tau) \end{pmatrix}$$

だから，

$$c_0(\tau) = \frac{2}{k\eta(\tau)^6}\frac{1}{2\pi i}\left(kf_0\vartheta_1' - \frac{1}{2}\vartheta_1 f_0'\right) - \frac{f_2(\tau)}{(2\pi i)^2}\frac{\vartheta_1(\tau)}{\eta(\tau)^6},$$
$$c_1(\tau) = \frac{2}{k\eta(\tau)^6}\frac{1}{2\pi i}\left(\frac{1}{2}\vartheta_0 f_0' - kf_0\vartheta_0'\right) + \frac{f_2(\tau)}{(2\pi i)^2}\frac{\vartheta_0(\tau)}{\eta(\tau)^6}$$

である．ここで，右辺のそれぞれの第1項の括弧内は Rankin-Cohen 括弧とみなせ，

半整数ウェイトの保型形式である. つまり, ウェイト k, l の保型形式 f, g に対して

$$\{f, g\}_2 = kfg' - lgf'$$

と書くと, これはウェイトが $k + l + 2$ の保型形式であり, $(f_0, f_2) = (E_4, 0)$ と $(f_0, f_2) = (E_6, 0)$ に対して, $c_i(\tau)$ の公式を適用して

$$E_{4,1} = \frac{1}{2(2\pi i)\eta(\tau)^6} \left(\{E_4, \vartheta_1\}_2 \vartheta_0(\tau, z) - \{E_4, \vartheta_0\}_2 \vartheta_1(\tau, z)\right),$$

$$E_{6,1} = \frac{1}{3(2\pi i)\eta(\tau)^6} \left(\{E_6, \vartheta_1\}_2 \vartheta_0(\tau, z) - \{E_6, \vartheta_0\}_2 \vartheta_1(\tau, z)\right)$$

となる. ここで分母の $\eta(\tau)^6$ が分子を割り切っていることを, もう少しわかりやすく表示するために, E_4, E_6 を ϑ_i で書く. 実際には, (4.12) によれば,

$$\vartheta_0(-\tau^{-1}) = \sqrt{\frac{\tau}{2i}} \left(\vartheta_0(\tau) + \vartheta_1(\tau)\right),$$

$$\vartheta_1(-\tau^{-1}) = \sqrt{\frac{\tau}{2i}} \left(\vartheta_0(\tau) - \vartheta_1(\tau)\right)$$

であり, $\vartheta_0(\tau+1) = \vartheta_0(\tau)$, $\vartheta_1(\tau+1)^4 = \vartheta_1(\tau)^4$ であるから, これらからウェイト $4, 6$ の $SL_2(\mathbb{Z})$ に属する保型形式を構成することは容易であり, 実際, 前節でも見たように,

$$E_4(\tau) = \vartheta_0(\tau)^8 + 14\vartheta_0(\tau)^4 \vartheta_1(\tau)^4 + \vartheta_1(\tau)^8,$$

$$E_6(\tau) = \vartheta_0(\tau)^{12} - 33\vartheta_0(\tau)^8 \vartheta_1(\tau)^4 - 33\vartheta_0(\tau)^4 \vartheta_1(\tau)^8 + \vartheta_1(\tau)^{12}$$

であった. この表示式と,

$$\frac{1}{2\pi i} \left(\vartheta_0(\tau)\vartheta_1'(\tau) - \vartheta_1(\tau)\vartheta_0'(\tau)\right) = \frac{\eta(\tau)^6}{2} \tag{8.18}$$

を用いれば, 直接計算により

$$\{E_4, \vartheta_0\}_2 = -(4\vartheta_1^7 + 28\vartheta_0^4 \vartheta_1^3)(\vartheta_0 \vartheta_1' - \vartheta_1 \vartheta_0')$$
$$= -2(2\pi i)\eta(\tau)^6 \vartheta_1(\tau)^3 (\vartheta_1(\tau)^4 + 7\vartheta_0(\tau)^4),$$
$$\{E_4, \vartheta_1\}_2 = (4\vartheta_0^7 + 28\vartheta_0^3 \vartheta_1^4)(\vartheta_0 \vartheta_1' - \vartheta_1 \vartheta_0')$$
$$= 2(2\pi i)\eta(\tau)^6 \vartheta_0(\tau)^3 (\vartheta_0(\tau)^4 + 7\vartheta_1(\tau)^4),$$
$$\{E_6, \vartheta_0\}_2 = (2\pi i)3\bigl(11\vartheta_0(\tau)^8 \vartheta_1(\tau)^3 + 22\vartheta_0(\tau)^4 \vartheta_1(\tau)^7 - \vartheta_1(\tau)^{11}\bigr)\eta(\tau)^6,$$
$$\{E_6, \vartheta_1\}_2 = (2\pi i)3\bigl(\vartheta_0(\tau)^{11} - 22\vartheta_0(\tau)^7 \vartheta_1(\tau)^4 - 11\vartheta_0(\tau)^3 \vartheta_1(\tau)^8\bigr)\eta(\tau)^6$$

がわかる．よって，次を得る．

$$E_{4,1} = \vartheta_0(\tau)^3(\vartheta_0(\tau)^4 + 7\vartheta_1(\tau)^4)\vartheta_0(\tau,z) + \vartheta_1(\tau)^3(\vartheta_1(\tau)^4 + 7\vartheta_0(\tau)^4)\vartheta_1(\tau,z),$$
$$E_{6,1} = (\vartheta_0(\tau)^{11} - 22\vartheta_0(\tau)^7\vartheta_1(\tau)^4 - 11\vartheta_0(\tau)^3\vartheta_1(\tau)^8)\vartheta_0(\tau,z)$$
$$- (11\vartheta_0(\tau)^8\vartheta_1(\tau)^3 + 22\vartheta_0(\tau)^4\vartheta_1(\tau)^7 - \vartheta_1(\tau)^{11})\vartheta_1(\tau,z).$$

ついでにヤコービカスプ形式の空間を見ておこう．Eichler-Zagier ([39] p.38) の記号に合わせて，次のようにおく．

$$\chi_{10,1} = \frac{1}{144}(E_6 E_{4,1} - E_4 E_{6,1}),$$
$$\chi_{12,1} = \frac{1}{144}(E_4^2 E_{4,1} - E_6 E_{6,1})$$

これに対応するテイラー展開は，

$$\chi_{10,1} = \frac{1}{144}\left(E_6 \frac{2\pi i}{4} E_4' - E_4 \frac{2\pi i}{6} E_6'\right) z^2 + O(z^4)$$
$$= (2\pi i)^2 \Delta(\tau) z^2 + O(z^4),$$
$$\chi_{12,1} = \frac{1}{144}(E_4^3 - E_6^2) + \frac{2\pi i}{144}\left(\frac{1}{4}E_4^2 \frac{\partial E_4}{\partial \tau} - \frac{1}{6}E_6 \frac{\partial E_6}{\partial \tau}\right) z^2 + O(z^4)$$
$$= 12\Delta(\tau) + \frac{2\pi i}{12}\frac{\partial (12\Delta)}{\partial \tau} z^2 + O(z^4).$$

つまり，これらはそれぞれ $A_k(SL_2(\mathbb{Z})) \oplus S_{k+2}(SL_2(\mathbb{Z}))$ において，$(f_0, f_2) = (0, -(2\pi i)^2 \Delta)$, $(12\Delta, 0)$ に対応している．よって $\chi_{10,1}, \chi_{12,1}$ はカスプ形式である．ここで $h_1 \chi_{10,1} + h_2 \chi_{12,1}$ ($h_1 \in A_{k-10}(SL_2(\mathbb{Z})), h_2 \in A_{k-12}(SL_2(\mathbb{Z}))$) を考えると，これのテイラー展開は

$$12h_2\Delta + \left((2\pi i)^2 h_1 \Delta + (2\pi i)h_2 \frac{\partial \Delta}{\partial \tau}\right) z^2 + O(z^4)$$
$$= 12h_2\Delta + \left(\frac{2\pi i}{k}\frac{\partial(12h_2\Delta)}{\partial \tau} + \frac{(2\pi i)^2}{k}\{h_2,\Delta\}_2 + (2\pi i)^2 h_1 \Delta\right) z^2 + O(z^4).$$

つまり定数項が $12h_2\Delta$ であり，f_2 が $\frac{2\pi i}{k}\{h_2,\Delta\}_2 + (2\pi i)^2 h_1 \Delta$ である．これは h_2, h_1 を適当にとれば，$S_k(SL_2(\mathbb{Z})), S_{k+2}(SL_2(\mathbb{Z}))$ のすべてをわたるので，$\mathbb{C}[E_4, E_6]$ 上 $\chi_{10,1}, \chi_{12,1}$ で張られる加群が $\bigoplus_{k=1}^{\infty} J_{k,1}^{\mathrm{cusp}}(SL_2(\mathbb{Z})^J)$ である．

ちなみに，以上で与えたヤコービ形式のテイラー展開は次のように与えられる．ここで $q = e(\tau), \zeta = e(z)$ としている．

$$E_{4,1} = 1 + (\zeta^{-2} + 56\zeta^{-1} + 126 + 56\zeta + \zeta^2)q$$
$$+ (126\zeta^{-2} + 576\zeta^{-1} + 756 + 576\zeta + 126\zeta^2)q^2$$
$$+ (2072 + 56\zeta^{-3} + 756\zeta^{-2} + 1512\zeta^{-1} + 1512\zeta + 756\zeta^2 + 56\zeta^3)q^3 + \cdots,$$
$$E_{6,1} = 1 + (\zeta^{-2} - 88\zeta^{-1} - 330 - 88\zeta + \zeta^2)q$$
$$+ (-330\zeta^{-2} - 4224\zeta^{-1} - 7524 - 4224\zeta - 330\zeta^2)q^2$$
$$+ (-88\zeta^{-3} - 7524\zeta^{-2} - 30600\zeta^{-1} - 46552 - 30600\zeta - 7524\zeta^2 - 88\zeta^3)q^3 + \cdots$$
$$\chi_{10,1} = (\zeta^{-1} - 2 + \zeta)q + (-2\zeta^{-1} - 16\zeta^{-1} + 36 - 16\zeta - 2\zeta^2)q^2$$
$$+ (\zeta^{-3} + 36\zeta^{-2} + 99\zeta^{-1} - 272 + 99\zeta + 36\zeta^2 + \zeta^3)q^3 + \cdots,$$
$$\chi_{12,1} = (\zeta^{-1} + 10 + \zeta)q + (10\zeta^{-2} - 88\zeta^{-1} - 132 - 88\zeta + 10\zeta^2)q^2$$
$$+ (\zeta^{-3} - 132\zeta^{-2} + 1275\zeta^{-1} + 736 + 1275\zeta - 132\zeta^2 + \zeta^3)q^3 + \cdots.$$

次に $\Gamma_0(2)$ の場合を考える.

$$u = \frac{(2\theta_{01}^4 + \theta_{10}^4)}{2} = \vartheta_0(\tau)^4 + \vartheta_1(\tau)^4$$

と書けることに注意しておく. 前と同様に $f_0 = u = (2\theta_{01}^4 + \theta_{10}^4)/2$, $f_2 = 0$ に対応する $\Gamma_0^{(1)}(2)$ のヤコビ形式を $F_{2,1}$, $f_0 = v = \theta_{01}^8 + \theta_{01}^4\theta_{10}^4 + \theta_{10}^8 = \vartheta_0^8 + 14\vartheta_0^4\vartheta_1^4 + \vartheta_1^8$, $f_2 = 0$ に対応するものを $F_{4,1}$ とする. 実際には $F_{4,1}$ は当然 $E_{4,1}$ に等しい. また, 定義により

$$F_{2,1}(\tau, z) = u(\tau) + \frac{2\pi i}{2}\frac{\partial u}{\partial \tau}z^2 + \cdots$$

である. ここで, $h_1 F_{2,1} + h_2 E_{4,1} = 0$ ($h_1 \in A_{k-2}(\Gamma_0^{(1)}(2))$, $h_2 \in A_{k-4}(\Gamma_0^{(1)}(2))$) と仮定すると, $z = 0$ での定数項より, $h_1 u + h_2 v = 0$ であり, また z^2 の係数より, $h_1 \frac{2\pi i}{2}\frac{\partial u}{\partial \tau} + h_2 \frac{2\pi i}{4}\frac{\partial v}{\partial \tau} = 0$ である. (8.18), (8.12), 補題 (8.5) などにより

$$\begin{vmatrix} u & v \\ \frac{1}{2(2\pi i)}\frac{\partial u}{\partial \tau} & \frac{1}{4(2\pi i)}\frac{\partial v}{\partial \tau} \end{vmatrix} = 12(\vartheta_0\vartheta_1)^3(\vartheta_0^2 - \vartheta_1^2)(\vartheta_0^2 + \vartheta_1^2)\frac{(\vartheta_0\vartheta_1' - \vartheta_0'\vartheta_1)}{2\pi i}$$
$$= \frac{3}{4}\eta(\tau)^6\theta_{00}(\tau)^2\theta_{01}(\tau)^2\theta_{10}(\tau)^6$$
$$= 3\eta(\tau)^{12}\theta_{10}(\tau)^4.$$

これはゼロではないので, $F_{2,1}$, $E_{4,1}$ は $\mathbb{C}[u,v]$ 加群 $\bigoplus_{k=1}^\infty J_{k,1}(\Gamma_0^{(1)}(2)^J)$ の自由基底になる. 実際には上で述べた行列式は, Rankin-Cohen 作用素の形であり, これは

$\Gamma_0^{(1)}(2)$ に属するウェイト 8 のカスプ形式でなければならない. $S_8(\Gamma_0^{(1)}(2))$ は χ_8 で張られているので,フーリエ展開を比較して,上の行列式は $48\chi_8$ であることがわかる.

さて,以上および次元公式より,$\mathbb{C}[u,v]$ 加群 $\bigoplus_{k=1}^{\infty} J_{k,1}(\Gamma_0^{(1)}(2)^J)$ は $F_{2,1}$ と $E_{4,1}$ を自由基底に持つことがわかる.ヤコビカスプ形式は,$f_0 = 0$,$f_2 = (2\pi i)^2 \chi_8$ と対応するウェイト 6 のヤコビカスプ形式を $\chi_{6,1}$,また $f_0 = 8\chi_8$,$f_2 = 0$ に対応するウェイト 8 のヤコビカスプ形式を $\chi_{8,1}$ とすると,これらが $\mathbb{C}[u,v]$ 上ではられる加群が $\bigoplus_{k=1}^{\infty} J_{k,1}^{\mathrm{cusp}}(\Gamma_0^{(1)}(2)^J)$ であることも,前と同様示される.特に $\{v,u\}_2/384 = -\chi_8$ であり,これより

$$\chi_{6,1} = \frac{1}{48}(uE_{4,1} - vF_{2,1}) = (2\pi i)^2 \chi_8 z^2 + \cdots$$

となる.また,

$$\chi_{8,1} = \frac{1}{144}\left((-8u^3 + 5uv)F_{2,1} + (5u^2 - 2v)E_{4,1}\right)$$

となる.

さて,前と同様,これらのヤコビ形式をもっと具体的に表示してみよう.レベル 1 のときと同様に

$$F_{2,1} = \frac{1}{(2\pi i)\eta(\tau)^6}\left(\{u, \vartheta_1\}_2 \vartheta_0(\tau, z) - \{u, \vartheta_0\}_2 \vartheta_1(\tau, z)\right),$$
$$E_{4,1} = \frac{1}{2(2\pi i)\eta(\tau)^6}\left(\{v, \vartheta_1\}_2 \vartheta_0(\tau, z) - \{v, \vartheta_0\}_2 \vartheta_1(\tau, z)\right)$$

となる.$E_{4,1}$ はすでに述べたので,$F_{2,1}$ を計算する.まず

$$\{u, \vartheta_1\}_2 = 2\vartheta_0(\tau)^3(\vartheta_0(\tau)\vartheta_1'(\tau) - \vartheta_1(\tau)\vartheta_0'(\tau)) = (2\pi i)\eta(\tau)^6 \vartheta_0(\tau)^3,$$
$$\{u, \vartheta_0\}_2 = 2\vartheta_1(\tau)^3(\vartheta_1(\tau)\vartheta_0'(\tau) - \vartheta_1'(\tau)\vartheta_0(\tau)) = -(2\pi i)\eta(\tau)^6 \vartheta_1(\tau)^3$$

となる.よって,

$$F_{2,1} = \vartheta_0(\tau)^3 \vartheta_0(\tau, z) + \vartheta_1(\tau)^3 \vartheta_1(\tau, z).$$

よって,

$$F_{2,1} = 1 + (\zeta^{-2} + 8\zeta^{-1} + 6 + 8\zeta + \zeta^2)q + (6\zeta^{-2} + 12 + 6\zeta^2)q^2$$
$$+ (8\zeta^{-3} + 12\zeta^{-2} + 24\zeta^{-1} + 8 + 24\zeta + 12\zeta^2 + 8\zeta^3)q^3 + \cdots \tag{8.19}$$

$$\chi_{6,1} = (\zeta^{-1} - 2 + \zeta)q + (-2\zeta^{-2} + 4 - 2\zeta^2)q^2$$
$$+ (\zeta^{-3} + 4\zeta^{-2} - 13\zeta^{-1} + 16 - 13\zeta + 4\zeta^2 + \zeta^3)q^3 + \cdots \tag{8.20}$$

$$\chi_{8,1} = (\zeta^{-1} + 6 + \zeta)q + (6\zeta^{-2} - 40\zeta^{-1} + 4 - 40\zeta + 6\zeta^2)q^2$$
$$+ (\zeta^{-3} + 4\zeta^{-2} + 11\zeta^{-1} + 64 + 11\zeta + 4\zeta^2 + \zeta^3)q^3 + \cdots \tag{8.21}$$

ここで $J_{k,1}(SL_2(\mathbb{Z}))^J \subset J_{k,1}(\Gamma_0^{(1)}(2))^J$ であるから，両者の関係を見ておこう．適当な複素数 a, b, c に対して，$E_{6,1} = (au^2 + bv)F_{2,1} + cuE_{4,1}$ となるはずである．しかし $E_6 = 4u^3 - 3uv$ であり，また $E_{6,1}$ の $z = 0$ でのテイラー展開での定数項は E_6 であったから，$(au^2 + bv)u + cuv = E_6 = 4u^3 - 3uv$．よって，$a = 4, b + c = -3$ である．また $E_{6,1}$ の z^2 の係数は，$\dfrac{2\pi i}{6}\dfrac{\partial E_6}{\partial \tau} = \dfrac{2\pi i}{6}(12u^2u' - 3u'v - 3uv')$, $F_{2,1}$, $E_{4,1}$ の z^2 の係数はそれぞれ $\dfrac{2\pi i}{2}u'$, $\dfrac{2\pi i}{4}v'$ であるから，

$$\frac{(au^2 + bv)u'}{2} + \frac{cuv'}{4} = \frac{(12u^2 - 3v)u' - 3uv'}{6}$$

であり，フーリエ展開係数を見て，$a = 4, b = -1, c = -2$ である．よって，

$$E_{6,1} = (4u^2 - v)F_{2,1} - 2uE_{4,1}. \tag{8.22}$$

ゆえに (8.22) と $E_4 = v$ などから，

$$\chi_{10,1} = \frac{1}{144}(E_6 E_{4,1} - E_4 E_{6,1}) = \frac{(4u^2 - v)}{144}(-vF_{2,1} + uE_{4,1})$$
$$= \frac{1}{3}(4u^2 - v)\chi_{6,1},$$
$$\chi_{12,1} = \frac{1}{144}(E_4^2 E_{4,1} - E_6 E_{6,1})$$
$$= \frac{1}{144}\left((2u^2 - v)(4u^2 - v)E_{4,1} - u(4u^2 - 3v)(4u^2 - v)F_{2,1}\right)$$
$$= \frac{4u^2 - v}{6}(-u\chi_{6,1} + 3\chi_{8,1})$$

となる．

6. 2次のジーゲル保型形式環

2次のジーゲルモジュラー群 $\Gamma_2 = Sp(2,\mathbb{Z})$ に関する保型形式環 $A(\Gamma_2)$ の構造は [94], [95], [97] などにより，非常によく知られている．ウェイトが 4, 6 のアイゼンシュ

タイン級数 ϕ_4, ϕ_6 および定数倍を除いて一意に決まるウェイトが 10, 12 ないしは 35 のカスプ形式 $\chi_{10}, \chi_{12}, \chi_{35}$ があって,

$$A(\Gamma_2) = \mathbb{C}[\phi_4, \phi_6, \chi_{10}, \chi_{12}] \oplus \chi_{35}\mathbb{C}[\phi_4, \phi_6, \chi_{10}, \chi_{12}]$$

となる. ここで ϕ_4, ϕ_6, χ_{10}, χ_{12} は代数的独立であり, χ_{35} はこれらから Rankin-Cohen 型の微分作用素で得られる. また, $\oplus$ は加群としての直和という意味である. 特に, 次元の母関数は

$$\sum_{k=0}^{\infty} \dim A_k(\Gamma_2) t^k = \frac{1+t^{35}}{(1-t^4)(1-t^6)(1-t^{10})(1-t^{12})}.$$

この証明はよく知られているので, 今は繰り返さないが, あとで, リフティングとの関係で $A(\Gamma_0^{(2)}(2))$ の部分環とみなしたときの証明のアウトラインを述べる事にする. ちなみに, 当然 $\chi_{35}^2 \in \mathbb{C}[\phi_4, \phi_6, \chi_{10}, \chi_{12}]$ であるが, これを表示する非常に長い公式は, [97] に与えられている.

さて, 離散群 $\Gamma \subset Sp(2, \mathbb{Z})$ が $\Gamma(N) \subset \Gamma$ を満たすとき, Γ をレベル N の合同部分群という. ここでは, レベル 2 の場合に, $A(\Gamma_0^{(2)}(2))$ のテータ定数による構成について述べる. 他の方法についてはあとで触れる. まず次元公式だが, これは [95], [60] からの引用で済ませる. 結果は

$$\sum_{k=0}^{\infty} \dim A_k(\Gamma_0^{(2)}(2)) t^k = \frac{1+t^{19}}{(1-t^2)(1-t^4)^2(1-t^6)}$$

となっている. これから $A(\Gamma_0^{(2)}(2))$ はウェイトが 2, 4, 4, 6 の 4 つの代数的に独立な保型形式の生成元と, ウェイトが 19 の保型形式のあわせて 5 つで生成されることが推測されるが, 実際にその通りになっていることを示す. 以下テータ定数の記号は (第 2 章と異なり), 8.2 節のように決めておく. 再度書くと, $m = (m', m'') \in \mathbb{Z}^{2n}$ (m, m' は n 次の列ベクトル) に対して,

$$\theta_m(\tau, z) = \sum_{p \in \mathbb{Z}^n} e\left(\frac{1}{2}{}^t\left(p+\frac{m'}{2}\right)\tau\left(p+\frac{m'}{2}\right) + \left(p+\frac{m'}{2}\right)\left(z+\frac{m''}{2}\right)\right) \tag{8.23}$$

とし, $\theta_m(\tau) = \theta_m(\tau, 0)$ と書くことにする. このとき, $M \circ m$ の定義は

$$M \circ m = \begin{pmatrix} D & -C \\ -B & A \end{pmatrix} m + \begin{pmatrix} (C^t D)_0 \\ (A^t B)_0 \end{pmatrix}, \quad M = \begin{pmatrix} A & B \\ C & D \end{pmatrix} \in Sp(n, \mathbb{Z})$$

となるのであった. これにより $Sp(n, \mathbb{Z})$ は $(\mathbb{Z}/2\mathbb{Z})^{2n}$ に作用している. また, 定義より $m = (m', m'')$, $l = (l', l'') \in \mathbb{Z}^{2n}$ ならば $\theta_{m+2l}(\tau) = (-1)^{{}^t m' l''} \theta_m(\tau)$ が容易に

わかる．特に $m_1, m_2 \in \mathbb{Z}^{2n}$ で $m_1 \equiv m_2 \mod 2$ ならば $\theta_{m_1}^2(\tau) = \theta_{m_2}^2(\tau)$ である．
テータ変換公式 (2.17) より

$$\theta_{M \circ m}(M(\tau)) = \kappa(M) e(\phi_m(M)) \det(C\tau+D)^{1/2} \theta_m(\tau)$$

ただし，$\kappa(M)$ は $\det(C\tau+D)^{1/2}$ の分岐のとり方のみによる定数で，

$$\phi_m(M) = -\frac{1}{8}({}^t m' \, {}^t BDm' + {}^t m'' \, {}^t ACm'' - 2\,{}^t m' \, {}^t BCm'' - 2\,{}^t(A\,{}^t B)_0 (Dm' - Cm'')).$$

である．さて，一般に $Sp(n,\mathbb{Z})$ は $J_n = \begin{pmatrix} 0 & -1_n \\ 1_n & 0 \end{pmatrix}$, $u(S) = \begin{pmatrix} 1_n & S \\ 0 & 1_n \end{pmatrix}$, $t(U) = \begin{pmatrix} U & 0 \\ 0 & {}^t U^{-1} \end{pmatrix}$ で生成されていた．テータ標数 $m = (m', m'')$ で ${}^t m' m'' \equiv 0 \mod 2$ となるものを偶標数，そうでないものを奇標数という．

8.7 [補題] $Sp(n, \mathbb{Z})$ は $(\mathbb{Z}/2\mathbb{Z})^{2n}$ に $m \to M \circ m$ で作用している．この作用に関して，偶標数の集合，および奇標数の集合はそれぞれ $Sp(n, \mathbb{Z})$ で不変である．

証明 作用であるのは，補題 2.12 により，m の代わりに $m/2$ としたときに，mod 1 への作用であったことから，明らかである．さて，偶標数の集合を不変に保つことは，$Sp(n, \mathbb{Z})$ が $J_n, \begin{pmatrix} A & B \\ 0 & D \end{pmatrix}$ で生成されているのだから，これらの生成元について確かめれば十分である．$m = (m', m'')$ として，$J_n \circ m = \begin{pmatrix} -m'' \\ m' \end{pmatrix}$ より，これについては明らかである．

$$\begin{pmatrix} A & B \\ 0 & D \end{pmatrix} \circ \begin{pmatrix} m' \\ m'' \end{pmatrix} = \begin{pmatrix} Dm' \\ -Bm' + Am'' + (A\,{}^t B)_0 \end{pmatrix}$$

であるが，ここで $x = ({}^t m' \, {}^t D)(-Bm' + Am'' + (A\,{}^t B)_0)$ とおくと，$x = -{}^t m' \, {}^t DBm' + {}^t m' \, {}^t DAm'' + {}^t m' \, {}^t D(A\,{}^t B)_0$．しかし整数 a, s に対して，$as \equiv a^2 s \mod 2$ などを用いると，任意の整数対称行列 S と整数ベクトル v に対して，${}^t v S_0 \equiv {}^t v S v \mod 2$ がわかるから，${}^t m' \, {}^t D(A\,{}^t B)_0 \equiv {}^t m' \, {}^t D(A\,{}^t B) Dm' \mod 2$．これは ${}^t DA = 1_n$ より，${}^t m' \, {}^t BDm'$ に等しい．ここで，${}^t BD = {}^t BD$ だから $x \equiv {}^t m' m'' \mod 2$ となる．∎

以下次数 $n = 2$ の場合を考える．

$$\chi_5 = \frac{(\theta_{0000} \theta_{0001} \theta_{0010} \theta_{0011} \theta_{0100} \theta_{0110} \theta_{1000} \theta_{1001} \theta_{1100} \theta_{1111})}{64}$$

とおき, $\chi_{10} = \chi_5^2$ とおく. まず χ_{10} が $Sp(2,\mathbb{Z})$ の保型形式であることを証明しておこう.

8.8 [命題]
$$\chi_{10} \in S_{10}(Sp(2,\mathbb{Z}))$$
となる.

証明 χ_5 の表示に用いたテータ指標は $n=2$ のときの偶指標の全体である. よって, この集合は $M \circ m$ の作用で, 全体として不変であるから, テータ変換公式より, $\chi_5|_5[\gamma]$ ($\gamma \in Sp(2,\mathbb{Z})$) が χ_5 の定数倍であるのは明らかである. また θ_m^2 が $m \bmod 2$ のみによることから, χ_{10} の保型性を調べるためには, $\kappa(M)$ と $\phi_m(M)$ の部分を生成元についてのみ調べればよい. $Sp(2,\mathbb{Z})$ の生成元の χ_{10} への作用を考える. J_2 については, 公式 (2.19) より

$$\chi_{10}(J_2\tau) = \det\left(\frac{\tau}{i}\right)^{10} \chi_{10}(\tau) \qquad (\tau \in H_2)$$

となるから, $\det(\tau/i)^{10} = \det(\tau)^{10}$ によって, 保型性が成り立つ. $M = \begin{pmatrix} U & US \\ 0 & {}^tU^{-1} \end{pmatrix}$ については,

$$\phi_m(M) = -\frac{1}{8}({}^tm'Sm' - 2\,{}^t(US\,{}^tU)_0 ({}^tU^{-1}m')).$$

ここで $\sum_{m:\text{偶数}} \phi_m(M)$ をとると, 偶指標となる $m = (m',m'')$ は, $m' = (0,0)$ のものが 4 つ, $(1,0), (0,1), (1,1)$ のものが 2 つずつである. よって $S = (s_{ij})$ と書くとき ${}^tm'Sm'$ の和は $4(s_{11} + s_{12} + s_{22})$ となる. また, ${}^t(US\,{}^tU)_0\,{}^tU^{-1} = (a,b)$ と書くと, $2(a,b)m'$ の和は, $8(a+b)$ である. これより, χ_{10} については, 偶指標を 2 重にとっているから, $2\sum_{m:\text{偶数}} \phi_m(M) \equiv 0 \bmod 1$ であり, この部分の符号は 1 である. また 8.2 節の結果より $\kappa(M)^2 = \det(U)$ だったが, $\det(U) = \pm 1$ より, $\kappa(M)^{20} = 1$. よって $\chi_{10} \in A_k(Sp(2,\mathbb{Z}))$ となる. またジーゲル Φ 作用素に対して $\Phi(\theta_{abcd}) = \theta_{ac}$ で $\theta_{11}(\tau) = 0$ より χ_{10} はカスプ形式である. ∎

ちなみに, χ_5 は $Sp(2,\mathbb{Z})$ の作用で不変ではない. たとえば,

$$\gamma = \begin{pmatrix} 1 & 0 & 1 & 0 \\ 0 & 1 & 0 & 0 \\ 0 & 0 & 1 & 0 \\ 0 & 0 & 0 & 1 \end{pmatrix}$$

とすると $\chi_5|_5[\gamma] = -\chi_5$ となる.

奇標数は $n=2$ ならば全部で 6 個あり, ここに $Sp(2,\mathbb{Z})$ が作用している. $\Gamma(2)$ は mod 2 の標数に自明に作用しているので, $Sp(2,\mathbb{Z})/\Gamma(2)$ もまたこの 6 個の元に作用する. この作用を通じて $Sp(2,\mathbb{Z}) \cong S_6$ (6 次対称群) となる. S_6 の唯一の正規部分群は 6 次交代群 A_6 であり, $Sp(2,\mathbb{Z})$ の指標 sgn が sgn $: Sp(2,\mathbb{Z}) \to S_6/A_6 = \{\pm 1\}$ により定義される. 任意の $\gamma \in \Gamma_2 = Sp(2,\mathbb{Z})$ に対し, $f|_k[\gamma] = \mathrm{sgn}(\gamma) f$ となる正則関数を, ウェイト k の指標 sgn 付の保型形式といい, その空間を $A_k(\Gamma_2, \mathrm{sgn})$ と書く.

8.9 [練習問題] $Sp(2,\mathbb{Z})/\Gamma(2) \cong S_6$ を証明せよ.

8.10 [練習問題] $\chi_5 \in A_5(Sp(2,\mathbb{Z}), \mathrm{sgn})$ であることを証明せよ (ヒント: テータ変換公式を丹念に調べよ).

次に, 予備的に
$$V = (\theta_{0000}^8 + \theta_{0001}^8 + \theta_{0010}^8 + \theta_{0011}^8)$$
とおき,
$$X = \frac{(\theta_{0000}^4 + \theta_{0001}^4 + \theta_{0010}^4 + \theta_{0011}^4)}{4},$$
$$Y = (\theta_{0000}\theta_{0001}\theta_{0010}\theta_{0011})^2,$$
$$Z = \frac{(V - 8X^2 + 4Y)}{8192},$$
$$K = \frac{(\theta_{0100}\theta_{0110}\theta_{1000}\theta_{1001}\theta_{1100}\theta_{1111})^2}{4096}$$
とおく. ここで分母はフーリエ展開が整数係数になるように定めている. また $Z = \begin{pmatrix} \tau & z \\ z & \omega \end{pmatrix} \in H_2$ に対して,
$$\partial_1 = \frac{1}{2\pi i}\frac{\partial}{\partial \tau}, \quad \partial_2 = \frac{1}{2\pi i}\frac{\partial}{\partial z}, \quad \partial_3 = \frac{1}{2\pi i}\frac{\partial}{\partial \omega}$$
として,
$$\chi_{19} = \frac{1}{512} \begin{vmatrix} 2X & 4Y & 4Z & 6K \\ \partial_1 X & \partial_1 Y & \partial_1 Z & \partial_1 K \\ \partial_2 X & \partial_2 Y & \partial_2 Z & \partial_2 K \\ \partial_3 X & \partial_3 Y & \partial_3 Z & \partial_3 K \end{vmatrix}$$
とおく. ここで定数はフーリエ係数が整数であるように定めている.

8.11 [定理]
$$A(\Gamma_0^{(2)}(2)) = \mathbb{C}[X,Y,Z,K] \oplus \chi_{19}\mathbb{C}[X,Y,Z,K]$$
である．ここで X, Y, Z, K は代数的に独立であり，$\oplus$ は加群としての直和を示す．

証明 まず，$X \in A_2(\Gamma_0^{(2)}(2))$, $Y, Z \in A_4(\Gamma_0^{(2)}(2))$, $K \in A_6(\Gamma_0^{(2)}(2))$ であることを示そう．まず，$M = \begin{pmatrix} A & B \\ C & D \end{pmatrix} \in \Gamma(2)$ ならば，$m \in \mathbb{Z}$ に対して

$$M \circ m = \begin{pmatrix} D & -C \\ -B & A \end{pmatrix} m + \begin{pmatrix} (C^tD)_0 \\ (A^tB)_0 \end{pmatrix} \equiv m \bmod 2.$$

よって，$\theta_{M\circ m}^2 = \theta_m^2$ である．また 8.2 節の結果より，$M \in \Gamma(2)$ ならば $\kappa(M)^4 = 1$ であった．ここで

$$\phi_m(M) = -\frac{1}{8}({}^tm'\,{}^tBDm' + {}^tm''\,{}^tACm'' - 2\,{}^tm'\,{}^tBCm'' - 2\,{}^t(A^tB)_0(Dm' - Cm'')).$$

であるが

$$4\phi_m(M) = -\frac{1}{2}({}^tm'\,{}^tBDm' + {}^tm''\,{}^tACm'' - 2\,{}^tm'\,{}^tBCm'' - 2\,{}^t(A^tB)_0(Dm' - Cm''))$$

および $B \equiv C \equiv 0 \bmod 2$ より，$e(4\phi_m(M)) = 1$ である．ゆえに，θ_m^4 が $\Gamma(2)$ の保型形式であることは明らかで，よって，X, Z, V は定義により $\Gamma(2)$ の保型形式である．また，$m' = 0$ とすると

$$2\phi_m(M) = -\frac{1}{4}({}^tm''\,{}^tACm'' + 2\,{}^t(A^tB)_0Cm'')$$

$B \equiv C \equiv 0 \bmod 2$ かつ $A \equiv 1_2 \bmod 2$ より

$$2\phi_m(M) = -\frac{1}{2}({}^tm''C_1m'') \bmod 1$$

となる．ただし $C = 2C_1$ とした．$C_1 = (c_{ij})$ とすると

$$\sum_{m'' \in (\mathbb{Z}/2\mathbb{Z})^2} {}^tm''C_1m'' = 2c_{11} + 2c_{22} + c_{12} + c_{21}.$$

ここで ${}^tAC_1 = {}^tC_1A$ であり，また $A \equiv 1_2 \bmod 2$ であるから，$C_1 \equiv {}^tC_1 \bmod 2$, よって $c_{12} + c_{21} \equiv 0 \bmod 2$ である．ゆえに

$$\sum_{m'=0, m'' \in (\mathbb{Z}/2\mathbb{Z})} 2\phi_m(M) \equiv 0 \bmod 1.$$

これより, $Y \in A_4(\Gamma(2))$ がわかる. ここで $\chi_{10} = YK$ であるから, $K \in A_6(\Gamma(2))$ でもある.

次にこれらが $\Gamma_0^{(2)}(2)$ の保型形式であることを示す. $\Gamma(2) \backslash \Gamma_0^{(2)}(2)$ の代表は $M = \begin{pmatrix} U & US \\ 0 & {}^tU^{-1} \end{pmatrix}$ の形にとれている. これに対する $M \circ m$ を求める.

$$M \circ m = \begin{pmatrix} {}^tU^{-1} & 0 \\ -US & U \end{pmatrix} \begin{pmatrix} m' \\ m'' \end{pmatrix} + \begin{pmatrix} 0 \\ (US {}^tU)_0 \end{pmatrix} = \begin{pmatrix} {}^tU^{-1}m' \\ -USm' + Um'' + (US {}^tU)_0 \end{pmatrix}.$$

ここで $m' = 0$ ならば, $M \circ m = \begin{pmatrix} 0 \\ Um'' + (US {}^tU)_0 \end{pmatrix}$ となり, m'' が mod 2 の代表を動けば, $M \circ m$ の第 3, 4 成分も mod 2 の代表を動く. また $m' = 0$ ならば, 今は $C = 0$ なので $\phi_m(M) = 0$ となる. よって X, Y, V が $\Gamma_0(2)$ の保型形式であることは明らかで, また $YK = \chi_{10} \in A_{10}(Sp(2, \mathbb{Z}))$ であるから $K \in A_6(\Gamma_0^{(2)}(2))$ でもある.

次に X, Y, Z, K が代数的に独立であることを示す. H_2 上の正則関数 $f(Z)$ に対して,

$$(Wf)(\tau, \omega) = f\begin{pmatrix} \tau & 0 \\ 0 & \omega \end{pmatrix}$$

とおく. これを Witt 作用素と呼ぶ. テータ指標が $m = {}^t(m'_1 m'_2 m''_1 m''_2)$ であるようなテータ定数 θ_m については

$$W(\theta_m(Z)) = \theta_{m'_1 m''_1}(\tau) \theta_{m'_2 m''_2}(\omega)$$

となることが定義からただちにわかる. ここで定義から $\theta_{11} = 0$ がわかるので, $W(K) = 0$ である. また $\theta_{00}^4 = \theta_{01}^4 + \theta_{10}^4$ を用いて

$$W(X) = \frac{(\theta_{00}^4(\tau) + \theta_{01}^4(\tau))(\theta_{00}^4(\omega) + \theta_{01}^4(\omega))}{4} = u(\tau)u(\omega),$$

$$W(Y) = \theta_{00}^4(\tau)\theta_{01}^4(\tau)\theta_{00}^4(\omega)\theta_{01}^4(\omega) = \frac{(4u(\tau)^2 - v(\tau))(4u(\omega)^2 - v(\omega))}{9},$$

$$W(V) = \frac{4(2u(\tau)^2 + v(\tau))(2u(\omega)^2 + v(\omega))}{9},$$

$$W(Z) = \frac{(\theta_{10}^8(\tau)\theta_{10}^8(\omega))}{16384}$$
$$= \frac{1}{9 \cdot 1024}(v(\tau) - u(\tau)^2)(v(\omega) - u(\omega)^2)$$

となる．$u(\tau), v(\tau), u(\omega), v(\omega)$ は代数的に独立であった．$x = u(\tau), x' = u(\omega), y = v(\omega), y' = v(\omega)$ と書くことにすると，線形結合などを組み合わせることにより

$$\mathbb{C}[W(X), W(Y), W(Z)] = \mathbb{C}[xx', x^2y' + x'^2y, yy']$$

であることがわかる．

ここで xx', $x^2y' + x'^2y$, yy' は代数的独立であることを示す．3変数の多項式 P_0 を $P_0(xx', x^2y' + x'^2y, yy') = 0$ となる次数が最小のゼロでない多項式とする．$P_0(x_1, x_2, x_3) = P_1(x_1, x_2) + x_3 P_2(x_1, x_2, x_3)$ とすると，$y = 0$ として，$P_1(xx', x^2y') = 0$ となる．xx' と x^2y' は代数的に独立であるから，多項式として $P_1 = 0$ であり，よって $P_2(xx', x^2y' + x'^2y, yy') = 0$ となる．これは次数の最小性に反する．次に，P を $P(X, Y, Z, K) = 0$ となる次数が最小のゼロでない多項式とする．$P = P_3(x_1, x_2, x_3) + x_4 P_4(x_1, x_2, x_3, x_4)$ として，$W(P(X, Y, Z, K))$ をとると，$P_3(W(X), W(Y), W(Z)) = 0$. しかし $W(X), W(Y), W(Z)$ は代数的に独立だったから $P_3 = 0$ よって $P_4(X, Y, Z, K) = 0$ となり，やはり次数の最小性に反する．χ_{19} については，これがゼロでないことだけ言えばよい．このことは，X, Y, Z, K は代数的に独立であるから，$Y/X^2, Z/X^2, K/X^3$ の関数行列式は恒等的にはゼロにならないことからわかる．あるいは，直接フーリエ係数を計算してもよい． ■

8.12 [練習問題] ϕ_4 を定数項が 1 の $Sp(2, \mathbb{Z})$ のウェイト 4 のアイゼンシュタイン級数とするとき，次の関係式を示せ．

$$Z = \frac{(\phi_4 + 3Y - 4X^2)}{12288}.$$

(ヒント：フーリエ展開係数が十分わかっているなら簡単である．しかし展開係数なしで済ませるには，定義により ϕ_4 のフーリエ展開の定数項が 1 であること，および $W(\phi_4)$ は τ, ω それぞれについて，ウェイト 4 の保型形式であることを用いて，$W(\phi_4)$ を計算して比較する事でも得られる)．

8.13 [練習問題] $A(\Gamma_0^{(2)}(2))$ のカスプ形式全体は $A(\Gamma_0^{(2)}(2))$ のイデアルであるが，これは K と YZ から生成されることを証明せよ．
(ヒント：

$$P_1 = \left\{ g = \begin{pmatrix} a_{11} & 0 & b_{11} & b_{12} \\ a_{21} & a_{22} & b_{21} & b_{22} \\ c_{11} & 0 & d_{11} & d_{12} \\ 0 & 0 & 0 & d_{22} \end{pmatrix} \in Sp(2, \mathbb{Q}) \right\}$$

とする. まず
$$\Gamma_0^{(2)}(2)\backslash Sp(2,\mathbb{Q})/P_1 \approx \Gamma_0^{(2)}(2)\backslash Sp(2,\mathbb{Z})/P_1 \cap Sp(2,\mathbb{Z}) = \left\{1_4, \begin{pmatrix} 1_2 & 0 \\ 1_2 & 1_2 \end{pmatrix}\right\}$$
であることを示し, これらの代表 g に対して, テータ定数の変換公式を用いて, $\Phi(F|_k[g])$ = 0 であるための条件を調べよ).

8.14 [練習問題] この節で定義した $Z \in A_4(\Gamma_0^{(2)}(2))$ は
$$Z = \frac{(\theta_{0100}^4 - \theta_{0110}^4)^2}{16384}$$
とも書けることを証明せよ (ヒント: 証明はあまり単純ではない. テータ定数の間の関係式を用いるか, または Igusa による $A(\Gamma(2))$ の構造定理を用いる. この関係式等は [95] を参照されたい).

7. 齋藤・黒川リフト

1変数保型形式からジーゲル保型形式を作る方法として, 齋藤・黒川リフトまたは Maass リフトと呼ばれている方法がある. 保型形式のリフトというのは, 通常, ある領域の保型形式から, それとは異なる他の領域の保型形式を構成できて, しかも両者の L 関数の間に何らかのよい関係があることをいう. しかし本書では, ヘッケ作用素の理論は取り扱わないことにしているので, ここでは何らかの保型形式の構成法という意味でのみ, この言葉を使用し, L 関数の関係については解説しないこととする (L 関数の関係については, [39], [76] などを参照されたい).

k を偶数とする. 通常, $A_{2k-2}(SL(2,\mathbb{Z}))$ から $A_k(Sp(2,\mathbb{Z}))$ へのリフトを齋藤・黒川リフトといい, $J_{k,1}(SL(2,\mathbb{Z})^J)$ から $A_k(Sp(2,\mathbb{Z}))$ へのリフトを Maass リフトという. 後者は, 齋藤・黒川リフト (当初は予想) を構成するために Maass が発見したものであり ([134]), [39] にも解説がある. $J_{k,1}(SL(2,\mathbb{Z})^J)$ は $\Gamma_0^{(1)}(4)$ の半整数ウェイトの保型形式の一部 (プラス空間) $A_{k-1/2}^+(\Gamma_0^{(1)}(4))$ との線形同型対応があり, プラス空間は Shimura 対応によって, $A_{2k-2}(SL(2,\mathbb{Z}))$ と同型であることが Kohnen により証明されている ([121]) (ちなみに前半部分については, 定理 4.8 でも述べた). よって両方のリフトは本質的に同じことを示しているともいえるが, ここでは, ヤコビ形式から2次ジーゲル保型形式を構成する方法を一般のレベルで解説する (実際には [76] に書いてあるように, 指標付の保型形式の場合にも, ほぼ同様の手法でリフトの構成ができるが, 本書では簡単のために, 指標が無い場合だけを取り扱うことにする).

N を任意の正整数とする. 以下では概ね $\phi(\tau,z) \in J_{k,1}(\Gamma_0^{(1)}(N)^J)$ の場合を考えるが, この場合は, 指数を 1 としているので, $\phi(\tau,-z) = \phi(\tau,z)$ であり, k が奇数ならば $J_{k,1}(\Gamma_0^{(1)}(N)^J) = 0$ である. また

$$\phi(\tau,z) = \sum_{n,r} c(n,r) q^n \zeta^r \quad (q = e(\tau), \ \zeta = e(z))$$

とフーリエ展開するとき, $c(n,r)$ は $4n - r^2$ のみによる.

任意の正整数 ℓ に対して,

$$\Delta(\ell) = \left\{ g = \begin{pmatrix} a & b \\ c & d \end{pmatrix} \in M_2(\mathbb{Z}); \det(g) = \ell, c \equiv 0 \bmod N, (a,N) = 1 \right\}$$

とおく. ただし (a,N) は a と N の最大公約数を表す. 次に, 一般の指数 $m \geq 1$ の場合に, $J_{k,m}(\Gamma_0^{(1)}(N)^J)$ から $J_{k,m\ell}(\Gamma_0^{(1)}(N)^J)$ への作用素 V_ℓ を

$$\phi|_{k,m} V_\ell = \ell^{k-1} \sum_{\binom{a\ b}{c\ d} \in \Gamma_0^{(1)}(N) \backslash \Delta(\ell)} (c\tau+d)^{-k} e\left(\frac{-m\ell c z^2}{c\tau+d}\right) \phi\left(\frac{a\tau+b}{c\tau+d}, \frac{\ell z}{c\tau+d}\right)$$

と定義する. この作用素は次のようにも説明できる.

$$GSp^+(2,\mathbb{R}) = \{ g \in M_4(\mathbb{R}); {}^t g J_2 g = n(g) J_2, n(g) > 0 \}$$

とおいて, $g = \begin{pmatrix} A & B \\ C & D \end{pmatrix} \in GSp^+(2,\mathbb{R})$ と H_2 上の正則関数 $F(Z)$ に対して,

$$F(Z)|_k[g] = \det(CZ+D)^{-k} F(gZ)$$

と定義する. また $g = \begin{pmatrix} a & b \\ c & d \end{pmatrix} \in GL_2(\mathbb{R})$ を $\det(g) = \ell > 0$ となる元とし, $H_1 \times \mathbb{C}$ 上の正則関数 $f(\tau,z)$ に対して, $f|_{k,m}[g]$ を

$$(f|_{k,m}[g])e(lm\omega) = \left(f(\tau,z) e(m\omega) \right) \Big|_k \begin{pmatrix} a & 0 & b & 0 \\ 0 & \ell & 0 & 0 \\ c & 0 & d & 0 \\ 0 & 0 & 0 & 1 \end{pmatrix}$$

で定義すると,

$$f|_{k,m}[g] = (c\tau+d)^{-k} e\left(\frac{-\ell m c z^2}{c\tau+d}\right) f\left(\frac{a\tau+b}{c\tau+d}, \frac{\ell z}{c\tau+d}\right) \qquad (8.24)$$

となる．これにより，

$$f|_{k,m}[g]|_{lm}[(\lambda,\mu),\kappa] = f|_m[(\lambda,\mu)g^{-1}\ell,\ell\kappa]|_{k,m}[g] \tag{8.25}$$

である．また $g_1, g_2 \in GL(2,\mathbb{R})$ で $\det(g_i) = \ell_i > 0$ ならば

$$f|_{k,m}[g_1]|_{k,\ell_1 m}[g_2] = f|_{k,m}[g_1 g_2] \tag{8.26}$$

でもある．このように記号を定めると，

$$\phi|_{k,m} V_\ell = \ell^{k-1} \sum_{g \in \Gamma_0^{(1)}(N) \backslash \Delta(\ell)} \phi|_{k,m}[g]$$

と書いてもよい．

8.15 [練習問題]　式 (8.25) を (8.24) と (4.3) より直接証明せよ．
ヒント：次の式に注意せよ．

$$d(a\tau+b)(c\tau+d)^{-1} = b + (l\tau)(c\tau+d)^{-1},$$
$$c(a\tau+b)(c\tau+d)^{-1} = a - l(c\tau+d)^{-1}.$$

8.16 [補題]　$\phi \in J_{k,1}(\Gamma_0^{(1)}(N)^J)$ ならば，$\phi|_{k,1} V_\ell \in J_{k,\ell}(\Gamma_0^{(1)}(N)^J)$ である．また $\phi \in J_{k,1}^{\text{cusp}}(\Gamma_0^{(1)}(N)^J)$ ならば，$\phi|_{k,1} V_l \in J_{k,l}^{\text{cusp}}(\Gamma_0^{(1)}(N)^J)$ である．

証明　任意の $\gamma \in \Gamma_0^{(1)}(N)$ に対して $\Delta(\ell)\gamma = \Delta(\ell)$ であるから，(8.26) より $\Gamma_0^{(1)}(N)$ についての保型性は明らかである．また (8.25)，および $g \in \Delta(l)$ に対して，$g^{-1}l \in M_2(\mathbb{Z})$ であることより，ハイゼンベルク群 $H^{(1,1)}(\mathbb{Z})$ に対する保型性も明らかである．次にフーリエ展開に関する条件であるが，$g_2 \in GL_2(\mathbb{Q})$ で $\det(g_2) = l > 0$ とすると，

$$\eta_l = \begin{pmatrix} l & 0 \\ 0 & 1 \end{pmatrix}$$

とおくとき，

$$\phi|_{k,1}[g_2] = \phi|_{k,1}[g_2 \eta_l^{-1}]|_{k,1}[\eta_l]$$

である．ここで，$g_2 \eta_l^{-1} \in SL_2(\mathbb{Q})$ であるから，ϕ がヤコービ形式ないしはヤコービカスプ形式という仮定から，フーリエ展開

$$\phi|_{k,1}[g_2 \eta_l^{-1}] = \sum_{n,r} c^{g_2 \eta_l^{-1}}(n,r) q^n \eta^r$$

において, $c^{g_2\eta_l^{-1}}(n,r) \neq 0$ となる可能性があるのは, $n \geq 0, 4n - r^2 \geq 0$ (ϕ がヤコービ形式の場合), ないしは $4n - r^2 > 0$ の場合 (ϕ がヤコービカスプ形式の場合) のみである. また

$$\phi|_{k,1}[g_2\eta_l^{-1}]|_{k,1}[\eta_l] = \sum_{n,r} c^{g_2\eta_l^{-1}}(n,r)q^{ln}\zeta^{lr}$$

となるから, $4l(ln) - (lr)^2 = l^2(4n - r^2)$ であり, これは $c^{g_2\eta_l^{-1}}(n,r) \neq 0$ ならば, ϕ がヤコービ形式またはヤコービカスプ形式に応じて, 非負または正である. よって, 任意の $g \in SL(2,\mathbb{Q})$ と $g_1 \in \Gamma_0^{(1)}(N)\backslash\Delta(l)$ に対して, $g_2 = g_1 g$ として上の論法を適用すれば, $\phi|_{k,1}V_l|_{k,l}[g]$ のフーリエ展開は, ヤコービ形式またはヤコービカスプ形式のフーリエ展開の条件を満たす. よって証明された. ∎

ここで $\Gamma_0^{(1)}(N)\backslash\Delta(\ell)$ の代表を求めておく. $g = \begin{pmatrix} a & b \\ Nc & d \end{pmatrix} \in \Delta(\ell)$ とする. $a_0 = a/(a,c), c_0 = c/(a,c)$ とおくと, $(a_0, c_0) = 1$ であり, また a_0 は N と素である. よって a_0 と $c_0 N$ は互いに素であり,

$$\gamma = \begin{pmatrix} x & y \\ -c_0 N & a_0 \end{pmatrix} \in \Gamma_0^{(1)}(N)$$

となる整数 x, y が存在する. このとき, γg は上三角行列になるので, 代表は上三角行列の中からとれる. これより, 簡単な計算により, $\Gamma_0^{(1)}(N)\backslash\Delta(\ell)$ の代表元は

$$\left\{ \begin{pmatrix} a & b \\ 0 & d \end{pmatrix}; a,d,b \in \mathbb{Z}, a,d > 0, (a,N) = 1, ad = \ell, b \bmod d \right\}$$

で与えられることがわかる. これを定義の式に代入すれば,

$$\phi|_{k,1}V_\ell = \ell^{k-1} \sum_{\substack{ad=l, a,d>0, \\ (a,N)=1, b \bmod d}} d^{-k} \phi\left(\frac{a\tau + b}{d}, \frac{lz}{d}\right)$$

となる. ここで, $\phi \in J_{k,1}(\Gamma_0^{(1)}(N)^J)$ を

$$\phi(\tau, z) = \sum_{n,r} c(n,r) q^n \zeta^r \qquad (q = e(\tau), \zeta = e(z))$$

とフーリエ展開しておけば,

$$\phi|_{k,1}V_\ell = \ell^{k-1} \sum_{\substack{ad=\ell, a,d>0, \\ (a,N)=1, b \bmod d}} d^{-k} \sum_{n,r} c(n,r) q^{an/d} e\left(\frac{bn}{d}\right) \zeta^{r\ell/d}$$

となるが，ここで

$$\sum_{b \bmod d} e\left(\frac{bn}{d}\right) = \begin{cases} d & n \equiv 0 \bmod d \text{ の場合}, \\ 0 & \text{それ以外の場合} \end{cases}$$

となる．よって，n を nd と書き換えると，$r\ell/d = rad/d = ra$, $nd = n\ell/a$, $\ell^{k-1}/d^{k-1} = a^{k-1}$ であるから，

$$\phi|_{k,1} V_\ell = \sum_{n,r \in \mathbb{Z}} \sum_{\substack{a \mid \ell \\ (a,N)=1}} a^{k-1} c\left(\frac{n\ell}{a}, r\right) q^{an} \zeta^{ra}.$$

ここで an, ar をそれぞれ n, r と書いて書き換えると

$$\phi|_{k,1} V_\ell = \sum_{\substack{n,r \in \mathbb{Z}, 4n\ell - r^2 \geq 0}} \sum_{\substack{a \mid (n,r,\ell) \\ (a,N)=1}} a^{k-1} c\left(\frac{n\ell}{a^2}, \frac{r}{a}\right) q^n \zeta^r$$

となる．さて，とりあえず ϕ はヤコービカスプ形式と仮定する．$Z = \begin{pmatrix} \tau & z \\ z & \omega \end{pmatrix} \in H_2$ に対して，

$$(L\phi)(\tau, z, \omega) = \sum_{\ell=1}^{\infty} (\phi|_{k,1} V_\ell)(\tau, z) e(\ell \omega)$$

とおく．実はこれは $\Gamma_0^{(2)}(N)$ に対するジーゲルカスプ保型形式になっている．詳しい証明は後で述べるが，ここでは τ, ω に対する対称性を見る．ϕ は指数が 1 であることより，ある整数 $\mathbb{Z}$ 上の 1 変数関数 c があって，$c(n\ell/a^2, r/a) = c((4n\ell - r^2)/a^2)$ と書けており，また V_ℓ の定義より，

$$(L\phi)(\tau, z, \omega) = \sum_{\ell=1}^{\infty} \sum_{n,r} \sum_{\substack{a \mid (n,r,\ell) \\ (a,N)=1}} a^{k-1} c\left(\frac{4n\ell - r^2}{a^2}\right) q^n \zeta^r e(\ell \omega)$$

と書けることがわかる．今 $n = 0$ とすると，$4n\ell - r^2 \geq 0$ ならば $r = 0$ であり，また ϕ はカスプ形式としたから，$c(0) = 0$ である．よって $n = 0$ での展開係数は消える．よって $n > 0$ と仮定する．また n, r, ℓ を固定するとき，$n \neq 0$ である限りは，$q^n \zeta^r e(\ell \omega)$ と $q^\ell \zeta^r e(n\omega)$ の係数は共に，$\sum_{a \mid (n,r,\ell), (a,N)=1} a^{k-1} c((4n\ell - r^2)/a^2)$ に等しい．よって，

$$(L\phi)(\omega, z, \tau) = (L\phi)(\tau, z, \omega) \tag{8.27}$$

が成立する．

さて，以上の論法は ϕ がカスプ形式でないときには都合が悪い．実際，以上では V_ℓ は $\ell \geq 1$ のみについて定義しており，$\ell = 0$ については，とりあえずは考えてはいなかった．しかし，もし ϕ がカスプ形式でなければ，$c(0) \neq 0$ かもしれないから，この場合，上の $L\phi$ について，$(n, r, \ell) = (0, 0, \ell)$ ($\ell > 0$) に対するフーリエ係数は 0 ではない．一方で，定義から $L\phi$ には $\ell = 0$ の項はない．よって式 (8.27) は成立しない．これを成立させようと思ったら，$\ell = 0$ の項を適当に補う必要がある．$(0, 0, \ell)$ での係数が，$(\ell, 0, 0)$ での係数と等しくなるように補いたいのだが，今定義した $L\phi$ では，前者の係数は，$\sigma_{k-1}^N(l) = \sum_{a|l,(a,N)=1} a^{k-1}$ と書くとき，

$$c(0)\sigma_{k-1}^N(\ell) = c(0) \sum_{a|\ell,(a,N)=1} a^{k-1}$$

で与えられるので，τ を ω の対称性を保つには，これまでの $L\phi$ に，少なくとも

$$c(0) \sum_{\ell=1}^{\infty} \left(\sum_{a|\ell,(a,N)=1} a^{k-1} \right) q^\ell$$

を付け加えなければならない．しかし，これをそのまま $\phi|_{k,1} V_0$ と定義するのは不都合である．なぜなら，もし $\sum_{l=0}^{\infty} (\phi|_{k,1} V_l) e(l\omega)$ をジーゲル保型形式にしたいのであれば，フーリエヤコビ展開の 0 次の項 $\phi|_{k,1} V_0$ は 1 変数の保型形式であるべきだが，このままではそうではないからである．よって定数項を補正するために次のように考える．

任意の $f(\tau) \in A_k(SL(2, \mathbb{Z}))$ と $m|N$ について，$f(m\tau) \in A_k(\Gamma_0^{(1)}(N))$ である．実際，

$$f(m\tau) \Big|_k \begin{pmatrix} a & b \\ Nc & d \end{pmatrix} = f\left(\frac{a(m\tau) + mb}{c(N/m)(m\tau) + d} \right) \left(c\left(\frac{N}{m} \right) m\tau + d \right)^{-k}$$

$$= \left(f \Big|_k \begin{pmatrix} a & mb \\ c(N/m) & d \end{pmatrix} \right)(m\tau) = f(m\tau)$$

となるからである．そこで，$k \geq 4$ に対して $A_k(SL(2, \mathbb{Z}))$ のアイゼンシュタイン級数 $E_k(\tau)$ を考えると，今述べたことにより，μ をメビウス関数として，

$$\sum_{m|N} \mu(m) m^{k-1} E_k(m\tau) \in A_k(\Gamma_0^{(1)}(N))$$

である．ここで，

$$\sum_{m|N} \mu(m) m^{k-1} E_k(m\tau) = \prod_{p|N} (1 - p^{k-1}) - \frac{2k}{B_k} \sum_{n=1}^{\infty} \sum_{m|N} \mu(m) m^{k-1} \sigma_{k-1}\left(\frac{n}{m} \right) q^n$$

となる．ただし，$\sigma_{k-1}(n/m)$ は n/m が整数でないときはゼロとしている．ここで，$(n_1, n_2) = 1$ ならば，$\sigma_{k-1}(n_1 n_2) = \sigma_{k-1}(n_1)\sigma_{k-1}(n_2)$ であり，また任意の素数 p と正整数 e に対して，

$$\sigma_{k-1}(p^e) - p^{k-1}\sigma_{k-1}(p^{e-1}) = \frac{1-p^{(k-1)(e+1)}}{1-p^{k-1}} - p^{k-1}\frac{1-p^{(k-1)e}}{1-p^{k-1}} = 1$$

に注意する．すると，$n = p_1^{e_1} \cdots p_r^{e_r} n_0$, $(n_0, N) = 1$, $(p_1, \ldots, p_r$ は N の相異なるすべての素因子) と分解しておくと，

$$\sum_{m|N} \mu(m) m^{k-1} \sigma_{k-1}\left(\frac{n}{m}\right) = \sigma_{k-1}(n_0) \prod_{i=1}^{r} \sum_{f_i \in \{0,1\}} (-1)^{f_i} p_i^{(k-1)f_i} \sigma_{k-1}(p_i^{e_i - f_i})$$
$$= \sigma_{k-1}(n_0) \prod_{i=1}^{r} \left(\sigma_{k-1}(p_i^{e_i}) - p_i^{k-1}\sigma_{k-1}(p_i^{e_i-1})\right)$$
$$= \sigma_{k-1}(n_0) = \sigma_{k-1}^N(n).$$

また $\zeta(1-k) = -B_k/k$ ([12] 参照) より

$$-\frac{B_k}{2k}\prod_{p|N}(1-p^{k-1}) = \frac{\zeta(1-k)\prod_{p|N}(1-p^{k-1})}{2} = \frac{\zeta_N(1-k)}{2}.$$

ここで $\zeta_N(s)$ はリーマンゼータ関数 $\zeta(s)$ から $p|N$ でのオイラー因子を除去したものを表す．$k = 2$ のときも，E_k の代わりに $G_2(\tau, 0, 0, 1)$ (第 5 章参照) を用いれば，$N \neq 1$ のときは，以上と同様の和の非正則項を計算すると，これは，$\sum_{m|N} \mu(m)m/(my) = y^{-1}\sum_{m|N} \mu(m) = 0$ であり，よって非正則な項は消える．よって，$k \geq 2$, (k: 偶数) について

$$E_k(\tau, N) = \frac{\zeta_N(1-k)}{2} + \sum_{n=1}^{\infty} \sigma_{k-1}^N(n) q^n \tag{8.28}$$

とおけば，$E_k(\tau, N) \in A_k(\Gamma_0^{(1)}(N))$ である．ただし，$k = 2$ のときは $N \geq 2$ と仮定する．これにより，$k \geq 2$ が偶数でかつ $(k, N) \neq (2, 1)$ のとき

$$(\phi|_{k,1} V_0)(\tau) = c(0) E_k(\tau, N) \tag{8.29}$$

と定義する（$k = 2$ かつ $N = 1$ のときは，$J_{2,1}(SL_2(\mathbb{Z})^J) = 0$ となることを前に示したので，定義はしなくてよい）．よって，一般に ϕ がヤコビ形式だがヤコビカスプ形式ではないときも込めて，

$$(L\phi)(\tau, z, \omega) = \sum_{\ell=0}^{\infty} (\phi|_{k,1} V_\ell)(\tau, z) e(\ell \omega) \tag{8.30}$$

とおく．このとき，

$$L\phi = \sum_{\ell=0}^{\infty} \sum_{\substack{a|(n,r,\ell) \\ (a,N)=1}} a^{k-1} c\left(\frac{4n\ell - r^2}{a^2}\right) q^n \zeta^r e(\ell\omega). \tag{8.31}$$

また，この展開により，式 (8.27) と同様，$L\phi(\tau, z, \omega) = L\phi(\omega, z, \tau)$ となる．

8.17 [定理] N を任意の正の整数，k を $k \geq 2$ なる偶数で，$(k, N) \neq (2, 1)$ とする．このとき，任意の $\phi \in J_{k,1}(\Gamma_0^{(1)}(N)^J)$ に対し，$L\phi$ を (8.30) で定義すると，$L\phi \in A_k(\Gamma_0^{(2)}(N))$ となる．また ϕ がヤコービカスプ形式ならば，$L\phi$ もカスプ形式である．

この定理を証明する前に，補題を2つ証明しておく．$\begin{pmatrix} a & b \\ c & d \end{pmatrix} \in \Gamma_0^{(1)}(N)$, $S = {}^t S \in M_2(\mathbb{Z})$, $x \in \mathbb{Z}$ として，

$$T = \begin{pmatrix} 0 & 1 & 0 & 0 \\ 1 & 0 & 0 & 0 \\ 0 & 0 & 0 & 1 \\ 0 & 0 & 1 & 0 \end{pmatrix}, \quad C(a,b,c,d) = \begin{pmatrix} a & 0 & b & 0 \\ 0 & 1 & 0 & 0 \\ c & 0 & d & 0 \\ 0 & 0 & 0 & 1 \end{pmatrix},$$

$$u(x) = \begin{pmatrix} 1 & 0 & 0 & 0 \\ x & 1 & 0 & 0 \\ 0 & 0 & 1 & -x \\ 0 & 0 & 0 & 1 \end{pmatrix}, \quad u(S) = \begin{pmatrix} 1_2 & S \\ 0 & 1_2 \end{pmatrix}$$

とおく．

8.18 [補題] 群 $\Gamma_0^{(2)}(N)$ は $T, C(a,b,c,d), u(x), u(S)$ で生成される．ただし，$(a,b,c,d), x, S$ は上で述べた範囲を動くとする．

証明 $g \in \Gamma_0^{(2)}(N)$ を $g = \begin{pmatrix} A & B \\ NC & D \end{pmatrix}$ と書いて，さらに $A = (a_{ij}), B = (b_{ij}), C = (c_{ij}), D = (d_{ij})$ と書く．今

$$TC(-1, 0, 0, -1)T = \begin{pmatrix} 1 & 0 & 0 & 0 \\ 0 & -1 & 0 & 0 \\ 0 & 0 & 1 & 0 \\ 0 & 0 & 0 & -1 \end{pmatrix}$$

に注意すれば, $C(-1,0,0,-1)$ を g に右から掛けることにより (d_{11}, d_{12}) は $(-d_{11}, d_{12})$ に, また $TC(-1,0,0,-1)T$ を g に右から掛けることにより (d_{11}, d_{12}) は $(d_{11}, -d_{12})$ に変わる. よって, $d_{11}, d_{12} \geq 0$ と仮定してよい.

ここで, $d_{12} = 0$ と仮定できることを言う. 実際, もし最初から $d_{12} = 0$ ならば, 何もしなくてよい. よって $d_{12} \neq 0$ とする. T を右から掛けると (d_{11}, d_{12}) は (d_{12}, d_{11}) に, また $u(x)$ を右から掛けると, (d_{11}, d_{12}) は $(d_{11}, d_{12} - xd_{11})$ に変わる. この操作はユークリッドの互除法そのものである. 詳しく言えば, T を右から掛けることにより (d_{11}, d_{12}) は, $0 \neq d_{11} < d_{12}$ または $d_{12} = 0$ としてよい. 次に $u(x)$ を右から掛けて d_{12} を d_{11} で割り算したあまりで d_{12} を置き換えることができる. これらの操作を何度か繰り返すと, (d_{11}, d_{12}) は $d_{12} = 0$ とすることができる.

しかし, $g \in \Gamma_0^{(2)}(N) \subset SL(4, \mathbb{Z})$ であり, g の $(3,1)$ 成分と $(3,2)$ 成分は N で割り切れるので, $d_{12} = 0$ なら d_{11} は N と互いに素である. よって, $\gcd(c_{11}, d_{11}) = m$ とし, $a_0 = d_{11}/m, c_0 = -c_{11}/m$ とおくと a_0, Nc_0 は互いに素であり, $a_0 d_0 - Nb_0 c_0 = 1$ となる整数 b_0, d_0 が存在する. そこで g に $C(a_0, b_0, Nc_0, d_0)$ を右から掛けると g の第 3 行は $(0, Nc_{12}, m, 0)$ に変わる (もちろん Nc_{12} と m は互いに素である). よって, $a_1 = m$, $c_1 = -c_{12}$ とすると, $(a_1, c_1 N) = 1$ なので, $a_1 d_1 - Nc_1 b_1 = 1$ となる $b_1, d_1 \in \mathbb{Z}$ がとれる. ここで更に, 順に $u(1)$, $C(a_1, b_1, Nc_1, d_1)$, $TC(a_1, -b_1, -Nc_1, d_1)T$, および $u(-1)$ を右から掛けることにより, 第 3 列は, $(Nc_{12}, Nc_{12}, m, -m), (0, Nc_{12}, 1, -m)$, $(0,0,1,-1), (0,0,1,0)$ と変わる. よって, 結局 g の第 3 行は $(0,0,1,0)$ と仮定してもよい. g が以上の形とすると, $g \in Sp(2, \mathbb{R})$ であるから, $g = \begin{pmatrix} A & B \\ C & D \end{pmatrix}$ に対して, $C^t D = D^t C$ だが, 今 $C = \begin{pmatrix} 0 & 0 \\ Nc_{21} & Nc_{22} \end{pmatrix}$, $D = \begin{pmatrix} 1 & 0 \\ d_{21} & d_{22} \end{pmatrix}$ という形だから, $C^t D = \begin{pmatrix} 0 & 0 \\ Nc_{21} & * \end{pmatrix}$ である. よってこれが対称なことより, $c_{21} = 0$ となる. また $A^t D - B^t C = 1_2$ であるから, $a_{11} = 1, a_{21} = 0$ となる. ここで $TC(d_{22}, -b_{22}, -Nc_{22}, a_{22})T$ を右から掛けて取り換えれば, $a_{22} = d_{22} = 1, c_{22} = b_{22} = 0$ としてよい. つまり g は結局

$$g = \begin{pmatrix} 1 & a_{12} & b_{11} & b_{12} \\ 0 & 1 & b_{21} & 0 \\ 0 & 0 & 1 & 0 \\ 0 & 0 & d_{21} & 1 \end{pmatrix}$$

という形であるとしてよい. また $g \in Sp(2, \mathbb{R})$ であるから, $d_{21} = -a_{12}$ でもある.

ここで

$$Tu(x)T = \begin{pmatrix} 1 & x & 0 & 0 \\ 0 & 1 & 0 & 0 \\ 0 & 0 & 1 & 0 \\ 0 & 0 & -x & 1 \end{pmatrix}$$

であるから，$x = -a_{12}$ として，これを g に右から掛けると，a_{12}, d_{12} の部分も消すことができて，結局 g は適当な S に対して $u(S)$ と等しい．よって証明された． ∎

ここで，カスプ形式に関する主張を示すために必要な補題を準備する．

$$P_1(\mathbb{Q}) = \left\{ \begin{pmatrix} \mathbb{Q} & 0 & \mathbb{Q} & \mathbb{Q} \\ \mathbb{Q} & \mathbb{Q} & \mathbb{Q} & \mathbb{Q} \\ \mathbb{Q} & 0 & \mathbb{Q} & \mathbb{Q} \\ 0 & 0 & 0 & \mathbb{Q} \end{pmatrix} \cap Sp(2, \mathbb{Q}) \right\}$$

とおく．

8.19 [補題] T を前に定義した $Sp(2, \mathbb{Z})$ の元とする．このときダブルコセット $\Gamma_0^{(2)}(N) \backslash Sp(2, \mathbb{Q}) / P_1(\mathbb{Q})$ の代表元は $P_1(\mathbb{Q})T$ の元にとることができる．

証明 $P_1'(\mathbb{Q}) = TP_1(\mathbb{Q})T$ とおく．もし $Sp(2, \mathbb{Q}) = \bigcup_i \Gamma_0^{(2)}(N) g_i P_1'(\mathbb{Q})$ とダブルコセットに分解していれば，$Sp(2, \mathbb{Q}) = Sp(2, \mathbb{Q})T$ であるから

$$Sp(2, \mathbb{Q}) = \bigcup_i \Gamma_0^{(2)}(N) g_i P_1'(\mathbb{Q}) T = \bigcup_i \Gamma_0^{(2)}(N) g_i T P_1(\mathbb{Q})$$

であり，$g_i T \in P_1(\mathbb{Q})T$ にとれれば補題は証明される．つまり $g_i \in P_1(\mathbb{Q})$ にとれていればよい事になる．$g \in Sp(2, \mathbb{Q})$ に対して，$g = \begin{pmatrix} A & B \\ C & D \end{pmatrix}$，$A = (a_{ij}), B = (b_{ij}), C = (c_{ij}), D = (d_{ij}) \in M_2(\mathbb{Q})$ $(1 \leq i, j \leq 2)$ と書こう．左から $\Gamma_0^{(2)}(N)$ の元を，また右から $P_1'(\mathbb{Q})$ の元を掛けて，これを取り換えることを考える．

まず $c_{11} \neq 0$ または $c_{21} \neq 0$ にできることを言う．実際 $c_{11} = c_{21} = 0$ ならば，$\det(g) = 1$ より，$a_{11} \neq 0$ または $a_{21} \neq 0$ である．よって左から $\begin{pmatrix} 1_2 & 0 \\ N1_2 & 1_2 \end{pmatrix}$ を掛けると，$c_{11} \neq 0$ または $c_{21} \neq 0$ になる．更に左から $\begin{pmatrix} {}^tU^{-1} & 0 \\ 0 & U \end{pmatrix}$, $(U \in SL_2(\mathbb{Z}))$ を掛けると，$U \begin{pmatrix} c_{11} \\ c_{21} \end{pmatrix} = \begin{pmatrix} x \\ 0 \end{pmatrix}$, $x \neq 0$ とすることができるから，$c_{11} \neq 0, c_{21} = 0$

としてもよい．また $c_{22}v_1 + d_{22}v_2 = 0$ となる $(v_1, v_2) \neq (0,0)$ なる $v_1, v_2 \in \mathbb{Q}$ があり，これに対して $v_1v_4 - v_2v_3 = 1$ となる $v_3, v_4 \in \mathbb{Q}$ が存在するから，右から

$$\begin{pmatrix} 1 & 0 & 0 & 0 \\ 0 & v_1 & 0 & v_3 \\ 0 & 0 & 1 & 0 \\ 0 & v_2 & 0 & v_4 \end{pmatrix} \in P_1'(\mathbb{Q})$$ を掛けると，c_{11}, c_{21} は変わらず，$c_{22} = 0$ となる．こ

こで，右から $\begin{pmatrix} 1 & -c_{11}^{-1}c_{12} & 0 & 0 \\ 0 & 1 & 0 & 0 \\ 0 & 0 & 1 & 0 \\ 0 & 0 & c_{11}^{-1}c_{12} & 1 \end{pmatrix} \in P_1'(\mathbb{Q})$ を掛けると $c_{12} = 0$ にもでき

る．つまり $C = \begin{pmatrix} c_{11} & 0 \\ 0 & 0 \end{pmatrix}$, $c_{11} \neq 0$ である．このとき，C^tD, ${}^tAC$ が対称行列であることより，$d_{21} = 0, a_{12} = 0$ となる．これはすなわち $g \in P_1(\mathbb{Q})$ ということである．よって証明された． ∎

定理 8.17 の証明　$Z = \begin{pmatrix} \tau & z \\ z & \omega \end{pmatrix} \in H_2$ と書いて，$(L\phi)(Z) = (L\phi)(\tau, z, \omega)$ が $\Gamma_0^{(2)}(N)$ に関する保型性を満たすことを示す．フーリエ展開の形から，$Z \to u(S)Z = Z + S$ ($S = {}^tS \in M_2(\mathbb{Z})$) で不変である．また $\phi|_{k,1}V_\ell$ は $\ell > 0$ ならば指数 ℓ のヤコビ形式，$\ell = 0$ なら保型形式であるから，$(\phi|_{k,1}V_\ell)e(\ell\omega)$ が $C(a,b,c,d)$, $\begin{pmatrix} a & b \\ c & d \end{pmatrix} \in \Gamma_0^{(1)}(N)$ および $u(s)$ ($s \in \mathbb{Z}$) で不変なことも，ヤコビ形式の定義より明らかである．よって，もちろん $L\phi$ もこれで不変である．

次に，$L\phi$ は τ と ω の入れ替えについて不変で，また k が偶数と仮定したから，$\det \begin{pmatrix} 0 & 1 \\ 1 & 0 \end{pmatrix}^k = 1$. よって，$L\phi$ は T の作用でも不変である．よって補題 8.18 により，$L\phi$ は $\Gamma_0^{(2)}(N)$ の作用で不変である．よって $L\phi \in A_k(\Gamma_0^{(2)}(N))$ は示された．

次に ϕ をヤコビカスプ形式と仮定する．このとき $L\phi$ もカスプ形式であることを示したい．このためには各カスプで消えること，すなわち $g \in P_1(\mathbb{Q})T$ に対して，

$$\Phi((L\phi)|_k[g]) = \lim_{\lambda \to \infty} ((L\phi)|_k[g])\begin{pmatrix} \tau & 0 \\ 0 & i\lambda \end{pmatrix} = 0$$

を示せばよい（1.8 節の最後の注意参照）．今 $L\phi = \sum_{l=1}^{\infty}(\phi|_{k,1}V_l)e(l\omega)$ であったが，$p \in P_1(\mathbb{Q})$ を $p = p_1p_2$, ただし，

$$p_1 = \begin{pmatrix} * & 0 & * & * \\ * & 1 & * & * \\ * & 0 & * & * \\ 0 & 0 & 0 & 1 \end{pmatrix} \in Sp(2,\mathbb{Q}), \qquad p_2 = \begin{pmatrix} 1 & 0 & 0 & 0 \\ 0 & t & 0 & 0 \\ 0 & 0 & 1 & 0 \\ 0 & 0 & 0 & t^{-1} \end{pmatrix} \in Sp(2,\mathbb{Q})$$

($*$ は適当な $\mathbb{Q}$ の元, $t \in \mathbb{Q}^{\times}$) と分解しておくことができる. ここで $p_1 \in J^{(1,1)}(\mathbb{Q})$ であるから, 作用の定義によって,

$$(L\phi)|_k[p_1] = \sum_{l=1}^{\infty} (\phi|_{k,1} V_l)|_{k,l}[p_1] e(l\omega)$$

となる. しかし, ϕ はヤコービカスプ形式であったから, $\phi|_{k,1} V_l$ も補題 8.16 により, 指数 l のヤコービカスプ形式である. よって

$$(\phi|_{k,1} V_l)|_{k,l}[p_1] = \sum_{n,r} b_l^{p_1}(n,r) q^n \zeta^r \quad (q = e(\tau),\ \zeta = e(z))$$

という形に展開されて, $b_l^{p_1}(n,r)$ は $4nl - r^2 > 0$ でない限りは 0 に等しい. ここで n, r は p_1 で決まる適当な有理数を動いている. 更に $(L\phi)|_k[p_1]$ に $[p_2]$ を作用させれば,

$$(L\phi)|_k[p] = t^k \sum_{l=1}^{\infty} \sum_{n,r} b_l^{p_1}(n,r) q^n \zeta^{tr} e(lt^2\omega).$$

となる. ここで, $4nlt^2 - (tr)^2 > 0$ と $4nl - r^2 > 0$ は同値であることに注意すれば, 以上をまとめて

$$(L\phi)|_k[p] = \sum_{n,l,r} a(n,l,r) q^n \zeta^r e(l\omega)$$

と書きなおすとき, $\begin{pmatrix} n & r/2 \\ r/2 & l \end{pmatrix}$ が正定値でなければ, $a(n,l,r) = 0$ となる. ここで T を $(L\phi)|_k[p]$ に作用させると

$$(L\phi)|_k[p]T = (-1)^k \sum_{n,l,r} a(n,l,r) q^l \zeta^r e(n\omega)$$

となり, やはり $4nl - r^2 > 0$ でなければ係数は消える. よって 0 でない係数は $n > 0$ の部分のみに現れ, また $\lim_{\lambda \to \infty} e(i\lambda n) = 0$ であるから, $\Phi((L\phi)|_k[pT] = 0$ である. よって, $L\phi$ はカスプ形式である.

8. 具体的なリフトの例

前に述べたヤコービ形式の具体例を用いて，この節では主としてレベルが 2 の場合のリフト，つまり $A_k(\Gamma_0^{(2)}(2))$ へのリフトの具体形について考察しよう．$A_k(Sp(2,\mathbb{Z}))$ へのリフト（Maass リフトまたは齋藤・黒川リフト）についてはいろいろ文献もあるし，数値例もよく知られている（たとえば [39], [128], [134]）．しかしレベルが 1 でない場合はリフトについて具体的に触れられている文献は少ない（理論は前に挙げた [76] に，また多少の例は [68] にもあるが）．

まず，レベルが 1 の場合の説明から始める．黒川信重氏のもともとの予想の出発点はレベル 1 のジーゲル保型形式について，L 関数のオイラー因子の例を具体的に計算することであった ([128])．しかし本書ではヘッケ作用素は扱わない方針であるから，具体的に，というのはリフトが既存の関数とどう関係するか，またフーリエ展開がどう具体的に書けるかというところに記述の中心がある．

8.1 レベル 1 のリフトの例

$E_{4,1}$ と $E_{6,1}$ からのリフトを見てみる．これらは定数項 $c(0) = 1$ であるから，指数 0 の部分の補正項が必要な場合であり，定数項は次の通り．

$$\frac{\zeta(1-4)}{2} = -\frac{B_4}{8} = \frac{1}{240},$$
$$\frac{\zeta(1-6)}{2} = -\frac{B_6}{12} = -\frac{1}{504}$$

しかし $A_4(Sp(2,\mathbb{Z}))$ と $A_6(Sp(2,\mathbb{Z}))$ は共に一次元で，それぞれアイゼンシュタイン級数 ϕ_4 と ϕ_6 が基底なので，リフトはこれらの定数倍である．実際 $Z = \begin{pmatrix} \tau & z \\ z & \omega \end{pmatrix} \in H_2$ として，$k = 4, 6$ に対して

$$E_{k,1}(\tau, z) = \sum_{\substack{n, r \in \mathbb{Z} \\ 4n - r^2 \geq 0}} c_k(4n - r^2) z^n \zeta^r$$

とすると，1 変数のウェイト k のアイゼンシュタイン級数を $E_k(\tau)$ と書けば，$240L(E_{4,1})$ および $-504L(E_{6,1})$ を考えることにより，

$$\phi_4(Z) = E_4(\tau) + 240 \sum_{\substack{m,n,r\in\mathbb{Z}\\m\geq 1}} \sum_{a|\gcd(m,n,r)} a^3 c_4\left(\frac{4mn-r^2}{a^2}\right) q^n \zeta^r e(m\omega),$$

$$\phi_6(Z) = E_6(\tau) - 504 \sum_{\substack{m,n,r\in\mathbb{Z}\\m\geq 1}} \sum_{a|\gcd(m,n,r)} a^5 c_6\left(\frac{4mn-r^2}{a^2}\right) q^n \zeta^r e(m\omega)$$

と書ける．また，$\chi_{10,1}$, $\chi_{12,1}$ はヤコービカスプ形式なので，これらのリフトもカスプ形式である．$S_{10}(Sp(2,\mathbb{Z}))$ と $S_{12}(Sp(2,\mathbb{Z}))$ はどちらも1次元なので，このリフトで基底が与えられる．実際，$q\zeta e(\omega)$ の係数が1となるウェイトが10ないしは12のジーゲルカスプ形式を χ_{10}, χ_{12} と書けば，$k=10, 12$ に対して

$$\chi_{k,1} = \sum_{\substack{n,r\in\mathbb{Z},\\4n-r^2>0}} c_k(4n-r^2) q^n \zeta^r$$

とするとき，

$$\chi_k = \sum_{\substack{n,m,r\in\mathbb{Z}, a|\gcd(n,m,r)\\m,n\geq 1}} \sum a^{k-1} c_k\left(\frac{4nm-r^2}{a^2}\right) q^n \zeta^r e(m\omega)$$

となる．以上で $\bigoplus_{k:\text{偶数}} A_k(Sp(2,\mathbb{Z}))$ の生成元 $\phi_4, \phi_6, \chi_{10}, \chi_{12}$ はすべてリフトで与えられた．奇数ウェイトの生成元 χ_{35} も，前に述べたように Rankin-Cohen 型の微分作用素により $\phi_4, \phi_6, \chi_{10}, \chi_{12}$ より構成できる．以上で，たとえばこれらのフーリエ係数を計算したければ，計算はすべてヤコービ形式の計算に帰着し，ヤコービ形式は単純なテータ関数で表示されているから，これらのフーリエ展開を計算するのは極めて容易である．

8.2 レベルによるリフトの違い

簡単のため，レベル $N=p$ を素数とする．今 $f_{k,1} \in J_{k,1}(SL_2(\mathbb{Z})^J)$ とすると，これは，$f_{k,1} \in J_{k,1}(\Gamma_0^{(1)}(p)^J)$ でもあるが，実は前の定義によれば，$f_{k,1}$ をレベル1と思ってリフトしたもの $F_k(Z)$ と，レベル p と思ってリフトしたもの $F_k^{(p)}(Z)$ とではリフトの像は異なっている．これを説明しよう．ヤコービ形式 $f_{k,1} \in J_{k,1}(SL_2(\mathbb{Z})^J)$ を

$$f_{k,1}(\tau, z) = \sum_{n,r} c(4n-r^2) q^n \zeta^r$$

とフーリエ展開しておく．今，$k\geq 4$ として，$c(0)=1$ の場合を考えよう．定義によ

り（定数倍を除いて）

$$F_k = 1 + \frac{2}{\zeta(1-k)} \sum_{n=1}^{\infty} \sigma_{k-1}(n) q^n$$
$$+ \frac{2}{\zeta(1-k)} \sum_{m \geq 1, n, r} \sum_{a | \gcd(n,m,r)} a^{k-1} c\left(\frac{4nm - r^2}{a^2}\right) q^n \zeta^r e(m\omega)$$

であり，また

$$F_k^{(p)} = 1 + \frac{2}{\zeta(1-k)(1-p^{k-1})} \sum_{n=1}^{\infty} \sigma_{k-1}^{(p)}(n) q^n$$
$$+ \frac{2}{\zeta(1-k)(1-p^{k-1})} \sum_{\substack{m \geq 1, n, r, \\ a|\gcd(n,m,r), p \nmid a}} a^{k-1} c\left(\frac{4nm - r^2}{a^2}\right) q^n \zeta^r e(m\tau)$$

である．どちらも $A_k(\Gamma_0^{(2)}(p))$ の元であるが，この両者の違いを詳しく見てみたい．まず $k \geq 4$ に対して，1変数のレベル1のアイゼンシュタイン級数 E_k は

$$E_k(\tau) = 1 + \frac{2}{\zeta(1-k)} \sum_{n=1}^{\infty} \sigma_{k-1}(n) q^n$$

と展開され，これが F_k の $e(\omega)$ に関するフーリエ展開の定数項である．一方で，$F_k^{(p)}$ の定数項は

$$1 + \frac{2}{\zeta(1-k)(1-p^{k-1})} \sum_{n=1}^{\infty} \sigma_{k-1}^{(p)}(n) q^n$$

である．ここで，前にも述べたように

$$\sigma_{k-1}^{(p)}(n) = \sigma_{k-1}(n) - p^{k-1} \sigma_{k-1}\left(\frac{n}{p}\right)$$

であるから，$F_k^{(p)}$ の定数項は

$$\frac{E_k(\tau) - p^{k-1} E_k(p\tau)}{1 - p^{k-1}}$$

となる．ゆえに

$$F_k^{(p)}(Z) = \frac{F_k(Z) - p^{k-1} F_k(pZ)}{1 - p^{k-1}}$$

であることが期待されるが，実際にその通りであることは次のようにしてわかる．

$\zeta(1-k)F_k(Z)/2$ の $q^n\zeta^r e(m\omega)$ $(m \geq 1)$ の係数は,

$$A(n,m,r) = \sum_{a|\gcd(n,m,r)} a^{k-1} c\left(\frac{4nm-r^2}{a^2}\right)$$

であり, $F_k^{(p)}(Z)$ については

$$B(n,m,r) = \frac{1}{1-p^{k-1}} \sum_{a|\gcd(n,m,r), p\nmid a} a^{k-1} c\left(\frac{4nm-r^2}{a^2}\right)$$

である. また $\zeta(1-k)F_k(pZ)/2$ の $q^n\zeta^r e(m\omega)$ $(m \geq 1)$ での係数 $C(n,m,r)$ は $\gcd(n,m,r) = p^l t$, $(p \nmid t)$ とすると, $l=0$ ならばゼロ, $l \geq 1$ ならば

$$C(n,m,r) = \sum_{a|p^{l-1}t} a^{k-1} c\left(\frac{4nm-r^2}{a^2 p^2}\right)$$
$$= \sum_{a|\gcd(n/p,m/p,r/p)} a^{k-1} c\left(\frac{4(n/p)(m/p)-(r/p)^2}{a^2}\right)$$

で与えられる. よって, $\zeta(1-k)(F_k(Z)-p^{k-1}F_k(pZ))/2(1-p^{k-1})$ の係数は

$$\frac{1}{1-p^{k-1}}\left(A(n,m,r) - p^{k-1} A\left(\frac{n}{p},\frac{m}{p},\frac{r}{p}\right)\right)$$

となるが, これは明らかに $B(n,m,r)$ に等しい. よって,

$$F_k^{(p)}(Z) = \frac{F_k(Z) - p^{k-1}F_k(pZ)}{1-p^{k-1}}$$

となる. 以上は $c(0) = 0$ の場合も同様である. よって1つの $f_{k,1}$ から少なくとも $F_k(Z), F_k(pZ)$ の2つがリフトにより得られる. ちなみに, 一般に $F(Z) \in A_k(\Gamma_0^{(n)}(N))$ が

$$F(Z) = \sum_T A(T) e(\mathrm{Tr}(TZ))$$

と展開されているとき, $p|N$ ならば, 次の関数

$$F|U(p) = \sum_T A(pT) e(\mathrm{Tr}(TZ))$$

も $A_k(\Gamma_0(N))$ に属する. 証明は,

$$F|U(p) = p^{-n(n+1)/2} \sum_{S \bmod p} F\left(\frac{Z+S}{p}\right)$$

であること，および $p|N$ ならば

$$\Gamma_0^{(n)}(N) \begin{pmatrix} 1_n & 0 \\ 0_n & p1_n \end{pmatrix} \Gamma_0^{(n)}(N) = \bigcup_{{}^tS = S \bmod p} \Gamma_0^{(n)}(N) \begin{pmatrix} 1_n & S \\ 0 & p1_n \end{pmatrix}$$

となることにより得られる（詳しくは，たとえば [75] を参照）．よって，$F_k(Z)$, $F_k(pZ)$, $F_k|U(p) \in A_k(\Gamma_0(p))$ がレベル 1 からの齋藤・黒川リフトと考えられる．具体的な実例は次節で述べる．

8.20 [練習問題]　　p を素数とし，$E_k \in A_k(SL_2(\mathbb{Z}))$ をアイゼンシュタイン級数とする．このとき，1 変数の保型形式 $E_k(\tau)$, $E_k(p\tau)$, $E_k|U(p)$ は，$\mathbb{C}$ 上線形従属であることを示せ（本書ではヘッケ作用素については述べていないが，ヘッケ作用素で固有関数になる $S_k(SL_2(\mathbb{Z}))$ の元（つまりカスプ形式）について同様の問いを考えよ）．

8.3　レベル 2 のリフトの例

さて，レベル 2 の場合を考える．以前に述べた，$F_{2,1} \in J_{2,1}(\Gamma_0^{(1)}(2)^J)$ において，$c(0) = c(0,0) = 1$ である．[12], [13] などの公式に見るように

$$\frac{\zeta_2(1-2)}{2} = \frac{\zeta(-1)(1-2^{-(1-2)})}{2} = -\frac{B_2}{2} \times \frac{-1}{2} = \frac{1}{24}.$$

よって，リフトされた方の定数項を 1 にするために $24F_{2,1}$ から $A_2(\Gamma_0^{(2)}(2))$ へのリフト F_2 を考えると，$F_{2,1}$ のフーリエ展開を

$$F_{2,1} = \sum_{n,r} c_2(4n - r^2) q^n \zeta^r$$

と書くとき

$$F_2(Z) = 1 + 24 \sum_{n=1}^{\infty} \sigma^{(2)}(n) q^n$$
$$+ 24 \sum_{\substack{n,m,r \in \mathbb{Z} \\ m \geq 1}} \sum_{\substack{a | \gcd(n,m,r) \\ a:奇数}} a \cdot c_2\left(\frac{4mn - r^2}{a^2}\right) q^n \zeta^r e(m\omega)$$

であった．ここで半整数対称行列 $T = \begin{pmatrix} n & r/2 \\ r/2 & m \end{pmatrix}$ における $F_2(Z)$ のフーリエ展開係数（つまり $q^n \zeta^r e(m\omega)$ の係数）を $a(T)$ と書けば，

$$a(T) = 24 \sum_{a|\gcd(n,m,r), a:奇数} a \cdot c_2\left(\frac{4nm - r^2}{a^2}\right)$$

であるが，$a(T)$ は $F_{2,1}$ の展開から容易に計算される．いずれにせよ，$A_2(\Gamma_0^{(2)}(2))$ は

1次元だったから，フーリエ係数を比較して，実は $F_2 = X$（X は 8.6 節でテータ定数で与えた $\Gamma_0^{(2)}(2)$ のウェイト 2 の保型形式）になっている．次に $E_{4,1}$ からのリフトを考える．これについては，レベル 1 へのリフトとレベル 2 へのリフトの両方が考えられるが，前に述べたように 2 つのレベルへのリフトは異なっており，異なるジーゲル保型形式を与えている．まずレベル 1 へのリフトは，

$$\frac{\zeta(1-4)}{2} = -\frac{B_4}{8} = \frac{1}{240}$$

より，

$$240 E_{4,1} = 240 \sum_{n,r} c_4(4n - r^2) q^n \zeta^r$$

からのリフトは

$$1 + 240 \sum_{n=1}^{\infty} \sigma_3(n) q^n + 240 \sum_{\substack{m \geq 1, n, r, \\ a | \gcd(n,m,r)}} a^3 c_4 \left(\frac{4nm - r^2}{a^2} \right) q^n \zeta^r e(m\omega)$$

で与えられる．これはウェイト 4 のアイゼンシュタイン級数 $\phi_4(\tau)$ に他ならない．一方で，同じヤコービ形式のレベル 2 へのリフトは

$$-\frac{\phi_4(Z) - 8\phi_4(2Z)}{7}$$

で与えられる．ウェイト 4，レベル 2 のヤコービ形式はもう一つ，$uF_{2,1}$ が存在する．これについては，

$$\begin{aligned}
uF_{2,1} = {} & 1 + (\zeta^{-2} + 8\zeta^{-1} + 30 + 8\zeta + \zeta^2) q \\
& + (30\zeta^{-2} + 192\zeta^{-1} + 180 + 192\zeta + 30\zeta^2) q^2 \\
& + (8\zeta^{-3} + 180\zeta^{-2} + 216\zeta^{-1} + 536 + 216\zeta + 180\zeta^2 + 8\zeta^3) q^3 + \cdots
\end{aligned}$$

と展開されている．ベクトル空間 $J_{4,1}(\Gamma_0(2)^J)$ は $uF_{2,1}$ と $E_{4,1}$ を基底に持つが，これらの定数項は共に 1 であるから，$E_{4,1} - uF_{2,1}$ を考えればこれのリフト F_4 の $e(\omega)$ による展開に関する定数項は 0 のはずである．これはリフトにジーゲルの Φ 作用素を作用させると 0 になることを意味している．一方で，X, Y, Z を 8.6 節の通りとして $\Phi(X^2) = u^2$. $\Phi(Y) = \theta_{00}(\tau)\theta_{01}(\tau)^4 = (4u^2 - v)/3$, $\Phi(Z) = 0$ がテータ関数の定義により容易にわかり，また $\Phi(X^2)$ と $\Phi(Y)$ は $\mathbb{C}$ 上線形独立であるから，F_4 は Z の整数倍のはずである．ここで次の展開

$$\frac{1}{48}(E_{4,1} - uF_{2,1}) = (\zeta^{-1} + 2 + \zeta)q + (2\zeta^{-2} + 8\zeta^{-1} + 12 + 8\zeta + 2\zeta^2)q^2$$
$$+ (\zeta^{-3} + 12\zeta^{-2} + 27\zeta^{-1} + 32 + 27\zeta + 12\zeta^2 + \zeta^3)q^3$$
$$+ (8\zeta^{-3} + 32\zeta^{-2} + 56\zeta^{-1} + 64 + 56\zeta + 32\zeta^2 + 8\zeta^3)q^4$$

を用いると，$(E_{4,1} - uF_{2,1})/48$ のリフト F_4 の $q\zeta e(\omega)$ での係数は 8.6 節で定義した Z のそれと一致するので，$F_4 = Z$ であることがわかる．これにより Z のフーリエ係数を多数求めるのは容易である．さらに，$X^2, Y, \phi_4|U(2)$ などとリフトとの関係を見てみたい．このためにフーリエ係数の表を挙げる．第一行の (m, n, r) は $T = \begin{pmatrix} n & r/2 \\ r/2 & m \end{pmatrix}$ に対する $e(\mathrm{Tr}(TZ)) = q^n \zeta^r e(m\omega)$ の係数を意味する．

	$(0,0,0)$	$(0,1,0)$	$(0,2,0)$	$(1,1,0)$	$(1,1,1)$	$(2,2,0)$
X^2	1	48	624	1440	384	124704
Y	1	-16	112	32	128	15136
Z	0	0	0	2	1	64
$\phi_4(Z)$	1	240	2160	30240	13440	1239840
$\phi_4(2Z)$	1	0	240	0	0	30240
$\phi_4|U(2)$	1	2160	17520	1239840	604800	41882400

となっている．これらにより，フーリエ係数を比較して連立一次方程式を解くことにより

$$\phi_4(Z) = 4X^2 - 3Y + 12288Z,$$
$$\phi_4(2Z) = \frac{1}{4}(X^2 + 3Y - 768Z),$$
$$\phi_4|U(2) = 34X^2 - 33Y + 595968Z$$

がわかる．

次に $J_{6,1}^{\mathrm{cusp}}(\Gamma_0^{(1)}(2)^J)$ を考える．これは $\chi_{6,1}$ で生成される．ここで $\chi_{6,1}$ のフーリエ展開を見れば，たとえば $c(1,1) = c(3) = 1$ である．よって $L\chi_{6,1}$ の $(n, m, r) = (1,1,1)$ の係数は 1 である．これは 8.6 節で定義した K についても同様である．K はウェイト 6 のただひとつのカスプ形式なので，実は $\chi_{6,1}$ のリフト $L(\chi_{6,1})$ が K である．以上より，X, Y, Z, K はすべてリフトにより具体的に与えられている．リフトの元になるヤコビ形式の展開係数は，みな具体的な計算が容易であるから，リフトのフー

リエ係数はすべて容易に計算できる．また χ_{19} は，定義により Rankin-Cohen 型微分作用素によって与えられ，よって，このフーリエ展開の計算も容易である．

筆者がこれらの保型形式のオイラー因子の計算を，ある実験のために初めて行ったのは 1979 年頃であったが，その当時はこういったリフトの理論は知られておらず，また計算機の性能も極めて貧弱なものであったから，組合せ計算によるフーリエ係数の計算は容易ではなかった．現在ならば，たとえ保型形式のテータ定数による定義から直接に原始的な計算を行っても，このような計算は極めて容易である．当時を思うと隔世の感がある．

ちなみに，$Sp(2,\mathbb{Z})$ と $\Gamma_0^{(2)}(2)$ の生成元の関係は

$$\phi_4 = 4X^2 - 3Y + 12288Z,$$
$$\phi_6 = -8X^3 + 9XY + 73728XZ - 27648K,$$
$$\chi_{10} = YK,$$
$$\chi_{12} = 3Y^2Z - 2XYK + 3072K^2$$

で与えられる．これらは，両辺のフーリエ係数はリフトから容易に与えられるので，フーリエ係数の比較などから容易に証明される．詳細は読者の演習に任せたい．

さて，（たとえば上の関係式とテータ定数表示を利用して）これらの Witt 作用素 W（対角行列への制限写像）での像を調べると，$W(\chi_{10}) = 0$ がわかり，$W(\phi_4)$, $W(\phi_6)$, $W(\chi_{12})$ は代数的に独立であることもわかる．これと次元公式を合わせると，前に述べた $A(\Gamma_2)$ の構造定理が得られる．次元公式を直接用いないとすると，話はもう少し面倒になるが，いくつか別証が知られている．井草準一は，種数 2 の代数曲線のモジュライの理論による証明 [94] と，テータ定数の生成する環に関する一般的な定理の応用による証明 [95] を与えている．Hammond と Freitag は Γ_2 の基本領域内での χ_5 の零点の構造と上に述べた Witt 作用素の像の性質を用いて，証明の改良を行った ([58], [43])．青木宏樹は [5] において，フーリエヤコービ展開を用いることにより，次元の上からの評価を巧妙に求めて，あとで保型形式を構成することにより，それが実際の次元に等しいということを示すことにより，同じ結果を与えた．

参考のため ϕ_4, ϕ_6, χ_{10}, χ_{12}, X, Y, Z, K, χ_{19} のフーリエ係数表を少しだけ挙げておく．ちなみに，$F(Z) = \sum_{T \in L_2^*} A(T)e(\mathrm{Tr}(TZ)) \in A_k(\Gamma_0^{(2)}(N))$ (L_2^* は 2 次半整数対称行列の集合) とすると，任意の $U \in GL_2(\mathbb{Z})$ に対して

$$A(U T {}^t U) = \det(U)^k A(T)$$

である．よってたとえば，k が奇数ならば，

$$T = \begin{pmatrix} n & 0 \\ 0 & m \end{pmatrix}$$

のとき,

$$\begin{pmatrix} 1 & 0 \\ 0 & -1 \end{pmatrix} T \begin{pmatrix} 1 & 0 \\ 0 & -1 \end{pmatrix} = T$$

より $A(T) = -A(T)$, つまり $A(T) = 0$ である.また,たとえば k が偶数で,F がレベル 1 のリフトで得られているのならば, $T = \begin{pmatrix} n & r/2 \\ r/2 & m \end{pmatrix}$ に対して $\gcd(m, n, r) = \mathrm{cont}(T)$ と書く.$A(T)$ は $\det(T)$ と $\mathrm{cont}(T)$ のみによって決まる.実際,$a | \gcd(n, m, r)$ とするとき,記号 $\langle T/a \rangle$ により,L_2^* の任意の元で,行列式が $\det(T)/a^2$ で $\mathrm{cont}(\langle T/a \rangle) = 1$ となるものを表すとすると,F がリフトであれば,$A(\langle T/a \rangle)$ は一意的に決まる.$\langle T/a \rangle$ としては,たとえば

$$\begin{pmatrix} nm/a^2 & r/2a \\ r/2a & 1 \end{pmatrix}$$

ととることが出来る.ここで,

$$A(T) = \sum_{a | \mathrm{cont}(T)} a^{k-1} A \begin{pmatrix} mn/a^2 & r/2a \\ r/2a & 1 \end{pmatrix}$$

となる.このようなフーリエ係数の関係式は Maass 関係式と呼ばれている.この性質は 2 次のアイゼンシュタイン級数について,最初 [153] で予想され,H. Maass [132], [133] で証明されている.レベル 1 の一般的な齋藤・黒川リフトについて,同様の関係式は [128] で予想され,[134] で証明された.

ちなみに,この関係式はレベル 1 での齋藤・黒川リフトを特徴づける.すなわち,この関係式があるということとリフトで得られるということはレベル 1 ならば同値である(たとえば [134], [1],また,一般のレベルについては,[76], [65] を見よ).

以下の表では,$T = \begin{pmatrix} n & r/2 \\ r/2 & m \end{pmatrix}$ を (n, m, r) と略記している.固定された (n, m) それぞれに対して,たとえ $4nm - r^2 \geq 0$ でかつ $A(n, m, r) \neq 0$ であっても,他の係数から容易にわかる r については,省略している場合がある.

各保型形式の定義については,X, Y, Z, K, χ_{19} は前に定義した通りである.また ϕ_4, ϕ_6 はフーリエ展開の定数項が 1 になるように正規化したウェイトが 4 と 6 のアイゼンシュタイン級数である.χ_{10}, χ_{12} はそれぞれ $(1, 1, 1)$ でのフーリエ展開係数を表のようにとった,ただひとつのウェイト 10 および 12 の $Sp(2, \mathbb{Z})$ のカスプ形式であ

る．χ_{35} は $Sp(2,\mathbb{Z})$ のウェイト 35 のカスプ形式で，次のように表示される．

$$\chi_{35} = \frac{1}{2^9 \cdot 3^4} \begin{vmatrix} 4\phi_4 & 6\phi_6 & 10\chi_{10} & 12\chi_{12} \\ \partial_1\phi_4 & \partial_1\phi_6 & \partial_1\chi_{10} & \partial_1\chi_{12} \\ \partial_2\phi_4 & \partial_2\phi_6 & \partial_2\chi_{10} & \partial_2\chi_{12} \\ \partial_3\phi_4 & \partial_3\phi_6 & \partial_3\chi_{10} & \partial_3\chi_{12} \end{vmatrix}.$$

ちなみに χ_{35} のフーリエ係数については，Nagaoka-Kodama-Kikuta [105] で次のような非常に面白い結果が証明されている．

上の表記で $\det(2T) \not\equiv 0 \bmod 23$ となるようなすべての T について χ_{35} のフーリエ係数は

$$A(T) \equiv 0 \bmod 23$$

を満たす．

この事実の片鱗は以下の表からも伺える．

	ϕ_4	ϕ_6	χ_{10}	χ_{12}	χ_{35}
$(0,0,0)$	1	1	0	0	0
$(0,1,0)$	240	-504	0	0	0
$(0,2,0)$	2160	-16632	0	0	0
$(0,3,0)$	6720	-122976	0	0	0
$(1,1,0)$	30240	166320	-2	10	0
$(1,1,1)$	13440	44352	1	1	0
$(1,2,0)$	181440	3792096	36	-132	0
$(1,2,1)$	138240	2128896	-16	-88	0
$(1,3,0)$	497280	23462208	-272	736	0
$(1,3,1)$	362880	15422400	99	1275	0
$(1,4,0)$	997920	85322160	1056	-2880	0
$(1,4,1)$	967680	65995776	-240	-8040	0
$(2,2,0)$	1239840	90644400	32	17600	0
$(2,2,1)$	967680	65995776	-240	-8040	0
$(2,2,2)$	604800	24881472	240	2784	0
$(2,3,0)$	2782080	530228160	-1464	-54120	0
$(2,3,1)$	2903040	453454848	2736	-14136	1
$(2,3,2)$	1814400	234311616	-1800	13080	0
$(2,4,0)$	7439040	2066692320	-576	-232320	0
$(2,4,1)$	5806080	1724405760	-6816	389520	-69
$(2,4,2)$	5114880	1126185984	4352	-64768	0
$(3,3,0)$	8467200	3327730560	-43920	1073520	0
$(3,3,1)$	6531840	2818924416	27270	-256410	0
$(3,3,2)$	5987520	1945345248	-19008	38016	0
$(3,3,3)$	3642240	883802304	15399	48303	0
$(3,3,4)$	1814400	234311616	-1800	13080	0
$(3,3,5)$	362880	15422400	99	1275	0
$(3,3,6)$	6720	-122976	0	0	0
$(3,4,0)$	15980160	12013404480	12544	-2309120	0
$(3,4,1)$	17418240	11304437760	44064	-1227600	-129421
$(3,4,2)$	13426560	8158449600	-26928	938400	-32384
$(3,4,3)$	10644480	4864527360	-6864	-806520	0
$(3,4,4)$	5987520	1945345248	-19008	38016	0
$(4,4,0)$	41882400	46585733040	-279040	15902720	0
$(4,4,1)$	34974720	42077629440	-36432	6141960	0
$(4,4,2)$	35804160	34911765504	65280	-5917440	0
$(4,4,3)$	24192000	22751511552	-22000	2311640	0
$(4,4,4)$	20818560	12809611584	135424	3392512	0

8. 具体的なリフトの例

(m,n,r)	X	Y	Z	K	χ_{19}
$(0,0,0)$	1	1	0	0	0
$(0,1,0)$	24	-16	0	0	0
$(0,2,0)$	24	112	0	0	0
$(0,3,0)$	96	-448	0	0	0
$(1,1,0)$	144	32	2	-2	0
$(1,1,1)$	192	128	1	1	0
$(1,2,0)$	288	192	12	4	0
$(1,2,1)$	0	-1024	8	0	0
$(1,3,0)$	192	-384	32	16	0
$(1,3,1)$	576	3456	27	-13	0
$(1,4,0)$	144	-992	64	-32	0
$(1,4,1)$	0	-7168	56	0	0
$(2,2,0)$	144	15136	64	-32	0
$(2,2,1)$	0	-7168	56	0	0
$(2,2,2)$	192	6784	32	16	0
$(2,3,0)$	576	2944	184	72	0
$(2,3,1)$	0	-21504	168	0	-1
$(2,3,2)$	576	1920	120	-40	0
$(2,4,0)$	288	90816	384	64	0
$(2,4,1)$	0	-43008	336	0	5
$(2,4,2)$	0	68608	256	0	0
$(3,3,0)$	1152	8960	560	-336	0
$(3,3,1)$	1152	62208	468	70	0
$(3,3,2)$	288	-5952	384	64	0
$(3,3,3)$	1344	34688	271	87	0
$(3,3,4)$	576	1920	120	-40	0
$(3,3,5)$	576	3456	27	-13	0
$(3,3,6)$	96	-448	0	0	0
$(3,4,0)$	192	-16768	1024	256	0
$(3,4,1)$	0	-129024	1008	0	-51
$(3,4,2)$	576	-10368	864	-208	128
$(3,4,3)$	0	-78848	616	0	0
$(3,4,4)$	288	-5952	384	64	0
$(4,4,0)$	144	627488	2048	-512	0
$(4,4,1)$	0	-259072	2024	0	0
$(4,4,2)$	0	480256	1792	0	0
$(4,4,3)$	0	-179200	1400	0	0
$(4,4,4)$	192	305792	1024	256	0

9. 微分作用素による構成

第3章で述べた，Rankin-Cohen 型の微分作用素（場合 II と書いたもの）を用いると，既知の保型形式から新しい保型形式が構成できるので，便利なことが多い．知られている結果を全部述べるのは量が多すぎるので，多少の文献案内を行って，典型的な具体例を一つだけ付け加えたあとで，本章を終えることにする．

まず，ジーゲル保型形式環であるが，Γ_2 を2次のジーゲルモジュラー群として，

$$A(\Gamma_2) = \mathbb{C}[\phi_4, \phi_6, \chi_{10}, \chi_{12}] \oplus \chi_{35}\mathbb{C}[\phi_4, \phi_6, \chi_{10}, \chi_{12}]$$

がわかっていた．ここで，χ_{35} が $\phi_4, \phi_6, \chi_{10}, \chi_{12}$ から微分作用素で得られることは既に説明した．また $\phi_4, \phi_6, \chi_{10}, \chi_{12}$ は齋藤・黒川リフトから得られているのであった．しかし，実際には，χ_{10}, χ_{12} は ϕ_4, ϕ_6 から微分作用素で得ることもできるので，基本的にはアイゼンシュタイン級数を ϕ_4, ϕ_6 だけ構成しておけば，すべてそこから構成できることになる．実際に2次の Rankin-Cohen 型の微分作用素を用いて書いてみる．$Z = \begin{pmatrix} \tau_1 & z \\ z & \tau_2 \end{pmatrix} \in H_2$ として，前と同様に

$$\partial_1 = \frac{1}{2\pi i}\frac{\partial}{\partial \tau_1}, \quad \partial_2 = \frac{1}{2\pi i}\frac{\partial}{\partial z}, \quad \partial_3 = \frac{1}{2\pi i}\frac{\partial}{\partial \tau_2}, \quad \mathbb{D} = \begin{vmatrix} \partial_1 & \partial_2/2 \\ \partial_2/2 & \partial_3 \end{vmatrix}$$

とおく．補題 3.22 の $v=1$ のときへの応用として，ウェイト k_i のジーゲル保型形式 F_i $(i=1,2)$ に対して，

$$\{F_1, F_2\}_2 = \frac{(2k_1-1)(2k_2-1)}{4}\mathbb{D}(F_1 F_2) - \frac{(2k_2-1)(2k_1+2k_2-1)}{4}\mathbb{D}(F_1)F_2$$
$$- \frac{(2k_1-1)(2k_1+2k_2-1)}{4}\mathbb{D}(F_2)F_1$$

とおくと $\{F_1, F_2\}_2$ はウェイトが $k_1 + k_2 + 2$ のジーゲルカスプ形式になるのであった．これを $k_1 = k_2 = 4$ に適用すると

$$\{\phi_4, \phi_4\}_2 = -28\phi_4\mathbb{D}\phi_4 + \frac{49}{2}\left((\partial_1\phi_4)(\partial_3\phi_4) - \frac{1}{4}(\partial_2\phi_4)^2\right)$$

これをフーリエ展開すると，ϕ_4 の $T_0 = \begin{pmatrix} 1 & 1/2 \\ 1/2 & 1 \end{pmatrix}$ での係数を具体的に用いて，$\{\phi_4, \phi_4\}_2$ については，T での係数は

$$-2^7 \cdot 3^2 \cdot 5 \cdot 7^2$$

であることがわかる．$\{\phi_4, \phi_4\}_2$ は $\Gamma_2 = Sp(2, \mathbb{Z})$ のウェイト10のカスプ形式のはずであるが，$\dim S_{10}(\Gamma_2) = 1$ であるから，これは χ_{10} の定数倍に等しい．しかし，前に定義した χ_{10} では T_0 での値は1としていたから，

$$\{\phi_4, \phi_4\}_2 = -2^7 \cdot 3^2 \cdot 5 \cdot 7^2 \cdot \chi_{10}$$

となる．また $k_1 = 4, k_2 = 6$ に適用すると

$$\{\phi_4, \phi_6\}_2 = -14(\mathbb{D}\phi_6)\phi_4 - 33(\mathbb{D}\phi_4)\phi_6$$
$$+ \frac{77}{4}\left((\partial_3\phi_4)(\partial_1\phi_6) + (\partial_1\phi_4)(\partial_3\phi_6) - \frac{1}{2}(\partial_2\phi_4)(\partial_2\phi_6)\right).$$

となる．よって，同様にフーリエ係数を計算して，T_0 での χ_{12} の係数は1であることを用いて

$$\{\phi_4, \phi_6\}_2 = -798336 \, \chi_{12} = -2^7 \cdot 3^4 \cdot 7 \cdot 11 \, \chi_{12}$$

がわかる．

8.21 [練習問題] E_8 を第2章で定義した $\mathbb{R}^8$ 内のランク8の偶ユニモジュラー格子とする．$\mathbb{R}^8$ の普通の内積を $(*.*)$ と書く．このとき，

$$\phi_4(Z) = \sum_{x,y \in E_8} e\left(\frac{1}{2}((x,x)\tau_1 + 2(x,y)z + (y,y)\tau_2)\right)$$

であることを用いて，$\{\phi_4, \phi_4\}_2$ は E_8 格子に対する多重調和関数を係数とするテータ関数と自然にみなせることを示せ（ヒント：微分作用素の作用を具体的に書いて，係数に現れる多項式が多重調和多項式であることを見よ）．

以上はスカラー値のジーゲル保型形式であるが，ベクトル値のウェイトの2次ジーゲル保型形式を具体的に構成して，その構造定理まで述べた最初の結果は佐藤孝和氏による（[161]）．今，u_1, u_2 を独立変数とし，これらに関する $\mathbb{C}$ 係数の j 次斉次多項式の空間を V_j と書く．$g \in GL(2, \mathbb{C})$ と $P(u_1, u_2) \in V_j$ について，$\rho_j(g)P$ を

$$(\rho_j(g)P)(u_1, u_2) = P((u_1, u_2)g)$$

で定義すると，ρ_j は $GL(2, \mathbb{C})$ の既約表現となる．これを j 次対称テンソル表現という．$GL(2, \mathbb{C})$ の任意の有理既約表現は，適当な整数 k と非負の整数 j を用いて $\rho_{k,j}(g) = \det(g)^k \rho_j(g)$ と書けることが知られている（[195]）．$Sp(2, \mathbb{R})$ の離散群 Γ に関するウェイト $\rho_{k,j}$ の正則ジーゲル保型形式のなすベクトル空間を $A_{k,j}(\Gamma)$ と書く．

群 $\Gamma_2 = Sp(2,\mathbb{Z})$ に関するウェイトが $\rho_{k,j}$ のゼロでない保型形式が存在するためには, $k \geq 0$ および j が偶数であることが必要条件である (j が奇数ならば -1_4 の作用を比較して, 保型形式はゼロしかないことがわかる). ここで j を固定しておき, 異なる k に対する $A_{k,j}(\Gamma_2)$ の和空間 $A_{*,j}(\Gamma_2) = \sum_{k=0}^{\infty} A_{k,j}(\Gamma_2)$ を H_2 上の V_j 値正則関数の空間の中で考える. これは実は直和になる. この事実は, たとえば,

$$\gamma = \begin{pmatrix} A & B \\ C & D \end{pmatrix} = \begin{pmatrix} a & 0 & b & 0 \\ 0 & 1 & 0 & 0 \\ c & 0 & d & 0 \\ 0 & 0 & 0 & 1 \end{pmatrix} \in Sp(2,\mathbb{Z})$$

とおくと, $\rho_{k,j}(CZ+D)$ は $Z = \begin{pmatrix} \tau & z \\ z & \omega \end{pmatrix}$ に対して, $(c\tau+d)^{k+j-l}$ $(l=0,\ldots,j)$ を成分とする対角行列になるが, これが無限個の c に対し異なる値を与えることより, スカラー値のときと同様に証明される. $A_{\text{even}}(\Gamma_2) = \bigoplus_{k=0}^{\infty} A_{2k}(\Gamma_2)$ をおくと, $A_{*,j}(\Gamma_2)$ は明らかに $A_{\text{even}}(\Gamma_2)$ 加群である. とくに, $A_{*,j}(\Gamma_2)$ の次の部分加群

$$A_{\text{even},j}(\Gamma_2) = \sum_{k \geq 0}^{\infty} A_{2k,j}(\Gamma_2),$$

$$A_{\text{odd},j}(\Gamma_2) = \sum_{k \geq 0}^{\infty} A_{2k+1,j}(\Gamma_2)$$

もまた $A_{\text{even}}(\Gamma_2)$ 上の加群である. なお, $A_{*,j}(\Gamma_2)$ は $A_{\text{even}}(\Gamma_2)$ よりも大きな環 $A(\Gamma_2) = \bigoplus_{k=0}^{\infty} A_k(\Gamma_2)$ 上の加群ともみなせるが, こちらの構造は経験上複雑であり, $A_{\text{even}}(\Gamma_2)$ 加群とみなす方が構造が綺麗に書ける. 佐藤孝和氏が [161] で調べたのは, ウェイトが $\rho_{k,j}$ において $j=2$ で k が偶数のものの和, すなわち, $A_{\text{even},2}(\Gamma_2)$ の $A_{\text{even}}(\Gamma_2)$ 加群としての構造である. 彼はこれを2つのスカラー値ジーゲル保型形式に対するベクトル値の Rankin-Cohen 型の微分作用素を構成することにより求めた. 結論を簡単に述べると, $A_{\text{even}}(\Gamma_2) = \mathbb{C}[\phi_4, \phi_6, \chi_{10}, \chi_{12}]$ の4つの生成元を2つずつ組み合わせて得られる V_2 値の Rankin-Cohen 型の微分作用素の像 6 個が生成元であり, これらが定義から自然に満たす 3 つの関係式が, 基本関係式である. 詳しくは [161] を参照されたい.

ここでは, これ以外の例として, $j=2$, k が奇数の場合の結果を解説する (これは [78] の結果の一部である). (3.28) で定義した Rankin-Cohen 型微分作用素を, $A_{\text{even}}(\Gamma_2)$ の生成元に適用すると, 4つの保型形式 $F_{k,2} \in A_{k,2}(\Gamma_2)$ ($k = 21, 23, 27, 29$) が次

のように構成される.

$$F_{21,2} = \{\phi_4, \phi_6, \chi_{10}\}_{\det Sym(2)} \in A_{21,2}(\Gamma_2),$$
$$F_{23,2} = \{\phi_4, \phi_6, \chi_{12}\}_{\det Sym(2)} \in A_{23,2}(\Gamma_2),$$
$$F_{27,2} = \{\phi_4, \chi_{10}, \chi_{12}\}_{\det Sym(2)} \in A_{27,2}(\Gamma_2),$$
$$F_{29,2} = \{\phi_6, \chi_{10}, \chi_{12}\}_{\det Sym(2)} \in A_{29,2}(\Gamma_2).$$

これらは,フーリエ展開を見れば容易にわかるように,みなゼロではない. さて, $1 \leq i \leq 4$ に対して, F_i をウェイト k_i のスカラー値ジーゲル保型形式とすると,

$$k_1 F_1 \{F_2, F_3, F_4\}_{\det Sym(2)} - k_2 F_2 \{F_1, F_3, F_4\}_{\det Sym(2)}$$
$$+ k_3 F_3 \{F_1, F_2, F_4\}_{\det Sym(2)} - k_4 F_3 \{F_1, F_2, F_3\}_{\det Sym(2)} = 0 \quad (8.32)$$

となる. 実際,

$$\begin{vmatrix} \partial_1 F_1 & \partial_1 F_2 & \partial_1 F_3 & \partial_1 F_4 \\ \partial_2 F_1 & \partial_2 F_2 & \partial_2 F_3 & \partial_2 F_4 \\ k_1 F_1 & k_2 F_2 & k_3 F_3 & k_4 F_4 \\ k_1 F_1 & k_2 F_2 & k_3 F_3 & k_4 F_4 \end{vmatrix} = 0$$

であるが,これを第4行について展開すれば, (8.32) の右辺の u_1^2 の係数がゼロであることがわかる. 同様の計算で $u_1 u_2$, u_2^2 の係数もゼロになるので, (8.32) を得る. これを我々の場合に適用すれば

$$4\phi_4 \{\phi_6, \chi_{10}, \chi_{12}\}_{\det Sym(2)} - 6\phi_6 \{\phi_4, \chi_{10}, \chi_{12}\}_{\det Sym(2)}$$
$$+ 10\chi_{10} \{\phi_4, \phi_6, \chi_{12}\}_{\det Sym(2)} - 12\chi_{12} \{\phi_4, \phi_6, \chi_{10}\}_{\det Sym(2)} = 0 \quad (8.33)$$

である.

さて,以上に構成した保型形式で, $A_{\text{odd},2}(\Gamma_2)$ が $A_{\text{even}}(\Gamma_2)$ 加群として生成されるのを示すために,ここで次元公式について少し復習する. 対馬氏の次元公式 [187] により,$\dim S_{k,j}(\Gamma_2)$ の公式は $k \geq 5$ のときは知られている. また,最近の C. Faber および Dan Petersen [143] の結果によれば,同じ公式が $k \geq 3$ で成立することがわかっている. $A_{k,j}(\Gamma_2)$ にジーゲルの Φ 作用素を施すとその像は $j > 0$ のときは $S_{k+j}(\Gamma_1) u_1^j$ に含まれ,核はもちろん $S_{k,j}(\Gamma_2)$ である (Arakawa [10]). 特に k が奇数ならば Φ の像はゼロであるから, $S_{k,j}(\Gamma_2) = A_{j,k}(\Gamma_2)$ である. また k が偶数ならば $k \geq 6$ のときは [157], [10] により,また $k = 4$ ならば [92] により Φ は $S_{k+j}(\Gamma_1)$ に全射であり,

いずれにしても $k \geq 3$ で $j > 0$ ならば.

$$\dim A_{k,j}(\Gamma_2) = \dim S_{k,j}(\Gamma_2) + \dim S_{k+j}(\Gamma_1)$$

である（ちなみに，$j = 0$ ならば $S_{k+j}(\Gamma_1) = S_k(\Gamma_1)$ を $A_k(\Gamma_1)$ に置き換えれば同様の式が成り立つ）．さらには $k = 2$ のときも $A_{2,j}(\Gamma_2)$ の H_2 の対角成分への制限を考えると，$A_2(SL(2,\mathbb{Z})) = 0$ という事実より，u_1^j（および u_2^j）の係数がゼロであることがわかり，これからすべてカスプ形式であること，つまり $A_{2,j}(\Gamma_2) = S_{2,j}(\Gamma_2)$ であることがわかる．また，Freitag [44] により，$k \leq 0$ に対して $A_{k,j}(\Gamma_2) = 0$ がわかっている．更には Skoruppa [180] によりウェイト 1 の $SL(2,\mathbb{Z})$ に関するヤコービ形式は，どんな（スカラー）指数の場合でも存在しないことがわかっているが，この応用として，$A_{1,j}(\Gamma_2) = 0$ がわかる（たとえば $A_{1,j}(\Gamma_2)$ の元 F を H_2 の $(2,2)$ 成分についてフーリエヤコービ展開すると，u_2^j の成分が恒等的にゼロになることがわかり，この結果と保型性を用いた簡単な計算により F 自身がゼロになることがわかる）．よって，以上により，$A_{k,j}(\Gamma_2)$ および $S_{k,j}(\Gamma_2)$ の明示公式が分かっていないのは，$k = 2$ の場合だけである．かなり多くの小さい j について $A_{2,j}(\Gamma_2) = 0$ となることが直接証明できる．筆者の知る限り，$A_{2,j}(\Gamma_2) \neq 0$ となる j の例はひとつも知られていない．いつでも $A_{2,j}(\Gamma_2) = 0$ という可能性もある．これが構成できるのか，非存在が証明できるのか，面白い問題であると思う．

さて，元に戻って $j = 2$ の場合を考えると，この場合は $A_{2,2}(\Gamma_2) = 0$ であることがわかる．証明方法はいろいろあるが，たとえば次元公式より $A_{12,2}(\Gamma_2) = 0$ なので，$\chi_{10} A_{2,2}(\Gamma_2) \subset A_{12,2}(\Gamma_2) = 0$ よりわかる．以上の考察をあわせて，$A_{k,2}(\Gamma_2)$ の次元の母関数は

$$\sum_{k=0}^{\infty} \dim A_{k,2}(\Gamma_2) t^k = \frac{t^{10} + t^{14} + 2t^{16} + t^{18} - t^{20} - t^{26} - t^{28} + t^{32}}{(1-t^4)(1-t^6)(1-t^{10})(1-t^{12})}$$
$$+ \frac{t^{21} + t^{23} + t^{27} + t^{29} - t^{33}}{(1-t^4)(1-t^6)(1-t^{10})(1-t^{12})}$$

で与えられることがわかる．このうち，今は k が奇数のものだけを見ればよい．井草の結果より

$$\sum_{k=0}^{\infty} A_{2k}(\Gamma_2) t^{2k} = \frac{1}{(1-t^4)(1-t^6)(1-t^{10})(1-t^{12})}$$

であったから，上の次元公式の母関数の分母は，$A_{\text{even}}(\Gamma_2)$ とうまく対応している．よって，分子の $t^{21} + t^{23} + t^{27} + t^{29}$ の部分はちょうど前に定義した $F_{k,2}$（$k = 21$,

23, 27, 29) に対応しているように見え，また $-t^{33}$ はこれらの間の関係式から次元の減る部分であろうと想像するのは自然である．これを具体的に見るために，$F_{k,2}$ の間の $A_{\text{even}}(\Gamma_2)$ 上の関係式について，具体的に調べてみよう．$A_{\text{even}}(\Gamma_2)$ 上，一次関係式があるとすると，$f_{k-i} \in A_{k-i}(\Gamma_2)$，($k$ は奇数で $i = 21, 23, 27, 29$) が存在して，

$$f_{k-21}F_{21,2} + f_{k-23}F_{23,2} + f_{k-27}F_{27,2} + f_{k-29}F_{29,2} = 0 \qquad (8.34)$$

となる．これに $4\phi_4$ を掛けたものと，関係式 (8.33) に f_{k-29} を掛けたものを用いて，$F_{29,2}$ を消去すると，

$$(4\phi_4 f_{k-21} + 12\chi_{12} f_{k-29})F_{21,2} + (4\phi_4 f_{k-23} - 10\chi_{10} f_{k-29})F_{23,2}$$
$$+ (4\phi_4 f_{k-27} + 6\phi_6 f_{k-29})F_{27,2} = 0 \quad (8.35)$$

を得る．ここで，$F_{21,2}, F_{23,2}, F_{28,2}$ が正則関数のなす環上，線形独立であることは，これらの保型形式の $u_1^2, u_1 u_2, u_2^2$ の係数からなる 3 次正方行列の行列式がゼロでないこと（たとえばフーリエ展開が消えないこと）より容易にわかる（詳しい計算は省略するが，前に挙げたフーリエ係数の表から得られる）．よって，(8.35) の係数はみな恒等的にゼロである．つまり $4\phi_4 f_{k-21} + 12\chi_{12} f_{k-29} = 0$，$4\phi_4 f_{k-21} - 10\chi_{10} f_{k-29} = 0$，$4\phi_4 f_{k-27} + 6\phi_6 f_{k-29} = 0$ となる．しかし $\mathbb{C}[\phi_4, \phi_6, \chi_{10}, \chi_{12}]$ は重み付き多項式環（4つの変数は代数的に独立）であるから，f_{k-29} は ϕ_4 で割り切れるので，$f_{k-29} = 4\phi_4 f_0$ となる $f_0 \in A_{k-33}(\Gamma_2)$ なる保型形式 f_0 が存在する．よって，$f_{k-21} = -12\chi_{12}f_0$，$f_{k-23} = 10\chi_{12}f_0$，$f_{k-27} = -6\phi_6 f_0$ となる．ゆえに関係式 (8.34) は関係式 (8.33) に帰着する．言い換えると，(8.33) は $A_{\text{even}}(\Gamma_2)$ 加群としての，基本関係式であるので，次の $A_{\text{even},2}(\Gamma_2)$ の部分加群

$$A'(\Gamma_2) = A_{\text{even}}(\Gamma_2)F_{21,2} + A_{\text{even}}(\Gamma_2)F_{23,2} + A_{\text{even}}(\Gamma_2)F_{27,2} + \mathbb{C}[\phi_6, \chi_{10}, \chi_{12}]F_{29,2}$$

は直和である．この加群の次元の母関数は明らかに，

$$\frac{t^{21} + t^{23} + t^{27}}{(1-t^4)(1-t^6)(1-t^{10})(1-t^{12})} + \frac{t^{29}}{(1-t^6)(1-t^{10})(1-t^{12})}$$
$$= \frac{t^{21} + t^{23} + t^{27} + t^{29} - t^{33}}{(1-t^4)(1-t^6)(1-t^{10})(1-t^{12})}$$

であるから，全体の次元と一致しており，$A_{\text{odd},2}(\Gamma_2) = A'(\Gamma_2)$ がわかる．

以上の結果の，次元公式を使わない巧妙な証明は Aoki [8] にある．

最後に，保型形式環ないしは保型形式加群についての具体的な結果について，文献案内をしておく．まず，次数 2 の場合であるが，スカラー値のジーゲル保型形式環で群が

$\Gamma(4,8)$ と呼ばれる群の場合は，井草による古典的な結果がある ([96])．また，$\Gamma_0^{(2)}(N)$ ($N = 1, 2, 3, 4$) についても具体的にわかっている ([94], [61], [9])．レベル3の主合同部分群 $\Gamma(3)$ については，[49] に綺麗な結果がある．ベクトル値のジーゲル保型形式については，j が小さいときは，いろいろな結果がある．離散群が $\Gamma_2 = Sp(2, \mathbb{Z})$ で $j \leq 10$ のときについては，$j=2$ で k が偶数の場合は [161]，$j=2$ で k が奇数の場合，および $j=4$ で k が一般，$j=6$ で k が偶数の場合は [78]，$j=6$ で k が奇数のときは [193]，$j=8$ のときは [109]，$j=10$ のときは [185] などを参照されたい．また離散群が $\Gamma_0^{(2)}(N)$ ($N = 2, 3, 4$) で $j=2$ のときの結果は [8] がある．同様に $j=2$ の場合，$\Gamma(2)$ に関する結果が [50] にある．

以上の加群は k が半整数を動く場合も定義することができる．この場合は自然な保型因子をとるために $\Gamma_0^{(2)}(4)$ に関する保型形式とする必要がある．また群 $\Gamma_0^{(2)}(4)$ は自明でない自然な指標が存在するので，指標付きと指標が付かない場合と両方考えることができる．これについての加群の構造は，小さい j については，[190], [61], [79] にある．次数3ならば，スカラー値で $\Gamma_3 = Sp(3, \mathbb{Z})$ に関するジーゲル保型形式環は，[191], [192] に最初に与えられたが，その後 [155], [48] などの結果もある．スカラー値ヒルベルト保型形式については，昔からいろいろな結果が知られているが，微分作用素の応用を用いたという点で，[6], [7] だけ挙げておく．ヤコービ形式についても，類似の加群構造を考えることができる．すなわち，M を l 次の半整数対称行列とし，$n=2$ に対する $H_2 \times M_{l,2}(\mathbb{C})$ 上の，指数 M，ウェイト $\det^k Sym(j)$ のヤコービ形式の空間を $J_{\det^k Sym(j), M}(\Gamma_2^{(2,l)})$ を書こう．このとき，

$$J_{*, j, M}(\Gamma_2^{(2,l)}) = \sum_{k=1}^{\infty} J_{\det^k Sym(j), M}(\Gamma_2^{(2,l)})$$

とおけば，これは明らかに $A_{\text{even}}(\Gamma_2)$ 加群である．この加群の構造が具体的にわかっている場合はそれほど多くないが，たとえば $l=1$ で $M=1$ または 2 かつ $j=0$ の場合の具体的な構造は [77] で，また $l=M=1$ で $j>0$ の場合の一般的な構造定理は [81] で（ただし $k \geq 8$ の部分について）わかっている．

一般に，$n=2$ である限りは，何であれ Γ_2 に関する保型形式加群に関しては，必要とあれば，計算機の計算により，かなりの程度わかる可能性がある．一方で，群を小さくすると，たとえば $\Gamma_0^{(2)}(5)$ に関するスカラー値の保型形式環を具体的に求める，というような問題は，かなり複雑に思われる．

参考文献

[1] A. N. Andrianov, Modular descent and the Saito-Kurokawa conjecture, *Invent. Math.*, **53** (1979), 267–280.

[2] A. N. Andrianov, *Quadratic forms and Hecke operators* (Grundlehren der Mathematischen Wissenschaften **286**), Springer-Verlag, Berlin (1987), xii+374 pp.

[3] A. N. Andrianov and G. N. Maloletkin, Behavior of theta-series of genus n under modular substitution, *Math. USSR Izvestija*, **39**(1975), 227–241.

[4] A. N. Andrianov and G. N. Maloletkin, Behavior of theta-series of genus n of indeterminate quadratic forms under modular substitution, Algebra, number theory and their applications. *Trudy Mat. Inst. Steklov.*, **148** (1978), 5–15, 271.

[5] H. Aoki, Estimating Siegel modular forms of genus 2 using Jacobi forms, *J. Math. Kyoto Univ.*, **40** (2000), 581–588.

[6] H. Aoki, Estimate of the dimensions of Hilbert modular forms by means of differential operators, *Automorphic forms and zeta functions, Proceedings of the Conference in Memory of Tsuneo Arakawa, 4-7 September 2004* Ed. by S. Boecherer, T. Ibukiyama, M. Kaneko, F. Sato. World Sci. Publ., Hackensack, NJ, (2006), 20–28.

[7] H. Aoki, Estimate of the dimensions of mixed weight Hilbert modular forms, *Comment. Math. Univ. St. Pauli*, **57** (2008), 1–11.

[8] H. Aoki, On vector valued Siegel modular forms of degree 2 with small levels, *Osaka J. Math.*, **49** (2012), 625–651.

[9] H. Aoki and T. Ibukiyama, Simple Graded Rings of Siegel Modular Forms, Differential Operators and Borcherds Products, *International J. Math.*, **16** (2005), 249–279.

[10] T. Arakawa, Vector-valued Siegel's modular forms of degree two and the associated Andrianov L-functions, *Manuscripta Math.*, **44** (1983), 155–185.

[11] T. Arakawa and S. Boecherer, A note on the restriction map for Jacobi forms, *Abh. Math. Sem. Univ. Hamburg*, **69** (1999), 309–317.

[12] 荒川恒男, 伊吹山知義, 金子昌信,『ベルヌーイ数とゼータ関数』, 牧野書店 (2001), ix+243 pp.

[13] T. Arakawa, T. Ibukiyama and M. Kaneko, *Bernoulli numbers and zeta functions*, with an appendix by Don Zagier, Springer Monographs in Mathematics, Springer (2014), xi+274 pp.

[14] T. Asai, The reciprocity of Dedekind sums and the factor set for the universal covering group of $SL(2,\mathbb{R})$, *Nagoya Math. J.*, **37** (1970), 67–80.

[15] A. O. L. Atkin, Weierstrass points at cusps of $\Gamma_0(n)$, *Ann. Math.*, **85** (1967), 42–45.

[16] K. Ban, On Rankin-Cohen-Ibukiyama operators for automorphic forms of several variables, *Comment. Math. Univ. St. Pauli*, **55** (2006), 149–171.

[17] H. Bass, J. Milnor, J.-P. Serre, Solution of the congruence subgroup problem for $SL_n(n \geq 3)$ and $Sp_{2n}(n \geq 2)$, *IHES Sci. Publ. Math.*, **33**(1967), 59–137.

[18] S. Böcherer, Über die Fourier-Jacobi-Entwicklung Siegelscher Eisensteinreihen II, *Math. Z.*, **189** (1985), 81–110.

[19] S. Böcherer and R. Schulze Pillot, On the central critical value of the triple product L-function, in *Number Theory 1993-1994*, Cambridge Univ. Press (1996), 1–46.

[20] S. Böcherer and T, Ibukiyama, Surjectivity of Siegel Φ-operator for square free level and small weight, *Annales de l'institut Fourier Tome*, **62**(2012), 121–144.

[21] A. Borel, *Introduction aux groupes arithmétiques*, Publications de l'Institut de Mathématique de l'Université de Strasbourg, XV. Actualités Scientifiques et Industrielles, No. **1341**, Hermann, Paris (1969), 125 pp.

[22] A. Borel, Introduction to automorphic forms, *Algebraic Groups and Discontinuous Subgroups (Proc. Sympos. Pure Math. IX, Boulder, Colorado)*, Amer. Math. Soc., Providence, Rhodo Island, (1966), 199–210.

[23] A. Borel and G. D. Mostow Ed., *Algebraic groups and discontinuous subgroups*, Proceedings of symposia in pure Math. IX, AMS Providence, Rhodo Island (1966), vii+426 pp. (Special Edition Reprinted by Tokyo University International Edition, No. **33**, the University of Tokyo Press, 1969).

[24] A. Borel and Harish-Chandra, Arithmetic subgroups of algebraic groups, *Ann. of Math.*, (2) **75** (1962), 485–535.

[25] H. Braun, Konvergenz verallgemeinerter Eisensteinscher Reihen, *Math. Z.*, **44** (1939), 387–397.

[26] J. H. Bruinier, G. van der Geer, G. Harder, D. Zagier, *The 1-2-3 of modular forms. Lectures from the Summer School on Modular Forms and their Applications held in Nordfjordeid, June 2004.* Edited by Kristian Ranestad. Universitext. Springer-Verlag, Berlin (2008), x+266 pp.

[27] H. Cartan, *Séminaire Henri Cartan*, **10**, (1957/1958), *Fonction automorphes*, E. N. S., 1957/58.

[28] H. カルタン著, 高橋禮司訳, 『複素函数論』, 岩波書店 (1964), viii + 239 pp.

[29] J. W. S. Cassels, *Rational quadratic forms.* Academic Press, (1978), xvi+413 pp.

[30] C. Chevalley, *Theory of Lie groups.* I. Princeton Mathematical Series, 8. Princeton Landmarks in Mathematics. Princeton University Press, Princeton, NJ, (1999). xii+217.

[31] Y. Choie and W. Eholzer, Rankin-Cohen operators for Jacobi and Siegel forms, *J. Number Theory*, **68** (1998), 160–177.

[32] U. Christian, Über Hilbert-Siegelsche Modulformen und Poincaréschen Reihen, *Math. Ann.*, **148** (1962), 257–307.

[33] H. Cohen, Sums involving the values at negative integers of L-functions of quadratic characters, *Math. Ann.*, **217** (1975), 271–285.

[34] P. G. L. Dirichlet, *Vorlesungen über Zahlentheorie. Herausgegeben und mit Zusätzen versehen von R. Dedekind.* Vierte, umgearbeitete und vermehrte Auflage, Chelsea Publishing Co., New York (1968), xvii+657 pp.

[35] N. Dummigan, T. Ibukiyama and H. Katsurada, Some Siegel modular standard L-values, and Shafarevich-Tate groups, *J. Number Theory*, **131** (2011), 1296–1330.

[36] M. Eichler, Die Ähnlichkeitsklassen indefiniter Gitter, *Math. Z.*, **55** (1952), 216–252.

[37] M. Eichler, *Quadratische Formen und Orthogonale Gruppen*, Springer, (1952), xii+220 pp.

[38] M. Eichler, *Einführung in die Theorie der Algebraischen Zahlen und Funktionen*, Lehrbücher und Monographien aus dem Gebiete der exakten Wissenschaften, Mathematische Reihe, Band 27 Birkhäuser Verlag, Basel-Stuttgart, (1963), 338 pp.

[39] M. Eichler and D. Zagier, *The theory of Jacobi forms*. Progress in Mathematics **55**, Birkhäuser Boston, Inc., Boston, MA (1985), v+148 pp.

[40] W. Eholzer and T. Ibukiyama, Rankin-Cohen type differential operators for Siegel modular forms, *International J. Math.*, **9** (1998), 443–463.

[41] R. Endres, Multiplikatorsysteme der symplektische Thetagruppe, *Monatshefte für Mathematik*, **94** (1982), 281–297.

[42] J. Faraut and A. Korányi, *Analysis on symmetric cones*. Oxford Mathematical Monographs. Oxford Science Publications. The Clarendon Press, Oxford University Press, New York (1994), xii+382.

[43] E. Freitag, Zur theorie der Modulformen zweiten Grades, *Nachr. Akad. Wiss. Göttingen Math.-Phys. Kl. II*, **1965** (1965), 151–157.

[44] E. Freitag, Ein Verschwindungssatz für automorphe Formen zur Siegelschen Modulgruppe, *Math. Z.*, **165** (1979), 11–18.

[45] E. Freitag and V. Schneider, Bemerkung zu einem Satz von J. Igusa and W. Hammond, *Math. Z.*, **102** (1967), 9–16.

[46] E. Freitag, *Siegelsche Modulfunktionen*, Grundlehren der Mathematischen Wissenschaften, (1983), Springer Verlag, Berlin-New York. x+341 pp. (邦訳：長岡昇勇訳, 『ジーゲルモジュラー関数論』, 共立出版 (2014), xi+386 pp).

[47] E. Freitag, The transformation formalism of vector valued theta functions with respect to the Siegel modular group, *J. Indian Math. Soc.*, **52**(1987), 185–207.

[48] E. Freitag and B. Hunt, A remark on a theorem of Runge, *Arch. Math. (Basel)*, **70**(1998), 464–469.

[49] E. Freitag and R. Salvati Manni, The Burkhardt group and modular forms, *Transform. Groups*, **9** (2004), 25–45.

[50] E. Freitag and R. Salvati Manni, Basic vector valued Siegel modular forms of genus two, *Osaka J. Math.*, **52** (2015), 879–894.

[51] R. Fricke, *Lehrbuch der Algebra II Ausführungen über Gleichungen niederen Grades*, Braunschweig, Druck und Verlag von Friedr, Vieweg & Sohn (1926), viii+418 pp.

[52] R. Fricke und F. Klein, *Vorlesungen über die Theorie der automorphen Funktionen. Band II: Die funktionentheoretischen Ausführungen und die Andwendungen*, Johnson Reprint Corporation, New York B. G. Teubner Verlagsgesellschaft, Stuttgart (1965), xiv+668 pp.

[53] R. Fröberg, *An introduction to Gröbner bases*, Pure and Applied Mahematics, John Wiley and Sons Ltd., Chichester, New York (1997), x+177 pp.

[54] 藤田宏，池部晃生，犬井鉄郎，高見穎郎著，『数理物理に現われる偏微分方程式 I』（岩波講座基礎数学），岩波書店 (1977) vi+160 pp.

[55] R. Goodman and N. R. Wallach, *Symmetry, representations, and invariants*, (Graduate Texts in Mathematics, 255), Springer, Dordrecht, 2009. xx+716 pp.

[56] K. Gundlach, Multiplier systems for Hilbert's and Siegel's modular groups, *Glasgow Math. J.*, **27**(1985),57–80.

[57] R. C. Gunning, *Lectures on Riemann surfaces*, Mathematical Notes, Princeton University Press, (1966), iv+256 pp.

[58] W. F. Hammond, On the graded ring of Siegel modular forms of genus two, *Amer. J. Math.*, **87**(1965), 502–506.

[59] W. F. Hammond, The modular groups of Hilbert and Siegel, *Amer. J. Math.*, **88** (1966), 497–516.

[60] K. Hashimoto, The dimension of the spaces of cusp forms on Siegel upper half-plane of degree two, I. *J. Fac. Sci. Univ. Tokyo Sect. IA Math.*, **30** (1983), 403–488.

[61] S. Hayashida and T. Ibukiyama, Siegel modular forms of half integral weight and a lifting conjecture, *J. Math. Kyoto Univ.*, **45** (2005), 489–530.

[62] S. Hayashida, Skew-holomorphic Jacobi forms of index 1 and Siegel modular forms of half-integral weight, *J. Number Theory*, **106** (2004), no. 2, 200–218.

[63] T. Hayata, T. Oda and T. Yatougo, Zero cells of the Siegel–Gottschling fundamental domain of degree 2, *Exp. Math.*, **21** (2012), 266–279.

[64] E. Hecke, Theorie der Eisensteinschen Reihen höherer Stufe und ihre Anwendungen auf Funktionen theorie und Arithmetik, *Abhand. Math. Semi. Hamburg Univ.*, **5** (1927), 199–224.

[65] B. Heim, Maass Spezialschar of level N, *Abh. Math. Semin. Univ. Hamburg*, **87** (2017) 181–195.

[66] B. Huppert, *Endliche Gruppen. I.* Die Grundlehren der Mathematischen Wissenschaften, Band **134** Springer-Verlag, Berlin-New York (1967) xii+793 pp.

[67] T. Ibukiyama, On maximal orders of division quaternion algebras over the rational number field with certain optimal embeddings, *Nagoya Math. J.*, **88** (1982), 181–195.

[68] T. Ibukiyama, On symplectic Euler factors of genus two, *J. Fac. Sci. Univ. Tokyo Sect. IA Math.*, **30** (1984), 587–614.

[69] T. Ibukiyama, On Siegel modular of varieties of level three, *International J. Math.*, **2** (1991), 17–35.

[70] T. Ibukiyama, On Jacobi forms and Siegel modular forms of half integral weights, *Comment. Math. Univ. St. Paul.*, **41** (1992), no.2, 109-124.

[71] T. Ibukiyama, On some alternating sums of dimemsions of Siegel modular forms of general degree and cusp configurations, *J. Fac. Sci. Univ. Tokyo Sect. IA Math.*, **40**(1993), 245–283.

[72] T. Ibukiyama, On differential operators on automorphic forms and invariant pluriharmonic polynomials, *Commentarii Math. Univ. St. Pauli*, **48** (1999), 103–118.

[73] T. Ibukiyama, Modular forms of rational weights and modular varieties, *Abhand. Math. Semi. Univ. Hamburg*, **70**, (2000), 315–339.

[74] T. Ibukiyama, A conjecture on a Shimura type correspondence for Siegel modular forms, and Harder's conjecture on congruences, *Modular forms on Schiermonnikoog*, Cambridge Univ. Press, Cambridge (2008), 107–144.

[75] T. Ibukiyama and H. Katsurada, An Atkin-Lehner type theorem on Siegel modular forms and primitive coefficients, *Geometry and Analysis of Automorphic Forms of Several Variables* Ed. by Y. Hamahata, T. Ichikawa, A. Murase, T. Sugano, Series on Number Theory and Its Applications **7**, World Scientific (2012), 196–210 (388 pp.+x).

[76] T. Ibukiyama, Saito Kurokawa lifting of level N and practical construction of Jacobi forms, *Kyoto J. Math.*, **52** (2012), 141–178.

[77] T. Ibukiyama, The Taylor expansion of Jacobi forms and applications to higher indices of degree two, *Publ. Res. Inst. Math. Sci.*, **48** (2012), 579–613.

[78] T. Ibukiyama, Vector valued Siegel modular forms of symmetric tensor weight of small degrees, *Comment. Math. Univ. St. Pauli*, **61** (2012), 51–75.

[79] T. Ibukiyama, Modules of vector valued Siegel modular forms of half integral weight, *Comment. Math. Univ. St. Pauli*, **62** (2013), 109–124.

[80] T. Ibukiyama, Conjectures of Shimura type and of Harder type revisited, *Comment. Math. Univ. St. Pauli*, **63** (2014), 79–103.

[81] T. Ibukiyama, Structures and Dimensions of Vector Valued Jacobi Forms of Degree Two, *Publ. Res. Inst. Math. Sci.*, **51** (2015), 513–547.

[82] T. Ibukiyama, Jacobi forms and Siegel modular forms of half-integral weight with levels (in preparation).

[83] T. Ibukiyama, Universal automorphic differential operators on Siegel modular forms, (プレプリント).

[84] T. Ibukiyama, One-line formula for automorphic differential operators on Siegel modular forms (プレプリント).

[85] T. Ibukiyama, H. Katsurada, C. Poor and D. Yuen, Congruences to Ikeda-Miyawaki lifts and triple L-values of elliptic modular forms, *J. Number Theory*, **134** (2014), 142–180.

[86] T. Ibukiyama and H. Katsurada, Exact critical values of the symmetric fourth L functions and vector valued Siegel modular forms, *J. Math. Soc., Japan* **66** (2014), 139–160.

[87] T. Ibukiyama and H. Kitayama, Dimension formulas of paramodular forms of squarefree level and comparison with inner twist, *J. Math. Soc., Japan* **69** (2017), 597–671.

[88] T. Ibukiyama, T. Kuzumaki and H. Ochiai, Holonomic systems of Gegenbauer type polynomials of matrix arguments related with Siegel modular forms, *J. Math. Soc., Japan* **64**(2012), 273–316.

[89] T. Ibukiyama and R. Kyomura, A generalization of vector valued Jacobi forms, *Osaka J. Math.*, **48** (2011), 783–808.

[90] T. Ibukiyama and S. Takemori, Construction of theta series of any vector-valued weight and applications to lifts and congruences, to appear in Experimental Math.

[91] 伊吹山知義, 齋藤裕著, 『「やさしい」ゼータ関数について』, 日本数学会「数学」50巻1号 (1998), 1–11. (英語翻訳は Don Zagier 訳, On "easy" zeta functions, *Sugaku Expositions*, **14** (2001), AMS, no. 2, 191–204).

[92] T. Ibukiyama and S. Wakatsuki, Siegel modular forms of small weight and the Witt operator, *Comtemporary Math. 493 AMS, Quadratic Forms – Algebra, Arithmetic, and Geometry. Algebraic and Arithmetic Theory of Quadratic Forms, December 13-19, 2007 Frutillar, Chile*. Ed. Ricardo Baeza, Wai Kiu Chan, Detlev W. Hoffmann, Rainer Schulze-Pillot. AMS (2009), 189–209.

[93] T. Ibukiyama and D. Zagier, Higher Spherical Polynomials, *Max Planck Institut für Mathematik Preprint Series*, **2014-41**. pp. 97.

[94] J. Igusa, On Siegel modular forms of genus two, *Amer. J. Math.*, **84** (1962), 175–200.

[95] J. Igusa, On Siegel modular forms of genus two (2), *Amer. J. Math.*, **86**, (1964), 392–412.

[96] J. Igusa, On the graded ring of theta-constants I, II, *Amer. J. Math.*, **86**(1964), 219–245; Amer. J. Math., **88**(1966), 221–236.

[97] J. Igusa, Modular forms and projective invariants, *Amer. J. Math.*, **89** (1967), 817–855.

[98] J. Igusa, *Theta functions*, Die Grundlehren der mathematischen Wissenschaften, **194**, Springer-Verlag, New York-Heidelberg (1972). x+232 pp.

[99] K. Iohara and Y. Koga, *Representation Theory of the Virasoro Algebra*, Springer Monographs in Mathematics, Springer (2011), xviii+474.

[100] 伊藤清三, 『ルベーグ積分入門』, 裳華房 (1963).

[101] 岩堀長慶編, 『微分積分学』, 裳華房 (1993).

[102] 岩澤健吉, 『代数関数論』, 岩波書店 (1952) 380 pp.

[103] M. Kaneko and M. Koike, On Modular Forms Arising from a Differential Equation of Hypergeometric Type, *The Ramanujan J.*, **7** (2003), 145–164.

[104] M. Kashiwara and M. Vergne, On the Segal-Shale-Weil representations and harmonic polynomials, *Invent. Math.*, **44** (1978), 1–47.

[105] T. Kikuta, H. Kodama and S. Nagaoka, Note on Igusa's cusp form of weight 35, *Rocky Mountain J. Math.*, **45** (2015), 963–972.

[106] Y. Kitaoka, *Arithmetic of quadratic forms*, Cambridge tracts in Mathematics, **106**, *Cambridge University Press*, Cambridge (1993). x+268 pp.

[107] 木村達雄,『概均質ベクトル空間』, 岩波書店 (1998), 362 pp.

[108] 木村昌太郎, On Vector Valued Siegel Modular Forms of Half Integral Weight and Jacobi Forms, 大阪大学修士論文 (2005).

[109] T. Kiyuna, Vector-valued Siegel modular forms of weight $det^k \otimes Sym(8)$, *International J. Math.*, **26** (2015), 1550004.

[110] F. Klein, *Vorlesungen über das Ikosaeder und die Auflösungen der Gleichungen vom fünften Grades, Herausgegeben mit einer Einführung und mit Kommentaren von Peter Slodwy*, Birkhäuser(Basel, Boston, Berlin) and B.G. Tuebner (Stuttgart, Leipzig), 1993.

[111] F. Klein, Über die Transformation siebenter Ordnung der elliptischen Funktionen, *Math. Ann.*, **14**(1878/79): Gesammelte Mathematische Abhandlungen dritter Band LXXXIV, 90–136.

[112] F. Klein, Über die Transformation elfter Ordnung der elliptischen Funktionen, *Math. Ann.*, **15**(1879): Gesammelte Mathematische Abhandlungen dritter Band LXXXVI, 140–168.

[113] F. Klein, Über gewisse Teilwerte der Θ-Funktionen, *Math. Ann.*, **17**(1881): Gesammelte Mathematische Abhandlungen dritter Band LXXXiX, pp.186–197.

[114] H. Klingen, Zur Transformationstheorie von Thetareihen indefiniter quadratische Formen, *Math. Ann.*, **140**(1960), 76–86.

[115] H. Klingen, *Introductory lectures on Siegel modular forms*, Cambridge Studies in Advanced Mathematics **20**. Cambridge University Press, Cambridge (1990). x+162 pp.

[116] M. Kneser, Klassenzahlen indefiniter quadratischer Formen in drei oder mehr Veränderlichen, *Arch. Math.*, **7** (1956), 323–332.

[117] M. Kneser, Darstellungsmaße indefiniter quadratischer Formen, *Math. Z.*, **77** (1961), 188–194.

[118] M. Kneser, *Quadratische Formen*, Springer, (2002), vi+164 pp.

[119] M. L. Knopp, *Modular functions in analytic number theory*, Markhan Publishing Company, Chicago (1970), x+150 pp.

[120] R. L. グレアム, D. E. クヌース, O. パタシュニク著, 有澤誠, 安村通晃, 萩野達也, 石畑清訳, 『コンピュータの数学』(Concrete Mathematics), 共立出版 (1993), xvi+605 pp.

[121] W. Kohnen, Modular forms of half-integral weight on $\Gamma_0(4)$, *Math. Ann.*, **248** (1980), no. 3, 249–266.

[122] K. Koike and I. Terada, Young diagrammatic methods for the restriction of representations of complex classical Lie groups to reductive subgroups of maximal rank, *Advances in Math.*, **79** (1990), 104–135.

[123] Yaacov Kopeliovich and J. R. Quine, On the curve $X(9)$, *The Ramanujan J.*, **2**(1998), 371–378.

[124] N. Kojima, On special values of standard L-functions attached to vector valued Siegel modular forms, *Kodai Math. J.*, **23** (2000), 255–265.

[125] N. Kojima, Garrett's pullback formula for vector valued Siegel modular forms, *J. Number Theory*, **128**(2008), 235–250.

[126] J. Kramer, Jacobiformen und Thetareihen, *Manuscripta Math.*, **54** (1986), 279–322.

[127] A. Kurihara, On the values at non-positive integers of Siegel's zeta functions of $\mathbb{Q}$-anisotropic quadratic forms with signature $(1, n-1)$, *J. Fac. Sci. Univ. Tokyo Sect. IA Math.*, **28** (1982), 567–584.

[128] N. Kurokawa, Examples of eigenvalues of Hecke operators on Siegel cusp forms of degree two, *Invent. Math.*, **49** (1978), 149–165.

[129] H. Maass, *Lectures on modular functions of one variable*, Tata Institute of Fundamental Research Lectures on Mathematics and Physics, 1964.

[130] H. Maass, Die Multiplikatorsysteme zur Siegelschen Modulgruppe, *Nachr. Akad. Wiss. Göttingen*, Math.-Phys. Kl., (1964), 125-135.

[131] H. Maass, *Siegel's modular forms and Dirichlet series*, Lecture Notes in Mathematics **216**. Springer-Verlag, Berlin-New York (1971), v+328 pp.

[132] H. Maass, Über die Fourierkoeffizienten der Eisensteinreihen zweiten Grades, *Mat.-Fys. Medd. Danske Vid. Selsk.*, **38** (1972), 13 pp.

[133] H. Maass, Lineare Relationen für die Fourierkoeffizienten einiger Modulformen zweiten Grades, *Math. Ann.*, **232** (1978), 163–175.

[134] H. Maass, Über eine Spezialschar von Modulformen zweiten Grades, *Invent. Math.*, **52** (1979), 95–104; (II), ibid., **53** (1979),249–253; (III) ibid., **53**(1979), 255–265.

[135] H. Maass, Über ein Analogon zur Vermutung von Saito-Kurokawa, *Invent. Math.*, **60** (1980), 85–104.

[136] T. Miyake, *Modular forms* (Translated from the 1976 Japanese original by Yoshitaka Maeda), Springer Monographs in Mathematics, Springer-Verlag, Berlin (1989). x+335 pp.

[137] M. Miyawaki, Explicit construction of Rankin-Cohen-type differential operators for vector-valued Siegel modular forms, *Kyushu J. Math.*, **55** (2001), 369–385.

[138] 溝畑茂, 『数学解析 下』, 朝倉書店 (2000), 373 pp.

[139] 森口繁一, 宇田川銈久, 一松信, 『岩波数学公式集 III 特殊函数』, 岩波書店 (2014) xxi+310 pp.

[140] D. Mumford, *Tata Lectures on Theta I*, With the assistance of C. Musili, M. Nori, E. Previato and M. Stillman, Progress in Mathematics **28**. Birkhäuser Boston, Inc., Boston, MA, (1983). xiii+235.

[141] A. P. Ogg, On the Weierstrass points on $X_0(N)$, *Illinois J. Math.*, **22** (1978), 31–35.

[142] O. T. O'Meara, *Introduction to quadratic forms* (Second printing, corrected), Die Grundlehren der mathematischen Wissenschaften, Band, **117**. Springer-Verlag, New York-Heidelberg (1971), xi+342 pp.

[143] D. Petersen, Cohomology of local systems on the moduli of principally polarized abelian surfaces, *Pacific J. Math.*, **275** (2015), 39–61.

[144] H. Petersson, Zur analytische Theorie der Grenzkreisgruppe, *Math. Ann.*, **115**(1938) Teil I, 23–67; Teil II, 175–204, Teil III, 518–572; Teil IV 670–709.

[145] H. Petersson, Über die arithmetischen Eigenschaften eines Systems multiplikativer Modulfunktionen von Primzahlstufe, *Acta Math.*, **95**(1956), 57–110.

[146] I. I. Pyatetskii-Shapiro, *Automorphic Functions and the geometry of classical domains*, Gordon and Breach, New York, London, Paris, (1969) (vii)+264 pp. (ロシア語版からの日本語訳は, 一松信, 折原明夫, 杉浦光夫訳, 「典型領域の幾何学と保型関数の理論」I, II, 東大数学教室セミナリー・ノート **1**, **2** (1962)).

[147] H. Rademacher and E. Grosswald, *Dedekind Sums*, The Carus Mathematical monographs **16**, The Mathematical Association of America (1972).

[148] H. Rademacher, *Topics in analytic number theory*, Springer-Verlag (1973).

[149] R. A. Rankin, The construction of automorphic forms from the derivatives of given forms, *Michigan Math. J.*, **4** (1957), 181–186.

[150] R. A. Rankin, *Modular forms and functions*, Cambridge Univ. Press, 1977.

[151] R. A. Rankin, Cusp forms of given level and real weight, *Journal of the Indian Math. Soc.*, **51** (1987), 37–48.

[152] I. Reiner, Real linear characters of the symplectic modular group, *Proc. Amer. Math. Soc.*, **6** (1955), 987–990.

[153] H. L. Resnikoff and R. L. Saldaña, Some properties of Fourier coefficients of Eisenstein series of degree two, *J. Reine Angew. Math.*, **265** (1974), 90–109.

[154] David E. Rohrlich, Weierstrass points and modular forms, *Illinois J. Math.*, **29**(1985), 134–141.

[155] B. Runge, On Siegel modular forms, *I. J. Reine Angew. Math.*, **436**(1993), 57–85; (II). *Nagoya Math. J.*, **138** (1995), 179–197.

[156] 佐武一郎,「二次形式の理論」(前篇)(後篇), 東京大学数理科学セミナリーノート **21**, **22**, 佐武一郎述, 浅枝陽記, 改訂版補遺：渡部隆夫, 東京大学数理科学研究科 2002, 2003.

[157] I. Satake, Surjectivité globale de opérateur Φ, Séminaire Cartan, E. N. S., 1957/58, Exposé 16, 1–17.

[158] M. Sato and T. Kimura, A classification of irreducible prehomogeneous vector spaces and their relative invariants, *Nagoya Math. J.*, **65** (1977), 1–155.

[159] C. Poor and D. Yuen, Linear dependence among Siegel modular forms, *Math. Ann.*, **318** (2000), 205–234.

[160] M. Sato and T. Shintani, On zeta functions associated with prehomogeneous vector spaces, *Ann. of Math.*, (2) **100** (1974), 131–170.

[161] T. Satoh, On certain vector valued Siegel modular forms of degree two, *Math. Ann.*, **274** (1986), 335–352.

[162] R. Schulze-Pillot, Darstellungsmaße von Spinorgeschlechtern ternärer quadratischer Formen, *J. Reine Angew. Math.*, **352** (1984), 114–132.

[163] J. P. セール著, 彌永健一訳, 『数論講義』, 岩波書店 2002.

[164] G. C. Shephard and J. A. Todd, Finite unitary reflection groups, *Canadian J. Math.*, **6** (1954), 274–304.

[165] 清水英男著, 『保型関数』 I, II, III, (岩波講座基礎数学), 岩波書店.

[166] G. Shimura, *Introduction to the arithmetic theory of automorphic functions*, Kano Memorial Lectures, No. 1. Publications of the Mathematical Society of Japan, No. 11. Iwanami Shoten, Publishers, Tokyo; Princeton University Press, Princeton, N.J. (1971), xiv+267 pp.

[167] G. Shimura, On modular forms of half integral weight, *Ann. of Math.*, (2) **97** (1973), 440–481.

[168] G. Shimura, On the holomorphy of certain Dirichlet series, *Proc. London Math. Soc.*, (3) **31** (1975), 79–98.

[169] G. Shimura, Nearly holomorphic functions on Hermitian symmetric spaces, *Math. Ann.*, **278** (1987), 1–28.

[170] G. Shimura, On Eisenstein series, *Duke Math. J.*, **50** (1983), 417–476.

[171] G. Shimura, On Eisenstein series of half-integral weight, *Duke Math. J.*, **52** (1985), 281–314.

[172] G. Shimura, Fractional and trigonometric expressions for matrices, *Amer. Math. Monthly*, **101** (1994), 744–758.

[173] C. L. Siegel, Über die analytische Theorie der quadratischen Formen, *Annals Math.*, **36**(1935), 527-606; II *ibid.*, **37** (1936), 230–263; III *ibid.*, **38**(1937), 212–291.

[174] C. L. Siegel, Über die Zetafunktionen indefiniter quadratischer Formen, *Math. Zeit.*, **43** (1938), 682–708; II, *ibid.*, **44**(1939), 398–426.

[175] C. L. Siegel, Einführung in die Theorie der Modulfunktionen n-ten Grades, *Math. Ann.*, **116**, (1939), 617–657.

[176] C. L. Siegel, Indefinite quadratische Formen und Modulfunktionen, *Courant Anniversary volume*, 395–406, 1948.

[177] C. L. Siegel, Indefinite quadratische Formen und Funktionentheorie. I, *Math. Ann.*, **124** (1951), 17–54.

[178] C. L. Siegel, A simple proof of $\eta(-1/\tau) = \eta(\tau)\sqrt{\tau/i}$, *Mathematika*, **1**(1954), p. 4.

[179] C. L. Siegel, Die Funktionalgleichungen einiger Dirichletscher Reihen, *Math. Z.*, **63** (1956), 363–373.

[180] N -P. Skoruppa, Über den Zusammenhang zwischen Jacobi-Formen und Modulformen halbganzen Gewichts Dissertation, *Bonner Mathematische Schriften*, **159**, (1985), vii+163.

[181] 高木貞治, 『代数的整数論第 2 版』, 岩波書店, (1971), pp. 307+xii.

[182] 高木貞治, 『初等整数論講義第 2 版』, 共立出版, (1971), pp 416.

[183] 高木貞治, 『解析概論 (改訂第三版)』, 岩波書店, (1983), pp.492.

[184] H. Takayanagi, Vector valued Siegel modular forms and their L-functions; Application of adifferential operator, *Japan J. Math.*, **19** (1994), 251–297.

[185] S. Takemori, Structure theorems for vector valued Siegel modular forms of degree 2 and weight $det^k \otimes Sym(10)$, *Internat. J. Math.*, **27** (2016), 33pp.

[186] 竹内勝, 『現代の球関数』, 岩波書店 (1975), 291 pp.

[187] R. Tsushima, An explicit dimension formula for the spaces of generalized automorphic forms with respect to $Sp(2,\mathbb{Z})$, *Proc. Japan Acad. Ser. A Math. Sci.*, **59** (1983), 139–142.

[188] R. Tsushima, On the dimension formula for the spaces of Jacobi forms of degree two. Automorphic forms and L-functions (Kyoto, 1999), 数理解析研究所講究録 **1103** (1999), 96–110.

[189] R. Tsushima, Dimension formula for the spaces of Siegel cusp forms of half integral weight and degree two, *Comment. Math. Univ. St. Pauli*, **52** (2003), 69–115.

[190] R. Tsushima, Certain vector valued Siegel modular forms of half integral weight and degree two, *Comment. Math. Univ. St. Pauli*, **54** (2005), 89–97.

[191] S. Tsuyumine, On Siegel modular forms of degree three, *Amer. J. Math.*, **108** (1986), 755–862.

[192] S. Tsuyumine, Addendum to: "On Siegel modular forms of degree three", *Amer. J. Math.*, **108** (1986), 1001–1003.

[193] C. H. van Dorp, Generators for a module of vector-valued Siegel modular forms of degree 2, arXiv:1301.2910 [math.AG].

[194] H. Weber, *Lehrbuch der Algebra I, II, III*, Braunschweig, Druck und Verlag von Friedrich Vieweg und Sohn, 1895, 1896, 1908.

[195] H. Weyl, *The Classical Groups. Their Invariants and Representations*, Princeton University Press, Princeton, N.J., (1939). xii+302 pp.

[196] 横沼健雄著,『テンソル空間と外積代数』(岩波講座基礎数学, 線形代数 iv), 岩波書店 (1977), vi+139 pp.

[197] H. Yoshida, Remarks on metaplectic representations of $SL(2)$, *J. Math. Soc. Japan*, **44** No. 3 (1992), 351–373.

[198] V. G. Zhuravlëv, Hecke rings for a covering of the symplectic group, *(Russian) Mat. Sb. (N.S.)*, **121(163)** (1983), 381–402.

[199] V. G. Zhuravlëv, Euler expansions of theta-transformations of Siegel modular forms of half integer weight and their analytic properties, *(Russian) Mat. Sb. (N.S.)*, **123(165)** (1984), 174–194.

[200] C. Ziegler, Jacobi forms of higher degree, *Abh. Math. Sem. Univ. Hamburg*, **59** (1989), 191–224.

索　引

【ア】
アイゼンシュタイン級数　108, 156, 208, 212, 215, 378

【イ】
一般ベクトル値ヤコービ形式　195
irregular cusp　258
岩澤分解　230

【ウ】
Witt 作用素　416
ウェイト　2
　　実数——　228
　　半整数——　178

【エ】
エータ関数　87
Epstein のゼータ関数　318

【カ】
ガウスの和　73, 330, 337, 348
カスプ　11, 30
カスプ形式　30, 235
　　ジーゲル——　30
　　ヤコービ——　166
カスプで正則　26, 180, 231, 235

【キ】
基本領域　34
局所密度　367

【ク】
偶行列　52

偶ユニモジュラー (even unimodular)　111, 112, 307, 443
クリフォード代数　370
クロネッカー指標　73, 97

【ケ】
Gegenbauer 多項式　127, 129, 133
Koecher 原理　26, 177

【コ】
合同部分群　8

【サ】
齋藤・黒川リフト　418

【シ】
ジーゲルカスプ形式　30, 31
ジーゲル公式　315, 316, 327, 368
ジーゲル作用素　30
ジーゲル上半空間　3
ジーゲルのゼータ関数　327
ジーゲル保型形式　21, 26
ジーゲルモジュラー群　7
準保型形式 (quasi modular form)　219
乗法因子 (multiplier)　20
ジョルダン分解　299

【ス】
スピノール種 (spinor genus)　370
　　——の類数　370

【タ】
対称行列

466　索　引

正定値— 3
半整数— 25
多重調和関数 49
多重調和多項式 44, 50, 109, 111
畳み込み (convolution product) 209

【チ】

調和関数 47
調和多項式 48

【ツ】

通約的 (commensurable) 22

【テ】

ディリクレ指標 73, 179, 330
　原始的な— 331
　非原始的な— 331
テータ関数 55, 282
　球関数つきの— 55
テータ展開 172, 183
テータ標数 (theta characteristic) 60
　—奇標数 412
　—偶標数 412
デデキント和 (Dedekind sum) 248

【ト】

導手 331
同変的 (equivariant) 284
凸体 (convex cone) 210
凸体に関するガンマ関数 210

【ニ】

2 次形式
　—の種 300
　—の Hasse 記号 306
　不定符号— 281
　—の類数 300
　—のレベル 286, 295, 307

【ハ】

倍角の公式 380, 382
ハイゼンベルク群 164
Hasse 記号 306
Hasse の原理 300
半整数対称行列 162

【ヒ】

被覆群 229
微分作用素 103, 196
ヒルベルト空間 41

【フ】

フーリエ解析 208
フーリエ係数の表 440, 441
フーリエ展開 208, 210, 218, 220
フーリエ変換 211
フーリエヤコービ展開 162
フルヴィッツのゼータ関数 217
分数ウェイトの保型形式 230

【ヘ】

平均値の性質 47
ヘッセ行列式 (Hessian) 269
ベルヌーイ数 219

【ホ】

ポアソンの和公式 43, 213
Whittaker 関数 208
Whittaker の微分方程式 208
保型因子 2, 20, 228
　—の乗法因子 (multiplier) 228
保型形式 2
　—のコサイクル条件 2, 229
　ジーゲル保型形式 21
　—の次元公式 250
　分数ウェイトの— 230
保型形式環 390, 391, 410
保型的微分作用素 107
ポッホハンマー記号 129
ボレル部分群 10

【マ】

Maass リフト 418

【ミ】

Minkowski-Siegel の定理 373

【ヤ】

ヤコービカスプ形式 166
ヤコービ形式 162, 166
ヤコービモジュラー群 165

【ユ】

有界対称領域 2
優行列 (majorant) 282, 286
ユニタリー鏡映群 (unitary reflection group)
　　246, 247, 269–271
ユニモジュラー 52

【ラ】

ラプラス作用素 47

Rankin-Cohen 括弧　(Rankin-Cohen bracket) 104, 108, 138, 140, 154, 398, 405, 411, 442

【リ】

Riemann-Roch の定理 250
領域 1

著者紹介

伊吹山 知義(いぶきやま ともよし)

1973年　東京大学理学系研究科数学専攻修士課程修了
現　在　大阪大学名誉教授
　　　　理学博士
著　書　『線形代数学』（近代科学社，1987 年）
　　　　『ベルヌーイ数とゼータ関数』（牧野書店 2001 年，荒川恒男，金子昌信と共著）
　　　　など

共立叢書 現代数学の潮流
保型形式特論

2018 年 5 月 25 日　初版 1 刷発行

著　者　伊吹山知義
発行者　南條光章
発行所　共立出版株式会社
　　　　東京都文京区小日向 4-6-19
　　　　電話　東京 (03) 3947-2511 番（代表）
　　　　郵便番号 112-0006
　　　　振替口座 00110-2-57035
　　　　URL http://www.kyoritsu-pub.co.jp/
印　刷　加藤文明社
製　本　ブロケード

検印廃止

NDC 412.3, 412.2, 411.66
ISBN 978-4-320-11331-2
Ⓒ Ibukiyama Tomoyoshi 2018
Printed in Japan

一般社団法人　自然科学書協会　会員

<出版者著作権管理機構委託出版物>
本書の無断複製は著作権法上での例外を除き禁じられています．複製される場合は，そのつど事前に，出版者著作権管理機構（ＴＥＬ：03-3513-6969，ＦＡＸ：03-3513-6979，e-mail：info@jcopy.or.jp）の許諾を得てください．

共立叢書 現代数学の潮流

編集委員：岡本和夫・桂 利行・楠岡成雄・坪井 俊

新しいが変わらない数学の基礎を提供した「共立講座 21世紀の数学」に引き続き，21世紀初頭の数学の姿を描くシリーズ。これから順次出版されるものは，伝統に支えられた分野，新しい問題意識に支えられたテーマ，いずれにしても現代の数学の潮流を表す題材であろうと自負する。学部学生，大学院生はもとより，研究者を始めとする数学や数理科学に関わる多くの人々にとり，指針となれば幸いである。

各冊：A5判・上製
（税別本体価格）

離散凸解析
室田一雄著　序論／組合せ構造をもつ凸関数／離散凸集合／M凸関数／L凸関数／共役性と双対性／ネットワークフロー／アルゴリズム／数理経済学への応用／他‥‥318頁・本体4,000円

積分方程式 —逆問題の視点から—
上村 豊著　Abel積分方程式とその遺産／非線形Abel積分方程式とその応用／Wienerの構想とたたみこみ方程式／乗法的Wiener-Hopf方程式／付録／他‥‥‥‥304頁・本体3,600円

リー代数と量子群
谷崎俊之著　リー代数の基礎概念／カッツ・ムーディ・リー代数／有限次元単純リー代数／アフィン・リー代数／量子群／付録：本文補遺・関連する話題／他‥‥‥‥276頁・本体3,800円

グレブナー基底とその応用
丸山正樹著　可換環／グレブナー基底／消去法とグレブナー基底／代数幾何学の基本概念／次元と根基／自由加群の部分加群のグレブナー基底／付録：層の概説／他‥272頁・本体3,600円

多変数ネヴァンリンナ理論とディオファントス近似
野口潤次郎著　有理型関数のネヴァンリンナ理論／第一主要定理／他‥‥276頁・本体3,600円

超函数・FBI変換・無限階擬微分作用素
青木貴史・片岡清臣・山崎 晋著　多変数整型函数とFBI変換／超函数と超局所函数／超函数の諸性質／他‥‥‥‥‥‥324頁・本体4,000円

可積分系の機能数理
中村佳正著　モーザーの戸田方程式研究：概観／直交多項式と可積分系／直交多項式のクリストフェル変換とqdアルゴリズム／dLV型特異値計算アルゴリズム／他‥‥224頁・本体3,600円

代数方程式とガロア理論
中島匠一著　代数方程式／多項式の既約性／線型空間／体の代数拡大／ガロア理論／ガロア理論の応用／付録：必要事項のまとめ／参考文献／索引‥‥‥‥‥‥444頁・本体4,000円

レクチャー結び目理論
河内明夫著　結び目の科学／絡み目の表示／絡み目に関する初等的トポロジー／標準的な絡み目の例／ゲーリッツ不変量／ジョーンズ多項式／スケイン多項式／他‥‥208頁・本体3,600円

ウェーブレット
新井仁之著　有限離散ウェーブレットとフレーム／無限離散信号に対するフレームとマルチレート信号処理／連続信号に対するウェーブレット・フレーム／他‥‥‥‥480頁・本体5,200円

微分体の理論
西岡久美子著　基礎概念／万有拡大／線形代数群／Picard-Vessiot拡大／1変数代数関数体／微分付値型拡大と既約性／微分加群の応用／参考文献／索引‥‥‥‥‥‥214頁・本体3,600円

相転移と臨界現象の数理
田崎晴明・原 隆著　相転移と臨界現象／基本的な設定と定義／相転移と臨界現象入門／有限格子上のIsing模型／無限体積の極限／高温相／低温相／臨界現象／他‥‥422頁・本体3,800円

代数的組合せ論入門
坂内英一・坂内悦子・伊藤達郎著　古典的デザイン理論と古典的符号理論／アソシエーションスキーム上の符号とデザイン／P-かつQ-多項式スキーム／他‥‥‥‥‥526頁・本体5,800円

保型形式特論
伊吹山知義著　ジーゲル保型形式の基礎／ジーゲル保型形式とテータ関数／ジーゲル保型形式上の微分作用素／ヤコービ形式の理論／分数ウェイトの保型形式／他‥‥480頁・本体5,400円

http://www.kyoritsu-pub.co.jp/　　**共立出版**　　（価格は変更される場合がございます）